AF329897

FLORE

DE

LA NORMANDIE,

PAR

A. DE BRÉBISSON,

MEMBRE DE PLUSIEURS SOCIÉTÉS SAVANTES.

PHANÉROGAMES

ET

CRYPTOGAMES SEMI-VASCULAIRES.

TROISIÈME ÉDITION,

AUGMENTÉE DE TABLEAUX ANALYTIQUES

ET D'UN DICTIONNAIRE DES TERMES DE BOTANIQUE.

<table>
<tr><td>CAEN,
Chez A. HARDEL, Éditeur,
Rue Froide, 2.</td><td>PARIS,
Chez DERACHE, Libraire,
Rue du Bouloy, 7.</td></tr>
</table>

ROUEN, LE-BRUMENT, Quai Napoléon.

1859.

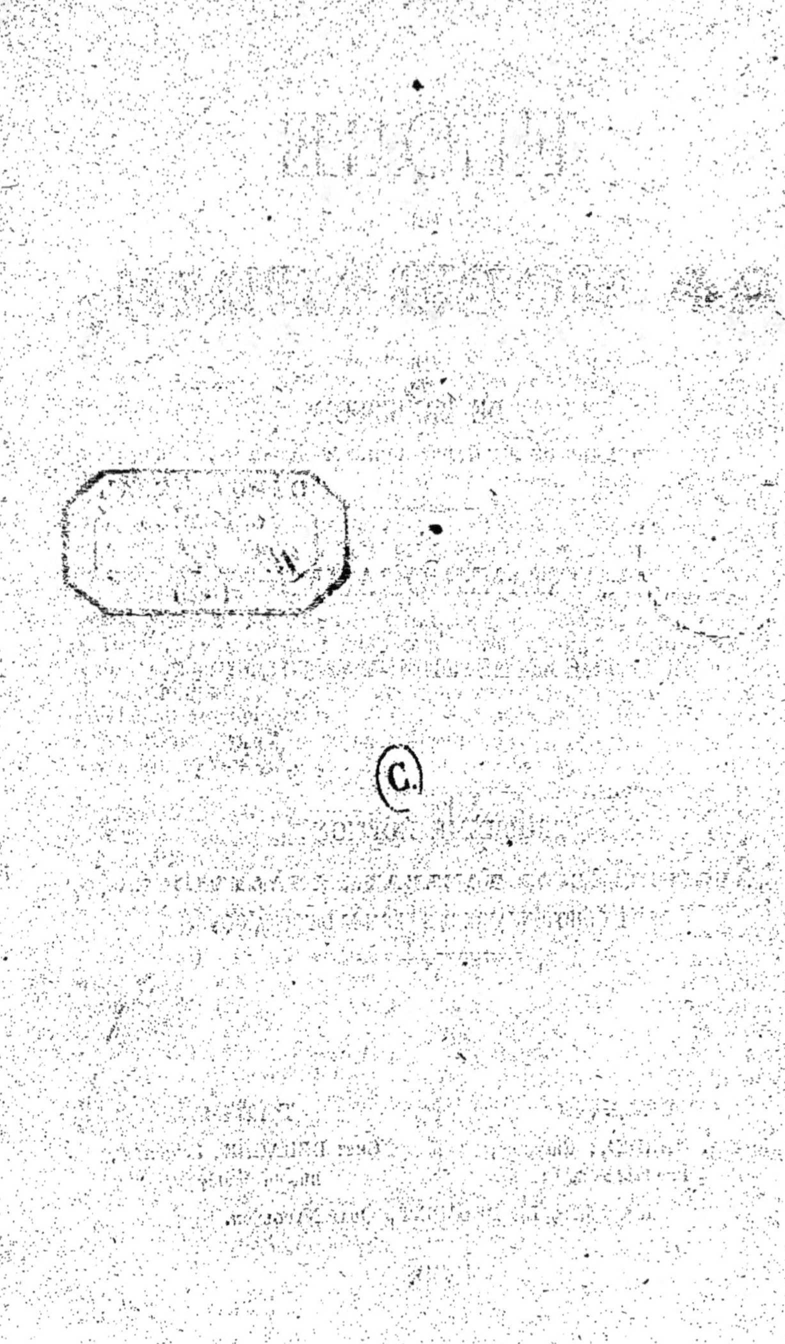

Je me suis efforcé , dans cette nouvelle édition de *la Flore de Normandie*, de mettre à profit quelques avis qui m'étaient parvenus et de répondre aux principaux désirs qui m'avaient été exprimés depuis ma dernière publication.

On trouvera donc dans cette troisième édition un Dictionnaire des termes de botanique qui y sont employés. J'ai dû me borner à des explications très-succinctes, pour ne pas trop augmenter le volume d'un petit livre destiné à être porté dans les herborisations. Cette considération m'a forcé de restreindre quelquefois l'indication d'un certain nombre de localités que j'aurais été heureux de citer. Toutefois, on pourra remarquer que je me suis plus étendu dans cette circonstance et que j'ai mis plus de précision topographique que dans mes précédentes éditions. J'aurais désiré que plus d'espace m'eût permis de donner par département un tableau comparatif plus complet de la végétation, et de pouvoir faire apprécier le degré de fréquence ou de rareté de certaines espèces , considérées principalement dans leurs rapports avec des terrains de diverses natures. Un tel travail aurait dépassé les bornes qui me sont imposées, et je dois avouer que beaucoup de renseignements m'auraient manqué.

On a, dans ces derniers temps, créé un grand nombre d'espèces de plantes nouvelles dans quelques genres. Ces espèces ont été établies souvent sur des caractères dont la stabilité ne me semblait pas démontrée. J'ai cru que cet opuscule, n'étant pas appelé à faire loi , ne devait pas essayer de trancher ces questions délicates. J'ai donc indiqué toutes les formes ou variétés , que j'ai observées ou que l'on m'a communiquées , à la suite des espèces auxquelles j'ai cru devoir les rattacher, laissant aux botanistes à décider si elles devaient être considérées comme de simples variétés ou comme des espèces propres. Bien que cette Flore ne doive présenter que des plantes croissant sur le territoire des cinq départements qui forment notre ancienne province , j'ai donné quelques indications de localités limitrophes, en dehors de cette circonscription, pensant qu'on me pardonnerait quelques envahissements de cette nature, qu'un botaniste se permettrait sur le terrain dans une herborisation d'un jour sur nos frontières.

Mon tribut de reconnaissance s'est beaucoup accru depuis ma dernière édition. De nombreux botanistes ont bien voulu venir à mon aide et se joindre à ceux dont le nom avait été pour moi un encouragement et un appui. Je ne saurais trop vivement leur exprimer ici mes sentiments de gratitude pour les communications que je dois à leur bienveillance. Je voudrais indiquer tous les noms de ces honorables collaborateurs, en passant en revue les départements qu'ils ont explorés ; mais, forcé de m'imposer des limites peu étendues, je citerai principalement :

Dans la Seine-Inférieure : M. Malbranche, pharmacien à Rouen, qui m'a adressé un catalogue bien complet des plantes qu'il avait observées avec des remarques importantes ; M. le colonel Debooz, qui toujours m'a fait participer avec la plus grande libéralité à ses nombreuses découvertes ; M. Duboc, au Havre, et M. Etienne, pharmacien à Elbeuf.

Pour l'Eure : M. Chesnon, ancien directeur de l'École normale, qui a continué ses précieuses explorations ; à Vernon, M. Godard, qui m'a fait connaître les richesses végétales de cette contrée ; M. Auguste Le Prévost, à Bernay, et M. Perret, à Louviers.

Pour l'Orne : MM. Beaudoin, Letellier et le D'. Prévost, à qui je suis redevable d'un travail sur les environs d'Alençon, et d'observations qui m'ont été fort utiles ; à Laigle, M. Lubin-Thorel, pharmacien ; à Séez, M. l'abbé Chichou, botaniste, plein d'un zèle qu'il est heureux de communiquer aux nombreux élèves qu'il dirige dans le Petit-Séminaire dont il est un des professeurs ; aux environs de Vimoutiers et de Chamboy, M. Duhamel qui, puissamment secondé par M. le D'. Perrier, a trouvé dans ces localités, jusqu'alors peu connues, une grande quantité de plantes curieuses. M. le D'. Perrier, à qui le Calvados est aussi bien connu, a exploré encore avec fruit l'arrondissement de Domfront, et surtout la partie du département de l'Orne qui longe la Mayenne.

Je citerai encore :

Dans le département de la Manche : M. Auguste Le Jolis, à Cherbourg, qui a étudié avec le plus grand soin les plantes de son arrondissement ; dans la même localité, M. Gustave Thuret, si connu par ses belles découvertes sur la reproduction des Algues ; à Valognes, M. le D'. Lebel, à qui on doit tant de découvertes intéressantes ; à Avranches, MM. Lainé, Le Héricher et Tétrel ; et à Sourdeval, M. l'abbé Viel.

J'arrive en dernier lieu au Calvados, sur lequel j'ai reçu le plus de renseignements. Je dois surtout d'excellentes observations à M. de L'Hôpital, professeur du lycée ; des communications importantes m'ont été faites encore par M. le D'. Perrier, que j'ai déjà cité, et par MM. Joret, de Bonnechose, père et fils, Renou, Durand-Duquesney, Gahéry, Morière et Aunay.

J'inscris ici enfin avec reconnaissance, mais avec un vif sentiment de douleur et de regret, les deux noms de M. Chauvin et de M. le D'. Hardouin, botanistes distingués dont nous déplorons la perte récente.

Falaise, Avril 1859.

DICTIONNAIRE

DES

TERMES DE BOTANIQUE EMPLOYÉS DANS CET OUVRAGE.

A

Acaule, sans tige. Cette désignation s'applique souvent d'une manière peu rigoureuse. Ainsi, telle plante dite *acaule*, aura une tige très-courte, sortant à peine de terre, telle autre sera pourvue d'une tige souterraine ou rhizome.

Acéré, terminé en pointe aiguë, piquante.

Aciculaire, en forme d'aiguille.

Acotylédoné, sans cotylédons ou dépourvu de feuilles cotylédonaires.

Acuminé, terminé insensiblement par une pointe effilée.

Adné, se dit d'un organe soudé, dans sa longueur, à un autre.

Agames, plantes dont la reproduction n'a point lieu au moyen d'une fécondation reconnue.

Agrégé, réuni en groupes plus ou moins serrés.

Aigrette, faisceau de poils ou de soies placé au sommet de certaines graines. On distingue plusieurs sortes d'aigrettes : 1°. *l'aigrette plumeuse*, dont les arêtes sont chargées de soies distiques disposées comme les barbes d'une plume ; 2°. *l'aigrette poilue*, dont les arêtes sont couvertes de poils ou de soies sans ordre ; 3°. *l'aigrette aristée*, à arêtes nues ; 4°. *l'aigrette paléacée*, dont les arêtes sont remplacées par des écailles ; 5°. *l'aigrette membraneuse*, dont les écailles, soudées entre elles, forment une sorte de couronne membraneuse.

Aiguillon, pointe dure qui naît de l'écorce ou de l'épiderme.

Aile, saillie ou rebord membraneux qui se remarque sur certaines tiges et qui accompagne quelques fruits.

Ailées, on appelle ainsi les feuilles pinnées.

Aisselle, angle formé par l'insertion d'un rameau, d'une feuille ou d'une bractée.

Akène, fruit sec, monosperme, indéhiscent, à péricarpe adhérent.

Alterne, espacé un à un à des niveaux différents sur un même support. Terme employé souvent pour indiquer l'insertion alternative de feuilles, de rameaux ou de fleurs.

Amplexicaule, qui embrasse la tige ; se dit principalement d'une feuille dont la base élargie s'étend sur la tige.

Anastomosées, nervures d'abord libres, se soudant par leurs sommets de manière à ne plus en présenter qu'une seule.

Ancipité, tranchant des deux côtés.

Androgyne, végétal monoïque, portant des fleurs mâles et des fleurs femelles sur la même tige.

Angiosperme, fruit renfermé dans un péricarpe.

Annulaire, en forme d'anneau.

ANNUEL, qui dure un an. On appelle *plantes annuelles* celles dont le développement entier a lieu dans le courant d'une année.

ANTHÈRE, partie terminale de l'étamine qui renferme le pollen ; elle est ordinairement *bilobée* ou *biloculaire*, c'est-à-dire formée de deux lobes ou loges, sortes de sacs où est entassé le pollen dont l'émission a lieu par une fente longitudinale.

ANTHÉRIDIE, organe propre aux Cryptogames et que l'on croit destiné à remplir les fonctions de l'anthère chez les Phanérogames.

ANTHÈSE ou FLEURAISON, moment du développement de la fleur.

ANTHODE ou CALATHIDE, réunion de fleurs en capitule dans la famille des composées.

APÉTALE, sans pétales. On nomme surtout ainsi les plantes dont les fleurs n'ont pas d'enveloppes florales colorées et sont réduites au calice.

APHYLLE, sans feuilles.

APICULÉ, terminé par une petite pointe courte, non raide.

APPRIMÉ, appliqué dans toute sa longueur sur une surface.

APRE, se dit d'une surface couverte de poils courts et rudes.

ARANÉEUX, ARACHNOÏDES. On appelle ainsi des poils mous, couchés et entrelacés, qui rappellent les toiles d'araignée.

ARBORESCENT, rapprochant de la stature d'un arbre.

ARBRE, végétal à tronc et rameaux ligneux, atteignant des dimensions élevées.

ARBRISSEAU, ARBUSTE, végétal ligneux, rameux dès la base, dépassant peu la hauteur d'un homme. Le *sous-arbrisseau* atteint à peine la hauteur d'un mètre.

ARÊTE, organe filiforme, raide, souvent le prolongement d'une nervure. L'arête des Graminées porte vulgairement le nom de *Barbe*.

ARILLE, expansions ou appendices qui se trouvent sur diverses graines et qui sont souvent dus à un épanouissement du cordon ombilical.

ARISTÉ, terminé par une arête.

ARQUÉ, courbé en arc.

ARTICULÉ, qui présente une ou plusieurs articulations.

ASCENDANT, étalé à la base et redressé au sommet. Se dit surtout des tiges.

ATTÉNUÉ, diminuant insensiblement de largeur.

AURICULÉ, pourvu d'oreillettes. Une *feuille auriculée* est celle qui présente, à son point d'insertion, deux expansions foliacées qu'on appelle *oreillettes*.

AXILLAIRE, placé à l'aisselle d'un rameau, d'une feuille ou d'une bractée.

B.

BACCIFORME, en forme de baie.

BAIE, fruit charnu, mou, renfermant plusieurs graines.

BANDELETTES, canaux résinifères qui se trouvent dans les vallécules du fruit des Ombellifères.

BALE ou BALLE, c'est l'enveloppe intérieure de la fleur des Graminées, composée des glumelles.

BASILAIRE, appartenant à la base.

BI ; cette syllabe, abréviation de *bis*, deux fois, exprime, au commencement d'un mot, l'état double de l'objet indiqué par la terminaison ; ainsi, biailé, à deux ailes ; bicuspidé, à deux pointes, etc. Voir ci-dessous les mots les plus importants.

BIDENTÉ, à deux dents.

BIFIDE, divisé profondément en deux lobes.

Biflore, portant deux fleurs.

Bifurqué, fourchu.

Bilabié, à deux lèvres.

Bilobé, à deux lobes.

Biloculaire, à deux loges.

Biparti, à deux divisions profondes.

Bipinnatifide, deux fois pinnatifide. Une feuille bipinnatifide est d'abord pinnatifide et ses segments sont également pinnatifides.

Bipinnée, deux fois pinnée ; se dit d'une feuille dont le pétiole commun porte latéralement des folioles pinnées.

Bisannuel, qui dure deux ans. Une plante bisannuelle ne fleurit que pendant l'année qui suit celle qui a vu son premier développement.

Bivalve, à deux valves.

Bois; c'est la partie intérieure et la plus dure du tronc des arbres ; elle est formée par les couches les plus anciennes du *corps ligneux*, dont les couches extérieures, plus récentes et plus molles, composent l'*Aubier*.

Bosselé, couvert de renflements ou élévations de forme arrondie.

Bourgeon, état primordial d'un rameau qui se montre à l'aisselle des feuilles ou au sommet de la tige d'une plante. Les bourgeons qui se montrent sur diverses parties du végétal d'une manière irrégulière sont appelés *adventifs*.

Bouton, état de la fleur avant son épanouissement.

Bractées, feuilles qui accompagnent les fleurs et qui diffèrent de plus en plus des feuilles caulinaires en se rapprochant du sommet de la plante.

Bractéole, petite bractée.

Bulbe, tige souterraine très-courte, sorte de bourgeon dont l'axe ou *plateau* est chargé d'écailles charnues, lui donnant une forme arrondie. Le dessous de l'axe du bulbe est muni de racines.

Bulbeux, en bulbe.

Bulbille, petit bulbe. On donne surtout ce nom à des bourgeons charnus qui se trouvent quelquefois aux aisselles des feuilles de quelques plantes, parmi les fleurs de certaines espèces d'*Allium*, sur des racines.

Bursicule, sorte de poche ou de petite bourse qui, dans la fleur des Orchidées, renferme l'extrémité des rétinacles.

C.

Caduc, se dit d'un organe qui se détache de la plante au moyen de la désarticulation de son point d'attache. Les feuilles *caduques* sont celles qui ne persistent point pendant l'hiver et qui tombent à la fin de l'automne.

Calathide, nom donné aux groupes de fleurs réunies en tête dans la famille des Composées. Cette inflorescence porte aussi les noms de Capitule et d'Anthode.

Calice; cette enveloppe florale, la plus extérieure, est composée de folioles (*sépales*), qui forment le premier verticille de la fleur. Ces folioles ou feuilles modifiées sont, le plus souvent, de couleur verte. Le calice est dit : *Dialysépale* ou *Polysépale*, quand ses divisions sont libres ; il est *Gamosépale* ou *Monosépale*, au contraire, si les sépales sont soudés entre eux dans toute leur longueur ou au moins dans leur partie inférieure.

Calicule, petit calice. Quelquefois des bractées rapprochées du calice forment une sorte de calice accessoire que l'on nomme calicule.

CALYCINAL, qui fait partie du calice.

CAMPANULÉ, en forme de cloche. Les calices gamosépales et les corolles gamopétales, dont les divisions sont soudées dans une grande partie de leur longueur, présentent souvent la forme campanulée.

CANALICULÉ, creusé longitudinalement en gouttière.

CANNELÉ, une tige est cannelée quand sa surface présente des sillons et des côtes rapprochés régulièrement.

CAPILLACÉ, CAPILLAIRE, semblable à un cheveu. Ces mots servent à indiquer des organes ou des divisions de feuilles ou de racines d'une grande ténuité.

CAPITULE, Anthode, Calathide, noms donnés à l'inflorescence des plantes de la famille des Composées qui se compose d'une agrégation de fleurs (*Fleurons*) sessiles sur un disque (*Réceptacle*) terminant le pédoncule et entourées d'écailles ou bractées formant une sorte de calice commun (*Involucre*).

CAPITÉ, en tête.

CAPSULE, fruit sec renfermant les graines. La capsule peut être déhiscente ou indéhiscente, uniloculaire ou multiloculaire. Voyez ces mots.

CARÈNE; on appelle ainsi la partie inférieure de la corolle des Papilionacées, qui est formée des deux pétales inférieurs rapprochés en nacelle et plus ou moins soudés par leur bord interne.

CARIOPSE, fruit sec, monosperme, à périsperme adhérent, propre à la famile des Graminées.

CARPELLE, ce sont des ovaires qui, dans une fleur, constituent la partie centrale et terminale; ils sont terminés par un style et un stigmate, et leur forme prouve bien qu'ils sont une modification d'une petite feuille dont les deux moitiés, appliquées l'une sur l'autre, sont soudées par leurs bords rapprochés. Certaines capsules sont dues à des rapprochements de carpelles soudés les uns aux autres.

CARPOPHORE, prolongement de l'axe de la fleur qui supporte le fruit au-dessus des verticilles floraux.

CARTILAGINEUX, ayant la consistance d'un cartilage.

CARYOPSE, voy. CARIOPSE.

CASQUE, dans les Orchidées et dans quelques Renonculacées, les divisions supérieures et externes du périanthe sont rapprochées et arquées en voûte. Cette portion de la fleur a reçu le nom de casque.

CAUDICULE, sorte de pédicule qui supporte les masses polliniques dans les Orchidées.

CAULESCENT, pourvu d'une tige.

CAULINAIRE, qui appartient à la tige.

CELLULAIRE; le tissu cellulaire est formé de la réunion de cellules ou utricules.

CHATON, inflorescence des Amentacées. Épi formé de fleurs souvent unisexuelles.

CHAUME, tige des Graminées cylindriques, souvent fistuleuse, munie de nœuds espacés où les feuilles prennent naissance.

CHLORANTHIE, maladie des végétaux qui donne une teinte plus ou moins verte aux parties de la fleur autrement colorées à l'état normal.

CHLOROPHYLLE, CHROMULE, ENDOCHROME, noms donnés à la substance colorée renfermée dans les cellules des tissus végétaux. Très-diversement colorée dans les corolles, la chlorophylle est le plus souvent verte dans les feuilles et leurs modifications.

Cils, poils courts, droits, placés en série sur les bords d'une surface.

Cilié, bordé de cils.

Circiné, roulé en forme de crosse.

Claviforme, en forme de massue.

Cloison, les capsules présentent quelquefois des compartiments dus à la présence [de cloisons dont l'origine est souvent due à la carène de carpelles soudés entre eux

Cochléariforme, en forme de cuiller.

Coloré ; on regarde comme colorés les organes qui présentent toute autre coloration que la couleur verte.

Columelle, colonne qui se trouve au centre de quelques fruits par le prolongement de l'axe de la fleur.

Commissure, point de jonction de deux carpelles soudés entre eux.

Composée, se dit d'une feuille qui est divisée en feuilles secondaires que l'on nomme Folioles et qui sont souvent pourvues de pétioles particuliers. — On donne aussi le nom de *Fleur composée* à une réunion de fleurs entourées d'un ou plusieurs rangs de bractées qui forment une sorte de calice commun. C'est l'Anthode, inflorescence propre à la famille des Composées.

Comprimé, qui a éprouvé une pression latérale.

Cône, fruit arrondi, plus ou moins allongé, formé de la réunion d'écailles ligneuses.

Conjugué, disposé par paires.

Connées (Feuilles), feuilles opposées, soudées entre elles par leurs bases.

Connectif, sommet de l'étamine sur lequel sont fixées les loges de l'anthère.

Connivent, se rapprochant sans se souder.

Conoïde, en forme de cône.

Coque, capsule ou fruit sec de forme globuleuse.

Cordé, Cordiforme, en forme de cœur. Une feuille cordée ou cordiforme est échancrée à la base en deux lobes arrondis.

Cordon ombilical, Funicule, sorte de pédicelle qui sert de support à l'ovule.

Corolle ; on appelle ainsi la réunion des folioles, le plus souvent colorées, qui constituent le second verticille floral placé au-dessus du calice dans les fleurs des végétaux dicotylédonés. Les divisions de la corolle portent le nom de *pétales*. Lorsque ces feuilles modifiées sont libres, on dit que la corolle est *dialypétale* (ou polypétale) ; si, au contraire, elles sont plus ou moins soudées entre elles, la corolle est alors *gamopétale* (ou monopétale).

Coronule, petite couronne surmontant les fruits des Characées.

Cortical, qui appartient à l'écorce.

Corymbe, inflorescence formée du rapprochement de rameaux florifères partant de points peu écartés sur la tige et arrivant à la même hauteur horizontale.

Corymbifère, portant un corymbe.

Côte ; on donne ce nom à la nervure médiane et saillante d'une feuille.

Cotonneux, couvert de poils mous, crépus.

Cotylédon ; dans les *végétaux dicotylédonés*, on appelle *cotylédons* ou *feuilles cotylédonaires* les deux parties charnues de la graine qui, lors de la germination, formeront les deux premières feuilles de la jeune plante et serviront à la nourrir par la fécule que ces organes renferment. Dans les *végétaux* appelés *monocotylédonés*, les feuilles primordiales sont alternes et on donne le nom de cotylédon à la première seulement.

Cotylédonaire, appartenant au cotylédon.

Cotylédoné, pourvu de cotylédons.

Couché. Une tige est couchée lorsqu'elle est étalée sur le sol sans que ses rameaux émettent de racines.

Couronne. On appelle ainsi des appendices qui se trouvent à l'entrée de certaines corolles.

Cratériforme, en forme de coupe.

Crénelé, bordé de crénelures.

Crénelure, incision marginale en dents arrondies, obtuses.

Crénulé, finement crénelé.

Cruciforme, disposé en forme de croix.

Cryptogames, plantes dont la reproduction n'a point lieu au moyen des étamines et des ovules.

Cucullé, disposé en capuchon.

Cuculliforme, en forme de capuchon.

Cunéiforme, en forme de coin. Une feuille cunéiforme est élargie, obtuse ou tronquée au sommet et rétrécie à la base.

Cupule, en forme de petite coupe. L'involucre du fruit de quelques Amentacées est une cupule.

Cuspidé, terminé par une pointe longue et aiguë.

Cuticule, pellicule externe de l'épiderme.

Cyathiforme, en forme de gobelet.

Cylindracé, se rapprochant de la forme cylindrique.

Cymbiforme, en forme de nacelle.

Cyme, inflorescence formée par des pédoncules rameux portant horizontalement des rangées de fleurs à leur partie supérieure.

D.

Décliné, s'inclinant en arc vers le sol.

Décombant, qui retombe par son propre poids.

Décomposé, se divisant en portions divisées de nouveau.

Décurrent, se dit d'un organe qui se prolonge au-dessous de son point d'insertion. Une *feuille décurrente* est prolongée sur la tige au moyen d'appendices foliacés qui descendent de sa base, des deux côtés de son point d'attache.

Déhiscence, action par laquelle s'opère l'ouverture d'un fruit à sa maturité.

Deltoïde, en forme de triangle.

Demi-Fleuron, fleur demi-flosculeuse dont le tube est fendu et étalé en languette.

Dentelé, présentant des dents fines.

Denticulé, à dents très-petites.

Déprimé, aplati, qui semble avoir été pressé de haut en bas.

Dextrorse, s'enroulant en spirale de gauche à droite.

Di, syllabe grecque employée dans la composition des mots pour exprimer le nombre deux.

Diadelphes, se dit des étamines réunies en deux faisceaux.

Dialypétale, polypétale, corolle composée de plusieurs pétales distincts, non soudés entre eux.

Dialysépale, polysépale, calice dont les sépales sont libres, non soudés entre eux.

Diandre, à deux étamines.

Dichotome, tige bifurquée dont chaque branche est également bifurquée.

Dicotylédoné, pourvu de deux cotylédons.

Didyname, fleur à quatre étamines, dont deux plus longues.

Diffuse, tige rameuse dès la base, à rameaux étalés sans ordre.

Digitée, feuille composée de plusieurs folioles en éventail au sommet du pétiole.

Digyne, à deux styles.

Dioïque, plante à fleurs unisexuelles, ayant des fleurs mâles et des fleurs femelles sur deux individus différents.

Diphylle, à deux feuilles.

Disque, centre de l'anthode dans les fleurs radiées.

Distique, disposé alternativement sur les deux faces opposées d'un axe ou d'une tige.

Divariqué, écarté de la tige à angles très-ouverts.

Divergent, se dirigeant dans des sens différents. Des rameaux divergents sont ceux qui s'écartent les uns des autres.

Dorsal, qui a rapport au dos, à la partie inférieure ou extérieure d'un organe.

Drupacé, ayant la consistance d'une drupe.

Drupe, fruit charnu, pulpeux, ayant intérieurement un noyau dur, ligneux.

E.

Écaille; on donne ce nom indistinctement à une grande quantité d'organes de natures diverses. Tantôt ce sont des feuilles rudimentaires, tantôt des folioles calycinales, des bractées, etc., réduites à de petites proportions.

Écailleux, muni d'écailles.

Échancré, **Émarginé**, pourvu d'une échancrure.

Écorce, couches extérieures de la tige.

Effilé, allongé et atténué vers le sommet.

Ellipse, ovale dont les deux extrémités sont de même largeur.

Elliptique, en forme d'ellipse.

Embryon, plante à l'état rudimentaire que renferme la graine.

Émoussé, dont la pointe est obtuse.

Endocarpe, couche interne du péricarpe de divers fruits.

Ensiforme, en forme d'épée.

Entier, non divisé, ni lobé, ni denté.

Éperon, prolongement tubuleux ou en cornet que présentent diverses parties de corolles irrégulières.

Éperonné, muni d'éperon.

Épi, inflorescence composée de fleurs sessiles rapprochées et disposées le long d'un axe.

Épicarpe, couche extérieure du péricarpe.

Épiderme, couche extérieure de l'écorce.

Épigyne, placé sur l'ovaire.

Épillet, petit épi qui, dans les Graminées, sort de la glume.

Épine, pointe dure et piquante. Plusieurs sortes d'organes donnent naissance à des épines. Tantôt elles terminent les dents d'une feuille ou ses nervures, tantôt elles résultent du sommet d'un rameau endurci.

Épineux, muni d'épines.

Épiphylle, inséré sur une feuille.

Étalé, se dit d'organes très-ouverts, très-écartés de la verticale.

Étamine, organe mâle de la fleur qui occupe un ou plusieurs verticilles du troisième rang et qui est une modification de la feuille. L'étamine présente deux parties principales : le *filet* et l'*anthère*.

Étendard, pétale supérieur de la fleur dans les Papilionacées.

F.

Fasciation, déformation monstrueuse des tiges et des rameaux. Une tige *fasciée* présente ordinairement une tige aplatie qui semble formée de la soudure latérale d'une ou plusieurs autres tiges.

Fasciculé, réuni en faisceau.

Fastigié, se dit de rameaux redressés et rapprochés de la tige.

Feuilles, organes de formes très-variées, ordinairement de couleur verte, insérés sur la tige ou les rameaux.

Filet, Filament, partie de l'étamine qui supporte l'anthère.

Filiforme, ayant la forme d'un fil.

Fimbrié, lacinié au bord comme une frange.

Fistuleux, cylindrique et creux à l'intérieur.

Flabellé, étalé en éventail.

Fleur; on donne ce nom à l'ensemble des organes destinés à la fécondation et à la reproduction des végétaux phanérogames. Ces organes, de formes et de fonctions diverses, se composent de plusieurs verticilles qui peuvent être regardés comme des modifications de la feuille. Le plus extérieur, le calice, est le plus souvent de couleur verte ; viennent ensuite la corolle, dont la couleur varie beaucoup ; les *étamines*, organes mâles, et enfin les *ovaires* ou *pistils*, organes femelles qui donnent lieu au fruit.

Fleuraison, Floraison, synonymes d'Anthèse, époque de l'épanouissement de la fleur.

Fleuron, petite fleur tubuleuse, monopétale, propre à l'inflorescence des Composées. Le *demi-fleuron* a le tube fendu et aplati en languette.

Floconneux, chargé de poils mous, entrelacés, réunis en flocons.

Floral, qui appartient à la fleur.

Flosculeux, composé de fleurons réguliers. — *Semi-flosculeux*, formé de la réunion de demi-fleurons.

Flottant, vivant entre deux eaux.

Foliole, petite feuille, division de la feuille dans les feuilles composées.

Follicule, fruit sec, membraneux, appartenant aux carpelles.

Fronde; on appelle de ce nom la feuille des Fougères.

Fruit, l'ovaire fécondé arrivé à l'état de maturité.

Frutescent, plante ligneuse approchant de l'arbrisseau.

Frutiqueux, végétal herbacé tendant à devenir ligneux.

Fugace, qui dure peu de temps, qui se détruit promptement.

Funicule, cordon ombilical, support de l'ovule.

Fusiforme, en forme de fuseau.

G.

Gaîne, partie membraneuse de la base des feuilles qui entoure quelquefois la tige d'une sorte d'étui.

Gamopétale, monopétale, corolle dont les pétales sont plus ou moins soudés entre eux par leurs bords.

Gamosépale, monosépale, calice dont les sépales sont soudés entre eux par leurs bords.

Géminé, organes disposés deux à deux, par paires.

Gemmifère, portant des gemmes ou bourgeons.

Gemmule, **Plumule**, bourgeon qui termine la jeune tige au moment de la germination de la graine.

Genouillé, plié en faisant un angle, non courbé.

Germination, premier développement de l'embryon.

Glabre, complètement dépourvu de poils.

Glabrescent, tendant à devenir glabre, presque glabre.

Glandes, organes ordinairement vésiculaires, sécrétant des liquides de diverses natures.

Glanduleux, de la nature des glandes, sécrétant des liquides comme les glandes.

Glandulifère, qui porte des glandes.

Glauque, couleur verte qu'une sécrétion pulvérulente, blanchâtre, superficielle modifie de manière à la rendre bleuâtre.

Glomérule, inflorescence par laquelle les fleurs sont rapprochées en tête, sans un calice commun.

Glumacé, de la nature des glumes, pourvu de glumes.

Glume, bractée scarieuse, souvent double, dans les fleurs des Graminées. Les Glumes semblent remplir les fonctions d'un involucre ou d'un calice à la base des épillets.

Glumelles sont les écailles de l'épillet des Graminées, qui semblent remplacer la corolle, puisqu'elles renferment les étamines et les ovaires.

Glumellule ou **Paléole**, troisième enveloppe florale qui se trouve dans quelques Graminées.

Glutineux, ayant la consistance de la glu, collant.

Gorge; on donne ce nom à l'entrée de certaines corolles ou calices tubuleux.

Gousse, *légume*, fruit carpellaire coriace, le plus souvent biloculaire et polysperme, propre à la famille des Papilionacées.

Graine, ovule fécondé qui renferme le rudiment d'un nouveau végétal.

Granulé, granuleux, couvert d'aspérités en forme de granules ou petits grains.

Grappe, inflorescence qui se rapproche de l'épi; mais la grappe est ordinairement pendante avec les fleurs lâches, plus longuement pédonculées.

Grimpant, végétal dont les tiges faibles et volubiles s'appuient sur les corps environnants.

Gueule; on appelle ainsi l'entrée de certaines corolles monopétales qui présentent comme deux lèvres et une sorte de palais.

Gymnosperme, fruit nu, non renfermé dans un péricarpe.

Gynostème, soudure des étamines au style (fleur gynandre), comme dans les Orchidées.

H.

Hampe, pédoncule radical qui ressemble quelquefois à une tige.

Hasté, en forme de fer de hallebarde.

Herbacé, de la consistance de l'herbe.

Herbe, plante à tige annuelle, non ligneuse.

Hérissé, couvert de poils droits et raides.

Hermaphrodite (fleur), pourvue d'étamines et d'ovaire.

Hétérophylle, présentant des feuilles de diverses formes sur la même tige.

Hile, ombilic, point de l'ovule où est fixé le funicule.

Hispide, couvert de poils raides et presque piquants.

Hybride, plante provenant d'une espèce dont la graine a été fécondée par une autre espèce du même genre.

b

Hypocratériforme, en forme de coupe évasée.
Hypogyne, inséré au-dessous de l'ovaire.

I.

Imbriquées, feuilles ou écailles se recouvrant les unes les autres comme les
tuiles d'un toit.
Imparipinnée, feuille composée, terminée par une foliole impaire.
Incisé, présentant des découpures profondes, mais n'atteignant pas au-delà
de la partie moyenne.
Incurvé, courbé dans sa partie supérieure.
Indéhiscent, qui ne s'ouvre pas.
Indusium, tégument épidermique qui, dans les Fougères, recouvre les groupes
de sores.
Inerme, sans piquants.
Infléchi, courbé en dedans.
Inflorescence, disposition des fleurs qui a reçu beaucoup de noms, dont les
plus usités sont indiqués dans ce Dictionnaire.
Infundibuliforme, en forme d'entonnoir.
Inséré, fixé à un point quelconque.
Insertion, point d'attache d'un organe.
Insipide, sans saveur.
Involucelle, collerette partielle, bractées qui, dans les Ombellifères, se trou-
vent à la base des rayons des ombellules.
Involucre, collerette générale, bractées qui, dans les Ombellifères, sont placées
à la base des rayons de l'ombelle. — On appelle aussi de ce nom les
écailles ou bractées qui entourent le capitule des Composées.

L.

Labelle, tablier, pétale élargi, ordinairement pendant et souvent éperonné,
dans la fleur des Orchidées.
Labiée, corolle gamopétale, irrégulière, divisée en deux lèvres.
Lacéré, découpé irrégulièrement, comme déchiré.
Lache, se dit d'une inflorescence dont les fleurs sont écartées, peu fournie.
Lacinié, profondément découpé en lanières étroites et irrégulières.
Lactescent, pourvu d'un suc laiteux.
Lait, suc propre de certains végétaux.
Lamelliforme, en forme de petites lames.
Lancéolé, en forme de lance. Une feuille lancéolée est oblongue, atténuée in-
sensiblement aux deux extrémités.
Légume, voy. Gousse.
Lenticulaire, en forme de lentille.
Lépicène, nom donné à la réunion des deux glumes dans les Graminées.
Ligneux, de la consistance du bois.
Ligule, membrane à l'entrée de la gaîne des Graminées.
Ligulé, en forme de languette. Un demi-fleuron est un fleuron ligulé.
Limbe, portion élargie et plane de la feuille.
Linéaire, surface étroite, à bords parallèles dans la plus grande partie de sa
longueur.
Lobes, divisions assez profondes d'une feuille.
Lobé, pourvu de lobes.
Loculaire, qui appartient aux loges, qui en est pourvu. On dit qu'une capsule

est uniloculaire, biloculaire, triloculaire, etc., si elle présente une, deux
ou trois loges, etc.

Loges, cavités que présente le fruit.

Lunulé, en forme de croissant.

Lyrée, feuille à côtés découpés en lobes petits; le terminal grand, élargi.

M.

Marcescent, se dit d'un organe qui reste attaché à la plante après s'être flétri
et desséché.

Marginal, qui a rapport au bord, situé sur le bord.

Médullaire (Canal), cavité remplie de moëlle au centre des végétaux dicotylédonés.

Mésocarpe, partie du péricarpe située entre l'épicarpe et l'endocarpe.

Monadelphes, étamines soudées en un seul faisceau.

Moniliforme, en forme de chapelet.

Monochlamydé, ne présentant qu'une seule enveloppe florale.

Monocline, ayant des étamines et un ovaire dans la même fleur.

Monocotylédoné, n'ayant qu'un cotylédon.

Monogyne, n'ayant qu'un carpelle.

Monoïque, ayant des fleurs unisexuelles distinctes, même portées sur le même
individu.

Monopétale, synonyme de gamopétale, mais moins convenable, parce que la
fleur n'est pas à un seul pétale, mais bien composée de plusieurs pétales
soudés entre eux.

Monophylle, à une seule feuille.

Monosépale, synonyme de gamosépale; même remarque que ci-dessus pour
l'expression *monopétale*.

Monosperme, à une seule graine.

Mousse, émoussé, non pointu.

Mucroné, terminé par une pointe sortant brusquement d'une base large.

Multicaule, à plusieurs tiges.

Multifide, à nombreuses divisions.

Multilobé, à plusieurs lobes.

Multiloculaire, à plusieurs loges.

Multiparti, à plusieurs divisions profondes.

Multivalve, à plusieurs valves.

Muriqué, hérissé de pointes courtes et dures.

Mutique, dépourvu de pointe ou d'arête.

N.

Nageant, végétal vivant dans l'eau et dont les feuilles viennent s'étendre à
la surface.

Naviculaire, en forme de nacelle.

Nectaire, appendices de la fleur, dont les fonctions sont douteuses.

Nervation, disposition des nervures dans la feuille.

Nervées ou Nerviées, feuilles pourvues de nervures.

Nervures, faisceaux de fibres vasculaires qui forment la charpente des feuilles.

Noix, fruit voisin de la drupe.

Noueux, muni de nœuds ou renflements.

Nu, dépourvu d'enveloppes ou d'organes accessoires.

Nudicaule, à tige nue.

O.

Obconique, en forme de cône renversé.

Obcordé, en cœur renversé. Une feuille obcordée est échancrée en cœur au sommet et atténuée à la base.

Oblong, beaucoup plus long que large et à extrémités arrondies.

Obovale, en ovale renversé, plus large en haut.

Obtus, à sommet non aigu, arrondi.

Ombelle, inflorescence propre à la famille des Ombellifères. Rameaux florifères partant du même point et ayant la même longueur, accompagnés ordinairement, à leur base, de bractées qui constituent une collerette nommée *involucre*.

Ombellule, petite ombelle portée au sommet des rayons de l'ombelle ramifiés, accompagnée également de bractées dont l'ensemble a reçu le nom d'*involucelle*.

Ombilic ou Hile, point où le funicule est attaché à l'ovule.

Ombiliqué, marqué à son centre d'un enfoncement ou ombilic.

Onglet, partie très-rétrécie et allongée de la base de certains pétales.

Opercule, partie supérieure d'une capsule dont la déhiscence a lieu transversalement, comme dans la *pyxide*.

Opposées (Feuilles), situées par paires à un même niveau, des deux côtés d'une tige.

Orbiculaire, forme arrondie, qui se rapproche du cercle.

Oreillettes, expansions foliacées à la base d'un pétiole. Les oreillettes sont souvent décurrentes.

Ovale, en forme d'ellipse plus large dans sa partie inférieure que dans le haut.

Ovule, la jeune graine au moment de l'anthèse.

Ovulé, pourvu d'ovules.

P.

Paillettes, écailles ou lamelles scarieuses qui accompagnent les fleurons sur le réceptacle, dans quelques genres de la famille des Composées. Divisions de la glumelle dans les Graminées.

Palais, partie gonflée de la lèvre inférieure de diverses fleurs en gueule.

Paléacé, hérissé de paillettes.

Paléole, synonyme de glumellule.

Palmée, se dit d'une feuille découpée en lobes plus ou moins profonds, rayonnants ou disposés en éventail.

Panduré, Panduriforme, en forme de violon.

Panicule, inflorescence à pédicelles irrégulièrement rameux, multiflores, affectant une forme pyramidale plus ou moins resserrée, souvent lâche. Les pédicelles inférieurs sont les plus longs.

Paniculé, en forme de panicule.

Papilionacée, forme de fleur dont les diverses parties ont reçu des noms particuliers. Le pétale supérieur, ordinairement le plus large, s'appelle l'*étendard*; les deux latéraux, les *ailes*, et les deux inférieurs, quelquefois soudés entre eux, ou rapprochés, composent la *carène*.

Papilles, petites protubérances coniques ou granuleuses qui se trouvent sur certaines parties des plantes.

Papilleux, hérissé de papilles.

Papyracé, ayant la consistance du papier.

Parenchyme, tissu cellulaire qui remplit toutes les parties des végétaux entre les nervures.

Pauciflore, ayant peu de fleurs.

Pectiné, disposé comme les dents d'un peigne.

Pédalé, **Pédatifide**, **Pédatilobé**, et autres composés à même base, s'appliquent à une disposition *pédalée* de feuilles qui consiste en une division bifide, divergente du sommet du pétiole, portant des lobes plus ou moins profonds sur ses deux ramifications principales.

Pédicelle, support particulier de la fleur. Vulg. *queue* de la fleur.

Pédicellé, pourvu d'un pédicelle.

Pédoncule, support plus ou moins rameux des fleurs dont les ramifications uniflores sont des pédicelles.

Pédonculé, porté sur un pédoncule.

Pélorie, état monstrueux de certaines fleurs irrégulières qui reviennent à une forme régulière insolite.

Peltée (Feuille), dont le limbe, ordinairement orbiculaire, est supporté par un pétiole partant de son centre.

Penné, **Pennatifide**, etc. Voy. **Pinné** et ses composés.

Pentagone, à cinq arêtes ou angles ; **Pentandre**, à cinq étamines ; **Pentagyne**, à cinq styles, etc.

Pépin, graine de divers fruits charnus.

Perfoliée, feuille alterne dont la base, embrassant la tige, se prolonge en deux lobes soudés entre eux, de sorte que la partie inférieure de la feuille semble enfilée par la tige.

Périanthe, **Périgone**, verticilles floraux inférieurs, tels que le calice et la corolle. Ce nom est surtout employé pour les Monocotylédones, qui présentent souvent des calices et des corolles ayant également un aspect pétaloïde.

Péricarpe, enveloppe du fruit due souvent à une ou plusieurs feuilles carpellaires.

Périgyne (Fleur), corolle et étamines insérées sur le tube du calice.

Périsperme, enveloppe de l'embryon et qui lui sert de premier aliment lors de la germination.

Persistant, se dit d'organes dont la durée est de plus d'une année. Les arbres, dont les feuilles tombent à la fin de l'automne, ont des feuilles *caduques*; elles sont, au contraire, *persistantes* lorsqu'elles durent deux ou trois ans et même plus.

Personnée (Corolle), en forme de masque, présentant deux lèvres, dont l'inférieure est fermée par un boursoufflement nommé *palais*.

Pétales, divisions de la corolle, de couleurs variées, provenant d'une modification de la feuille.

Pétiole, partie inférieure de la feuille qui sert de support au limbe et par laquelle elle est fixée à la tige ou aux rameaux.

Pétiolée, feuille pourvue d'un pétiole.

Phanérogames, plantes dont la reproduction a lieu au moyen d'étamines et d'ovaires, organes visibles.

Pinnatifide, feuille découpée des deux côtés comme les barbes d'une plume, en divisions profondes, mais dont les sinus ne dépassent pas le milieu du limbe.

PINNATILOBÉE, disposition de la feuille précédente, mais à lobes arrondis, moins profonds.

PINNATIPARTITE, encore une disposition analogue à la précédente, mais à divisions atteignant presque la nervure moyenne.

PINNATISÉQUÉE, fenille dont les divisions atteignent la nervure moyenne ou le pétiole et le laissent à nu.

PINNÉE, ailée, feuille analogue à la précédente, mais dont les divisions ou lobes sont portés sur des pétioles particuliers insérés sur le pétiole commun.

    Dans toutes les formes *ailées* précédentes de la feuille, les divisions partielles peuvent, à leur tour, être incisées comme la feuille primaire ; alors la feuille est dite : *bipinnée, bipinnatifide*, etc.; quelquefois même elle peut être *tripinnée, quadripinnée*, etc., si elle présente trois ou quatre rachis secondaires.

PINNULES, divisions de la fronde dans les Fougères.

PISTIL, organe femelle de la fleur, faisant partie du dernier verticille supérieur. Il se compose de l'*ovaire* qui renferme les *ovules* ; il est prolongé par un filament nommé *style* et terminé par le *stigmate*.

PIVOTANTE, racine s'enfonçant verticalement dans la terre.

PLACENTA, partie centrale de l'ovaire sur laquelle les ovules sont insérés.

PLANTULE, premier développement de la jeune plante lors de la germination.

PLATEAU, disque auquel est réduit la tige dans les bulbes.

PLUMULE, jeune tige au moment de la germination.

POILS, productions filiformes provenant de l'épiderme, formées d'une ou de plusieurs cellules simples, bifurquées ou rameuses. Certains poils sont glanduleux et sécrètent une liqueur formant gouttelette à leur sommet. Ceux de l'Ortie sécrètent un liquide très-irritant.

POILU, chargé de poils.

POLLEN, ou *poussière fécondante*, masse de granules renfermés dans les loges de l'anthère.

POLLINIQUE, qui a rapport au pollen.

POLYADELPHE, fleur dont les étamines sont soudées en plusieurs faisceaux.

POLYANDRE, fleurs dont les étamines sont en grand nombre.

POLYGAME, plante portant à la fois, sur un même individu, des fleurs mâles, femelles et hermaphrodites.

POLYPÉTALE, à plusieurs pétales.

POLYPHYLLE, à plusieurs feuilles ou divisions.

POLYSÉPALE, à plusieurs sépales.

POLYSPERME, à graines nombreuses.

PRÉFLORAISON, disposition des diverses parties de la fleur avant son épanouissement.

PRÉFOLIATION, VERNATION, arrangement des feuilles dans le bourgeon.

PROLIFÈRE, fleur anomale qui émet, à son centre ou à l'aisselle de quelques-unes de ses divisions, un bourgeon qui donne lieu à un rameau ou à d'autres fleurs.

PRUINEUX, enduit d'une sécrétion pulvérulente, sorte d'efflorescence qui donne à la surface qui en est couverte une couleur glauque.

PUBESCENT, qui est chargé de poils fins, courts et peu nombreux.

PULPE, partie charnue de certains fruits.

PULVÉRULENT, chargé d'une sorte de poussière.

PYRAMIDAL, en forme de pyramide.

PYRIFORME, en forme de poire.
PYXIDE, fruit capsulaire sec, s'ouvrant transversalement.

Q.

QUADRANGULAIRE, à quatre angles ou arêtes.
QUATERNÉ, organes rapprochés par quatre.

R.

RACÉMIFORME, en forme de grappe.
RACHIS, nervure médiane qui continue le pétiole primaire et les pétioles se-
    condaires dans les feuilles composées. Axe d'un épi.
RACINE, partie inférieure des végétaux qui se dirige de haut en bas en s'en-
    fonçant dans le sol. Axe descendant.
RADICAL, qui appartient à la racine.
RADICANTE, tige couchée émettant des racines çà et là.
RADICELLES, RADICULES, petites racines secondaires.
RADICIFORME, en forme de racines.
RADIÉES, fleurs de la famille des Composées, dont le disque, composé de fleu-
    rons réguliers, est entouré d'une série de fleurons ligulés.
RAMÉAL, qui appartient aux rameaux.
RAMULE, RAMUSCULE, petit rameau.
RÉCEPTACLE (du capitule), sommet élargi d'un pédoncule chargé de fleurons
    et entouré d'un involucre.
RECOURBÉ, courbé dans sa partie supérieure.
REDRESSÉ, ascendant, d'abord couché, redressé perpendiculairement dans le
    haut.
RÉFLÉCHI, dirigé vers le sol ou vers le support; courbé en dehors.
RÉNIFORME, en forme de rein, arrondi et échancré à la base.
RÉTICULÉ, en forme de réseau.
RÉTINACLE, extrémité visqueuse des masses polliniques des Orchidées.
RHIZOME, tige souterraine, terminée par une tige aérienne.
RHOMBOÏDAL, en forme de losange.
RONCINÉES, feuilles pinnatifides dont les lobes aigus sont dirigés vers la base.
ROSETTE, feuilles rapprochées en cercle.
ROSTRE, bec ou pointe terminale.
ROTACÉ, en roue.
RUDIMENTAIRE, premier état d'un organe.
RUGUEUX, marqué de rides et de sillons.

S.

SAGITTÉ, en forme de fer de flèche.
SAMARE, fruit sec, monosperme, prolongé par une aile membraneuse.
SARCOCARPE, partie charnue de certains péricarpes dans quelques fruits.
SARMENTEUSES, tiges allongées, cherchant un appui sur les objets voisins,
    comme celles de la vigne.
SCABRE, rude au toucher par la présence d'aspérités courtes quelquefois un
    peu crochues.
SCAPE, hampe, pédoncule radical.
SCARIEUX, membraneux, sec et transparent.
SCROTIFORME, en forme de sac.
SEGMENT, lobe d'une feuille composée.

Semi, demi ; ce mot joint à une épithète la modifie par atténuation. Ainsi, une *feuille semi-amplexicaule* est une feuille dont la base est à moitié embrassante, entourant la moitié de la tige.

Semi-flosculeux, composé de demi-fleurons.

Sépales, feuilles modifiées qui composent le calice, premier verticille floral.

Sertule, sorte d'ombelle dont les rayons ne portent qu'une fleur.

Sessile, organe inséré immédiatement sur son support, sans pétiole si c'est une feuille, sans pédicelle si c'est une fleur.

Sétacé, en forme de soie raide.

Silicule, silique n'étant pas deux fois plus longue que large.

Siliculeux, pourvu d'une silicule.

Silique, fruit sec, capsulaire, allongé, formé de deux carpelles soudés entre eux et dont la commissure faisant cloison persiste après la chute des valves.

Siliqueux, pourvu d'une silique au moins deux fois aussi longue que large.

Sillonné, marqué de sillons longitudinaux.

Simple, non rameux.

Sinistrorse, tige volubile s'enroulant de gauche à droite.

Sinué, bordé de sinus, angles rentrants arrondis. flexuosités.

Soie, poil raide.

Solide, plein, non fistuleux.

Sores, groupes de sporanges qui se trouvent sur les frondes fructifères des Fougères.

Soyeux, couvert de poils fins, couchés et brillants.

Spadice, sorte de colonne ou massue sur laquelle sont insérés les étamines et les ovaires dans les Aroïdées.

Spathe, involucre membraneux ou foliacé, formé d'une ou plusieurs bractées qui enveloppent d'abord les fleurs dans les *Allium* et les Aroïdées principalement.

Spatulé, en forme de spatule, élargi et obovale à son sommet.

Sphérique, **Sphéroïdal**, globuleux, qui se rapproche de la forme de la sphère.

Spiciforme, en forme d'épi.

Spinescent, se terminant en épine.

Spongieux, ayant la consistance d'une éponge.

Spontané, qui a crû spontanément, sans culture. *Subspontané*, presque spontané.

Sporange, conceptacle qui, dans les Cryptogames, renferme les spores.

Spores, corpuscules reproducteurs des Cryptogames qui sont analogues aux graines ou aux embryons des plantes phanérogames.

Squamiforme, en forme d'écaille.

Squamule, petite écaille.

Squarreux, hérissé d'écailles raides, étalées et même recourbées.

Staminiforme, en forme d'étamine.

Staminode, étamine stérile qui, dans les Orchidées, est réduite à un petit appendice latéral.

Stigmate, sommet glanduleux de l'ovaire ou du style, si l'ovaire est terminé par cet organe.

Stipe, tige des Fougères.

Stipité, porté sur un support atténué.

Stipules, petites feuilles accessoires qui accompagnent souvent les feuilles, surtout à leur point d'insertion, et qui sont quelquefois soudées au pétiole.

Stolons, jets rampants et radicants qui se développent à la base des tiges et donnent lieu à de nouvelles plantes.

Stolonifère, pourvu de stolons.

Strié, couvert de stries.

Style, organe filiforme qui est un prolongement du sommet de l'ovaire et qui est terminé par une partie glanduleuse appelée *stigmate.*

Stylopode, base épaissie du style dans les Ombellifères.

Subéreux, qui a la consistance du liége.

Subulé, en forme d'alène, qui se termine en pointe aiguë.

Sucs propres, liquides de nature laiteuse qui découlent des blessures de certains végétaux.

Suture, point de réunion de deux organes soudés ensemble.

Synanthérées, fleurs dont les anthères soudées ensemble forment une gaîne autour du style.

T.

Tablier, nom vulgaire du labelle, pétale élargi et ordinairement pendant de la fleur des Orchidées.

Tégument, organe en recouvrant un autre.

Terné, organes disposés par trois.

Tétradyname, fleur ayant quatre étamines plus longues que les autres.

Tétraèdre, Tétraquètre, corps prismatique à quatre arêtes saillantes.

Tétragone, mot employé quelquefois, à tort, comme synonyme des deux précédents, désignant plutôt une surface limitée par quatre lignes droites.

Tétrandre, fleur à quatre étamines.

Thyrse, inflorescence qui se rapproche de la panicule et qui peut en être considérée comme une modification. Dans le thyrse, les rameaux florifères inférieurs et supérieurs sont plus courts que les intermédiaires, la panicule a ses rameaux inférieurs les plus longs.

Tige, partie centrale et ascendante des végétaux, sur laquelle sont insérés les organes appendiculaires. La tige est l'axe végétal ascendant; la racine l'axe descendant.

Tigelle, jeune tige dans l'embryon.

Tombant, se penchant vers le sol.

Tomenteux, couvert de poils mous, flexueux, crépus ou feutrés.

Toruleux, garni, dans sa longueur, d'une série de renflements ou bosselures.

Tortillé, qui s'enroule autour des corps voisins.

Torus, sommet du pédicelle qui porte les organes floraux.

Traçant, rampant, pourvu de longues tiges radicantes.

Trachées, vaisseaux en spirale.

Trapézoïde, Trapézoïdale, surface limitée par un carré à côtés inégaux.

Trichotome, division des rameaux en trois parties, dont chacune est à son tour divisée en trois, et ainsi de suite.

Trilobé, à trois lobes.

Triloculaire, à trois loges.

Tronc, tige des arbres.

Tronqué, coupé brusquement par une ligne transversale.

Tubercule, masses charnues souterraines, féculentes, qui sont des tiges ou rhizomes souterrains ou des renflements de la racine. Le bulbe, qui est formé d'écailles, diffère du tubercule qui présente une composition plus simple et plus homogène.

Tuberculeux, pourvu de tubercules.
Tubéreux, en forme de tubercule.
Tubuleux, en forme de tube.
Turbiné, en forme de toupie, en cône renversé.
Turion, jeune tige naissant de la souche des plantes vivaces.

U

Unciné, muni d'une pointe recourbée en crochet.
Uniflore, à une seule fleur.
Unilatéral, disposé d'un seul côté.
Uniloculaire, à une seule loge.
Unisexuelle, fleur n'ayant à la fois que des étamines ou des ovaires.
Urcéolé, en forme de godet ou de grelot, resserré aux deux extrémités.
Utricule, cellule, petite vessie membraneuse, organe simple, premier élé-
    ment du tissu cellulaire.

V

Vaginé, pourvu d'une gaine.
Vallécule, intervalle qui sépare les côtes du fruit des Ombellifères.
Valves, pièces qui composent l'enveloppe des fruits déhiscents.
Valvule, petite valve. Divisions de la glumelle des Graminées.
Vasculaire, qui appartient aux vaisseaux.
Veines, les nervures des feuilles portent ce nom.
Velouté, couvert de poils serrés, présentant de l'analogie avec le velours.
Velu, couvert de longs poils.
Verruqueux, couvert de protubérances en forme de verrues.
Verticille, série d'organes disposés au même niveau autour d'un axe.
Verticillé, en verticille.
Vésiculeux, en forme de vésicule, d'une petite vessie.
Vivace, plante dont la racine persiste, que sa tige soit annuelle ou continue
    de végéter plus d'une année.
Vivipare, état tératologique de la fleur qui se transforme en bourgeon foliacé.
Volubile, s'enroulant en spirale autour des corps voisins.
Vrilles, organes provenant de diverses origines, qui se présentent sous la
    forme de filaments volubiles. Le plus souvent, comme dans les Légumi-
    neuses, la vrille est le prolongement du pétiole ou du rachis. Dans la
    vigne, les vrilles sont des pédoncules modifiés dont les fleurs ont avorté.
    Quelquefois les tiges même prennent la forme de vrilles.

ABRÉVIATIONS PRINCIPALES.

A. — Automne.
Ant. — Anthère.
C. AC. PC. TC. — Commun, assez commun, peu commun, très-commun.
Cal. — Calice.
Caps. — Capsule.
Carp. — Carpelle.
Cor. — Corolle.
Div. — Divisions.
E. — Été. Les n°°. qui suivent l'indication des saisons répondent aux mois qu'elles renferment.
Etam. — Etamine.
Extér. — Extérieur, externe.
F. ou Fem. — Femelle.
Feu. — Feuille.
Fl. — Fleur.
Fleur. — Fleuraison.
Flor. — Floraison.
Fl. de Fr. — Flore de France, par MM. Grenier et Godron.
H. — Hiver.
Her. — Hermaphrodite.
Inf. — Inférieur ou infère.
Int. — Intérieur ou interne.
Lég. — Légume.
M. — Mâle.
Ov. — Ovaire.
P. — Printemps.
Panic. — Panicule.
Péd. — Pédoncule ou pédicelle.

Pér. — Périanthe, périgone.
Pét. — Pétale.
R. AR. TR. — Rare, assez rare, très-rare.
Radic. — Radical.
Segm. — Segments.
Sép. — Sépale.
Stigm. — Stigmate.
Sup. — Supérieur ou supère.
Terr. cal. — Terrains calcaires.
Var. — Variété.
S. var. — Sous-variété.
Vulg. — Vulgairement.
1. — Uni ou mono.
2. — Bi ou di.
3. — Tri, etc.

Exemples :

1-2sperme. — Monosperme, disperme.
1-2-3valve. — Univalve, bivalve, trivalve.
♄. — Frutescent. Arbres, arbrisseaux, etc.
♃. — Vivace.
♂. — Bisannuel.
◉. — Annuel.

L'astérisque (*) précédant un nom d'espèce, indique que je n'ai pas recueilli cette plante moi-même, ou que je n'ai pas reçu d'échantillons authentiques trouvés dans les localités signalées.

NOMS DES AUTEURS

CITÉS LE PLUS SOUVENT DANS CET OUVRAGE.

Adanson, Aiton, Allioni, Anderson, Babington, Beauvois (Palisot de), Balbis, Bartling, Bastard, Bentham, Bieberstein, Boreau, A. Braun, Brongniart (Ad.), Cassini, Cosson et Germain, Crantz, Curtis, De Candolle (DC.), Alph. De Candolle, Desfontaines, Des Moulins, Desportes, Desvaux, Doëll, Duby, Dumortier, Dunal, Duval-Jouve, Ehrhart, Fries, Gaertner, Gaudin, Gay, de Girard, Gmelin, Godron, Goodenough, Gouan, Grenier, Hoffmann, Hooker, Hoppe, Host, Hudson, Jacquin, Jordan, Jussieu, Koch, Kunth, Kützing, Lamark, Lebel, Leers, Le Gall, Lehman, Lejeune, Léman, Kœler, Lightfoot, Lindley, Link, Linné (L.), Lloyd, Loiseleur, Mérat, Mertens et Koch, Meyer, Micheli, Miller, Mœnch, Moquin-Tandon, Murray, Mutel, Nees, Persoon, Poiret, Pollich, Pourret, Presl, Reichenbach, Retzius, Robert Brown, Roth, Richard, Rœmer et Schultz, Roth, Salisbury, Savi, Schlechtendal, Schleicher, Schleiden, Schrader, Schrank, Schreber, Schultz, Scopoli, Seringe, Sibthorp, Smith, Soyer-Willemet, Sprengel, Aug. de Saint-Hilaire, Swartz, Tenore, Thuillier, Tournefort, Vaucher, Ventenat, Villars, Wahl, Wahlenberg, Waldstein et Kitaïbel, Wallroth, Weihe, Willdenow, Withering, etc.

ORDRE

SUIVI DANS CETTE FLORE

POUR LA SÉRIE DES FAMILLES NATURELLES.

§ Ier. — **VÉGÉTAUX VASCULAIRES OU COTYLÉDONÉS.**

Ire. CLASSE. — **DICOTYLÉDONÉS ou EXOGÈNES.**

1re. *Div.* — **POLYPÉTALES.** — Fleurs présentant un calice et une corolle distincts. Corolle composée de plusieurs pétales libres.

2e. *Div.* — **MONOPÉTALES.** — Fleurs présentant un calice et une corolle distincts. Corolle à pétales soudés entre eux.

3e. *Div.* — **APÉTALES.** — Fleurs dépourvues de corolle et réduites à un simple calice quelquefois coloré, pétaliforme.

IIe. CLASSE. — **MONOCOTYLÉDONÉS ou ENDOGÈNES PHANÉROGAMES.**

IIIe. CLASSE. — **ENDOGÈNES CRYPTOGAMES ou CRYPTOGAMES SEMI-VASCULAIRES.**

§ II. **VÉGÉTAUX ACOTYLÉDONÉS OU CRYPTOGAMES CELLULAIRES.**

Nota. — Cette section renferme les Mousses, les Hépatiques, les Lichens, les Algues et les Champignons. Ces familles seront décrites dans le deuxième volume.

TABLEAU ANALYTIQUE

DES FAMILLES.

———❦———

1 { Fleurs distinctes, pourvues d'enveloppes florales, d'é-
    tamines et de styles apparents (PHANÉROGAMES).   2
    Fleurs nulles ou indistinctes, sans étamines ni pistils
    (CRYPTOGAMES). 120

2 { Fleurs munies d'une double enveloppe florale ; calice
    et corolle distincts. 3
    Fleurs réduites à une seule enveloppe florale ; calice ou
    périanthe, quelquefois coloré, pétaliforme eu tota-
    lité ou en partie, quelquefois nul. 77

3 { Corolle composée de plusieurs pétales libres. . . . 4
    Corolle composée de pétales plus ou moins soudés
    entre eux. 50

DICOTYLÉDONÉS.

POLYPÉTALES.

4 { Etamines 2 à 10, quelquefois 12. 5
    Etamines en nombre indéfini. 6

5 { Ovaire libre, placé dans la corolle ou au fond du calice. 16
    Ovaire adhérent au calice ou placé sous la corolle. 44

6 { Etamines à filets soudés en forme de tube. . . Malvacées, p. 57.
    Etamines à filets libres ou non soudés en tube. . . 7

7 { Pétales et étamines insérés sur le réceptacle, n'adhé-
    rant pas au calice. 10
    Pétales et étamines insérés sur le calice. . . . 8

8 { Ovaire composé de plusieurs carpelles libres entre eux
    ou renfermés dans le tube du calice. . . . Rosacées, p. 95.
    Ovaire libre, formé d'un seul carpelle ou soudé avec
    le calice et présentant 1 à 5 loges. 9

9 { Ovaire libre, composé d'un seul carpelle. . . Amygdalées, p. 90.
    Ovaire soudé avec le cal. ; fruit ayant 1 à 5 loges. Pomacées, p. 93.

10 { Pétales entiers, ou seulement échancrés ou dentés. 11
    Pétales profondément laciniés ou découpés. . Résédacées, p. 40.

11 { Carpelles libres ou soudés dans leur partie infé-
    rieure . . . . Renonculacées, p. 2.
    Carpelles soudés en un ovaire simple à 1 ou plusieurs
    loges. 12

12 { Calice ayant deux divisions ou sépales. . . Papavéracées, p. 54.
    Calice ayant 3 à 5 divisions. 13

MONOPÉTALES.

MONOCOTYLÉDONÉS.

CRYPTOGAMES SEMI-VASCULAIRES.

FLORE

DE

LA NORMANDIE.

PREMIÈRE PARTIE.

VÉGÉTAUX VASCULAIRES OU COTYLÉDONÉS.

Végétaux à tissu cellulaire entremêlé de vaisseaux lymphatiques, munis de pores corticaux (*stomates*); de racines, de tiges et de feuilles. Fleurs le plus souvent distinctes. Embryon renfermé dans un *périsperme* et pourvu d'un ou plusieurs *cotylédons* qui, par la germination, se développent en feuilles *séminales*.

1re. *CLASSE*. DICOTYLÉDONÉS OU EXOGÈNES.

Tige formée de deux corps distincts, le *Ligneux* et l'*Écorce*, dont l'accroissement suit dans l'un et l'autre des lois inverses. Le premier offre à son centre un canal médullaire entouré de couches ligneuses concentriques, dont les intérieures sont plus anciennes et plus dures (le Bois), et dont les extérieures sont plus blanches et plus molles (l'Aubier); ces couches sont en outre traversées par des rayons médullaires qui partent de la *Moelle* qui occupe le centre. L'écorce couverte à l'extérieur d'une membrane inorganique (l'Épiderme), offre en-dessous des couches corticales à tissu cellulaire, dont les intérieures (le *Liber*) sont les moins anciennes. Feuilles à nervures rameuses et anastomosées. Fleurs distinctes; enveloppe florale (*Périanthe*) double (*Calice* et *Corolle*), ou quelquefois simple; *Sépales* et *Pétales* symétriquement disposés, le plus souvent en nombre cinq et ses multiples. Embryon à deux cotylédons opposés, ou rarement plusieurs verticillés.

1re. *DIVISION*. POLYPÉTALES.

Fleurs présentant un calice et une corolle distincts. Corolle composée de plusieurs pétales libres, non soudés entre eux (Cor. polypétale ou dialypétale).

1re. FAM. RENONCULACÉES. *Juss.*

Pér. le plus souvent double. Cal. de 3 à 5 sépales, caduc, souvent pétaloïde. Cor. de 4 à 9 pétales, tantôt planes, tantôt irréguliers, ayant la forme
de cornets ou d'éperons. Etamines nombreuses. Anthères le plus souvent
adhérentes aux filaments par leur face extér. Capsules tantôt réunies en tête
au centre de la fleur, indéhiscentes et monospermes (*Carpelles*), tantôt
solitaires, déhiscentes et à deux valves. —*Herbes ou sous-arbrisseaux. Feuilles
presque toujours alternes (opposées seulement dans le* Clematis).

Les plantes de cette famille sont généralement caustiques et véné-
neuses.

1	Tige herbacée; feu. alternes ou toutes radicales.	2.
	Tige ligneuse; feu. opposées. . . . . CLEMATIS. (1.)	
2	Corolle très-irrégulière, prolongée en capuchon ou en éperon. . . .	3.
	Corolle régulière, sans capuchon, ni éperon.	5.
3	Fleur à sépale supérieur en capuchon. . . . . ACONITUM (xv.)	
	Fleur munie d'éperons ou cornets.	4.
4	Un seul éperon. . . . . DELPHINIUM. (xiv.)	
	Cinq éperons. . . . . AQUILEGIA. (xiii.)	
5	Calice remplacé par une collerette de 3 folioles.	6.
	Calice de 3 à 5 sép.; quelquefois nul.	7.
6	Carpelles pédicellés, non aristés. . . . . ÉRANTHIS. (ix.)	
	Carpelles non pédicellés, aristés, ou acuminés. . . . ANÉMONE. (iii.)	
7	Capsules soudées au moins par leur base. . . . . NIGELLA. (xii.)	
	Capsules ou carpelles distincts.	8.
8	Carpelle solitaire; bacciforme. . . . . ACTÆA. (xvi.)	
	Carpelles nombreux, non charnus.	9.
9	Carpelles monospermes, indéhiscents.	10.
	Carpelles capsulaires, polyspermes, déhiscents.	14.
10	Carpelles nombreux, couvrant un long réceptacle linéaire. MYOSURUS. (v.)	
	Carpelles non disposés sur un réceptacle linéaire. . . .	11.
11	Périanthe double.	12.
	Périanthe simple, à divis. pétaloïdes; étam. saillantes. THALICTRUM (ii.)	
12	Calice à 3 sépales. . . . . FICARIA. (vii.)	
	Calice à 5 sépales.	13.
13	Pétales ayant à leur base une écaille nectarifère. . RANUNCULUS. (vi.)	
	Pétales sans écaille nectarifère. . . . . ADONIS. (iv.)	
14	Fleurs d'un beau jaune. . . . . CALTHA. (viii.)	
	Fleurs blanches ou verdâtres.	15.
15	Feuilles à folioles ternées. . . . . ISOPYRUM. (xi.)	
	Feuilles pédalées. . . . . HELLEBORUS. (x.)	

Genre Ier. CLEMATIS *L.* (*Clématite*). Pér. simple, à 4-5 div. velues
en dehors. Caps. surmontées, après la fleuraison, d'une longue arête plumeuse.

1. C. VITALBA *L.* (*C. Vigne blanche*). Vulg. *Herbe aux gueux, Liaune,
Viorne*. Tige sarmenteuse, anguleuse, grimpante. *Feu. opposées*, pinnées,
à segments ovales, incisées, presque cordiformes à la base. Fl. blanches
disposées en panicule axillaire. ♄. E. C. Les haies.

La propriété vésicante de ses feuilles fraîches les a fait employer quelquefois, par les mendiants, pour ulcérer la peau de leurs jambes; les
tiges servent à faire des liens et des paniers grossiers.

II. THALICTRUM *L.* (*Pigamon*). Pér. simple de 4 à 5 div. caduques.
Carpelles oblongs, sillonnés, terminés par une petite arête recourbée, non
plumeuse. —*Tige droite. Feu. alternes.*

1	Fl. pendantes, à étam. pendantes.	3.
	Fl. droites, à étam. non pendantes	2.
2	Carpelles ovoïdes, panicule lâche. . . . . *T. riparium.*	
	Carpelles presque globuleux, panicule resserrée. . . . . *T. flavum.*	
3	Carpelles ventrus extérieurement. . . . . *T. minus.*	
	Carpelles régulièrement ovoïdes. . . . . *T. saxatile.*	

1. T. FLAVUM *L.* (*P. jaune*). Plante d'un vert foncé. *Tiges* de 1 mètre environ, *sillonnées.* Feu. ailées ; folioles à lobes cunéiformes, souv. trifides, nerveuses. *Fl.* droites, réunies en *panicule* jaunâtre, *resserrée*, terminale. *Carp.* ovoïdes, *presque globuleux.* ♃. E2. PC. Prés humides.

2. T. RIPARIUM *Jord. Bor.* (*P. des rivages*). Cette plante diffère de la précédente par sa tige plus élevée, par ses feu. plus larges, à lobes lancéolés, entiers, ou les super. quelquefois trifides, cordiformes à la base, et surtout par sa *panicule* rameuse, *très-ample ; lâche. Carp.* ovoïdes, à côtes inégales. ♃. E. TR. Haies humides, bords des rivières. St.-Pierre-sur-Dives.

3. T. MINUS *L.* (*P. nain*). Plante pruineuse, bleuâtre. *Tige* de 3 à 4 décim., flexueuse, *cylindrique.* Feu. ailées à folioles courtes, bi ou trilobées, à pétiole anguleux, sillonné. *Fl. penchées*, jaunâtres, disposées en *panicule divariquée*, à 4 sép. Carp. appointis aux deux extrémités, *ventrus extérieurement* à leur base. ♃. E1. R. coteaux incultes et moiss. des terr. calc. Caen, Falaise, Argentan, St.-Pierre-sur-Dives, etc.

* 4. T. SAXATILE *DC.* (*P. des rochers*). Plante moins glauque et moins pruineuse que la précéd. Feu. semblables, mais à pétioles non anguleux, moins profondém. sillonnés. Fl. *en panicule à rameaux étalés*, non divariqués. *Carp.* régulièrem. *ovales.* ♃. E1. 2. Champs et coteaux secs. Calvados.

J'indique cette espèce dans le Calvados, d'après la Flore de France de MM. Grenier et Godron ; mais il serait possible que ce ne fût qu'une forme du *Th. minus L.*, espèce que quelques auteurs rapportent au *T. montanum* Wallr. ou au *T. collinum* Wallr.

III. ANÉMONE *L.* Collerette formée de trois folioles lobées ou incisées, plus ou moins distantes de la fleur. *Pér. simple* de 5 à 9 div. pétaloïdes. Carp. réunis en tête, terminés par une pointe courte, ou une longue arête soyeuse. *Feuilles radicales.*

1	Feu. à trois lobes très-entiers. . . . . *A. Hepatica.*	
	Feu. à lobes plus ou moins découpés.	2.
2	Fleurs jaunes. . . . . *A. ranunculoides.*	
	Fl. blanches, purpurines ou violettes.	3.
3	Carpelles sans aigrette plumeuse. . . . . *A. nemorosa.*	
	Carpelles terminés par une aigrette plumeuse. . . . . *A. pulsatilla*	

1. A. PULSATILLA *L.* (*A. pulsatille*). Vulg. *Coquelourde.* Tige souterraine (Rhizome), brune. *Collerette multifide.* Feu. radicales, bi ou tripinnatifides, à div. linéaires. Hampe de 8 à 15 centim., uniflore, velue, penchée au sommet. *Pér.* à 6 lobes pétaloïdes, droits, *violets* et velus extérieurement. Carp. terminés par une longue arête soyeuse. ♃. P. AC. Coteaux et bois peu couverts des terr. calc. Rouen, Caen, Falaise, Argentan, Vernon, etc.

M. Duhamel a trouvé, à Chamboy (Orne), cette plante avec des fleurs d'un blanc pur.

2. A. NEMOROSA *L.* (*A. des bois*). Vulg. *Sylvie.* Rhizome horizontal. Feu. et collerette à trois folioles découpées, trifides, incisées. Hampe pubescente, uniflore. Pér. à 6 *lobes blancs*, quelquefois purpurins, au moins en-dehors. Carp. aigus. ♃. P. C. Les bois.

On trouve quelquefois une var. à fl. plus petites et complètement purpurines.

3. A. RANUNCULOIDES *L.* (*A. renoncule*). Feu. radicales à 3 ou 5 lobes incisés, dentés, à 3 fol. trilobées, dentées. Hampe à 1 ou à 2 *fl. jaunes.* Périanthe à 5 div. ovales-arrondies. Carp. aigus. ♃. P. R. Louviers. (Fl. R.) Bois de Becdal et de Reuilly (Eure). Trouvée par M. Chesnon.

4. A. HEPATICA. *L. Hepatica triloba* Vill. DC. (*A. Hépatique). Feu.* à 3 *lobes* très-entiers. Hampe velue de 8 à 12 centim. Collerette de 3 foliol. entières, rapprochées de la fl. Pér. de 6 à 9 div. pétaloïdes. Carp. aigus. ♃. P1. R. Bois. Cette esp., dont on cultive dans les jardins des var. à fl. bleues, roses et blanches, a été trouvée par M. A. Prevost dans la forêt d'Argentan, près de Crennes, et dans les bois de Reuilly et de Becdal (Eure) par M. Chesnon. Port-Villez et St.-Just, près de Vernon.

IV. **ADONIS** *L.* Cal. à cinq sépales caducs. *Pétales 5 à 8 sans écailles* au bas de l'ong'et. Carp. nombreux, anguleux, mucronés par le style court et disposés en épi ovale-oblong. — *Herbes annuelles à tiges feuillées. Feu. multifides à lobes linéaires.*

1 { Pétales ovales et concaves, d'un pourpre foncé. . . . *A. autumnalis.*
  { Pétales oblongs et planes, jaunes ou d'un rouge clair. . . *A. œstivalis.*

1. A. AUTUMNALIS *L.* (*A. d'automne*). Vulg. *Goutte-de-sang, Œil-de-perdrix.* Tige droite, rameuse. Cal. glabre. *Pétales* 6 à 8 *concaves, d'un rouge foncé*, un peu plus grands que les sépales. Carp. réticulés, ovoïdes, arrondis à la base, réunis en tête ovoïde et terminés par un style court, horizontal. ◉. P. C. Les moissons des terr. calc.

2. A. ÆSTIVALIS *L.* (*A. d'été*). Tige de 4 à 6 décim., droite, peu rameuse. *Pét.* 5 à 8, une fois plus longs que le cal., *d'un rouge clair, planes.* Sépales un peu hispides à la base. Carp. prismatiques, réticulés, terminés par un style court redressé et formant un épi allongé, lâche.

Var. *b. A. flava* Vill. DC. Fl. jaunes. Gisors, St.-Pierre-sur-Dives.

◉. E. PC. Moissons. Falaise, St.-Pierre-sur-Dives, Vernon ; Argentan, Chamboy, Trun (Orne).

V. **MYOSURUS** L. (*Ratoncule*). Cal. à 5 sépales prolongés à la base, au-dessous de leur point d'insertion. Pét. à 5 onglets filiformes, tubuleux. Etam. 5 à 20. Carp. nombreux, triquètres, rapprochés et courant un *réceptacle allongé de manière à simuler une queue de souris.*

1. M. MINIMUS *L.* (*R. naine*). Plante haute de 6 à 8 centim. *Feu. radicales, linéaires, planes, entières,* un peu plus courtes que les hampes qui sont nues. Fl. d'un vert-jaunâtre. ◉. P1. 2. PC. Moissons des terr. argileux. Rouen, Caen, Bayeux, Le Havre, Lisieux, Falaise, Argentan, Alençon, Bernay, etc.

VI. **RANUNCULUS** *L.* (*Renoncule*). Cal. à 5 sépales caducs. *Pétales* 5 munis intérieurement, à leur base, *d'une petite écaille* convexe ou concave *glandulifère.* Etam. nombreuses. Carp., ovales. comprimés, réunis en tête et terminés en pointe par le style persistant.

1	Fl. jaunes.	12.
	Fl. blanches.	2.
2	Feu. toutes réniformes à lobes cunéiformes; point de feu. submergées à découpures capillaires.	3.
	Feu., au moins les inférieures, à découpures capillaires.	5.
3	Pétales très-petits dépassant à peine le cal.	4.
	Pétales une fois plus longs que le cal.	R. Lenormandi.
4	Tige flottante; carp. terminés par un bec courbé.	R. cœnosus.
	Tige rampante; carp. obtus ou peu pointus	R. hederaceus.
5	Feu. toutes à découp. capillaires allongées presque parallèles.	R. fluitans.
	Feu., au moins les infér., à découp. capillaires divergentes.	6.
6	Feu. molles à découpures divergentes dans toutes les directions	7.
	Feu. raides à découpures étalées en cercle.	R. divaricatus.
7	Découp. des feu. ne se réunissant point en pinceau hors de l'eau.	8.
	Découp. des feu. se réunissant en pinceau hors de l'eau.	9.
8	Pédonc. beaucoup plus long que les feu.	R. Baudotii.
	Pédonc. dépassant peu les feu.	R. trichophyllus.
9	Stipules des feu. supér. soudées au pétiole dans presque toute leur longueur	R. aquatilis.
	Stip. des feu. supér. soudées au pét. dans leur tiers infér.	10.
10	Feu. supér. à divisions larges cunéiformes.	11.
	Feu. toutes à divisions capillaires.	R. Drouetii.
11	Pétales beaucoup plus longs que le calice.	R. ololeucos.
	Pétales dépassant à peine le calice.	R. tripartitus.
12	Feuilles entières ou simplement dentées.	13.
	Feuilles plus ou moins lobées ou incisées	15.
13	Carpelles ridés.	R. gramineus.
	Carpelles lisses ou ponctués.	12.
14	Tige droite; fleurs larges	R. lingua.
	Tige couchée à la base; fleurs petites.	R. flammula.
15	Tige renflée à sa base en bulbe arrondi	R. bulbosus.
	Tige non renflée à sa base	16.
16	Fibres radicales, en partie renflées-ovoïdes.	R. Chærophyllos.
	Fibres radicales non renflées	17.
17	Tige émettant à sa base des rejets rampants.	R. repens.
	Tige sans rejets rampants à sa base	18.
18	Carpelles nombreux couvrant un réceptacle très-allongé.	R. sceleratus.
	Carpelles en tête arrondie sur un réceptacle non allongé	19.
19	Carpelles épineux ou tuberculeux.	20.
	Carpelles sans épines ni tubercules	22.
20	Carpelles munis d'épines latérales	R. arvensis.
	Carpelles tuberculeux.	24.
21	Tige droite; pétales dépassant le cal.	R. philonotis.
	Tige couchée; pétales dépassant à peine le cal.	R. parviflorus.
22	Carpelles hérissés.	R. auricomus.
	Carpelles glabres	23.
23	Réceptacle hérissé; pédoncule sillonné	R. sylvaticus.
	Réceptacle glabre; pédonc. non sillonné	24.
24	Tige à poils courts, appliqués; carpelles à bec courbé.	R. Borœanus.
	Tige à poils longs, étalés; carpelles à bec droit	R. Friesanus.

* *Fleurs blanches.*

1. R. **AQUATILIS** *L.* (*R. aquatique*). Vulg. *Grenouillette.* Tige nageante. Feu. submergées à divis. multifides, molles, se réunissant en pinceau hors de l'eau; capillacées; les flottantes à 3 lobes cunéiformes dentés et à *stipules*

soudées au pétiole dans presque toute leur longueur. *Pétales* ovales, assez larges, *deux fois plus grands que le calice.* Carpelles presque toujours hispides, striés en travers. ♃ P2. 3. C. Fossés, mares, ruisseaux.

Var. *a. peltatus.* Feu. flottantes orbiculaires, ou réniformes en cœur, à 5 lobes, les latéraux à deux crénelures, le médian à trois. C.

Var. *b. flore pleno.* La forme précédente avec les verticilles floraux convertis en pétales. Environs de Valognes. Le docteur Lebel.

Var. *c. truncatus.* Forme de la feuille des var. précéd., mais tronquée à la base. P.C. Falaise, Séez, Briouze (Orne).

Var. *d. heterophyllus.* Feu. flottantes à 3 lobes. C.

Var. *e. quinquelobus* Koch. Feu. flottantes à lobes entiers. Falaise.

Var. *f. tripartitus* Koch. Godr., non DC. Feu. nageantes à trois lobes bifides, incisés jusqu'à la base, quelquefois presque pétiolulés. Livarot.

Cette espèce, ainsi que les suivantes à fl. blanches, est très-polymorphe. Toutes ces renoncules appartiennent à la section *Batrachium* DC. M. Godron établit, dans la plupart de ces espèces, trois variétés auxquelles peuvent se rapporter toutes les formes dépendant de la station. Ce sont les variétés : *fluitans*, *submersus* et *terrestris.*

2. R. TRIPARTITUS D.C. (*R. tripartite*). Même port et même station que l'espèce précédente, dont elle diffère par ses fleurs plus petites dont les *pét. dépassent à peine le cal.*, et surtout par ses carpelles glabres, plus réticulés. Ses feuilles sont aussi un peu plus profondément trilobées, incisées, pubescentes en-dessous, et leurs stip. sont soudées dans leur tiers infér. ♃ P1. 2. PC. Les fossés. Valognes, Troarn.

3. R. OLOLEUCOS Lloyd. *R. Petiveri* Coss. et Germ. Koch. (*R. toute blanche*). Tige nageante. Feu. submergées à divis. capillacées très-déliées, les supér. nageantes à 3 ou 5 lobes dentés ou incisés à *stip. soudées au pétiole dans leur tiers infér.* Pédonc. plus long que les feu. Pét. obovales dépassant de 1 à 2 fois le cal. Carpelles réticulés, glabres ou velus seulement dans leur jeunesse, acuminés. *Style crochu.* ♃. P2. 3. R. Mares et fossés de la Manche; Vauville, Bricquebec, Béville (le docteur Lebel); Livarot (Calv.); Bourg-le-Roi, près d'Alençon.

Var. *b. multifidus.* Feu. émergées trifoliolées et même multifides. Mêmes localités.

Var. *c. terrestris.* Environs d'Alençon.

4. R. BAUDOTII Godr. (*R. de Baudot*). Tige nageante. Feu. infér. submergées, sessiles, divisées en lanières fines, *étalées hors de l'eau*, les supér. nageantes, pétiolées, glabres, flabelliformes, tripartites, à segments cunéiformes, souvent pétiolulés, incisés, crénelés; gaîne grande formée de stip. soudées au pétiole dans *ses deux tiers infér.* Pédonc. *beaucoup plus longs que les feu.* Pét. une fois plus longs que le cal. Étam. plus courtes que les pist. Style réfléchi au sommet, à la fin tronqué. Récept. ovoïde conique, velu. ♃. P. E. R. Mares et fossés saumâtres. Cherbourg; Trouville, Honfleur, Cabourg (Calv.), etc.

Le *R. confusus* God., qui a les étamines plus longues que les pistils et les carp. atténués au sommet, me semble être une simple var. de cette espèce. On le trouve à Carentan.

5. R. TRICHOPHYLLUS Chaix, Grén. et Godr. R. *capillaceus* et *cœspitosus* Thuill. (*R. capillacée*). Tige nageante. Feu. divisées toutes en lanières

filiformes, un peu raides, ne se réunissant point *en pinceau* hors de l'eau ; les supér. sessiles ; gaîné adhérente au pét. dans les deux tiers infér. Pét. caducs, une fois plus longs que le cal. Etam. dépassant les pistils. Style allongé, d'abord *courbé*, puis tronqué. Carpelles apiculés, hérissés. Récept. velu. *Pédonc. dépassant peu les feu.* ♃. P. E. C. Mares et fossés.

6. ʀ. ᴅʀᴏᴜᴇᴛɪɪ *Schultz.* (*R. de Drouet*). Cette esp., voisine de la précéd., s'en distingue par ses feuilles toutes à lanières déliées, *se réunissant en pinceau hors de l'eau*, par ses étam. moins nombreuses, son style plus court et plus mince et par ses gaînes plus longues, auriculées ; ses pétales sont moins caducs. ♃. P. PC. Mares et fossés. Falaise, Cherbourg, Valognes ; trouvé aussi à Salmonville, près Rouen, par M. le colonel Debooz.

7. ʀ. ꜰʟᴜɪᴛᴀɴs. *Lam. R. aquatilis*, var. *e, peucedanifolius*, Fl. Norm., édit. 4. (*R. flottante*). Tiges submergées très-longues. *Feu.* submergées à *longues divis. capillacées parallèles.* Pétales ovales, larges, dépassant beaucoup le cal. Carpelles glabres, souvent avortés avant leur maturité. ♃. E. C. Eaux courantes, rivières.

Var. *b. terrestris* Godr. Lieux exondés, bords des rivières. Mortain.

8. ʀ. ᴅɪᴠᴀʀɪᴄᴀᴛᴜs *Schranck. R. circinatus* Sibth. Coss. et Germ. Fl. par. (*R. divariquée*). Cette espèce est remarquable par ses *feu. toutes à divis. capillacées, courtes, raides, disposées en un disque orbiculaire.* Pét. ovales, dépassant le cal. Carp. hispides. ♃. E. C. Mares et fossés.

9. ʀ. ʟᴇɴᴏʀᴍᴀɴᴅɪ. *Schultz. R. tripartitus b. emersus.* Fl. Norm., édit. 4. *R. cœnosus.* Fl. Norm. édit. 2, non Güss. (*R. de Lenormand*). *Plante flottante, sans feu. infér. à divis. capillacées.* Feu. nageantes, réniformes arrondies à trois divis. tri ou quadrilobées. *Pétales une fois plus longs que le cal.* Carpelles glabres, rugueux, terminés par un bec obtus courbé. ♃. P. P. C. Falaise, Vire, Aulnay (Calv.) ; Cherbourg, Alençou.

J'avais cru devoir, à l'exemple de MM. Godron et Grenier (Fl. de Fr. 1. p. 19), rapporter cette plante à l'espèce suivante, dont elle paraît différer.

10. ʀ. cœɴᴏsᴜs *Guss.* (*R. bourbeuse*). Feu. nageantes, toutes réniformes à 5 lobes peu profonds. *Pét. oblongs, dépassant à peine le cal.* Carpelles ombiliqués. ♃. P. TR. Fossés. Trouvé, dans les environs de Séez, par M. l'abbé Chichou.

11. ʀ. ʜᴇᴅᴇʀᴀᴄᴇᴜs *L.* (*R. à feu. de lierre*). *Tige rampante. Feu. toutes réniformes à 3 ou 5 lobes obtus, entiers.* Fl. très-petites, dont les pét. sont à peine plus longs que le cal. Carp. glabres, réticulés transversalement. Etam. 5 à 12. ♃. E. C. Lieux inondés, fossés, bords des chemins.

Var. *b. erectus.* Tige redressée, haute de 4 à 5 décim. Vire.

** *Fleurs jaunes.*

† *Feuilles entières.*

12. ʀ. ʟɪɴɢᴜᴀ *L.* (*R. langue*). Vulg. *Grande-Douve.* Tige droite, haute de 4 mètre environ, fistuleuse, glabre, pubescente dans le haut. Feu. longues lancéolées, à dents courtes et écartées, sessiles, semi-amplexicaules. Capitule sphérique. Cal. velu. *Fl. grandes, terminales, très-vernissées.* ♃. E4. 2. PC. Marais, étangs et fossés. Rouen, Argentan, Troarn, Marais Vernier, Séez, etc.

13. R. FLAMMULA. *L.* (*R. flammette*). Vulg. *Petite-Douve*. *Tige* de 4 à 5 décim., *traçante à la base*, redressée, glabre. Feu. ovales-lancéolées, glabres, les infér. pétiolées. Pédonc. opposés au feu. *Fl. petites*. ♃. E. C. Lieux marécageux.

Var. *b. ovatus*. Feu. ovales-arrondies.

Var. *c. serratus*. Feu. lancéolées-serrulées.

Var. *d. reptans*. (*R. reptans* L.) Feu. linéaires; tige rampante, faible et radicante.

Cette plante et la précédente sont, dit-on, mortelles pour les bestiaux qui en mangent une certaine quantité.

14. R. GRAMINEUS. *L.* (*R. graminée*). Tige droite de 2 à 3 décimètres, glabre. *Feu. lancéolées-linéaires*, entières. *Racine fasciculée*. Cal. glabre. Fl. 3 à 4 terminales. Capitule ovoïde. Style conique, épais, peu courbé. ♃. P. TR. Pelouses arides de St°.-Eugénie, près de Chamboy (Orne). Trouvé par M. Duhamel.

†† *Feuilles incisées ou lobées.*

15. R. SCELERATUS *L.* (*R. scélérate*). *Plante glabre*. Tige de 4 à 5 décim., rameuse. Feu. radicales, pétiolées à 3 ou à 5 lobes profonds, trifides, incisés, les supér. oblongues-linéaires entières. Fl. petites d'un jaune pâle. *Réceptacle s'allongeant en un capitule oblong* couvert de carpelles très-petits. ♃. E. C. Fossés, mares.

Var. *b. minimus* DC. Plante haute d'un doigt, rameuse; feu. radic. simplement trifides. Cherbourg, Marais Vernier.

16. R. CHÆROPHYLLOS *L.* (*R. cerfeuil*). Racines fasciculées, à *fibres charnues*, presque *tubéreuses*. Tige de 2 à 4 décim., simple, velue, 1 ou 2 flore. Feu. radicales, velues, multifides, à lobes linéaires. Fl. jaunes assez grandes. Cal. étalé-réfléchi. *Réceptacle allongé*. Carpelles ponctués. ♃. P2. R. Coteaux secs. Dreux, Alençon, Villedieu, près d'Argentan; falaises de Carteret (Manche).

17. R. AURICOMUS *L.* (*R. Tête-d'or*). Tiges de 2 à 4 décim. *Feu. radicales, réniformes*, trilobées, crénelées, glabres; les sup. à lobes étroits, linéaires, presque entiers. Cal. pubescent plus court que les pétales qui avortent souvent. *Carp.* légèrement *hérissés*. ♃. P2. C. Haies et bois couverts.

18. R. BULBOSUS *L.* (*R. bulbeuse*). Vulg. *Pied-de-poule*. *Racine* épaisse au collet, en forme de *bulbe arrondie*. Tige droite, velue, multiflore. Feu. radic. pétiolées, à trois lobes trifides, incisés-dentés, l'intermédiaire pétiolé. *Cal. réfléchi*. ♃. P1. 2. C. Les prés.

Var. *b. platylobus*. Tige élevée. Feu. à lobes élargis. Près St.-Pierre-sur-Dives.

Var. *e. parvulus*. Plante naine. Environs de Rouen.

19. R. REPENS. *L.* (*R. rampante*). Vulg. *Pied-de-lion*. Tige émettant à sa base des *rejets rampants*, stolonifères. Feu. à trois folioles pétiolées, trifides, incisées-dentées, souvent tachées de blanc et de noir. Rameaux florifères, droits. *Cal. étalé*. Carp. légèrement ponctués. Style un peu courbé. ♃. P.-E. TC. Bois et prés humides, lieux cultivés.

Var. *b. villosus.* Tige très-velue, soyeuse. Isiguy, St.-Pierre-sur-Dives (Calv.).

Var. *c. erectus.* DC. Tige droite, sans jets rampants.

Var *d. subacaulis.* Tige florifère très-courte, dépassée par les feu. radicales qui sont très-découpées. Etang desséché; Falaise.

20. R. SYLVATICUS *Thuill. R. polyanthemos.* Aut. Franç. *R. nemorosus* DC. *R.* (*R. des bois*). Tige rameuse, multiflore, haute de 4 à 8 décim., couverte, surtout dans le bas, de *poils étalés*, se retrouvant aussi en abondance sur les pétioles. Feu. larges, velues, à trois ou cinq lobes incisés. *Pédoncules sillonnés. Carp.* glabres à *bec enroulé.* ♃. P3. R. Bois. Alençon, Falaise.

Le *R. lanuginosus* L., qui diffère de cette espèce par ses poils couchés et ses pédonc. non sillonnés, avait été à tort, je crois, indiqué dans la 1ʳᵉ. édition de cette Flore.

21. R. ACRIS *L. Jord. R. Steveni* Andr. (*R. âcre*). *Souche formée de rhizomes obliques, presque horizontaux.* Tige de 4 à 5 décim., dressée, fistuleuse, non sillonnée, un peu rameuse au sommet, couverte de *poils courts et appliqués. Feu. couvertes, en-dessous et sur les pétioles, de poils courts, demi-appliqués*, profondém. divisées en 3 ou 5 lobes rhomboïdaux-cunéiformes, peu élargis, ne se recouvrant pas par les bords, trifides, incisés-dentés, à dents aiguës, à *bords postérieurs très-écartés du pétiole*; les supér. à 3 segments incisés-dentés, ou entiers et le plus souv. linéaires. *Carpelles assez petits, étroitement bordés, terminés par un bec court incliné à pointe courbée. Pétales obovales-cunéiformes*, munis, à la base, d'une *écaille plus large que longue et plus étroite que l'onglet.* ♃. P. R. Bois et prés. Environs de Caen et de Falaise.

22. R. FRIESANUS *Jord. R. sylvaticus* Fries, *non* Thuill. *R. lanuginosus* DC. Fl. Fr., *non* L. (*R. de Fries*). *Souche formée de rhizomes obliques, presque horizontaux.* Tige de 4 à 6 décim., fistuleuse, non sillonnée, rameuse au sommet, couverte dans le bas, ainsi que les pétioles, de *poils fauves ou roussâtres, très-étalés.* Feu. couvertes, surtout en-dessous, de poils également étalés, profondém. divisées en 5 lobes élargis, se recouvrant par leurs bords tri ou quinquéfides, incisés-dentés à dents aiguës; les lobes latéraux ayant leurs *bords postérieurs contigus et non écartés du pétiole*; feu. supér. à 5 divis. allongées-dentées ou linéaires-lancéolées et presque entières. *Carpelles assez largem. bordés, terminés par un bec très-court, droit*, dont la pointe un peu courbée est promptement oblitérée. Pétales d'un jaune doré, obovales, arrondis, cunéiformes à la base, *munis d'une écaille plus large que longue et presque égale à l'onglet.* ♃. P. PC. Bords des bois, prés. Lisieux, St.-Pierre-sur-Dives, Vernon, etc.

23. R. BORÆANUS *Jord. R. acris*, var. *multifidus* DC. (*R. de Boreau*). *Souche compacte, émettant des bourgeons dressés, rapprochés*, non prolongés en rhizomes. Tige droite, assez rameuse, fistuleuse, non sillonnée, haute de 5 à 6 décim., couverte de *poils très-fins et très-appliqués. Feu.* d'un vert sombre, *couvertes de poils courts et appliqués*, très-profondém. divisées en 5 ou 7 *lobes allongés, se recouvrant par les bords*, cunéiformes à la base, tri ou quinquéfides, à divis. étroites et profondes, incisées-dentées, à dents aiguës-sublinéaires; bords postérieurs des lobes latéraux rapprochés du pétiole, mais rarem. contigus; feu. supér. à 3 segments linéaires très-aigus, le

plus souv. entiers. Pétales obovales-cunéiformes, munis à la base d'une *écaille*
plus longue que large et plus étroite que l'onglet. *Carpelles fortem. bordés*,
à bec très-court, droit, à pointe courte, courbée, promptement oblitérée.
♃. P.-E. TC. Prairies, bois découverts.

24. R. PHILONOTIS L. (*R. des mares*). Tige droite, velue, haute de 2 à
4 décim. Racine fibreuse, fasciculée. Feu. velues, à 3 lobes obtus, incisés-
dentés, l'intermédiaire pétiolé. *Cal. réfléchi. Carp. offrant* sur leurs bords
une rangée de *petits tubercules.* Fl. jaunes, plus pâles que dans les espèces
précédentes. ☉. E. C. Prés et moissons humides, bords des mares.
Var. *b. intermedius.* DC. Feu. glabres. Caen, Falaise.
Var. *c. parvulus.* DC. Tige naine, presque uniflore. Pays de Bray.

25. R. PARVIFLORUS L. (*R. à petites fleurs*). *Tige diffuse, couchée*, velue,
rarement redressée. Feu. orbiculaires à 3 lobes, ou incisées, à larges dents.
Pédonc. opposés aux feuilles. Cal. réfléchi, égal aux *pétales* qui sont *très-*
petits. Carp. tuberculeux. ☉. E. C. Moissons, bords des chemins.

26. R. ARVENSIS L. (*R. des champs*). Vulg. *Chausse-trape*, *Patte-d'oie*,
Bec-de-corbin, *Brûlante.* Tige haute de 2 à 5 décim., droite, rameuse,
presque glabre. Feu. à 3 folioles, à segments profondément incisés (linéaires).
Fleurs d'un jaune pâle. *Carp. hérissés latéralement de pointes* nombreuses,
assez longues. Style long et droit. ☉. P2. C. Moissons.

VII. FICARIA *Dill.* (*Ficaire*). *Cal. à 3 sépales* caducs. Pét. 8 à 12,
munis à leur base d'une *petite écaille nectarifère.* Etam. et ovaires nombreux. Carp. lisses, comprimés, obtus.

1. F. RANUNCULOIDES *Mœnch. Ranunculus ficaria L.* (*F. renoncule*). Vulg.
Petite-Chélidoine, *Jaunets. Racine formée de petits tubercules allongés*,
arrondis. Tige étalée, glabre. Feu. cordiformes, anguleuses, pétiolées,
glabres, souvent bulbifères dans les aisselles inférieures. Fleurs jaunes,
verdâtres extér., luisantes. ♃. P. TC. Haies, fossés et jardins.

VIII. CALTHA *P.* (*Populage*). *Pér. coloré à cinq divisions* planes-orbi-
culaires, pétaloïdes. Etamines nombreuses. Caps. 5 à 10, comprimées, uniloculaires, polyspermes.

{ Feu. crénelées; sépales jaune-clair, contigus à leur base. . . *C. palustris.*
{ Feu. profondément dentées; sépales jaune d'or, distants à leur
{   base. . . . . *C. Guerangerii.*

1. C. PALUSTRIS L. (*E. des marais*). Vulg. *Souci-d'eau.* Plante glabre.
Tiges droites, haute de 2 à 4 décim. *Feu.* radicales larges, *cordiformes-*
arrondies, à bords ordinairement crénelés. Fl. grandes, d'un jaune-clair.
Sép. peu rétrécis à leur base. ♃. P. C. Bords des eaux.
Var. *b. minor.* DC. *Populago minor.* Mill. Env. de Caen; Dʳ. Hardouin.

2. C. GUERANGERII *Bor. C. palustris.* var. *b. serratus.* Fl. de Norm.
édit. 2. (*P. de Guéranger*). Tiges en touffes lâches, hautes de 4 à 6 décim.,
lavées, d'un brun-rougeâtre. Feu. larges, réniformes, *profondément dentées.*
Fl. grandes d'un beau jaune d'or. *Sép. rétrécis et distants à leur base.*
Carp. à bec long divergent. ♃. P. R. Lieux marécageux, quelquefois mêlé
au précédent. Falaise, Briouze, Ommoy (Orne), Cherbourg.

IX. ERANTHIS *Salisb. Collerette laciniée*, placée sous la fleur. Cal. de 5 à 8 sépales oblongs, colorés, pétaloïdes, caducs. Pét. 5 à 8 tubuleux très-courts. *Caps. pédicellées.* Graines disposées sur un seul rang.

1. E. HYEMALIS *Salisb. Helleborus hyemalis* L. (*E. d'hiver*). *Racine renflée* au collet en un *tubercule* ovoïde, noirâtre, émettant une feuille pétiolée 7-lobée, à segm. cunéiformes incisés au sommet, et une hampe uniflore, terminée par deux feuilles (*collerette*) laciniées que surmonte immédiatement une fleur jaune. ♃. H3. P1. R. Bois et prés frais. Neufchâtel, Sémerville (Eure); Quevilly, près de Rouen; Ardennes, près de Caen; Lisieux, etc.

Cette plante a été probablement naturalisée dans la plupart des localités indiquées.

X. HELLEBORUS (*Hellébore*). *Cal.* à 5 sépales arrondis, obtus, verdâtres, persistants. *Pét.* 8 à 10 très-courts, *tubulés*, nectarifères. Etam. nombreuses. Caps. 3 et à 4 comprimées, polyspermes. Graines elliptiques, disposées sur deux rangs.

Tige garnie de feu. dont les infér. caduques	*H. fœtidus.*
Tige ayant un petit nombre de feu. non caduques . . .	*H. viridis.*

1. H. FŒTIDUS L. (*H. fétide*). Vulg. *Pied-de-griffon.* Tige ferme, feuillée dans sa partie sup., nue à sa base, multiflore. Feu. pétiolées, pédalées; lobes étroits, linéaires, dentés en scie. Fl. nombreuses d'un vert-jaunâtre, rouges sur les bords. *Bractées ovales, jaunâtres.* ♃. H3. P1. PC. Lieux pierreux, bois, haies et bords des chemins.

2. H. VIRIDIS L. (*H. vert*). Vulg. *Pommelière.* Tige pauciflore, dichotome. Feu. radicales pédalées; lobes 7 à 9, lancéolés, dentés en scie. Pédoncules souvent bifides. Fleurs assez larges, à sépales arrondis et de couleur verte. Etam. jaunes deux fois plus courtes que le cal. *Bractées foliacées, vertes.* ♃. H3. P1. 2. PC. Bois et haies. Pays de Bray, Domfront, Falaise, Lisieux, Le Havre, Cherbourg, etc. Souv. cultivé pour faire des sétons aux bestiaux.

XI. ISOPYRUM L. *Isopyre*). *Cal.* à 5 sépales ovales, *pétaloïdes*, caducs. *Pétales* 5 égaux, tubulés, *bilabiés*, la lèvre extér. bifide. Etam. 15 à 20. Caps. sessiles uniloculaires, oblongues, comprimées, membraneuses, terminées par un style à stigm. placé longitudinalement.

1. I. THALICTROIDES L. (*I. Pigamon*). *Racine* rampante fasciculée à fibres renflés. Tige faible, glabre, haute de 12 à 20 centim. Feu. à 3 folioles pinnées, à *pétioles auriculés* à leur base. Fleurs peu nombreuses, blanches. ♃. P2. 3. TR. Bois ombragés. Forêt de Cinglais, près de Bretteville-sur-Laize et de Grimbosq (Calvados).

XII. NIGELLA L. (*Nigelle*). Cal. à 5 sépales caducs, pétaloïdes, colorés. *Pétales* 5, *bilabiés*. Etam. nombreuses. *Caps.* 5 à 7 polyspermes, *soudées par leur base*, de manière à n'en former qu'une seule à plusieurs loges terminées par une arête recourbée.

1. N. ARVENSIS L. (*N. des champs*). Tige glabre, glauque, rameuse. *Feu. multifides à div. capillaires.* Fl. terminales blanches ou bleuâtres. Anthères apiculées. Styles contournés. ☉. E2. 3. PC. Moissons, plaines sablonneuses. Gisors, Andelys, Roche-Guyon.

XIII. AQUILEGIA *L.* (*Ancolie*). Cal. à 5 sép. colorés, pétaloïdes, caducs. *Pétales 5 en cornet*, ouverts supérieurement et *se terminant en éperon recourbé*. Etam. nombreuses, rapprochées en faisceau. Capsules réunies à la base, terminées par un long style.

1. A. VULGARIS *L.* (*A. commune*). Vulg. *Gants-de-Notre-Dame, Cinq-doigts, Clochettes.* Tige haute de 4 à 8 décim., droite, un peu rameuse, pubescente. Feu. infér. trichotomes, à folioles trilobées, cunéiformes-arrondies, glauques en-dessous. Fl. penchées, bleues, roses ou violettes. Style de la longueur des étam. Caps. pubescentes. ♃. P3. E1. PC. Bois montueux. Forêt d'Eu, Le Havre, Falaise, Avranches, Cherbourg, Alençon, Rouen, Bernay, Vernon, etc.

XIV. DELPHINIUM *L.* (*Dauphinelle*). *Cal.* à 5 sépales colorés, pétaloïdes, irréguliers; le *sép. sup.* prolongé *en éperon* redressé. Pét. 4, dont 2 soudés s'engaînant dans l'éperon. Etam. nombreuses. Caps. 1 à 3 distinctes, terminées par le style. Graines hérissées.

1. D. CONSOLIDA *L.* (*D. Consoude*). Vulg. *Pied-d'alouette.* Tige droite, pubescente, à rameaux étalés. *Feu.* pubescentes, *multifides, à div. linéaires.* Fl. d'un beau bleu (quelquefois blanches, roses ou panachées), disposées en panicule lâche. ☉. E. C. Moissons des terrains calcaires.

Le *D. Ajacis* L. (*Pied-d'alouette des jardins*). Espèce fréquemment cultivée, qui se distingue de la précéd. par sa *panicule resserrée* et ses *capsules pubescentes*, se rencontre souvent dans le voisinage des habitations. M. le D^r. Lebel l'a trouvé plusieurs fois à Carteret (Manche).

XV. ACONITUM *L.* (*Aconit*). *Cal.* à 5 sépales colorés, pétaloïdes, le *supérieur* concave relevé, *en forme de casque.* Pétales petits, dont les 2 supér. (*nectaires* L.) sont portés sur de longs onglets, roulés à leur extrémité et cachés sous le sépale en casque. Caps. 3 à 5, droites, pointues.

1 { Lobes des feu. cunéiformes; segments oblongs . . . . *A. Napellus.*
   { Lobes des feu. linéaires étroits . . . . *A. vulgare.*

1. A. NAPELLUS *L.* (*A. Napel*). Vulg. *Casque.* Tige droite, feuillée, peu rameuse, de 8 à 15 décim. *Feu.* pétiol. *multifides, lobes cunéiformes-incisés*, pinnatifides; *segm.* oblongs, aigus. Fl. bleues, à pédonc. simple; rapprochées au sommet de la tige en un long épi. ♃. E. 3. C. Prés humides, bords des rivières dans le Pays-d'Auge; Vimoutiers, St.-Pierre-sur-Dives, etc.

2. A. VULGARE *DC.* (*A. commun*). Cette espèce, qui se trouve mêlée à la précédente, se distingue par sa tige plus grêle, ses feuilles plus profondém. divisées en *lobes linéaires, étroits*, aigus, fortement sillonnés en-dessus, ses grappes plus serrées, ses pédicules plus courts. Fl. bleues, quelquefois très-pâles. ♃. E2. AC. Mêmes localités que l'*A. Napellus.*
Ces plantes sont très-vénéneuses.

XVI. ACTÆA *L.* (*Actée*). Calice caduc à 4 sépales. Cor. à 4 pét. Ovaire unique; stigmate sessile en tête. *Fruit* polysperme, *bacciforme charnu.*

1. A. SPICATA *L.* (*A. en épi*). Tige de 5 à 8 décim., herbacée, rameuse. *Feu.* grandes, composées, 2 à 3 *fois ailées*, glabres; folioles ovales, pointues,

dentées-incisées. Fl. petites, ramassées en *épi court*, ovale. Etam. plus longues que la cor. Ovaire changé en *baie noirâtre* à la maturité. ♃. P3. E1. R. Bois montueux, Rouen, forêt du Hellet, près de Neufchâtel; Pont-Audemer, Reuilly, Becdal, Gisors (Eure); forêt de Moutiers-Hubert, Courson, près de Livarot (Calv.); Querquesalles, forêt de St.-Germain-de-Mongommery (Orne), etc.

IIᵉ. Fam. BERBÉRIDÉES. *Vent.*

Cal. le plus souvent à 6 sépales. Cor. de 6 pétales opposés aux sépales, munis de deux petites glandes à la base de l'onglet. Etam. 6, opposées aux pét. Anthères adnées, biloculaires, s'ouvrant de la base au sommet. Ovaire simple, ovale. Style court, terminé par un stigmate orbiculé. Baie uniloculaire, polysperme.

I. BERBERIS L. (*Vinettier*). Caractères de la famille.

1. B. VULGARIS L. (*V. commun*). Vulg. *Épine-vinette.* Arbrisseau de 1 à 2 mètres, garni d'épines tripartites. Feu. fasciculées, ovales, ciliées-serrulées. Fl. jaunes en grappes pendantes, répandant une odeur désagréable. Etamines irritables, contractiles. Baie rougeâtre, allongée. ♄. P. AC. Bois et haies.

IIIᵉ. Fam. NYMPHÉACÉES. *DC.*

Calice de 4 à 6 sépales colorés. Pétales nombreux, disposés sur un ou plusieurs rangs. Etam. très-nombreuses, à filets aplatis. Anthères introrses, linéaires, biloculaires. Réceptacle urcéolé, capsuliforme, enveloppant des carpelles nombreux et polyspermes, couronnés par des stigmates sessiles rayonnants. — *Herbes aquatiques à tige radiciforme, rampant au fond des eaux; feuilles nageantes, ayant de longs pétioles; fleurs également portées sur de longs pédoncules.*

1. { Fleurs blanches à 4 sépales . . . . NYMPHÆA. (i.)
   { Fleurs jaunes à 5 sépales . . . . NUPHAR. (ii.)

I. NYMPHÆA L. (*Nénuphar*). *Calice à 4 sépales.* Pétales 15 à 30; les intérieurs plus petits ressemblant aux étamines qui sont insérées, comme les pétales, sur plusieurs rangs. *Fruit globuleux.* Stigmates rayonnants.

1. N. ALBA L. (*N. blanc*). Feuilles orbiculaires, entières, à pétiole arrondi plus ou moins long, selon la profondeur des eaux. Sépales blancs en-dedans, verts en-dehors. *Pét. d'un beau blanc,* un peu plus longs que les sép. Fl. nageantes. ♃. E. C. Les étangs, les fossés.

Var. *b. minor* Besl. Fl. de moitié plus petites; bords de l'échancrure des feu. un peu écartés, ne cachant pas le pétiole. Eaux peu profondes. Marais de Percy et de Blainville (Calv.).

II. NUPHAR Smith. *Calice à 5 sépales* colorés. Pét. 10 à 18 plus petits que les sép. *Fruit conique,* lisse, étranglé au-dessous du plateau ombiliqué sur lequel sont appliqués les stigmates au nombre de 10 à 18.

1. N. LUTEA Smith. *Nymphea lutea* L. (*N. jaune*). Feuilles ovales, cor-

difformes, entières, à pétiole anguleux. *Sépales arrondis, jaunes.* Pét. 10 sur un seul rang, jaunes. Fl. élevées de 4 à 8 centim. au-dessus de l'eau, exhalant une odeur vineuse. ♃. E. C. Rivières, étangs et fossés.

Les feu., ordinairement flottantes et coriaces, prennent, si elles sont submergées, une consistance et une forme tout-à-fait anormales. Elles sont dans ce cas molles, minces, transparentes, plissées et ondulées sur les bords.

IVᵉ. Fᴀᴍ. PAPAVÉRACÉES. *Juss.*

Calice à 2 sépales concaves, caducs. *Cor.* de 4 *pét.* réguliers, plissés avant leur développement. Etam. nombreuses, libres. Ovaire simple, formé de plusieurs carpelles, 2 à 12 soudés et terminés par des stigm. sessiles rayonnants ou par des styles courts. Caps. ovoïde ou allongée en forme de silique, polysperme. Ovules attachés à des placentas latéraux. — *Herbes contenant un suc laiteux blanc ou safrané.*

1	Capsule globuleuse ou en massue à stigm. (au moins 4) rayonnants.	2.
	Caps. grêle en forme de silique à 2 stigmates.	3.
2	Stigm. sessiles; fl. jamais jaunes. . . . . PAPAVER. (i.)
	Style court; fl. jaunes. . . . . MECONOPSIS. (ii.)
3	Caps. uniloculaires; fl. moyennes . . . . CHELIDONIUM. (iv.)
	Caps. biloculaire; fl. à larges pétales. . . . . GLAUCIUM. (iii.)

I. PAPAVER L. (*Pavot*). Cal. à 2 sépales concaves, caducs. Pétales 4. Etamines nombreuses. *Stigmates* sessiles, *rayonnants*, formant un plateau orbiculaire au sommet de la *capsule* qui est *globuleuse* ou *oblongue* et qui s'ouvre par une petite valve sous chaque stigmate.

1	Capsules hérissées de pointes raides.	2.
	Caps. dépourvues de pointes ou poils	3.
2	Caps. globuleuse ou ovoïde . . . . *P. hybridum.*
	Caps. allongée en massue . . . . *P. Argemone.*
3	Caps. globuleuse ou ovoïde.	4.
	Caps. oblongue en massue. . . . . *P. dubium.*
4	Plante glabre, glauque . . . . *P. somniferum.*
	Plante hérissée de poils étalés. . . . . *P. Rhœas.*

1. P. ꜱᴏᴍɴɪꜰᴇʀᴜᴍ L. (*P. somnifère*). *Plante glabre et glauque* dans toutes ses parties. *Feu.* sinuées, lobées et dentées; les sup. *cordiformes-amplexicaules.* Fl. larges à pét. blancs, pourpres, violets ou panachés. Caps. ovoïde ou globuleuse. Stigm. 8 à 15. ◉. E. Cultivé pour l'usage des pharmacies. Ses capsules fournissent l'opium; il a été trouvé presque spontané au pied des roches crayeuses des Andelys et d'Orival, à Louviers, Gisors, Menilles (Eure), etc.

Var. *a. officinale.* *Pavot blanc.* Caps. ovoïde très-grosse ne s'ouvrant point sous les stigm. à la maturité.

Var. *b. nigrum.* Caps. globuleuse s'ouvrant sous les stigm. à la maturité. Cultiv. pour en retirer une huile dite d'*Œillette*, et dans les jardins à cause de ses fleurs variées.

2. P. ʀʜœᴀꜱ L. (*P. coquelicot*). Vulg. *Bourbiton.* Tige de 4 à 6 décim., multiflore, hérissée de poils ouverts. Feu. pinnatifides, à lobes allongés, incisés-dentés. *Sépales hispides. Capsule* ovoïde-turbinée, *glabre.* Stigmate

à 10 rayons. Fl. larges, d'un rouge-écarlate ; pét. souvent tachés de noir vers l'onglet. ⊙. E. C. Moissons.

Var. *b. pallidum. P. uniflorum* Balb. Tige grêle, uniflore ; fl. petites et pâles. Rouen.

Var. *c. violaceum, hispidissimum* Gaud ? Cor. violacées ; feu. bipinnatifides. Morières et St.-Martin-de-Mieux, arr. de Falaise.

Les feu. de cette esp. varient beaucoup : ordinairem. pinnatifides à lobes dentés, elles sont tantôt à lobes entiers, tantôt réduites au lobe moyen lancéolé, allongé, entier ou denté, ou ayant à sa base une ou deux divisions latérales.

3. P. DUBIUM L. (*P. douteux*). Cette espèce diffère de la précéd. par ses fl. plus petites, d'un rouge moins vif, et surtout par sa *caps. allongée, presque cylindrique. Stigmate ayant 5 à 7 rayons.* Feu. pinnatifides, à lobes rapprochés, courts, incisés, dentés. Poils des pédonc. appliqués. ⊙. E. AC. Moissons et murailles. La forme de ses feu. varie beaucoup, ainsi que celle de la caps. qui est plus ou moins resserrée à sa base, et dont le sommet présente des stigm. plus ou moins allongés ; différences qui ont donné lieu à la création de diverses espèces.

4. P. HYBRIDUM L. (*P. hybride*). Tige de 4 à 6 décim., peu velue. Feu. 2-3-pinnatifides ; lobes linéaires, aigus, terminés par un poil. *Sép. hérissés.* Caps. ovoïdes-globuleuses, couvertes de poils raides courbés vers le haut. *Pét. d'un rouge-violacé,* tachés de noir à la base. ⊙. E. PC. Moissons et revers des fossés. Caen, Falaise, Havre, Bayeux, Argentan, littoral du Calvados et de la Manche.

5. P. ARGEMONE L. (*P. argémone*). *Tiges étalées,* hautes de 2 à 3 décim. Feu. 2-pinnatifides. Sép. à peine velus. *Caps. allongées en massue, hérissées de quelques poils raides.* Fl. petites, d'un rouge pâle, à pétales tachés de noir à l'onglet. ⊙. E. C. Moissons des terrains calcaires.

II. MECONOPSIS *Vig.* Cal. à 2 sép. caducs. 4 pét. Etam. nombreuses. *Style court.* 4 à 6 stig. libres, convexes, rayonnants. Caps. uniloculaireovoïde, de 4 à 6 valves. Placentas étroits, incomplets. *Suc jaune.*

1. M. CAMBRICA *Vig. Papaver cambricum* L. (*M. du pays de Galles*). Tige droite presque glabre, haute de 2 à 3 décim. Feu. ailées, à folioles pétiolées, incisées, légèrement velues, glauques en-dessous. *Capsules* glabres, ayant 4 *côtes blanches longitudinales.* Fl. jaunes assez grandes, longuem. pédonc. ♃. E. R. Sur de vieilles murailles, près de St.-Hilaire-du-Harcouet et à Siotot (Manche) ; dans un bois humide, près de Pont-Érembourg, près de Condésur-Noireau (M. Morière ; 1837) ; Mouen, près de Caen (D{r.} Vasiel ; 1843).

III. GLAUCIUM *Smith.* Cal. à 2 sép. caducs. Pét. 4. Etam. nombreuses. *Capsules allongées, biloculaires.* Graines ovoïdes-réniformes. Suc d'un jaune orangé.

1. G. FLAVUM *Crantz. Chelidonium glaucium* L. (*G. jaune*). *Plante glauque.* Tiges de 4 à 8 décim., feuillées, un peu étalées, légèrement hérissées de poils courts. Feu. assez épaisses, alternes, embrassantes, pinnatifides, sinuées et auriculées. Péd. solitaires, uniflores. Fl. jaunes, très-grandes, siliques longues de 8 à 15 centim., arquées, hispides. Graines réticulées. ♂. P3. — E. C. Coteaux et sables des bords de la mer.

IV. CHELIDONIUM *L.* (*Chélidoine*). Cal. à sépales presque glabres ou légèrement hérissés au sommet. Pét. 4. Etam. nombreuses. *Caps. uniloculaire à 2 valves.* Stigm. bilobé. Graines munies d'une petite crête glanduleuse. *Suc d'un jaune-orangé.*

1. c. **majus** *L.* (*C. Éclaire*). Vulg. *Herbe-aux-verrues.* Tige feuillée, de 3 à 8 décim. *Feu.* larges, *molles* ; pinnatifides, à découpures arrondies, glauques en-dessous. *Fl.* jaunes réunies *en ombelles.* Siliques grêles, lisses, longues de 2 à 5 centim. ♃. P. E. TC. Sur les murs, parmi les décombres.

Vᵉ. FAM. FUMARIÉES. *Juss.*

Cal. petit, à 2 sép. caducs. Cor. de 4 pét. irréguliers, souvent soudés à leur base. Etam. 6, réunies par les filets en deux faisceaux opposés, portant chacun 3 anthères dont la centrale à deux loges, les deux autres à une seule. Style filiforme. Stigm. bilamellé, parallèle aux pét. intérieurs. Caps. tantôt siliquiforme, 2-valves, polysperme, déhiscente ; tantôt indéhiscente, monosperme. — *Fleurs en grappes.*

1 { Caps. polysperme, déhiscente. . . . . CORYDALIS. (i.)
{ Caps. monosperme, indéhiscente . . . . FUMARIA. (ii.)

I. CORYDALIS *DC.* Cor. de 4 pét. irréguliers, caducs, dont un éperonné à la base ; *silique à 2 valves,* comprimée, polysperme, *déhiscente.*

1 { Pétioles des feu. terminés par une vrille ; fl. jaunâtres. *C. claviculata.*
{ Pét. sans vrilles ; fl. purpurines ou blanches . . . . 2.
2 { Bractées entières . . . . *C. cava.*
{ Bractées incisées. . . . . *C. solida.*

1. c. **solida** *Smith.* *C. bulbosa* DC. (*C. plein*). Racine bulbeuse, arrondie, pleine. Tige haute de 1 à 2 décim., droite, glabre, munie à sa base d'une *gaîne* membraneuse, *squamiforme.* Feu. 3 à 4, pétiolées, décomposées, biternées, incisées, glabres. Fl. purpurines en épi terminal. *Eperon droit.* *Bractées digitées.* ♃. Pl. 2. PC. Bois montueux et haies. Alençon, Falaise, etc.

2. c. **cava** *Ehrh.* *C. tuberosa* DC. *Fumaria bulbosa* L. (*C. creux*). Racine bulbeuse, arrondie, creuse. Tige *sans gaîne squamiforme* à sa base. Feu. bi ou tri-décomposées, à lobes cunéiformes incisés. Fl. en épi purpurines ou blanches. *Eperon courbé. Bractées* ovales-lancéolées, *entières.* ♃. P. TR. Lieux ombragés, près de Bernay (Euré).

3. c. **claviculata** *DC.* *Fumaria claviculata* L (*C. à vrilles.*) *Racine fibreuse. Tiges* rameuses, diffuses, *grimpantes*, hautes de 3 à 6 décim. *Feu.* bipinnées ; les supérieures *terminées par des vrilles.* Fl. d'un blanc-jaunâtre en épi peu fourni. ☉. P. E. PC. Coteaux, parmi les rochers. Vire, Falaise, Aunay, Cherbourg, Mortain, etc.

Le *C. lutea* DC., qui se distingue du précédent par ses *fl. d'un beau jaune* et par ses *feu. dépourvues de vrilles,* se trouve presque naturalisé sur les murailles des villes de Rouen et de Caen.

II. FUMARIA *L.* (*Fumeterre*). Cal. petit, caduc. Pét. 4, dont un gibbeux ou *légèrement éperonné. Capsule* ovoïde ou globuleuse, *indéhiscente,* monosperme. Style caduc après l'anthèse.

1 { Sépales plus larges que la base de la cor. . . . . 2.
{ Sépales plus étroits que la base de la cor., ou la dépassant à peine. . . . 3.

2 { Pédicelles fructifères étalés ou recourbés . . . . *F. Borœi.*
  { Pédic. fructifères dressés. . . . . *F. micrantha.*
3 { Sépales plus étroits que les pédicelles . . . . *F. Vaillantii.*
  { Sépales plus larges que les pédicelles. . . . . 4.
4 { Capsule un peu déprimée et échancrée au sommet . . . . . 5.
  { Capsule non échancrée au sommet. . . . . 6.
5 { Plante volubile; fleurs pâles. . . . . *F. media.*
  { Plante non volubile; fl. d'un rouge vif . . . . *F. officinalis.*
6 { Sép. plus courts que le tiers de la cor. . . . . . . *F. parviflora.*
  { Sép. égalant ou dépassant le tiers de la cor. . . . . *F. Bastardi.*

1. F. OFFICINALIS *L.* (*F. officinale*). Tige rameuse, dressée, haute de 2 à 4 décim. Feu. décomposées, à lobes linéaires, courts. *Fl. d'un pourpre foncé*, verdâtres au sommet, en long épi. Pédicelles droits, deux fois plus longs que les bractées; *capsules* globuleuses, comme *échancrées.* ☉. E. C. Moissons.

Var. *b. scandens. F. media DC.*, non *Lois.* Tige faible, diffuse, à pétiole s'accrochant ; fl. d'un rose pâle, pourpres au sommet. Lieux cultivés, jardins.

2. F. VAILLANTII *Lois* (*F. de Vaillant*). *Plante très-glauque.* Tige rameuse, dressée, haute de 1 à 2 décim. *Feuilles* décomposées, *à lobes linéaires*, allongés, *planes.* Fl. rougeâtres en épi peu garni. Caps. globuleuses, chagrinées, à peine mucronées. ☉. P2.—E1. R. Moissons des terrains calcaires. Falaise, Orbec, Menilles, Pacy-sur-Eure, etc.

3. F. PARVIFLORA *Lam.* (*F. à petites fleurs*). *Tiges diffuses, couchées,* longues de 1 à 3 décim. *Feu.* décomposées, *à lobes linéaires étroits, canaliculées.* Fleurs d'un blanc-verdâtre, rarement rosées, avec le sommet brun, disposées en épis lâches. Caps. globuleuses, un peu mucronées, légèrement tuberculeuses. ☉. P. E. PC. Moissons des terr. calc. Rouen, Caen, Evreux, Lisieux, Falaise, Trun, Vernon, etc

4. F. MICRANTHA *Lag. F. densiflora DC.* (*F. à petites fleurs*). Tige faible, redressée, haute de 3 à 5 décim. Feu. décomposées à lobes linéaires étroits, un peu canaliculées. *Fl. roses, courtes, en grappes serrées* un peu *allongées.* *Sépales* d'un rose pâle, orbiculaires ; *beaucoup plus larges que la cor.* Capsule globuleuse, légèrement rugueuse à la maturité ; à sommet marqué de deux fossettes confluentes. ☉. E. PC. Lieux cultivés. Vernon, les Andelys, Environs de Caen (MM. de L'Hôpital et Perrier), Falaise; Gatteville (Manche).

5. F. MEDIA *Lois*, non *DC.* (*F. intermédiaire*). Tige diffuse, haute de 3 à 6 décim. Feu. glauques, décomposées, *à segments planes, allongés, flabellés;* pétioles souv. volubiles. Fl. d'un rose pâle, pourpres au sommet. *Caps. arrondie, plus large que longue,* rugueuse; déprimée au sommet. Péd. dressés. ☉. E. PC. Moissons. Vire, Mortain, Alençon.

Cette espèce et les deux suivantes, qu'on devra peut-être réunir, selon l'opinion de M. O. Hammar, exprimée dans son excellente monographie du genre *Fumaria*, ont été prises souvent pour le *Fum. capreolata* L., que nous croyons étranger à notre province.

6. F. BORÆI *Jord. Bor. Fl. cent.*, édit. 3. *F. muralis Bor. Fl. cent.*, édit. 2 (*F. de Boreau*). Tige grimpante, haute de 4 à 8 décim. Feu. décomposées, à segments lancéolés, obtus; pétioles volubiles. Fl. grandes, d'un rose pâle, pourpres au sommet. *Pédic. fructifères étalés ou un peu recourbés. Sépales plus larges que le tube de la cor. et atteignant au moins le tiers de sa lon-*

gueur. Caps. arrondie, légèrement rugueuse, *à base resserrée ne dépassant pas l'épaisseur du pédic.*, à sommet un peu déprimé, marqué de deux fossettes. ◉. E. C. Lieux cultivés, haies.

7. F. BASTARDI *Bor. F. confusa* Jord. (*F. de Bastard*). Diffèr. du *F. Borœi* auquel il ressemble beaucoup par les segments de ses feu. plus larges et plus obtus, par ses *fl. plus petites, à sép. moitié plus petits, plus courts que le tiers de la longueur de la cor.* qui est blanchâtre ou d'un rose pâle, mêlé de verdâtre. *Pédic. fructifères un peu étalés. Caps. à base plus large que le pédicelle.* ◉. E. C. Lieux cultivés.

VIe FAM. CRUCIFÈRES. *Juss.*

Cal. à 4 sépales, libres, inégaux, dont 2 opposés aux valves du fruit, plus larges, concaves ou gibbeux à la base, 2 autres planes et plus étroits. Pétales 4, disposés en croix, alternes avec les sépales, onguiculés. Étamines 6 tétradynames : 4 longues opposées 2 à 2, et 2 plus petites opposées l'une à l'autre. Anthères biloculaires, introrses. Réceptacle renflé quelquefois de manière à offrir des glandes entre les étamines et les pétales. Ovaire tantôt court avec un style allongé, tantôt long avec un style court ou presque nul. 2 stigmates. Capsule allongée (*silique*) ou courte (*silicule*) le plus souvent biloculaire, bivalve, rarement uniloculaire, indéhiscente. Loges séparées par une cloison longitudinale parallèle aux valves qui sont planes, concaves ou carénées. Graines attachées aux bords externes de la cloison. — *Herbes à feuilles alternes, à fleurs paniculées et en grappes.*

Les plantes de cette famille contiennent du soufre et de l'azote, qui contribuent à rendre leur fermentation promptement putride. Leurs graines fournissent une huile abondante. Plusieurs espèces ont des racines et des feuilles potagères.

1	Fruit linéaire ou lancéolé (*silique*), 4 fois au moins plus long que large.	2.
	Fruit ovale, ou dont la longueur excède peu la largeur (*silicule*)	29.
2	Silique articulée, ou composée de nœuds séparés.	3.
	Silique non articulée.	4.
3	Silique allongée; feu. non charnues	RAPHANUS. (i.)
	Silique courte; feu. charnues	CAKILE. (ii.)
4	Fleurs plus ou moins blanches, ou roses	18.
	Fleurs jaunes	5.
5	Silique terminée par une corne ou un long bec	6.
	Silique sans corne	11.
6	Feu. supér. amplexicaules, auriculées	7.
	Feu. supér. non amplexicaules, ni auriculées.	8.
7	Feu. supér. entières ou dentées	BRASSICA. (iv.)
	Feu. supér. plus ou moins découpées.	16.
8	Cal. à sépales redressés et rapprochés	9.
	Cal. à sépales plus ou moins ouverts.	10
9	Corne de la silique conique.	BRASSICA. (iv.)
	Corne de la silique ensiforme	ERUCA. (vi.)
10	Cal. très-ouvert; graines globuleuses	SINAPIS. (iii.)
	Cal. peu ouvert; graines ovoïdes ou comprimées	11.
11	Feu. entières, lisses.	CHEIRANTHUS. (viii.)
	Feu. découpées ou dentées, souvent un peu rudes	12.
12	Silique comprimée; graine sur deux rangs.	DIPLOTAXIS. (vii.)
	Silique cylindrique ou angul.; graines non sur deux rangs.	13.
13	Siliq. tétragone; feu. entières ou simplement dentées.	ERYSIMUM. (xi.)
	Siliq. cylindrique ou angul.; feu. pinnatifid. ou lobées	14.

SILIQUEUSES.

I. **RAPHANUS** *L.* (*Radis*). Cal. à 4 sépales redressés, dont 2 gibbeux à la base. Pétales onguiculés à limbe obcordé. *Silique* cylindrique, *articulée*, 1-2-loculaire, indéhiscente, terminée par le style formant une languette épaisse conique.

1. B. SATIVUS *L.* (*R. cultivé.*) *Racine tubéreuse,* arrondie, blanche ou rose. Tige droite, rameuse. Feu. scabres, pinnatifides, à lobes arrondis. *Siliques* cylindriques, toruleuses, *lisses,* biloculaires, acuminées et à peine plus longues que le pédicelle. Fl. en grappes, blanches ou violettes, veinées. ⊚. E. C. Cultivée généralement sous les noms de *Rave* et de *Radis.*

Var. *b. oblongus.* Vulg. *petite Rave.* Racine oblongue, fusiforme, rose ou blanche en-dehors.

Var. *c. niger.* Vulg. *Radis noir.* Racine grosse, noire en-dehors, d'un goût très piquant.

2. R. RAPHANISTRUM. *L.* (*R. ravenelle.*) Vulg. *Russe, Sanvre.* Tige droite, rameuse, hispide. *Feu. lyrées;* lobes ovales, sinueux dentés, alternativement très-inégaux. Siliques uniloculaires, striées, articulées, 3 ou 8-spermées, terminées par un long bec. Fl. d'un jaune pâle, veinées de violet, ou blanches également veinées, quelquefois rosées. ⊚. P. A. TC. Moissons.

3. R. MARITIMUS Engl. Bot. 1643. (*R. maritime*). *Racine épaisse,* cylindrique, un peu tortueuse, *d'une saveur fortement épicée,* brûlante. Tige haute de 10 à 15 décim., arrondie, rude dans le bas. *Feu. radicales, étalées en rosette,* pétiolées, *pinnatifides, hérissées,* à lobes oblongs, obtus, dentés, devenant de plus en plus grands en approchant du terminal qui est arrondi. Fl. d'un jaune plus intense que dans le *R. raphanistrum* et non veinées. Siliques de 1 à 3 articles lisses, striées. ♂. E. TR. Rochers maritimes. Je l'ai trouvé dans les falaises de Herqueville, près de Jobourg; il se trouve aussi aux îles de Chausey (*Herb. de Ventenat*). Assez commun sur les côtes des îles anglaises de Jersey, Guernesey, Alderney et près de Cancale.

4. R. LANDRA *Moretti. Godr.* (*R. Landra*). Cette plante, qui n'est probablement qu'une variété de la précédente, en diffère par ses feuilles basilaires *lyrées-interrompues,* à segments ascendants souvent alternes, *entremêlés de lobes plus petits,* par ses *styles une fois plus longs* que le dernier article de

la silique, par ses fleurs plus petites. Celles-ci sont blanches ou jaunes. Elle a été trouvée, sur les falaises de Jobourg, par le Dʳ. Lebel.

II. CAKILE *Tourn.* Cal. presque fermé, à 2 glandes à la base. Silique articulée (presque silicule) formée *de deux articles* superposés; le supér. ensiforme. Loges indéhiscentes, à 1 ou 2 graines.

1. c. MARITIMA *Scop. Bunias cakile.* L. (*C. maritime*). Tiges rameuses et diffuses, hautes de 2 à 4 décim. *Feu. charnues, pinnatifides*, à lobes écartés, découpés ou incisés. Fl. blanches ou rougeâtres, terminales. Silique à 2 articles, qui, à la maturité, se détachent successivement. ⊙. P.—E. Commun dans les sables maritimes.

III. SINAPIS *L.* (*Sénevé.*) Calice égal à la base, ouvert. Pétales obovales. *Silique cylindrique ou légèrement tétragone*, 2-loculaire, à valves concaves, terminée par une languette uniforme, formée par le prolongement de la cloison. — *Feuilles scabres, Fleurs jaunes.*

1	Siliques serrées contre la tige	2.
	Siliques plus ou moins écartées de la tige	3.
2	Feu. supér. glabres, bec de la siliq. grêle	*S. nigra.*
	Feu. toutes hispides; bec de la siliq. ovoïde	*S. incana.*
3	Feu. profondément pinnatifides	*S. alba.*
	Feu. caulinaires, ovales et dentées	*S. arvensis.*

1. s. NIGRA *L.* (*S. noir.*) Vulg. *Moutarde.* Tige de 8 à 15 décim., droite, rameuse. Feu. inférieures lyrées; les caulinaires lancéolées, pétiolées, entières. *Siliques glabres, comprimées, un peu tétragones, serrées contre la tige* et terminées par un bec court, anguleux. ⊙. E. C. Moissons humides, bords des rivières, des fossés, principalement dans les contrées littorales.

2. s. ARVENSIS *L.* (*S. des champs.*) Vulg. *Guélot.* Tiges droites, rameuses, hispides. *Feu. lyrées*, anguleuses-dentées; les supér. ovales-dentées. *Siliques* un peu anguleuses, *toruleuses, écartées de la tige*, glabres, terminées par un bec ensiforme, trois fois moins long qu'elles. ⊙. E. TC. Moissons.

Var. b. *hispida* Guép. *S. orientalis.* L. ? Siliques couvertes de poils dirigés en bas. Bec glabre.

3. s. ALBA *L.* (*S. blanc.*) Vulg. *Poivre, Moutarde blanche.* Tige haute de 4 à 8 décim., droite. Feu. lyrées, à lobes sinués, obtus, à peu près glabres. *Siliques couvertes de poils blanchâtres, nombreux, droits, écartées de la tige*, terminées par un long bec large, comprimé. Graines 4-8 assez grosses, grisâtres. ⊙. E. C. Moissons, principalement dans les chenevières.

4. s. INCANA *L.* (*S. blanchâtre*). Tige haute de 4 à 6 décim. hérissée inférieurem. de poils réfléchis. *Feu.* lyrées, *hispides*; les supér. linéaires-lancéolées. Siliq. toruleuses, serrées contre la tige. ♂. E 2. 3. R. Lieux arides et pierreux. Granville, bords de la route de Coutances et du chemin de St.-Pair.

IV. BRASSICA *L.* (*Chou*). Cal. à sépales droits, égaux à la base. Pétales à limbe obovale. *Siliques cylindriques, à valves concaves, terminées par le style persistant, en bec conique.* — Fl. jaunes en grappe ou en panicule.

1 | Feuilles glabres. . . . . B. oleracea.
  | Feuilles hispides, au moins dans leur jeunesse. 2
2 | Feu. supérieures cordiformes-amplexicaules. . . . . . B. campestris.
  | Feu. supérieures pinnées, à lobes linéaires. . . . . . B. cheiranthos.

1. B. OLERACEA *L.* (*C. cultivé*). Tige droite, rameuse, glabre. *Feu.* larges, épaisses, glabres, *glauques-pruineuses*, lobées à la base. ♂. E. Falaises du Tréport, de Dieppe, de Granville, du Havre.

On cultive un grand nombre de variétés de cette espèce. Nous ne citerons que les plus répandues.

Var. *b. acephala* DC. Chou vert, chou du Bocage.

Var. *d. bullata.* DC. Chou pomme.

Var. *c. capitata.* L. Chou cabus, chou rouge, chou rave.

Var *e. botrytis.* L. Chou-fleur, brocoli.

2. B. CAMPESTRIS *DC.* (*C. des champs*). Vulg. *colza.* Diffère du précédent par ses jeunes *feuilles, légèrement hispides et ciliées;* les supérieures sont cordiformes-amplexicaules, acuminées. ♂. P2. 3. Généralement cultivé, à cause de ses graines qui fournissent une huile abondante.

On cultive aussi les *B. napus* (*navet*) et *B. rapa* (*rave*), qui ont de nombreuses variétés.

3. B. CHEIRANTHOS *Vill.* (*C. giroflée*). Tige dressée, rameuse, un peu hérissée. *Feu.* pétiolées, *hispides, pinnées, à lobes sinués-dentés;* les supér. à lobes linéaires. Fl. jaunes en grappes. *Siliques toruleuses,* anguleuses. Bec long, conique, contenant 1-2 graines à sa base. ♂. E. C. Collines pierreuses. Alençon, Falaise, Vire, Tosny, la Ferté-Macé, etc.

V. ERUCASTRUM *Presl.* (*Erucastre*) *Cal. à sép. ouverts, gibbeux* à la base. *Siliq. linéaire,* ayant *une seule* côte *saillante* et terminée par un bec court. Graines unisériées, ovoïdes ou oblongues, un peu comprimées.

1 | Sépales étalés; fleurs d'un beau jaune. . . . . E. obtusangulum.
  | Sépales dressés; fleurs d'un jaune pâle . . . . E. Pollichii.

1. E. OBTUSANGULUM *Reich. Sisymbrium* DC. *Brassica eruscastrum* L. (*E. à lobes obtus*). Tige droite; haute de 3 à 7 décim., peu rameuse, hispide à sa base. *Feuilles lyrées-roncinées, à lobes obtus,* inégaux, dentés, séparés par des sinus arrondis. Fl. jaunes. *Sépales étalés, jaunâtres.* Siliques anguleuses, grêles, glabres, à *bec contenant ordinairement une graine.* ◉. E. R. Lieux cultivés. Falaise, Andelys, Gisors.

2. E. POLLICHII *Schimp.* et *Spenn. Sisymbrium erucastrum* Poll. (*E. de Pollich.* Tige de 2 à 4 décim., dressée, un peu velue. Feu. profondém. pinnatifides, à lobes obtus, séparés par un sinus arrondi. Fl. d'un *jaune pâle à pét. dépassant peu le cal. Sépales verdâtres, dressés.* Siliques étalées, terminées par un *bec dépourvu de graines.* ◉. P. et A. R. Lieux cultivés, décombres. Cette plante a été trouvée d'abord par M. Perrier, dans des champs voisins du marais des Terriers, près de Caen.

VI. ERUCA *Lam.* (*Roquette*). *Cal. droit,* à sépales égaux à la base. Pétales à limbe ovale entier. Silique subcylindrique, ovale-oblongue, légèrement anguleuse, à valves concaves, terminée par un bec asperme, ensiforme, presque aussi long qu'elle. *Graines bisériées.*

1. B. SATIVA. *Lam. Brassica eruca* L. (*R. cultivée.*) Tige rameuse, haute

de 3 à 6 décim. Feu. pétiolées, ailées ou en lyre à lobe terminal, allongé, ovale, denté, presque glabres. *Fleurs blanches ou jaunâtres, veinées de violet.* Siliques ovales-oblongues, longues de 10 à 15 millim., terminées par un bec à peu près de même longueur, serrées contre la tige. ☉. P. R. Cette plante croît au pied des murailles du château de Caen. Elle se retrouve aussi sur les murs et les rochers de la Roche-Guyon et à Dreux.

VII. **HESPERIS** L. (*Julienne*). *Cal. à 4 sépales connivents*, dont 2 renflés à la base. Pétales à limbe étalé, obtus ou légèrement échancré. 2 glandes vertes à la base des étamines latérales. *Silique droite, un peu tétragone, terminées par 2 stigm. droits connivents.*

1. H. MATRONALIS L. (*J. des dames*). Tige simple, droite, hérissée, Feu. ovales, lancéolées-dentées, plus ou moins cordiformes dans le bas. Fl. terminales en panicule, rougeâtres.

Var. *a. hortensis* DC. Vulg. *Saint-Jacques. Fl. odorantes, rouges* ou blanches, à pét. échancrés. Feu. non cordiformes.

Var. *b. sylvestris* DC, *H. inodora* L. *Fl. inodores.* Pét. obtus. Feu. infér. cordiformes. ♃. E. Lieux ombragés. La var. *a* est cultivée dans les jardins. La var. *b.* se trouve dans les haies et les bois. Rouen, Evreux, Alençon, Falaise, Vieux, près de Caen, etc.

L'*Hesperis maritima* Lam., *Malcomia maritima* Brown, est une très-jolie petite plante, fréquemment cultivée dans les jardins sous le nom de *Gazon* ou *Giroflée de Mahon.* Elle est naturalisée dans les lieux sablonneux des environs de Cherbourg et sur les murs, à Rouen.

VIII. **CHEIRANTHUS** L. (*Giroflée*). *Cal. dressé*, à sépales droits dont 2 renflés à la base. *Silique cylindrique, un peu comprimée. Stigmate échancré, à 2 lobes ouverts.* Graines unisériées.

1. C. CHEIRI L. (*G. des murailles*). Vulg. *Ravenelle.* Tige dure, rameuse, redressée. Feu. éparses, lancéolées, pointues, entières, glabres ou ayant de très-petits poils couchés. Fl. grandes, d'un beau jaune en grappes terminales. Siliques longues, pubescentes. ♃. P. C. Vieilles murailles.

Var. *b. fruticulosus* DC. *C. fruticulosus* L. Cette forme présente une tige presque ligneuse et des feu. souv. couvertes de poils couchés. C'est la plus commune sur les murailles. Le type a la tige plus allongée, les pétales plus larges, un peu crispés. Il est plus rare; je l'ai vu à Putanges (Orne). On en cultive dans les jardins plusieurs variétés, sous les noms de *Ravenelle*, de *Rameau-d'Or.*

IX. **ALLIARIA** *Adans.* (*Alliaire*). *Cal. lâche*, à 4 sép. égaux à la base, caducs, à 4 glandes à la base des étamines. Silique lisse, arrondie, striée, comme tétragon. Style très-court. Stigm. déprimé. Graines aplaties, unisériées.

1. A. OFFICINALIS *Andr. Erysimum Alliaria* L. (*A. officinale*). Tige droite, un peu velue. *Feu. cordiformes*, pointues, *pétiolées*, dentées; les infér. obtuses, presques réniformes. Fl. blanches. Siliques prismatiques, striées, ♃. P. C. Haies, bords des fossés.

Toutes les parties de cette plante, froissées entre les doigts, répandent une odeur d'ail.

X. MATHIOLA *Brown (Mathiole)*. Cal. dressés, 2 sépales gibbeux à la base. Pét. onguiculés, à limbe obovale. Silique cylindrique ou comprimée. *Stigmate connivent, à deux lobes épaissis, gibbeux sur le dos.*

1. M. SINUATA *Brown*, *Cheiranthus sinuatus* L. (*M. sinuée*). Tige haute de 3 à 5 décim., rameuse, cotonneuse, blanchâtre. Feu. infér. sinuées; les super. oblongues, lancéolées, obtuses, cotonneuses. Fl. purpurines. Siliques fort longues, comprimées, cotonneuses. ♂. E. TR. Sables maritimes, bords des fossés du Rozel (Manche).

Le *M. incana* Brown est cultivé dans tous les jardins, sous le nom de *Giroflée*, et le *M. annua* Swet l'est également sous celui de *Quarantaine*. Leurs fleurs rouges, violettes ou blanches sont très-odorantes.

XI. ERYSIMUM *L. (Vélar)*. Cal. fermé, 2 sép. un peu gibbeux à la base. Pétales à limbe obovale, stigm. bilobé. Silique prismatique, 4-gones allongées, à valve fortement carénées. Graines ovales ou oblongues, unisériées.

Fl. jaunes; feu. atténuées à la base	*E. cheirantoïdes.*
Fl. d'un blanc jaunâtre; feu. cordées-embrassantes	*E. orientale.*

1. E. CHEIRANTHOIDES *L.* (*V. Giroflée*). Tige droite, haute de 3 à 8 décim., rameuse, scabre. Feu. lancéolées entières ou à dents éparses, couvertes de poils tripartites courts, qui les rendent rudes. Fl. jaunes, petites. Siliques pubescentes, étalées, redressées, 2 fois plus longues que le pédicelle. ☉ E. PC. Bords des chemins, terrains sablonneux. Rouen, Avranches, Vimoutiers, St.-Pierre-sur-Dive, Cherbourg, Vernon, etc.

2. E. ORIENTALE *R. Brown*. E. *perfoliatum* Crantz. Bréb., Fl. Norm., édit. 1. *Brassica orientalis* L. (*V. d'Orient*). *Plante glauque, entièrement glabre.* Tige de 2 à 6 décim., droite, simple. *Feu.* radicales-ovales; caulinaires *amplexicaules-cordiformes*. Fl. d'un blanc-jaunâtre. Siliques 4-gones, très-longues, étalées-divariquées. ☉. Pl. 2. TR. Champ argileux de Berville, près de St.-Pierre-sur-Dive. 1819-21; Cagny, près Caen.

XII. BARBAREA *Brown (Barbarée)*. Cal. dressé, à sépales égaux à la base. *Siliques 4-gones, aplaties; à valves concaves, carénées. — Herbes très-glabres. Fleurs jaunes en grappes.*

Feu. supérieures ovales, dentées ou sinuées.		3.
Feu. supérieures pinnatifides.		2.
Siliques serrées contre la tige.	*B. intermedia.*	
Siliques étalées, non serrées contre la tige		4.
Siliques étalées ou un peu redressées.	*B. vulgaris.*	
Siliques serrées contre la tige.	*B. stricta.*	
Siliques droites	*B. præcox.*	
Siliques un peu courbées	*B. arcuata.*	

1. B. VULGARIS *Brown*. *Erysimum Barbarea* L. (*B. commune*). Vulg. *Herbe de sainte Barbe.* Tige droite, haute de 2 à 6 décim. Feu. inférieures lyrées, à lobe terminal arrondi, denté; les *super.* ovales, dentées. Siliques *étalées ou peu serrées* contre la tige. ♃. P2. 3. C. Lieux humides.

2. B. STRICTA *Fries* (*B. raide*). Voisine de la précédente, dont elle diffère par les *lobes latéraux* des feu. radicales *très-petits*; ses *fleurs plus petites* et surtout par ses *siliques subulées, serrées* contre la tige. ♂. P. R. Lieux frais; Cherbourg, Falaise.

3. B. INTERMEDIA *Bor.* Fl. centr. (*B. intermédiaire*). Tige droite, haute de 2 à 6 décim. Feu. radicales étalées, pinnées, à lobe terminal oblong, incisé; les *supér. pinnatifides* à lobes oblongs peu dentés. Fl. petites. *Siliques nombreuses, courtes, serrées contre la tige.* Lieux frais et champs en friche. ♂. P1. PC. Falaise, Vire, Valognes, Avranches.

4. B. PRÆCOX *Brown. Er. præcox* Smith. (*B. précoce*). Cette espèce a été souvent confondue avec la précéd.; dont elle diffère par ses fleurs plus grandes et surtout par ses *siliques peu nombreuses, trois fois plus longues et écartées de la tige.* Feu. *supér.* également *pinnatifides.* ♂. P1. R. Caen, Lisieux, Falaise, Bully, Mézidon (Calvados); Valognes (Manche); Camembert (Orne).

Nous avons vu cette espèce cultivée à Dives, sous le nom de *cresson anglais*, pour être mangée en salade. M. Boreau (Fl. centr.) fait remarquer que ses feuilles ont la saveur piquante et agréable du cresson, ce qui l'a fait distinguer des autres, qui sont amères. Cette différence caractéristique avait été d'abord indiquée par Smith (Fl. Brit.) C'est l'*American cress* des Anglais.

5. B. ARCUATA *Reich.* (*B. arquée*). Cette espèce n'est peut-être qu'une variété de la précédente, elle se distingue surtout par ses *siliques courtes et arquées. Pédic. droits, ouverts.* Feu. *supér.* pinnatifides, incisées. ♂. P. TR. Lieux frais, bords des eaux. Falaise, Valognes; Couterne (Orne).

XIII. TURRITIS *L.* (*Tourette*). Cal. lâche. Pétales onguiculés à limbe oblong, entier. *Siliques très-longues, comprimées,* à valves planes, *nervées, Graines* nombreuses, *bisériées,* comprimées.

1. T. GLABRA *L.* (*T. glabre*). Tige droite, simple, haute de 4 à 8 déc., glauque, blanchâtre. Feu. infér. pétiolées oblongues, dentées, velues; les supér. amplexicaules, sagittées, entières, glabres. Fl. d'un blanc-jaunâtre, en grappes serrées, redressées. Siliques de 6 à 8 centim. ♂. P. PC. Champs et bois sablonneux. Rouen, Caen, St-Lo, Falaise, Conches; Ferté-Macé, Couterne et Pulanges (Orne), etc.

XIV. ARABIS *L.* (*Arabette*). Cal. redressé, fermé, gibbeux à la base. *Pétales onguiculés,* à limbe ouvert, entier. Siliques linéaires, comprimées, à valves planes, nervées, terminées par un stigm. presque sessile. *Graines unisériées.*

1 { Fleurs blanches.		2.
{ Fleurs roses.		*A. arenosa.*
2 { Feu. caulinaires auriculées-sagittées	.	*A. sagittata.*
{ Feu. caulinaires lancéolées, atténuées en pétiole	.	*A. Thaliana.*

1. A. SAGITTATA *DC. Turritis hirsuta L.* (*A. sagittée*). Tige raide, simple, hérissée de poils rameux, haute de 3 à 4 décim. Feu. radicales en rosette, ovales-oblongues, rétrécies en pétiole à la base; *les caulinaires* plus ou moins amplexicaules, prolongées à la base en deux oreillettes courtes qui les rendent *sagittées,* un peu obtuses, crénelées-denticulées, couvertes de poils simples et rameux. Fl. blanches. *Siliq.* grêles, *redressées.* ♂. P1. 2. PC. Coteaux secs, bords des chemins. Rouen, le Havre, Caen, Evreux, Falaise, Vernon, etc.

2. A. ARENOSA *Scop. Sisymbrium arenosum L.* (*A. des sables*). Tiges de 2 à 4 décim., un peu diffuses, rameuses, hérissées de *poils simples.* Feu. ra-

dicales-lyrées; les supér. incisées, dentées, couvertes de poils bifurqués. *Fl. roses. Siliques et pédicelles très-ouverts.* ⊚. P3. E. PC. Lieux sablonneux. Roche-St.-Adrien, près de Rouen, Audelys, forêt d'Eu, Neufchâtel, Evreux, le Havre, Vernon.

3. **A. THALIANA** *L.* (*A. de Thalius*). Tiges droites, rameuses, hérissées de *poils simples*, hautes de 2 à 3 décim. *Feu.* radicales en rosette, ovales-spatulées, rétrécies en pétiole à leur base, légèrement dentées, chargées de quelques poils bifurqués; les *caulinaires* distantes, peu nombreuses, *lancéolées. Fl. blanches*, terminales. *Siliques* grêles *ouvertes*, à peu près de la longueur des pédicelles. ⊚. P. E. C. Champs sablonneux, murs, toits.

XV. **CARDAMINE** *L.* Calice entr'ouvert, à sép. égaux à la base. Siliques linéaires, à valves planes, se roulant avec élasticité de la base à la pointe. Style très-court ou presque nul. Cloison égale aux valves.

1 { Pétales trois fois plus longs que le calice . . . . 2.
  { Pétales dépassant peu le calice. . . . . 3.
2 { Feu. supér. à lobes linéaires, pointe de la siliq. obtuse . . *C. pratensis.*
  { Feu. supér. à lobes larges angul.-dentés, pointe de la siliq. aiguë. *C. amara.*
3 { Feu. caulin. pourvues d'oreillettes à leur base . . . . . *C. impatiens.*
  { Feu. caulin. sans oreillettes. . . . . 4.
4 { Siliq. dressées à pointe presque nulle. . . . . *C. hirsuta.*
  { Siliq. étalées à pointe visible. . . . . *C. sylvatica.*

1. **C. AMARA** *L.* (*C. amère*). Tige droite, haute de 2 à 5 décim., glabre, poussant des *jets feuillés à sa base. Feu.* pinnées, à folioles arrondies et sinuées; les *supér.* plus étroites, *dentées-anguleuses. Fl. blanches assez grandes*, en grappes terminales. *Etam. violettes.* Style filiforme appointi. ♃. P1. 2. PC. Bords des rivières et des ruisseaux.

2. **C. PRATENSIS** *L.* (*C. des prés*). Tige droite, glabre, peu feuillée, haute de 2 à 5 décim. Feu. pinnées; folioles des radicales arrondies, sinuées, la terminale plus grande; fol. des *supér. linéaires entières. Fl. grandes pur-purines ou lilas*, quelquefois blanches, terminales. *Etam. jaunes.* ♃. P. TC. Prés humides, fossés.

M. le D^r. Lebel a trouvé, au Ham (Manche), une forme de cette plante à fl. doubles portées sur de très-longs pédicelles.

3. **C. IMPATIENS** *L.* (*C. impatiente*). Tige droite, anguleuse, quelquefois rameuse, haute de 3 à 6 décim. Feu. pinnées, munies à la base de *deux oreillettes ou stipules aiguës*; folioles 11 à 15, trilobées ou incisées; les supér. étroites, à peine dentées. Fl. très-petites, blanchâtres, quelquefois apétales. Siliques à valves très-élastiques. ⊚. E. Lieux humides et ombragés, bords des rivières; Caen, Louvigny, Mallot et Cheffreville (Calvados).

4. **C. SYLVATICA** *Link.* (*C. des bois*). Tiges rameuses, un peu velues, feuillées, hautes de 2 à 3 décim., pinnées; folioles 7 à 13, ovales-arrondies, sinuées et dentées inégalement, mucronées, un peu pétiolées. *Feu. cau-linaires plus grandes que les radicales. Fl.* petites, blanches, en grappes terminales. *Pédonc. très-étalés. Siliq.* grêles, *redressées, à pointe visible.* ⊚. E. PC. Lieux pierreux et humides. Caen, Falaise, Vire, Evreux, Lisieux, Avranches, Cherbourg, etc.

5. **C. HIRSUTA** *L.* (*C. velue*). Diffère de l'espèce précéd. par ses tiges plus simples, moins feuillées, par ses *feu. caulinaires plus petites que les radi-*

cales, par ses *fl. plus petites* en grappes allongées, par ses *pédonc. fructifères* dressés et par ses *siliques rapprochées de l'axe, à bec court, obtus.*
⊚. P. C. Lieux frais, coteaux, rochers, murailles.
Ou a trouvé à Vire un état de cette plante à feu. prolifères.

XVI. **DENTARIA** *L.* (*Dentaire*). Calice serré. *Siliques comprimées*, atténuées au sommet, à valves planes *se roulant de la base à la pointe.* Stigm. échancré. Cloison plus longue que les valves.

1. D. **BULBIFERA** *L.* (*D. bulbifère*). Tige droite, simple, haute de 3 à 5 décim. Feu. ailées, portant des bulbes arrondis à leurs aisselles ; folioles lancéolées, dentées, incisées ; feu. supér. presque simples. Fl. blanches ou un peu purpurines, en grappe courte, terminale. ♃. P2. 3. R. Lieux ombragés. Neumarché-en-Lions (Seine-Inférieure) ; Bernay, forêt de Conches, au-dessus de la Maison-Verte, sur le chemin de la Lyre, à gauche (indication de S. Vaillant, 1716) ; Rugles (Eure).

XVII. **DIPLOTAXIS** *DC.* Cal. lâche, égal à la base. *Siliques* linéaires *comprimées*, planes ou munies d'une nervure médiane peu prononcée. Style conique. *Graines ovoïdes, bisériées, comprimées.*

1 { Tige non feuillée dans le haut ; pédic. de la longueur des fleurs. *D. muralis.*
{ Tige feuillée dans le haut ; pédic. plus longs que les fleurs   . *D. tenuifolia.*

1. D. **MURALIS** *DC. Sisymbrium murale* L. (*D. des murailles*). *Tige* rameuse et diffuse à la base, dressée, un peu velue, *non feuillée dans le haut.* Feu. oblongues, dentées, incisées, presque lyrées. Siliques longues, comprimées. Fl. jaunes, terminales. ⊚. E. C. Lieux sablonneux ; Rouen, Andelys, Falaise et sables littoraux.

Un état nain de cette espèce, qui se trouve fréquemment au bord de la mer, a été pris souvent pour le *D. viminea* DC, qui en diffère principalement par ses fl. à pétales dépassant à peine le cal.

2. D. **TENUIFOLIA** *DC. Sisymb. tenuifolium* L. (*D. à feuilles menues*). Vulg. *Roquette. Tige* droite, ferme, glabre, *feuillée*, rameuse, haute de 3 à 8 décim. Feu. infér. pinnatifides, à lobes linéaires, entiers ou découpés ; les supér. entières. Siliques amincies à leur base en forme de pédicelle. Fl. jaunes terminales. ♃. E. C. Murs, lieux incultes et arides, sables maritimes.
Cette plante développe, par le froissement, une odeur fétide.

XVIII. **SISYMBRIUM.** *L.* (*Sisymbre*). Cal. à base égale, parfois gibbeux, *Siliques* linéaires, *cylindriques*, à valves concaves. Style presque nul. *Semences ovoïdes, unisériées*, rarem. bisériées.

1 { Feu. bipinnées à lobes linéaires.   .   .   .   . *S. Sophia.*
{ Feu. roncinées ou pinnatifides.   .   .   .   .   2.
2 { Siliques à valves trinervées.   .   .   .   .   3.
{ Siliques à valves uninervées.   .   .   .   . *S. supinum.*
3 { Siliques glabres plus ou moins écartées de la tige.   .   .   .   . *S. Irio.*
{ Siliques velues appliquées contre la tige .   .   .   .   .   . *S. officinale.*

1. S. **OFFICINALE** *Scop. Erysimum officinale* L. (*S. officinal*). Vulg. *Vélar, Herbe-au-chantre. Tige* droite, raide, *à rameaux ouverts*, velue ; haute de 3 à 6 décim. *Feu.* pubescentes, *roncinées*, à lobes dentés ; le terminal plus grand, triangulaire. *Siliques* grêles, subulées, *velues, appliquées contre l'axe de l'épi.* Fl. très-petites, jaunes, en grappes très-allongées après la floraison. ⊚. E. TC. Lieux incultes, le long des murs et des chemins.

2. s. IRIO *L.* (*S. Irio*). Tige rameuse, glabre, haute de 3 à 5 décim. *Feu. roncinées-pinnatifides*, à lobes étroits, pointus, dentés ; le terminal allongé, hasté. Fl. jaunes en grappes nombreuses. Calices jaunâtres. *Siliques étalées, ascendantes.* ☉. E. PC. Lieux incultes, murailles et décombres. Rouen, Coutances, etc.

3. s. SOPHIA *L.* (*S. Sagesse*). Tige droite, rameuse, pubescente, haute de 3 à 8 décim. *Feu. bipinnées à lobes linéaires*, finement découpés. Pédicelles 4 fois plus longs que le cal. Pétales plus courts que les sépales. Fl. jaunes très-petites en grappes terminales. Siliques grêles, nombreuses. ☉ E. PC. Lieux incultes, décombres, murailles. Rouen, Cherbourg, Avranches, Evreux, Ivry, etc.

4. s. SUPINUM *L. Braya supina* Kock (*S. couché*). *Tiges couchées*, hérissées de poils recourbés, longues de 1 à 3 décim. *Feu. pinnatifides*, à lobes oblongs, entiers ou un peu sinués-dentés. Fl. petites, *blanchâtres*, axillaires, disposées en grappes feuillées. *Siliques un peu comprimées, uninervées sur chaque valve. Graines bisériées.* ☉. E. TR. Lieux sablonneux humides. Trouvé par M. Godart, en juin 1852, sur les bords de la Seine, à Vernon.

XIX. NASTURTIUM *R. Brown.* (*Cresson*). Cal. étalé, égal. Pétales entiers. *Siliques cylindriques, quelquefois ovales et assez courtes. Graines petites, irrégulièrement bisériées.*

<pre>
1 { Fleurs blanches. . . . . N. officinale.
  { Fleurs jaunes. . . . . 2.
2 { Feu. supérieures profondément pinnatifides. . . . . 3.
  { Feu. supérieures entières ou non profond. pinnatifides. N. amphibium.
3 { Pétales ne dépassant pas le cal.; plante bisannuelle. . . N. palustre.
  { Pétales deux fois plus longs que le cal.; plante vivace. . . . . . 4.
4 { Pédicelles à peu près de la longueur des siliques. . . . N. sylvestre.
  { Pédicelles deux fois plus longs que les siliques. . . . . . N. anceps.
</pre>

1. N. OFFICINALE *R. Brown. Sisymbrium Nasturtium L.* (*C. officinal*). Vulg. *Cresson de fontaine.* Tiges couchées à la base, redressées, glabres, hautes de 2 à 5 décim. Feu. pinnées à fol. arrondies, anguleuses. *Fl. blanches*, terminales. Siliques courtes, un peu courbées, écartées de l'axe. ♃. E. TC. Ruisseaux, fontaines et fossés. — Alimentaire.

Var. *b. N. Siifolium* Reich. Plante plus robuste, à feu. pourvues de lobes presque égaux, ovales ou oblongs, acuminés et atténués à leur base. Evreux, Falaise, etc.

Var. *c. N. microphyllum* Reich. Plante grêle, à petites feu. garnies de lobes ovales, libres à leur base, presque pétiolés. Alençon, la Ferté-Macé (Orne).

Var. *d. minimum.* Tige très-courte, à peu près nulle, émettant des rejets rampants. Feu. en rosette à folioles, peu nombreuses, petites, arrondies, à peine dentées. Fl. en petits bouquets radicaux Sables humides. Butte du Bougard (Orne).

2. N. AMPHIBIUM *R. Brown. Sisymb. amphibium L.* (*C. amphibie*). *Racine pivotante*, à fibres menues. *Tige* droite, flexueuse, *fistuleuse*, sillonnée, haute de 4 à 10 décim. Feu. inférieures plus ou moins pinnatifides, même à divisions capillaires, quand elles sont plongées dans l'eau, quelquefois *allongées ; simplement dentées*, auriculées et embrassantes comme

les supér., quand la plante n'est pas submergée. Fl. jaunes, à *pétales doubles du calice*. Siliques ovales-oblongues. Pédic. étalés. ♃. E. C. Bords des rivières et des étangs.

3. N. ANCEPS *DC. Sisymb. amphibium*, var. *terrestre* L. (*C. ancipité*). *Racine rampante, stolonifère.* Tige anguleuse, haute de 3 à 5 décim. *Feu. auriculées* à la base; les infér. ovales, lyrées; les *supér. pinnatifides*, à lobes lancéolés, dentés, Fl. jaunes à pét. deux fois plus longs que le cal. *Siliques ancipitées, oblongues, une fois plus courtes que les pédicelles étalés.* ♃. E. R. Lieux humides et fangeux, bords des fossés; Caen, Rouen, Maisons (arrondiss. de Bayeux); Pirou (Manche); bords de l'Orne, près de Falaise.

4. N. SYLVESTRE *R. Brown. Sisymbr. sylvestre.* L. (*C. sauvage*), Tiges rameuses, étalées à la base, hautes de 2 à 3 décim. Feu. pinnatifides, à lobes incisés-dentés. Fl. d'un jaune doré, en grappes. *Pétales plus longs que le calice. Siliques droites, un peu toruleuses.* ♃. E. C. Lieux sablonneux et humides, bords des rivières et des fossés.

5. N. PALUSTRE *DC. Sisymb.* L. (*C. des marais*). Diffère du précédent par sa tige droite solitaire, ses feu. plus larges, *ses pétales égaux au calice* et par ses *siliques plus grosses, très-étalées, courtes et un peu arquées.* Fl. petites, jaunes. ♂. E. C. Bords des rivières et des étangs.

J'ai trouvé une forme remarquable de cette esp. dans les envir. de Mortrée (Orne) : ses feu. étaient profondément pinnatifides, à lobes étroits, linéaires (même le terminal), dentés. C'est peut-être le *Sisymb. pusillum* de Thuillier. Fl. par., p. 332.

SILICULEUSES.

XX. LUNARIA *L.* (*Lunaire.*) Cal. fermé; 2 des sépales prolongés à la base. *Silicule elliptique, très-grande, plane;* cloison et style filiforme persistants. Graines marginées.

1. L. BIENNIS *Mench. L. annua.* L. (*L. bisannuelle*). Tige rameuse, droite, hérissée de poils raides. Feu. opposées, pétiolées, cordiformes, dentées, quelquefois alternes dans le haut. *Fl. larges, violettes.* E. R. Dans les rochers de la *Brèche-au-Diable*, près de Falaise, et à Orival, près d'Elbeuf. Spontané ?

XXI. BISCUTELLA *L.* (*Biscutelle*). Calice serré. *Silicule plane à 2 lobes orbiculaires*, uniloculaires, monospermes, *attachés latéralement au côté du style* persistant, et s'ouvrant par la suture marginale.

1. B. LÆVIGATA. L. (*B. lisse*). Racine dure, tortue. Tige dressée, peu rameuse. Feu. oblongues, hérissées, rétrécies en pétiole à la base, munies de quelques dents rares; les supér. entières. Fl. jaunes. Siliques glabres et lisses, formées de deux lobes orbiculaires, séparés par une échancrure d'où sort le style. ♃. E. R. Lieux montueux, Rocher-de-St.-Jacques, aux Andelys.

XXII. ALYSSUM *L.* Cal. égal à la base. *Etam. à filets simples ou dentés au sommet, quelquefois appendiculés à leur base.* Silicule plane orbiculaire, ovale-comprimée, terminée par le style, à 2 loges 1-2-spermes. Graines marginées. — *Plantes hérissées de poils étoilés.*

1 { Calice-persistant sur les silicules. . . . . A. calycinum.
  { Calice non persistant sur les silicules. . . . . A. campestre.

1. A. CAMPESTRE *L.* (*A. des champs*). Tige courte, herbacée. Feu. linéaires-oblongues. *Cal. caduc.* Pétales jaunes. *Silic.* velucs, tuberculeuses, *non échancrées*, terminées par le style. ☉. P-E. R. Champs sablonneux. Rouen, Pont-de-l'Arche ; St.-Lambert, près de Chamboy (Orne). MM. Perrier et Duhamel.

2. A. CALYCINUM *L.* (*A. à calice persistant*). Tiges de 1 à deux décim., diffuses, pubescentes, dures et rameuses. Feu. oblongues, spatulées, blanchâtres. *Silicules échancrées*, velues ; style très-court. Fl. d'un blanc-jaunâtre en grappes terminales. *Cal. persistant.* ☉. E. PC. Champs sablonneux des terrains calc. Rouen, Falaise, Lisieux, Pacy-sur-Eure, etc.

L'*Alyssum saxatile* L., fréquemment cultivé dans les jardins sous le nom de *Corbeille-d'or*, à cause de ses fleurs d'un beau jaune, se retrouve çà et là naturalisé sur de vieilles murailles.

XXIII. DRABA *L.* (*Drave*). *Cal.* redressé, égal à la base. *Pétales entiers.* Silicule elliptique, entière, à valves planes, à 2 loges polyspermes. Graines bisériées, sans rebord.

1. D. MURALIS *L.* (*D. des murailles*). Tige simple ou peu rameuse, de 2 à 3 décim., feuillée, hérissée de poils rayonnants. Feu. rad. ovales-oblongues entières ; les caulinaires amplexicaules, dentées, hérissées. Fl. petites, blanches, en grappe allongée. ☉. P1. 2. R. Murailles et lieux montueux. Caen, Falaise, Valognes, St.-Lo, Thiberville, Pont-Audemer, etc.

XXIV. EROPHILA *DC.* (*Erophile*). *Cal.* un peu *lâche*, égal à la base. *Pétales bifides.* Silic. ovales-oblongues à valves planes ; stigmate sessile. Graines petites, bisériées et sans rebord.

1. E. VULGARIS *DC. Draba verna* L. (*E. commune*). Petite plante de 5 à 10 centim., rameuse, à feu. toutes radicales en rosette, ovales cunéiformes, quelquefois bordées de quelques dents. Tiges grêles, terminées par une petite grappe de fleurs blanches. ☉. P1. TC. Coteaux et murailles.

Cette plante est sujette à présenter quelques légères variations, selon ses stations et la nature du terrain où elle croît. Ces différences ont donné lieu à la création d'un certain nombre d'espèces. Nous allons indiquer ci-dessous les principales formes que nous avons remarquées.

Une des formes les plus communes, qui croît sur les coteaux secs, a des feuilles lancéolées étroites, rarem. dentées, glabres ou munies de quelques poils simples, épars. C'est l'*Er. glabrescens* Jord.

Dans les lieux sablonneux, quelquefois les feuilles et la base des hampes se couvrent de poils plus nombreux, souvent bifurqués. C'est l'*Er. hirtella* Jord.

L'*Er. brachycarpa* Jord. vient parmi les rochers, sur les collines arides. Les feu. sont petites, couvertes de poils simples et bifurqués ; les hampes sont courtes et grêles, et portent à leur sommet un petit nombre de silicules ovales-arrondies, obtuses à leur sommet.

L'*Er. majuscula* Jord. a des feu. assez larges, bordées de quelques grosses dents de chaque côté, parsemées de poils simples, bi et même trifurqués ; ses hampes nombreuses atteignent de 8 à 15 centim. Fl. à pétales 3 fois plus longs que le cal.

Cette forme croit fréquemment dans les lieux cultivés, au bord des champs, dans les jardins, stations qui naturellement sont la cause d'un plus grand développement.

XXV. COCHLEARIA *L.* (*Cranson*). Cal. ouvert, égal à la base ; sépales concaves. *Silicule globuleuse, ellipsoïde, à valves ventrues ; épaisses.* Style presque nul. Graines sans rebord.

1 { Feuilles toutes pétiolées . . . . C. Danica.
{ Feuilles caulinaires sessiles.

2 { Feuilles radicales crénelées; les caulin. semi-pinnatifides. C. armoracia.   2.
{ Feuilles radicales entières ou sinuées . . . .   3.

3 { Feuilles radicales cordées à leur base. . . . . C. officinalis.
{ Feuilles radicales ovales, non cordées . . . . C. Anglica.

**1. c. ARMORACIA* L. (*C. de Bretagne*). Vulg. *Raifort sauvage.* Racine blanche, épaisse, arrondie. Tige de 8 à 10 décim., rameuse vers le haut. *Feu. radicales*, grandes, pétiolées, *crénelées ; les caulinaires semi-pinnatifides ; les supér. lancéolées-linéaires.* Fl. blanches en grappes nombreuses, terminales allongées. Silicules ellipsoïdes portées sur de longs pédic. déliés. ♃. E. R. Lieux frais. Carentan.

Cette plante, fréquemment cultivée, offre dans sa racine un stimulant énergique.

2. c. OFFICINALIS L. (*C. officinal*). Vulg. *Herbe-aux-cuillers, Cochlearia.* Tiges glabres, inclinées, longues de 2 à 3 décim. *Feu. radicales* ovales-arrondies *en cœur à leur base*, lisses, vertes, épaisses, un peu concaves, longuement pétiolées ; les *caulinaires sessiles*, embrassantes, sinuées et anguleuses. Fl. blanches en grappe terminale. Silic. ovoïdes. ♃. P. PC. Lieux pierreux et humides ; falaises d'Etretat.

3. c. ANGLICA L. (*C. d'Angleterre*). Diffère du *C. officinalis*, auquel il ressemble beaucoup, par ses *feuilles radicales* qui sont *entières, ovales-lancéolées, non échancrées en cœur à leur base*, et par ses siliques munies de nervures réticulées. ♃. P.-E. R. Bords de la mer. Embouchure de l'Orne, près de Caen ; de la Seine, près le Havre ; St.-Vaast-la-Hougue, Isigny, etc.

4. c. DANICA L. (*C. de Danemarck*). Cette espèce diffère des deux précédentes par sa taille plus petite, ses *feuilles toutes pétiolées ; les infér. cordiformes, les caulinaires deltoïdes,* et surtout par sa racine annuelle. Fl. blanches, peu nombreuses. Silic. ellipsoïdes de la longueur du pédic. ◉. P. R. Lieux humides et pierreux des bords de la mer. Granville, Cherbourg, Mont-St.-Michel, Isigny, Vierville et Grandcamp (Calv.).

Var. *b. præcox* Lejol. Plante très-courte à fleurs un peu rosées, formant des gazons serrés sur les murs de Cherbourg. H2.

XXVI. SENEBIERA *DC.* Cal. ouvert, égal à la base. *Silic.* comprimée, *indéhiscente, tuberculeuse,* à deux loges monospermes, ou *réniforme et rugueuse.* Fl. blanches, très-petites.

1 { Silicule tuberculeuse terminée en pointe . . . . S. coronopus.
{ Silicule légèrement rugueuse, échancrée au sommet . . . S. pinnatifida.

1. s. CORONOPUS DC. *Cochlearia coronopus* L. (*S. corne de cerf*). Tiges

rameuses, étalées sur la terre, de 1 à 3 décim., *glabres*. Feu. pinnées, à lobes entiers, incisés ou même pinnatifides. Fl. en grappes axillaires, les premières naissant au milieu de la souche étalée en rosette. *Silic. hérissées de pointes tuberculeuses* et terminées en pointe. ⊙. E. TC. Lieux secs, bords des chemins, décombres.

2. S. PINNATIFIDA *DC* (*S. pinnatifide*). *Tiges* rameuses, couchées, *velues*, longues de 1 à 4 décim. Feu. profondém. pinnatifides. *Pédic. plus longs que les fl. Silic. légèrem. rugueuses, échancrées au sommet.* ⊙. P-A. R. Lieux secs et pierreux. Cette plante, probablem. naturalisée, a été découverte par M. Lejolis, dans les environs de Cherbourg, où elle est maintenant assez répandue. Commune à Jersey.

XXVII. **LEPIDIUM** *L.* (*Passerage*). Cal. ouvert, égal à la base. Silic. ovale comprimée à valves carénées, à deux loges 1-spermes.

1 {	Feuilles caulinaires sagittées, pubescentes	5.
	Feuilles non sagittées, glabres	2.
2 {	Feuilles caulinaires ovales, lancéolées, larges. . . . *L. latifolium.*	
	Feuilles caulinaires linéaires	3.
3 {	Silicules pointues, non échancrées au sommet. . . . *L. graminifolium.*	
	Silicules échancrées au sommet	4.
4 {	Pétales nuls, ou très-petits, verdâtres. . . . . . . *L. ruderale.*	
	Pétales blancs dépassant le calice. . . . . *L. sativum.*	
5 {	Silicules échancrées au sommet.	6.
	Silicules cordées, non échancrées au sommet. . . . . *L. Draba.*	
6 {	Tige droite; style dépassant à peine l'échancrure de la silic. *L. campestre.*	
	Tige étalée; style plus long que l'échancrure de la silic. . *L. Smithii.*	

1. L. LATIFOLIUM *L.* (*P. à feu. larges*). Tige rameuse, haute de 6 à 12 décim., glabre et glauque comme le reste de la plante. *Feu. radic. ovales-lancéolées*, denticulées, pétiolées; les sup. sessiles. Fl. blanches en panicule foliacée. Silic. ovales, apiculées par le stigmate. ♃. E. R. Lieux humides et herbeux. Iles de la Seine, Rouen, Audelys; Mont-St.-Michel, Pirou (Manche), Bernay, Vernon.

2. L. DRABA *L.* sp. ed. 1. *Cochlearia draba* L. sp. ed. 2. (*L. Drave*). Tige droite, haute de 3 à 4 décim., pubescente, à rameaux en corymbe au sommet. *Feu.* amplexicaules, allongées, dentées, *pubescentes.* Fl. blanches en corymbe. *Silic. cordiformes, renflées, terminées par le style persistant.* ⊙. E. R. Lieux arides et pierreux. Arromanches; près de Bayeux; le Havre (Fl. de R.), Beuzeval; Cintheaux et Venoix (Calv.).

3. L. SATIVUM *L.* (*P. cultivé*). Vulg. *Cresson alénois.* Plante glauque, glabre. Tige droite, rameuse. *Feu.* infér. *bipinnées*, découpées-incisées; les *supér. entières.* Fl. blanches en grappes. *Silic.* orbiculaire, *ailée, un peu échancrée.* ⊙. E. Cultivée fréquemment comme potagère et anti-scorbutique.

4. L. GRAMINIFOLIUM *L. L. Iberis* Willd. DC. (*P. à feu de gramen*). Tiges hautes de 3 à 8 décim., raides, dressées, à rameaux effilés, étalés. *Feu.* radicales, en rosette, pétiolées, *pinnatifides;* les *supér. linéaires, entières.* Fl. blanches, petites. Silic. ovoïdes, pointues. ♃. E. R. Bords des chemins, lieux arides, forêt d'Evreux (*Chesnon*).

5. L. RUDERALE *L.* (*P. des décombres*). Plante glabre, rameuse, fétide. Tige droite, haute de 1 à 3 décim. *Feu.* infér. *pinnatifides*, à lobes linéaires, quelquefois incisés; les *supér. linéaires, entières.* Fl. blanches, petites,

souvent apétales, à 2, rarement 4 étam. Silic. ovale-arrondie, échancrée. ⊙. E. R. Bords des chemins et décombres. Rouen (Fl. de R.), Courseulles-sur-Mer, le Havre.

6. L. CAMPESTRE *R. Brown*, *Thlaspi campestre* L. (*P. champêtre*). Plante cendrée, couverte de poils courts. *Tige droite*, ferme, feuillée, haute de 3 à 5 décim., rameuse dans le haut. *Feu radic.* rétrécies en pétiole, dentées, *sinuées-lyrées*, *caulinaires embrassantes*, *sagittées* à la base, dentées, relevées. Fl. petites, blanches, en grappe serrée, terminale. *Silic. ovales, ailées*, échancrées; *style dépassant à peine l'échancrure.* ♂. E. TC. Champs arides et bords des chemins.

7. L. SMITHII *Hook.* L. *heterophyllum* Benth. (*P. de Smith*). Plante couverte de poils grisâtres. *Tiges étalées*, longues de 2 à 4 décim., redressées et rameuses au sommet. Feu. radicales, pétiolées, ovales-oblongues, sinuées-lyrées, caulinaires sagittées, dentées, appliquées contre la tige. Fl. petites. Silic. ovales-oblongues, échancrées. *Style dépassant beaucoup l'échancrure.* ♃. E. PC. Landes arides et pierreuses, bords des chemins. Caen, Bayeux, Falaise, Vire, Pirou, Cherbourg, Alençon, Trun (Orne).

XXVIII. HUTCHINSIA *R. Brown.* (*Hutchinsie*). Cal. à sépales dressés, égal à la base. *Silic. non échancrée*, oblongue, comprimée, non ailée, à 2 loges le plus souvent *dispermes*. Graines comprimées.

1. H. PETRÆA *R. Brown.* Lepid. *petræum* L. (*H. des rochers*). Tige grêle, droite, rameuse, haute de 5 à 8 centim. *Feu. pinnatifides* à fol. ovales. Fl. petites, blanches. Pét. échancrées. Caps. ovale-triangulaire. Style persistant. ⊙. P. PC. Lieux montueux et pierreux. Mortain, ruines du château des Biards, près de St.-Hilaire-du-Harcouet (de Gerville); environs de Mantes; abondant sur les dunes de Biville, Vauville jusqu'à Carteret (Manche).

XXIX. THLASPI L. (*Tabouret*). Cal. égal à la base, presque dressé. *Silic.* 2-loculaire, déprimée, *échancrée au sommet, à valves naviculaires munies d'ailes membraneuses à la carène.* Loges à 2 ou 4 graines.

1 {	Silic. entièrement entourée par un rebord saillant. . . . . *T. arvense.*	
{	Silic. seulement bordée au sommet.	2.
2 {	Style dépassant l'échancrure de la silic. . . . . *T. montanum.*	
{	Style plus court que l'échancrure de la silic. . . . *T. perfoliatum.*	

1. T. ARVENSE L. (*T. des champs*). Vulg. *Monnoyère.* Tige droite simple, haute de 2 à 4 décim., glabre. *Feu.* oblongues, sessiles, dentées; les supér. un peu auriculées. Fl. blanches. *Silic.* larges, ovales, *munies d'un large bord membraneux.* Style court dans l'échancrure. *Graines striées.* ⊙. P. C. Lieux cultivés.

2. T. PERFOLIATUM. L. (*T. perfolié*). Plante glabre, lisse et glauque. Tige peu rameuse, de 1 à 2 décim. Feu. radic. ovales à courts pétioles; les supér. sessiles, sagittées, très-amplexicaules, entières. Fl. blanches. Pétales égaux au cal. Silic. échancrées, cordiformes, *bordées dans le haut. Style plus court que l'échancrure. Graines lisses.* ⊙. P. R. Champs, bords des chemins des terr. calc. Rouen, Lisieux, Falaise, Mortagne, Vernon; abondant sur les coteaux qui bordent la Laize (Calv.).

3. T. MONTANUM *L.* (*T. de montagne*). Plante glabre, croissant en touffes composées de plusieurs tiges simples, hautes de 2 à 3 décim. Feu. un peu épaisses, entières ou à peine dentées ; les radic. ovales, pétiolées ; les caulin. oblongues, amplexicaules. Fl. blanches. Pétales plus grands que le cal. Silic. en cœur, 4-spermes, écartées, un peu concaves en-dessus, convexes en-dessous. *Style filiforme dépassant l'échancrure.* ♃. P2. 3. R. Lieux pierreux et montueux. Environs de Rouen, Roche-St.-Adrien et Dieppe-dalle.

XXX. TEESDALIA *R. Brown.* (*Teesdalie*). *Pétales 4, dont 2 extér. plus grands. Étamines ayant un appendice en forme d'écaille à la base des filets. Silic. déprimée, échancrée, à valves naviculaires, bordées sur la carène. Loges dispermes.*

1. T. IBERIS *DC. Iberis nudicaulis* L. (*T. Iberide*). Tiges rameuses à la base, grêles, presque nues, hautes de 5 à 12 centim. Feu. radicales en rosette, pinnatifides, à lobes arrondis, pubescentes. Fl. blanches en corymbe, à 6 étam. ◉. P. TC. Coteaux et bords des chemins, murailles.

XXXI. IBERIS *L.* (*Iberide*). Cal. égal à la base. Pétales 4, dont les 2 extér. plus grands. Filets des étam. sans appendice. Silic. déprimée, à valves naviculaires, profondément échancrée au sommet. Style persistant. Loges 1-spermes.

Silic. largement échancrée et à longues pointes divariquées. *I. intermedia.*
Silic. à échancrure étroite et à pointes courtes et droites . . *I. amara.*

1. I. AMARA *L.* (*I. amère*). Vulg. *Thlaspi. Tige rameuse à la base, étalée.* Feu. lancéolées, élargies au sommet, dentées. Fl. blanches en corymbe. *Silic. à échancrure étroite, à pointes courtes et droites.* Style filiforme. ◉. E. C. Champs secs des terrains calcaires.

2. I. INTERMEDIA. *Guers.* (*I. intermédiaire*). *Tige droite*, de 2 à 4 décim., ferme, *rameuse dans le haut.* Feu. linéaires-lancéolées. Fl. blanches en grappes. *Silic. largement échancrées, à longues pointes divariquées.* Style court ♂. P2. 3. R. Lieux incultes, environs de Rouen, près de Duclair.

XXXII. CAPSELLA *DC.* (*Capselle*). Cal. égal à la base, serré. *Silic.* plane, déprimée, *triangulaire*, à valves carénées, comprimées, non ailées. *Loges à 8 à 10 graines comprimées.*

1. C. BURSA PASTORIS *DC. Thlaspi bursa-pastoris* L. (*C. bourse à pasteur*). Tige droite, rameuse, pubescente. *Feu.* radicales *roncinées*, velues, variant beaucoup de forme, quelquefois tout-à-fait entières. Fl. blanches en corymbe. ◉. E. TC. Lieux cultivés, décombres.

Au milieu des nombreuses variations que présente cette plante, l'état le plus remarquable que j'aie rencontré était à tige basse, rameuse, garnie de feuilles oblongues nombreuses, pourvues chacune d'une petite fleur sessile à leur aisselle.

XXXIII. ISATIS *L.* (*Pastel*). Cal. égal à la base, ouvert. *Silic.* plane, triangulaire, oblongue, *monosperme*, à valves carénées indéhiscentes, presque ailées.

1. **1.** TINCTORIA. *L.* (*P. des teinturiers*). Vulg. *Guède, Vouède.* Tige droite, rameuse. Feu. allongées, auriculées, amplexicaules, glabres et glauques. Fl. jaunes en grappes nombreuses. Silic. cunéiformes, obtuses, 3 fois plus longues que larges, pendantes à la maturité. ♂. E. PC. Lieux cultivés; mêlé quelquefois au lin. Roche-St.-Adrien, près de Rouen; Andelys, çà et là dans les moissons du littoral du Calvados.

On cultive cette plante pour la teinture. Ses feuilles macérées donnent une fécule d'une belle couleur bleue.

XXXIV. CAMELINA *Grantz.* (*Cameline*). Cal. droit., égal à la base. *Silic. ovoïde* ou *globuleuse, à 2 valves concaves*, terminées par une pointe formée par le style persistant.

1 } Feuilles lancéolées, entières ou dentées. . . . . *C. sativa.*
. { Feuilles sinuées dentées ou pinnatifides. . . . . *C. dentata.*

1. C. SATIVA *Crantz. Myagrum sativum* L. (*C. cultivée*). Tige droite, simple ou un peu rameuse au sommet, haute de 4 à 8 décim., velue dans le bas. *Feu. lancéolées, hastées à la base, presque entières, pubescentes.* Fl. d'un jaune-blanchâtre, en longues grappes, Silic. *ovoïdes-py-riformes* avec 4 nervures peu prononcées. ◉ P. PC. Lieux cultivés, moissons. Caen, Falaise.

On cultive cette plante pour ses graines, dont on retire de l'huile.

2. C. DENTATA. *Pers.* (*C. dentée*). Diffère de la précédente par ses *feuilles* plus longues, *dentées-incisées, quelquefois presque pinnatifides*, les caulin. sagittées à la base, et par ses *silicules plus globuleuses*. Fl. jaunâtres. ◉. P. R. Lieux cultivés, moissons, les champs de lin; Caen, Luc, Falaise.

XXXV. NESLIA *Desv.* (*Neslie*). Cal. égal, ouvert. *Silic.* indéhiscente, coriace, *globuleuse-déprimée*, un peu chagrinée, et légèrement bordée, *terminée par le style*, à 2 loges 1-spermes; *cloison avortant quelquefois.*

1. N. PANICULATA *Desv. Myagrum paniculatum* L. (*N. paniculée*). Tige droite, rameuse, pubescente et haute de 3 à 4 décim. Feu. sessiles, hastées à la base, lancéolées entières; les radic. pétiolées, dentées-roncinées. Fl. jaunâtres en panicule. ◉. E. R. Lieux cultivés, moissons; Rouen, Alençon, Ouistreham, près de Caen; champs de lin du département de l'Eure.

XXXVI. CRAMBE *L.* Cal. ouvert, égal à la base; *filets des grandes étam. bifurqués. Silic.* indéhiscente, *se divisant en deux articles*, dont l'infér. petit en forme de pédic.; le supér. globuleux 1-sperme.

1. C. MARITIMA *L.* (*C. maritime*). Vulg. *Chou marin.* Plante glauque, glabre, ressemblant au chou cultivé. Tige formant une touffe haute de 6 à 12 décim. Feu charnues, pétiolées, ovales arrondies, anguleuses, sinuées ou dentées. Fl. blanches, petites, en grappes. Silic. globuleuse, sans pointe. ♃. P—E. R. Falaises et sables maritimes; Gouberville, Réthoville, îles de Chausey, Gatteville (Manche); Tréport, près Eu (Seine-Infér.).

VIIᵉ. FAM. CISTINÉES. *Juss.*

Cal. à 5 sép. (rarement 3) persistants, dont 2 extér. plus petits. Pétales 5 hypogynes, égaux, d'abord contournés, caducs. Etam. nombreuses, hypogynes. Ovaire libre. 1 style filiforme à stigm. simple. Caps. polysperme à 3 à 5 loges, à 3 à 5 valves, rarem. uniloculaires. Semences attachées à l'angle interne de chaque loge. Embryon recourbé dans un périsperme mince. — *Tige herbacée ou ligneuse. Feu. simples opposées ou rarement alternes, quelquefois stipulées. Fl. en épi unilatéral.*

I. HELIANTHEMUM *Tourn. Cisti* sp. *Linn.* (*Hélianthème*). Caractères de la famille. Caps. à 3 loges ou uniloculaires.

<pre>
1 { Fleurs jaunes . . . . 2.
  { Fleurs blanches. . . . . 5.
2 { Plante herbacée annuelle, stipules longues. . . . . . H. guttatum.
  { Plante vivace, ligneuse à la base; stipules courtes ou nulles. . . . 3.
3 { Stipules nulles. . . . . 4.
  { Stipules dépassant peu le pétiole. . . . . H. vulgare.
4 { Feuilles opposées . . . . H. canum.
  { Feuilles éparses . . . . H. fumana.
5 { Feuilles enroulées, grisâtres en-dessus . . . . . . H. pulverulentum.
  { Feuilles planes, vertes en-dessus. . . . . H. Apenninum.
</pre>

* Fl. jaunes.

1. H. FUMANA *Mill.* (*H. à feu. menues*). Tiges rameuses, ligneuses, diffuses, redressées, hautes de 3 décim. *Feu. alternes*, linéaires, rudes sur les bords, un peu roulées, sans stipules. Fl. 1-2 sur chaque pédic. Caps. à 3 loges. ♃. P. R. coteaux arides et calcaires. Vernon.

2. H. VULGARE *Gaertn.* (*H. commune*). Tiges ligneuses, étalées, couchées à la base, velues, tomenteuses, haute de 1 à 2 décim. *Feu. opposées*, stipulées, à court pétiole, oblongues, vertes en-dessus, le plus souvent blanchâtres en-dessous, velues, comme ciliées. Fl. en épi penché d'abord. Caps. à une loge. ♃. Coteaux secs, bords des chemins, terr. calc.

Var. *b. obscurum* Coss. et Germ. *H. obscurum* Pers. Feu. plus grandes que dans le type, vertes sur leurs deux faces; tiges pubescentes. Rouen (M. Malbranche); Trun (Orne).

3. H. GUTTATUM *Mill.* (*H. taché*). *Tig. herbacée*, velue, rameuse. *Feu. opposées*, sessiles, trinervées, oblongues-linéaires, velues; les supér. alternes. Fl. en épis lâches, allongés. Pét. le plus souvent marqués d'une *tache violette* à leur base et entiers. ⊙. E. PC. Coteaux, bois secs et découverts. Alençon, Lisieux, Andelys, Carrouges, Valognes, Cherbourg, Elbeuf, etc.

Var. *b. plantagineum* Pers. Feu. larges; pét. dentés.

Var. *c. immaculatum.* Pét. sans taches.

Ces deux var. dans les environs de St.-Hilaire-du-Harcouet.

Var. *d. maritimum* Lloyd; racine épaisse, dure; tige courte, rameuse, étalée, hérissée. Falaises de Carteret (Manche).

4. H. CANUM *Dun. H. marifolium DC.* (*H. blanc*). Tiges ligneuses, grêles, diffuses, rameuses du bas, redressées, hautes de 1 à 2 décim. *Feu. petites*, *opposées*, *sans stipules*, ovales, pétiolées, poilues, vertes en-dessus, *blanches et tomenteuses en-dessous*. Fl. en petit bouquet terminal. Pét. à peine plus longs que le cal. ♃. E. R. Roche-St.-Adrien, près de Rouen; rochers de St.-Jacques, près les Andelys; Château-Gaillard, Vernon.

Var. *b. oblongifolium* DC. Fl. fr.; Suppl. Feu. allongées. Trouvé à St.-Adrien, par M. Malbranche.

*** Fl. blanches.*

5. H. APENNINUM *DC.* (*H. des Apennins*). Tige ligneuse, étalée, pubescente, grisâtre. Feu. ovales-lancéolées, à peine roulées sur leurs bords, vertes en-dessus, *blanches en-dessous; stipules subulées.* Fl. en épi, peu nombreuses. ♄. E. R. Coteaux pierreux et arides. Roche-St.-Adrien, près de Rouen; Château-Gaillard, Andelys.

6. H. PULVERULENTUM *DC.* (*H. pulvérulent*). Plante couverte d'une poussière blanche, crétacée. Ressemble beaucoup au précédent, dont il diffère par ses feu. plus étroites, *très-roulées sur leurs bords, blanches en-dessus*, cotonneuses en-dessous. Cal. plus tomenteux. ♄. E. R. Lieux pierreux et arides. Andelys, Orival, Roche-St.-Adrien, près de Rouen.

M. Grenier (Flore de France) réunit ces deux espèces à l'*H. polyfolium* DC.

VIIIe. FAM. VIOLARIÉES. *Juss.*

Cal. de 5 sép. prolongés à la base. Pét. 5 inégaux, hypogynes, dont 1 infér. terminé en éperon. Etam. 5 à anthères rapprochées et à filets souvent dilatés. Caps. uniloculaires à 3 valves, 3 placentas pariétaux. Style 1. — *Herbes à feu. le plus souvent alternes, stipulées.*

I. VIOLA *L.* (*Violette*). Caractères de la famille.

1 { Stigmate courbé et aigu.
  { Stigmate droit et en godet. . . . . 2.
2 { Feu. plus ou moins cordiformes. . . . . 7.
  { Feu. réniformes obtuses. . . . . 3.
3 { Feu. oblongues, cordiformes ou atténuées à leur base. . . . . V. palustris.
  { Feu. cordiformes, non allongées, terminées en pointe. . . . . V. canina.
4 { Sépales obtus . . . . 4.
  { Sépales aigus . . . . 5.
5 { Pétioles glabres; fl. odorantes . . . . 6.
  { Pétioles hérissés; fl. inodores . . . . V. odorata.
6 { Fleurs violettes à éperon entier coloré . . . . . . V. hirta.
  { Fleurs bleues à éperon émarginé blanc ou jaunâtre . . . . V. sylvatica.
7 { Plante annuelle, glabre ou légèrement pubescente . . . . V. Riviniana.
  { Plante vivace, velue hérissée . . . . V. tricolor.
                                                        V. Rothomagensis.

* Stigmate courbé et aigu.

1. V. PALUSTRIS *L.* (*V. des marais*). Tige nulle. Feu. réniformes, crénelées, glabres. Fl. petites, bleuâtres, souvent apétales. Eperon très-court. Sépales obtus. ♃. P2. 3. PC. Marais spongieux. Vire, Mortain, Argentan, Alençon, Briouze, Marais-Vernier, etc.

2. HIRTA *L.* (*V. hérissée*). Acaule et sans rejets rampants. Feu. cordiformes-allongées, crénelées, *velues* ainsi que les *pétioles.* Fl. d'un bleu pâle, *inodores.* Sép. *obtus,* ciliés. Caps. pubescente, renflée. ♄. P. PC. Lieux secs et pierreux. Bois et haies.

Var. *b. fraterna* Reich. Plante très-petite, à peine velue; pédoncules plus longs que les feuilles. Pelouses sèches. Monts-d'Eraines, près de Falaise.

Var. *c. macrophylla* Reich. Feu. prenant un très-grand développement.

après la floraison, ayant quelquefois de 2 à 3 décim. Lieux découverts. Harcourt. Parc du château d'O (Orne).

3. **v. ODORATA** *L.* (*V. odorante*). Acaule. Racine émettant des rejets rampants. Feu. cordiformes arrondies, crénelées, *glabres*. Fl. violettes ou blanches, *odorantes*; sépales et *éperon obtus*. Caps. velue. ♃. H3, P4. TC. Bois et haies.

Une var. à fl. carnées ou lilas, *V. subcarnea* Jord., se trouve à Cherbourg, et à Falaise, dans les ruines du château.

4. **v. CANINA** *L.* (*V. de chien*). *Tige couchée*, redressée, rameuse, glabre. *Feu.* le plus souv. *cordiformes à la base, ovales-oblongues, presque obtuses, crénelées, à peu près glabres.* Stipules aiguës, dentées-ciliées. *Sépales aigus*, allongés. ♃. P. PC. Lieux secs, landes et bruyères, bords des bois. Caen, Falaise ; forêt de Montpinçon, près de Livarot (Calvados) ; Briouze, Le Chastelier, près de Flers (Orne).

Var. *b. lucorum* Reich. Tige élevée, rameuse. Feu. allongées, cordiformes à la base. Stip. supér. presque entières. Forêt de Montpinçon.

Var. *c. V. lancifolia* Thore. Feu. allongées, lancéolées, tronquées ou même atténuées à la base. Forêt de Montpinçon, Vire.

Var. *d. minor* Hook. *V. flavicornis* Sm. Cette variété, qui se distingue du type par la petitesse de toutes ses parties, et par son éperon jaune et recourbé, a été trouvée par le D'. Lebel sur la lande littorale de Lestre (Manche).

5. **v. SYLVATICA** *Fries* (*V. des bois*). Tige ascendante, rameuse. Feu. cordiformes, acuminées, d'un vert peu foncé, assez minces. *Fl. d'un violet-lilas*, très-rarement blanches, *à pétales oblongs* ; l'infér. un peu *émarginé* au sommet et strié à la base, de *veines peu ramifiées* ; éperon le plus souv. *coloré*, comprimé, *entier* ; appendice des sépales s'oblitérant sur le fruit. ♃. Bois et haies.

6. **v. RIVINIANA** *Reich.* *V. canina b. collina* Bréb. Fl. Norm. 1ʳᵉ. édit. (*V. de Rivinus*). Tige couchée ou un peu ascendante, anguleuse. Feu. cordiformes, d'un vert sombre, fermes. *Fl. larges*, d'un *violet-bleu*, à *pétales obovales* ; l'infér. arrondi, chargé à sa base de *veines anastomosées* ; éperon *blanchâtre*, *émarginé* ; appendice des sépales persistant sur le fruit.

Var. *b. apetala*. Tiges couchées, très-rameuses. Fl. apétales, portées sur des pédoncules courts. Falaise.

♃. P. C. Bois découverts, bruyères et coteaux.

**** *Stigmate droit, en godet*.**

7. **v. ROTHOMAGENSIS** *Desf.* (*V. de Rouen*). Cette plante devrait peut-être se réunir aux nombreuses variétés de l'espèce suivante, si elle ne s'en distinguait tout d'abord par sa racine vivace. Elle en diffère, en outre, par sa *surface hispide* dans toutes ses parties. Ses *feu.* sont ovales-lancéolées, *ciliées*. Stip. pinnatifides. Fl. d'un bleu-pâle, 4 fois plus grandes que les sép. ♃. E. R. Coteaux crayeux, le long de la Seine, près Rouen ; Roche-St.-Adrien.

8. **v. TRICOLOR** *L.* (*V. tricolore*). En arrivant à cette plante qui renferme un si grand nombre de formes, considérées par divers auteurs comme autant d'espèces différentes, qu'il me soit permis de suivre l'exemple de

M. Lloyd, dans son excellente *Flore de l'Ouest de la France*, et de rapporter textuellement son opinion qui va me servir de guide. « Pour ne pas augmenter la difficulté, dit M. Lloyd, au milieu de tant d'espèces nouvelles, je décris seulement les formes que j'ai vues vivantes, en indiquant leurs localités précises qui permettront de les étudier sur place, et de juger leur valeur spécifique, à moins qu'on ne préfère les réunir, selon l'usage, sous le nom de *Viola tricolor*. »

8a. V. TRICOLOR HORTENSIS Vulg. *Pensée*. Tige dressée, rameuse à la base, haute de 1 à 3 décim., anguleuse. Feu. légèrem. hérissées, ovales-oblongues; les radicales un peu cordiformes, crénelées. Stipules foliacées, pinnatifides à lobe moyen oblong-crénelé. *Fl. d'un violet velouté*, nuancées de jaune, ou jaunes avec des taches violettes veloutées. Eperon obtus, dépassant à peine les prolongements des sépales. ◉. E-A C. Jardins, lieux cultivés. Dans la forme des champs, les parties veloutées sont moins étendues que dans celle des jardins.

8b. V. LLOYDII *Jord.* (*V. de Lloyd*). Diffuse. Tige de 1 à 4 décim. à 3 angles, dont un arrondi. Feu. infér. ovales ; les supér. lancéolées, crénelées, plus courtes que les entre-nœuds. Stipules pinnatifides à lobes infér. linéaires, arqués. Pédonc. au moins une fois plus long que la feu. *Fl. d'un beau violet non velouté*, à pét. plus grands que les sépales, oblongs, rétrécis à la base ; *les latéraux recouvrant un peu les supér.* ; l'infér. en coin renversé, violet, jaune à la base, *marqué de stries violettes sur un fond blanchâtre*. Caps. ovale-elliptique, obtuse. ◉. E. PC. Champs secs, au Pont-d'Ouilly (Calvados).

8c. V. MEDUANENSIS *Bor.* (*V. de Mayenne*). Cette plante ressemble beaucoup à la précédente, mais sa *fl.*, *d'un violet plus prononcé, est plus large, à pétales se recouvrant sur leurs bords* ; l'infér. avec une tache jaune à la base, chargée de 5 taches pourpres. Caps. oblongue. *Feu. beaucoup plus courtes que les entre-nœuds.* ◉, ♂ ♀ P.-A. PC. Lieux cultivés, bords des chemins, Athis, Flers, Juvigny, Putanges (Orne) ; Valognes, Mortain, St.-Hilaire-du-Harcouet (Manche), etc.

8d. V. SABULOSA *DC.* (*V. des sables*). Tiges diffuses, longues de 2 à 3 décim., redressées. *Feu. ovales-allongées*, *étroites, crénelées. Stipules pinnatifides à lobes linéaires, étroits.* Pédonc. 3 fois plus longs que les feu., à bractéoles éloignées de la fl. Fl. jaune, à pét. supér. violacés, dépassant peu les sép. Caps. ovoïdes, allongées. ◉. P. PC. Sables maritimes de la Seine-Infér., et à Sotteville, près Rouen.

8e. V. GRACILESCENS *Jord.* (*V. grêle*). Tige de 2 à 4 décim., rameuse à la base, redressée. Feu. ovales-oblongues, profondém. crénelées, finement ciliées. Stipules pinnatifides, ciliées, à *lobes infér. linéaires, courbés en faux.* Péd. 2 ou 3 fois plus long que les feu. *Fl. jaunes ou variées de jaune et de violet*. Pét. assez grands, striés. Caps. ovoïde-arrondie. ◉. E. AC. Champs secs, lieux sablonneux, Falaise.

8f. V. AGRESTIS *Jord.* (*V. agreste*). Tige de 1 à 5 décim., *couverte*, ainsi que les feu., *d'une pubescence grisâtre*. Feu. elliptiques-obtuses, profondém. crénelées ; les supér. pliées, aiguës ; stip. infér. presque palmées. Fl. lilas ou *blanchâtres*, de la longueur des sép. ou les dépassant peu. Eperon égalant les appendices du cal. Caps. oblongue, un peu anguleuse. ☉. E. C. Lieux cultivés, champs.

8g. V. RURALIS *Jord.* (*V. rurale*). Cette variété ressemble beaucoup à la précédente, dont elle diffère surtout par les bractéoles du pédicelle qui sont beaucoup plus près de la fleur, et par sa caps. ovoïde, moins allongée. Pétales blancs-jaunâtres, souvent violacés au sommet; l'infér. strié de violet à la base. ☉. E. PC. Champs arides, Falaise.

8h. V. ARVENSIS *Murr.*, *V. segetalis Jord.* (*V. des champs*). Tige de 1 à 2 décim., simple ou rameuse. Feu. lancéolées, à dents ouvertes. Stipules pinnatifides *à lobes latéraux linéaires, droits. Fl. petites à pétales à peine aussi longs que le cal.*; les 2 supér. blanchâtres, quelquefois tachés de violet au sommet; l'infér. jaunâtre, strié de violet. Caps. ovoïde-obtuse. ☉. E. C. Champs secs et sablonneux.

8i. V. PARVULA *Ten.*, *V. Nemausensis Jord.*, *V. tricolor nana* DC. (*V. naine*). *Tige de 5 à 10 centim.*, hérissée. *Fl. très-petites. Pét. plus courts que le cal.* ou le dépassant à peine; les supérieurs blancs ou bleuâtres; l'infér. à gorge jaune ou bleue, strié de lignes brunes. Eperon violacé dépassant un peu les appeud. calicinaux. Caps. courte, arrondie. Feu. d'un vert foncé. ☉. P-E. AC. Sables maritimes.

Le *V. tricolor v. crassifolia* DC. Prod., désignée comme appartenant à la Normandie maritime, sans indication précise, est sûrement une forme du *V. parvula* à feu. épaisses et à fl. jaunes.

IXᵉ. FAM. RÉSÉDACÉES. DC.

Cal. monosépale, de 4 à 6 divis. Cor. de 4 à 6 pétales laciniés, irréguliers, hypogynes; le supér. fixé sur une écaille nectarifère, large, obtuse, placée au-dessous des étamines. Etam. 10 à 24. Carpelles soudés en une caps. anguleuse, polysperme, 1-loculaire. Styles 3 à 5. Embryon recourbé. — *Herbes à feu. alternes, à fl. en épi.*

1. RÉSÉDA. *L.* Caractères de la famille.

1 {	Calice à 6 divisions	1.
	Calice à 4 divisions. . . . . *R. luteola.*	
2 {	Feuilles pinnatifides; capsule triangulaire . . . . . . *R. lutea.*	
	Feuilles entières ou trifides; caps. gonflée. . . . . *R. Phyteuma.*	

1. R. LUTEOLA *L.* (*R. Gaude*). Tige droite, ferme, anguleuse, de 6 à 12 décim. *Feu. simples lancéolées-linéaires, entières et ondulées sur les bords, glabres*; les radic. en rosette. Fl. d'un vert-jaunâtre en longs épis. *Cal. à 4 divis.* ♂. E. C. Murs, bords des chemins.

Cette plante fournit aux teinturiers une belle couleur jaune.

2. R. LUTEA *L.* (*R. jaune*). Vulg. *faux Réséda.* Tige droite, rameuse. *Feu. pinnatifides*, ondulées; les supér. trilobées, glabres. Fl. jaunes en épi. Cal. à 6 div. réfléchies après la floraison. Caps. 3-angulaires, tronquées. ♃. P—E. C. Champs sablonneux des terr. calc.

3. R. PHYTEUMA *L.* (*R. Raponcule*). Tige rameuse, étalée, de 15 à 25 centim. Feu. ondulées; les radic. oblongues-obtuses, entières; les supér. 3-lobées. Fl. blanchâtres en épi lâche. Cal. à 6 *grandes divisions*, planes. *Caps. gonflées.* ☉. E. R. Champs sablonneux et dunes cultivées; Ouistreham, Courseulles, Ver et Dives (Calv.); Avranches, etc.

On croit que le *R. alba* L., trouvé par M. Chauvin à Pontorson en 1853 (Voir les *Mémoires* de l'Acad. de Caen), provenait d'un jardin voisin, celui de l'Hospice des aliénés, où cette plante est cultivée.

X^e. FAM. DROSÉRACÉES. *DC.*

Cal. de 5 sép. persistants. Pét. 5 hypogynes. Etam. 5. Ovaire surmonté de 4 à 5 styles libres ou soudés. Caps. uniloculaire, polysperme, à 3 à 5 valves séminifères sur une nervure médiane. Embryon droit. — *Herbes à feu. le plus souvent radicales, roulées en crosse avant leur développement.*

1 { Styles bifides; point d'écailles nectarifères. . . . . . Drosera (i.)
{ Styles nuls; stigm. sessiles; 5 écailles nectarifères bordées de cils glanduleux. . . . . Parnassia (ii.)

I. **DROSERA** L. (*Rossolis*). Cal. à 5 sép. persistants. Pét. 5, *sans écailles à leur base. 5 étam. Styles 3 à 5, bifides.—Plante à tige nulle, à feu. toutes radicales, couvertes de poils rougeâtres, glanduleux au sommet, irritables au toucher.*

Les espèces de ce genre que l'on a cru long-temps être annuelles ont un rhizome souterrain vivace, portant la trace des rosettes de feuilles des années antérieures, et parasite sur les racines ou les tiges des plantes aquatiques.

1 { Feuilles à limbe orbiculaire . . . . *D. rotundifolia.*
{ Feuilles à limbe ovale ou linéaire-oblong. . . . . **2.**
2 { Hampe dépassant à peine les feuilles . . . . *D. intermedia.*
{ Hampe deux fois aussi longue que les feuilles. . . . . *D. longifolia.*

1. D. **rotundifolia** L. (*R. à feu. rondes*). Feu. en rosette, *arrondies-orbiculaires*, portées sur de longs pétioles velus. Hampes grêles, hautes de 10 à 15 centim., terminées par un épi simple, rarement bifurqué. Fl. blanches. ♃. E. C. Prés et marais tourbeux.

Var. *b. brevipetiolata.* Pétioles courts, dépassant peu la longueur des limbes de la feuille. St.-Hilaire-du-Harcouet.

2. D. **longifolia** L. *D. Anglica* Huds. DC. (*R. à longues feu.*). Feu. linéaires, élargies et obtuses au sommet, rétrécies à la base en un long pétiole glabre, *un peu plus long que le limbe.* Hampes hautes de 15 à 20 centim., *droites, ayant le double de la longueur des feu.* Fl. blanches en épi. ♃. E. R. Marais spongieux, Percy et Plainville (Calv.); Vesly, près Périers (Manche); La Trappe (Orne).

3. D. **intermedia** Hayn., *D. longifolia* Smith. DC. (*R. intermédiaire*). Limbe des feu. ovale-allongé, *3 fois plus court que le pétiole*, glabre. *Hampes courbées à la base*, hautes de 8 à 15 centim., *dépassant peu les feu.* Fl. blanches en épi. ♃. E. C. Marais tourbeux, landes humides. Caen; Alençon, Briouze, Domfront, La Trappe (Orne); Mortain; Marais-Vernier (Eure), etc.

II. **PARNASSIA** L. (*Parnassie*). Cal. à 5 sép. Pét. 5, munis à leur base de 5 *écailles* (*nectaires*) *en cœur, bordées de cils glanduleux.* Etam. 5. Stigm. 4, sessiles. Caps. 1-loculaire à 4 valves septifères au milieu.

1. P. **palustris** L. (*P. des marais*). Tiges (hampes?), simples anguleuses, *portant une seule feu. sessile, embrassante.* Feu. radicales cordi-

formes, entières, pétiolées, très-glabres. Fl. blanches, veinées, terminales et solitaires. ♃. E2-3. C. Prés et marais tourbeux des terr. calc.

M. Aug. Le Prevost m'a fait remarquer que cette plante avait été trouvée près d'Arques, sur des coteaux secs.

XIᵉ. FAM. POLYGALÉES. *Juss.*

Cal. à 5 sép., dont 2 intérieurs plus grands (*ailes*), colorés, veinés, pétaliformes. Cor. irrégulière de 3 pétales, soudés au moyen des filets des étam. roulés en un tube fendu supérieurement en deux lèvres; la sup. bipartite; l'infér. concave, laciniée, en forme de houpe colorée. 8 étam. réunies en 2 faisceaux. Style 1 à stigm. bifide. Caps. comprimée, en cœur renversé, à 2 loges 1-2-spermes. Graines suspendues, munies d'une arille trilobée. — *Fl. simulant un oiseau, disposées en épi terminal, et munies à leur base de 2 ou 3 bractées colorées.*

1 POLYGALA *L.* Caractères de la famille.

1	Tiges couchées.	2.
	Tiges étalées, plus ou moins redressées.	3.
2	Feu. infér. en rosette, arrondies, plus grandes que les supér.	*P. calcarea.*
	Feu. infér. opposées, plus petites que les supér.	*P. depressa.*
3	Ailes et lanières de la carène ciliées.	*P. ciliata.*
	Ailes et lanières de la carène non ciliées.	4.
4	Fleurs assez grandes; nervure médiane des ailes ramifiée.	*P. vulgaris.*
	Fleurs petites; nervure médiane des ailes non ramifiée.	*P. austriaca.*

1. P. VULGARIS *L.* (*P. commun*). Tiges diffuses, redressées. *Feu. infér.*, les plus petites, ovales-lancéolées, courtes, un peu spatulées; les supér. lancéolées-linéaires. Ailes ovales, égales à la corolle, plus longues et plus larges que la caps., *à nervures réunies au sommet en double arcade*, ramifiées et anastomosées latéralement. Fl. bleues ou roses, rarem. blanches. Var. *b. grandiflora* DC. Tiges assez longues, fleurs grandes en long épi. ♃. P. TC. Prés, bois et haies.

2. P. CALCAREA *Schultz.* (*P. des sols calcaires*). Tiges couchées portant des *feuilles obovales-arrondies*, obtuses, larges, disposées *en rosettes* du centre desquelles partent un ou plusieurs rameaux florifères garnis de feu. éparses, *lancéolées-linéaires, plus petites.* Ailes à nervure médiane ramifiée et s'anastomosant avec les latérales. Fl. bleues, roses ou blanches. ♃. P. C. Bois découverts et coteaux des terrains calcaires.

Cette espèce a été souv. confondue avec le *P. amara* L., qui appartient plutôt aux contrées montagneuses et qui s'en distingue surtout par sa saveur amère qui se reconnaît même dans la plante desséchée.

3. P. AUSTRIACA Crantz. (*P. d'Autriche*). Plante à saveur amère. Tiges ascendantes ou dressées. *Feu. infér. en rosettes*, larges, obovales, *plus grandes que les supér.*; celles-ci linéaires-oblongues. Fl. petites, bleues ou blanches; ailes à 3 nervures, la *médiane simple, ne s'anastomosant point* avec les latérales. Caps. petite, arrondie. ♃. P. R. Prairies humides. Falaise. Indiqué aussi dans les environs de Rouen et des Andelys?

4. P. DEPRESSA *Wender.* P. *Serpyllacea* Reich. (*P. couché*). Tiges couchées, rameuses, gazonnantes. *Feu. infér.* nombreuses, rapprochées, comme *opposées*, ovales-arrondies; les supér. lancéolées, éparses; ailes ovales,

arrondies, plus longues et plus larges que la *caps.*, à *nervure médiane très-ramifiée s'anastomosant avec les latérales.* Fl. petites, bleues, blanches ou roses ; pointes des ailes marquées d'une petite ligne verdâtre. ♃. P.-E. AC. Bois découverts, coteaux secs et landes humides.

Var. *b. pyxophylla Reich.* Feu. infér. éparses, arrondies ; les sup. ovales. Fl. bleues. Vire, Falaise.

Var. *c. oxyptera* Reich. ailes plus étroites que la caps. Fl. le plus souvent blanches, variées de bleu et de vert. Falaise.

5. p. ciliata Lebel. Gren. Fl. de Fr. (*P. cilié*). Cette espèce ressemble à la précédente par la disposition de ses feuilles et de ses fleurs, mais elle en diffère par ses *tiges redressées, pulvérulentes* dans leur partie supérieure, et surtout par ses *bractées,* ses *sépales,* ses pétales et ses *capsules ciliées.* Ailes à 3 nervures dont les latérales, ramifiées et anastomosées en-dehors, se réunissent à la médiane par leur sommet. Fl. variées de bleu, de lilas, de rose et de blanc. ♃. E. R. Falaises et mielles, de Carteret à Baubigny (Manche), sur un marbre de transition, découvert par le docteur Lebel.

XIIᵉ. Fam. FRANKENIACÉES. S^t.-Hil.

Cal. de 4 à 5 sépales droits, soudés à la base en un tube sillonné. Pétales en même nombre que les sép., alternant avec eux, hypogynes, onguiculés, à limbe écailleux à l'entrée de la gorge. Etam. 4 à 5, alternes avec les pét. ; hypogynes ; à filets filiformes. Anthères arrondies. Style filiforme, bi ou trifide. Caps. persistante, stipitée, uniloculaire, polysperme, à 2, 3 ou 4 valves séminifères sur les bords. Embryon droit, entouré par le périsperme.

1. FRANKENIA *L.* (*Frankénie*). Style trifide. Capsule polysperme, à 3 ou 4 valves.

1. f. lævis *L.* (*F. lisse*). Plante glabre, sous-frutescente. Tiges dures, très-rameuses, en touffes étalées sur la terre. Feu. nombreuses, petites, étroites, opposées, fasciculées, comme verticillées. Fl. d'un violet-purpurin, solitaires et presque sessiles. ♃. E-A1. R. Sables vaseux maritimes de la Manche ; Barfleur, Quinéville, Carteret, Port-Bail, Geffosses et Pirou.

XIIIᵉ. Fam. CARYOPHYLLÉES. *Juss.*

Cal. le plus souvent persistant, 1-sépale, tubuleux, ayant 4 à 5 dents ou divisé profondément en 4 à 5 sép. libres. Cor. de 4 à 5 pétales, alternes avec les sép., rétrécis en onglet à la base, quelquefois échancrés, rarement nuls. Etam. le plus souv. en nombre égal aux pétales et alternes avec eux, ou en nombre double et alors une moitié est opposée aux pétales. Filets quelquefois monadelphes à la base. Anthères biloculaires. Ovaire supér. ayant 2 à 5 styles et autant de stigm. latéraux. Caps. ayant 2 à 5 valves s'ouvrant au sommet, à une ou plusieurs loges. Placenta central. Graines nombreuses. Périsperme farineux. — *Plantes herbacées, à feu. opposées.*

1 { Calice à divisions libres jusqu'à leur base. . . . . 7.
{ Calice à divisions soudées au moins dans leur moitié infér. . . . . 2.

2 { 2 ou 3 styles. ... 4.
　{ 5 styles. ... 3.
3 { Pétales munis d'écailles à l'entrée de la gorge. ... LYCHNIS. (vi.)
　{ Pétales sans écailles à la gorge. ... AGROSTEMMA. (v.)
4 { Styles 3. ... SILENE. (iv.)
　{ Styles 2. ... 5.
5 { Calice ayant à sa base 2 à 4 écailles opposées. ... DIANTHUS. (i.)
　{ Calice sans écailles à sa base. ... 6.
6 { Calice en cloche à 5 divisions. ... GYPSOPHILA. (ii.)
　{ Calice en tube à 5 dents. ... SAPONARIA. (iii.)
7 { Dix étamines. ... 8.
　{ Moins de dix étamines. ... 11.
8 { Styles 3. ... 9.
　{ Styles 5. ... 12.
9 { Feuilles accompagnées de stipules scarieuses. ... LEPIGONUM. (xiii.)
　{ Feuilles sans stipules scarieuses. ... 10.
10 { Pétales entiers ou à peine échancrés ... 11.
　{ Pétales profondément bifides. ... STELLARIA. (x.)
11 { Capsule s'ouvrant par 4 ou 6 valves ou dents. ... ARENARIA. (xv.)
　{ Capsule à trois valves profondes. ... ALSINE. (xiv.)
12 { Pétales entiers. ... SPERGULA. (ix.)
　{ Pétales bifides ou échancrés. ... 13.
13 { Capsule ovoïde-globuleuse à 5 valves bifides. ... MALACHIUM. (xi.)
　{ Capsule cylindrique à 10 dents. ... CERASTIUM. (xii.)
14 { Styles 3. ... 15.
　{ Styles 4 ou 5. ... 18.
15 { Pétales entiers ; fleurs panniculées ou solitaires ... 16.
　{ Pétales dentés ; fleurs ombellées. ... HOLOSTEUM. (viii.)
16 { Feuilles fasciculées ou verticillées en apparence ... SPERGULA. (ix.)
　{ Feuilles non fasciculées ni verticillées ... 17.
17 { Ovaire non entouré de glandes ... 18.
　{ Ovaire entouré de 10 glandes ... HALIANTHUS. (xvi.)
18 { Capsule à 4 valves. ... SAGINA. (vii.)
　{ Capsule à 8 dents ... CERASTIUM. (xii.)

§ I. *Calice monosépale, tubuleux à 4 ou 5 dents.* (SILÉNÉES.)

I. **DIANTHUS** *L.* (*OEillet*). Cal. tubuleux, à 5 dents, *muni à sa base de 2 à 4 écailles opposées et imbriquées.* Pét. 5, longuement onguiculés, à limbe denticulé. Styles 2, plumeux. Etam. 10. Caps. cylindrique, uniloculaire, polysperme, s'ouvrant en cinq dents au sommet.

1 { Fleurs réunies en glomérules. ... 2.
　{ Fleurs solitaires ou en cymes peu fournies. ... 4.
2 { Involucre à bractées vertes velues. ... *D. Armeria.*
　{ Involucre à bractées plus ou moins scarieuses, glabres.. ... 3.
3 { Ecailles du calicule plus longues que le calice. ... *D. prolifer.*
　{ Ecailles du calicule plus courtes que le calice. ... *D. Carthusianorum.*
4 { Plante glabre. ... 5.
　{ Plante pubescente-scabre ... *D. Deltoides.*
5 { Feuilles ciliées-scabres ... *D. Gallicus.*
　{ Feuilles non ciliées. ... *D. caryophyllus.*

* *Fleurs réunies en tête.*

1. D. **PROLIFER** *L.* (*OE. prolifère*). Tige droite, haute de 3 à 5 décim., simple ou peu rameuse. Feu. denticulées, glabres, linéaires. Fl. petites, roses, réunies en tête, enveloppées par des *écailles calicinales, larges, scarieuses, obtuses,* plus longues que le cal.
Var. *a. D. diminutus* L. Tête uniflore.

♃. E. PC. Coteaux secs. Rouen, Caen, Granville, Falaise, Louviers, Séez, Gisors, etc.

2. D. ARMERIA *L.* (*OE velu*). Tig. de 2 à 3 décim., rameuse. Feu. linéaires, pubescentes. Fl. agglomérées, *dépassées pur 2 bractées, lancéolées, aiguës*, velues ainsi que le calice et les écailles; celles-ci lancéolées, aiguës. Pétales roses, dentés. ♃. E. C. Coteaux et bois secs.

3. D. CARTHUSIANORUM *L.* (*OE. des Chartreux*). Souche rameuse. Tiges simples, droites, glabres. Feu. connées, engaînantes, linéaires, trinervées, glabres. Fl. rouges ou blanches, 3 à 5 agglomérées, entourées par 2 à 4 bractées lancéolées, pointues. *Écailles calicinales, ovales-arrondies, aristées*, plus courtes que le cal. Pét. crénelés. ♃. E. R. Lieux secs et arides. Environs de Rouen, les Andelys, St.-Aubin, près d'Elbeuf, Tosny, Gasny (Eure).

**** *Fleurs isolées.***

4. D. CARYOPHYLLUS *L.* (*OE. Girofle*). Tiges noueuses, rameuses, glabres. Feu. scarieuses à la base, linéaires, *lisses sur les bords*, canaliculées, glauques. Fl. rouges ou blanches, odorantes, solitaires. *Écailles calicinales 4, très-courtes*, un peu mucronées. Pét. denticulés. ♃. E. C. Vieilles murailles et rochers, Caen, Falaise, Coutances, Honfleur, Bricquebec, Fécamp, Gisors, Vernon, etc.

* 5. D. DELTOIDES *L.* (*OE. deltoïde*). *Tiges* couchées à la base, redressées, hautes de 2 à 3 décim., *pubescentes* dans le haut. *Feu. pubescentes-scabres ;* les infér. oblongues, obtuses ; les supér. linéaires, aiguës. Fl. rougeâtres, solitaires, formant une panicule assez fournie. Écailles calicinales 2, ovales-lancéolées, mucronées plus courtes que le cal. ♃. E. R. Coteaux et bois secs. Rouen, landes sablonneuses du département de la Manche (*De-Gerville*).

* 6. D. GALLICUS *Pers* (*OE. de France*). Racine longue, ligneuse. Tiges nombreuses, dressées, simples, de 15 à 20 centim. Feu. glauques, linéaires, obtuses, *dentelées et scarieuses sur les bords*. Fl. d'un rose pâle ou blanches, solitaires (rarement géminées), terminales. Écailles calicinales 4, courtes, ovales, un peu mucronées. Pétales longuem. onguiculés, à gorge glabre et à limbe fortem. denté. ♃. E. TR. Trouvé sur de vieilles murailles, à Grandcamp, par le docteur Le Sauvage.

II. GYPSOPHILA *L.* (*Gypsophile*). *Cal. campanulé, anguleux, à 5 dents. Pét. 5, sans coronule. Étam. 10. Styles 2. Caps.* à 4 valves; 1-loculaire, polysperme.

1. G. MURALIS *L.* (*G. des murailles*). Tiges diffuses, filiformes, à rameaux divariqués, de 10 à 15 centim. Feu. linéaires, très-étroites. Fl. purpurines, axillaires, à long pédoncule. *Pét. presque sans onglet*, crénelés, *non connivents. Cal. campanulé* sans écailles. ☉. E-A. PC. Champs arides et landes sablonneuses. Caen, Rouen, Alençon, Lisieux, Falaise, Domfront, Chamboy, Vimoutiers (Orne).

III. SAPONARIA *L.* (*Saponaire*). *Cal. tubuleux, à 5 dents*, nu à sa base. *Pét. 5 anguiculés*, à limbe entier. Ét. 10. *Styles 2. Caps.* à 4 valves; uniloculaire, polysperme.

	Calice cylindrique, non anguleux . . . . *S. officinalis.*
1	Calice très-anguleux . . . . *S. vaccaria.*

1. s. OFFICINALIS *L.* (*S. officinale*). Tige droite, rameuse. Feu. ovales-lancéolées, trinervées, glabres. Fl. d'un blanc-rosé, en panicule terminale, presque sessiles. Cal. cylindrique, un peu vésiculeux, à dents pointues. Caps. allongée. ♃. E. PC. Champs et bords des rivières. Rouen, Vimoutiers, Lisieux, Évreux, Gisors, Vernon ; Mouen, près de Caen, etc.

2. s. VACCARIA *L.* Gypsophila vaccaria Sibth. (*S. des vaches*). Tige droite, rameuse dans le haut, glabre, haute de 4 à 6 décim. Feuilles glauques, lancéolées, pointues. Fl. roses à long pédonc., paniculées. *Pétales convergents vers la gorge, à onglet linéaire, muni de deux bandelettes ailées. Cal. tubuleux pentagonal.* Caps. ovoïde. ⊙. E. PC. Moissons des terrains argilo-calcaires. Caen, Évreux, Andelys, Gisors, Falaise, Argentan, etc. Cette plante se trouve particulièrement dans les champs de lentilles.

IV. SILENE *L.* Cal. tubuleux, *souvent renflé,* à 5 dents, nu à la base. Pét. 5, onguiculés, souvent bifides et à limbe portant à sa base 2 *appendices* ou *écailles en forme de couronne.* Etam. 10. *Styles* 3. Caps. 3-valve, 3-loculaire à la base, polysperme, s'ouvrant au sommet en 6 dents.

1	Fleurs n'étant jamais verticillées.	**2.**
	Fleurs petites, en bouquets verticillés.	*S. Otites.*
2	Calice glabre.	**3.**
	Calice velu ou pubescent.	**5.**
3	Calice renflé-vésiculeux.	**4.**
	Calice non renflé-vésiculeux.	*S. Cretica.*
4	Bractées scarieuses	*S. inflata.*
	Bractées foliacées.	*S. maritima.*
5	Pétales entiers ou échancrés.	**6.**
	Pétales profondément bilobés.	*S. nutans.*
6	Calice à 10 stries ou nervures.	*S. gallica.*
	Calice à plus de 20 stries	*S. conica.*

1. s. INFLATA *Smith. Cucubalus behen* L. (*S. enflé*). Tiges couchées à la base, rameuses, glabres. Feu. infér. spatulées, glauques ; les supér. lancéolées. Fl. blanches, paniculées, à *pét. nus à la base du limbe,* quelquefois monoïques ou dioïques. Cal. vésiculeux, réticulé. Caps. globuleuse. ♃. E. C. Moissons et champs stériles.

Var. *b. villosa* Hard. Cat. Feu. lancéolées, rapprochées, velues, ciliées. Glos, Lisores et Courson, près de Lisieux (M. Durand-Duquesney). Vernon (M. Godard).

Var. *c. minor* Morris. Plante naine ; feu. étroites rapprochées. Falaise.

2. s. MARITIMA *With.* (*S. maritime*). Cette espèce diffère de la précéd. par ses tiges gazonnantes, ses feuilles plus étroites, un peu charnues, et par ses rameaux simples portant des *fl.* peu nombreuses, le plus souvent solitaires, à gorge couronnée. ♃. E. AC. Rochers et sables maritimes.

Var. *b. pubescens.* Rochers d'Ouistreham et de Lion (Calv.).

3. s. OTITES *Pers. C. Otites* L. (*S. à petites fleurs*). Tiges rameuses à la base, de 4 à 6 décim., redressées, velues, visqueuses. Feu. infér. nombreuses, spatulées ; les supér. lancéolées-ovales, pubescentes. *Fl. petites d'un blanc-verdâtre,* souvent dioïque, en *grappes terminales, verticillées.* Pét. non couronnés, linéaires, entiers. ♃. E. R. Lieux arides. Environs de Rouen, Vernon, Gisors, Orival, etc. Périers et Vaudry-Mesnil (Manche).

4. s. CONICA *L.* (*S. conique*). Tige simple ou rameuse du bas, velue, haute de 15 à 25 centim. Feu. mol es, linéaires, velues. Fl. d'un rougé pâle, axillaires et terminales, solitaires ou paniculées. *Cal. enflé à stries nombreuses* (30). Pét. bifides. *Caps. conique.* ⊙. E1. 2. PC. Champs secs et sables maritimes. Rouen, Dives, Cherbourg, Pirou, Vimoutiers, etc.

Nous ne trouvons pas en Normandie le véritable *S. conoïdea* L., mais simplem. une variété du *S. conica* à capsule plus allongée, à feuilles plus larges et à pétales à peine bilobés.

5. s. GALLICA *L.* (*S. de France*). Tige droite, rameuse, velue, de 2 à 6 décim. Feu. lancéolées, obtuses ; les infér. spatulées. Fl. en épi allongé, dressées et *dirigées d'un même côté.* Pét. petits, blancs ou un peu rougeâtres, entiers ou légèrement échancrés. *Cal.* cylindrique-renflé, à 10 *stries, velu* ; poils articulés. *Filets des étam. velus.* ⊙. E. AC. Moissons. Rouen, Caen, Cherbourg, Falaise, Lisieux, etc.

Var. *b. divaricata. S. Anglica.* L. Caps. écartées de la tige après la floraison ; les infér. presque réfléchies. Falaise, Vire, etc.

Var. *c. S. quinquevulnera* L. Pétales roses ayant une tache purpurine au milieu du limbe. Avranches.

Var. *d. S. cerastoides* DC. Pétales pâles, échancrés. Rouen, Cherbourg ; Gasny (Eure).

6. s. CRETICA *L., S. annulata* Thor. (*S. de Crète*). Tige glabre ou pubescente à la base, un peu visqueuse au sommet, haute de 3 à 5 décim. Feuilles oblongues-obovées, apiculées, atténuées à la base ; les super. linéaires, acuminées. Fl. roses, terminales, *portées sur de longs pédonc. Pét. bifides.* Cal. à 10 stries. Caps. lisse, globuleuse-conique. ⊙. E. R. Champs de lin du département de la Manche. Cherbourg, Valognes, St.-Sauveurle-Vicomte, Céans, etc.

7. s. NUTANS *L.* (*S. penché*). Souche rameuse, très-feuillée. Tiges hautes de 2 à 5 décim., un peu velues et visqueuses. Feu. pubescentes, vertes, lancéolées ; les infér. spatulées. *Fl.* blanches *en panicule penchée,* exhalant le soir une odeur agréable. Cal. pubescent. *Pét. bifides,* linéaires, souv. roulés en-dedans, quelquefois déchiquetés. Caps. conique. ♃. P3. E. C. Rochers et coteaux exposés au soleil. Les Andelys, Vire, Falaise, Harcourt, Cherbourg, etc.

V. AGROSTEMMA *L.* (*Agrostème*). Cal. tubuleux, à 5 longues *divisions ou lanières foliacées. Cor. a gorge nue,* à 5 pét. onguiculés ; limbe obtus, presqu'entier. Etam. 10. Caps. uniloculaire, polysperme, s'ouvrant au sommet en 5 valves.

1. A. GITHAGO *L.* (*A. des moissons*). Vulg. *Nielle des blés, Coquelourde, Terrine.* Tige simple, droite, velue, haute de 2 à 10 décim. Feu. linéaires, velues. Fl. rouges ou rarem. blanches, portées sur de longs pédoncules, solitaires. Cal. à 10 côtes prononcées et à 5 dents en lanières plus longues que les pét. Caps. globuleuse. Graines noires. ⊙. E. TC. Moissons.

VI. LYCHNIS *L.* Cal. tubuleux à 5 dents. Cor. à *gorge couronnée d'écailles. Pét.* 5 *onguiculés, bifides,* échancrés ou *incisés.* Etam. 10. Styles 5. Caps. 1-loculaire ou 5-loculaire à la base, polysperme, à 5 valves quelquefois bifides.

1 { Pétales découpés profond. en quatre lanières linéaires . *L. Flos-Cuculi.*
  { Pétales entiers ou bifides. 2.
2 { Pétales presque entiers . . . . *L. viscaria.*
  { Pétales bifides . . . . 3.
3 { Fleurs d'un beau rouge. . . . . *L. diurna.*
  { Fleurs blanches ou un peu rosées. . . . . *L. vespertina.*

1. L. VISCARIA *L.* (*L. visqueux*). Tige droite, simple, haute de 4 à 6 décim., rougeâtre et *visqueuse* dans la partie supér. Feu. glabres, lancéolées, ponctuées. Fl. rouges en grappes portées sur des pédonc. opposés. Pét. légèrement échancrés. Caps. à 5 loges à la base. ♃. E. R. Lieux secs et montueux. Environs d'Avranches, d'Evreux, côte du Moulin-à-Vent, près le Marais-Vernier, St.-Pierre-du-Regard, près Condé-sur-Noireau (*Morière*).

2. L. DIURNA *Sibth.* L. *sylvestris* Hoppe (*L. diurne*). Tige rameuse, velue. Feu. vertes, ovales-lancéolées. *Fl. rouges, inodores.* Pét. à 2 *lobes* étroits, *écartés.* Caps. arrondie, à 5 dents recourbées. ♃. P.-E. C. Bois et haies.

On en cultive dans les jardins une var. à fleurs doubles, appelée vulg. *Bonshommes.*

3. L. VESPERTINA *Sibth.* L. *dioica*, var. L. (*L. du soir*). Vulg. *Compagnon-blanc.* Tige droite, rameuse, velue. Feu. ovales-lancéolées ayant de 3 à 5 nervures. *Fl. blanches, odorantes le soir,* dioïques, en panicule peu fournie. Pétales à 2 *lobes* élargis, *rapprochés.* Caps. à 5 dents redressées. ♃. P.—E. TC. Moissons, haies et fossés.

Je l'ai récolté une seule fois avec des fleurs roses. MM. Lenormand et de L'Hôpital ont trouvé aussi cette forme : le premier, dans la Manche ; le second, à Baron, près de Caen.

M. Chesnon a obtenu, par la culture, une hybride de ces deux dernières espèces, dont les fl. roses, rarement blanches, souvent unisexuelles, rappellent leur double origine ; les lobes des pétales sont ou élargis et rapprochés comme dans le *Vespertina*, ou étroits et écartés comme ceux du *Diurna.* Les tiges sont rameuses, divariquées. Les graines sont fertiles. Les variétés à fl. roses du *L. vespertina*, que j'ai citées plus haut, sont peut-être aussi des hybrides.

4. L. FLOS-CUCULI *L.* (*L. fleur de coucou*). Tige grêle, presque glabre, simple. Feu. lancéolées-linéaires, glabres ; les infér. rétrécies en un long pétiole. Fl. roses ou blanches, en panicule lâche. *Pét. laciniés.* Cal. à 10 stries rougeâtres. Caps. 5-valve. ♃. P.—E. TC. Prés humides et bords des eaux.

J'en ai vu une forme à pétales très-courts.

    § II. *Calice divisé en 4 à 5 sépales* (ALSINÉES).

VII. SAGINA *L.* (*Sagine*). Cal. à 4 à 5 sép. Pét. 4 entiers (quelquefois nuls), plus courts que le cal. Etam. 4. *Styles 4.* Caps. uniloculaire, *à 4 valves,* polysperme.

1 { Racine vivace ; tiges couchées radicantes. . . . . S. *procumbens.*
  { Racine annuelle ; tiges étalées ou dressées, non radicantes. . . . 2.
2 { Pédoncules glabres ; feu. obtuses ou un peu mucronées. . . . S. *maritima.*
  { Pédoncules pubescents glanduleux ; feu. aristées. . . . . 3.
3 { Capsule plus longue que le cal. étalé à la maturité. . . . . . S. *apetala.*
  { Capsule dépassant à peine le cal. appliqué à la maturité. . . S. *ciliata.*

1. S. PROCUMBENS *L.* (*S. couchée*). *Tiges* couchées, *radicantes*, rameuses, glabres, longues de 5 à 8 centim. *Feu.* linéaires-lancéolées, *glabres*. Fl. d'un blanc-verdâtre. Pédonc. solitaires et axillaires, penchés au sommet. *Sépales ouverts*, arrondis. *Pét. plus courts*, souv. nuls. Caps. arrondie, à 4 valves. ♃. E. TC. Lieux sablonneux et humides.

Var. *b. tenuissima.* Plante gazonnante, très-déliée dans toutes ses parties. Pied des rochers, îles de Chausey.

2. S. APETALA *L.* (*S. apétale*). Tiges droites, filiformes, rameuses, pubescentes-hispides vers le sommet, hautes de 4 à 6 centim. *Feu. subulées-aristées, ciliées à leur base.* Fl. le plus souv. sans pétales, portées sur de longs pédonc. droits. *Caps. plus longue que le cal. Sép.* lancéolés, *étalés en croix à la maturité.* ⊚. P.-E. AC. Moissons, lieux sablonneux, murs.

3. S. CILIATA *Fries.*, *S. patula* Jord. (*S. ciliée*). Cette espèce ressemble beaucoup à la précéd., dont elle diffère par sa tige un peu étalée à la base et redressée, par sa *caps.* dépassant à peine le *cal.*, par ses *sépales* appliqués à la maturité. Pétales presque nuls. Pédonc. pubescents-glanduleux. ⊚. E. R. Lieux sablonneux ; Caen, Vire, Cherbourg, Falaise.

Var. *b, S. filicaulis* Jord. Plante d'un vert-pâle, à tiges très-grêles et à feu. ciliées de poils glanduleux. Cherbourg.

4. S. MARITIMA *Don.*, *S. stricta* Fries. (*S. maritime*). Plante glabre, rougeâtre ou brunâtre. Tige étalée ou dressée, haute de 5 à 7 centim. *Feu. courtes, lancéolées* ou un peu *spatulées*, mutiques ou légèrement mucronées. Sépales obtus. Pét. blancs, égaux au cal., souv. nuls. ⊚. E. AC. Lieux humides et herbeux, au bord de la mer, Cabourg, Deauville et Ouistreham (Calvados) ; Barfleur, Gatteville, Tourlaville, Carteret (Manche), etc.

Une station différente, amenant une modification de cette plante, a fait croire qu'elle renfermait deux espèces. Dans les lieux herbeux la tige est dressée (*S. stricta*) ; dans les gazons ras la tige est étalée, couchée (*S. maritima*).

VIII. HOLOSTEUM *L.* (*Holostée*). Cal. à 5 sépales. *Pét.* 5, *dentés.* Etam. 3 à 5. Styles 3. *Caps.* uniloculaire, s'ouvrant en 6 *dents* au sommet.

1. H. UMBELLATUM *L.* (*H. en ombelle*). Tige de 10 à 15 cent., rameuse à la base, un peu pubescente et visqueuse. Feuilles lancéolées, glauques. Fl. blanches, en ombelle, à péd. inégaux, réfléchis après la floraison. ⊚. P. PC. Champs arides, murs et toits de chaume.

IX. SPERGULA *L.* (*Spargoute*). Cal. à 5 sép. Pét. 5, entiers. Etam. 5 ou 10. *Styles* 5. Caps. uniloculaire, à 5 *valves*, polysperme. Fl. blanches.

1 {	Feuilles munies de stipules scarieuses	
	Feuilles sans stipules.	2.
2 {	Graines bordées d'une large membrane	4.
	Graines bordées d'une étroite carène.	3.
3 {	Pétales lancéolés, aigus	S. arvensis.
	Pétales ovales, obtus	S. pentandra.
4 {	Tige feuillée jusqu'au sommet	S. Morisonii.
	Tige nue au sommet.	S. nodosa.
		S. subulata.

** Feuilles verticillées, stipulées à leur base.*

1. S. ARVENSIS *L.* (*S. des champs*). Tiges rameuses, étalées, velues. Feu,

verticillées 8 à 10, subulées, velues. Fl. blanches, petites, paniculées, réfléchies après la floraison. Etam. 10, rarement 5. Caps. globuleuse. Graines rondes, bordées d'une *aile* ou *carène étroite, papilleuses*. ⊚. E. C. Lieux cultivés.

Var. *b. S. vulgaris* Boenn. Tiges plus grêles, pubescentes-visqueuses; graines chargées de papilles blanchâtres.

La *Spargoute* des agriculteurs doit se rapporter à cette variété, dont la culture contribue à donner à toutes ses parties des proportions très-grandes. (*S. maxima* Weihe).

Var. *c. præcox*. Glabre, étalée et très-rameuse. Carène prononcée. P. R. Falaise.

2. S. PENTANDRA *L. Boreau* (*S. pentandre*). Tiges rameuses, presque glabres, dressées. Feu. filiformes, verticillées. *Pétales lancéolés, aigus.* Etam. 5. Graines comprimées, *lisses*, noires, bordées d'une large *membrane blanche.* ⊚. P. R. Lieux arides, pierreux, rochers, Condé-sur-Sarthe et Beauséjour, près d'Alençon.

3. S. MORISONII *Bor. Gren.* (*S. de Morison*). Cette esp. a été souvent confondue avec la précéd.; elle en diffère par ses *pétales ovales, obtus*, et par ses graines *ponctuées* sur les bords, brunes, entourées d'une large *membrane fauve*, blanchâtre sur le bord. ⊚. P. PC. Coteaux arides, rochers schisteux. Falaise, Caen, Harcourt, Vire, etc.

** *Feuilles opposées sans stipules.*

4. S. NODOSA *L.* (*S. noueuse*). Tiges de 5 à 10 cent., étalées, courbées, redressées, glabres. Feu. subulées, portant dans leurs aisselles des *faisceaux de feuilles* formant un commencement de pousse, ce qui donne une apparence de nœuds. Fl. blanches 2 à 3, pédonculées, à *pétales 2 fois plus grands que le cal.* ♃. E. PC. Lieux humides et sablonneux. Rouen, Cherbourg, Granville, Bayeux, Falaise, Troarn; Fontaine-la-Sorêt (Eure); dunes du Calvados, etc.

5. S. SUBULATA *Swartz.* (*S. subulée*). Tiges gazonnantes, dressées, hautes de 4 à 8 cent., presque glabres. Feu. subulées, ciliées à la base, aristées. Fl. 2 à 3, blanches, *portées sur de longs pédoncules* chargés de quelques poils. *Pét. égaux au calice.* ⊚. E. R. Lieux sablonneux du littoral de la Manche; Granville, îles Chausey, Carteret, Flamanville, lande de Lessoy et rochers du Ham.

X. STELLARIA *L.* (*Stellaire*). *Cal.* à 5 *sépales.* Pét. 5, bifides. Etam. 10 (quelquefois moins par avortement). *Styles* 3. Caps. uniloculaire, polysperme, à 6 valves.

1 { Pétales beaucoup plus longs que le cal.		2.
{ Pétales plus courts que le cal. ou le dépassant à peine.		3.
2 { Feuilles rudes sur les bords	S. Holostea.	
{ Feuilles lisses sur les bords	S. glauca.	
3 { Tiges chargées d'une ligne de poils d'un nœud à l'autre.	S. media.	
{ Tiges glabres, sans lignes de poils.		4.
4 { Feuilles raides, linéaires..	S. graminea.	
{ Feuilles molles, oblongues-lancéolées	S. uliginosa.	

1. S. MEDIA. *Smith., Alsine media* L. (*S. moyenne*). Vulg. *Mouron-des-*

oiscaux, *Menuchon*, *Morgeline*. Tiges faibles, couchées, remarquables par une ligne longitudinale de poils qui alterne à chaque nœud. Feu. ovales-cordiformes, délicates ; les inférieures pétiolées. Fl. blanches, terminales, pédonculées. Pét. de la longueur du cal. Etam. 5, 10 et 3. ◉. ♂. P. TC. Lieux frais, champs, haies, murailles.

Var. *b*. *S. neglecta* Weihe. Tiges longues. Feu. larges ; les infér. portées sur de longs pétioles. Etam. 10. Haies fraîches, prés ombragés.

Cette forme a été prise souvent pour le *S. nemorum* L., qui appartient à la région des montagnes.

Var. *c*. *S. Boræana* Jord., *S. apetala* Bor. Plante d'un vert clair jaunissant promptement au soleil. Pét. nuls. Etam. 3. Sép. et pédonc. pubescents. Styles très-courts. Murs et toits.

Var. *d*. *undulata*. Plante d'un vert foncé, à feu. rapprochées, ondulées, comme crispées sur leurs bords. Falaise.

2. s. **holostea** L. (*S. Holostée*). Vulg. *Taquets*. Tiges couchées à la base, dressées, anguleuses. Feu. lancéolées, pointues, *scabres sur les bords* ; les infér. plus étroites et plus longues. *Fl.* blanches, paniculées, terminales, *grandes*, 2 fois plus longues que le cal. Sép. sans nervure. ♃. P. TC. Haies et buissons.

3. s. **graminea** L. (*S. graminée*). Tiges longues, faibles, anguleuses, divariquées. Feu. linéaires, à bords lisses. Fl. blanches en panicule terminale, ouverte. *Pét. à peine aussi longs que les sépales*, qui sont trinervés. *Bractées scarieuses, ciliées.* ♃. P.—E. C. Bois et buissons.

4. s. **glauca** *Smith*, (*S. glauque*). Diffère de la précédente par sa teinte *glauque*, ses feuilles un peu plus larges et ses pét. 2 fois plus longs que le calice. *Bractées scarieuses, glabres ; sépales trinervés.* ♃. E. R. Prés humides, St.-Martin-de-Boscherville et Heurtauville, près de Rouen ; prairies de Louvigny et de Calix, près de Caen ; Marais de St.-Samson-en-Auge ; Marais de Briouze et étang de Silly (Orne) ; Bernay, etc.

5. s. **uliginosa** *Murr*,, *S. aquatica* Poll. DC.— *Larbrœa aquatica* St.-Hil. Fl. Norm., éd. 2, (*S. des marécages*). Tiges couchées, débiles, glabres. *Feu. ovales-lancéolées*, glabres, *un peu ciliées à la base*. Fl. blanches, en petites panicules latérales, portées sur des *pédonc.* chargés de 2 écailles scarieuses dans leur milieu ou à leur base. Pét. plus courts que les sép. *Cal. urcéolé.* ♃. P.—E. C. Lieux humides, bords des ruisseaux et des mares.

M. Durand-Duquesney a trouvé, près de Lisieux, une forme de cette espèce remarquable par ses feuilles lancéolées étroites, presque linéaires.

XI. **MALACHIUM** *Fries.*, Cal. 5-partite. Pét. 5, bifides. Styles 5, velus. Caps. *ovoïde-globuleuse ; 5-gone ; à 5 valves bifides.*

1. m. **aquaticum** *Fries.*, *Cerastium* L. (*M. aquatique*). Tiges faibles, couchées, rameuses, dichotomes, pubescentes. Feu. cordiformes-lancéolées, un peu pétiolées ; les supér. sessiles et velues. Fl. blanches. Pét. bifides plus longs que le cal. Pédonc. axillaires, réfléchis après la floraison. ♃. E. C. Fossés et lieux humides.

XII. **CERASTIUM** L. (*Céraiste*). Cal. à 5 sép. (rarem. 4), scarieux sur les bords. Pét. 4 à 5, bifides (rarem. entiers). Etam. 10 (quelquefois 5 et même 4). Styles 5 (plus rarem. 4 ou 3). Caps. *cylindrique*, uniloculaire, polysperme à 18 *dents au sommet* (rarem. 8). *Fl. blanches.*

<pre>
  1 { Pétales beaucoup plus longs que le cal. . . . . C. arvense.
    { Pétales plus courts que le cal. ou le dépassant à peine. . . . . . . 2.
  2 { Plante glabre, glaucescente. . . . . C. glaucum.
    { Plante pubescente ou velue. . . . . 3.
  3 { Bractées supérieures scarieuses sur les bords. . . . . 4.
    { Toutes les bractées herbacées non scarieuses sur les bords. . . . 6.
  4 { Pétales plus courts que le calice . . . . 5.
    { Pétales dépassant un peu le calice. . . . . C. vulgatum.
  5 { Bractées à large bord scarieux, dentelé. . . . . . . C. semidecandrum.
    { Bractées à bord scarieux, étroit et entier . . . . C. glutinosum.
  6 { Pédicelles beaucoup plus longs que le cal. . . . . 7.
    { Pédicelles ne dépassant pas la longueur du cal. . . . . . C. viscosum.
  7 { Sépales longuement barbus au sommet . . . . C. brachypetalum.
    { Sépales glabres au sommet. . . . . C. pumilum.
</pre>

1. C. ARVENSE *L.* (*C. des champs*). Tiges couchées, rampantes à la base, redressées, pubescentes. Feu. lancéolées linéaires, velues-ciliées, surtout vers le bas. *Fl.* blanches, terminales, *assez larges*, à *pét. deux fois plus longs que le calice*, portées sur de longs pédonc. ♃. P. —E. C. Champs secs, bords des chemins.

2. C. GLAUCUM *Gren.*, *Sagina erecta L.*, *Mœnchia Ehrh.* (*C. glauque*). *Tiges glabres*, *glauques*, simples ou étalées à la base, hautes de 6 à 10 cent. Feu. raides, lancéolées, blanchâtres sur les bords. Péd. longs et raides, portant *une fleur solitaire* blanche, à 4 *pét. entiers*, pointus. Cal. droit à 4 sép. scarieux sur les bords. Etam. et styles 4. Caps. ovoïdes s'ouvrant en 8 dents. ◉. P. AC. Coteaux et landes arides.

Notre plante est la var. *quaternellum* de M. Grenier, *Flore de Fr.*

3. C. VULGATUM *L.* (*C. commun*). Tiges couchées, rameuses à la base, velues. *Feu.* ovales, *lancéolées*, d'un *vert foncé*. Fl. blanches, terminales, en panicules dichotomes. *Pédonc. plus longs que les feu.* Pét. égaux au cal., ou le dépassant un peu. *Sépales et bractées scarieux.* Caps. une fois plus longue que le cal. ♃. E. —A. C. Lieux incultes.

Var. *b. C. sylvaticum* Waldst. et Kit. Tiges grêles, allongées; cor. et caps. plus longues que le cal. Péd. grêles, très-allongés. Bois et prés humides.

M. Joret a trouvé à Formigny (arrondissement de Bayeux), dans les bois, une forme de cette plante dont les pétales, les sépales et les bractées étaient entièrement herbacés. Etat de Chloranthie.

4. C. VISCOSUM *L.* (*C. visqueux*). Plante couverte de longs poils visqueux. Tiges dressées, rameuses. Feu. *ovales-arrondies*, d'un *vert-jaunâtre.* Fl. blanches en panicule terminale. *Pédoncules plus courts que le cal. et les feu.* Pét. égaux au cal. à onglet poilu. *Bractées herbacées.* ◉. P. —E. TC. Lieux secs et sablonneux, bords des chemins.

Var. *a. C. glomeratum* Thuill. Fl. ramassées en tête, poils à peine visqueux.

Var. *b. C. murale* Desp. Tiges rameuses du pied; pédonc., sép., pét. et caps. à peu près égaux en longueur. Rochers et murailles.

V. *c. C. apetalum* Dumort. Fleurs sans pétales. St.-Lo.

Var. *d. C. tetrandrum.* Fl. n'ayant que 4 étamines. St.-Lo.

5. C. SEMIDECANDRUM *L.* (*C. à 5 étamines*). Plante d'un vert foncé, souvent rougeâtre, velue, souvent visqueuse, haute de 5 à 8 centim. Feu. ovales-lancéolées. *Fl.* blanches, *à 5 étam.*, à pét. plus courts que les *sépales* qui sont *scarieux* sur les bords. Pédonc. plus longs que le cal., réfléchis après

la floraison. *Bractées scarieuses* dans leur moitié supér., *denticulées*. ⊚. P.
C. Lieux secs, champs montueux.

Var. *b. C. pellucidum* Chaub. Feu. florales scarieuses au sommet ; nervures des feu. supér. transparentes. Pétales d'un tiers plus courts que les sépales. Coteaux, parmi les rochers ; Falaise, le Havre.

6. c. BRACHYPETALUM *Desp.* (*C. à courts pétales*). Plante rameuse, dichotome dans le haut, *couverte de longs poils blanchâtres.* Feu. ovales. *Bractées herbacées, barbues.* Pétales à onglet glabre, plus courts que le cal. Péd. beaucoup plus longs que les feu. Caps. dépassant peu le cal., qui est trèsvelu. ⊚. P. 1. 2. PC. Coteaux et champs des terr. calc., parmi les prairies artificielles. Rouen, Caen, Falaise, Alençon, Argentan, Trun, etc.

7. c. GLUTINOSUM *Fries.* (*C. glutineux*). Tige dressée, velue-glutineuse, haute de 3 à 15 cent. Feu. ovales-oblongues. Pédonc. 1 à 2 fois plus longs que le cal. , *arqués au sommet.* Bractées supér. avec un *bord scarieux, trèsétroit.* Sép. lancéolés, *à bords scarieux,* aigus et *glabres* au sommet. Pétales égaux aux sép. ⊚. P. PC. Champs, coteaux, bords des chemins.

8. c. PUMILUM *Curt.* (*C. nain*). Cette espèce diffère de la précéd. par sa *panicule plus serrée,* par ses *bractées herbacées sans bords scarieux,* et *poilues au sommet* ; par ses sép. *non scarieux* aux bords et par ses pédic. *raides, non courbés au sommet.* Pét. à peine égaux au calice. ⊚. P. AC. Sables maritimes. Lnc, Ouistreham, Courseulles, etc.

Var. *b. divaricatum* Gren. Tiges et rameaux divariqués ; bractées suborbiculaires ; fleurs le plus souv. tétramères. Murailles. Vire.

Var. *c. C. tetrandrum* Curt. Plante courte, irrégulièrement dichotome. Fl. tétramères ; sép. et pét. 4. Etam. 4. Caps. à 8 dents. Sables maritimes.

XIII. LEPIGONUM *Fries.*, *Spergularia* Pers. (*Lepigone*). Cal. à 5 sép. Pét. 5, entiers. Etam. 10, quelquefois moins. *Styles 3. Caps. s'ouvrant jusqu'à la base en 3 valves. Feu. linéaires, accompagnées de stipules scarieuses.*

1 { Graines chagrinées ou tuberculeuses		2.
{ Graines lisses.		5.
2 { Tige droite	*L. segetale.*	
{ Tige étalée.		3.
3 { Racine vivace ; graines sans rebords.	*L. rupestre.*	
{ Racine annuelle ; graines munies d'un rebord.		4.
4 { Stipules lacérées ; pédonc. accompagnés de feuilles.	*L. rubrum.*	
{ Stipules entières ; pédonc. le plus souvent sans feuilles.	*L. neglectum.*	
5 { Racine annuelle	*L. salinum.*	
{ Racine vivace		6.
6 { Pédoncules accompagnés de feuilles	*L. médium.*	
{ Pédoncules sans feuilles.	*L. marinum.*	

1. L. SEGETALE *Koch.* *Alsine segetalis.* L., *Spergularia* Fenzl. (*L. des moissons*). Tige grêle, dichotome, glabre, haute de 8 à 12 cent. Feu. sétacées, assez longues. Fl. blanches, *à pétales* un peu *plus courts que les sépales,* qui sont *scarieux* avec une *ligne médiane verte.* Pédonc. filiformes, réfléchis après la floraison. *Graines tuberculeuses sans aile ni rebord.* ⊚. E. R. Moissons. Rouen, Caen, Falaise, Bernay, Brionne, etc.

2. L. RUBRUM *Fries.*, *Arenaria rubra* L. (*L. rouge*). *Tiges* de 1 à 3 décim., rameuses, étalées, *articulées,* à rameaux fleuris, redressés. *Feu.* linéairesfiliformes, obtuses ou un peu subulées, *planes, glaucescentes. Stipules*

laciniées. Fl. roses ou lilas. *Pét. aussi longs que le cal. Sép. scarieux sur les bords*, pubescents-glanduleux. *Pédonc. accompagnés de feu. Graines ovoïdes-triquètres, sans aile, mais munies d'un rebord épais.* ◉. E. AC. Coteaux secs, champs sablonneux.

3. L. **NEGLECTUM** *Kindb.*, Alsine marina Roth. (*L. négligé*). Ressemble au précéd., dont il diffère par ses *stipules courtes, entières, ses rameaux fleuris, dépourvus de feuilles; ses graines plus arrondies, munies d'un rebord élevé, parfois ailées.* ◉. E. R. Pâturages au bord de la mer. Cherbourg. Trouvé par M. Lenormand.

Var. b) tenue Kindb. Fl. plus petites; capsule allongée; pédonc. très-déliés. Calvados (M. Lenormand).

4. L. **RUPESTRE** *Kindb.*, Spergularia Leb. (*L. des rochers*). *Racine vivace*, longue, épaisse, brune, d'où partent des tiges nombreuses, fortes, noueuses, étalées et redressées, pubescentes-glanduleuses. Feu. charnues, *cylindriques-comprimées, mucronées*, plus longues que les entre-nœuds, surtout dans le bas des tiges. *Stipules larges*, nacrées, connées, *entières*. Fl. roses. Pét. ovales, *contigus*, en cuilleron, *égaux au cal. Sép. ovales*, plus ou moins scarieux sur les bords. *Pédonc. non accompagnés de feu. Graines sans aile, chagrinées, chargées de petits tubercules* plus rapprochés et plus saillants sur une ligne médiane formant rebord. ♃. E. PC. Rochers et murailles du littoral du département de la Manche, depuis Granville jusqu'à St.-Vaast, plus rare dans le Calvados, à Grandcamp et à Englesqueville.

5. L. **SALINUM** *Fries.* (*L. des salines*). *Racine annuelle. Tiges étalées, comprimées, à articles renflés.* Feu. épaisses, charnues, linéaires-filiformes, vertes. *Stipules ovales-triangulaires, presque entières.* Fl. blanchâtres, *à pét. plus courts que le cal. Pédonc. accompagnés de feu.* Caps. ovoïde-obtuse. Graines arrondies, comprimées; la plupart sans aile, munies d'un rebord saillant. ◉. E. C. Prés marécageux des bords de la mer.

6. L. **MARINUM.** *Wahlenb.*, Arenaria media. L., Aren. marginata DC. (*L. marin*). *Racine vivace. Tiges étalées, comprimées*, longues de 1 à 3 décim. Feu. demi-cylindriques, vertes, linéaires, un peu obtuses ou subulées. Stip. larges, courtes, ovales, un peu acuminées, presqu'entières, peu brillantes. Pétales blanchâtres, roses au sommet, de la longueur des sép. *Rameaux florifères dépourvus de feu.* Pédonc. deux fois plus longs que la caps., qui est *fort grosse et dépassant du double le cal. Graines comprimées, ailées*, entourées d'un rebord peu élevé. ◉. E. AC. Prés salés du littoral.

7. L. **MEDIUM** *Fries.*, Arenaria media L. (*L. intermédiaire*). Cette espèce a de grands rapports avec la précéd., avec laquelle elle a été souv. confondue. Elle en diffère par ses *tiges cylindriques*, par ses *rameaux florifères accompagnés de feu*. et surtout par sa *capsule petite*, dépassant peu la cal. *Graines arrondies*, le plus souvent sans aile, *pourvues d'un rebord saillant*. ◉. E. C. Même station.

XIV. ALSINE *Wahl.* Cal. à 4 ou le plus souv. 5 sép. Pét. 5, entiers. Etam. 2 à 10. *Styles* 3. Caps. divisée jusqu'à la base en 3 valves. *Graines réniformes.* — Feu. non accompagnées de stipules scarieuses.

1. A. **TENUIFOLIA** *Crantz.*, Arenaria. L. (*A. à feu. menues*). Tige dressée

filiforme, rameuse dans le haut. Feu. sétacées, le plus souvent glabres. Fl. blanches à pét. plus courts que les sép., qui sont scarieux, striés, aigus.

Var. *b. Barrelieri.* DC. Tiges très-rameuses, couchées, glabres. Falaise, Alençon.

Var. *c. viscida* Gren., *Aren. viscidula* Thuil. Tiges rameuses dans le haut, chargées, ainsi que les calices, de poils visqueux.

◉. P.—E. C. Murs et champs sablonneux.

XV. **ARENARIA** L. (*Sabline*). Cal. à 5 sép. Pét. 5, entiers. Etam. 10, *Styles 3. Caps. ovoïde s'ouvrant au sommet en 6 dents, uniloculaire polysperme. — Fl. blanches.*

1 { Pétales plus longs que le calice . . . . *A. montana.*
  { Pétales plus courts que le calice . . . . 2.
2 { Feuilles pétiolées. . . . . *A. trinervia.*
  { Feuilles sessiles . . . . 3.
3 { Pédicelles fructifères ne dépassant pas la caps. . . . . . *A. Lloydii.*
  { Pédicelles fructifères dépassant la caps. . . . . 4.
4 { Caps. globuleuse dépassant le calice . . . . *A. serpyllifolia.*
  { Caps. conique égalant le calice . . . . *A. leptoclados.*

1. A. MONTANA L. (*S. de montagne*). Tiges rameuses, couchées, pubescentes ; les jets stériles fort longs. Feu. lancéolées-linéaires. Fl. blanches, terminales, solitaires, à longs pédonc. penchés après la floraison. *Sép.* lancéolés, *beaucoup plus courts que la cor.* Caps. ovoïde, à 6 valves obtuses. ♃. P. R. Lieux sablonneux ; Evreux, Mantes.

2. A. TRINERVIA L. (*S. à trois nervures*). Tiges rameuses, faibles, diffuses. *Feu.* ovales-aiguës, *pétiolées,* ciliées et à 3 nervures. Fl. blanches, en panicule terminale. Pédonc. longs, réfléchis après la floraison. *Sép.* linéaires, aigus, scarieux sur les bords, beaucoup *plus longs que les pétales.* Caps. tubuleuse, à 6 valves profondes. ◉. E. C. Lieux frais et ombragés.

3. A. LEPTOCLADOS Guss. (*S. à rameaux grêles*). *Tige* de 1 à 2 décim., *étalée,* très-rameuse, dichotome, pubescente, souv. rougeâtre. *Feu. petites,* sessiles, ovales, aiguës. Fl. blanches à pét. plus courts que le cal. Sép. lancéolés à 3 nervures chargés de *poils droits.* Caps. ovoïde de la longueur du cal. Péd. fructifère deux fois plus long que la caps. ◉. E. C. Champs secs et sablonneux.

4. A. SERPYLLIFOLIA. L. (*S. à feu. de serpolet*). *Tige dressée* ou ascendante de 8 à 12 cent., un peu raide, pubescente. Fl. blanches à pét. plus courts que le cal. Sép. ovales-lancéolés, à 3 nervures chargées de poils droits, ascendants. *Caps. globuleuse-ovoïde, un peu plus longue que le cal.* Pédonc. fructif. plus long que la caps. ◉. E. C. Lieux secs, pierreux ; murs.

5. A. LLOYDII Jord. (*S. de Lloyd.*). Cette espèce ressemble à la précédente, mais sa tige est raide, plus courte et moins rameuse. Les feu. plus larges. Les fl. sont blanches à pét. un peu plus courts que les sépales ; ceux-ci sont ovales-aigus, à 3 nervures chargées de *poils, courbés vers le haut. Les pédonc. fructif. sont de la longueur de la caps., qui dépasse un peu le cal.* ◉. E. PC. Murs et sables maritimes. Cherbourg, Carteret (Manche); Ouistreham (Calv.).

XVI. **HALIANTHUS** *Fries., Honkeneja* Ehr. (*Halianthe*). Cal. à 5 divisions, Pét. 5, entiers, insérés sur le cal. Etam. 10, périgynes. Styles 3 ou 5.

Glandes 10, *hypogynes*, *entourant l'ovaire.* Caps. uniloculaire, à 3 ou 5 valves. Graines peu nombreuses, très-grosses, *pyriformes.* Fl. hermaphrodites et dioïques.

1. H. PEPLOIDES *Fries.*, *Arenarium* Rafin., *Arenaria* L. (*H. pourpier*). Tiges rameuses, faibles, diffuses, très-feuillées dans toute leur longueur. Feu. charnues, rapprochées, ovales, glabres. Fl. blanches, solitaires, axillaires et terminales. Pét. distants, à peu près égaux au calice. Caps. ovoïde, renfermant un petit nombre de graines pyriformes, ponctuées, assez grosses. ♃. E. Sables maritimes. Assez commune sur les côtes de la Manche, Cherbourg, Granville, etc. ; rare sur celles du Calvados et de la Seine-Inférieure.

XIVᵉ. FAM. ÉLATINÉES. *Cambess.*

Cal. à 3 ou 4 sép. soudés à la base, persistants. Cor. de 3 ou 4 pét. hypogynes, libres, caducs. Etam. hypogynes, en nombre égal à celui des pét. ou en nombre double. Styles 3 ou 4, capités. Caps. à 3 ou 4 loges, polyspermes, surmontées par les styles persistants. Graines cylindriques, plus ou moins arquées. — Plantes herbacées, à feu. opposées ou verticillées, et à fl. régulières hermaphrodites.

I. ELATINE *L.* Pétales et sépales 3 ou 4. Etam. 6 ou 8. Ovaire orbiculaire, surmonté de 3 ou 4 styles. Caps. à 3 ou 4 valves, à 3 ou 4 loges polyspermes.

1 { Feuilles verticillées . . . . *E. Alsinastrum.*
{ Feuilles opposées . . . . *E. paludosa.*

1. E. PALUDOSA *Seub. in Walp.* (*E. des marais*). Petite plante, haute de 3 à 8 centim. *Tiges couchées, radicantes* à la base. *Feu. opposées,* ovales-spatulées. Pét. blancs, marqués d'une raie rose. Fl. trimères, rarem. tétramères.

Var. *a. E. hexandra* DC. Fl. trimères. Cal. à 3 divis. Pétales 3. Etam. 6. Caps. trivalve.

Var. *b. octandra* Gren., *E. hydropiper* Schk. DC. Fl. tétramères. Cal. à 4 divis. Pét. 4. Etam. 8. Caps. à 4 valves.

☉. E.—A. R. Lieux inondés, bords des étangs, des mares; Moulines, près de St.-Hilaire-du-Harcouet ; St.-Lo, Alençon, Cheviers et Sept-Forges (Orne).

2. E. ALSINASTRUM L. (*E. fausse Alsine*). *Tiges dressées, ascendantes,* fistuleuses, hautes de 10 à 15 centim. Feu. linéaires-lancéolées, *verticillées;* infér. 8 à 10; supér. plus larges, 3 à 5 par verticille. Fl. *verticillées,* sessiles ou brièvement pédicellées, de couleur blanche. Sép. et pét. 4. Etam. 8. Caps. à 4 loges et 4 valves. ♃. E.—A. TR. Mares et fossés. Forêt de Rouvray, près de Rouen.

XVᵉ. FAM. LINÉES. *DC.*

Cal. de 3 ou 4 sépales, le plus souvent 5, persistants. Pét. 4 à 5, hypogynes, onguiculés et soudés à la base. Etam. monadelphes, 8 à 10 dont la moitié stériles ; 3 à 5 styles. Caps. subglobuleuse, ayant 5 à 3 loges subdivisées par une fausse cloison dorsale en deux loges monospermes. Déhiscence septicide, en 3 à 5 valves s'ouvrant longitudinalement par la suture dorsale.

4 { Cal. à 5 sépales entiers . . . . LINUM. (I.)
  { Cal. à 4 div. bi ou trifides au sommet. . . . . RADIOLA. (II.)

I. LINUM *Linn.* (*Lin*). Sép. et pét. au nombre de 5. Etam. 10, dont 5 stériles. Styles 5. Caps. 5 (rarem. 3); loges subdivisées par une cloison incomplète en deux loges secondaires monospermes.

1 { Feuilles opposées. *L. catharticum.*
  { Feuilles alternes . . . . 2.
2 { Fleurs bleues . . . . 3.
  { Fleurs roses . . . . *L. tenuifolium.*
3 { Racine annuelle, émettant une seule tige droite. . . . *L. usitatissimum.*
  { Racine vivace, émettant plusieurs tiges redressées . . *L. angustifolium.*

* Feuilles alternes.

1. L. USITATISSIMUM *L.* (*L. cultivé*). Tige simple ou rameuse dans le haut, glabre. Feu. lancéolées-linéaires, glabres. Sép. ovales, membraneux, mucronés. Pét. bleus, *trois fois plus longs que le cal.* Anthères sagittées. ⊚. P2. Cultivé.

Les graines du lin fournissent de l'huile, et les fibres de son écorce une matière textile dont l'utilité est bien connue.

2. L. ANGUSTIFOLIUM *Huds.* (*L. à feu. étroites*). Souches vivaces, émettant des tiges simples, redressées. Feu. linéaires, *trinervées*, étroites. Sép. ovales, trinervés, *intérieurs, ciliés.* Pét. bleus, *2 fois plus longs que le cal.* ♃. P. E. PC. Coteaux secs. Cherbourg; Falaise, St.-Pierre-sur-Dive, Livarot, Dives, Dozulé, Moult, Janville (Calvados), etc.

3. L. TENUIFOLIUM *L.* (*L. à feu. menues*). Tige rameuse à la base. Feu. linéaires, *denticulées sur les bords.* Fl. couleur de chair, paniculées, assez larges. Sép. pointus, *denticulés.* ♃. E. R. Bois et coteaux. Oissel, Andelys, Menilles, Rolboise, Vernon.

Le *L. gallicum* L., indiqué dans les environs d'Alençon, paraît n'y avoir pas été trouvé.

** Feuilles opposées.

4. L. CATHARTICUM *L.* (*L. purgatif*). Tige faible, haute de 10 à 15 centim. *Feu.* infér. *opposées*, ovales; les supér. alternes. *Sép.* ovales, ciliés. *Fl. blanches.* Caps. obtuses. ⊚. E. TC. Pelouses et coteaux secs.

II. RADIOLA *Gmel.* (*Radiole*). Sép. 4, soudés à la base, *trifides au sommet.* Pét. 4. Etam. 8, dont 4 stériles. *Styles 4.* Caps. arrondie à 4 loges divisées, par une cloison incomplète, en 2 loges secondaires monospermes.

1. R. LINOIDES *Gm.*, *Linum radiola* L. (*R. petit-lin*). Tiges courtes, dichotomes, très-rameuses, haute de 3 à 6 centim. Feu. opposées, ovales. Fl. verdâtres, petites. ⊚. E. C. Landes et lieux sablonneux, humides.

XVI. FAM. MALVACÉES. *Juss.*

Cal. à 5 sépales soudés à la base, muni extérieurement de bractées formant un double calice ou *calicule* de 3 à 9 divisions. Pétales 5, souvent soudés au tube staminifère et imitant une corolle monopétale. Etam. nombreuses, monadelphes à la base, libres dans le haut. Style divisé en 5 à 20 stigmates. *Carpelles monospermes*, en nombre égal à celui des stigm., réunis orbiculairement et s'ouvrant par la face interne. *Feu. alternes, le plus souvent pétiolées, stipulées.*

1 { Calicule ayant de 6 à 9 divisions . . . . ALTHÆA. (iii.)
{ Calicule n'ayant que 3 divisions . . . . 2.
2 { Calicule à 3 folioles libres . . . . MALVA. (i.)
{ Calicule monophylle, trifide . . . . LAVATERA. (ii.)

I. MALVA *L.* (*Mauve*). Calicule extérieur à 3 *folioles libres*; l'intérieur à 5 divisions. Pét. 5, cordiformes. Carp. nombreux, disposés circulairement.

1 { Fleurs solitaires à l'aisselle des feuilles . . . . 4.
{ Fleurs en fascicules axillaires . . . . 2.
2 { Fruits réticulés . . . . 3.
{ Fruits non réticulés . . . . *M. rotundifolia.*
3 { Corolle trois fois plus longue que le calice . . . . . *M. sylvestris.*
{ Corolle dépassant peu le calice . . . . *M. Nicœensis.*
4 { Feu. et calices chargés de poils rameux, rayonnants . . . *M. Alcœa.*
{ Feu. et calices chargés de poils simples . . . . . . *M. hirsuta.*

** Pédoncules axillaires, agglomérés.*

1. M. SYLVESTRIS *L.* (*M. sauvage*). Tige droite, rameuse. Feu. grandes à 5 ou 7 lobes crénelés, rudes, glabres. Pét. et pédonc. velus. *Fl. purpurines-violettes, rayées*, assez grandes. Carp. *glabres* fortem. *réticulés.* ♂. E. TC. Champs, fossés, etc.

2. M. ROTUNDIFOLIA *L.* (*M. à feu. rondes*). Tiges couchées. Feu. petites, orbiculaires, pubescentes, à lobes arrondis, crénelés. Fl. *petites d'un blanc-rosé.* Carp. pubescents, *non réticulés, lisses.* ♂. E. TC. Bords des chemins.

3. M. NICÆENSIS *All.* (*M. de Nice*). Tiges couchées ou ascendantes. Feu. cordiformes à la base, orbiculaires, lobées, crénelées. Fl. petites, *bleuâtres.* Carp. velus ou glabres, *ridés en réseau.* ♂. E. R. Bords des chemins, décombres. Le Havre; environs d'Alençon.

*** Pédoncules axillaires, solitaires.*

4. M. MOSCHATA *L.* (*M. musquée*). Tiges de 4 à 6 décim. rameuses à la base, peu velues et *à poils simples.* Feu. radic., réniformes, incisées; les supér. pinnatifides à 5 divisions profondes. Fl. roses, quelquefois blanches, à pétales échancrés. Calicule à divisions linéaires. Carp. velus, *ridés.*
Var. *a. laciniata* Desr. Feu. à divisions nombreuses, profondes et très-étroites. Fl. très-larges.
Var. *b. intermedia* Godr. Feu. radic. réniformes, crénelées; les caulin. à divis. en lanières étroites.
♃. E. C. Bois, haies et bords des chemins. La variété *a* est la plus commune.

5. M. ALCÆA *L.* (*M. Alcée*). Tiges de 5 à 10 décim., peu rameuses. Feu. radicales arrondies, à 5 lobes crénelés; lés supér. palmées, à lobes profonds, incisés, hérissés, ainsi que les calices, de *poils rayonnants.* Fl. roses. Calicule à *lobes ovales.* Carpelles glabres ou un peu velus.
Var. *b. fastigiata* Koch. Feu. caulin. divis., jusqu'au milieu, en 5 lobes lancéolés-dentés. Falaise, Elbeuf.

Var. *c. intermedia* Dur. Duq. Tiges à poils simples; feu. et cal. à poils rayonnants. Calic. à fol. étroites.

♃. E. PC. Bois, prés et coteaux. Rouen, Gisors, Lisieux, Livarot, Alençon, Vernon, Argentan, St.-Pierre-sur-Dives, etc. M. Durand-Duquesney regarde la var. *c.* comme une hybride de cette espèce et de la précédente. C'est le *M. intermedia* de M. Boreau. Fl. cent.

II. **LAVATERA** *L.* (*Lavatère*). Cal. 5-fide. Calicule *monophylle à 3 divis.* Carpelles nombreux, disposés circulairement.

1. L. ARBOREA *L.* (*L. en arbre*). Racine forte, épaisse. Tige droite, arrondie, haute de 2 à 3 mètres, simple dans le bas, rameuse vers le haut. Feu. alternes, portées sur de longs pétioles, arrondies, molles, à 7 lobes crénelés, couvertes de poils nombreux, couchés. Fl. purpurines, axillaires, portées sur des pédic. courts, agrégés. ♃. E. TR. Bords de la mer. Nous l'avons vue, M. Godey et moi, parmi les rochers qui terminent le cap de la Hague, au point nommé le Nez-de-Jobourg. Elle se trouve aussi au bord des fossés, dans les environs de Cherbourg.

III. **ALTHÆA** *L.* (*Guimauve*). Calicule de 6 à 9 folioles. Cal. intér. à 5 sép. Carp. monospermes, disposés circulairement.

1 { Feuilles tomenteuses, blanchâtres; carp. velus . . . . . *A. officinalis.*
{ Feuilles vertes, hispides; carp. glabres . . . . . . *A. hirsuta.*

1. A. OFFICINALIS *L.* (*G. officinale*). Plante velue, comme veloutée, cotonneuse, d'un *vert-blanchâtre.* Tige haute de 6 à 15 déc. Feu. à 5 lobes, crénelées, cordiformes à la base. Fl. blanches ou purpurines, axillaires, *presque sessiles*, terminales, rapprochées en épi. *Carp. velus.* ♃. E. C. Lieux humides, bords des rivières et des fossés, surtout dans les prés maritimes. Communément cultivée pour sa racine très-mucilagineuse.

2. A. HIRSUTA *L.* (*G. hérissée.*) Tiges *couchées, étalées,* rameuses, hispides. Feu. *vertes;* les infér. réniformes à 5 lobes arrondis; les supér. à 3 ou 5 lobes profonds dentés-incisés. Fl. d'un rose pâle, portées sur des *pédoncules axillaires plus longs que les feu. Carp. glabres.* ♃. El. 2. PC. Coteaux, fossés, bords des champs. Caen, Vernon, St.-Pierre-sur-Dives, Falaise ; Chamboy, Camembert (Orne), etc.

XVIIe. FAM. TILIACÉES. *Juss.*

Cal. à 5 sépales caducs, pét. 5, alternes avec les sép. Etam. nombreuses, hypogynes, libres ou presque polyadelphes. Ovaire formé de plusieurs carp. soudés. Styles soudés à stigmates (2 à 5) libres. Caps. à plusieurs loges dispermes.

I. **TILIA** *L.* (*Tilleul*). Pédonc. muni d'une longue bractée foliacée. Fruit arrondi, velu, à une loge (par avortement), 1 ou 2-spermes. Voir les caractères de la famille. — *Arbres à feu. simples, alternes, bistipulées.*

1 { Feuilles pubescentes en-dessous . . . . . . *T. grandifolia.*
{ Feuilles glabres, barbues seulem. aux aisselles des nervures. *T. parvifolia.*

1. T. GRANDIFOLIA *Ehrh.*, *T. platyphyllos Scop.* (*T. à grandes feuilles*). Arbre à bois tendre et blanc. Feu. cordiformes, pointues, dentées en scie, *pubescentes.* Fl. jaunâtres, odorantes, en corymbe. Fruit à *côtes saillantes.*

♄. P3. C. Cultivé dans les parcs et les avenues, où l'on rencontre aussi quelquefois le *T. argentea* Desf., remarquable par ses *feu. blanchâtres en-dessous.*

2. T. **PARVIFOLIA** *Ehrh.*, *T. microphylla* Vent. (*T. à petites feuilles*). diffère du précédent par sa taille moins élevée, ses *feu.* plus petites, *glabres, seulement pubescentes aux aisselles des nervures.* Le fruit est fragile et *sans côtes saillantes.* ♄. E. PC. Forêts et taillis.

XVIII². FAM. HYPÉRICINÉES. *Juss.*

Cal. à 5 sépales persistants, souvent inégaux. Pét. 5, hypogynes, contournés avant leur développement. Etam. nombreuses, réunies par leurs bases en plusieurs faisceaux. Ovaire unique, supère. Styles et stigmates 3 à 5. Caps. (quelquefois baies) ayant autant de loges que de styles, polyspermes. Graines attachées à un placenta central entier ou aux cloisons des loges formées par les bords rentrants des valves. — *Tiges herbacées ou ligneuses. Feu opposées, souvent chargées de points glanduleux transparents; fl. jaunes.*

1 { Fruit capsulaire, débiscent . . . . 2.
  { Fruit bacciforme indéhiscent . . . . ANDROSÆMUM. (iii.)
2 { Glandes pétaloïdes, hypogynes, alternant avec les faisceaux d'étami-
  {   nes . . . . ELODES. (i).
  { Point de glandes pétaloïdes . . . . HYPERICUM. (ii.)

I. ELODES *Spach.* (*Elode*). Cal. 5-partite. Etam. 15, soudées en 3 faisceaux. *Glandes hypogynes pétaloïdes,* bifides, alternant avec les faisceaux d'étam. Caps. uniloculaire, 3-valve.

1. E. **PALUSTRIS** *Spach.*, *Hypericum Elodes* L., (*E. des marais*). Tiges herbacées, arrondies, simples, molles, velues. Feu. arrondies–ovales, lanugineuses-blanchâtres, très-obtuses, munies de très-petits points pellucides. Fk en paniculé peu garnie. Corolle tubuleuse, campanulée. Calice tubuleux à 5 lobes ovales, dont un plus petit. ♃. F.C. Marais tourbeux. Mouen et Baron, près de Caen; Vire, Falaise, Mortain, Cherbourg, Valognes, etc.

II. HYPERICUM *L.* (*Millepertuis*). Cal. à 5 sépales, quelquefois soudés à la base. Pét. 5. Etam. nombreuses, réunies à la base en 3 ou 5 faisceaux. *Glandes pétaloïdes hypogynes nulles.* Styles 3. Caps. membraneuse à 3 valves et 3 loges.

1 { Sépales bordés de dents ou cils glanduleux . . . . 5.
  { Sépales entiers et non ciliés . . . . 2.
2 { Tige filiforme, étalée . . . . *H. humifusum.*
  { Tige droite nou filiforme . . . . 3.
3 { Feuilles parsemées de points diaphanes . . . . 4.
  { Feuilles non parsemées de points diaphanes . . . *H. quadrangulum.*
4 { Tige à quatre angles prononcés . . . . *H. tetrapterum.*
  { Tige à deux lignes peu saillantes . . . . *H. perforatum.*
5 { Tige velue tomenteuse . . . . *H. hirsutum.*
  { Tige glabre . . . . 6.
6 { Sépales ovales, obtus . . . . *H. pulchrum.*
  { Sépales lancéolés, pointus . . . . 7.
7 { Tige simple, élevée; feu. ovales . . . . *H. montanum.*
  { Souche émettant des tiges peu élevées; feu. linéaires. *H. linearifolium.*

** Sépales entiers, non ciliés.*

1. H. PERFORATUM *L.* (*M. commun*). Plante couverte de pores glanduleux, transparents. Tige de 2 à 4 décim., *munie de deux lignes peu saillantes,*
droite, glabre. Feu. ovales, obtuses, à points pellucides. Fl. paniculées. *Sép.*
lancéolés, étroits, ponctués. ♃. E. TC. Bois, haies et lieux incultes.

2. H. QUADRANGULUM *Linn.*, *H. dubium* Leers. Fl. jr. (*M. quadrangulaire*).
Tige à 4 *angles peu marqués*, haute de 2 à 5 décim., rameuse au sommet.
Feu. ovales ; les supér. plus larges, *sans pores pellucides*, ponctuées de noir
sur les bords. Fl. en corymbe étalé. Pétales linéaires à points noirs. Sép.
inégaux, *ovales, obtus.* ♃. E. R. Bois et haies.

3. H. TETRAPTERUM *Fries.*, *H. quadrangulum.* Fl. jr. (*M. à 4 ailes*).
Tige de 3 à 6 décim., *à 4 angles ailés*, peu rameuse, glabre. Feu. ovales-
arrondies, nervées, couvertes de petits points pellucides. Fl. terminales en
corymbe serré. Pétales linéaires, ponctués. *Sép.* lancéolés, *aigus.* ♃. E. C.
Bois humides et bord des eaux.

4. H. HUMIFUSUM *L.* (*M. couché*). Tiges nombreuses, *faibles, couchées,*
ancipitées. Feu. ovales-lancéolées, ponctuées de noir sur leurs bords, à points
pellucides. Fl. petites, terminales. Sép. lancéolés, *plus longs que les pétales*
qui sont ponctués. ♃. E. C. Lieux sablonneux, champs en friche.
    Var. *b. Liottardi* Vill. Tige naine, pauciflore ; fl. à 4 pétales. Evreux.

*** Sépales bordés de dents glanduleuses.*

5. H. MONTANUM *L.* (*M. des montagnes*). *Tige simple*, droite, haute
de 4 à 10 décim. *Feu. larges, ovales-oblongues, amplexicaules*, à points
rougeâtres glanduleux. Fl. en *panicule serré* et terminal. Sép. lancéolés-
linéaires. ♃. E. R. Bois et coteaux. Rouen, Evreux, Gisors, Fécamp,
Granville ; Courtone-la-Meurdrac, près de Lisieux (M. Vesque).

6. H. PULCHRUM *L.* (*M. élégant*). Tiges rameuses à la base, *cylindriques,*
glabres, rougeâtres, ainsi que les feu. qui sont *amplexicaules, cordiformes,*
obtuses, à points pellucides, et à bords roulés. Fl. en panicule terminal,
peu fourni. Sép. ovales, obtus, *bordés de glandes sessiles.* ♃. E. C. Bois
et bruyères.

7. H. LINEARIFOLIUM *Vahl.* (*M. à feu. linéaires*). Souche émettant de
nombreuses tiges cylindriques, menues, redressées, glabres. Feu. linéaires,
obtuses, à bords ponctués et roulés, *sans points pellucides.* Fl. en corymbe,
rougeâtres en-dehors. Sép. ovales. obtus, bordés de *longs cils glanduleux.*
♃. E. C. Coteaux, parmi les rochers. Falaise, Vire, Harcourt, Granville,
Cherbourg, etc.

8. H. HIRSUTUM *L.* (*M. velu*). Tige cylindrique, droite, haute de 4 à 10
décim., *velue, ainsi que les feuilles* qui sont ovales-lancéolées, à points
pellucides, comme pétiolées à la base. Fl. en panicule serré. Sép. lancéolés.
♃. E. C. Bois et haies.
    Le *H. hircinum* L. est naturalisé sur des revers de fossés près de St.-
Sauveur-le-Vicomte.

III. ANDROSÆMUM *Tourn.* (*Androsème*). Cal. à 4 sép. inégaux. Pét.

5. Etam. réunies en 5 faisceaux. Styles 3. *Baie* uniloculaire, polysperme, *indéhiscente.*

1. A. officinale *All. Hypericum androsæmum* L. (*A. officinale*). Vulg. *Toute-Saine, Parencœur.* Tiges de 6 à 10 décim., ancipitées, rameuses. Feu. très-larges, ovoïdes, glabres. Fl. jaunes, peu nombreuses, comme en ombelle. 7*L*. E. PC. Bois. Rouen, Eu, Falaise, St.-Lo, Lisieux, Laigle, Bernay, Cherbourg ; Camembert (Orne), etc.

XIXe. Fam. ACERINÉES. *Juss.*

Cal. à 4 ou 5 div. Pét. en même nombre, alternes avec les dents du cal. Etam. 5 à 12, le plus souv. 8. Style 1. Stigm. 2. Caps. (*Samares*) 2, réunies à la base, comprimées, indéhiscentes, terminées par une aile membraneuse, divergente. — *Arbres à feuilles opposées.*

I. ACER *Linn.* (*Erable*). Voir les caractères de la famille.

{ Fleurs en grappes droites. . . . . *A. campestre.*
{ Fleurs en grappes pendantes. . . . . *A. pseudo-platanus.*

1. A. campestre L. (*E. champêtre*). Arbre de taille moyenne, à écorce fendillée, comme subéreuse. Feu. à 5 lobes, les deux infér. plus petits, munis de larges dents obtuses, peu nombreuses. *Fl. en grappes droites,* d'un jaune-verdâtre. Caps. pubescentes, *à ailes très-divariquées.* ♄. P1. TC. Bois et haies.

2. A. pseudo-platanus L. (*E. Sycomore*). Arbre élevé à écorce brune. Feu. larges, à lobes profonds, acuminés, inégalem. dentés. *Fl. en longues grappes pendantes,* d'un vert-jaunâtre. Caps. *à longues ailes peu divergentes.* ♄. P3. C. Fréquemment planté dans les avenues, assez commun dans les bois et les haies.

On plante aussi en avenue le *Plane* (*A. platanoïdes* L.), dont les feuilles sont à 5 ou 7 lobes munis de dents longuement acuminées, vertes et luisantes en-dessous, avec des corymbes rameux, dressés.

XXe. Fam. HIPPOCASTANÉES. *DC.*

Cal. monosépale, campanulé, à 5 lobes obtus. Pét. 4 ou 5, inégaux, hypogynes. Etam. 7 ou 8, libres, inégales. Style 1. Caps. arrondie, à 3 loges 2-spermes ; une ou deux loges avortent quelquefois. — *Arbre à feu. opposées, palmées.*

I. ÆSCULUS L. (*Marronnier*). Voyez les caractères de la famille. Etam. infléchies. Caps. épineuses. Fruits arrondis à écorce lisse.

1. Æ. hippocastanum L. (*M. d'Inde*). Arbre élevé à feu. palmées, de 5 ou 7 folioles lancéolées, dentées. Fl. blanches, tachetées de jaune et de rouge, en grappes droites et coniques. ♄. P2. C. Ce bel arbre, généralement cultivé, renferme dans son écorce un principe regardé comme fébrifuge ; ses fruits fournissent beaucoup de fécule ; son bois, très-blanc, a été fort employé, dans ces derniers temps, pour de petits meubles de luxe, sous le nom de *bois de Spa.*

XXIᵉ. FAM. AMPÉLIDÉES. *Rich.*

Cal. court, monosép., entier ou à peine denté. Pét. 4 à 5, souvent connivents au sommet, s'ouvrant par la base. Etam. 5, opposées aux pétales, insérées sur un disque hypogyne. Style 1, court ou presque nul. Baies arrondies à 1 ou 2 loges, 1 ou 2 spermes. Graines osseuses. — *Tiges sarmenteuses, à feu. alternes, stipulées. Vrilles ou pédoncules opposés aux feuilles.*

I. VITIS *L.* (*Vigne*). Voy. les caractères de la famille.

4. V. VINIFERA *L.* (*V. vinifère*). Tiges sarmenteuses, noueuses. Feu. lobées, sinuées, dentées. Fl. verdâtres. Pédoncules à fl. avortées, formant des vrilles. Baies rouges ou blanches. ♄. E. Originaire de l'Asie et cultivée partout.

XXIIᵉ. FAM. GÉRANIACÉES. *DC.*

Cal. à 5 sépales quelquefois inégaux. Pétales 5, onguiculés, égaux hypogynes, ou inégaux périgynes, et cohérents entre eux. Etam. 5 à 10, à filets le plus souvent monadelphes, rarement libres. Styles 5, appliqués sur un réceptacle anguleux prolongé en forme de bec, portant à sa base 5 carpelles indéhiscents, uniloculaires, monospermes.

	Étamines 10, toutes fertiles ; arêtes de la graine glabres, à la face interne	GERANIUM. (i.)
	Étamines 10, dont 5 sans anthères ; arêtes velues à la face interne.	ERODIUM. (ii.)

I. GERANIUM *Linn.* Cal. persistant à 5 sép. Pét. 5, égaux. Etam. 10, dont 5 plus grandes ayant à leur base une *glande mellifère.* Réceptacle allongé en bec figurant un style couronné par 5 stigmates. Carpelles terminés par une *arête glabre intérieurement* qui, à la maturité, se roule en spirale et les entraîne de la base vers le sommet. — *Herbes à feu. arrondies, incisées, peltées, à pédoncules 1 ou 2-flores.*

1	Pétales échancrés ou bifides.	2.
	Pétales entiers	7.
2	Feuilles à divisions atteignant presque le pétiole.	3.
	Feu. à divisions n'atteignant pas ou dépassant à peine la moitié du limbe.	5.
3	Pédoncules le plus souvent 1-flores ; pétales 2 fois plus longs que le calice	
	Pédoncules biflores ; pétales à peu près égaux au calice.	G. sanguineum.
4	Pédoncules beaucoup plus longs que les feuilles.	4.
	Pédoncules plus courts que les feuilles.	G. columbinum.
5	Fruits ridés ; glabres.	G. dissectum.
	Fruits lisses, pubescents	G. molle.
6	Pétales 2 fois plus longs que le calice	6.
	Pétales dépassant à peine le calice.	G. Pyrenaicum.
7	Feuilles ailées à lobes pétiolés.	G. pusillum.
	Feuilles découpées en lobes non pétiolés.	11.
8	Fleurs bleues ou d'un rouge-brun	8.
	Fleurs roses ou blanches	9.
9	Feuilles laciniées ; fleurs bleues.	10.
	Feuilles palmées ; fleurs d'un rouge-brun.	G. pratense.
10	Calice glabre.	G. Phœum.
	Calice velu	G. lucidum.
		G. rotundifolium.

11 { Pétales dépassant beaucoup le calice. . . . . *G. Robertianum.*
   { Pétales dépassant peu le calice . . . . 12.
12 { Carpelles velus . . . . : *G. Lebelii.*
   { Carpelles glabres . . . . *G. minutiflorum.*

* *Pédoncules uniflores.*

1. G. SANGUINEUM *L.* (*G. sanguin*). Tige droite, rameuse, rougeâtre, velue, haute de 1 à 3 décim. Feu. à 5 divisions profondes, 3-lobées ; lobes linéaires. Fl. rouges, assez larges; *pédoncules uniflores*, axillaires, plus longs que les feuilles. ℤ. P. R. Bois et prés secs. Rouen, coteaux d'Orival, Vernon, Eu, Fécamp, Granville, îles Chausey.

** *Pédoncules biflores.*

† *Pétales entiers.*

2. G. ROBERTIANUM *L.* (*G. Herbe à Robert*). Vulg. *Bec-de-Grue, Epingles à la Vierge.* Plante exhalant une odeur désagréable. Tige de 3 à 5 décim., droite, rameuse, articulée, rougeâtre. Feu. 3 ou 5-partites à *folioles 3-pinnatifides*, très-découpées. Fl. rouges, rarem. blanches. Cal. anguleux, à sépales aristés beaucoup plus courts que la corolle. *Carp.* glabres, *réticulés-rugueux.* ♂. P. E. TC. Murs et fossés.

3. G. MINUTIFLORUM *Jord.* , *G. purpureum* Vill. pro parte (*G. à petites fleurs*). Ressemble au précéd., dont il a l'odeur fétide ; mais il est plus petit dans toutes ses parties. La plante entière est souv. d'une couleur rouge. Les *pét.* sont roses et *dépassent à peine le cal.* Les *carpelles* sont *lisses , pourvus de quelques nervures écartées ,* un peu en réseau. ♂. E. AG. Rochers, lieux pierreux.

4. G. LEBELII *Bor.* (*G. de Lebel*). Port des deux espèces précéd. Tiges dressées à rameaux un peu étalés , velus-glanduleux vers les sommités. *Feu. à lobes courts, obtus, un peu écartés. Cal. glanduleux, hérissé de longs poils blancs.* Pét. dépassant peu le cal. *Carp. chargés de nervures fines , velues.* ♂. E. R. Lieux frais et pierreux. Granville, St.-Lo, Carteret (Manche). Trouvé par MM. Lebel et Godey.
Var. *b. glabriuscula.* Forme plus glabre. Feu. un peu luisantes.

*** 5. G. PRATENSE** *L.* (*G. des prés*). Tiges fortes, velues. Feu. larges, arrondies, à 5 ou 7 lobes profonds, incisés. *Fl. grandes , bleues ,* veinées de rouge ou de blanc. *Pétales 2 fois plus longs que les sépales aristés.* Carp. velus. Filets des étam. dilatés à la base. ℤ. E. TR. Bois et prés. Carentan, Eu. Indiqué dans les marais de Meuvaines , près de Bayeux, où il n'a pas été retrouvé.

6. G. PHÆUM *L.* (*G. brun*). Tige de 2 à 6 décim. , dressée , le plus souv. simple. *Feu.* infér. pétiolées ; les supér. sessiles, toutes *palmées à 5 lobes rhomboïdaux , incisés-dentés,* molles, vertes, plus pâles en-dessous. *Pétales très-étalés , crénelés , d'un rouge-brun.* Sép. oblongs , terminés par une pointe courte. *Carpelles poilus , fortem. ridés.* ℤ. E. TR. Lieux ombragés. Pays de Caux. Trouvé, près de Bernay, par M. Belhache (Spontané?).

7. G. ROTUNDIFOLIUM *L.* (*G. à feu. rondes*). Tige arrondie, pubescente, rameuse. Feu. molles, réniformes-arrondies, à 7 lobes, pubescentes, v:squeuses avec un point rouge à chaque découpure. Pétales entiers, rougeâtres, de la longueur des *sépales aristés. Carpelles velus.* ⊙. E. TC. Bords des chemins, décombres, etc.

8. G. LUCIDUM *L.* (*G. luisant*). Plante rougeâtre, glabre. Tige droite, rameuse. *Feu. luisantes*, arrondies, à 5 lobes obtus. Pét. rouges, entiers, de la longueur du *calice* qui est anguleux, *ridé* et à sép. aristés. *Carp. sillonnés-muriqués.* ♃. E. C. Lieux arides, parmi les rochers, sur les toits et les murailles.

†† Pétales échancrés.

9. G. DISSECTUM *L.* (*G. découpé*). Tiges rameuses, étalées, droites. Feu. 5-lobées, à divisions profondes, linéaires, trifides. Pét. échancrés, rougeâtres, de la longueur des sépales aristés. *Pédonc. plus courts que les feuilles.* Carpelles *velus.* ⊙. P. E. TC. Champs et lieux secs.

10. G. COLUMBINUM *L.* (*G. Colombin*). Tiges faibles, couchées, rameuses, légèrement velues. Feu. 5-partites ; lobes multifides, linéaires, ouverts. Pét. rouges, élargis, échancrés, de la longueur des sép. un peu aristés. *Pédonc. beaucoup plus longs que les feu. Carp. lisses, glabres.* ⊙. E. TC. Champs, haies et bords des chemins.

11. G. PYRENAICUM *L.* (*G. des Pyrénées*). Tige dressée, mollement velue, haute de 2 à 5 décim. Feu. palmatifides, molles, opposées, à lobes cunéiformes incisés-crénelés. Fl. d'un rose-lilas, rarement blanches, à pét. cordiformes-renversés, une fois plus longs que le cal. Sép. oblongs, munis d'une *pointe courte. Carp. non ridés*, chargés de quelques poils appliqués. Péd. plus longs que les feu. florales. ♃. E. R. Lieux pierreux et herbeux, bords des chemins, pied des murs; environs d'Orbec et de Caen; la Hoguette, près de Falaise (M. Joret).

12. G. MOLLE *Linn.* (*G. à feu. molles*). Tiges rameuses, un peu étalées, couvertes de *longs poils ouverts.* Feu. molles, réniformes, à 7 à 9 lobes 3-fides, obtus. Pét. rouges, bifides, de la longueur du cal. *Sép. mutiques. Carp. rugueux, glabres.* ⊙. E. TC. Lieux arides et incultes.

Var. *b. G. villosum* Ten. Remarquable par les nombreux poils blancs, très-longs et ouverts, qui couvrent ses tiges, ses feu. et ses sépales, et par ses pétales une fois plus longs que le cal. Je l'ai trouvé sur les ruines du château de Domfront.

13. G. PUSILLUM *L.* (*G. fluet*). Tiges déliées, rameuses, pubescentes, à *duvet très-court, formé de poils réfléchis.* Feu. réniformes-arrondies, à 7 lobes profonds, trifides. Fl. rougeâtres, petites, à pét. échancrés, de la longueur des *sép. mutiques.* Carp. *pubescents, non ridés.* ♃. E. C. Lieux secs.

II. ERODIUM *L'Hérit.* Sép. 5, égaux. Etam. 10, dont 5 *dépourvues d'anthères*; les fertiles ayant une glande mellifère à la base. Carp. à *arête, velue à sa face interne*, se détachant, à la maturité, de l'axe de la base au sommet et *se roulant en spirale* dans sa partie inférieure. Pédonc. portant plusieurs fl. disposées souv. en ombelles.

<table>
<tr><td rowspan="2">1</td><td>Feuilles pinnées ou pinnatifides. . . . .</td><td>2.</td></tr>
<tr><td>Feuilles simplement lobées. . . . .</td><td>1.</td></tr>
</table>

2 { Bec du fruit ne dépassant pas 40 millimètres. . . . . 3.
  { Bec du fruit atteignant près de 1 décimètre. . . . . *E. Botrys.*
3 { Folioles sessiles. . . . . *E. cicutarium.*
  { Folioles pétiolulées . . . . *E. moschatum.*
4 { Pédonc. multiflores; pét. un peu plus longs que les sép. *E. malacoides.*
  { Pédonc. ayant 1 à 3 fleurs; pét. égalant à peine les sép. *E. maritimum.*

* Feuilles pinnées ou pinnatifides.

1. E. CICUTARIUM L'Hérit., *Geran. cicutarium* L. (*E. à feu. de ciguë*).
Plante légèrement odorante. Tige velue, courte, quelquefois allongée et
rameuse. Feu. pinnées, à *lobes dentés-incisés, pinnatifides, sessiles.* Fl.
rouges ou blanches, disposées en ombelle au sommet des pédonc. Pétales
inégaux, 3 plus grands, souv. tachés à leur base. *Sép. plus courts que les
pét.,* terminés par une arête ayant 1 ou 2 poils longs au sommet. ☉. et ♂.
P.-A. TG. Lieux secs et sablonneux, pelouses, bords des chemins et des
champs.

Cette plante, très-polymorphe, a été considérée par plusieurs auteurs
comme renfermant un certain nombre d'espèces distinctes, dont les caractères peu constants sont fondés sur la villosité plus ou moins grande des
feuilles, la longueur des becs carpellifères, le nombre des tours de la spirale
de l'arête, etc. Je vais indiquer ici les formes les plus tranchées observées en
Normandie.

Var. *a. præcox* Cav. Tige courte, presque nulle; feu. étalées en rosette.
Péd. pauciflores. C'est moins une variété qu'un état primordial de la plante
au commencement du printemps. On le retrouve aussi souv. à la fin de
l'automne.

Var. *b. pimpinellæfolium* Cav. Pét. roses, ayant au-dessus de l'onglet une
tache jaune striée de noir; folioles à divis. courtes, presque obtuses; tiges
allongées.

Var. *c. chærophyllum* DC. Pét. non tachés; feu. amples à lobes profondément divisés en découpures profondes, linéaires.

Var. *d. E. triviale* Jord. Tiges diffuses, allongées, ascendantes. Folioles
ovales-oblongues, presque cordées à la base, à lobes contigus, oblongs,
aigus. Pét. purpurins. Bec carpellifère très-long. Arête à 9 tours de spire.

Var. *e. E. Ballii* Jord. Cette plante diffère de la précédente par son bec
carpellifère plus court, et par ses arêtes n'ayant que 5 ou 6 tours de spire.
Sables maritimes de la Manche, Quinéville, St.-Vaast, Ranville, Carteret,
etc. M. le D^r. Lebel.

Var. *f. E. Lebelii* Jord. Feu. d'un vert-jaunâtre; folioles oblongues-inc'-
sées à lobes courts, ovales, presque contigus. Pét. blanchâtres ou un peu
rosés; anthères carnées renferm. un pollen d'un beau rouge-orangé. Sép.
couverts de poils fins, glanduleux, jaunâtres. Trouvé par M. le D^r. Lebel dans
les sables maritimes du département de la Manche. AC.

Var. *g. E. pilosum* Bor., *Geranium pilosum* Thuill. Cette plante est remarquable par la villosité grisâtre, quelquefois glanduleuse, qui couvre ses
tiges et ses feu.; celles-ci sont à folioles profondément découpées jusqu'à la
côte, à divis. étroites, linéaires. ♂. AC. Lieux sablonneux, principalement
sur le littoral de la Manche et du Calvados.

2. E. MOSCHATUM L. (*E. musqué*). Plante exhalant une *odeur de musc.*
Tiges étalées, couchées, rameuses. Feu. pinnées, à *lobes pétiolulés,* ovales,

incisés-dentés. *Pétales* purpurins, *de la longueur du calice.* Sép. à courte
arête non terminée par de longs poils. ◉. E. PC. Bords des chemins, au
pied des murs. Rouen, Caen, Falaise, Cherbourg, le Havre, Vire, Pont-
l'Evêque, Bayeux, Alençon, etc.

3. E. BOTRYS *Bert.* (*E. Botryde*). Tiges étalées, hérissées de *poils* blancs
rudes et *réfléchis.* Feu. radicales, longuement pétiolées, lobées-dentées ; les
supér. sinuées, pinnatifides ; lobes obtus, dentés. Fl. rougeâtres. Pédonc.
2 à 4-flores. Sép. pubescents mucronés. Réceptacle prolongé en bec long de
près de 1 décim. ◉. E. TR. Falaises de Granville.

**** *Feuilles simplement lobées.*

4. E. MALACOIDES *Willd.* (*E. fausse mauve*). Tiges rameuses, ouvertes,
un peu velues, hautes de 2 à 4 décim. Feuilles molles, d'un vert-blanchâtre,
cordiformes, arrondies, obtuses, crénelées, un peu lobées. *Pédoncules por-*
tant des fleurs nombreuses, rougeâtres, à pétales de la longueur du cal. ◉.
P2. 3. R. Coteaux arides. Roc de Granville.

5. E. MARITIMUM *Smith* (*E. maritimé*). Tiges courtes, velues, *couchées et*
appliquées sur la terre. Feu. cordiformes, ovales, lobées, incisées, presque
pinnatifides, portées sur de longs pétioles, velues. *Pédonc. terminés par 2*
ou 3 fleurs petites et rougeâtres. ♃. E. R. Coteaux et lieux sablonneux maritimes du dépt. de la Manche ; Cherbourg, Granville, îles Chausey, etc.

XXIIIᵉ. FAM. BALSAMINÉES. *A. Rich.*

Cal. à 2 sépales caducs, opposés. Corolle irrégulière de 4 pét. hypogynes ;
2 extér. calleux, alternes avec les sép. des deux autres ; le supér. en voûte et
l'infér. concave, prolongé en éperon à la base. Etam. 5, à anthères conniventes. Style o. Caps. 1, à 5 valves élastiques, uniloculaires, à placenta
central et muni de 5 angles ailés. Graines nombreuses pendantes.

I. IMPATIENS *L.* (*Impatiente*). Voir les caractères de la famille.

1. I. NOLI TANGERE *L.* (*I. n'y touchez pas*). Tige rameuse, glabre, délicate, renflée aux articulations. Feu. ovales, dentées, pétiolées. Fl. jaunes,
3 ou 4, portées sur des pédoncules axillaires plus courts que les feuilles. ◉.
E. TR. Lieux frais et ombragés. Forêt de Touques, près d'Englesqueville
(Calvados) ; Château-sur-Epte (Eure).

XXIVᵉ. FAM. OXALIDÉES. *DC.*

Cal. persistant à 5 sépales. Pét. 5, égaux, souvent adhérents entr'eux par
leur base. Etam. 10, souvent monadelphes, 5 alternativement plus courtes.
Styles 5. Caps. pentagone, membraneuse, polysperme, 5-loculaire, à 5 ou
10 valves, qui s'entr'ouvrent longitudinalement et laissent sortir les graines
qui sont lancées au-dehors par une arille charnue élastique.

I. OXALIS *L.* (*Oxalide*). Voyez les caractères de la famille. — *Feu. tri-*
foliolées.

1 {	Fleurs blanches ou rosées	*O. acetosella.*
	Fleurs jaunes	2.
2 {	Pétales entiers ; plante glabre	*O. stricta.*
	Pétales échancrés ; plante velue.	*O. corniculata.*

1. O. ACETOSELLA *L.* (*O. oseille*). Vulg. *Pain-de-coucou, Surelle, Alléluia.* Tige souterraine, *grumeleuse-écailleuse.* Feu. à trois folioles obcordées, pubescentes, à longs pétioles. *Fl. blanche* unique au sommet d'un pédoncule radical. ♃. P. C. Lieux frais et ombragés.

Cette plante, dont le suc est très-acide, fournit beaucoup d'oxalate de potasse (sel d'oseille), qui sert à enlever les taches d'encre et à préparer des boissons rafraîchissantes.

2. O. STRICTA *L.* (*O. droite*). *Tige droite,* rameuse vers le haut, feuillée, *glabre.* Feu. à 3 folioles obcordées. Fl. jaunes en ombelle redressée, de la longueur des feuilles. *Pétales* arrondis, *entiers.* ☉. E. PC. Champs cultivés et sablonneux. Rouen, Bayeux, Vire, Thorigny, Condé-sur-Noireau, Falaise, Clécy, Vassy, etc.

3. O. CORNICULATA. *L.* (*O. corniculée*). Cette espèce diffère de la précédente par sa *tige diffuse, couchée, stolonifère, velue,* ainsi que les feuilles, et par ses *pétales échancrés.* Fl. jaunes en ombelle plus courte que les feu. Pédonc. réfléchis.

Var *b. villosa* Duby. Très-velue ; pédoncules plus longs que les pétioles. ♃. E. A. R. Lieux cultivés, vieilles murailles. Caen, le Havre, Rouen, Mortain, Vire, Lisieux, Avranches. Saint-Hilaire-du-Harcouët, Domfront, Laigle, etc.

XXVe. FAM. RUTACÉES. *Juss.*

Cal. persistant à 3 ou 5 sépales soudés à la base. Pét. alternes avec les sép. et en même nombre. Etam. 8 ou 10 insérées sur un disque charnu entourant un ovaire supér. Style 1. Caps. 4 ou 5-loculaires, 5-valve, polysperme. Périsperme charnu.

I. RUTA *L.* (*Rue*). Caractères de la famille.

1. R. GRAVEOLENS *L.* (*R. fétide*). Plante exhalant une odeur forte et désagréable. Tige haute de 8 à 10 décim., ferme, rameuse. Feu. décomposées, d'un vert-glauque; folioles épaisses, ovales-cunéiformes, obtuses. Fl. jaunes, terminales, paniculées. ♃. E. R. Cultivée dans les jardins. Elle a été aussi observée sur le roc de Tombelaine, près le Mont-St.-Michel, aux Andelys, au Château-Gaillard (Eure). Probablem. naturalisée.

XXVIe. FAM. MONOTROPÉES. *Nutt.*

Cal. de 4 à 5 sép. pétaliformes, allongés, roulés, persistants, quelquefois remplacé par des bractées ou nul. Cor. persistante, de 4 à 5 pét. prolongés au-dessous de leur insertion en éperons courts nectarifères. Etam. en nombre double des pét. et insérées à leur base. Anthères uniloculaires, adnées aux filets. Ovaire supère. Style 2. Stigm. 1, en disque. Caps. 4 ou 5-loculaire, ayant 4 ou 5 valves cloisonnées au milieu. Graines entourées d'une pellicule qui leur donne l'apparence d'une samare.

I. MONOTROPA *L.* (*Monotrope*). Voyez les caractères de la famille.

1. M. HYPOPITYS *L.* (*M. suce-pin*). Plante glabre, entièrem. d'un blancjaunâtre, ayant l'aspect de la cire, devenant noire et odoriférante par la dessiccation. Tige haute de 1 à 3 décim., garnie d'écailles au lieu de feu. Fl. jaunâtres, en épi terminal ; les supér. à 10 étam., les infér. à 8 étam. ♃. E. PC. Parasite sur les racines du chêne, des pins. Rouen, Evreux, Bayeux, Falaise, Vimoutiers ; Esson, près d'Harcourt ; Valognes, Laigle, etc.

Var. *b. hirsuta* Roth. Tige un peu pubescente entre les fl. ; bractées ciliées ; *bords des pét., intérieur des sép., étam. et pistils hérissés.*

XXVIIᵉ. FAM. GÉLASTRINÉES. *R. Brown.*

Cal. de 4 ou 5 sépales unis à la base. Pétales 4 ou 5, alternes avec les sépales, insérés, ainsi que les étam. (4 ou 5), sur un disque charnu qui entoure l'ovaire, et qui est adhérent au cal. Style 1 ou nul. Stigmate 2 ou 4-fide. Fruit capsulaire anguleux, à 3 ou 5 loges monospermes et à 4 ou 5 valves. Graines couvertes d'une arille charnue, colorée.

1. EVONYMUS *L.* (*Fusain*). Caractères de la famille.

1. E. EUROPÆUS *L.* (*F. d'Europe*). Vulg. *Bonnets-carrés*. Arbrisseau haut de 2 à 4 mètres ; rameaux quadrangulaires. Feu. opposées, pétiolées, ovales-lancéolées, finement serrulées. Fl. verdâtres, 3 à 4 sur chaque pédoncule. Caps. roses à valves arrondies, obtuses. ♄. P. C. Bois et haies.

Son bois, jaune et dur, est employé dans les arts ; on en fait des fuseaux, des cure-dents, etc. ; réduit en charbon, il sert aux dessinateurs pour tracer des esquisses qui s'effacent très-facilement.

Le *Staphylea pinnata* L., fréquemment cultivé dans les parcs sous le nom de *faux Pistachier, nez-coupé*, est naturalisé dans les bois, et dans les haies des environs de Sourdeval (Manche). M. l'abbé Viel, curé de ce bourg, en m'indiquant les diverses localités où il a remarqué cet arbuste, me cite principalement un bois de la Villette qui en est rempli, et où il est improprement appelé *Baguenaudier.*

XXVIIIᵉ. FAM. RHAMNÉES. *R. Brown.*

Cal. tubuleux à 4 ou 5 lobes valvaires. Pét. 4 ou 5, petits, concaves, squammiformes, insérés sur le cal. et alternant avec ses lobes. Etam. 4 ou 5, opposées aux pét. Anthères biloculaires. Ovaire adhérent au cal. dans sa partie infér. Style 1, ayant 2 à 4 stigmates. Baie à plusieurs loges monospermes. Périsperme charnu, rarem. nul. — *Arbres ou arbrisseaux à feu. simples, le plus souvent alternes et stipulées.*

1. RHAMNUS *L.* (*Nerprun*). Caractères de la famille.

1	Feuilles denticulées; pétales 4	*R. catharticus.*
	Feuilles non dentées; pétales 5.	*R. frangula.*

1. R. CATHARTICUS *L.* (*N. purgatif*). Arbrisseau de 3 à 4 mètres, dont les vieux rameaux se terminent par *une épine* très-dure. Feu. simples, pétiolées, ovales, *dentées*. Fl. verdâtres, petites, ramassées en bouquets axillaires, souvent *dioïques. Baie noire à 4 loges.* ♄. P. PC. Bois et haies. Abondant dans les environs de Falaise et de St.-Pierre-sur-Dives.

Les baies du nerprun sont très-purgatives ; leur suc uni à l'alun fournit une couleur connue sous le nom de *Vert de Vessie.*

2. R. FRANGULA *L.* (*N. Bourdaine*). Vulg. *Bourgène*. Arbrisseau de 3 à 4 mètres, *non épineux*, à écorce brune. Feu. pétiolées, ovales, entières, à nervures parallèles. Fl verdâtres, *hermaphrodites*. Pét. et étam. 5. *Baie noirâtre à* 2 ou 3 *loges*. ♄. P. TC. Bois.

Son bois fournit un charbon très-estimé pour la fabrication de la poudre à canon.

XXIXe. Fam. TÉRÉBINTHACÉES. *Juss.*

Fl. hermaphrodites ou dioïques. Cal. monosépale de 3 à 5 lobes. Pét. 3 à 5, quelquefois nuls, alternes avec les divis. du calice. Etam. 3 à 5 ou 6 à 10. Ovaire simple ou multiple, surmonté d'un ou plusieurs styles. Fruit capsulaire ou drupe. Sem. peu nombreuses, le plus souvent solitaires, presque toujours sans périsperme. — *Arbres et arbrisseaux à feuilles alternes ou non stipulées.*

I. RHUS *L.* (*Sumac*). Cal. à 5 lobes. Pét. et étam. 5. Ovaire 1, uniloculaire, monosperme. Styles 3 courts. Drupe.

1. R. RADICANS *L.* (*S. radicant*) Arbuste à feu. pinnées, impaires, ternées, à folioles pétiolées, ovales, glabres, entières. Fl. verdâtres, paniculées. Baies ovales-arrondies. ♄. E. Cet arbuste, originaire de l'Amérique septentrionale, est naturalisé dans les environs de Louviers.

Le suc de ses feuilles est si corrosif que, seulement appliqué sur la peau, il y produit des pustules et des érysipèles.

XXXe. Fam. PAPILIONACÉES. *Linn.*

Cal. monosépale, à 5 divisions plus ou moins profondes, quelquefois comme bilabié. Cor. papilionacée de 4 à 5 pét., le plus souvent 4, rarem. monopétale, 1 pét. supérieur (*étendard*) plus grand, enveloppant les autres avant la floraison, deux latéraux (*ailes*) et deux inférieurs (*carène*) séparés ou réunis, le plus souvent courbés et formant un étui qui entoure les organes sexuels. Etam. 10, rarement plus nombreuses, insérées sur le cal. Filets quelquefois monadelphes, le plus souvent didelphes et ainsi disposés : 9 réunis en une gaîne qui entoure l'ovaire et qui est fendue du côté de l'étendard, et le dixième libre, appliqué sur cette fissure. Ovaire simple, surmonté d'un style unique. Stigm. 1. Fruit (*légume* ou *gousse*) à deux valves, soit à une loge 1-sperme ou polysperme, soit articulé, à plusieurs loges 1-spermes. Graines attachées à la suture supér. alternativement à chacune des valves, le plus souv. ovales ou réniformes. — *Feu. alternes, rarement simples, presque toujours composées, bistipulées.*

1	Feuilles simples ou à 3 folioles	2.
	Feuilles ailées ou composées de plus de 3 folioles	15.
2	Feuilles toutes simples	3.
	Feuilles trifoliolées, au moins les inférieures.	5.
3	Feuilles terminées en épine . . . . ULEX. (i.)	
	Feuilles non terminées en épine.	4.
4	Calice fendu en-dessus jusqu'à sa base. . . . . . SPARTIUM. (iv.)	
	Calice à 2 lèvres. . . . . GENISTA. (ii.)	
5	Calice à 2 lèvres	6.
	Calice à 5 dents ou divisions, ne présentant pas 2 lèvres.	8.
6	Tige volubile; carène contournée en spirale. . . . . . PHASEOLUS. (xiii.)	
	Tige non volubile; carène non contournée en spirale	7.

7 { Toutes les feuilles trifoliolées. . . . . Cytisus. (v.)
  { Feuilles inférieures trifoliolées; les supér. simples. Sarothamnus. (iii.)
8 { Feuilles à 3 folioles à peu près égales. . . . . 9.
  { Feuilles à 3 folioles dont la terminale 6 à 8 fois plus grande que les la-
  {   térales. . . . . Anthyllis. (xiv.)
9 { Feuilles ayant à leur base 2 stipules simulant 2 feuilles infér. . . . . 10.
  { Feuilles à stipules soudées à la base du pétiole ou dissemblables des
  {   folioles supér. . . . . 11.
10 { Fruit à 4 ailes membraneuses. . . . . Tetragonolobus. (xii.)
   { Fruit sans ailes. . . . . Lotus. (xi.)
11 { Carène très-petite; cor. comme à 3 pét. . . . . . . Trigonella. (viii.)
   { Carène très-visible, presque aussi longue que les ailes. . . . . 12.
12 { Fleurs axillaires ou en épis foliacés . . . . Ononis. (vi.)
   { Fleurs en têtes ou en épis non foliacés, ou sur des pédonc. solitaires. . 13.
13 { Légume court, caché dans le calice. . . . . Trifolium. (x.)
   { Légume saillant hors du calice, droit ou contourné. . . . . 14.
14 { Légume droit, ovoïde ou arrondi . . . . Melilotus. (ix.)
   { Légume arqué ou contourné en hélice. . . . . Medicago. (vii.)
15 { Feuilles ailées, terminées par une foliole impaire. . . . . 16.
   { Feuilles ailées; pétiole terminé par un filet ou une vrille. . . . . . . 25.
16 { Fruit renfermé dans le calice. . . . . Anthyllis. (xiv.)
   { Fruit non renfermé dans le calice. 17.
17 { Arbres ou arbrisseaux . . . . 18.
   { Tige herbacée ou à peine ligneuse. 20.
18 { Pétales à onglets plus longs que le calice. . . . . . . Coronilla. (xvi.)
   { Pétales à onglets ne dépassant pas le calice. . . . . 19.
19 { Légume vésiculeux; arbre non épineux. . . . . Colutea. (note.)
   { Légume comprimé; arbre épineux . . . . Robinia. (note.)
20 { Fleurs d'un jaune vif. . . . . 21.
   { Fleurs jaunâtres, bleues ou roses . . . . 22.
21 { Lég. sinué, composé d'articles échanc. semi-lunaires. Hippocrepis. (xviii.)
   { Légume articulé, non échancré. . . . . Coronilla. (xvi.)
22 { Fleurs disposées en ombelles arrondies en couronne. Coronilla. (xv.)
   { Fleurs non en ombelles arrondies . . . . 23.
23 { Carène très-petite; fruit se divisant en plus. articles. Ornithopus. (xvii.)
   { Carène égale aux ailes; fruit non divisé en articles. . . . . 24.
24 { Fruit biloculaire, polysperme . . . . Astragalus. (xv.)
   { Fruit uniloculaire, monosperme . . . . Onobrychis. (xix.)
25 { Style élargi au sommet ou canaliculé . . . . 26.
   { Style non élargi au sommet ni canaliculé . . . . 27.
26 { Stipules larges et arrondies à leur base. . . . . Pisum. (xxiii.)
   { Stipules prolongées en pointe à leur base. . . . . . . Lathyrus. (xxiv.)
27 { Dents du calice presque aussi longues que la corolle. . Ervum. (xxi.)
   { Dents du calice beaucoup plus courtes que la corolle. . . . . 28.
28 { Fleurs axillaires presque sessiles. 29.
   { Fleurs en grappes pédonculées . . . . Orobus. (xxv.)
29 { Vrille simple ou rameuse; graines arrondies . . . . Vicia. (xxii.)
   { Vrille nulle; graines oblongues, comprimées. . . . . Faba. (xx.)

** Feuilles simples.*

I. ULEX L. *(Ajonc).* Cal. *coloré, divisé jusqu'à la base en deux lèvres,
dont l'une tridentée et l'autre bidentée. Carène formée de 2 pétales. Etam.
monadelphes. Légume ovale-oblong, dépassant à peine le calice, uniloculaire, polysperme. — Arbrisseaux très-épineux. Fleurs jaunes, munies à
leur base de deux bractées colorées.*

1 { Cal. velu; bractées calicinales plus larges que le pédonc. U. Europœus.
  { Cal. à peine pubescent; bractées calicin. n'étant pas plus larges que le péd. 2.
2 { Ailes plus longues que la carène. . . . . U. Gallii.
  { Ailes plus courtes que la carène. . . . . U. nanus.

1. U. EUROPÆUS *L.* (*A. d'Europe*). Vulg. *Jonc marin*, *vignon*. Tiges très-rameuses, hautes de 1 à 2 mètres. Rameaux pubescents, couverts d'*épines acérées*, *droites*. Feu. petites, lancéolées, linéaires, pubescentes. *Fl. d'un jaune vif*, axillaires, portées sur des pédonc. écailleux à la base, *Cal. velu*, ayant à sa base deux *bractées plus larges que le pédonc.* ♃. P. TC. Bois et landes. Cultivé pour le chauffage des fours à chaux.

2. U. GALLII *Planch.*, *U. provincialis* Legall. (*A. de Legall*). Cette espèce est intermédiaire entre la précédente et la suivante. Elle diffère de la première par sa tige moins élevée, par les longues épines de ses rameaux, ouvertes, un peu *courbées en-dehors*. *Fl. d'un jaune-orangé*, Ailes égalant au moins la carène. *Cal. pubescent*; *bractées de la largeur du pédonc.* ♃. A. PC. Landes et bruyères, principalement sur le littoral du dép. de la Manche. M. E. de Bonnechose l'a trouvé à Ryes, près de Bayeux. Nous l'avons recueilli, M. Lenormand et moi, aux îles Chausey, il y a près de trente ans.

3. U. NANUS *Smith.* (*A. nain*). Vulg. *Landet*. Tiges de 3 à 6 décim., très-rameuses; rameaux épineux, courts, serrés, un peu déjetés en-dehors. Feu. linéaires, étroites. *Fl. d'un jaune clair*. Ailes de la cor. plus courtes que la carène. *Cal. pubescent*; *bractées plus étroites que le pédonc.* ♃. A. TC. Landes et bruyères.

M. Lejolis, qui a fait une étude approfondie des espèces d'*Ulex* des environs de Cherbourg, a trouvé des formes de l'*U. nanus* bien voisines de l'*U. Gallii.*

II. GENISTA *L.* (*Genêt*). Cal. *herbacé*, bilabié; lèvre supér. bidentée; l'infér. tridentée. Étendard réfléchi. Carène lâche, renfermant incomplètement les étam. qui sont monadelphes. Style glabre. Légume uniloculaire, *polysperme.* — *Fleurs jaunes.*

1 { Tiges épineuses.	G. Anglica.	
{ Tiges non épineuses.		2.
2 { Rameaux comprimés à ailes foliacées	G. sagittalis.	
{ Rameaux non comprimés-ailés		3.
3 { Pédicelles trois fois environ plus longs que le calice. . .	G. prostrata.	
{ Pédicelles ne dépassant pas la longueur du calice. . . .		4.
4 { Corolle pubescente, soyeuse.	G. pilosa.	
{ Corolle glabre.	G. tinctoria.	

1. G. ANGLICA *L.* (*G. Anglais*). Tiges rameuses, ouvertes, *épineuses*. Feu. ovales-lancéolées, glabres. Fl. axillaires, solitaires, formant de longues grappes terminales, feuillées, non épineuses. Légume court, *renflé*, *glabre*. ♃. P2-3. C. Bois et bruyères humides.

2. G. TINCTORIA *L.* (*G. des teinturiers*). Vulg. *Genêtrelle*. Tiges rameuses; rameaux striés, *non épineux*. Feu. lancéolées, lisses, presque glabres. Fl. en grappe terminale. Légume *plane*, aigu, glabre.

Var. *a. latifolia* DC. Feu. ovales, pubescentes.

♃. E. C. Bois et pâturages; la var. sur des coteaux près de Saint-Pierre-sur-Dive, dans les environs de Rouen et à Forges (Seine-Infér.).

Ce sous-arbrisseau fournit une couleur jaune, assez solide quand on la fixé par l'alun et le sulfate de chaux.

3. G. SAGITTALIS *L.* (*G. ailé*). Vulg. *Lacet*. Tiges couchées, rampantes,

à rameaux redressés, velus, *bordés de 2 ou 3 ailes membraneuses, décurrentes*, rétrécies aux insertions des feuilles qui sont ovales-lancéolées, velues. Fl. en épi terminal. *Carène velue sur le dos. Légume velu.* ♃. E. C. Lieux stériles et montueux. Falaise, Alençon, Lisieux, Caen, etc.

4. G. PILOSA *L. (G. velu).* Sous-arbrisseau de 3 à 8 décim. Tiges grêles, rameuses, *couchées et étalées*, striées, tuberculées. Feu. lancéolées, *repliées, soyeuses en-dessous.* Fl. velues, axillaires. *Légume pubescent*, polysperme. ♄. P. R. Bruyères et coteaux secs. Rouen, Elbeuf, Landepereuse, Mortain. Assez abondant sur les coteaux de Bagnoles; Chaumiton, près d'Alençon; La Trappe (Orne).

5. G. PROSTRATA *Lam. (G. couché).* Sous-arbrisseau de 2 à 4 décim., à rameaux couchés, étalés. Feu. ovales-lancéolées, pubescentes, un peu mucronées. Fl. jaunes, à étendard veiné, axillaires, dressées en grappes lâches, feuillées, portées sur des *pédicelles à peu près trois fois plus longs que les cal.* qui sont hérissés de poils étalés, ainsi que les légumes. ♄. P. TR. Coteaux secs et calcaires. Environs de Vernon, La Roche-Guyon, Mantes.

*** Feuilles trifoliolées.**

III. SAROTHAMNUS *Wimmer. (Sarothamne). Cal. scarieux*, à 2 lèvres courtes; la supér. bidentée, l'infér. tridentée. *Etendard large*, ovale, *échancré en cœur.* Etam. monadelphes. *Style filiforme*, très-allongé, *roulé en spirale.* Légume comprimé, polysperme.

1. S. SCOPARIUS *Wimm. Spartium scoparium* L. *(S. à balais).* Vulg. *Genêt à balais.* Tiges droites, à rameaux nombreux, longs, dressés, anguleux. Feu. trifoliolées, velues; les supér. simples. Fl. jaunes, axillaires, pédicellées, solitaires. Légume plane, velu sur les bords. ♄. P. E. TC. Bois, coteaux et champs stériles.

 IV. SPARTIUM *L. Cal. scarieux, fendu en-dessus jusqu'à la base*, à 5 dents courtes. Etendard *très-ample*, *orbiculaire.* Etam. monadelphes. Style très-long, courbé au sommet. Légume comprimé, polysperme.

1. S. JUNCEUM *L. (S. jonc).* Vulg. *Genêt d'Espagne.* Arbrisseau de 1 à 3 mètres, à rameaux nombreux, effilés, cylindriques, verts, remplis d'une moelle abondante. Fl. jaunes, odorantes, surtout le soir, en grappes terminales. ♄. P3. Cultivé généralement dans les jardins et les parcs. Naturalisé sur quelques coteaux calcaires; mont de Grisy, arrondissement de Falaise; Vernon.

V. CYTISUS *L. (Cytise). Cal. subherbacé*, à 2 lèvres; la supér. bi et l'infér. tridentée. Etendard ovale, dépassant la carène. Etam. monadelphes. Style subulé, ascendant. Stigm. *oblique sur la face externe du style.* Légume comprimé, polysperme. — *Feu. trifoliolées.*

1. C. LABURNUM *L. (C. Aubours).* Vulg. *Faux-ébénier.* Arbre élevé, rameux, remarquable par ses belles grappes pendantes de fl. jaunes. Feu. à fol. ovales-oblongues, mucronées. Gousses pubescentes-soyeuses. ♄. P. Planté fréquemment dans les bois et les parcs. On en forme aussi des haies qui réussissent bien dans les terrains calcaires. Presque spontané. Rocher d'Orival (Seine-inférieure).

 On cultive aussi généralement l'ACACIA. (*Robinia pseudo-acacia* L.)

et le BAGUENAUDIER (*Colutea arborescens* L.), qui appartiennent à cette famille.

VI. ONONIS *Linn.* (*Bugrane*). Cal. campanulé, à 5 *dents linéaires.* Etendard grand, strié; *carène prolongée en bec.* Etam. monadelphes. Légume *renflé à semences peu nombreuses.*

1 { Fleurs roses ou blanches . . . . 2.
  { Fleurs jaunes . . . . 3.
2 { Légume plus long que les divisions du calice. . . . . . . O. *spinosa.*
  { Légume plus court que les divisions du calice. . . . . . . O. *repens.*
3 { Fleurs à peu près sessiles. . . . . O. *columnæ.*
  { Fleurs longuement pédonculées. . . . . O. *natrix.*

† *Fleurs purpurines ou blanches.*

1. O. REPENS *L.* (*B. rampante*). Tiges radicantes à la base, redressées, non épineuses, à rameaux florifères, *velus-visqueux.* Feu. trifoliolées; folioles ovales-arrondies, dentées en scie, hérissées de poils glanduleux. Fl. rosées, Cal. très-velu, à *lobes plus longs que le légume.*

Var. *b. elatior.* Coss. et Germ. Tige robuste, ascendante.

Var. *c. prostrata.* Plante couchée, très-velue; feuilles courtes; fl. peu nombreuses.

♃. E. C. Bois et pâturages. La var. *c.* dans les sables maritimes.

2. O. SPINOSA *Willd.* (*B. épineuse*). Vulg. *Arrête-bœuf, Rétambœuf.* Tiges dressées, velues, à rameaux nombreux, *épineux,* pubescents. Feu. trifoliolées, à larges stipules; folioles oblongues, cunéiformes, peu dentées, presque glabres, *non visqueuses.* Fl. roses ou blanches, solitaires. *Légume velu, plus long que les divis. du calice.* ♃. E. TC. Pâturages, fossés et bords des chemins.

Var. *b. glabra* DC. *O. antiquorum* L. Tige très-épineuse, rameaux glabres, feu. oblongues, denticulées.

J'ai trouvé une forme de cette var. à fl. d'un blanc-lilas et très-petites.

†† *Fleurs jaunes.*

3. O. NATRIX *L.* (*B. nutrix*). Plante velue-*visqueuse,* exhalant une odeur forte. Tiges rameuses. Folioles oblongues, obtuses, dentées au sommet. Fl. jaunes, striées, *assez grandes,* en grappe terminale, portées sur des *pédoncules aristés, plus longs que les feuilles.* ♃. E. PC. Coteaux secs et lieux stériles. Roche-St.-Adrien, près de Rouen, Vernon, les Andelys.

4. O. COLUMNÆ *All.* (*B. à petites fleurs*). Tiges courtes de 1 à 2 décim., hérissées à la base par des débris de stipules et de pétioles desséchés. Feu. ovales, serrulées, pubescentes-visqueuses. Fl. jaunes, *petites,* presque sessiles, en épi foliacé, *plus courtes que le cal.* ♃. E. R. Coteaux secs des terr. calc. Rouen, Vernon, les Andelys, Pacy-sur-Eure; monts d'Eraines et de Grisy, près de Falaise; Chamboy (Orne).

VII. MEDICAGO *L.* (*Luzerne*). Cal. comme cylindrique, à 5 dents. *Cor. caduque.* Carène écartée de l'étendard. Etam. diadelphes. Légume polysperme, *courbé en faux ou roulé en spirale.*

1 { Fruit épineux . . . . 3.
  { Fruit non épineux . . . . 2.

<table>
<tr><td>2</td><td>Fruit réniforme, monosperme.</td><td>M. Lupulina.</td></tr>
<tr><td></td><td>Fruit arqué ou roulé en spirale, polysperme</td><td>3.</td></tr>
<tr><td>3</td><td>Fruit arqué, ne formant pas deux tours de spire</td><td>8.</td></tr>
<tr><td></td><td>Fruit formant au moins deux tours de spire.</td><td>4.</td></tr>
<tr><td>4</td><td>Fruit formant deux tours de spire, vide au centre.</td><td>M. sativa.</td></tr>
<tr><td></td><td>Fruit en hélice formant un disque large et plein.</td><td>M. orbicularis.</td></tr>
<tr><td>5</td><td>Fruit glabre.</td><td>6.</td></tr>
<tr><td></td><td>Fruit tomenteux ou pubescent</td><td>7.</td></tr>
<tr><td>6</td><td>Stipules profond. découpées; pédonc. portant 5 à 10 fleurs.</td><td>M. apiculata.</td></tr>
<tr><td></td><td>Stipules dentées; pédonc. portant 1 à 4 fleurs.</td><td>M. maculata.</td></tr>
<tr><td>7</td><td>Fruit tomenteux, à épines courtes.</td><td>M. Gerardi.</td></tr>
<tr><td></td><td>Fruit pubescent, à épines subulées.</td><td>M. minima.</td></tr>
<tr><td>8</td><td>Fruit formant un tour de spire.</td><td>M. media.</td></tr>
<tr><td></td><td>Fruit simplement courbé en faux</td><td>M. falcata.</td></tr>
</table>

† Légumes non épineux.

1. M. sativa *L.* (*L. cultivée*). Racine profonde. Tige dressée, rameuse, glabre, haute de 4 à 9 décim. Folioles oblongues, dentées, mucronées, pubescentes en-dessous. Stipules très-entières. Fl. violettes, quelquefois jaunâtres ou blanches, en grappes. Pédic. plus court que le cal. et les bractées. Légumes polyspermes, roulés en spirale faisant 2 ou 3 tours. ♃. E. C. Prairies. Cultivée comme fourrage, principalement dans les terr. calc.

2. M. media *Pers. M. falcato-sativa* Reich. (*L. intermédiaire*). Tiges grêles, rameuses, étalées, longues de 4 à 8 décim. *Fol.* obovales, étroites, linéaires, *denticulées au sommet*, velues en-dessous. *Stip. infér.* dentées. *Fl. violettes, variées de bleu et de vert*, rarem. de jaune. Pédic. plus longs que le cal. *Lég. courbés en faux et faisant un tour complet.* ♃. E. R. Lieux secs et sablonneux. Quevilly, près de Rouen; Louviers.

3. M. falcata *L.* (*L. en faucille*). Tiges longues, couchées à la base, redressées, pubescentes, anguleuses. Folioles étroites, oblongues, denticulées, échancrées, pubescentes. Stip. entières, denticulées à la base. Fl. jaunes ou violettes en grappes axillaires. Pédic. plus longs que les bractées. Légumes *courbés en faux, polyspermes.* ♃. E. PC. Prés, moissons et bords des rivières. Rouen; Alençon, Argentan, Chamboy (Orne); Pacy-sur-Eure.

4. M. lupulina *L.* (*L. Lupuline*). Vulg. *Minette, petit trèfle jaune.* Tiges couchées, diffuses, plus ou moins velues. Folioles ovales-cunéiformes, denticulées au sommet. Stip. lancéolées, un peu dentées à la base. Fl. jaunes, petites, *à pédic. très-courts*, réunis en petits capitules ovoïdes, portés sur de longs pédonc. Légumes réniformes, réticulés, *monospermes.*

Var. *b. Willdenowii.* Tiges plus longues et plus velues. Stipules entières.

♂. P.-E. TC. Prés secs et champs en friche. Elle est aussi cultivée comme fourrage.

5. M. orbicularis *All.* (*L. orbiculaire*). Tiges couchées, rameuses, glabres, ainsi que toute la plante. Folioles ovales-cunéiformes, dentées au sommet. Stipules à découpures étroites, divergentes. Fl. jaunes, 1 ou 2 au sommet d'un pédonc. allongé. Lég. *planes, lisses, sans épines*, formant une spirale de 4 à 5 tours. ◉. E. R. Pelouses sèches, Rouen.

†† Légumes épineux.

6. M. apiculata *Willd.* (*L. apiculée*). Tiges couchées, rameuses, glabres. Fol. ovales-cunéiformes, à dents écartées et peu profondes au sommet.

Stip. dentées-ciliées. Fl. jaunes, 3 à 7, en grappes, portées sur des pédonc. plus longs que les pétioles. Lég. planes, réticulés, roulés à 3 ou 4 spires, et bordés d'un *double rang d'aiguillons droits et divergents.* ◉. E. PC. Moissons et pelouses. Rouen, Falaise, Lisieux, Argentan, Caen ; Cherbourg, Pirou (Manche), etc.

Var. *b. M. denticulata Willd.* Fruits moins nombreux, n'ayant que deux tours de spirale, dont les aiguillons sont plus longs, plus fins et crochus. Falaise, Trouville, St.-Vaast, Cherbourg, etc.

7. M. MACULATA *Willd.* (*L. tachetée*). Tiges couchées, diffuses, rameuses, glabres, longues de 3 à 5 décim. Fol. ovales, arrondies, cordiformes, échancrées et dentées au sommet, souvent *tachées de noir. Stip. ovales, lancéolées, à dents courtes.* Fl. jaunes, 2 à 5, portées sur un pédonc. axillaire *plus court que les pétioles.* Légumes comprimés, à 3 ou 4 spires, glabres, munies d'épines subulées et réfléchies. ◉. E. TC. Pelouses et bords des chemins.

8. M. MINIMA *Lam.* (*L. naine*). Tiges couchées ou redressées, rameuses, velues, longues de 1 à 3 décim. Fol. velues, cunéiformes, échancrées, entières ou munies de dents peu nombreuses au sommet. *Stipules presque entières.* Fl. jaunes, 2 à 5, en petites grappes axillaires ; pédonc. courts. Lég. glabres, à 3 ou 4 spires et chargés sur les bords *d'aiguillons longs, déliés et crochus* à la pointe. ◉. E. AC. Lieux secs, sablonneux, principalement sur le littoral. Honfleur, Dives, Alençon, Granville, Trouville, etc.

9. M. GERARDI *Willd.* (*L. de Gérard*). Tiges couchées, rameuses, velues, blanchâtres. Fol. ovales-cunéiformes, dentées, velues. Stipul. à dents sétacées. Fl. jaunes, 1 ou 2, portées sur des pédonc. axillaires. Lég. gros, arrondis, à 4 ou 5 spires, tomenteux, bordés *d'aiguillons courts.* ◉. E. R. Prés et lieux sablonneux. Alençon, Caen ; Bonnières, près Mantes.

VIII. TRIGONELLA L. (*Trigonelle*). Cal. campanulé à 5 dents. Carène petite. Ailes et étendard ouverts et figurant une *cor. à trois pétales égaux.* Etam. *diadelphes.* Légume oblong, comprimé, acuminé, un peu courbé, redressé, polysperme.

4. T. ORNITHOPODIOÏDES *DC.* Trifolium L. (*T. Pied-d'oiseau*). Tiges diffuses, couchées, rameuses, longues de 8 à 15 centim. Fol. cunéiformes, échancrées et denticulées au sommet, portées sur de longs pétioles. Fl. blanches ou un peu rougeâtres, 2 ou 3 au sommet d'un pédonc. axillaire. Légume comprimé, courbé, à 8 à 10 graines. ◉. E. R. Pelouses arides. Abondant sur le littoral de Cherbourg. Vierville, arrondiss. de Bayeux.

IX. MELILOTUS *Tourn.* (*Mélilot*). Cal. campanulé, à 5 dents, persistant. Carène simple. *Ailes plus courtes que l'étendard.* Etam. diadelphes. Légume dépassant le calice, *droit, uniloculaire, indéhiscent. — Fleurs en grappes lâches.*

1 {	Fleurs jaunes	2.
	Fleurs blanches	*M. leucantha.*
2 {	Tige élevée ; légume pubescent	*M. officinalis.*
	Tige peu élevée, diffuse ; légume glabre.	3.
3 {	Fl. petites en grappes serrées ; graines granuleuses . .	*M. parviflora.*
	Fl. en grappes lâches ; graines lisses	*M. arvensis.*

1. M. OFFICINALIS *Wild. M. altissima* Thuil. (*M. officinal*). Tiges grosses , droites , fermes, rameuses, hautes de 5 à 12 décim. Fol. oblongues , lancéolées , tronquées au sommet, à dents longues et aiguës. Stipules sétacées , entières. *Fleurs jaunes*, en longues grappes axillaires. Légumes dispermes, pubescents , noirs à la maturité. ♃ E2-3. BC. Bois et haies. Rouen , Louviers , Falaise , Lisieux , Trun , Avranches , etc.

2. M. ARVENSIS *Wallr.* (*M. des champs*). Diffère du précédent par ses tiges beaucoup moins élevées , souvent couchées à la base ; ses folioles ovales-arrondies , moins profondément denticulées , et ses légumes *glabres et ne noircissant point*. ⊙. E. C. Champs sablonneux des terr. calc.

3. M. LEUCANTHA *Koch*. (*M. à fleurs blanches*). Tiges rameuses , hautes de 5 à 10 décim. Fol. ovales-oblongues , à dents écartées , inégales. *Fl. blanches*, petites , en grappes lâches et étroites. Légumes glabres, ovoïdes, monospermes. ♂. E. R. Champs sablonneux et bords des rivières. Bapaume, près de Rouen ; le Havre ; Cabourg (Calvados).

4. M. PARVIFLORA *Desf.* (*M. à petites fleurs*). Tige de 2 à 4 décim., dressée ou étalée. Fol. oblongues-cunéiformes, obtuses, dentelées en scie ; les inférieures plus larges, obovales-arrondies. *Fl. d'un jaune pâle, très-pétites, en grappes effilées. Légume petit , globuleux , ridé, glabre, renfermant une seule semence granuleuse*. ⊙. E. TR. Champs maritimes. Trouvé, par M. Tétrel, à Ardevon , près de Pontorson (Manche) , en-dedans de la digue. Juillet 1854.

X. **TRIFOLIUM** *L.* (*Trèfle*). Cal. tubuleux , persistant, 5-fide. Carène 1-pétale, plus courte que les ailes et l'étendard. *Cor.* souvent *marcescente*. Etam. le plus souv. diadelphes. Légume petit, ovale , 1-loculaire , droit , 1, 2 ou 4-sperme , indéhiscent et caché par le calice qu'il dépasse rarement. — *Fleurs disposées en capitules ou en épis serrés.*

1	Fleurs jaunes	20.
	Fleurs rouges, blanches ou d'un blanc-jaunâtre	2.
2	Calice glabre	3.
	Calice velu ou hérissé au moins sur les dents	7.
3	Tiges couchées, radicantes	*T. repens.*
	Tiges étalées ou ascendantes , non radicantes	4.
4	Capitules terminaux ou pédonculés	5.
	Capitules latéraux et sessiles	6.
5	Fol. larges, obovales ; pédonc. plus courts que les feu.	*T. Michelianum.*
	Feu. oblongues-lancéolées ; pédonc. plus longs que les feu.	*T. strictum.*
6	Cor. un peu plus longue que les dents du cal.	*T. glomeratum.*
	Cor. plus courte que les dents du cal.	*T. suffocatum.*
7	Capitules multiflores	8.
	Capitules pauciflores (2 à 4 fleurs)	*T. subterraneum.*
8	Cal. fructifère vésiculeux	9.
	Cal. fructifère non vésiculeux	10.
9	Tige rampante ; involucres atteignant la longueur des cal.	*T. fragiferum.*
	Tige redressée ; involucres, de la longueur des pédic.	*T. resupinatum.*
10	Fleurs d'un blanc-jaunâtre	*T. ochroleucum.*
	Fleurs rouges, roses ou blanches	11.
11	Fleurs en épi allongé	12.
	Fleurs en capitule arrondi	14.
12	Fol. arrondies ou en cœur renversé	*T. incarnatum.*
	Fol. oblongues ou linéaires	13.
13	Dents du cal. raides ; feu. entières et pointues au sommet.	*T. angustifolium.*
	Dents du cal. molles ; feu. obtuses et denticulées au sommet.	*T. arvense.*

14 { Capitules axillaires, sessiles ou brièvement pédonculés . . . . . . 18.
{ Capitules à pédoncules assez longs . . . . 15.

15 { Dents du cal. piquantes et crochues après la floraison . T. squarrosum.
{ Dents du cal. ni crochues ni piquantes . . . . 16.

16 { Dents du cal. inégales; fleurs rouges . . . . 17.
{ Dents du cal. presque égales; fleurs blanchâtres . . . . T. maritimum.

17 { Tube du cal. hérissé ou pubescent . . . . T. pratense.
{ Tube du cal. glabre . . . . T. medium.

18 { Dents du cal. dressées. 19
{ Dents du cal. raides et recourbées . . . . T. scabrum.

19 { Cal. fructifère renflé (ventru) à dents ouvertes . . . . T. striatum.
{ Cal. fructifère non renflé, à dents appliquées . . . . T. Bocconi.

20 { Etendard plié en carène, non strié . . . . 21.
{ Etendard étalé, arqué en avant, strié . . . . 22.

21 { Feu. à foliole terminale sessile; stip. au moins égale au pétiole. T. filiforme.
{ Feu. à fol. termin. pétiolulée; stip. plus courtes que le pétiole. T. minus.

22 { Pédonc. beaucoup plus longs que les feu.; fl. d'un jaune d'or. T. patens.
{ Pédonc. à peine plus longs que les feu.; fl. d'un jaune pâle. T. procumbens.

† Corolle rouge, rose, blanche ou d'un blanc-jaunâtre.

(u) Calice glabre.

1. T. REPENS L. (*T. rampant*). Vulg. *Triolet, trèfle blanc.* Tige glabre, rampante. Fol. ovales-arrondies, ciliées-dentées, souv. tachées de blanchâtre. Fl. blanchâtres ou rougeâtres en capitule lâche, longuement pédonculé, *réfléchies après la floraison.* Cal. à dents inégales, violettes à leur base. Lég. 4-spermes.

Var. *b. interruptum.* Pédoncule muni d'un verticille de fleurs un peu au-dessous du capitule.

♃. E. TC. Prés et bords des chemins. J'ai trouvé la var. *b.* près St.-Hilaire-du-Harcouet.

2. T. MICHELIANUM *Savi* (*T. de Micheli*). Tiges droites, *fistuleuses*, glabres, rameuses. Fol. *larges, ovales-cunéiformes,* dentées en scie, profondément échancrées. Stip. foliacées, élargies. Fl. roses ou d'un blanc-jaunâtre, en tête, larges et assez lâches. *Pédonc. plus courts que les feu.* Cal. à dents longues, sétacées, inégales. Légumes saillants, 2-spermes. ◉. E. R. Prés frais. Prairie de Louvigny et bords du canal, à Caen.

3. T. GLOMERATUM L. (*T. aggloméré*). Tiges rameuses, étalées, *couchées.* Fol. ovales-cordiformes, denticulées. Stipules scarieuses, nerveuses, longuem. acuminées. Fl. purpurines, petites, *en têtes serrées, arrondies, sessiles, axillaires.* Cal. rougeâtre, strié, à dents pointues, réfléchies à la maturité. ◉. E. R. Coteaux herbeux, parmi les rochers, à Falaise, Cherbourg, Caen, etc.

4. T. STRICTUM L. *Waldst. et Kit.* (*T. raide*). Plante glabre. Tiges dressées, ascendantes, hautes de 8 à 15 centim. Feu. à *fol. oblongues-linéaires,* striées, denticulées fortement; stipules larges, subscarieuses, rapprochées, ovales-arrondies, denticulées. Fl. d'un blanc-rosé, *sessiles,* petites, en capitules globuleux, axillaires et terminaux, portés sur de longs pédonc. Divis. du cal. de la long. de la cor. ◉. P3. TR. Coteaux secs et herbeux, parmi les rochers; Rouvres, près de Falaise.

5. T. SUFFOCATUM L. (*T. étouffé*). Plante de 5 à 8 centim., étalée, glabre, *presque sans tige.* Fol. cunéiformes ou en cœur renversé, dentelées, portées

sur de *longs pétioles*. Fl. blanchâtres ou rosées , en *capitules sessiles-axil-laires* ; dents du cal. lancéolées, aiguës, *recourbées*, plus longues que la cor. ◉. P. TR. Lieux secs et sablonneux. Cherbourg, Granville, Barfleur, Querqueville, Gatteville (Manche).

     (*b*) *Calice plus ou moins velu.*

 6. T. INCARNATUM *L.* (*T. incarnat*). Vulg. *Trèfle rouge*, *Furouche.* Tiges simples ou rameuses à la base, hautes de 2 à 6 décim., velues ainsi que les feu. Fol. *ovales-cordiformes*, crénelées. Stip. larges, engaînantes, obtuses. Fl. d'un rose vif, à étendard blanchâtre, en *épi allongé*. Cal. très-velu, sillonné, à dents sétacées, aussi longues que la cor. ◉. P2. 3. Coteaux secs. Cultivé comme fourrage.

 Var. *b. T. Molinerii* Balb. Fl. d'un blanc-rosé; dents du cal. glabres au sommet. Quevilly, près de Rouen.

 7. T. ARVENSE *L.* (*T. des champs*). Vulg. *Pied-de-lièvre.* Tige droite, ra-meuse, velue. Fol. oblongues, étroites, à peu près entières ou *3-dentées au sommet.* Stip. poilues, membraneuses, longuem. subulées. Fl. blanches ou purpurines, petites, en épi cylindrique, *velu soyeux*, dépassées par les dents calicinales qui sont longues et *très-velues.*

 Var. *b. gracile* DC. Tige et feu. un peu glabres; folioles très-étroites.

 Var. *c. perpusillum* DC., *littorale* Bréb., Fl. norm., 1re. éd. Tige courte, à rameaux nombreux et à épis très-divariqués.

 ◉. E. TC. Lieux secs et cultivés. La var. *c.* à Granville.

 8. T. ANGUSTIFOLIUM *L.* (*T. à feuilles étroites*). Tige droite, raide, haute de 2 à 4 décim. Feu. à fol. *linéaires-lancéolées, pointues,* ciliées ; stipules *très-longues, étroites*, subulées au sommet. Fl. roses, en épi velu, oblong ; dents du cal. *sétacées*, dépassant un peu la corolle. ◉. E. TR. Coteaux herbeux. Les Pieux (Manche). Trouvé par le Dr. Lebel.

 9. T. BOCCONI *Savi.* (*T. de Boccone*). Tige dressée, raide, rameuse, pubescente, haute de 6 à 10 centim. Fol. des feu. infér. petites, obcordées, denticulées au sommet ; celles des feuilles supér. *beaucoup plus grandes*, cunéiformes-obovales. Stip. ovales-lancéolées, aristées. Fl. d'un blanc-rosé, en épis terminaux ou latéraux, *sessiles, serrés*, ovoïdes, souv. géminés. Cal. *pubescent, non ventru*, à dents lancéolées-tubulées, inégales, à gorge fermée par un *anneau de poils.* ◉. E. R. Falaises, depuis Carteret jusqu'à Auderville (Manche). Découvert par le Dr. Lebel.

 10. T. STRIATUM *L.* (*T. strié*). Tiges droites, rameuses, diffuses, hautes de 1 à 2 décim., velues ainsi que les feuilles. Fol. ovales-cunéiformes, molles. Stip. courtes, larges, membraneuses, aristées. Fl. rougeâtres, pe-tites, en têtes arrondies, *sessiles, axillaires et terminales.* Cal. blanchâtre, nerveux, strié, *ventru*, à dents aiguës, *plus courtes que la cor.* ◉. E. C. Coteaux secs et bords des chemins.

 Var. *b. T. tenuiflorum* Tenore. Diffère du type par ses tiges grêles, dressées, allongées, et ses capit. ovales-cylindriques. Fol. égalem. plus allongées. Bois, près de Falaise.

 11. T. SCABRUM *L.* (*T. rude*). Tiges courtes, rameuses, étalées, un peu velues. Fol. pubescentes, obcordées. Stip. entières, courtes, pointues. Fl. d'un blanc-rougeâtre, petites, en capitules axillaires, oblongs, sessiles. Cal.

à dents *raides*, mucronées, *inégales*, *recourbées* après la floraison. ☉. E. PC. Lieux arides et sablonneux, surtout sur le littoral. Cherbourg, Alençon, Chamboy (Orne); le Havre, Rouen; Cabourg, Luc, Ver, Trouville (Calvados), Falaise, etc.

12. T. MARITIMUM *Huds.* (*T. maritime*). Tiges droites, ouvertes, rameuses, hautes de 3 à 6 décim. Feu. ovales-oblongues, obtuses; les supér. étroites, à peine denticulées. Stipules linéaires, longues et velues. Fl. purpurines ou d'un blanc-rosé, en capitules ovoïdes, serrés, terminaux. Cal. strié, à 5 dents nerveuses, velues, *plus courtes que la cor.* ♃. E. R. Prés humides. Le Havre, Harfleur; Dives, Trouville (Calvados).

13. T. OCHROLEUCUM *L.* (*T. jaunâtre*). Tiges dressées, étalées, pubescentes, hautes de 2 à 4 décim. Fol. ovales-oblongues, obtuses, velues, entières. Stip. étroites, plus courtes que les pétioles. Fl. d'un *blanc-jaunâtre*, en épis ovoïdes, terminaux et foliacés. Cal. à *dents ciliées*, inégales, beaucoup plus courtes que la cor. ♃. E. PC. Prés secs et bois découverts. Alençon, Rouen, Falaise, Lisieux; Chamboy, Vimoutiers (Orne).

*14. T. SQUARROSUM *L.* (*T. rude*). Tiges dressées, rameuses, hautes de 2 à 3 décim. Fol. ovales-oblongues, lancéolées, presque glabres. Stipules grêles, ciliées, longuement acuminées. Fl. rougeâtres, en épis ovales, terminaux. Cal. sillonné, à dents inégales, *trinervées*, *ciliées*; *l'infér. réfléchie et de la longueur de la cor.* ☉. E. R. Lieux humides, près de Rouen (*Fl. de R.*).

15. T. MEDIUM *L.* (*T. intermédiaire*). Tiges peu rameuses, ouvertes, étalées à la base. Stip. *entières*, *étroites*. Fol. larges, ovales-oblongues, pubescentes, ciliées. Fl. rouges, formant de *gros capitules* arrondis. Cal. à dents inégales, velues; l'infér. *deux fois plus longues que les autres* et atteignant presque l'extrémité de la cor. E. PC. Bois et prés montueux.

16. T. PRATENSE *L.* (*T. des prés*). Tiges nombreuses, rameuses, dressées, sillonnées. Fol. ovales, obtuses, *entières*, *ciliées*, velues, souvent *tachées de noir.* Stipules larges, pâles et *rayées de rouge.* Fl. rouges, rarement blanches, en capitules arrondis, foliolés. Dents calicinales, inégales, ♃. E. TC. Prés, bois, bords des chemins.
Var. *b. sativum* Reich. Vulg. *Trémaine*, *Pagnolée.* Tige fistuleuse; plus élevée et feu. plus grandes. Cultivé en prairies artificielles.
Var. *c. T. microphyllum* Desv. Plante courte. Feu. petites, ovales-arrondies.
Var. *d. villosum.* Plante velue, surtout sur les feuilles.

17. T. SUBTERRANEUM *L.* (*T. enterré*). Tiges *couchées*, *exactement appliquées sur le sol*, velues. Fol. obcordées, velues, denticulées au sommet; Stip. entières, lancéolées. Fl. blanches, 2 à 5, en petits capitules lâches, *qui s'enfoncent en terre après la floraison*, pour y déposer les graines. Cal. renflé dans les fleurs fertiles. ☉. P.-E. C. Pelouses et côteaux, parmi les rochers. Vire, Falaise, etc.

18. T. RESUPINATUM *L.* (*T. retourné*). Tiges étalées à la base et redressées, glabres, rameuses. Fol. obovales ou cunéiformes, glabres, serrulées; Stip. courtes, linéaires. Fl. d'un rose pâle en capitules arrondis. Pédonc. plus courts que les pétioles. Cal. membraneux, *renflé après la floraison*, *réticulé*, à dents lancéolées, plus courtes que la cor. *Involucres de la longueur*

des pédic. ⊚. E. TR. Dunes du littoral du Calvados. Trouvé à Asnelles par M. Aunay.

19. T. FRAGIFERUM *L.* (*T. fraise*). Tiges rameuses, couchées, velues. Fol. ovales, serrulées, glabres. Fl. roses en capitules sphériques ayant, après la floraison, *l'aspect d'une fraise*, à cause des *calices renflés, membraneux et colorés*. ♃. E. C. Pelouses rases. Sols argileux des terrains calcaires.

†† *Corolle jaune.*

20. T. FILIFORME *L., T. filiforme b. pauciflorum* Guép. (*T. filiforme*). Tiges nombreuses, filiformes, couchées, rameuses, longues de 3 à 6 centim. Feu. petites, à fol. obovales-cunéiformes, échancrées et dentées au sommet; la médiane *sessile*. Stip. oblongues, aiguës, *égalant ou même dépassant le pétiole*. Fl. d'un jaune pâle, très-petites, 2 à 6, en capitules lâches, à *étendard replié en carène, non strié*. Péd. capillaires, flexueux. Cal. à dents inégales; les 2 supér. une fois plus courtes. ⊚. E. C. Coteaux herbeux, pelouses rases.

21. T. MINUS *Rehl., Smith, Puel.; T. procumbens* Soy.-Will., non L. Fl. Norm., édit. 2 (*T. petit*). Tiges de 5 à 25 centim., grêles, étalées, couchées, quelquefois ascendantes, longues de 5 à 20 centim. Fol. obovales-cunéiformes, dentées et échancrées au sommet; la médiane *pétiolulée*. Stip. ovales, aiguës, dilatées et arrondies à la base, *plus courtes que le pétiole*. Fl. d'un jaune pâle, 3 à 15, en capitules portés sur des *pédonc. plus longs que la feu.* Etendard à peu près lisse. Cal. à dents inégales; les infér. *poilues au sommet, 3 fois plus longues.*

Var. *b. erectum.* Tiges ascendantes.

Var. *c. elongatum.* Tiges couchées, très-longues. Fol. médianes presque sessiles.

⊚. E. TC. Prés, pelouses, bords des chemins.

22. T. PROCUMBENS *L. Koch., Puel.; T. agrarium* Soy.-Will. — Fl. norm., éd. 2 (*T. tombant*). Tiges *droites ou ascendantes*, chargées de poils couchés, à rameaux *très-ouverts*. Fol. glabres, ovales-cunéiformes, obtuses et échancrées, dentées; la médiane le plus souv. *pétiolulée*. Stip. semi-ovales, aiguës, dilatées, arrondies à leur base, ciliées, plus courtes que le pét. Fl. jaunes, nombreuses, en capitules serrés, ovoïdes, portés sur un pédonc. égalant ou dépassant un peu la feu. Etendard *fortement strié*. Cal. à dents très-inégales; les inférieures 3 fois plus longues, chargées de 1 ou 2 poils à leur sommet. ⊚. E. TC. Pelouses, champs et moissons.

Var. *a. majus. T. campestre* Schreb. Tiges dressées, à rameaux étalés. Capitules assez gros, d'un beau jaune.

Var. *b. minus. T. pseudo-procumbens* Gmel. Tiges courtes, quelquefois étalées, à capitules petits, d'un jaune pâle.

23. T. PATENS *Schreb., T. Parisiense* DC. (*T. ouvert*). Tiges grêles, débiles, ascendantes, peu velues, longues de 25 à 40 centim. Fol. oblongues-cunéiformes, échancrées, dentelées en scie; la médiane *sessile* (ou quelquefois *un peu pétiolulée*). Stip. assez larges, pointues, dentées en-dehors et dilatées à la base. Fl. d'un *jaune d'or*, en capitules ovales assez fournis, et portés sur un pédonc. commun, ouvert, au moins deux fois *plus long que les feu.* Etendard ouvert, strié. Cal. glabre, à dents inégales, munies

d'un ou deux poils à leur sommet. ⊙. P3-E. C. Prairies humides. Rouen, Caen, Falaise, Lisieux, etc.

XI. LOTUS *L.* (*Lotier*). Cal. tubuleux, à 5 divis. égales. Ailes rapprochées par en haut, à peu près égales à l'étendard. Carène terminée par un *bec ascendant*. Légume long, cylindrique, droit, 1-loculaire, polysperme. — *Stipules foliacées, ayant l'aspect de deux folioles, à la base des pétioles. Fleurs jaunes.*

1 { Onglet de l'étendard gibbeux en-dessus . . . . 2.
  { Onglet de l'étendard non gibbeux . . . . 3.
2 { Folioles ovales, graines (8) testacées . . . . . . *L. corniculatus.*
  { Fol. lancéolées étroites ; graines (12) noires . . . . *L. tenuifolius.*
3 { Tige dressée, fistuleuse, fol. ovales . . . . *L. uliginosus.*
  { Tige couchée, grêle ; fol. lancéolées et étroites . . . *L. angustissimus.*

1. L. CORNICULATUS, *L.* (*L. corniculé*). Tiges anguleuses, couchées, étalées, rameuses. Fol. *ovales*, entières, glauques. Fl. réunies en capitules aplatis de 5 à 10 fl., portées sur de longs pédonc. et accompagnées de 1 ou 2 bractées à la base des cal. *Etendard à onglet renflé-gibbeux en-dessus.* Carène *courbée à angle droit, saillante* en-dessous. *Dents* du cal. *dressées.* Légumes droits, rayonnants, *aristés au milieu de leur sommet.* Graines testacées au nombre de 8 environ.

Var. *b. villosus.* Plante velue, hérissée. Fol. ciliées.

Var. *c. crassifolius.* Plante glabre. Fol. épaisses, un peu charnues. Dunes et sables maritimes.

♃. P-E. TC. Prés, pelouses, bords des chemins.

2. L. TENUIFOLIUS *Reich.*, *L. tenuis* Kit., Fl. norm., éd. 2 (*L. à feu. menues*). Cette esp., qui a été considérée par plus. auteurs comme une var. de la précéd., en diffère surtout par son port plus grêle, plus allongé, et la petitesse de ses parties ; ses fl. sont moins nombreuses ; ses feu. ont des fol. *lancéolées-étroites*, presque *linéaires.* Lég. *aristé au sommet de la suture supér.* Graines plus nombreuses (12), noires. ♃. E. PC. Terrains argileux principalem. dans les marais. Pays-d'Auge, Falaise, Frenouville, Lion-sur-Mer (Calvados) ; Cherbourg, Val-St.-Pair (Manche) ; Chamboy (Orne), etc.

3. L. ULIGINOSUS *Schr.*, *L. major* Scop., Fl. norm., éd. 2 (*L. des marécages*). Tiges arrondies, velues, *fistuleuses*, dressées, hautes de 5 à 6 déc. Fol. obovales, larges, le plus souv. velues. Fl. (8 à 12) en capit. aplatis, à pédonc. très-longs. Etendard *à onglet non gibbeux.* Carène *courbée en angle très-obtus, cachée par les ailes.* Dents du cal. *étalées, divergentes.* Graines (20) brunes.

Var. *b. glaber.* Plante glabre.

♃. E. C. Bois, haies, buissons, fossés.

4. L. ANGUSTISSIMUS *L.* (*L. grêle*). Plante couverte de poils assez longs et mous. Tiges *grêles, couchées*, diffuses. Fol. et stip. *ovales-lancéolées.* Fl. 1 ou 2, au sommet d'un pédonc. axillaire plus long que les feu. Cor. dépassant beaucoup les dents calicinales. *Etendard ne dépassant pas les ailes.* Légume cylindrique, *étroit, très-long* et terminé par un style persistant, sétacé.

⊙. E. PC. Coteaux secs et lieux sablonneux. Falaise, Cherbourg, Avranches, St.-Lo ; Harcourt, Condé-sur-Noireau, Clécy (Calvados) ; la Courbe (Orne), etc.

Var. *b. L. hispidus* Desf. Plante hérissée de longs poils blanchâtres. Lég. une fois plus long que le cal. ; 2 à 4 fleurs. — Falaises de Jobourg, de Flamanville et de Carteret; Montaigu, près Valognes (Le D^r. Lebel).

XII. TETRAGONOLOBUS *Scop.* (*Tétragonolobe*). Cal. tubuleux 5-fide. Ailes plus courtes que l'étendard. Carène en bec. Légume long, cylindrique, *muni de 4 ailes foliacées*, longitudinales.

1. T. SILIQUOSUS *Roth.*, *Lotus siliquosus L.* (*T. siliquéux*). Tiges couchées, velues. Feu. ovales, entières, glauques. Pédonc. axillaires portant une seule fleur jaune, assez grande, accompagnée de 2 ou 3 bractées à la base du cal. Lég. muni, dans sa longueur, de 4 ailes membraneuses. ♃. E. TR. Prés humides, Marais de Chambord, près de Gisors, et des Terriers, près de Caen.

XIII. PHASEOLUS *L.* (*Haricot*). Cal. court, à 2 lèvres, dont la supér. échancrée et l'infér. à 3 dents. Carène *roulée en spirale* ainsi que le style et les étamines 2-adelphes. Légume allongé, comprimé, polysperme, 1-loculaire.

1. P. VULGARIS *L.* (*H. commun*). Tiges volubiles. Fol. ovales, pointues, pubescentes et un peu rudes. Fl. blanches ou rouges, en grappes axillaires plus courtes que les feu. Légumes pendants, allongés, longuement mucronés. Semences ovales, blanches ou tachetées de rouge. ☉. E. On cultive dans les jardins, sous les noms de *Pois de mai*, *Pois nains*, *Fèves de Soissons*, etc., un grand nombre de variétés du *Haricot* qui est originaire de l'Inde.

*** *Feuilles pinnées.*

† *Folioles impaires, terminales.*

XIV. ANTHYLLIS *L.* (*Anthyllide*). Cal. tubuleux, *renflé-vésiculeux à la maturité*, persistant, à 5 dents. Etendard plus long que les ailes et la carène. Etam., monadelphes. Légume arrondi, petit, uniloculaire, 1 ou 2-sperme, *renfermé dans le cal.*

1. A. VULNERARIA *L.* (*A. vulnéraire*). Tiges le plus souvent couchées, étalées, rameuses et pubescentes. Feu. à 7 ou 9 fol. ovales, velues, inégales; les terminales beaucoup plus grandes. Fl. jaunes, rarement rougeâtres, en capitules terminaux, géminés, serrés. Cal. très-velu, blanchâtre. ♃. E. C. Prés secs, coteaux des terr. calc.

Var. *b. sericea.* Tiges dressées; fol. larges, couvertes de poils soyeux, surtout en-dessous. Falaises d'Arromanches, près de Bayeux; de la Hève, près du Havre; et de Jobourg (Manche).

XV. ASTRAGALUS *L.* (*Astragale*). Cal. tubuleux, à 5 dents. Carène obtuse et ailes plus courtes que l'étendard. Etam. 2-adelphes. Légume 2-loculaire, *muni d'une cloison formée par le double repli de la suture infér.*

1 {	Plante caulescente	2.
	Plante à peu près acaule	*A. Monspessulanus.*
2 {	Légumes glabres	*A. glycyphyllos.*
	Légumes velus ou pubescents	3.
3 {	Fleurs d'un blanc jaunâtre	*A. cicer.*
	Fleurs bleuâtres	*A. Bayonensis.*

1. A. GLYCYPHYLLOS *L.* (*A. réglisse*). Racines à saveur sucrée. Tige longues, couchées, traînantes, rameuses et glabres. Feu. à 11-13 fol. ovales. Fl. d'un jaune-verdâtre, ramassées en épi *axillaire, plus court que les feu.* Lég. allongés, un peu triquètres et *arqués.* ♃. E. C. Bois et haies des terr. calc.

2. A. MONSPESSULANUS *L.* (*A. de Montpellier*). Plante *acaule*, gazonnante. Feu. de 21 à 31 fol. ovales, glabres ou pubescentes. Fl. purpurines ou blanches, en épis lâches, portés sur des *pédonc.* radicaux *plus longs que les feu.* Légumes glabres, cylindriques, subulés, un peu courbés. ♃. E. R. Coteaux secs. Vernon.

3. A. BAYONENSIS *Lois.* (*A. de Bayonne*). Tiges rameuses, couchées à la base, longues de 2 à 4 décim., couvertes, ainsi que les feuilles, d'un duvet court qui donne un *aspect blanchâtre* à cette plante. Stipules soudées à la base et opposées aux feu, qui sont composées de 11 à 19 folioles, *petites*, oblongues, *un peu en gouttière.* Fl. bleuâtres, 4 à 6, portées sur un pédonc. égal à la feu. Cal. à dents courtes, couvertes de poils noirâtres. Légumes sessiles, *cylindriques, pubescents*, longs de 8 à 10 millim., terminés par le style. ♃. E. R. Sables maritimes. Découvert dans les dunes de Merville, près de l'embouchure de l'Orne, par le Dʳ. Le Sauvage.

*** 4. A. CICER** *L.* (*A. Pois-chiche*). Tiges étalées, diffuses, un peu pubescentes, hautes de 3 à 4 décim. Feu. velues de 21 à 25 fol., ovales-obtuses. Stip. soudées en *une seule pièce*, opposées aux feu. Fl. d'un blanc-jaunâtre en épi ovale, porté sur des pédic. plus courts que les feuilles. Légumes *ovoïdes, arrondis, renflés , velus.* ♃. E. R. Lieux secs et montueux. Vernon (*Dʳ. Boisduval*).

XVI. CORONILLA *L.* (*Coronille*). Cal. court, campanulé, comme bilabié ; 2 dents supér. rapprochées, et 3 infér. plus petites. Etendard à peine plus long que les ailes. Carène aiguë. Etam 2-adelphes. *Lég.* allongé, *articulé ;* articulations monospermes, se détachant aux étranglements cloisonnés transversalement.

<pre>
1 { Fleurs mêlées de blanc et de rose . . . .   C. varia.
  { Fleurs jaunes . . . .   2.
2 { Tige frutescente, droite. . . . .   C. emerus.
  { Tige couchée, un peu ligneuse . . . .   C. minima.
</pre>

1. C. EMERUS. *L.* (*C. Emerus*). Tige frutescente, droite, à rameaux anguleux. Feu. de 5 à 7 fol. ovales-cunéiformes, glabres. Fl. jaunes (2 à 3) sur des pédonc. de la longueur des feu. Etendard rougeâtre en-dehors. Onglets des pét. deux fois plus longs que le cal. ♄. E. R. Cultivée dans les bosquets et en haies. Naturalisée sur plusieurs points. Coteaux de St.-Cénery, près d'Alençon ; Orbec, Trun, etc.

2. C. MINIMA *L.* (*C. naine*). Tiges *couchées*, rameuses, *ligneuses.* Feu. de 7 à 9 folioles, *épaisses*, petites, entières, ovales, glabres et *glauques.* Stipules scarieuses. Fl. *jaunes*, en ombelles de 8 à 10 fl., portées sur un long pédonc. Lég. articulé. ♃. P3. R. Coteaux secs, pelouses arides de terrains calcaires. Gisors, Cochérel (Eure.) ; Falaise ; Chamboy (Orne).

3. C. VARIA *L.* (*C. bigarrée*). Tiges *herbacées*, rameuses, couchées, longues de 4 à 7 décim. Feu. de 9 à 15 fol. ovales-oblongues, mucronées. Fl. bigarrées de *blanc*, de *violet* et de *rouge*, 10 à 15 en ombelle portée

sur de longs pédonc. ♃. E. PC. Gazons et bords des chemins. Rouen,
Manneville-sur-Risle, Ménilles ; les Terriers, près de Caen.

XVII. ORNITHOPUS *L.* (*Pied-d'oiseau*). Cal. tubuleux à 5 dents
presque égales. Carène comprimée, *très-petite*, *obtuse*. Etam. diadelphes.
Lég. *comprimé*, *articulé*, *courbé* ; *articulations monospermes*, *indéhis-*
centes, *ovoïdes*.

{ Fleurs blanches mêlées de rose ; lég. à pointe presque droite. *O. perpusillus.*
{ Fleurs jaunes ; légume terminé par une pointe crochue. *O. compressus.*

1. o. PERPUSILLUS *L.* (*P. fluet*). Tiges faibles, couchées. Feu. pubescentes de 12 à 15 petites folioles ovales-obtuses. Fl. en tête, *blanchâtres*,
variées de jaune et de rose, accompagnées d'une feu. au sommet d'un
pédonc. axillaire. Légumes articulés, cylindriques, peu comprimés, arqués,
imitant une griffe d'oiseau, terminés par une *pointe* courte, *presque droite.*
◉. E. C. Champs sablonneux, pelouses arides.
On commence à cultiver cette plante comme fourragère, sous le nom de
Serradelle.

* 2. o. COMPRESSUS *L.* (*P. comprimé*). Tiges couchées, rameuses. Feu.
velues, de 25 à 31 fol. ovales-lancéolées. Fl. *jaunes.* 3 ou 4 en tête. Légumes
articulés, comprimés, ridés, terminés par une *pointe* longue et *crochue.*
◉. E. R. Champs sablonneux de la Basse-Normandie (DC. Boisduval) ; dép.
de l'Eure (M. Chesnon).

XVIII. HIPPOCREPIS *L.* (*Hippocrépide*). Cal. à 5 dents inégales, aiguës.
Onglet de l'étendard plus long que le cal. Etam. 2-adelphes. Lég. allongé,
comprimé, membraneux, *sinué* de manière à présenter une série *d'articu-*
lations en fer-à-cheval.

1. H. COMOSA *L.* (*H. en tête*). Tiges grêles, rameuses, couchées. Feu.
de 5 à 11 fol. ovales, étroites, comme linéaires. Fl. jaunes, 7 à 8, en ombelle
au sommet d'un pédonc. plus long que les feu. ♃. P2. C. Pelouses et coteaux des terr. calc.

XIX. ONOBRYCHIS *Tourn.* (*Esparcette*). Cal. à 5 dents à peu près
égales. Carène tronquée obliquement. Ailes courtes. Etam. 2-adelphes. Lég.
uniloculaire, *monosperme*, tronqué, *ridé ou hérissé de pointes.*

1. o. SATIVA. *Lam.* (*E. cultivée*). Vulg. *Sainfoin*, *gros foin.* Tiges un
peu couchées à leur base, redressées, rameuses. Feu. de 15 à 29 fol. oblongues-lancéolées, mucronées, glabres. Fl. purpurines, rayées (quelquefois
blanchâtres), en épis allongés, terminaux. Lég. comprimé, pubescent,
ridé, denticulé et un peu épineux. ♃. P. Excellent fourrage, qui convient
aux terr. calc. On en cultive deux variétés, sous les noms de *grande*
et *petite graine.*
Le *Galega officinalis* L., fréquemment cultivé dans les jardins sous le
nom de *Rue-de-chèvre*, à cause de ses belles grappes de fleurs bleues ou
blanches, est naturalisé dans un pâturage marécageux, à Percy, près de
Mézidon (Calv.).

†† *Folioles sans impaire terminale.*

XX. FABA *Tourn.* (*Fève*). Cal. tubuleux, à 5 dents ; les deux supérieures plus courtes. Etendard plus long que les autres pét. Lég. grand, allongé, 1-loculaire, polysperme, à *valves épaisses, charnues.* Semences larges à *hile occupant toute la longueur du côté supér.*

1. F. VULGARIS *Mœnch. Vicia faba* L. (*F. commune*). Tige droite, grosse, anguleuse. Fol. 4 à 6, larges, ovales, glabres. Fl. blanches, quelquefois rouges, tachées de noir. Lég. pubescent. ☉. Cette plante alimentaire est généralement cultivée.

XXI. ERVUM. *L.* (*Ers.*). Cal. à 5 divis. subulées, presque égales à la cor. *Style* droit, court, *velu autour du sommet. Stigm.* en tête, *glabre. Légume oblong; de 2 à 6 graines.*

1 { Fruit glabre	2.
{ Fruit velu . . . . *E. hirsutum.*	
2 { Feuilles pubescentes-ciliées . . . . *E. lens.*	
{ Feuilles glabres	3.
3 { Fruit toruleux; pédonc. plus court que les feuilles . . . *E. ervilia.*	
{ Fruit non toruleux; pédonc. égalant les feuilles ou plus long.	4.
4 { Pédonc. plus long que les feuilles; légume à 6 graines . . *E. gracile.*	
{ Pédonc. égalant les feuilles; légume à 4 graines . . *E. tetraspermum.*	

1. E. ERVILIA *L.* (*E. Ervilier*). Tige droite, rameuse. Feu. presque glabres, de 20 à 26 folioles lancéolées-linéaires, tronquées, mucronées, à peine vrillées. Pédonc. aristés, *plus courts que les feu.*, portant 1 ou 2 fl. blanches, veinées de violet. Lég. *toruleux* ayant 3 ou 4 graines. ☉. E. PC. Moissons près de Rouen. Cultivé.

2. E. TETRASPERMUM *L.* (*E. à 4 graines*). Tiges faibles, tombantes anguleuses, glabres. Feu. à vrilles simples, ou bifides; 4 à 8 fol. linéaires, mucronées. *Pédonc.* portant 1 à 2 petites fl. blanches ou d'un violet pâle, *de la longueur des feu.* Lég. glabre, ovale, à 3 ou 4 *semences.* ☉. E. C. Moissons, coteaux et buissons.

3. E. GRACILE *DC. Vicia gracilis* Lois. (*E. grêle*). Diffère du précédent par ses *tiges plus fermes*, ses fol. plus longues et plus étroites, par ses *pédonc. 2 fois plus longs que les feu.* Fl. purpurines, plus grandes. Lég. allongé, glabre, ayant de 5 à 6 graines. ☉. E. PC. Moissons. Falaise, Lisieux, Bayeux, Alençon, Argentan, Bernay, etc.

4. E. LENS *L.* (*E. lentille*). Vulg. *Petites lentilles.* Tiges anguleuses, dressées, rameuses, *un peu velues.* Feu. à vrilles simples et ayant 8 à 12 fol. lancéolées, obtuses, *ciliées.* Pédonc. de la longueur des feu., portant 2 à 3 fleurs blanchâtres, veinées de bleu. Légume court, large, à 2 ou 3 graines. Divis. du cal. très-longues. ☉. E. C. Moissons. Cultivé.

5. E. HIRSUTUM *L.* (*E. velu*). Vulg. *Guerchie.* Tiges grimpantes, rameuses, faibles. Feu. à vrilles rameuses, de 12 à 18 fol. linéaires, tronquées, mucronées. Pédonc. de la longueur des feu. portant 3 à 6 fl. blanches ou bleuâtres. *Lég. velu*, à 2 *graines* arrondies. ☉. E. TC. Lieux cultivés.

XXII. VICIA. *L.* (*Vesce*). Cal. tubuleux à 5 div.; les 2 supér. courtes. *Style filiforme, velu en-dessous, au sommet. Légume* oblong, uniloculaire, *polysperme. — Feu, terminées par des vrilles simples ou rameuses.*

1 { Fleurs portées sur de longs pédonc.	2.
{ Fleurs sessiles ou à pédonc. plus courts qu'elles	4.

2 { Pédonc. terminé par 1 à 4 fleurs . . . . *V. Bithynica.*
  { Pédonc. portant un grand nombre de fleurs . . . . . . 3.
3 { Etendard à onglet égal au limbe . . . . *V. cracca.*
  { Etendard à onglet deux fois plus court que le limbe. . *V. tenuifolia.*
4 { Fleurs jaunes . . . . 5.
  { Fleurs purpurines, bleuâtres ou blanches . . . . . . 7.
5 { Etendard glabre . . . . 6.
  { Etendard velu en-dehors . . . . *V. hybrida.*
6 { Fleurs en petites grappes . . . . *V. sepium var.*
  { Fleurs solitaires ou géminées, rarement ternées . . . *V. lutea.*
7 { Vrilles accrochantes . . . . 8.
  { Vrilles courtes, non accrochantes . . . . . . *V. lathyroides.*
8 { Fleurs en petites grappes . . . . *V. sepium.*
  { Fleurs solitaires ou géminées . . . . 9.
9 { Folioles ovales ou cunéiformes à la base . . . . . *V. sativa.*
  { Folioles étroites, linéaires . . . . *V. angustifolia.*

* *Fleurs portées sur de longs pédoncules.*

1. v. CRACCA *L.* (*V. cracca*). Tiges longues, grimpantes, atteignant 5 à
15 décim., anguleuses, pubescentes, à poils couchés. Feu. à fol. nombreuses (14 ou 16) ovales-lancéolées, pubescentes. *Fl. d'un bleu-violet*,
quelquefois variées de blanc, réunies 20 à 30 au sommet d'un péd., en
*grappes serrées plus longues que les feu., ou les égalant. Etendard à on-
glet égal au limbe.* ⅃. E. TC. Bois, haies et moissons.
   Var. *b.* argentea. Coss. et Germ. *V. Gerardi* DC. Feu. à fol. étroites, velues. Fl. variées de blanc. Pédonc. plus court que les feu. PC.

2. v. TENUIFOLIA *Roth.* (*V. à feuilles menues*). Diffère de la précéd., à
laquelle elle ressemble beaucoup, par ses tiges presque glabres, par ses
longues *grappes de fleurs bleues, variées de blanc, dépassant beaucoup* les
feu., et surtout par *l'onglet* de l'étendard qui *est deux fois plus court que
le limbe.* ⅃. E. R. Haies, buissons, prairies artificielles. Rouen, Evreux,
Vernon, St.-Pierre-sur-Dive, etc.

3. v. BITHYNICA *L.* (*V. de Bithynie*). Tige anguleuse, de 5 à 10 décim.,
grimpante ou étalée. *Feu. composées de 1 à 3 paires de fol. lancéolées,* allongées, mucronées, un peu velues en-dessous. Pédonc. portant à son sommet 1 à 3 fl. *à étendard violacé et à ailes blanchâtres.* Cal. à dents presque
égales, de la longueur du tube. Légume velu. Graines arrondies, marbrées.
⊙ et ♂. P3. TR. Cette belle espèce, qui a le port d'un *Lathyrus* (*L.
Bithynicus* Lam.), a été trouvée par M. Durand-Duquesney, dans les moissons littorales au-dessus des falaises de Hennequeville, près de Trouville
(Cavados).

** *Fleurs presque sessiles, ou portées sur de courts pédoncules.*

4. v. SATIVA *L.* (*V. cultivée*). Vulg. *Hivernage, Hivernache.* Tiges couchées à la base, redressées, anguleuses. Feuilles de 10 à 16 fol. *ovales,*
échancrées et mucronées au sommet. Stipules semi-sagittées, découpées,
marquées d'une tache noirâtre. Fl 1 ou 2 axillaires, sessiles, d'un pourpre-
bleuâtre, rarement blanches. *Lég. dressés,* pubescents. *Graines globuleuses,
lisses.* ⊙. ou ♂. E. TC. Cultivée comme fourrage.

5. v. ANGUSTIFOLIA *Roth.* (*V. à feuilles étroites*). Tiges grêles, anguleuses,
redressées. Feu. de 8 à 12 fol., dont les supér. lancéolées-linéaires, obtuses

ou tronquées, acuminées. *Stip.* dentées, *quelquefois non tachées.* Fl. purpurines, solitaires ou géminées. Lég. étroits, étalés, noirs à la maturité.
◉. E. C. Bois, buissons, moissons.

Var. *a. V. Bobartii* Forst. Feu. linéaires, aiguës. Fl. 1 à 3, d'un beau
rouge. Graines tachées de noir.

M. Malbranche a trouvé, près de Tourville, une forme remarquable de cette
var. Elle avait 3 fl. portées sur un court pédonc.

Var. *b. V. segetalis* Thuill. Vulg. *Vécheron.* Fol. lancéolées; fl. purpurines; graines légèrem. marbrées.

Var. *c. V. nemoralis* Pers. Fol. lancéolées, arrondies au sommet, mucronées.

6. v. l'athyroïdes *S.* (*V. fausse Gesse*). Tige courte, très-rameuse,
couchée, velue. Feu. de 4 à 6 fol. ovales, mucronées; les infér. cordiformes, peu nombreuses. Vrilles simples. Stip. entières, semi-sagittées. Fl.
petites, sessiles, solitaires, purpurines. Lég. étroit, glabre. Graines *cubi-
ques, ponctuées-scabres.* ◉. E. R. Lieux sablonneux. Quevilly, près de
Rouen.

7. v. sepium *L.* (*V. des haies*). Tiges faibles, grimpantes, anguleuses.
Feu. de 8 à 12 fol. ovales-oblongues, obtuses, velues, ciliées. Stip. dentées. Fl. violettes ou bleuâtres, rarem. blanches ou jaunâtres, 2 à 6, portées
sur des *pédonc. communs très-courts.* ♃. P2-E. TC. Haies et buissons.

Var. *b. angustifolia.* Feu. lancéolées.

Var. *c. ochroleuca* Bast. Fl. d'un jaune pâle, avec une tache au sommet
de la carène. — Honfleur (M. Duboc).

8. v. lutea *L.* (*V. jaune*). Tiges dressées, anguleuses, légèrement velues. Feu. de 8 à 12 fol. lancéolées, mucronées, velues, ciliées. Stip. brunes,
très-petites. Fl. presque sessiles, *solitaires, jaunâtres,* à étendard glabre.
Lég. velu. ◉. E. PC. Lieux arides, bord des chemins. Rouen, Pont-Audemer, Bayeux, le Havre, Lisieux; Pont-d'Ouilly, près de Falaise; Bernay,
etc.

* 9. v. hybrida *L.* (*V. hybride*). Tiges un peu fermes, anguleuses,
pubescentes, rameuses. Feu. de 12 à 18 fol., ovales, échancrées, légèrement mucronées. Stip. entières ou 3-dentées. Fl. *jaunâtres,* solitaires, *à
étendard velu. Lég. velu.* ◉. E. R. Bords des chemins. Belbœuf, Nonancourt (*Fl. R.*).

XXIII. PISUM *L.* (*Pois*). Cal. à 5 divis. foliacées; les 2 supér. courtes.
Etendard large, réfléchi. Style *comprimé, canaliculé inférieurement.* Stigm.
velu. Lég. allongé, à plusieurs graines arrondies.— *Stipules larges.*

1	Pétioles cylindriques	*P. sativum.*
	Pétioles comprimés, planes en-dessus	*P. maritimum.*

1. p. sativum *L.* (*P. cultivé*). Vulg. *Pois vert, pois rond.* Tige grimpante, glabre. Feu. de 4 à 6 fol. ovales, larges, glauques, portées par des
pétioles cylindriques. Vrilles très-rameuses. Stip. ovales, *semi-cordiformes,*
crénelées. Fl. blanches, 2 à 5, portées sur un pédonc. axillaire. Lég. glabre.

Var. *b. P. arvense* L. Vulg. *Pois gris.* Feu. plus petites. Pédonc. courts
portant 1 ou 2 fleurs roses ou purpurines.

◉. E. Cultivé. La var. *b.* sert à la nourriture des bestiaux.

* 2 P. **MARITIMUM** *L.* (*P. maritime*). Tige anguleuse, grimpante. Feu. à 8 ou 10 fol. ovales, à *pét. comprimés, planes en-dessus.* Vrilles rameuses. Stip. ovales, *semi-sagittées*, dentées dans le bas, plus petites que les fol. infér. Fl. 8 à 10, purpurines ou bleuâtres, disposées en grappes sur un pédonc. plus court que les feu. Légumes oblongs, étroits. ◉. E. TR. Lieux pierreux et maritimes. Environs de Dieppe.

XXIV. **LATHYRUS** *L.* (*Gesse*). Cal. campanulé, à 5 dents; les 2 supér. plus courtes. Etendard plus long que les autres pét. Style *comprimé, élargi au sommet.* Stigm. velu antérieurement. Lég. oblong, polysperme. Stip. *semi-sagittées.*

1	Feuilles simples et sans pétiole distinct, ou nulles	
	Feuilles composées d'une ou de plusieurs paires de fol.	2.
2	Fleurs jaunes	3.
	Fleurs purpurines	L. Aphaca.
3	Pédoncules uniflores	L. Nissolia.
	Pédoncules portant plusieurs fleurs	4.
4	Légume hérissé	6.
	Légume glabre	L. hirsutus.
5	Légume ailé sur le dos	5.
	Légume seulement sillonné et non ailé sur le dos.	L. sativus.
6	Fleurs jaunes	L. cicera.
	Fleurs purpurines, bleuâtres ou blanches	L. pratensis.
7	Tige ailée	7.
	Tige non ailée, simplement anguleuse	8.
8	Feuilles composées de 2 folioles	L. tuberosus.
	Feuilles composées de 6 ou 8 folioles	L. sylvestris.
		L. palustris.

* *Pédonc. portant plus de trois fleurs (Vivaces).*

1. L. **SYLVESTRIS** *L.* (*G. des bois*). Tiges fermes, *ailées*, glabres, hautes de 1 à 2 mètres. Feu. à 2 fol. lancéolées, coriaces, longues de 8 à 10 centim., 3-nervées. Vrilles rameuses. Fl. rougeâtres, 4 à 6, en grappe au sommet d'un long pédonc. ♃. E1. 2. PC. Bois, Rouen, Falaise, Cherbourg, Pont-l'Évêque, Livarot, Argentan, Séez, etc.

2. L. **PRATENSIS** *L.* (*G. des prés*). Tige *anguleuse*, grimpante ou étalée, glabre. Feu. à 2 fol. lancéolées-oblongues ou linéaires, pubescentes. Vrilles presque simples. *Fl. jaunes*, 4 à 8, en grappe. Pédonc. et cal. velus. ♃. E. C. Bois et prés.

Var. *b. villosa.* Tiges et feuilles couvertes d'une villosité grisâtre.

M. E. de Bonnechose a trouvé cette plante avec des renflements tubéreux à la racine, qui sont peut-être dus à une piqûre d'insecte.

3. L. **TUBEROSUS** *L.* (*G. tubéreuse*). Racine tubéreuse. Tige faible, *anguleuse*, grimpante. Feu. à 2 fol. ovales, peu mucronées et vrillées. Fl. (5 à 6), roses, en grappes, portées sur de longs pédonc. ♃. E. R. Moissons. Alençon, Séez, Landes-sur-Ajon, près d'Evrecy et d'Aulnay (Calvados).

4. L. **PALUSTRIS** *L.* (*G. des marais*). Tiges dressées, *ailées*, très-glabres. Feu. de 3 à 8 fol. oblongues, mucronulées, et à vrilles rameuses. Fl. (4 à 6) *bleuâtres*, portées sur des pédonc. longs de 8 à 12 centim. Lég. glabres. ♃. E. R. Marais et prés tourbeux. Marais d'Auge, marais Vernier; St.-Côme-de-Fresnay, près de Bayeux; Bellesme; St.-Georges-de-Boscherville, près de Rouen.

*** Pédonc. portant de 3 à 5 fleurs (annuelles ou bisannuelles).*

5. L. HIRSUTUS *L.* (*G. velue*). Tige ailée, rameuse, velue, longue de 4 à 10 décim. Feu. à 2 fol. oblongues, mucronées, *pubescentes*, à vrilles rameuses. Fl. variées de pourpre et de violet (1 à 3), portées sur de longs pédonc. Lég. allongés, *velus*. ☉. E. PC. Moissons. Rouen, Alençon, Falaise, Gisors, St.-Pierre-sur-Dive, etc.

6. L. SATIVUS *L.* (*G. cultivée*). Vulg. *Jarousse, Arosse*. Tiges ailées, glabres, hautes de 3 à 6 décim. Feu. de 2 à 4 fol. oblongues-linéaires, nerveuses, à vrilles trifides. Fl. roses, violettes ou rarem. blanches, solitaires au sommet d'un pédonc. plus long que le pétiole. Lég. ovales, larges, *ailés sur le dos*. ☉. E. PC. Moissons. Cultivé dans les terr. calc.

7. L. CICERA *L.* (*G. chiche*). Cette espèce, quelquefois mêlée à la précédente et cultivée comme elle, en diffère par une tige plus basse, par des pédonc. plus longs, et surtout par des *lég. sillonnés seulement et non ailés sur le dos*. Fl. rouges. ☉. E. R. Moissons.

8. L. NISSOLIA *L.* (*G. de Nissole*). Tige grêle, peu rameuse, glabre. *Pétioles dilatés en forme de feu. simples, linéaires, longues, entières, sans vrilles*. Fl. purpurines, 1 ou 2 au sommet d'un très-long pédonc. filiforme. Lég. linéaire. ☉. E. 1. 2. PC. Moissons et bois découverts. Rouen, Alençon, Bayeux, Caen, Lisieux, Falaise, pays de Bray, etc.

9. L. APHACA *L.* (*G. Aphaca*). Tiges volubiles, anguleuses, peu rameuses, glabres. Feu. presque toujours *nulles*. Stipules larges, *sagittées*, glauques, glabres, *ayant l'apparence de feu. opposées*. Vrilles simples. Fl. *jaunes*, solitaires. ☉. E. C. Moissons, haies et buissons.

On a trouvé sur plusieurs points du Calvados, dans les environs de Caen, de Bayeux et de St.-Pierre-sur-Dive, une forme curieuse de cette plante qui pourrait être regardée comme son état normal, quoiqu'elle soit très-rare. Les pétioles, ordinairement dépourvus de folioles et terminés par une vrille, supportent, dans ce cas exceptionnel, une ou deux folioles lancéolées-linéaires.

XXV. OROBUS *L.* (*Orobe*). Cal. campanulé, à 5 divis. dont les 2 super. plus courtes. Style grêle, *linéaire, velu au sommet*. Lég. cylindrique, oblong, polysperme, à graines rondes. — *Feu. terminées par un filet simple, court, non en vrille.*

1. O. TUBEROSUS *L.* (*O. tubéreux*). Racine tubéreuse. Tiges droites, ailées, simples. Feu. à 4 ou 6 fol. ovales-lancéolées, mucronées. Stip. semi-sagittées, avec 1 ou 2 dents à la base. Pédonc. portant une grappe de 3 à 5 fl. purpurines devenant d'un violet-bleuâtre. Cal. violacé. ♃. P.—E. 1. C. Bois et buissons.

Var. *b. O. tenuifolius* Willd. Feu. étroites, lancéolées-linéaires.

L'*Or. albus L.*, que j'avais indiqué dans la 1re. édit. de cette Flore, n'a été trouvé que sur des points assez éloignés, en-dehors des limites de la Normandie.

XXXIᵉ. FAM. AMYGDALÉES. *Juss.*

Fl. hermaphrodites, régulières. Cal. caduc, à 5 divis. soudées à la base en tube campanulé. Pét. 5. Etam. 20 à 30 libres, insérées avec les pétales sur la gorge du cal. Ovaire libre, uniloculaire, biovulé. Ovules suspendus, Style 1. Stigm. simple, capité. Fruit (*drupe*) charnu à sarcocarpe le plus souvent succulent, à un seul noyau (endocarpe) ligneux renfermant 1 ou rarem. 2 semences. Embryon droit. — *Arbres ou arbrisseaux à suc gommeux, à feu. alternes, stipulées.*

1	Drupe lisse, non cotonneuse		2.
	Drupe pubescente ou cotonneuse		3.
2	Drupe pruineuse	PRUNUS. (iv.)	
	Drupe lisse, non pruineuse	CERASUS. (v.)	4.
3	Noyau marqué de sillons ou fissures		
	Noyau non sillonné, arrondi, comprimé	ARMENIACA. (iii.)	
		PERSICA. (ii.)	
4	Drupe charnue, indéhiscente		
	Drupe à peine charnue, s'ouvrant irrégulièrem. à la maturité. AMYGDALUS. (i.)		

I. AMYGDALUS *L.* (*Amandier*). Cal. campanulé, 5-fide, caduc, portant 5 pét. et 20 à 30 étam. libres et à peu près égales. *Drupe cotonneuse, charnue, arrondie, comprimée, sillonnée, pointue, comme le noyau qui est marqué de fissures étroites.*

1. A COMMUNIS *L.* (*A. commun*). Arbre peu élevé. Feu. lancéolées, oblongues, arrondies dans le bas, à dents glanduleuses, inégales. Fl. solitaires, blanches, rosées à la base. ♄. H2. 3. Cultivé.
Les amandes sont comestibles ; on en retire une huile adoucissante.

II. PERSICA *Tourn.* (*Pêcher*). Cal., pét. et étam. du genre précédent. *Drupe arrondie, le plus souvent cotonneuse, à noyau creusé de sillons irréguliers et profonds.*

1. P. VULGARIS *Mill.* (*P. commun*). Arbre peu élevé. Feu. lancéolées, allongées, pointues, à court pétiole, à dents régulières, non glanduleuses. Fl. roses, solitaires, sessiles. ♄. H3-P1. Cultivé.
On cultive plusieurs variétés de cet excellent fruit ; une entr'autres, le Brugnon (*P. lævis.*), à la surface lisse.

III. ARMENIACA *Juss.* (*Abricotier*). Cal., cor. et étam. des genres précédents. *Drupe arrondie, jaune et à surface un peu cotonneuse. Noyau arrondi, comprimé, un des bords arrondi, l'autre tranchant.*

1. A. VULGARIS *Lam.* (*A. commun*). Arbre peu élevé. Feu. pétiolées, ovales, cordiformes à la base, denticulées, Fl. blanches ou rosées, sessiles. ♄. P2. Cultivé.

IV. PRUNUS *Tourn.* (*Prunier*). Cal., cor. et étam. des genres précédents. *Drupe arrondie ou ovoïde, glabre et recouverte d'une poussière glauque et résineuse. Noyau ovale, allongé, pointu, comprimé, à bords sillonnés.*

1	Arbrisseau épineux ; fruits dressés		2.
	Arbrisseau peu ou point épineux ; fruits penchés		3.
2	Arbrisseau très-épineux ; feuilles petites	P. spinosa.	
	Arbrisseau moins épineux ; feuilles larges	P. fruticans.	
3	Jeunes rameaux glabres	P. domestica.	
	Jeunes rameaux velus-pubescents	P. insititia.	

1. P. SPINOSA *L.* (*P. épineux*). Vulg. *Prunellier, épine-noire.* Arbrisseau à rameaux ouverts et *épineux. Feu.* ovales-lancéolées, dentées, *glabres.* Fl. blanches, *solitaires*, à cal. campanulé, dont les lobes sont plus longs que le tube. Fruit (*prunelle*) petit, arrondi, d'un bleu foncé. ♄. P4. C. Les haies.

2. P. FRUTICANS *Weihe*, *P. spinosa*, var. *macrocarpa* Wall., Fl. norm., éd. 2. (*P. frutescent*). Arbrisseau *moins épineux que le précéd.*, *à feu. plus larges et à fruits de moitié plus gros. Fl. velues en-dessous, surtout sur les nervures.* Pédonc. quelquefois géminés. ♄. P. PC. Haies du dép*t*. de la Manche. Cherbourg, les Pieux et Siouville ; environs de Vimoutiers (Orne).

3. P. DOMESTICA *L.* (*P. domestique*). Arbre à *rameaux non épineux.* Feu. ovales, *pubescentes en-dessous.* Fl. blanches. *Fruits gros, arrondis, ovoïdes,* d'un bleu foncé ou verdâtre. ♄. P4. On en cultive un grand nombre de variétés. Les prunes sauvages portent le nom vulgaire de *Blosses.*

4. P. INSITITIA *L.* (*P. sauvage*). Arbre ou arbrisseau non-épineux ou le devenant un peu par l'âge, à *rameaux velus-pubescents*, dans leur jeunesse. Feu. ovales-elliptiques, crènelées ou dentées, un peu velues en-dessous. Fl. blanches, se développant en même temps que les feu. *Fruits assez gros, arrondis,* penchés. ♄. P4. R. Les haies. St.-Lo et environs de Vimoutiers.

V. CERASUS *Juss.* (*Cerisier*). Cal., cor. et étam. du genre *Amygdalus.* Drupe arrondie, *glabre, lisse, non pruineuse* et marquée d'un sillon. Noyau *arrondi*, un peu anguleux d'un côté. Fl. blanches.

<pre>
1 { Arbre à feuilles persistantes . . . . C. lauro-cerasus.
  { Arbre à feuilles non-persistantes. . . . . 2.
2 { Fleurs petites en corymbes simples . . . . C. Mahaleb.
  { Fleurs larges en faisceaux ombellés . . . . 3.
3 { Feuilles glabres en-dessous ; fruit acide . . . . . C. vulgaris.
  { Feuilles pubescentes en-dessous; fruit sucré non acide . . C. avium.
</pre>

1. C. LAURO-CERASUS *Lois. Prunus* L. (*C. laurier-cerise*). Vulg. *Laurier à lait*, *Palme*, *Lotos.* Arbre peu élevé. Feu. ovales-lancéolées, *toujours vertes*, dentées. Fl. blanches, *en longues grappes.* Fruits noirâtres. ♄. P. Cultivé généralement.

On emploie ses feuilles dans le lait pour lui donner un léger goût d'amande, usage qui peut être dangereux, puisqu'elles contiennent de l'acide hydrocyanique, un des poisons végétaux les plus actifs, qui se retrouve aussi dans les amandes des plantes de cette section de la famille.

On cultive fréquemment dans les parcs le *Cerisier à grappes*, *Cer. padus* DC., qui a de longues grappes comme le précéd. ; mais ses feu. sont caduques.

2. C. MAHALEB *Mill.*, *Prunus* L. (*C. Mahaleb*). Vulg. *Bois de Ste.-Lucie.* Arbrisseau à rameaux étalés, glabres, grisâtres. *Feu. coriaces*, vertes, *cordiformes-arrondies*, luisantes, finement dentées. *Fl. blanches, petites, odorantes en corymbes simples*, dressés. Fruits ronds, noirs. ♄. P. C. Bois et buissons des coteaux arides. Abondant dans le département de l'Eure, Vernon, les Andelys, Pacy, Rueil, etc.

3. C. VULGARIS *Mill. Prunus cerasus* L. (*C. commun*). Arbre assez élevé. *Feu.* lancéolées, à dents et pétioles glanduleux, *glabres en-dessous.* Fl. blanches, rapprochées en forme d'ombelles. *Fruits rougeâtres, acides.* ♄. P. Cultivé.

Les diverses var. de fruits appartenant à cette espèce sont connues sous
les noms de *cerises amaigles*, *anglaises*, *griottes*, de Montmorency, etc.

4. C. AVIUM *Mœnch. Prunus avium L.* (*C. des oiseaux*). Vulg. Merisier.
Arbre assez élevé. Feu. lancéolées, *pubescentes en-dessous.* Fl. blanches, à
pédonc. uniflores. *Fruit petit*, *noirâtre*, *à saveur sucrée*, *non acide.* ♄.
C. Bois et haies.

A cette esp. se rattachent, comme variétés : b. *C. Juliana* DC. Vulg.
Guigne. Fruit sucré, arrondi, à chair molle et à suc souv. très-coloré.
Bois près d'Alençon. Souv. cultivé.

Var. c. *C. duracina* DC. Vulg. Bigarreau. Fruit oblong, un peu cordiforme, à chair ferme et à suc non coloré. Cultivé.

L'écorce des cerisiers et d'une partie des arbres précédents laisse exsuder
une gomme qui est analogue à la gomme arabique, mais qui est moins complètement soluble dans l'eau.

XXXIIe. FAM. POMACÉES. *Lindl.*

Fl. hermaphrodites, régulières. Cal. marcescent, à 5 divis. soudées en
tube à leur base avec l'ovaire. Etam. 20, insérées en anneau sur la gorge
du cal. Ov. ayant de 2 à 5 loges, renferm. un ou plusieurs ovules droits.
Placenta central. Styles 1 à 5. Stigm. entier. Fruit charnu ou pulpeux,
couronné par le cal. ou la trace de ses débris, renfermant 1 à 5 loges mono
ou dispermes, à enveloppe (endocarpe) membraneuse, cartilagineuse ou
osseuse. Graines sans périsperme. Embryon droit. — *Arbres ou arbrisseaux
à rameaux quelquefois épineux, à feu. alternes stipulées.*

1 { Fruit à noyau (endocarpe osseux) . . . . 2.
  { Fruit à pépins (endocarpe cartilagineux) . . . . 3.
2 { Cal. à divis. courtes, marcescentes . . . . CRATÆGUS. (i.)
  { Cal. à divis. foliacées . . . . MESPILUS. (iii.)
3 { Pétales suborbiculaires . . . . 4.
  { Pétales lancéolés. . . . . AMELANCHIER. (ii.).
4 { Fruit cotonneux. . . . . CYDONIA. (vii.)
  { Fruit glabre . . . . 5.
5 { Fleurs en corymbes rameux multiflores . . . . SORBUS. (vi.)
  { Fleurs en fascicules ombelliformes . . . . 6.
6 { Fruit ombiliqué à sa base ; styles soudés à leur base . . MALUS. (v.)
  { Fruit rétréci à sa base, styles libres . . . . PYRUS. (iv.)

I. CRATÆGUS. *L.* (*Aubépine*). Cal. à tube urcéolé, 5-fide. Pét. 5,
arrondis. Etam. 20. Styles 1 à 2, glabres. *Pomme arrondie*, *à 2-loges 2-
spermes*, *couronnée par les divis. persistantes du calice. Semences osseuses.*
Feu. pinnatilobées.

1 { Nervures des feuilles convergentes; styles 2 . . . . . . *C. oxyacantha.*
  { Nervures des feuilles divergentes; style 1 . . . . *C. monogyna.*

1. C. OXYACANTHA *L. Mespilus oxyacanthoïdes* Thuill. (*A. épineuse*).
Arbrisseau à rameaux épineux. *Feu. peu découpées*, souv. à 3 lobes incisés-
dentés, à *nervures convergentes.* Fl. blanches en bouquets corymbiformes,
exhalant une *odeur nauséabonde. Styles* le plus souv. 2. ♄. P. AC. Bois et
haies.

2. C. MONOGYNA *Jacq.* (*A. monogyne*). Vulg. *Epine-blanche, Senellier,*
à rameaux épineux. *Feu. profondém. découpées*, à 3 ou 5 lobes, incisés, à

nervures divergentes. Corymbes de fl. blanches à pédonc. pubescents. Style
1. Fruit (vulg. *Senelle*) rouge. ♄. P. TC. Bois haies. Cette espèce fleurit
environ quinze jours plus tôt que la précéd.

Var. *b. laciniata* Wallr. Feu profondém. incisées, comme pinnatifides.
Var. *c. villosa.* Ovaires cotonneux dans leur jeunesse. Pirou (Manche).
Var. *d. rosea.* Fl. roses. Cultivé dans les bosquets. Trouvé dans quelques
haies. Putanges (Orne).

Le *Buisson-ardent* (*c. Pyracantha* Pers.) est presque naturalisé dans les
environs de St.-Lo et de Pontchardon (Orne).

II. AMELANCHIER *Mœnch.* Cal. à 5 divis. Pétales 5, *lancéolés.*
Ovaires à 10 loges 1-spermes. *Styles 5, réunis à la base,* à 5 loges 2-
spermes. Fruit globuleux, *à endocarpe cartilagineux.*

1. A. VULGARIS *Mœnch. Mespilus amelanchier* L. (*A. commun*). Arbrisseau
de 6 à 12 décim. Feu. arrondies-ovales, obtuses, dentées en scie, glabres ;
les jeunes pubescentes. Fl. blanches, solitaires. ♄. P. R. Lieux montueux.
Roche-St.-Adrien, près de Rouen ; Andelys, Orival.

III. MESPILUS L. (*Néflier*). Cal. à 5 divis. foliasées. Pét. 5. *arrondis.*
Etam. 20. Styles 5, glabres. Fruit (*pomme*) turbiné, *ombiliqué, couronné
par les 5 lanières calicinales, foliacées.*

1. M. GERMANICA L. (*N. d'Allemagne*). Vulg. *Mélier.* Arbrisseau tortueux, épineux. Feu. lancéolées, dentelées, velues en-dessous. Fl. blanches,
solitaires, sessiles. Fruit brun (*néfle*), comestible quand il est blet.
♄. P2. 3. Bois et haies.

IV. PYRUS *Tournef.* (*Poirier*). Cal. à 5 divis. Pétales 5 *arrondis.* Ovaire
à 5 loges biovulées. *Styles 5, libres.* Fruit. *pyriforme, atténué et non ombiliqué à sa base,* ombiliqué au sommet, *à endoc. membraneux,* à 5 loges
1-spermes, rarem. 2-spermes. — *Fl. en fascicules ombelliformes.*

1. P. COMMUNIS L. (*P. commun*). Arbre de moyenne taille et épineux
à l'état sauvage. Feu. ovales, denticulées, glabres. Fl. blanches en fascicules axillaires, à pétales glabres. Fruits turbinés, coniques. ♄. P. Bois et
haies. Généralement cultivé pour ses excellentes variétés de fruits.

Le *Pyrus Polveria* L., indiqué dans les environs de Gisors par M. Chesnon, se distingue par ses feu. profondément dentées et son corymbe composé. — Spontané ?

V. MALUS *Tournef.* (*Pommier*). Cal. à 5 divis. Pét. 5, arrondis. Ovaires
à 5 loges biovulées. *Styles 5, soudés à la base.* Fruit globuleux, *ombiliqué
à la base et au sommet, à endoc. cartilagineux,* à 5-loges 1-spermes,
rarement 2-spermes. — *Fl. en fascicules ombelliformes.*

1. M. COMMUNIS *Lam., Pyrus malus* L. (*P. commun*). Arbre à rameaux
ouverts, étalés, spinescents à l'état sauvage. Feu. ovales, cordiformes à
la base, dentées, velues en-dessous. Fl. blanches et rosées, en corymbes
sessiles et axillaires, à pétales velus dans le bas. Fruit arrondi, ombiliqué
aux deux extrémités. ♄. P1-2. C. Bois et haies.

Var. *b. M. acerba* Mér. Diffère du type par ses feu. ovales-lancéolées, à
pointes allongées, glabres en-dessous, par ses fl. tout-à-fait blanches et par
la saveur de son fruit qui est très-acerbe. De cette var. proviennent de

nombreuses sous-variétés du *pommier à cidre*, tandis que le type a donné lieu aux variétés dites *pommes à couteau.*

VI. SORBUS *L.* (*Sorbier*). Cal. à 5 divis. Pét. 5, arrondis. Ovaires ayant 2 à 5 lobes biovulés. Styles 2 à 5. Fruit globuleux ; *non ombiliqué à la base*, ombiliqué au sommet, à endoc. membraneux, à 1 à 4 loges, le plus souv. 1-spermes.— *Arbres non épineux ; fleurs blanches, en corymbes rameux, multiflores.*

1 {	Feuilles ailées	2.
	Feuilles simples, dentées ou lobées	3.
2 {	Fruits pyriformes, verdâtres; bourgeons glabres. . . .	*S. domestica.*
	Fruits arrondis, rouges; bourgeons tomenteux.	*S. aucuparia.*
3 {	Feuilles non tomenteuses en-dessous, à lobes aigus . .	*S. torminalis.*
	Feuilles tomenteuses en-dessous, dentées	*S. Aria.*

1. s. ARIA *Crantz, Cratægus L.* (*P. Allouchier*). Arbre élevé. Feu. ovales-oblongues, *dentées* en scie, velues et *blanches en-dessous.* Fl. blanches en corymbe, à pédonc. rameux. ♄. P2. PC. Butte de Chaumont, près d'Alençon.

2. s. TORMINALIS *Crantz., Cratægus L.* (*P. Alisier*). Arbre assez élevé. Feu. ovales, cordiformes à la base, à *7 lobes*, profonds, aigus, dentés, *pubescentes* en-dessous. Fl. blanches en corymbe. Fruits bruns, acidulés et agréables au goût à leur complète maturité. ♄. P2. C. Bois.

3. s. DOMESTICA. *L.* (*P. Cormier*). Arbre droit, élevé. Feu. ailées, de 15 à 17 fol. ovales, dentées, *velues en-dessous* dans leur jeunesse. Bourgeons. *glabres.* Fl. blanches en corymbe. Fruits pyriformes-ovoïdes, *verdâtres.* ♄. P2. Cultivé.

4. s. AUCUPARIA *L.* (*S. des oiseaux*). Arbre moins élevé que le précédent, dont il diffère seulement par ses folioles *glabres en-dessous*, ses *bourgeons tomenteux* et ses fruits petits, ovoïdes et d'un *rouge vif.* ♄. P2. C. Bois.

VII. CYDONIA *Tournef.* (*Coignassier*). Cor., étam. et styles du genre précédent, dont il diffère par les divis. du calice qui sont grandes et dentées, et par le fruit qui est *tomenteux* et à 5 *loges polyspermes. Semences calleuses, entourées de mucilage.*

1. c. VULGARIS. *Pers., Pyrus cydonia* L. (*C. commun*). Arbre peu élevé, à rameaux tortueux et cotonneux dans leur jeunesse. Feu. ovales-arrondies, entières, tomenteuses en-dessous. Fl. blanches ou rosées, larges, solitaires, presque sessiles. Fruit gros, bosselé. ♄. P2. Cultivé pour ses fruits astringents, dont on fait principalement une gelée estimée.

XXXIIIe. FAM. ROSACÉES. *Juss.*

Fl. hermaphrodites, régulières. Cal. à divis. sur deux rangs; les extérieures alternant avec les intér. et en nombre égal ou double de celui des pétales. Cor. de 4 à 5 pét. Etam. 20, libres, insérées sur le cal. avec les pét. Carpelles secs ou bacciformes, uniloculaires, monospermes, disposés sur un réceptacle sec ou charnu ; quelquefois renfermés dans le tube du cal. charnu ou ligneux. Embryon droit. — Plantes herbacées ou frutescentes à feu. alternes, munies de stipules adhérentes au pétiole.

1 { Carpelles renfermés dans le calice . . . . 2.
  { Carpelles non renfermés, groupés sur un réceptacle . . . . . 3.
2 { Carpelles 1 ou 2; calice chargé d'épines crochues . AGRIMONIA. (vii.)
  { Carpelles nombreux dans un cal. charnu à la maturité . . ROSA. (i.)
3 { Calice à 5 divisions . . . . 4.
  { Calice à 8 ou 10 divisions (caliculé) . . . . 6.
4 { Tige garnie d'aiguillons; carpelles charnus . . . . . RUBUS. (iii.)
  { Tige sans aiguillons; carpelles secs . . . . 5.
5 { Carpelles terminés par une longue barbe . . . . . . GEUM. (ii.)
  { Carpelles non terminés par une barbe . . . . . . SPIRÆA. (viii.)
6 { Fleurs blanches ou jaunes . . . . 7.
  { Fleurs d'un pourpre-noirâtre . . . . COMARUM. (v.)
7 { Réceptacle charnu, succulent; fleurs toujours blanches. FRAGARIA. (iv.)
  { Réceptacle sec; fleurs jaunes, rarement blanches . POTENTILLA. (vi.)

†† *Ovaires deux ou plusieurs.*

I. ROSA *L.* (*Rosier*). Cal. urcéolé, ovoïde ou globuleux, resserré au sommet, à limbe divisé en 5 *lobes foliacés, dont 3 le plus souvent pinnatifides.* Pétales 5. Étam. nombreuses. Styles saillants, quelquefois rapprochés en colonne. Carpelles pariétaux, 1-spermes, osseux, hérissés, renfermés dans le cal., qui devient *charnu à la maturité et simule un ovaire unique.* — *Arbrisseaux chargés d'aiguillons. Feu. ailées avec impaire, munies de 2 stipules soudées à la base du pétiole.*

Le genre Rosier renferme une grande quantité de variétés que la culture a rendues indéfinies. Nous citerons ici toutes celles qui ont été observées en Normandie et que nous croyons pouvoir rapporter à un petit nombre d'espèces. Toutes sont frutescentes, portent le nom vulgaire d'Eglantiers, fleurissent à la fin du printemps ou au commencement de l'été et croissent dans les haies et les bois. Pour abréger le travail, nous nous dispenserons de répéter, après chaque description, l'indication de ces caractères qui sont communs à toutes les espèces.

1 { Fleurs jaunes . . . . R. *eglanteria.*
  { Fleurs blanches ou roses . . . . 2.
2 { Styles soudés en colonne . . . . R. *arvensis.*
  { Styles distincts, non réunis en colonne . . . . 3.
3 { Fleurs d'un rouge foncé, très-larges . . . . R. *Gallica.*
  { Fleurs roses ou blanches . . . . 4.
4 { Aiguillons de la tige robustes, le plus souvent arqués . . . . 5.
  { Aiguillons grêles, subulés, droits . . . . R. *pimpinellifolia.*
5 { Feuilles mollement pubescentes sur les 2 faces . . . . R. *villosa.*
  { Feuilles glabres ou seulement pubescentes sur quelques points . 6.
6 { Aiguillons presque égaux; dents supér. des foliol. conniventes. R. *canina.*
  { Aiguillons inégaux; dents supér. des fol. non conniventes, R. *rubiginosa.*

* *Styles soudés en colonne.*

1. R. ARVENSIS *L.* (*R. des champs*). Tiges faibles à rameaux courbés, chargés d'aiguillons crochus. Fol. ovales, glabres, d'un vert foncé, glauques en-dessous, *simplement dentées.* Fl. blanches. Cal. glabre, globuleux. Pédonc. hérissés, glanduleux. *Styles réunis en colonne.*

Var. *b. repens.* Tiges couchées.

Var. *c. microphylla.* Fol. petites, arrondies. Falaise.

Var. *d. ovoïdea.* Cal. ovoïde-allongé; fol. glabres. Falaise, Valognes.

Var. *e. R. stylosa* Desv. Cal. ovoïde; fol. pubescentes en-dessous. Gisors, Falaise.

Var. *f. R. bibracteata* Bast. Pédonc. chargés de 2 longues bractées opposées. Gisors, Cherbourg.

Var. *g. R. leucochroa* Desv. Pétioles pubescents; folioles lancéolées, aiguës, à nervures pubescentes dans la jeunesse. Lisieux.

Var. *h. R. grandiflora.* Fl. larges, blanches, à pét. échancrés, verdâtres à la base, très-odorantes. Cal. ovoïde, glabre; pédonc. hérissé de poils glanduleux. Feu. profondément dentées. Falaise; Trun (Orne).

Var. *i. R. sistyla* Bast. Fl. rosées; fol. ovales-aiguës, simpl. dentées. Styles réunis en colonne allongée. Lisieux.

** *Styles distincts.*

2. R. EGLANTERIA *L. R. lutea* Mill. (*R. jaune*). Feu. à pétioles pubescents, à fol. ovales-oblongues, doublement dentées, glanduleuses, odorantes. *Fl. d'un beau jaune.* Cal. globuleux. E. TR. Naturalisé à St.-Adrien, près Rouen, et à Dreux.

La *rose capucine* (*R. bicolor* Jacq.), cultivée dans les jardins, est une var. de cette espèce. Ses pétales sont d'un rouge-écarlate en-dedans.

3. R. GALLICA. *L.* (*R. de France*). Rameaux à aiguillons inégaux. Fol. coriaces, 5 à 7, ovales, d'un vert foncé en-dessus, pubescentes et glauques en-dessous; nervures et bords couverts de poils glanduleux, ainsi que les pétioles, les pédonc. et les cal. *Fl. d'un rouge foncé* ou panachées. On en a trouvé, près d'Avranches, une variété qui est cultivée dans le jardin botanique de cette ville sous le nom de *Rosa Abrincensis.*

4. R. PIMPINELLIFOLIA *L.* (*R. Pimprenelle*). *Rameaux très-épineux* dans leur jeunesse. Fol., 5 à 9, ovales-arrondies, dentées. Stip. étroites, dilatées au sommet. Fl. blanches, petites. Fruits assez gros, *noirâtres.* Pétioles et pédonc. glabres. Collines sèches, rochers; Rouen, Orival; St.-Laurent-de-Condel et Perrières (Calvados).

Var. *b. R. myriacantha* DC., *R. spinosissima* L. Pétioles et pédonc. très-hispides. Feu. petites. Coteaux maritimes de la Manche. Granville, Cherbourg, etc.

5. R. CANINA *L.* (*R. de chien*). Tiges assez élevées, à aiguillons comprimés et courbés. Fol. glabres, ovales, dentées, quelquefois surdentées, à *dents supér. conniventes.* Fl. rosées. Styles velus. Cal. ovoïde, le plus souv. glabre.

Var. *b. R. fastigiata* Bast. Fl. réunies en corymbe. Fol. un peu velues sur les nervures. Pédonc. hispides. Gisors, Falaise, Lisieux. PG.

Var. *c. R. rustica* Lém. Fol. velues; fl. non fasciculées; pédonc. hérissés. Falaise, Lisieux.

Var. *d. R. leucantha* Loisel. Fol. velues sur les nervures, obtuses. Pédonc. glabres. Rouen, Alençon, etc.

Var. *e. R. Andegavensis* Bast. Fol. à dents profondes. Pédonc. et cal. hispides. Falaise, St.-Pierre-sur-Dive, Livarot, etc.

Var. *f. R. Lutetiana* Lém. Fol. glabres, simplement dentées, lancéolées. Falaise, Lisieux, etc. C.

Var. *g. R. urbica* Lém. Fol. ovales, simplement dentées. Pétioles velus. C.

Var. *h. angustifolia.* Fol. lancéolées, étroites, simpl. dentées. Pétioles velus. Falaise, Lisieux.

Var. *i. R. glaucescens* Desv. Fol. d'un vert luisant, un peu glauques. Caen.

Var. *j. R. stipularis* Mér. Pétioles un peu glanduleux ; stipules supérieures très-dilatées, atteignant presque la taille des fol. Epaney, près de Falaise (Docteur Leclerc).

Var. *k. R. verticillacantha* Mér. Fol. à dents surdentées sur leur côté inférieur, nues sur les bords ; pédonc. hérissés. Falaise.

Var. *l. R. pumila* Jacq. Fol. à dents surdentées sur leur côté inférieur, glanduleuses sur les bords ; pédonc. hérissés. Falaise.

6. R. RUBIGINOSA *L.* (*R. rouillé*). Tiges très-rameuses, à aiguillons courbés, élargis à la base. Fol. ovales-arrondies, surdentées, *pubescentes, glanduleuses* en-dessous, exalant par le froissement une *odeur de pomme de rainette.* Fl. roses ou blanches. Cal. ovoïde et pédonc. le plus souvent hispides. Styles velus.

Var. *b. R. hirta* Desv. Fol. arrondies, larges. Cal. et pédonc. hérissés.

Var. *c. R. umbellata* DC. Fl. fasciculées. Cal. lisses ; pédonc. hérissés.

Var. *d. R. tenuiglandulosa* Mérat. Cal. globuleux, glabre ; pédonc. hérissés. Falaise, Rouen, Lisieux.

Var. *e. R. sepium* Thuill. Fol. lancéolées, étroites. Cal. ovoïde et pédonc. glabres. Styles presque glabres. Bords des chemins des terr. calc. Rouen, Caen, Falaise, etc.

Var. *f. R. biserrata* Mérat. Fol. ovales, à peu près glabres, surdentées inférieurement. Cal. globuleux, lisse. Styles légèrement velus ou glabres. Falaise, Lisieux.

Var. *g. R. histrix* Lém. Fol. à dents surdentées des deux côtés ; cal. ovoïde et pédonc. hérissés. Falaise, St.-Pierre-sur-Dive, Lisieux, etc.

Var. *h. R. dubia* Desv. Pédonc. hérissés ; cal. ovoïde, glabre. Blainville, près de Caen.

Var. *i. R. tomentella* Lém. Fol. pubescentes, à dents surdentées sur le côté infér. ; pédonc. glabres. Falaise.

Var. *j. R. micrantha* DC. Tige étalée, très-épineuse ; fol. très-petites, arrondies (var. *parvifolia* Bor.). Fl. presque solitaires. Lisieux.

Var. *k. R. nemoralis* Lém. Fol. glabres à dents surdentées, des deux côtés ; pédonc. glabres. Falaise, Livarot.

7. R. VILLOSA *L.* (*R. velu*). Tiges droites, rameuses, à aiguillons grêles, à peine courbés. Fol. ovales-arrondies, *velues sur les 2 faces,* le plus souvent à dents surdentées. Fl. d'un rose assez vif. Cal. *ovoïde-globuleux,* très-gros à la maturité, presque toujours hérissé de poils glanduleux, ainsi que les pédonc. Styles velus. Vire.

Var. *b. R. fœtida* Bast. Fol. glabres en-dessus, pubescentes en-dessous. Cal. ovoïde, hérissé. Vire, St.-Lo, Lisieux, Mézidon, etc.

Var. *c. R. dumetorum* Thuill. Fol. glabres en-dessus, pubescentes en-dessous et sur les pétioles, simplement dentées. Cal. et pédonc. glabres. Falaise, Fécamp, etc.

Var. *d. R. tomentosa* Sm. Fol. doubl. dentées, velues, ovales-lancéolées, pointues. Aiguillons crochus. Cal. ovoïde et pédonc. plus ou moins hérissés. Falaise, Vire, Cherbourg, etc.

Var. *e. R. pomifera* Herm. Tige élevée à aiguillons dilatés à la base, droits. Feu. velues à 5 ou 7 fol. allongées, lancéolées, doublement dentées. Fl. d'un rose vif ; fruit globuleux, gros, hispide. Falaise ; Querquesalles, Crouptes (Orne).

Var. *f. R. terebinthacea* Bess. Fol. velues sur les 2 faces, cendrées en-dessous, glanduleuses et un peu visqueuses; cal. et pédonc. glanduleux, hispides, exhalant une odeur suave de térébenthine; pét. obcordés d'un beau rose. Valognes (D* Lebel).

Var. *g. R. montana* DC. Fol. ovales, à dents surdentées, à pétioles ve-loutés, glanduleux, pâles en-dessous, vertes et scabres en-dessus; cal. glo-buleux et pédonc. hérissés, glanduleux. Livarot.

Var. *h. R. obtusifolia* Desv. Fol. simplement dentées, ovales-arrondies, obtuses, pubescentes, ainsi que les pét. Styles laineux; cal. et pédonc. gla-bres. Beuvillers, près de Lisieux.

II. GEUM L. (*Benoite*). Cal. à tube concave à 10 lobes, dont 5 *extérieurs alternativement plus petits.* Pét. 5. Réceptacle globuleux, recouvert de carpelles secs nombreux, terminés par *une longue arête* recourbée en crochet au sommet ou plumeuse.

1	Pétales tronqués au sommet	*G. rivale.*
	Pétales arrondis au sommet	2.
2	Calice coloré	*G. intermedium.*
	Calice herbacé	*G. urbanum.*

1. G. URBANUM *L.* (*B. officinale*). Racine brune, épaisse, sentant le gérofle. Tige droite, haute de 4 à 6 décim. Feu. radicales, pinnées; la fol. terminale large, dentée; les caul. trifoliolées. Fl. jaunes terminales, *droites.* Cal. herbacé. Semences munies d'une arête recourbée, *presque glabre.* ♃. E. TC. Bois et haies.

2. G. INTERMEDIUM *Ehrh.* (*B. intermédiaire.*) Rhizome allongé. Tige droite, peu rameuse, haute de 4 à 8 décim. Feu. velues, pinnées, à lobes obovales doublement dentés, entremêlés de plus petits; le termin. plus large, lobé. Fl. un peu pénchées, d'un jaune-rougeâtre, à pét. portés sur un *onglet court*, à limbe large obovale-cunéiforme, *arrondi* au sommet. Cal. *rou-geâtre, à divis. étalées* après la floraison. Carpelles réunis en un *capitule sessile* au fond du calice, terminés par une longue arête tordue, plumeuse sur la partie inférieure de l'article terminal. ♃. E. TR. Bois et prés humides. Meauffles, St.-Martin (Eure).

3. G. RIVALE *L.* (*B. des ruisseaux*). Cette espèce a beaucoup de rap-port avec la précédente, dont elle diffère par *l'onglet allongé* de ses pét., par les *divis. redressées* de son cal. après la floraison, et par le *capitule* formé par la réunion des carp., *longuement stipité* au fond du cal. ♃. E. R. Bois et prés humides. Rouen, les Andelys, Gisors.

III. RUBUS *L.* (*Ronce*). Cal. plane à 5 divis. Pét. 5. Étam. nombreuses. Réceptacle renflé, conique, portant des *carpelles* nombreux, *charnus*, simu-lant une baie par leur réunion. — *Sous-arbrisseaux à tiges sarmenteuses munies d'aiguillons, à fleurs disposées en panicules axillaires ou termi-nales. — Fleurs roses ou blanches.*

Nous répéterons à peu près ce que nous avons dit à l'occasion des *Rosa.* Il nous semble très-difficile, au milieu de l'immense quantité de formes que présentent les espèces du genre *Rubus*, d'établir rigoureusement les limites qui les séparent. Nous rapporterons à un petit nombre d'espèces une série des principales variétés que nous avons été à même d'observer et que beau-coup d'auteurs ont considérées comme des espèces propres.

<table>
<tr><td>1</td><td>Feuilles pinnées</td><td>R. Idæus.</td></tr>
<tr><td></td><td>Feuilles digitées</td><td>2.</td></tr>
<tr><td>2</td><td>Tige cylindrique ou ayant des angles arrondis</td><td>3.</td></tr>
<tr><td></td><td>Tige ayant des angles prononcés</td><td>4.</td></tr>
<tr><td>3</td><td>Tige cylindrique; fruits bleuâtres</td><td>R. cæsius.</td></tr>
<tr><td></td><td>Tige peu anguleuse; fruits noirs</td><td>R. glandulosus.</td></tr>
<tr><td>4</td><td>Feuilles vertes en-dessous</td><td>R. fruticosus.</td></tr>
<tr><td></td><td>Feuilles blanches en-dessous</td><td>R. discolor.</td></tr>
</table>

4. R. IDÆUS L. (R. Framboisier). Tige droite, blanchâtre, haute de 15 à 25 décim., munie d'aiguillons assez fins. Feu. pinnées, à 5 fol. ovales, dentées, blanchâtres en-dessous; les supér. ternées. Fl. blanches en grappes terminales à pédonc. velus. ♃. E. PC. Bois. Rouen, pays de Bray, Argentan, Rabodanges, etc.

On cultive le framboisier à cause de ses fruits acidules et parfumés, dont on fait des sirops et des liqueurs d'un goût agréable.

2. R. FRUTICOSUS L. (R. frutescente). Tige anguleuse, dressée, arquée au sommet, à peu près glabre, pourvue d'aiguillons jaunâtres, droits ou un peu inclinés. Feu. vertes des deux côtés, à 3 ou 5 folioles, inégalement dentées, glabres en-dessus, plus ou moins velues en-dessous; les latérales presque sessiles ou brièvement pétiolulées. Panicule fastigiée, simple, dressée. Fl. blanches ou rosées. Fruits noirs. ♃. E. TC. Bois et haies.

Var. b. R. plicatus Weihe et Nees. Fol. glabres en-dessus, velues et plissées en-dessous, par l'effet de la saillie des nervures. Fl. blanches. C. Bois.

Var. c. R. suberectus Anders. Fol. ovales-cordiformes, planes, brusquement terminées par une pointe allongée; quinées; lobe terminal quelquefois trilobé. Falaise.

Var. d. R. affinis W. et N. Fol. ovales-cordiformes, acuminées, ondulées à leur base, velues en-dessous. Bois.

Var. e. R. macrophyllus Weihe. Fol. très-larges (rappelant celles du tilleul) à dents simples, ovales, acuminées; fl. blanches, petites.

Var. f. R. carpinifolius Weihe. Tige élevée, verte, tachetée de pourpre; aiguillons droits, très-élargis à leur base. Fol. ovales, acuminées, doublement dentées, assez régulièrement. Panicule étalée. R. Bois de la Tour, près de Falaise.

Var. g. R. vulgaris Weihe. Tige parsemée de poils épars; folioles ovales-orbiculaires, doublement dentées, à dents mucronées; panicule pauciflore. Fl. rosées.

Var. h. glabratus. Diffère de la forme précédente par ses folioles cordiformes, velues en-dessous.

Var. i. R. macroacanthus Weihe. Aiguillons nombreux et très-longs (6 à 8 millim.), bruns ou rougeâtres, hispidules; tige munie de poils épars; folioles cordiformes, arrondies, doublement dentées. Fl. rosées, assez grandes, en panicules resserrées. Falaise.

3. R. DISCOLOR Weihe. (R. discolore). Tige élevée, à angles égaux prononcés, glabre ou munie de quelques poils non glanduleux, aiguillons à peu près égaux. Folioles 3 à 5, coriaces, dentelées sur les bords souvent ondulés, resserrées et arrondies à leur base, plus ou moins couvertes en-dessous d'un duvet blanchâtre très-ras. Fl. roses, rarement blanches. Fru'ts noirs. ♃. E. C. Haies et bords des bois.

Var. b. R. candicans Reich. Folioles ovales-oblongues; les latérales sessiles dans les feu. quinées, pétiolulées dans les ternées, un peu roulées en-dessous sur les bords. Fl. blanches, en panicules serrées, munies de folioles à la base. — Aiguillons forts et recourbés.

Var. *c. R. thyrsoideus* Wimmer. Tige très-grande, purpurescente, anguleuse et striée; folioles à dents assez profondes, inégales, planes sur les bords, épaisses, d'un vert foncé en-dessus, blanches en-dessous; fl. blanches ou rosées en panicule droite très-allongée. C.

Var. *d. R. villicaulis* Weihe. Tiges munies de poils étalés; folioles blanchâtres en-dessous; aiguillons très-nombreux; panicule ample. Falaise.

Var. *e. R. sylvaticus* Weihe. Tige poilue, anguleuse, canaliculée dans le haut; feu. quinées-digitées; panicule ample, feuillée. Fl. blanches, larges. Cherbourg.

Var. *f. R. tomentosus* Willd. Folioles tomenteuses, veloutées sur les deux faces, d'une couleur cendrée en-dessus, plus blanchâtres en-dessous. Gisors, Valognes.

Var. *g. R. pubescens* Weihe. Fol. ovales-cordiformes, oblongues, longuement acuminées, pubescentes, blanchâtres en-dessous; panicule resserrée; fl. blanches, très-grandes. Bois près de Falaise.

Var. *h. unifoliolata*. Tiges grêles, peu chargées d'aiguillons, portant des feu. réduites à une seule foliole pétiolée, arrondie, quelquefois un peu trilobées, blanchâtres en-dessous. — Cette anomalie, qui se reproduit constamment chaque année, a été découverte par le docteur Le Sauvage, dans les environs de Caen, près de Soliers.

ђ. E. C. Haies et bords des bois.

4. R. GLANDULOSUS *Bell.* (*R. glanduleuse*). Tige *arrondie*, couverte de poils blanchâtres mêlés de *poils glanduleux*, rougeâtres. Feu. de 3 à 5 folioles assez larges, souvent velues, plus ou moins molles, dentées sur les bords; les latérales souvent pétiolulées; pétioles velus glanduleux. Panicule dressée à rameaux ouverts. Fl. blanches. Fruits noirs, acidules. ђ. E. C. Coteaux pierreux, bois, haies et buissons.

Var. *b. R corylifolius* Sm. Aiguillons grêles, peu courbés; folioles velues, larges, arrondies, anguleuses, pubescentes surtout en-dessous, doublement dentées, à dents mucronées; les latér. sessiles; panicule courte; cal. étalé. AC.

Var. *c. R. dumetorum* Weihe. Godr. Tiges fortes, pruineuses; aiguillons rigides, brillants. Feu. quinées; les latérales sessiles; la terminale arrondie-cordiforme. Fl. blanches, larges, rarem. rosées. Cherbourg.

Var. *d. R. apiculatus* Weihe. Fol. ovales, aiguës, à dents serrées. Fl. blanches, à filam. des étamines purpurins, en panicule chargée de poils glanduleux; aiguillons courbés, nombreux, même sur les pédonc. Cal. réfléchi. Falaise.

Var. *e. R. rudis* Weihe. Folioles ternées, pubescentes, ovales, acuminées, rétrécies à leur base, dentées en scie profondément, à dents inégales pétiolulées. Panicules velues, peu nombreuses; bractées trifides. Ouillie, près de Lisieux.

Var. *f. R. hirtus* Waldst. et Kit. Tige grêle, verdâtre, couverte de poils glanduleux rosés; fol. ternées ou simples, oblongues; cal. dressé. Falaise.

Var. *g. R. histrix* Weihe. Tige couchée, chargée de poils courts, en partie glanduleux; fol. ovales-oblongues, pubescentes en-dessous dentées profondément en scie; aiguillons rapprochés, très-nombreux, recourbés et inégaux. Falaise.

Var. *h. R. rosaceus* Weihe. Fol. pubescentes en-dessous, larges, arrondies-cordiformes, à dents de scie profondes ; aiguillons droits nombreux ; panicule courte ; cal. connivents, terminés en appendices foliacés ; fl. rosées ainsi que les étam. Falaise.

Var. *i. R. Genevierii* Bor. Fol. ovales, longuement cuspidées, blanches, tomenteuses en-dessous. Fl. roses à fruits noirs ; bractées foliacées. Cherbourg.

Var. *j. R. Lejeunei* Weihe. Fol. ovales ou obovales, acuminées, inégalement dentées en scie, pâles et pubescentes en-dessous. Fl. à pétales roses, atténués en onglet. Sépales non terminés par une pointe foliacée. Valognes.

Les fruits de cette ronce, et des deux espèces précédentes, bien connus sous le nom de *mûres* ou de *moures*, sont très-recherchés par les enfants. On en retire un alcool d'un goût assez agréable.

5. R. CÆSIUS L. (*R. bleuâtre*). Tiges faibles et rampantes, *glauques*, à aiguillons déliés et légèrement recourbés. Feu. composées de 3 fol. (rarem. 5) ; la terminale assez longuement pétiolulée, glabres en-dessus, velues en-dessous, doublement dentées en scie. Fl. blanches, assez larges en panicule peu rameuse. *Fruits bleuâtres*, composés de carpelles gros, mais peu nombreux. 5. ♂. E. C. Bords des chemins et des rivières.

Var. *b. mollis.* Godr. Folioles molles, planes, de couleur verte, pubescentes en-dessous.

Var. *c. rugulosus* Godr. Folioles coriaces, plissées irrégulièrement.

Var. *d. pseudo-saxatilis* Godr. Fol. petites, molles, cunéiformes à la base, incisées. Tige florifère dressée, presque dépourvue d'aiguillons. Mielles de Vauville (Manche).

Var. *e. R. serpens* Godr. et Gren. Tige couchée, serpentant au milieu des herbes, peu ligneuse, verte. Feu. toutes ternées, molles, à pétioles munis d'aiguillons fins, courbés en faux.

IV. **FRAGARIA** L. (*Fraisier*). Cal. à tube concave, à 10 lobes dont 5 alternativement plus petits. Pétales 5. Etam. nombreuses. Carpelles disposés sur un *réceptacle* ovoïde-arrondi, *devenant pulpeux et charnu* à la maturité. *Fl. blanches, disposées en cymes peu régulières.*

Poils des pédoncules appliqués		2.
Poils des pédoncules étalés		*F. elatior.*
Divisions du calice étalées à la maturité		*F. vesca.*
Divisions du calice appliquées sur le fruit		*F. collina.*

1. F. VESCA L. (*F. comestible*). Tiges munies de rejets stolonifères, hautes de 2 à 3 décim. Feu. ternées, à fol. ovales, dentées, plissées, soyeuses en-dessous. *Poils des pétioles étalés. Pédonc. à poils appliqués. Divis. du cal. étalées, réfléchies* à la maturité du fruit. ♃. P. TC. Bois, haies et coteaux.

On cultive un grand nombre de variétés de cette espèce et de la *F. ananas* (*F. grandiflora* Ehrh.), à cause de leurs fruits d'une saveur si justement recherchée. Cette dernière espèce se trouve assez souv. dans des haies et sur des coteaux ; mais toujours dans le voisinage de quelques jardins d'où elle a dû provenir.

2. F. COLLINA Ehrh. (*F. des collines*). Cette espèce, très-voisine de la précéd., en diffère par les *divis. du cal. appliquées sur le fruit* à la maturité, et par

ses *pédonc. grêles*. Les poils des pétioles sont étalés et ceux des pédonc. appliqués. *Les fruits sont dépourvus de carpelles à leur base.* ♃ P. R. Pelouses des coteaux, bois découverts. Neufmarché-en-Lions (Seine-Infér.).

3. P. ELATIOR *Ehrh.* ; *F. magna* Thuill. *(E. élevé).* Tiges hautes de 2 à 4 décim. Feu. ternées, amples, à fol. largem. dentées. *Pétioles et pédonc. couverts de poils étalés.* Fl. blanches assez grandes, souvent stériles par avortement. ♃ P. R. Bois et coteaux ombragés. Cherbourg, Falaise, Alençon.

V. COMARUM. *L.* *(Comaret).* Cal. à 10 divis. colorées, dont 5 alternativement plus petites. Pét. 5, *oblongs, aigus,* plus courts que le cal. *Styles marcescents.* Carpelles secs, placés sur un *réceptacle* persistant, *spongieux.* — *Fl. d'un pourpre foncé.*

1. C. PALUSTRE *L. Potentilla comarum* Scop. *(C. des marais).* Tiges couchées à la base, redressées, hautes de 3 à 4 décim. Feu. pétiolées, ailées, à 5 ou 7 fol. lancéolées, fortem. dentées, blanchâtres en-dessous. Fl. terminales, d'un pourpre-noirâtre. Cal. rougeâtre. ♃ E. AC. Marais tourbeux. Rouen, le Havre, Briouze, Domfront, Vire, marais d'Auge, Alençon, Cherbourg, etc.

VI. POTENTILLA *L.* *(Potentille).* Cal. à tube concave, à 8 ou 10 divis. dont 4 ou 5 alternativement plus petites et placées en-dehors. Pétales 4 à 5. Etam. nombreuses. *Styles caducs.* Carpelles lisses, durs, réunis sur un *réceptacle* persistant, sec et velu. — *Fl. jaunes ou blanches.*

1	Fleurs blanches		2.
	Feurs jaunes		3.
2	Folioles dentées sur tout leur contour	*P. fragariastrum.*	
	Folioles dentées seulement au sommet	*P. Vaillantii.*	
3	Feuilles ailées	*P. anserina.*	
	Feuilles digitées ou palmées		4.
4	Feuilles vertes, des deux côtés		5.
	Feuilles blanches, tomenteuses en-dessous	*P. argentea.*	
5	Calice à 8 divisions		6.
	Calice à 10 divisions		7.
6	Tige dressée ; feuilles sessiles	*P. tormentilla.*	
	Tige couchée ; feuilles pétiolées	*P. procumbens.*	
7	Tiges droites	*P. recta.*	
	Tiges couchées ou rampantes		8.
8	Tiges couchées, étalées en touffe	*P. verna.*	
	Tiges simples, longuement rampantes	*P. reptans.*	

Fleurs blanches.

1. P. VAILLANTII *Nestl.* ; *P. alba.* Fl. norm., éd. 2. *(P. de Vaillant).* Tiges faibles, étalées, rameuses. Feu. digitées, à 3 ou 5 fol. ovales-oblongues, *dentées au sommet,* soyeuses-*blanchâtres* en-dessous. Pétioles très-hérissés de longs poils mous. Fl. blanches, de 5 pétales cordiformes, *plus grands que le cal.* Stip. aiguës. ♃ P. R. Bois, et lieux sablonneux. Houlbec-Cocherel (M. F. Petit). Quillebœuf, St.-Laurent (Eure).

2. P. FRAGARIASTRUM *Ehrh.* ; *P. fragaria* Poir.; *Fragaria sterilis* L. *(P. fraisier).* Tiges couchées, stolonifères, étalées, rougeâtres, redressées. Feu. à 3 fol. ovales, *dentées sur tout leur contour,* velues, mais *non blanchâtres* en-dessous. Fl. blanches, à *pétales égaux au cal.* Stip. obtuses. ♃ Pl. 2. TC. Bois et bords des chemins.

**** *Fleurs jaunes*.**

3. P. REPTANS. *L.* (*P. rampante*). Vulg. *Quinte-feuille*. *Tiges rampantes,* émettant de longs rejets. Feu. pétiolées, digitées, à 5 ou 7 fol. cunéiformes, dentées, pubescentes en-dessous. Fl. solitaires, axillaires, portées sur des pédonc. *plus longs que les feu.* Pétales cordiformes. ♃. E. TC. Pelouses et bords des chemins.

Var. *b. sericea.* Tiges et feu. couvertes de longs poils soyeux. Les Terriers, près de Caen.

4. P. VERNA *L.* (*P. printaniere*). *Souche ligneuse, rameuse. Tiges couchées, étalées,* rameuses, velues. Feu. digitées, à 5 fol. cunéiformes, profondément dentées au sommet, velues. Fl. en panicule pauciflore, terminale. Pétales obcordés, un peu plus longs que le cal. ♃. P1. C. Coteaux secs. Falaise, Alençon, etc. Refleurit quelquefois à d'automne (*P. serotina* Vill.).

5. P. ARGENTEA *L.* (*P. argentée*). Tiges rameuses, ouvertes, velues, blanchâtres. Feu. palmées à 5 fol. cunéiformes, étroites, incisées, comme pinnatifides, *blanches en-dessous.* Fl. petites, en corymbe. Pétales ovales. ♃. E. C. Lieux secs et montueux, coteaux, parmi les rochers et sur les murailles.

6. P. RECTA *L.* (*P. droite*). *Tige droite,* cylindrique, velue, haute de 4 à 6 décim. Feu. digitées, à 5 ou 7 fol. lancéolées, dentées en scie, velues. Stipules linéaires, incisées, pinnatifides. Fl. *terminales, en corymbe,* portées sur des pédonc. ramassés ou solitaires, dans les bifurcations de la tige. ♃. E. R. Lieux secs. Caudebec ; Mouen, près de Caen ; Clécy (Calvados).

7. P. ANSERINA *L.* (*P. Anserine*). Vulg. *Argentine*. Tiges grêles, traçantes, velues. *Feu. pinnées,* de 15 à 17 fol. ovales-oblongues, rapprochées, dentées, alternativement grandes et petites, velues, *soyeuses,* surtout en-dessous. Fl. solitaires, portées sur un long pédonc. radical. Pétales larges et obtus. ♃. E. TC. Lieux humides et bords des chemins.

8. P. TORMENTILLA *Abbot.*, *Tormentilla erecta* L. (*P. Tormentille*). Racine épaisse, noirâtre. *Tiges faibles, redressées,* dichotomes, poilues. *Feu. sessiles à* 3 *folioles,* lancéolées, incisées, dentées ; les infér. quelquefois à 5 fol. et pétiolées. Fl. jaunes à 4 *pétales* cordiformes, solitaires, portées sur de longs pédoncules placés dans les bifurcations des tiges. Cal. à 8 *lobes, dont 4 extér. plus petits. Carpelles lisses.* ♃. P—E. C. Bois et pelouses.

Cette plante présente un grand nombre de formes qui sembleraient devoir la réunir à l'esp. suivante, si les carpelles n'étaient pas lisses. On trouve des individus ayant les feu. presque toutes pétiolées, mais à fol. plus étroites que dans le *P. procumbens.* J'ai rencontré des échantillons à fleurs pentamères.

9. P. PROCUMBENS *Sibth.*, *P. nemoralis* Nestl. (*P. tombante*). Cette esp. diffère de la précéd. par *ses longues tiges couchées,* quelquefois *radicantes aux nœuds supérieurs;* par ses feu. *pétiolées,* dont les infér. *quinées* à fol. *obovales-oblongues,* et par ses *carpelles striés-ridés ou tuberculeux.* Fl. le plus souv. tétramères. ♃. E—A. PC. Lieux pierreux, champs et bords des chemins. Alençon, Argentan, Domfront, Vire, St.-Lo, Cherbourg, Valognes, Vernon, etc.

Le *P. mixta* Nolte est une forme non constante de cette espèce, se rapprochant de la précéd. ; ses feu. sont le plus souv. ternées, et ses tiges non radicantes. Alençon, Vernon, Cherbourg.

VII. AGRIMONIA *L.* (*Aigremoine*). *Cal.* turbiné , 5-fide , *hérissé en-dehors de pointes droites ou crochues.* Pétales 5. Etam. 12 à 20. Carpelles 1 à 2 , entourés par le cal. qui simule une capsule hérissée. — *Fleurs jaunes.*

1 { Epines du calice fructifères , étalées . . . . *A. Eupatoria.*
{ Epines du calice fructifères , crochues . . . . *A. odorata.*

1. A. EUPATORIA *L.* (*A. Eupatoire*). Tige de 4 à 6 décim. , effilée , velue , le plus souv. simple. Feu. ailées , de 7 à 9 fol. ovales-oblongues , dentées , entremêlées de quelques autres plus petites. Fl. jaunes , en long épi grêle. Fruit sillonné , couvert extérieurem. *d'épines très-étalées.* ♃. E. TC. Pelouses, bords des chemins , bois découverts.

Var. *b. sepium.* Tige élevée , rameuse. Fol. larges. Cette var. ressemble à l'espèce suivante ; mais elle n'est pas munie sur ses feu. de poils glanduleux , et les épines du fruit ne sont pas recourbées. Les dents de ses feuilles sont plus larges , moins aiguës. Haies et bois couverts.

2. A. ODORATA. *Mill.* (*A. odorante*). Tige de 6 à 10 décim. , rameuse , velue. Feu. ailées , interrompues , à fol. larges , ovales-lancéolées , largem. dentées ; parsemées de *poils glanduleux , brillants , odorants.* Fl. jaunes en grappe droite. Fruit sillonné jusqu'au milieu , couvert en-dehors d'épines recourbées. ♃. E. R. Environs de Domfront (le D͏ͬ. Perrier). Cette esp. a été souv. confondue avec la var. *b.* de la précéd. , qui est beaucoup plus commune.

VIII. SPIRÆA *L.* (*Spirée*). Cal. 5-fide , persistant , *sans calicule.* Etam. nombreuses , Styles 3 à 12. Carp. 1-3-spermes , bivalves , *soudés par le côté interne.* — *Fleurs blanches.*

1 { Folioles larges et dentées . . . . *S. ulmaria.*
{ Folioles étroites et pinnatifides. . . . . *S. filipendula.*

1. S. ULMARIA *L.* (*S. Ulmaire*). Vulg. *Reine-des-prés.* Tiges rameuses , hautes de 6 à 12 décim. Feu. ailées , à *fol. ovales* , blanchâtres en-dessous , la terminale plus grande et 3-lobée. Fl. blanches en panicule rameuse , odorantes. Carpelles *glabres , contournés.*
Var. *b. denudata* Cambess. Feu. vertes en-dessous.
♃. E. TC. Bois et prés humides

2. S. FILIPENDULA *L.* (*S. filipendule*). *Racine tubéreuse* , fasciculée. Tige haute de 3 à 6 décim. Feu. *pinnatifides , à fol. lancéolées , étroites* , dentées-incisées. Fl. blanches en corymbe lâche. *Carpelles velus , droits.* ♃. E. C. Bois et coteaux secs des terr. calc. Rouen , Caen , Falaise , etc.

Le *L. hypericifolia* L. , remarquable par ses longs rameaux florifères et qui est fréquemment cultivé dans les bosquets , est naturalisé en haies dans quelques points des environs de Falaise et près de Chamboy (Orne).

XXXIVͤ. FAM. ONAGRARIÉES. *Juiss.*

Cal. 1-sépale , à *tube adhérent à l'ovaire infér.* , 2 à 5-fide , le plus souvent 4-fide. Pétales 2 à 4 , quelquefois nuls. Etam. en nombre égal ou double des pétales. Style unique , à stigm. simple ou 4-fide. Caps. multiloculaire , polysperme.

1 { Deux étamines . . . . CIRCÆA (IX.)
{ Quatre étamines ou plus . . . . 2.

2 { Quatre étamines . . . . 3.
  { Huit étamines . . . . 4.
3 { Feuilles flottantes, triangulaires dentées . . . . TRAPA. (v.)
  { Feuilles ovales, entières . . . . ISNARDIA. (vii.)
4 { Fleurs jaunes; graines non couronnées de poils . . ŒNOTHERA. (ii.)
  { Fleurs roses ou blanchâtres; gr. couronnées de poils soyeux. EPILOBIUM. (i.)

I. EPILOBIUM *L* (*Epilobe*). Cal. à 4 divis. terminant un long tube 4-gone. Cor. de 4 pét. Étam. 8. Style 1, à 4 stigmates étalés en croix ou rapprochés. Capsule linéaire, à 4 angles obtus, à 4 valves et à 4 loges polyspermes. *Semences couronnées par une aigrette soyeuse.* — Feu. opposées ou alternes; fleurs plus ou moins roses.

1 { Pétales entiers; styles et étam. réfléchis-arqués . . . . *E. spicatum.*
  { Pétales échancrés; styles et étam. droits . . . . 2.
2 { Stigmates fendus en croix . . . . 3.
  { Stigmates rapprochés en massue . . . . 7.
3 { Fleurs grandes; feuilles à base un peu décurrente . . . *E. hirsutum.*
  { Fleurs petites; feuilles non décurrentes . . . . 4.
4 { Feuilles mollement pubescentes . . . . *E. parviflorum.*
  { Feuilles glabres ou à peine velues . . . . 5.
  { . . . . 6.
5 { Feuilles arrondies à la base . . . . *E. lanceolatum.*
  { Feuilles atténuées à la base . . . . *E. Duriæi.*
6 { Sépales linéaires, aigus . . . . *E. montanum.*
  { Sépales lancéolés subobtus . . . . 8.
7 { Tige chargée de 2 ou 4 lignes opposées, saillantes . . . *E. palustre.*
  { Tige cylindrique sans lignes saillantes . . . . *E. roseum.*
8 { Feuilles longuement pétiolées . . . . 9.
  { Feuilles sessiles ou à pétiole très-court . . . . *E. tetragonum.*
9 { Feuilles un peu décurrentes à la base . . . . *E. obscurum.*
  { Feuilles non décurrentes

** Pétales entiers; étamines inclinées.*

1. E. SPICATUM *Lam.* (*E. en épi*). Vulg. *Laurier Saint-Antoine.* Tige droite, simple, rougeâtre, cylindrique. Feu. lancéolées, allongées, sessiles, entières, veinées, glabres, éparses. Fl. d'un rose vif, *grandes*, en épi terminal. Pédoncules longs, munis d'une bractée à la base. ♃. E2. —3. PC. Bois frais et découverts. Caen, Falaise, Valognes, Mortain; la Trappe, Messey (Orne).

*** Pétales échancrés; étamines droites.*

2. E. HIRSUTUM *L.* (*E. velu*). Tige droite, rameuse, velue, haute de 5 à 15 décim. Feu. opposées, alternes dans le haut, lancéolées-oblongues, amplexicaules, irrégulièrement dentées, velues. Fl. purpurines, *larges*, terminales et nombreuses. *Cal. à divis. mucronées.* Stigm. 4-fide. ♃. E. C. Bords des eaux.

3. E. PARVIFLORUM *Schreb.*, *E. molle* Lam. (*E. à petites fleurs*). Tige peu rameuse, velue, haute de 4 à 8 décim. Feu. le plus souv. opposées, sessiles, lancéolées, denticulées, *molles et velues*, blanchâtres. Fl. rosées, petites, terminales. Stigm. 4-fide. *Cal. à divis. mutiques.* ♃. E. C. Lieux humides.

Var. *b.* *E. intermedium* Mér. Tige rameuse; feu. alternes, vertes; fl. un peu plus grandes.

4. E. MONTANUM *L.* (*E. des montagnes*). Tige de 2 à 6 décim., simple ou peu rameuse, *cylindrique*, couverte d'un duvet court. *Feu. ovales-lan-*

céolées, arrondies à la base, brièvement pétiolées, inégalement denticulées, minces, luisantes, le plus souv. *glabres*, opposées dans le bas. Fl. petites, roses. *Sépales lancéolés, subobtus. Stigm.* 4, *étalés.* ♃. E. C. Bois, coteaux et lieux cultivés.

Var. *b. verticillatum* Coss. et Germ. Feu. verticillées par trois. Valognes, Lisieux; Mesnilglaise (Orne).

5. **E. LANCEOLATUM** *Sebast. et Maur.* (*E. lancéolé*). *Tige* de 2 à 4 décim., cylindrique, pubérulente, simple ou rameuse dès la souche, garnie de petits rameaux feuillés dans les aisselles des feu. *Feu. lancéolées*, à peine dentées, distinctement *pétiolées.* Fl. penchées avant l'anthèse, d'abord blanches, ensuite roses. *Sépales aigus, mutiques. Stigm.* 4, *étalés.* ♃. E. PC. Coteaux arides des terr. schisteux, bords des chemins. La Forêt-Auvray, Mesnilglaise (Orne); Falaise, Mesnil-Vilment, Iles-Bardel (Calvados).

Les feu. primordiales sont étalées en rosette sur le sol et non imbriquées comme celles de l'*E. montanum*.

6. **E. DURIÆI** *Gay.* (*E. de Durieu*). *Tige* de 1 à 4 décim., à *base oblique et radicante*, redressée, simple ou peu rameuse, à pubescence courte, crépue. Feu. lancéolées, arrondies à leur base, à pétiole court, opposées, minces et dentées. Fl. roses, penchées avant l'anthèse, assez grandes. *Sépales linéaires, aigus. Stigm.* 4, *étalés.* ♃. E. R. Lieux montueux et cultivés. Argentan.

7. **E. PALUSTRE** *L.* (*E. des marais*). *Tige* de 2 à 6 décim., droite, cylindrique, simple ou peu rameuse, couverte d'un duvet très-court qui se retrouve sur les bords et les nervures des feu. *Feuilles* opposées, *sessiles, linéaires*, dressées, *presque entières*, à bords roulés. Fl. petites, d'un rose-pâle. *Stigm. en massue.* ♃. E. PC. Marais tourbeux. Rouen, Vire, Falaise, Cherbourg; Alençon, St.-Bomer, Camembert (Orne) etc.

Var. *b. pubescens* Coss. et Germ., *E. simplex* Trait. Tige simple, couverte d'une pubescence courte, étalée. Falaise, Lisieux, Alençon.

8. **E. TETRAGONUM** *L.* (*E. tétragone*). *Tige* droite, haute de 4 à 8 décim., légèrement *tétragone* dans le bas, *presque glabre*. Feu. linéaires-lancéolées, à dents inégales et écartées, sessiles, formant les angles de la tige par une *légère décurrence glabre.* Fl. roses petites, axillaires et terminales. *Stigm. entier, en massue.* ♃. E. AC. Bords des fossés, bois humides.

Var. *b. E. virgatum* Fries. Tige plus grêle, un peu pubérulente; pétioles à la base des feu. prolongées en deux lignes, se réunissant en une seule de chaque côté de la tige. Falaise, Lisieux, Valognes.

Quelques auteurs regardent cette var. comme appartenant à l'espèce suivante. Elle me semble s'en distinguer par ses feu. courtes, sessiles.

9. **E. OBSCURUM** *Schreb.* (*E. obscur*). *Tige* de 1 à 6 décim., radicante à la base, redressée, simple ou peu rameuse, pubérulente, *chargée de 2 ou 4 lignes peu saillantes.* Feu. lancéolées, atténuées en pétiole, opposées, à dents écartées. *Fl.* roses, *toujours dressées.* Stigm. rapprochés en massue, ♃. E. R. Lieux frais, bords des fossés. Falaise.

10. **E. ROSEUM** *Schreb.* (*E. rose*). Tige droite, un peu radicante à la base, rameuse et pubescente au sommet, haute de 3 à 6 décim. *Feu. pétiolées, glabres, oblongues, atténuées à leur base*, inégalem. dentelées; les inférieures opposées. Fl. petites, d'un rose pâle. *Stigm. en massue.* ♃. E. PC.

Haies, buissons humides, fossés, bords des eaux. Lisieux, Falaise; Alençon, la Ferté-Macé (Orne), etc.

II. **ŒNOTHERA** *Linn.* (*Onagre*). Cal. allongé, cylindrique, 4-fide. Cor. de 4 *pétales*. *Étam.* 8, à pollen visqueux. Caps. infère, légèrement tétragone, 4-valve, à 4 loges polyspermes. *Semences nues, non aigrettées.*

1. Œ. BIÉNNIS *L.* (*Œ. bisannuel*). Tige droite, rameuse, velue. Feu. lancéolées, atténuées en pétiole, denticulées, un peu velues. Fl. jaunes, larges, axillaires, sessiles, odorantes, formant un épi terminal. ♂. E. PC. Landes et taillis humides. Jumièges, près de Rouen; Verneuil, Gisors, Mouen, Sallenelles, près de Caen; Alençon, etc.

III. **ISNARDIA** *L.* (*Isnardie*). Cal. campanulé, 4-fide. Cor. nulle. Étam. 4. Style 4, filiforme. Stigm. capité. Caps. ovoïde, tétragone, 4-valve, à 4 loges polyspermes.

1. I. PALUSTRIS *L.* (*I. des marais*). Tiges couchées à la base, radicantes, rougeâtres, peu rameuses. Feu. opposées, ovales-arrondies, à courts pétioles. Fl. petites, sessiles, verdâtres, solitaires et axillaires. ♃. E. PC. Marais et fossés inondés. Rouen, Bayeux, Vire, marais Vernier, St.-Lô; Alençon, Briouze, Rasnes (Orne), etc.

IV. **CIRCÆA** *L.* (*Circée*). Cal. court, à limbe 2-fide, caduc. Cor. de 2 pét. *cordiformes*. Étam. 2, alternes avec les pét. Stigm. échancré. Caps. ovale, couverte de *poils crochus*, 2-valve, à 2 loges polyspermes.

1. C. LUTETIANA *L.* (*C. parisienne*). Vulg. *Herbe-aux-magiciennes*. Tige droite, peu rameuse, velue. Feu. opposées, pétiolées, ovales, pointues, presque glabres, denticulées. Fl. blanches, ponctuées de rouge, en grappe terminale. Pédonc. velus et renversés après la floraison. ♃. E. C. Bois et lieux cultivés couverts.

V. **TRAPA** *L.* (*Macre*). Cal. tubuleux, 4-fide. Pét. et étam. 4. Style 1, à stigm. échancré. Fruit à 2 loges, dont une avorte, 1-sperme, coriace, terminé par 2 à 4 *cornes dures et épineuses* formées par les divisions du calice.

1. T. NATANS *L.* (*M. nageante*). Vulg. *Châtaigne d'eau*. Tige longue, submergée, terminée par une rosette de feu. nageantes, rhomboïdales, dentées en avant, glabres en-dessus, velues en-dessous, portées sur de longs pétioles souv. renflés-vésiculeux au milieu. Les feu. submergées sont capillaires. Fl. petites, verdâtres, axillaires. Fruits (*noix*) noirs, cornés, remplis d'une pulpe farineuse. ♃. E. R. Étangs et fossés. St.-Hilaire-du-Harcouet (Manche); Eu (le colonel Debooz); canton de Passais (Orne). Le Dr. Perrier.

Le fruit de la macre est comestible; son goût est à peu près celui de la châtaigne.

XXXVe. FAM. HALORAGÉES. *Rob. Brown.*

Cal. adhérent, 4-sépale, à limbe divisé ou nul. Pétales 4, insérés au sommet du cal. Étam. en nombre égal ou double des div. du cal. Ovaire à 4 loges. Style nul. Stigm. 4, gros, papilleux. Semences renversées dans les loges ; périsperme charnu, entourant un embryon droit.—*Herbes aquatiques à feu. opposées ou verticillées.*

I. MYRIOPHYLLUM *L.* (*Myriophylle*). *Fl. le plus souv.* monoïques. Cal. à 4 divis. Pétales 4, caducs, nuls dans les fl. fém. Fleurs mâles : étam. 8, à longs filets. Fl. fém. inférieures, à stigm. 2 à 4, sessiles, velus. Fruits (*noix*) 2 à 5, coriacés, globuleux, monospermes.

1 { Epis accompagnés de feuilles ; fleurs axillaires . . . . *M. verticillatum.*
{ Epis grêles, sans feuilles. 2
2 { Epis droits, à fleurs verticillées . . . . *M. spicatum.*
{ Epis d'abord penchés, à fleurs alternes . . . . . *M. alterniflorum.*

1. **M. SPICATUM** *L.* (*M. en épi*). Tiges flottantes, longues, rameuses. Feu. verticillées, pinnées, pectinées, à divis. capillaires opposées. Fl. verdâtres ou rougeâtres *verticillées*, en *épi interrompu ; non foliacé* et élevé au-dessus de l'eau. ℔. E. C. Etangs et fossés.

2. **M. ALTERNIFLORUM** *DC.* (*M. à fl. alternes*). Diffère du précédent par ses feu. à divisions plus déliées et alternes et par ses épis grêles, composés de fl. peu nombreuses et *toujours alternes.* ℔. E. R. Ruisseaux et fossés. Alençon, Bernay, Falaise, Vire, Mortain, Valognes, Cherbourg ; Crouptes (Orne), etc.

3. **M. VERTICILLATUM** *L.* (*M. verticillé*). Cette espèce a le port des précédentes, mais ses feuilles pectinées, à divis. capillaires opposées, s'étendent jusqu'au sommet de la tige, de sorte que les fl. (*verdâtres*) sont verticillées à l'aisselle des feu. super.

Var. *b. M. pectinatum* DC. Feu. florales très-courtes, à segments rapprochés, dépassant peu les fleurs. Marais Vernier (Eure) ; Percy (Calv.)

Var. *c. M. limosum* Hect. Tiges simples, courtes ; feu. pectinées, à divis. linéaires n'atteignant pas tout-à-fait la nervure médiane. Fossés exondés. St.-Pierre-sur-Dive.

℔. E. C. Etangs, rivières.

XXXVIᵉ. FAM. LYTHRARIÉES. *Juss.*

Cal. 1-sépale, tubuleux, libre, persistant, ayant de 6 à 12 dents. Pétales 6, insérés au sommet du cal. et alternes avec ses divis. Etam. 6 à 12, attachées au milieu du calice. Ovaire libre. Style filiforme, à stigm. capité. Caps. à 1 ou 2 loges, entourée ou cachée par le cal. Semences nombreuses sans périsperme, insérées sur un placenta central.

1 { Cal. tubuleux, longuement dépassé par les pétales . . . LYTHRUM. (i.)
{ Cal. campanulé portant des pétales caducs très-petits . . PEPLIS. (ii.)

I. LYTHRUM *L.* (*Salicaire*). *Cal.* cylindrique, strié, ayant 6 à 12 dents dont 4 à 6 alternativement plus petites. Pét. 5 à 6. Etam. 6 à 12. *Style filiforme.* Caps. oblongue, 2-loculaire, polysperme, cachée par le cal.

1 { Fleurs verticillées en épi . . . . *L. salicaria.*
{ Fleurs solitaires à l'aisselle des feuilles . . . . *L. hyssopifolium.*

1. **L. SALICARIA** *L.* (*S. commune*). Tige droite, haute de 3 à 15 décim. ferme, 4-angulaire, rameuse et velue au sommet. Feu. lancéolées-allongées,

cordiformes, amplexicaules, *opposées* ou quelquefois verticillées par 3 ou 4, pubescentes en-dessous. Fl. rouges en longs épis terminaux. Etam. 12 et plus. *Cal. coloré, pubescent.* ♃. E. TC. Bords des eaux.

Var. *b. alternifolium* Lorr. Feu. alternes, au moins les super.

Var. *c. pubescens* Goss. et Germ. Plante très-pubescente.

2. L. HYSSOPIFOLIUM L. (*S. à feu. d'hysope*). Tige redressée, haute de 1 à 4 décim., peu rameuse, glabre. *Feu.* linéaires, *éparses, alternes,* quelquefois opposées dans le bas, entières, obtuses. Fl. petites, rougeâtres, le plus souv. solitaires dans les aisselles des feu. supérieures, presque ses-siles. *Cal. glabre.* Caps. cylindrique, redressée. ◉. E. PC. Lieux humides, fossés. Rouen, Caen, Orbec, Argentan, Alençon, Falaise ; Pontorson, Flamanville, St.-Pierre-Eglise (Manche), etc.

Var. *b. geminiflorum* Lebel. Fl. géminées dans chaque aisselle. Yvetot, près de Valognes (Manche). —

II. PEPLIS *L.* (*Péplide*). *Cal.* campanulé, à 12 divis. dont 6 plus courtes, ouvertes. Pétales 6, petits, quelquefois nuls. Etam. 6, alternant avec les pétales. Style 1. Caps. arrondie, 2-loculaire, polysperme.

) | Feuilles le plus souvent opposées; style presque nul . . . *P. portula.*
) | Feuilles le plus souvent alternes; style distinct . . . . *P. Borœi.*

1. P. PORTULA *L.* (*P. Pourpier*). Tige de 1 à 2 décim. couchée à la base, radicante, rougeâtre, rameuse, glabre. *Feu. opposées,* rarem. altern., pe-tites, arrondies, élargies, comme spatulées au sommet, glabres. Fl. axillaires, solitaires, sessiles ; pétales rosés, souv. nuls. *Calice à tube court, évasé. Style très-court.* ◉. E. C. Bords des eaux, mares et fossés à demi-desséchés.

Par une exception assez rare, on rencontre quelquefois des individus de cette plante dont les feu. sont alternes et qui semblent ainsi appartenir à l'espèce suiv. Mais on n'y remarque pas la pubérulence assez caractéris-tique du *P. Borœi*, ni le style à stigmate capité qui distingue cette dernière espèce.

La forme à feuilles alternes (var. *alternifolia*) a été trouvée près d'Alen-çon et de Mortain.

2. P. BORŒI *Jord., Ammania Borœi* Guép. (*P. de Boreau*). Plante plus petite que la préced., couverte d'une *pubérulence courte,* rougeâtre. *Feu.* le plus souv. *alternes,* les infér. quelquefois opposées, obovales, obtuses, légèrem. ciliées. Fl. solitaires, axillaires, à pétales rouges, souv. caducs. *Style distinct., à stigm. capité.* ◉. E2. A1. R. Bord des eaux. Étang de Vrigny, près d'Argentan (M. l'abbé Chichou).

XXXVIIe. FAM. TAMARISCINÉES. *Desv.*

Cal. persistant, à 4 à 5 divis. Pétales en nombre égal aux lobes du cal., alternes avec eux, et insérés à la base du cal. Etam. 4 à 10. Ovaire libre, 3-gone. Style 1., à 3 stigm. Caps. 3-gone, 3-valve, 1-loculaire, polysperme. Semences chevelues, attachées à des placentas placés au milieu de chaque valve ou à la base.

I. TAMARIX *L.* (*Tamarix*). Etam. 4 à 5. Stigm. 3, étalés au sommet.

Semences couvertes d'un duvet laineux et attachées à la base des valves. Voir les autres caractères de la famille.

1. T. ANGLICA *Webb.* Ann. sc. nat. 1841 (*T. Anglais*). Arbrisseau de 2 à 3 mètres, à rameaux rougeâtres, effilés, flexibles. Feu. très-petites, courtes, pointues, imbriquées et rapprochées sur les jeunes pousses. Fl. blanches ou rosées en épis linéaires, serrés, latéraux. Disque à 5 angles confondus avec la base des étam. Anthères ovales. Caps. lagéniforme. ♄. P.—A. C. Bords des fossés des prés maritimes du Calvados et de la Manche. Au Havre. Planté souvent en haie.

M. Web. (l. c.) a fait voir que cet arbuste était une espèce distincte du *T. gallica* L., avec lequel il a été long-temps confondu. Celui-ci est un arbrisseau méditerranéen qui diffère princip. du nôtre par son disque à 10 angles, ses anthères cordiformes et sa caps. pyramidale.

XXXVIIIe. FAM. PORTULACÉES. *Juss.*

Cal. 2-sépale ou ayant 2 à 3 divis. Cor. monopétale ou de 5 pétales insérés à la base du cal., quelquefois nulle. Etam. 3 à 12. Ovaire le plus souvent libre. Style 1 ou nul, portant de 3 à 6 stigm. Caps. 1-loculaire, renfermant plusieurs ovules insérés sur des placentas centraux. Périsperme farineux.

1 { Capsule s'ouvrant en travers ; fleurs jaunâtres . . . . PORTULACA. (i.)
  { Caps. trivalve; fleurs blanches . . . . MONTIA. (ii.)

I. PORTULACA *L.* (*Pourpier*). Cal. persistant, comprimé, bifide au sommet. *Pét.* 5. Etam. 6 à 12. *Style court, fendu en 5 stigm.* Caps. 1-loculaire, polysperme, *s'ouvrant en travers* (*Pyxide*). Placentas 5, centraux.

1. P. OLERACEA *L.* (*P. cultivé*). Plante charnue, glabre, à tige rameuse, couchée. Feu. cunéiformes, épaisses, succulentes, alternes. Fl. jaunâtres, sessiles, en paquets terminaux. ☉. E. Lieux cultivés. Assez commun sur les fumiers déposés dans les champs.

Le pourpier, regardé comme rafraîchissant, se mange en salade.

II. MONTIA *L.* (*Montie*). Cal. persistant, 2 ou 3-fide. *Cor. monopét.* à 5 divis. dont 3 plus petites, alternes et staminifères. Etam. 3 ou 5. *Style à 3 stigm.* Caps. 1-loculaire, 3-*valve*, 5-sperme.

1 { Plante vivace; fleurs en cymes terminales . . . . . . *M. rivularis.*
  { Plante annuelle; fleurs en cymes latérales . . . . . . *M. minor.*

1. M. MINOR *Gmel., Koch.*; *M. aquatica minor* Micheli (*M. petite*). *Tige dressée, à rameaux étalés*, haute de 3 à 8 centim. *Feu.* opposées, oblongues-spatulées, entières, *devenant promptement jaunâtres.* Fleurs blanches en *cymes presque toujours terminales*, munies à leur base d'une *bractée scarieuse, ovale, apiculée, opposée à une feuille. Graines fortem. tuberculeuses.* ☉. P. C. Champs humides et sablonneux, lieux qui ont été inondés.

2. M. RIVULARIS *Gmel., Koch.*; *M. aquatica major* Micheli (*M. des ruisseaux*). Cette espèce, qui est *vivace*, se distingue en outre de la précédente par ses *tiges flottantes, molles, allongées, radicantes*, par ses feu. vertes et ses fl. en *cymes toutes latérales naissant d'un nœud pourvu de*

deux feuilles opposées. Ses graines sont plus luisantes , chagrinées. ♈. E.
A. C. Sources et ruisseaux d'eau vive. Falaise , Vire, Domfront , Séez,
Mortain ; falaises de Flamanville et de Gréville (Manche), etc.

XXXIXe. FAM. PARONYCHIÉES. *St.-Hil.*

Cal. 1-sépale , 4 ou 5 fide ou à sép. plus ou moins soudés à la base.
Pét. 5 , squammiformes , ou filiformes , semblables à des étam. avortées
(quelquefois nuls), insérés sur le cal. entre les divis. Etam. 3 à 10. Ovaire
libre. Styles 2 à 3 , distincts ou plus ou moins soudés. Caps. tantôt indéhiscente et 1-sperme , tantôt 3-valve et polysperme. Périsperme farineux.
— *Plantes à tiges herbacées , étalées ou couchées.*

1	Feuilles verticillées par 4 . . . . POLYCARPON. (iv.)	
	Feuilles opposées ou alternes	2.
2	Feuilles alternes . . . . CORRIGIOLA. (i.)	
	Feuilles opposées	3.
3	Pétales nuls . . . . SCLERANTHUS. (v.)	
	Pétales squammiformes	4.
4	Fleurs blanches . . . . ILLECEBRUM. (iii.)	
	Fleurs verdâtres . . . . HERNIARIA. (ii.)	

I. **CORRIGIOLA** L. (*Corrigiole*). Cal. persistant , à 5 divis. Pétales 5 ,
à peu près égaux au cal. ; étam. 5, aussi périgynes. Style court , à 3
stigm. Caps. 1-sperme , *3-valve , souvent indéhiscente* , triquètre.

1. c. LITTORALIS *L.* (*C. des rivages*). Tiges rameuses, filiformes, couchées. Feu. lancéolées-oblongues , petites , glauques , entières , alternes ,
munies à leur base de petites stip. scarieuses. Fl. blanches , très-petites , ramassées en bouquets serrés et terminaux. Cal. rougeâtre et membraneux
sur les bords. ⊙. E. PC. Champs sablonneux , bords des chemins , sables
maritimes. Falaise ; Condé-sur-Noireau , Domfront , Alençon , Randonnay
(Orne) ; Barfleur ; Mouen , près de Caen , etc.

II. **HERNIARIA** *L.* (*Herniaire*). Cal. 5-fide. *Pétales* 5 , *filiformes.*
Etam. 5 , alternes avec les pét. et avortant quelquefois. Styles 2. Caps.
1-sperme , *indéhiscente* , cachée par le cal. Semences réniformes , d'un
pourpre foncé et brillantes.

1. H. VULGARIS *Spreng.* (*H. commune*). Tiges couchées , très-rameuses.
Feuilles petites , ovales-arrondies , opposées , sessiles , stipulées. Fl. très-
petites , agglomérées en paquets axillaires d'un vert-jaunâtre.

Var. *a. H. glabra* L. Plante glabre ou couverte de très-courtes papilles.

Var. *b. H. hirsuta* L. Plante couverte de poils qui lui donnent une couleur d'un gris-jaunâtre.

♈. E. PC. Lieux sablonneux. Rouen , Vernon , Alençon , Séez , Caen ,
Avranches , Condé-sur-Noireau , Falaise , Lisieux , Quillebœuf , Carrouges ,
Mortagne , etc.

III. **ILLECEBRUM** *L.* (*Illécèbre*). Cal. à 5 divis. profondes , renflées en-
dehors et terminées par une corne aristée. *Pét.* 5 , *squammiformes* , linéaires,
alternes avec les sép. Etam. 5. Stigm. 2 , capités , portés sur un style très-
court. Caps. 1-sperme , *5-valve* , cachée par le cal.

1. I. VERTICILLATUM *L.* (*I. verticillé*). Tiges rameuses à la base, déliées, couchées, glabres. Feu. petites, arrondies, sessiles, opposées, stipulées. Fl. d'un blanc-rosé, axillaires, verticillées; sessiles. ♃. E. PC. Lieux humides et sablonneux, bords des étangs. Vire, Argentan, Domfront; Lessay, Mortain, Villedieu (Manche), etc.

IV. POLYCARPON *L.* (*Polycarpe*). Cal. à 5 sépales plus ou moins soudés à la base, concaves, carénés, mucronés, à bords membraneux. *Pétales* 5, *échancrés*. Etam. 3 à 5. Styles 2 à 3. Caps. 1-loculaire, 3-*valve*, polysperme. Semences attachées à un placenta central.

1. P. TETRAPHYLLUM *L.* (*P. à 4 feuilles*). Tiges rameuses, faibles, couchées. Feu. ovales-obtuses, glabres, stipulées, verticillées par 4. Fl. verdâtres, nombreuses, ramassées en bouquets paniculés et terminaux. Etam. 3. ☉. E. R. Coteaux incultes et bords des champs. Rouen, Granville, Cherbourg, Jobourg, Lessay, Oissel, etc.

V. SCLERANTHUS *L.* (*Gnavelle*). Cal. en tube resserré au-dessous du limbe, qui est à 4 ou 5 divis. *Pét. nuls.* Etam. 5 à 10, insérées au sommet du cal. Caps. petite, 1-sperme, *cachée par le cal., resserré au sommet.*

1. { Divis. du cal. obtuses, à bords scarieux, blanchâtres, assez larges. S. *perennis*.
   { Divis. du cal. pointues, à peine scarieuses sur les bords   . . . S. *annuus*.

1. S. PERENNIS *L.* (*G. vivace*). Tige étalée, redressée, rameuse, couverte de quelques poils courbés vers le bas. Feu. opposées, linéaires, très-étroites, scarieuses et un peu réunies à la base, légèrem. ciliées. Fl. d'un blanc-verdâtre, en grappes axillaires et terminales. Divisions du cal. *obtuses, membraneuses, blanchâtres* sur les bords, et fermées après la floraison. ♃. E. R. Lieux secs, sablonneux et pierreux. Rochers de Perrières et de Rouvres, près de Falaise.

2. **S. ANNUUS** *L.* (*G. annuelle*). Cette espèce diffère de la précédente par ses tiges ordinairem. plus longues, plus étalées et plus velues. Les divis. calicinales sont *pointues, à peine scarieuses* et ouvertes après la floraison. ☉. E. TC. Lieux cultivés des terr. sablonneux.
Var. *b. hybernus* Reich., var. *collinus* Bréb., Fl. norm., éd. 1re. Cette variété bisannuelle, à tiges plus dressées et plus courtes, a été prise par plusieurs botanistes pour le *S. perennis* L., dont elle n'a jamais les divisions calicinales membraneuses et obtuses. ♂. PC. Les collines sèches. Falaise.

XLe. FAM. CRASSULACÉES. *DC.*

Cal. de 3 à 20 sépales plus ou moins soudés à la base. Cor. de 3 à 20 pét. (quelquefois soudés en tube) alternes avec les divis. du cal. et insérés à sa base. Etam. à filets subulés et anthères arrondies s'ouvrant par une double fissure, en nombre égal ou double de celui des pét. Ovaires en nombre égal à celui des pét., terminés chacun par un style à un seul stigm. interne et souvent pourvus d'une glande squammiforme à leur base externe. Caps. 1-loculaire, 2-valve. Semences attachées aux bords internes des valves. Périsperme charnu.—*Plantes à feu. charnues, succulentes.*

<pre>
 1 { Pétales libres . . . . 2.
   { Pétales soudés en tube . . . .   UMBILICUS. (v.)
 2 { Etam. 3 à 5 . . . . 3.
   { Plus de 5 étamines . . . . 4.
 3 { Feuilles éparses ; pétales 5 . . . .   CRASSULA. (iii.)
   { Feuilles connées à la base ; pétales 3 ou 4 . . . .   TILLÆA. (iv.)
 4 { Ecailles nectarifères, 4 à 5 entières . . . .   SEDUM. (ii.)
   { Ecailles 12 à 18, lacérées ou dentées . . . . . .   SEMPERVIVUM. (i.)
</pre>

I. SEMPERVIVUM *L.* (*Joubarbe*). Sép., pét. et ovaires au nombre de 6 à 20. Etam. en nombre double de celui des pét. Caps. 1-loculaires, polyspermes. *Ecailles* ovales-cunéiformes, *découpées* ou *dentées*.

1. S. TECTORUM *L.* (*J. des toits*). Feu. radicales en rosette, ovales-pointues, épaisses, succulentes, sessiles, glabres, ciliées ; elles émettent une tige florifère haute de 2 à 4 décim., pubescente, garnie de feu. lancéolées éparses, divisées au sommet en rameaux ouverts, chargés de fleurs rougeâtres, unilatérales et sessiles. ♃. E. C. Toits et murailles.

II. SEDUM *L.* (*Orpin*). Cal. de 4 à 8 sép. (le plus souvent 5). Pét. en même nombre. Etam. 8 à 16. *Ecailles* courtes, *entières* ou à peine échancrées, obtuses à la base des ovaires. Caps. 5, 1-loculaires, polyspermes.

<pre>
 1 { Fleurs blanches ou rouges . . . . 2.
   { Fleurs jaunes . . . . 7.
 2 { Feuilles planes, élargies. . . . . 3.
   { Feuilles étroites, souvent cylindriques . . . . 5.
 3 { Feuilles entières . . . .   S. cœpea.
   { Feuilles dentées . . . . 4.
 4 { Pétales recourbés ; ovaires marqués d'un sillon sur le dos. S. Telephium.
   { Pétales étalés ; ovaires sans sillon sur le dos . . . .   S. fabaria.
 5 { Tige glabre . . . . 6.
   { Tige pubescente-glanduleuse au sommet . . . .   S. dasyphyllum.
 6 { Feuilles cylindriques . . . .   S. album.
   { Feuilles ovoïdes-gibbeuses . . . .   S. Anglicum.
 7 { Feuilles ovoïdes . . . .   S. acre.
   { Feuilles cylindriques ou en alène . . . . 8.
 8 { Feuilles obtuses . . . .   S. sexangulare.
   { Feuilles aiguës ou cuspidées . . . . 9.
 9 { Feu. des rejets grosses, imbriquées sur 5 rangs peu réguliers. S. rupestre.
   { Feu. des rejets menues, imbriquées sans ordre . . . . 10.
10 { Base des feu. prolongée inférieurem. en éperon arrondi. . . S. reflexum.
   { Base des feu. prolongée en éperon aigu . . . .   S. elegans.
</pre>

** Fleurs blanches ou rouges.*

1. S. TELEPHIUM *L., S. purpurascens* Koch. (*O. Reprise*). Vulg. *Herbe à la coupure. Tige* de 3 à 6 décim., droite, *souv.* rougeâtre. *Feu.* larges, planes, un peu canaliculées, *ovales-oblongues*, dentées-crénelées, inégales, entières à la base ; les supérieures sessiles ; les infér. portées sur un court pétiole. Fl. rouges en corymbe serré et terminal. *Pétales ouverts, recourbés* ; ovaires marqués d'un léger *sillon dorsal.* ♃. E. C. Bois, haies, murailles et lieux rocailleux.

2. S. FABARIA *Koch* (*O. fève*). Diffère de l'esp. précéd., avec laquelle elle a de grands rapports, par ses *feu. ovales-lancéolées*, planes, dentées, *entières et en coin à la base;* par ses *pétales étalés, non recourbés* et par ses oyaires *sans sillon dorsal.* ♃. TR. Plus précoce que la précéd. Lieux pierreux et rochers. Pont-d'Ouilly; Vaux-d'Aubin, près de Guépré (Orne); bois de la Tour, près de Falaise.

3. s. CÆPEA *L.* (*O. faux Ognon*). Tiges faibles, couchées, rameuses, longues de 2 à 3 décim., pubescentes. *Feu. planes,* étroites, *lancéolées, spatulées,* éparses ou *verticillées* par 3 ou 4, très-entières. Fl. blanches, en panicule lâche. Pétales aristés. ⊙. E. PC. Murs et bords des chemins pierreux. Alençon, Evreux, Pont-Audemer, les Andelys, Gisors, etc.

4. s. ALBUM *L.* (*O. blanc*). Vulg. *Souricette, petite Joubarbe.* Tiges rameuses à la base, redressées. *Feu. cylindriques,* obtuses, charnues, éparses. Fl. blanches en cyme rameuse. ♃. E. TC. Rochers, murs et toits.

5. s. DASYPHYLLUM *L.* (*O. à feu épaisses*). Tiges rameuses, gazonnantes, *pubescentes au sommet. Feu. ovales,* obtuses, *courtes, opposées,* sessiles, glauques, un peu ponctuées. Fl. blanches, d'abord rougeâtres, en cyme lâche. Pét. souv. 6, ovales, obtus. ♃. E. R. Vieux murs. Evreux, St.-Lo, Dieppe, Falaise (*Ch. Thomine*), Valognes, etc.

6. s. ANGLICUM *Huds.* (*O. Anglais*). Vulg. *Thym-de-crapaud.* Ressemble au précédent, dont il diffère par ses *tiges glabres,* plus grêles; ses *feuilles alternes* et ses fl. à 5 pétales lancéolés, aigus. *Sép.* aigus. Fl. blanches. Filets des ét. roses. ♃. E. TC. Coteaux arides, parmi les rochers et les mousses, sur les toits. Falaise, Vire, Granville, Cherbourg, etc.

*** Fleurs jaunes.*

7. s. ACRE *L.* (*O. âcre*). Vulg. *Vermiculaire.* Tiges droites, courtes, réunies en touffes. *Feu. ovoïdes,* obtuses, courtes, un peu aplaties en-dessus, *non prolongées au-dessous du point d'intersection.* Fl. jaunes, sessiles, en cyme peu rameuse. Sép. ovales, obtus. Pét. lancéolés, acuminés. ♃. E. TC. Rochers, murs, toits et champs arides.

8. s. SEXANGULARE *L.* (*O. sexangulaire*). Tiges dressées, rameuses. *Feu. cylindriques,* linéaires, très-rapprochées, verticillées par 3 et paraissant *disposées sur 6 rangs* dans les jeunes pousses. Fl. jaunes, sessiles, peu nombreuses, en cymes 2-3-furquées. Sép. lancéolés, obtus. ♃. E. R. Lieux arides et pierreux. Rouen, Cherbourg, îles de Chausey, les Andelys, Fiquefleur (Eure).

Var. *b. S. Boloniense* Lois. Feu. un peu prolongées à la base; sépales cylindriques. Rouen.

9. s. REFLEXUM *L.* (*O. réfléchi*). Tiges droites, presque simples, hautes de 2 à 3 décim., partant d'une souche rameuse et rampante, portant quelques rameaux stériles feuillés et recourbés. *Feu. cylindriques,* pointues, glabres, prolongées en *éperon court, arrondi* au-dessous de l'intersection, glauques dans leur jeunesse. Fl. jaunes en cymes rameuses, penchées avant la floraison. Pétales linéaires, aigus. Sépales à bords épaissis. ♃. E. TC. Rochers, murs et lieux sablonneux.

Var. *b. cristatum.* Tiges fasciées, aplaties, couvertes de feu. nombreuses, toujours stériles. Rochers de Pont-d'Ouilly et de St.-Clair, près de Falaise.

10. s. RUPESTRE *L.* (*O. des rochers*). Voisin de l'esp. précéd., mais plus

robuste dans toutes ses parties. Tiges de 2 à 5 décim., nombreuses, radicantes à la base, redressées. *Feu. très-glauques*, *grosses*, *ponctuées*, cylindriques, atténuées en une pointe blanchâtre; celles des rejets disposées en spirale sur 5 rangs peu réguliers. Fl. jaunes, assez grandes, en cyme, d'abord penchées, plus tard redressées. Carp. longuem. acuminés, aussi longs que les étam. ♃. E. AC. Murs et coteaux pierreux. Cherbourg, Barfleur, Orbec; Essay (Orne), etc.

11. S. ELEGANS *Lej.* (*O. élégant*). Cette espèce a des rapports avec le *S. reflexum*. Elle en diffère par les feu. qui forment à l'extrémité des rejets une *rosette courte*, *compacte*; par leur prolongement au-dessous de leur insertion en *éperon aigu*, et par ses sépales à bords non épaissis. Ses tiges sont fistuleuses, grêles, hautes de 1 à 3 décim. Fl. jaunes, petites, en cyme, serrées, penchées d'abord. Carp. en bec un peu plus court que les étamines. Plante souv. couverte d'une teinte rougeâtre. ♃. E. PC. Murailles, lieux secs et arides. Alençon, Evreux; Harcourt (Calvados); Mortagne, Vernon, Beaumont-le-Roger, etc.

III. CRASSULA *Linn.* (*Crassule*). Cal. à 5 divisions. Cor. de 5 *pétales*. *Etamines* 5, rarem. plus. Carpelles 5, polyspermes.

1. C. RUBENS *L.*, *Sedum rubens* L. sp. (*C. rougeâtre*). Tige droite, rougeâtre, rameuse dans le haut, souv. pubescente, haute de 6 à 12 centim. Feu. cylindriques-fusiformes, allongées, rougeâtres ou glauques, comme pruineuses. Fl. blanches, rougeâtres, axillaires, sessiles, unilatérales, en cyme. Pétales aristés. Carpelles granuleux, pubescents. ⊙. E. C. Terres arides, champs pierreux et bords des chemins.

Var. *b. pallida*, *Sedum pallidum* Bieb. Tiges grêles, bisannuelles; feu. menues. Etamines 10. ♂. R. Etretat.

IV. TILLÆA *Mich.* (*Tillée*). Cal. 3 ou 4-fide. Pétales 3 ou 4. *Ecailles très-petites*, opposées aux pét. Carpelles 3, 1-loculaires, *dispermes*, resserrés au milieu.

1. T. MUSCOSA *L.* (*T. mousse*). Petite plante rougeâtre, haute de 2 à 4 centim. Tiges rameuses à la base. Feu. opposées, petites, comme fasciculées par les jeunes pousses. Fl. axillaires, très-petites, blanches, à pétales aigus, sessiles. ⊙. E. C. Coteaux pierreux, sentiers des landes sablonneuses. Alençon; Quevilly, près de Rouen; Falaise; Vire, Villedieu (Orne); Lessay, Carteret (Manche).

V. UMBILICUS *DC.* (*Ombilic*). Cal. à 5 divis. *Pétales soudés en tube* 5-fide au sommet. Etam. 10, insérées sur la cor. Ecailles ovales. Carpelles 5, atténués au sommet, uniloculaires, polyspermes, terminés par un style subulé.

1. U. PENDULINUS *DC.*, *Cotyledon umbilicus* L. (*O. à fl. pendantes*). Vulg. *Rondelle*, *Nombril de Vénus*. Racine tuberculeuse. Tige simple ou peu rameuse, haute de 2 à 3 décim. Feu. infér. pétiolées, ombiliquées, arrondies, crénelées; les caulinaires cunéiformes. Fl. d'un jaune-verdâtre, pendantes, en grappes droites et terminales. ♃. E. C. Rochers et vieux murs, principalement de la Basse-Normandie.

XLIe. FAM. GROSSULARIÉES. DC.

Cal. adhérent à l'ov., capanulé, 5-fide. Pét. 5, insérés à l'entrée du cal. et alternes avec ses divis. Etam. 5, attachées aux lobes calicinaux. Style 1, bi ou trifide. Ovaire infér. Fruit (*baie*) globuleux, ombiliqué, couronné par le cal. persistant, 1-loculaire, polysperme. Périsperme corné. — *Arbustes à feu. alternes, quelquefois épineux.*

I. RIBES *L.* (*Groseillier*). Caractères de la famille.

<table>
<tr><td rowspan="2">1</td><td>Arbuste épineux . . . .</td><td>R. uva-crispa.</td></tr>
<tr><td>Arbuste non épineux . . . .</td><td>2.</td></tr>
<tr><td rowspan="2">2</td><td>Baie rouge ou blanchâtre; cal. glabre . . . .</td><td>R. rubrum.</td></tr>
<tr><td>Baie noire; cal. à poils glanduleux . . . .</td><td>R. nigrum.</td></tr>
</table>

1. R. RUBRUM *L.* (*G. rouge.*) Vulg. *Gadellier.* Tige droite, rameuse, sans épines. Feu. à 3 ou 5 lobes dentés, pubescentes en-dessous. Fl. verdâtres, en *grappes* pendantes, glabres. Bractées obtuses, plus courtes que les pédicelles. *Baie rouge ou jaunâtre.* ♄. Pl. C. Haies, bords des rivières et généralement cultivé.

Il est superflu de citer les emplois de cet excellent fruit, cru, confit ou en sirop.

2. R. NIGRUM *L.* (*G. noir*). Vulg. *Cassis.* Tige droites, rameuse, et *inerme.* Feu. larges, à 3 ou 5 lobes pointus et dentés, couvertes en-dessous de *poils glanduleux et odorants.* Fl. verdâtres, en *grappes* lâches, pendantes. velues. *Baie noire.* ♄. Pl. Cultivé.

Ses fruits, macérés dans l'eau-de-vie, donnent une liqueur bien connue sous le nom de *cassis.*

3. R. UVA-CRISPA *L.* (*G. épineux*). Tiges droite, rameuses, chargées de gros *aiguillons ternés.* Feu. petites, pétiolées, à 3 ou 5 lobes peu marqués, velues en-dessous. Fl. blanchâtres, *solitaires ou géminées.* Cal. velu. Baie jaunâtre, glabre.

Var. *b. sativum DC.* Vulg. *Groseillier à maquereaux.* Baie hérissée de gros poils caducs.

♄. Pl. C. Haies et bords des ruisseaux. La var. *b.* est généralement cultivée. Varie aussi à baies rouges.

XLIIe. FAM. SAXIFRAGÉES. *Vent.*

Cal. adhérent, à 4 ou 5 sépales plus ou moins soudés à la base. Pét. 4 ou 5, insérés au sommet du cal. et alternes avec ses lobes, quelquefois nuls. Etam. libres en nombre égal ou double de celui des pét. ou des sép. Ovaire semi-infère. Styles 2, 4 ou 5. Stigm. 2, dilatés au sommet. Caps. formée de 2 carpelles soudés, 2-loculaire, 2-valve, s'ouvrant entre les styles par un pore. Quelquefois le fruit est une baie à 4 ou 5 loges. Semences nombreuses; périsperme charnu. — *Plantes herbacées, à feuilles souvent charnues.*

<table>
<tr><td rowspan="2">1</td><td>Capsule biloculaire; périanthe double . . . .</td><td>SAXIFRAGA. (i.)</td></tr>
<tr><td>Capsule uniloculaire; périanthe simple . . . .</td><td>CHRYSOSPLENIUM. (ii.)</td></tr>
</table>

I. SAXIFRAGA *L.* (*Saxifrage*). Cal. à 5 divis., adhérent, persistant.

Pétales 5, un peu onguiculés. Etam. 10. *Styles* 2. *Caps.* 2-*loculaire*, polysperme, s'ouvrant par un pore entre les styles.

1 { Racine grêle, sans bulbilles . . . . *S. tridactylites.*
  { Racine fibreuse entremêlée de bulbilles arrondies . . . *S. granulata.*

1. S. GRANULATA *L.* (*S. granulée*). Racine fibreuse, munie de *petits tubercules.* Tige droite, pubescente, visqueuse, haute de 2 à 4 décim. Feu. *réniformes*, à larges crénelures ; les infér. pétiolées. Fl. blanches, assez grandes, en corymbes paniculés, terminaux. ♃. P2. TC. Coteaux et prés secs.

2. S. TRIDACTYLITES *L.* (*S. à trois doigts*). Petite plante visqueuse ; rameuse, haute de 5 à 15 centim. Feu. *3-lobées*, épaisses, rougeâtres, les caulin. cunéiformes-linéaires. Fl. blanches, petites, axillaires et terminales. ⊙. P-E. Murs, toits et champs sablonneux.

Var. *b. pusilla.* Tige simple, très-courte ; feu. entières, linéaires, une seule fl. terminale.

II. CHRYSOSPLENIUM *L.* (*Dorine*). *Périanthe simple*, adhérent à l'ovaire, à 4 ou 5 divis. libres, coloré. Etam. 8 ou 10. Caps. 1-loculaire, 2-valve, polysperme ; terminée par 2 styles persistants.

1 { Feuilles opposées. . . . . *C. oppositifolium.*
  { Feuilles alternes. . . . . *C. alternifolium.*

1. C. OPPOSITIFOLIUM *L.* (*D. à feu. opposées*). Plante délicate, succulente, peu velue. Tiges couchées et rameuses à la base. *Feu. opposées*, réniformes et en coin, crénelées. Fl. jaunâtres, au sommet de courts pédonc. terminaux, feuillés. ♃. P1-2. C. Lieux ombragés et humides, bords des ruisseaux.

2. C. ALTERNIFOLIUM *L.* (*D. à feuilles alternes*). Diffère de la précédente par ses *feu. alternes* réniformes ; les infér. sont plus arrondies, profondément crénelées, portées sur de longs pétioles. ♃. P1. R. Bords des ruisseaux. Falaise, pays de Bray, Lisieux ; St.-Philbert, Camembert, Champosoult (Orne) ; Laigle ; Moutiers-en-Cinglais (Calvados), etc.

XLIIIᵉ. FAM. OMBELLIFÈRES. *Juss.*

Cal. adhérent à l'ovaire, à bord muni de 5 dents, ou entier, souv. à peine visible. Pétales 5, insérés sur l'ovaire ou sur le bord d'une glande (*stylopode*) qui le couvre. Etamines 5, alternes avec les pétales et ayant la même insertion. Styles 2, persistants, divariqués. Stigm. 2. Fruit composé de 2 carpelles (*akènes*) agglutinés par leur face interne (*commissure*) et par le calice qui les enveloppe, chargés chacun sur leur face extérieure de 5 côtes plus ou moins proéminentes qui s'étendent quelquefois en ailes membraneuses à leur maturité ; l'intervalle entre ces côtes ou ailes se nomme *vallécule* et est garni d'un ou plusieurs canaux (*bandelettes*). Les deux carpelles se séparent du bas et sont attachés par le haut à un axe (*carpophore*) filiforme, central. Fl. disposées en ombelles dont les rayons portent souvent des ombellules. Rayons des unes et des autres, tantôt munis à leur base de folioles souv. en collerette (*involucre* et *involucelle*), tantôt nus. — *Tiges herbacées, striées, sillonnées, à feu. le plus souvent divisées très-profondément et à pétiole engaînant.*

Le suc des ombellifères est, en général, aromatique et excitant, quelquefois narcotique. Leurs semences renferment les mêmes propriétés stimulantes à un plus haut degré. Les racines, dont quelques-unes sont alimentaires, sont sucrées.

Les ombellifères ont tant de rapport entre elles, que les caractères génériques sont très-difficiles à définir ; nous avons adopté presque complètement la nomenclature établie par Koch, *Syn. Fl. Germ.*

1	Feuilles épineuses	ERYNGIUM. (xl.)
	Feuilles non épineuses	2.
2	Feuilles composées, ailées ou pinnatifides	5.
	Feuilles simples, entières, lobées ou crénelées	3.
3	Feuilles à lobes palmés	SANICULA. (xxxviii.)
	Feuilles entières ou crénelées	4.
4	Feuilles crénelées	HYDROCOTYLE. (xxxix.)
	Feuilles entières	BUPLEVRUM. (xxxvii.)
5	Fleurs hermaphrodites ou polygames	6.
	Fleurs dioïques	TRINIA (xvii.)
6	Fruit hérissé d'épines ou de poils raides, ou velu	7.
	Fruit glabre ou pubescent, non hérissé	17.
7	Involucre à folioles pinnatifides	DAUCUS. (xi.)
	Involucre à folioles simples ou nulles	8.
8	Fruit terminé par un bec 3 à 4 fois plus long que lui	SCANDIX. (xxxiv.)
	Fruit à pointe courte ou nulle	9.
9	Fruit comprimé, entouré d'un rebord.	10.
	Fruit non comprimé, sans rebord	11.
10	Fruit à rebord en bourrelet rugueux	TORDYLIUM. (iii.)
	Fruit bordé d'une aile aplanie	HERACLEUM. (ii.)
11	Fruit terminé par un bec court	ANTHRISCUS. (xxxv.)
	Fruit dépourvu de bec	12.
12	Fruit hérissé de pointes ou de poils raides.	13.
	Fruit couvert de poils courts non raides	16.
13	Fruit hérissé sur toute la surface	TORILIS. (ix.)
	Fruit hérissé sur les côtes seulement	14.
14	Feuilles 2 à 3 fois pinnatifides	15.
	Feuilles simplement ailées	TURGENIA. (viii.)
15	Involucre à plusieurs folioles	ORLAYA. (v.)
	Involucre nul ou presque nul	CAUCALIS. (x.)
16	Involucre à plusieurs folioles	LIBANOTIS. (xxii.)
	Involucre nul ou presque nul	SESELI. (xxx.)
17	Fleurs d'un beau jaune	18.
	Fleurs blanches, ou rosées ou d'un blanc-verdâtre	19.
18	Feuilles à folioles ovales, oblongues.	PASTINACA. (iv.)
	Feuilles à folioles capillacées	FŒNICULUM. (xxviii.)
19	Fleurs d'un blanc-jaunâtre ou verdâtre	20.
	Fleurs blanches ou rosées	25.
20	Folioles ovales, élargies, lobées ou dentées	21.
	Folioles linéaires	23.
21	Involucre à plusieurs folioles	PETROSELINUM. (xxii.)
	Involucre le plus souvent nul	22.
22	Fruit noir à la maturité	SMYRNIUM. (xxvii.)
	Fruit jamais noir	APIUM. (xxi.)
23	Fruit ovoïde	24.
	Fruit comprimé, bordé	PEUCEDANUM. (v.)
24	Pétales arrondis; fruit à côtes saillantes	CRITHMUM. (xiv.)
	Pétales ovales-oblongs; fruit à côtes presque ailées	SILAUS. (xiii.)
25	Fruit à peu près globuleux	26.
	Fruit oblong	8.

** Ombelles parfaites, à rayons portant des ombellules.*

† Feuilles composées.

(a) Fruits ovales, comprimés, souvent ailés.

I. ANGELICA *L.* (*Angélique*). Cal. à peu près nul. Pét. lancéolés, entiers, acuminés, courbés. Fruit comprimé, à 3 *côtes dorsales élevées*, et 2 *intér. ailées, membraneuses.* Carpophore 2-partite. Involucre le plus souv. nul. Involucelle polyphylle.

1. A. SYLVESTRIS *L.* (*A. sauvage*). Tige droite, fistuleuse, rameuse et pubescente dans le haut, pruineuse. Feu. bi ou tri-pinnées, à fol. ovales-lancéolées, dentées, pointues, à pétiole largement engaînant. Fl. blanches en ombelle à rayons pubescents. Involucre quelquefois 1 ou 2-phylle. ♃. E. TC. Lieux humides.

On cultive généralement dans notre province l'Angélique (*Ang. archangelica. L.*), dont les tiges sont employées confites au sucre ou macérées dans l'eau-de-vie.

II. HERACLEUM *L.* (*Berce*). Cal. 5-denté. Pét. échancrés, courbés, inégaux ; ceux des fl. extér. plus larges, rayonnants, bifides. Fruit elliptique, comprimé, strié, entouré d'un *large bord mince,* échancré. Ombelles à rayons nombreux. Involucre caduc, à 1 ou 2 fol., souvent nul. Involucelle à plusieurs fol. fines, sétacées.

1. H. SPHONDYLIUM *L.* (*B. branc-ursine*). Vulg. *Suelle.* Tige droite, haute de 4 à 15 décim., hérissée. Feu. pubescentes, scabres, ailées, à fol. oblongues, pinnées, à lobes incisés-dentés. Fl. blanches.

Var. *b. elegans* Jacq. Feu. à lobes étroits, lancéolés, linéaires, incisés à la base, plus ou moins dentés.

♃. E. TC. Près et bois frais. La var. *b.* PC. Vire, Falaise, Clécy, Val-congrain (Calvados).

III. TORDYLIUM *L.* (*Tordyle*). Cal. à 5 dents linéaires subulées. Pét. ovales, échancrés, infléchis; ceux des fl. extérieures larges, bifides, rayonnants. Fruit comprimé, orbiculaire, entouré d'un *rebord épaissi tu-berculeux-rugueux*. Involucre et involucelle de 4 à 8 fol. inégales.

1. T. MAXIMUM *L.* (*T. élevé*). Tige droite, rameuse, sillonnée, hé-rissée de poils réfléchis. Feu. pinnées, à 5 ou 7 fol. dentées, hispides; le lobe terminal lancéolé, très-long. Fl. blanches en ombelles resserrées. Fruits hispides. ☉. E. PC. Coteaux arides, haies et buissons. Alençon, Caen, St.-Pierre-sur-Dive, Fresnay-le-Puceux (Calvados), etc.

IV. PASTINACA *L.* (*Panais*). Cal. à 5 dents presque nulles. Pétales entiers, infléchis. Fruit comprimé, ovale-arrondi, à 5 nervures dont les *deux latérales élargies.* Involucre et involucelle nuls. — *Herbes à racines fusiformes, charnues. Fleurs jaunes.*

1. P. SATIVA *L.* (*P. cultivé*). Tige élevée, sillonnée, haute de 6 à 20 décim., pubescente, rameuse. Feu. ailées, à fol. ovales-oblongues, dentées-lobées, velues, hérissées. Fl. jaunes. ♂. E. C. Lieux incultes, prés et bords des chemins.

La variété cultivée a les lobes des feuilles plus larges et à peu près glabres. Sa racine est alimentaire.

V. PEUCEDANUM *Koch* (*Peucédane*). Cal. à 5 dents très-petites. Pét. ovales-oblongs, égaux, infléchis, échancrés. Fruit comprimé, strié, en-touré d'un *rebord plane, élargi*. Involucre et involucelle polyphylles; le premier quelquefois nul.

1 { Fleurs d'un blanc-verdâtre ou jaunâtre . . . . *P. Chabræi.*
  { Fleurs blanches . . . . 2.
2 { Folioles linéaires, allongées, entières . . . . *P. Parisiense.*
  { Folioles incisées, lobées . . . . *P. cervaria.*

1. P. PARISIENSE *DC.* (*P. de Paris*). Tige glabre, striée, simple. Feu. 3 ou 4-pinnées, à fol. linéaires, étroites; lobes linéaires, entiers, ner-vés, divariqués. Involucre et involucelle à 8 ou 10 fol. linéaires, sétacées, subulées. *Fl. blanches.* ♃. E. R. Bois et prés humides. Rouen (*DC.*), Lasson, près de Caen.

2. P. CARVIFOLIUM *Vill.*, *Selinum Chabræi* Jacq. (*P. à feu. de carvi*). Tige glabre, feuillée, striée, peu rameuse. Feu. pinnées, à segments dis-posés en croix autour du pétiole, trilobés, à divis. linéaires aiguës. *Fl. d'un blanc-jaunâtre.* Ombelles à rayons inégaux. Involucre nul. Involucelle à 2 ou 3 fol. sétacées. ♃. E. R. Bois, coteaux et prés humides. Rouen, les Andelys, Mantes, Gisors, etc.

Var. *b. heterophyllum* Vis. Feu. supér. à segments très-allongés et peu nombreux. Quevilly, près de Rouen.

3. P. CERVARIA *Lapeyr.*, *Athamantha* L. (*P. des cerfs*). Tige garnie à sa base de fibres provenant de feu. détruites, haute de 8 à 10 décim., striée, rameuse au sommet, *glauque*. Feu. grandes, 2 fois ailées, *glauques en-dessus*, à *folioles ovales*, larges, dentées-incisées. Involucres et involucelles à fol. linéaires-subulées. Fl. blanches. ♃. E. R. Pâturages et coteaux secs. Environs de Dreux et de Nonancourt.

VI. SELINUM *Hoffm.* (*Sélin*). Cal. à peu près nul. Pét. ovales, échancrés. Fruit comprimés, chargés de 5 côtes saillantes ; *les deux latérales ailées, membraneuses.* Involucre nul ou 1-phylle. Involucelle polyphylle.

1. S. CARVIFOLIA L. (*S. à feu de carvi*). Tige droite de 4 à 8 décim., glabre, sillonnée, peu rameuse. Feu. 3-pinnées. Fol. simples, 3-fides, ou pinnatifides. Fl. blanches en ombelles à rayons glabres, assez fournies. Involucelles à 6 ou 8 fol. ♃. E. R. Prés et bois humides. Rouen, Mantes, Caumont ; St.-Philbert, Chamboy, la Trappe (Orne), etc.

VII. ORLAYA *Hoffm.*, *Caucalis* L. (*Orlaye*). Cal. à 5 dents. Pét. 2-fides, infléchis ; *ceux des bords de l'omb. beaucoup plus grands.* Fruit ovale, comprimé, aplati, chargé de *poils rudes rangés sur les côtes.* Involucre et involucelle polyphylles.

1. O. GRANDIFLORA *Hoffm.* (*O. grandiflore*). Tige rameuse, dichotome, glabre. Feu. 2 ou 3-pinnées, à fol. linéaires, courtes, un peu velues, et d'un vert pâle. Fl. blanches. Fol. des involucres scarieuses sur leurs bords. ◉. E. R. Moissons. Rouen, Evreux, Lisieux, Bernay, etc.

b. Fruits ovoïdes ou arrondis-pyriformes.

VIII. TURGENIA *Hoffm.* (*Turgénie*). Cal. à 5 dents. Pét. obovales, échancrés, courbés au sommet ; les extér. plus grands, rayonnants, bifides. Fruit contracté latéralement. Carpelles à 9 *côtes chargées de 2 à 3 rangs d'aiguillons* ; les commissurales rudes seulement. Involucre et involucelle polyphylles.

1. C. LATIFOLIA *Hoffm.*, *Caucalis latifolia* L. (*T. à larges feuilles*). Tige simple, droite, hispide, haute de 4 à 6 décim. Feu. pinnées, à lobes allongés, dentés, pinnatifides, hérissés. Fl. blanches ou rougeâtres, en ombelle à 2 ou 3 rayons. Fruits chargés sur les côtes de longs poils violacés. Involucres de 3 à 5 fol. scarieuses sur les bords. ◉. E. C. Moissons des terr. calc. Rouen, Eu, Lisieux, Falaise, Dives ; Bueil (Eure) ; Alençon, Chamboy (Orne).

IX. TORILIS *Adans.* (*Torile*). Cal. à 5 dents. Pét. obovales, échancrés, infléchis ; les extérieurs plus grands, bifides. Fruit resserré latéralement. Carpelles oblongs à 5 côtes principales chargées de quelques épines ; les secondaires cachées par des *épines sétacées nombreuses, remplissant les vallécules. — Fleurs blanches ou un peu rosées.*

1 { Ombelles portées sur de longs pédoncules terminaux . . . . 2.
  { Ombelles portées sur de très-courts pédoncules . . . . *T. nodosa.*

2 { Involucre à une seule fol. ou nul . . . . *T. helvetica.*
  { Involucre à 4 ou 5 folioles . . . . *T. Anthriscus.*

1. T. ANTHRISCUS *Gmel., Caucalis* DC. (*T. Anthrisque*). Tige rameuse, tortueuse, haute de 5 à 12 décim., velue, hispide. Feu. ailées, à lobes incisés, pinnatifides; *le terminal très-long*, lancéolé, pointu. Fl. blanches ou rougeâtres, petites, en ombelle à 6 ou 8 rayons pubescents. Fruits ovoïdes, hérissés de poils accrochants, courts et raides. *Involucre et involucelle à 4 ou 5 fol. linéaires-subulées.* ☉. E. TC. Haies et buissons.

2. T. HELVETICA *Gmel., Caucalis arvensis* Huds., *Scandix infesta* L. (*T. de Suisse*). Tige très-rameuse, diffuse, haute de 2 à 4 décim. environ. Feu. ailées, à lobes pinnatifides; le termin. lancéolé-linéaire, denté en scie, et plus long que les autres. Fl. blanches. Pétales extér. rayonnants. Fruits hérissés de poils violacés, crochus. *Involucre nul ou à une fol.* ☉. E. TC. Moissons.

3. T. NODOSA *Gaertn., Caucalis nodiflora* Lam. (*T. noueux*). Tiges couchées, de 2 à 6 décim., à longs rameaux grêles, diffus, hérissés. Feu. 2-pinnées à lobes aigus, velues. Fl. blanches en *ombelles resserrées*, portées sur de courts pédicelles latéraux, *opposées aux feu.* Fruits hérissés de longues pointes; ceux du centre à poils caducs. ☉. E. C. Coteaux secs et bords des chemins.

Var. *b. nana.* Tiges de 3 à 5 centim.; ombelles radicales. Sables maritimes de Gatteville (Manche). M. Lenormand.

X. CAUCALIS *L. part.* (*Caucalide*). Cal. à 5 dents lancéolées. Pétales échancrés, infléchis; les extérieurs rayonnants, un peu plus grands, bifides. Fruit comprimé latéralement. Carpelles à 5 côtes primaires hérissées de soies ou aiguillons courts, et à *4 côtes secondaires fortem. armées d'un ou 2 rangs d'épines robustes*, crochues au sommet.

1. C. DAUCOIDES *L.* (*C. fausse carotte*). Tige rameuse, striée, anguleuse, à rameaux divariqués, haute de 1 à 4 décim., seulement *velue sur les gaînes des feu.* et dans le bas. Feu. 2 ou 3-pinnées, à découpures courtes et pointues. Fl. blanches ou un peu rosées, en ombelles à 3 rayons; ombellules 3-flores. Involucre nul ou à une fol. Involucelle 3-phylle. Fruits gros, hérissés sur les côtes de longues pointes crochues. ☉. E. C. Moissons des terr. calc.

XI. DAUCUS *L.* (*Carotte*). Cal. à 5 dents très-petites. Pét. échancrés, infléchis; les extér. rayonnants, plus larges, bifides. Fruits ovoïdes-oblongs, hérissés de poils raides. Fl. en ombelles d'abord planes, ensuite concaves après la floraison. Involucre polyphylle *à fol. longues, pinnatifides.*

1 { Feuilles à lobes lancéolés, non luisants . . . . *D. carota.*
  { Feuilles à lobes ovales, luisants . . . . *D. gummifer.*

1. D. CAROTA *L.* (*C. commune*). Tige droite, hispide, haute de 3 à 10 décim. Feu. 2 ou 3 fois pinnées à *lobes lancéolés*, acuminés, velus. Fl. blanches, avec un fleuron central avorté, purpurin. Fruits hérissés de pointes égales à son diamètre. Involucres aussi longs que les ombelles. ♂. E. C. Coteaux et prés secs, bois découverts.

Var. *b. sativus.* Racine fusiforme, jaune ou rouge. Cultivé.

2. D. GUMMIFER *Lam., D. maritimus* Wither. (*C. gommifère*). Tige de 2 à 5 décim., épaisse, flexueuse, à *rameaux étalés*, hérissée de *longs poils blancs ouverts, réfléchis*. Feu. 2 ou 3 fois ailées, à *lobes ovales* dentés, obtus, glabres et *luisants en-dessus*. Fl. d'un blanc-jaunâtre ou rougeâtre. Fruit hérissé de pointes un peu crochues ou rameuses au sommet. ♂. E. C. Rochers et côteaux maritimes. Fécamp, Dieppe; Grandcamp (Calvados); Cherbourg, Granville, etc.

Var. *b. acaulis*. Tige nulle. Feu. toutes radicales, à lobes petits. Fl. en ombelle, naissant au centre de la rosette de feuilles. Sables maritimes de Gatteville (Manche).

XII. **CORIANDRUM** *L.* (*Coriandre*). Cal. à 5 dents. Pét. échancrés, infléchis; ceux des fl. extér. rayonnants, 2-fides. *Fruits globuleux*, chargés de stries ou *côtes flexueuses, peu saillantes*. Involucre nul ou à une seule foliole.

1. c. **sativum** *L.* (*C. cultivée*). Tige glabre, rameuse, haute de 4 à 6 décim. Feu. infér. 2-pinnées, à fol. larges, ovales, lobées-dentées; les supér. à lobes linéaires. Fl. blanches en ombelles de 5 à 8 rayons. ⊙. E. Cette plante, cultivée pour sa graine aromatique, se trouve quelquefois dans les moissons des environs de Rouen.

XIII. **SILAUS** *Besser.* *Cal. à peu près nul.* Pét. ovales-oblongs, entiers, infléchis, appendiculés à la base. Fruits ovales-arrondis, striés; les *côtes latérales formant un rebord*. Involucre 1 ou 2-phylle ou nul. Involucelle polyphylle. — *Fleurs jaunâtres*.

1. s. **pratensis** *Bess.*, *Peucedanum silaus* L. (*S. des prés*). Tige droite, rameuse, anguleuse, glabre. Feu. radicales 3 ou 4-pinnées, à fol. linéaires mucronées, entières ou 2-partites; les termin. 3-partites. Fl. jaunâtres, en ombelle, à 8 ou 10 rayons. Invol. à fol. blanchâtres. ♃. E-A. C. Prés humides, fossés.

XIV. **CRITHMUM** *L.* (*Crithme*). Cal. à bord entier. *Pétales* arrondis, *entiers*, infléchis. Fruit ovoïde, strié, à côtes latérales formant un peu le rebord, entouré d'un *péricarpe spongieux*. Involucre et involucelle poly-phylles.

1. c. **maritimum** *L.* (*C. maritime*). Vulg. *Perce-pierre, Criste-marine.* Tige droite, lisse, peu rameuse, haute de 2 à 3 décim. Feu. 2 fois ailées, à fol. longues, linéaires, charnues. Fl. blanchâtres, en ombelles portées sur des pédonc. courts. ♃. E. C. Rochers et sables maritimes.

Cette plante exhale de ses parties froissées une odeur aromatique résineuse, assez agréable. Ses feuilles, confites dans le vinaigre, se mangent en assaisonnement.

XV. **OENANTHE** *L.* Cal. persistant, à 5 dents fines, *redressé contre le fruit*. Pétales ovales, émarginés, infléchis; ceux des bords de l'ombelle quelquefois plus grands, 2-fides. Fruits ovoïdes-oblongs, terminés par les 2 styles longs et redressés. *Ombellules globuleuses*, à fl. de la circonférence souv. stériles; celles du disque sessiles. Involucre variable; involucelle polyphylle.

1 (Ombelles latérales, opposées aux feuilles . . . . . *OE. phellandrium.*
  (Ombelles terminales . . . . 2.
2 (Feuilles supérieures, à lobes linéaires . . . . 3.
  (Feuilles supérieures, à lobes cunéiformes incisés . . . *OE. crocata.*
3 (Ombelles ayant plus de 5 rayons . . . . 4.
  (Ombelles de 3 à 4 rayons . . . . *OE. fistulosa.*
4 (Involucre nul ou à une seule foliole . . . . . *OE. peucedanifolia.*
  (Involucre à plusieurs folioles caduques . . . . 5.
5 (Fruit entouré d'un rebord calleux à la base ; styles aussi longs que le
  (fruit . . . . *OE. pimpinelloides.*
  (Fruit sans rebord calleux ; styles plus courts que le fruit. *OE. Lachenalii.*

1. œ. PHELLANDRIUM *Lam.*, *Phellandrium aquaticum* L. (*OE. Phellan-*
drie). Tige très-épaisse, comme *conique à sa base*, *fistuleuse*, cannelée,
à rameaux nombreux, très-ouverts. Feu. 2 ou 3-pinnées, à lobes ovales,
écartés, incisés. Fl. petites, *toutes fertiles*, blanches, en *ombelles latérales*
portées sur de courts *pédonc. opposés aux feu.* Involucre le plus souv.
nul. Involucelle à 6 ou 7 fol. Fruits oblongs, striés. *Styles courts.* ♃. E.
C. Étangs, mares et fossés.

2. œ. FISTULOSA *L.* (*OE. fistuleux*). Racine fibreuse, rampante, avec
quelques tubercules allongés. Tige cylindrique, striée, lisse, *fistuleuse*,
haute de 5 à 8 décim. Feu. radicales 2-pinnées à *fol. cunéiformes, lobées*;
les supér. pinnées à lobes linéaires. *Pétioles longs et fistuleux.* Fl. blanches
en ombelles de 2 à 4 rayons serrés. Involucre nul ou 1-phylle. Involucelle
de 6 à 8 fol. Fruits turbinés, à côtes épaisses. ♃. E. C. Prés humides,
marais, fossés.

3. œ. PEUCEDANIFOLIA *Poll.* (*OE. à feu. de peucédane*). Racine composée de *tubercules se prolongeant en fibres grêles.* Tige droite, rameuse,
sillonnée, haute de 6 à 9 décim. Feu. radicales, 2-pinnées ; les caulin. pinnées, toutes à lobes linéaires allongés, portées sur des *pétioles courts.* Fl.
blanches en ombelle de 5 à 10 rayons. Involucre nul ou monophylle. Involucelle de 8 à 10 fol. avortées. Fruits oblongs, resserrés au-dessous du cal.
persistant qui les couronne. — *Pétales extér. de l'ombelle plus grands que*
les autres. ♃. E. C. Lieux marécageux.

4. œ. LACHENALII *Gmel.* (*OE. de Lachenal*). Racine à fibres souvent
charnues, *claviformes.* Tige striée, *cylindrique*, rameuse dans le haut,
glabre, haute de 6 à 8 décim. Feu. 1 ou 2-pinnées ; les radicales obovales,
cunéiformes, obtuses, souv. lobées ; la terminale trifide ; les supér. à lobes
linéaires très-allongés, entiers. Fl. blanches. *Ombelles de 8 à 20 rayons.*
Pétales extérieurs des fl. de la circonférence de la même grandeur que les
autres. Fruits oblongs, resserrés sous le cal. *Styles plus courts que le fruit.*
Invol. à plusieurs fol. caduques. ♃. E. A. AC. Marais tourbeux, prés humides. Rouen, Cherbourg, Pirou, Trouville, Dives, Argentan, Bernières,
etc.

5. œ. PIMPINELLOIDES *L.* (*OE. Boucage*). *Racines fasciculées à fibres char-*
nues, renflées brusquem. en un tubercule ovoïde très-près de leur extrémité.
Tige de 5 à 7 décim., anguleuse, sillonnée. Feu. bipinnatifides, à divisions
ovales-cunéiformes, incisées-dentées ; les sup. à divis. linéaires, étroites très-
allongées. Fl. d'un blanc-jaunâtre. *Ombelles de 6 à 12 rayons s'épaississant*
à la maturité. Invol. à plusieurs fol. caduques. *Fruit muni d'un anneau*
calleux à sa base, terminé par les styles aussi longs que lui. ♃. E. TR.

Prés et bois. Cette esp. est beaucoup moins commune que la précéd. M. le
D^r. Lebel l'a trouvée dans plusieurs points des environs de Valognes; à
Negreville, Huberville, Yvetot ; le Havre, etc.

6. Œ. CROCATA *L.* (*OE. safrané*). Racine composée de gros tubercules
allongés, fasciculés. Tige rameuse, forte, sillonnée, haute de 8 à 15 décim.,
pleine d'un *suc jaunâtre*, surtout à sa base. Feu. 2-pinnées, *à lobes cunéiformes incisés.* Fl. blanches en ombelle large, de 10 à 20 rayons écartés.
Involucre et involucelle polyphylles. Fruits oblongs, plus longs que les
pédic. ♃. E. C. Bords des rivières. Falaise, Vire, Bayeux, St.-Lô, Bagnoles, Mortain, Caen, Cherbourg, etc.

Cette plante est très-vénéneuse, et on ne peut trop s'en défier.

XVI. PIMPINELLA *L.* (*Boucage*). Cal. sans bord visible. Pét. ovales,
échancrés, infléchis. Fruit ovale-oblong, strié, couronné par un *stylopode
épaissi et 2 styles filiformes déjetés au-dehors*, à stigm. globuleux. *Involucre
et involucelle nuls.* Ombelles penchées avant la floraison.

1	Folioles des feuilles radicales pétiolulées	*P. magna.*
	Folioles des feuilles radicales sessiles	*P. saxifraga.*

1. P. MAGNA *L.* (*B. à grandes feuilles*). Tige droite, haute de 6 à 8
décim., rameuse, glabre, *sillonnée.* Feu. ailées, à larges folioles ovales,
dentées, lobées, *pétiolulées.* Fl. blanches, en ombelles de 10 à 12 rayons.
Fruits ovoïdes, striés, glabres. ♃. E. C. Lieux incultes, humides, bords
des bois et fossés.

Var. *b. P. dissecta* Retz. Feu. radic. larges, 2 ou 3 fois pinnatifides, à lobes
lancéolés ; les supér. 2-pinnatifides, palmées. Haies. Canon, St.-Pierre-sur-
Dive, Littry (Calvados) ; St.-Lô, etc.

2. P. SAXIFRAGA *L.* (*B. saxifrage*). Tige peu rameuse, *striée*, à peu près
glabre, haute de 2 à 5 décim.; radic. ailées, de 5 à 7 fol. ovales-arrondies,
dentées ; *les caulin. à divisions linéaires.* Fl. blanches en ombelles de 10 à
15 rayons, accompagnées de feu. à peu près *réduites au pétiole* engaînant.

Var. *b. P. nigra* Willd. Feu. d'un vert-noirâtre. Plante couverte de poils
grisâtres.

Var. *c. dissectifolia* Bor. Feuilles toutes bipinnées, à lobes profonds,
linéaires et pointus.

♃. E-A. C. Lieux secs et pierreux, coteaux, vieilles murailles.

XVII. TRINIA *Hoffm.* (*Trinie*). Cal. à limbe presque nul. Pét. ovales-
lancéolés ; ceux des *fl. fertiles à pointe courte*, infléchie. Fruit ovoïde,
comprimé, à styles réfléchis. Carpelles à 5 côtes peu saillantes, égales.
Carpophore membraneux, bifide. Involucre et involucelle nuls ou à une
seule foliole. — *Fleurs dioïques.*

1. T. VULGARIS *DC. Pimpinella dioïca* L. (*T. commune*). Tige partant
d'une souche garnie de fibrilles provenant de feu. détruites, haute de
1 à 2 décim., cylindrique, striée, rameuse. Feu. un peu glauques,
bipinnées, à lobes linéaires entiers ou incisés. Ombelles pédonculées. Ombellules fructifères à rayons inégaux. Fl. blanches. ♃. P3. TR. Bois secs,
lieux pierreux. Le l'Habit (Eure) (*M. Chesnon*).

XVIII. CARUM *Koch.* (*Carvi*). *Cal. sans bord visible.* Pétales réguliers,
échancrés, ovales, infléchis. *Stylopode déprimé.* Fruit ovoïde-oblong à 5

stries égales, dont les 2 latérales marginales, couronné par 2 styles réfléchis. Involucre et involucelle polyphylles. — *Fleurs blanches.*

} Racine tubéreuse arrondie ; folioles linéaires, allongées. *C. bulbocastanum.*
} Racine fibreuse ; folioles capillacées courtes   *C. verticillatum.*

1. C. **BULBOCASTANUM** *Koch.*, *Bunium* L. (*C. Terre-noix*). *Racine tubéreuse-arrondie.* Tige peu rameuse, droite, striée, haute de 2 à 7 décim. Feu. 2 ou 3 fois ailées, à découpures linéaires. Fl. blanches en ombelles assez amples. Involucre à 7 ou 8 fol. linéaires-subulées. Fruits ovoïdes, épaissis au sommet. ♃. E. R. Moissons. Rouen, Pacy-sur-Eure (*M. Chesnon*).

2. C. **VERTICILLATUM** *Koch.*, *Sison* L. (*C. verticillé*). *Racines fasciculées.* Tige droite, peu rameuse, grêle, haute de 3 à 7 décim. Feu. pinnées, à fol. opposées, découpées en lobes linéaires filiformes, *rayonnants, comme verticillés autour du pétiole.* Fl. blanches en ombelles de 10 à 12 rayons. Involucre de 5 à 6 fol. ovales. Fruit ovoïde, comprimé, à *stylopode rougeâtre* après la floraison. ♃. E. C. Prés humides. Falaise, Vire, Cherbourg, Mortain, Forges, etc.

XIX. CONOPODIUM *Koch.* (*Conopode*). Cal. sans bord visible ou obscurément 5-denté. *Pétales réguliers,* ovales, *courbés en cœur. Fruit comprimé,* ovale-oblong, à stries obtuses. Stylopode conique. *Styles élargis à la base, droits.* Involucre nul ou à une fol.

1. C. **DENUDATUM** *L. Koch.*, *Bunium* DC. (*C. sans involucre*). Racine tubéreuse, arrondie. Tige simple ou peu rameuse, grêle, nue et flexueuse dans le bas. Feu. 2 à 3 fois ailées, à découpures étroites, linéaires, incisées. Fl. blanches. Involucre nul ou à une fol., avortée. ♃. E. C. Bois, prés et côteaux secs.

La racine, bonne à manger, est connue sous le nom de *génotte ;* elle a un goût de noisette un peu âcre.

XX. AMMI L. Cal. sans bord visible. Pétales infléchis, échancrés, à lobes inégaux ; ceux de la circonférence de l'omb. plus grands. *Fruit arrondi-comprimé,* ovoïde, lisse, strié. *Involucre pinnatifide.* Involucelle à fol. entières, *plus longues que les rayons de l'ombellule.*

1. A. **MAJUS** L. (*A. élevé*). Tige droite, glabre, striée, rameuse. Feu. pinnées ; les infér. à lobes lancéolés, dentés en scie ; les super. à divisions linéaires également dentées. Fl. blanches en ombelles assez amples. Involucre à fol. trifides. Involucelle à fol. sétacées, très-longues.

Var. *b. A. glaucifolium* L. Plante glauque. Toutes les feu. à découpures étroites, linéaires.

⊙. E. PC. Lieux incultes, bords des champs. Cormelles, près de Caen ; Coutances, Lisieux, St.-Lo, etc. La var. *b.* Rouen.

XXI. APIUM L. (*Ache*). Cal. sans bord visible. Pétales arrondis, égaux, infléchis. *Fruit ovoïde ou globuleux à 5 côtes filiformes,* lisse. *Carpophore indivis.* Involucre et involucelle nuls ou peu foliolés.

1. A. **GRAVEOLENS** L. (*A. fétide*). Vulg. *Api.* Tige ferme, grosse, rameuse, à sillons profonds. Feu. ailées, à fol. larges, ovales-arrondies, incisées-dentées ; les caulin. cunéiformes. Fl. jaunâtres, en ombelles axil-

laires et sessiles. ♂. E. PC. Marais et fossés. Caen, Lisieux, Valognes, Isigny, Cherbourg, etc. Commun, surtout dans les prés du littoral.

Le *céleri* est une variété cultivée de cette plante. On mange ses tiges étiolées en salade. Il paraît que la culture détruit le principe vénéneux que l'on croit exister dans le type sauvage.

M. le docteur Lebel a observé, à Gatteville et à Carteret (Manche), une forme de cette plante, remarquable par la teinte pourprée répandue sur toutes ses parties.

XXII. **PETROSELINUM** *Hoffm.* (*Persil*). Calice à dents nulles. *Pét. arrondis, entiers ou à peine échancrés*, à sommet infléchi. Fruit ovoïde, comprimé latéralement; carpelles à 5 côtes filiformes, égales. *Carpophore bipartite.* Involucre de 1 à 3 fol. Involucelle polyphylle.

Fleurs jaunâtres	P. sativum.
Fleurs blanches	P. segetum.

1. **P. SATIVUM** *Hoffm., Apium Petroselinum* L. (*P. cultivé*). Tige glabre, striée, noueuse, haute de 6 à 8 décim. *Feu. 2 fois ailées, à fol. ovales cunéiformes, incisées;* les supér. linéaires. *Fl. d'un blanc-jaunâtre*, en ombelles terminales, pédonculées. Invol. nul ou à 1 ou 2 fol. Involucelle de 3 à 6 fol. ♂. E. C. Lieux cultivés, murs et rochers. Généralement cultivé.

Le Persil est une plante potagère; on en cultive aussi une var. à feu. crépues, sous le nom de *P. frisé.*

2. **P. SEGETUM** *Koch., Sison.* L. (*P. des moissons*). Tige rameuse, grêle, raide, un peu étalée. *Feu. pinnées,* à *fol. petites, arrondies*, incisées, peu nombreuses dans les feu. caulinaires. *Fl. blanches*, petites. Ombelles terminales, à 2 ou 3 rayons inégaux, penchés, *pauciflores.* Involucre 2-phylle; involucelle de 4 à 5 folioles étroites. Fruit ovoïde, strié. ☉. E. PC. Lieux cultivés, bords des chemins, dans les terr. calc. et argileux. Caen, Falaise, St.-Pierre-sur-Dive, Trévières, Formigny (Calvados).

XXIII. **SISON** L. Cal. à dents nulles. Pétales infléchis, profondém. échancrés. Carpelles ovoïdes-oblongs, surmontés de *styles courts, courbés*, à 5 côtes filiformes, égales. *Bandelette élargie au sommet.* Carpophore bifide. Involucre et involucelle à fol. peu nombreuses. *Fleurs blanches.*

1. **S. AMOMUM** L. (*S. Amome*). Tige grêle, droite, à rameaux ouverts, haute de 6 à 10 décim. Feu. radicales, à 5 ou 7 fol. lancéolées, finement dentées; les supér. incisées, ou en lanières étroites, entières. Ombelles terminales et latérales, à rayons peu nombreux. Involucre et involucelle à 2 ou 3 fol. étroites. Fruit ovoïde-globuleux. ♂. E. PC. Lieux argileux et calc., bords des champs, haies, etc.

XXIV. **SIUM** L. (*Berle*). *Cal. à 5 dents très-courtes et inégales.* Pétioles lancéolés ou échancrés, à sommet infléchi. Fruit ovoïde-oblong, sillonné, à 5 côtes filiformes, un peu comprimé latéralement. *Styles réfléchis.* Involucre variable; involucelle polyphylle. — *Fl. blanches.*

Styles élargis à leur base	S. angustifolium.
Styles filiformes	S. latifolium.

1. **S. LATIFOLIUM** L. (*B. à larges feuilles*). Tige ferme, haute de 8 à 15 décim., rameuse, sillonnée, droite. Feu. pinnées, à fol. ovales-lancéo-

lées, *régulièrement dentées en scie*, mucronées. Ombelles terminales. Involucre et involucelle à 5 ou 6 fol. linéaires, aiguës. Fruit ovoïde sillonné, à *côtes latérales rapprochées de la commissure*. ⒴. E. C. Rivières, fossés.

M. Durand-Duquesney a remarqué qu'il était assez ordinaire de trouver les feu. les plus inférieures à folioles incisées, pinnatifides et même bipinnatifides. Il est probable que ce sont des feuilles qui ont été modifiées par une submersion plus ou moins prolongée.

2. s. ANGUSTIFOLIUM *L*. (*B. à feu. étroites*). Tiges dressées, rameuses, sillonnées, assez grosses du bas. Feu. infér. pinnées, à fol. ovales, dentées; les supér. à *fol. incisées, quelquefois trifides*. Ombelles terminales ou portées sur des pédonc. assez longs, opposés aux feu. caulinaires. Fruit strié, arrondi, à *côtes latérales éloignées de la commissure*. Involucre de 5 à 6 fol. Involucelle 3 à 5-phylle. ⒴. E-A. C. Fossés, rivières. Caen, Alençon, Falaise, etc.

XXV. HELOSCIADIUM *Koch*. (*Hélosciadie*). Cal. à 5 dents courtes. Pét. ovales, *entiers*, à pointes infléchies. Fruit oblong, comprimé latéralement. Carp. à 5 *côtes filiformes, égales; les latérales au bord*. *Vallécule à une seule bandelette. Carpophore entier*. Involucre nul ou à plusieurs fol. Involucelle polyphylle. — *Fleurs blanches. Plantes aquatiques*.

1 { Feuilles inférieures submergées à laciniures capillaires, H. inundatum.
  { Feuilles, même les inférieures, à lobes élargis, lancéolés   2.
2 { Ombelles sessiles ou portées sur un court pédoncule.   H. nodiflorum.
  { Ombelles portées sur un pédoncule plus long qu'elles   H. repens.

1. H. NODIFLORUM *Koch*., *Sium L*. (*H. nodiflore*). Vulg. *Bête*. Tige couchée et radicante à sa base, haute de 2 à 7 décim., striée, fistuleuse, émettant des racines des nœuds inférieurs. Feu. pinnées, à *fol. ovales-lancéolées*, dentées. *Ombelles presque sessiles*, opposées aux feu. Invol. 1 ou 2-phylle; involucelle de 4 à 5 fol. lancéolées. Fruits ovoïdes-globuleux. ⒴. E. TC. Ruisseaux, fossés, fontaines.

Var. *b. ochreatum* DC. Tiges grêles, rampantes, hautes de 1 à 2 décim. Feu. petites, à pétiole dilaté, membraneux; ombelles pédonculées. Marais des environs de Caen, Cherbourg; environs de Falaise. Cette var. est très-voisine de l'epèce suivante, dont elle diffère par le pédonc. moins long de ses ombelles.

2. H. REPENS *Koch*., *Sium L*. (*H. rampante*). *Tige faible, étalée, couchée*, radicante, haute de 8 à 15 centim. Feu. pinnées, à *fol. petites*, ovales, dentées-incisées; la terminale trilobée. *Ombelles portées sur un pédonc. plus long qu'elles*, opposées aux feu. Fl. petites. Involucre et involucelle de 4 à 6 fol. Fruit arrondi. ⒴. E. R. Marais. Rouen, Alençon; Asnelles, Meuvaines, Cabourg (Calvados); pays de Bray, Fontaine-la-Sorêt (Eure); Granville, etc.

3. H. INUNDATUM *Koch*., *Sison L*. (*H. inondée*). *Tiges nageantes*, radicantes, faibles. *Feu. submergées, à divis. capillaires*; les supér. nageantes, pinnées, à 3 ou 5 fol. petites, élargies et incisées, 3-fides au sommet. Ombelles très-petites, latérales, à *rayons peu nombreux et pauciflores*. ⒴. E. PC. Etangs, fossés. Falaise, Caen, Vire, Lisieux, Rouen; Alençon, Briouze (Orne), etc.

XXVI. ÆGOPODIUM *L*. (*Egopode*). Cal. à bord presque nul. Pét. ovales, échancrés, infléchis. Fruit oblong, un peu comprimé latéralement, chargé

de 5 stries. *Vallécules sans bandelettes. Styles réfléchis. Involucre et involucelle nuls.*

1. Æ. PODAGRARIA *L.* (*E. des goutteux*). Tige droite, haute de 6 à 9 décim., striée. Feu. 2 fois ternées, à fol. ovales-lancéolées, pointues, dentées. Fl. blanches, en ombelles composées d'une vingtaine de rayons. ♃
E. C. Vergers, jardins, bords des rivières.

XXVII. SMYRNIUM *L.* (*Maceron*). Cal. à bord à peu près nul. Pétales
pointus, infléchis. *Fruits ovoïdes, globuleux, noirs à la maturité* comprimés, *chargés de 3 nervures saillantes,* sillonnés. Involucres le plus souvent nuls. — *Fleurs jaunâtres.*

1. S. OLUSATRUM *L.* (*M. Ache noire*). Vulg. *Poivre.* Tige droite, rameuse,
haute de 10 à 15 décim. Feu. infér. trois fois ternées, à fol. arrondies-
ovales, dentées ou même lobées, luisantes ; les supér. ternées. *Fl. jaunâtres,* en ombelles de 12 à 15 rayons. ♂. E. R. Lieux cultivés et pâturages.
Rocher de Tombelaine, près du Mont-St.-Michel, Carentan, St.-Lo, murs
du château de Caen, Cherbourg, etc. (Naturalisé ?).

XXVIII. FŒNICULUM *All.* (*Fenouil*). Cal. à bord à peu près nul. Pét.
arrondis, entiers, infléchis. *Fruit allongé, presque cylindrique ;* comprimé,
à 5 nervures peu saillantes, obtuses. Involucre et involucelle nuls. — *Fleurs
jaunes.*

1. F. OFFICINALE *All.,* Anethum, fœniculum *L.* (*F. officinale*). Plante aromatique, exhalant une odeur agréable. Tige droite, cylindrique, striée,
haute de 12 à 20 décim. Feu. 2 ou 3 fois ailées, à divis. longues et capillaires. Fl. jaunes en ombelles, larges et terminales. ♃. E. C. Coteaux
secs et pierreux.

XXIX. LIBANOTIS *Crantz.* (*Libanotide*). *Cal. à 5 dents fines, subulées,* allongées. Pét. échancrés, infléchis. *Fruit cylindracé.* Carp. oblongs
à 5 côtes épaisses. Vallécules à 1 ou 2 bandelettes. Commissure à 4. *Carpophore bipartite. Involucre et involucelle polyphylles.*

1. L. MONTANA *All.,* Athamantha Libanotis *L.* Tige droite, rameuse, cannelée, haute de 4 à 10 décim., garnie au collet de pétioles desséchés, fibreux. Feu. radic. 2-pinnées ; les supér. pinnées, à fol. incisées-pinnatifides, à lobes aigus, lancéolés. Ombelles terminales, serrées, amples et
convexes. Involucre et involucelle polyphylles, sétacés.
Var. *b. pubescens* DC. Tiges et feuilles pubescentes.
♃. E3. A2. PC. Coteaux secs. Rouen, Caen, Falaise, le Havre, les
Andelys, Vernon, etc.

XXX. SESELI *L.* (*Séséli*). *Cal. à dents courtes, épaisses.* Pét. peu
échancrés, infléchis. Fruit oblong, couronné par les *styles réfléchis.* Carpelles à 5 côtes épaisses. Vallécule ordinairem. à une seule bandelette. Carpophore bipartite.— *Involucre nul ou presque nul ; involucelles polyphylles.
Fl. blanches.*

{ Ombelles à rayons peu nombreux ; involucelle plus court que l'ombellule . . . . *S. montanum.*
  Ombelles à rayons nombreux ; involucelle plus long que l'ombellule . . . . *S. coloratum.*

1. s. **MONTANUM** (*S. de montagne*). *Tige* droite, striée, *verte ou glauque*, peu rameuse, haute de 2 à 6 décim. Feu. infér. 2 ou 3-pinnées, à fol. linéaires, courtes et souv. trifides; les supér. à longues divis. étroites, simples. *Ombelles de 8 à 12 rayons.* Involucre 1 à 3-phylle caduc; involucelle à *fol.* nombreuses, lancéolées, *étroitement membraneuses sur les bords*, plus *courtes que l'ombellule.* ♃. E3.-A2. PC. Pelouses sèches, coteaux calcaires, bords des chemins. Rouen, Évreux, les Andelys; Chamboy (Orne).

Var. *b. glaucum* Coss. et Germ., *S. glaucescens* Jord. Plante plus petite, très-glauque; ombelle resserrée.

2. s. **COLORATUM** *Ehrh.*, *S. annuum* L. (*S. coloré*). Racine pivotante émettant *une seule tige* de 1 à 4 décim., le plus souv. *rougeâtre.* Feu. 2 fois ailées, à fol. pinnatifides à divis. lancéolées-linéaires; les supér. à *pétiole très-dilaté. Ombelles à rayons nombreux.* Involucre nul; involucelle à *fol.* lancéolées, largem. *membraneuses sur les bords, plus longues que les rayons* de l'ombellule. ♃ ou ♂. E3.-A2. TR. Coteaux secs, bois découverts. Les Andelys, Vernon, la Roche-Guyon.

Var. *b. minus* Wallr. Tige courte; feu. toutes radicales à peine dépassées par les ombelles. Sables de Donville, près de Granville (Manche).

XXXI. CICUTA *L.* (*Cicutaire*). *Cal. à 5 dents foliacées.* Pét. ovales, échancrés, infléchis. *Fruit ovoïde-arrondi*, muni de 5 côtes, dont les 2 latérales forment *un rebord. Vallécules à une bandelette très-saillante.* Involucre 1-phylle ou nul; involucelle polyphylle.

* 1. c. **VINOSA** *L.* (*C. vireuse*). Tige fistuleuse, sillonnée, haute de 6 à 8 décim., rameuse. Feu. 2 ou 3-pinnées, à fol. linéaires-lancéolées, allongées, incisées-dentées. Fl. blanches en ombelles axillaires, lâches. Involucelle à fol. sétacées. ♃. E. TR. Étangs et fossés. Pays de Bray (MM. Félix Petit et Graves).

Le suc de cette plante est un poison très-dangereux.

XXXII. CONIUM *L.* (*Ciguë*). *Cal. à bord nul.* Pét. ovales, échancrés, infléchis. *Fruit ovoïde-globuleux, à 5 côtes obtuses, crénelées.* Involucre à fol. peu nombreuses, réfléchies. Involucelle 3-phylle, unilatéral.

1 c. **MACULATUM** *L.* (*C. tachée*). Vulg. *grande Ciguë, Chue.* Tige cylindrique, glabre, tachetée de violet-noirâtre. Feu. molles, bi ou tripinnées, à fol. lancéolées, pinnatifides, incisées, pointues. Fl. blanches, en ombelles ouvertes. ♂. E. TC. Bords des champs, fossés, décombres.

Cette plante, dont l'odeur est forte et désagréable, est un poison assez violent.

XXXIII. ÆTHUSA *L.* (*Éthuse*). *Cal. à bord nul.* Pét. échancrés, infléchis. *Fruit ovoïde-globuleux*, à 5 côtes saillantes; *les latérales formant un rebord caréné.* Carpophore bipartite. *Involucre le plus souvent nul;* involucelle de 3 à 5 folioles linéaires-subulées.

1. æ. **CYNAPIUM** *L.* (*E. Ache-de-chien*). Vulg. *petite Ciguë.* Tige droite, rameuse, glabre, haute de 1 à 6 décim. Feu. 2-pinnées, à fol. pinnatifides, à lobes incisés, étroits et aigus, d'un vert foncé. Fl. blanches, en ombelles de 10 à 12 rayons. ⊚. E. TC. Lieux cultivés.

Plante vénéneuse.

(e) Fruits allongés ou subulés.

XXXIV. SCANDIX L. *Cal. à bord nul.* Pétales ovales, tronqués, infléchis. *Fruits sillonnés*, un peu comprimés, *terminés en long bec*, à 5 côtes obtuses. Involucre nul ; involucelle à 5 fol. lancéolées, aiguës.

1. s. PECTEN VENERIS L. (*S. Peigne-de-Vénus*), Vulg. *Aiguille.* Tige rameuse, un peu étalée, haute de 2 à 3 décim., striée, pubescente. Feu. pinnées, à fol. multifides finement découpées. Fl. blanches en ombelles de 2 à 3 rayons ; les fl. centrales mâles, stériles. Fruits linéaires très-longs, un peu hérissés. ◉. E. TC. Moissons des terr. calc.

XXXV. ANTHRISCUS Pers. (*Anthrisque*). *Cal. à dents nulles.* Pét. tronqués ou échancrés, infléchis à la pointe. *Fruit linéaire, terminé par un bec bien plus court que lui. Carpelles cylindracés*, lisses ou hérissés, n'ayant de *côtes visibles qu'au sommet.* Involucre nul ; involucelle polyphylle. Fl. blanches.

1 { Fruit hérissé . . . . *A. vulgaris.*
{ Fruit lisse . . . . 2.
2 { Ombelles latérales, sessiles . . . . *A. cerefolium.*
{ Ombelles terminales pédonculées . . . . *A. sylvestris.*

1. A. VULGARIS Pers., *Caucalis scandicina* Roth. (*A. commun*). Tige droite, de 2 à 6 décim., simple ou rameuse du haut, presque glabre. Feu. molles, 3 ou 4-pinnées, à fol. pinnatifides, ovales, mucronées, velues-ciliées. Fl. blanches en ombelles de 3 à 6 rayons, portées sur de courts pédonc. latéraux, quelquefois sessiles. Involucelles à fol. linéaires lancéolées. *Fruits pointus, hérissés de poils blancs.* ◉. P.-E. C. Lieux incultes, décombres, pied des murs.

2. A. CEREFOLIUM Hoffm., *Scandix* L. (*A. Cerfeuil*). Tige rameuse, glabre, renflée aux artic. Feu. 2 ou 3-pinnées, à fol. ovales, incisées, pinnatifides, élargies, glabres. *Ombelles latérales à peu près sessiles*, opposées aux feu. Fruits allongés-linéaires, *lisses.* Involucelles de 2 ou 3 fol. ◉. E. C. Plante potagère, généralement cultivée.

3. A. SYLVESTRIS Hoffm., *Chærophyllum sylvestre* L. (*A. sauvage*). Tige droite, rameuse, velue dans le bas, haute de 5 à 10 décim., renflée aux articulations. Feu. bi ou tripinnées, à découpures lancéolées, pointues, pinnatifides, incisées, glabres. *Ombelles terminales, pédonculées*, de 8 à 12 rayons. Involucelle de 2 à 3 fol. lancéolées, ciliées. *Fruits lisses*, noirâtres à la maturité. ♃. P. TC. Prés et haies.

XXXVI. CHÆROPHYLLUM L. (*Cerfeuil*). Cal. à bord nul. Pétales échancrés, inégaux, infléchis ; les extérieurs souvent plus grands. *Fruits lisses ou à peine striés, allongés, sans bec particulier*, à 5 côtes obtuses. Involucre le plus souv. nul ; involucelle polyphylle. — *Fl. blanches.*

1. C. TEMULUM L. (*C. enivrant*). Tige rameuse, hérissée, renflée aux artic., tachetée d'un violet-noirâtre, haute de 5 à 10 décim. Feu. 2-pinnées à fol. incisées, obtuses, velues. Ombelles de 10 à 12 rayons, d'abord penchées. Involucre quelquefois à une fol. Involucelle à 5 ou 6 fol. ovales ciliées. Fruits striés. ♃. P. E. TC. Haies.

Le *Myrrhis odorata* Scop., *Chærophyllum odoratum* Vill., *Scandix* L., fré-

quemment cultivé à cause de l'odeur d'anis qu'il exhale , est quelquefois
naturalisé dans le voisinage des habitations. St.-Pierre-de-Manneville (Seine-
Inf.), Coutances , etc.

†† *Feuilles simples.*

XXXVII. BUPLEVRUM *L.* (*Buplèvre*). Cal. nul. Pét. arrondis , entiers ,
égaux , roulés en-dedans. Fruit arrondi , strié, comme *tronqué au sommet.*
Involucre variable. Involucelle 5-phylle. — *Plantes glabres , à fl. jaunes.*

1 { Involucelle beaucoup plus long que les ombellules . . . . . 2.
  { Involucelle plus court que les ombellules . . . . *B. falcatum.*
2 { Fruit lisse . . . . 3.
  { Fruit granuleux . . . . *B. tenuissimum.*
3 { Feuilles linéaires-lancéolées , sessiles . . . . . . *B. aristatum.*
  { Feuilles ovales-arrondies , perfoliées . . . . . . *B. rotundifolium.*

1. B. ROTUNDIFOLIUM *L.* (*B. à feu. rondes*). Tige droite , haute de 2 à 5
décim. , peu rameuse. *Feu. ovales-arrondies , amplexicaules ou perfoliées.*
Involucre nul. Involucelle à 5 *fol. ovales plus longues que l'ombellule.* ⊙.
E. AC. Moissons des terres calc.

2. B. FALCATUM *L.* (*B. en faux*). Tiges dures , rameuses à la base , can-
nelées , sinueuses. Feu. radicales , elliptiques-*lancéolées* ; les supér. étroites ,
courbées en faux. Ombelles petites , de 6 à 9 rayons. Involucre 1 à 3-phylle.
Involucelle à 5 petites *fol. linéaires plus courtes que l'ombellule.* ♃. E. PC.
Coteaux secs des terr. calc. Rouen , Falaise , Caen , etc.
  Var. *b. petiolare* DC. Feu. radicales , ovales , à longs pétioles.

3. B. ARISTATUM *Bartl.* (*B. aristé*). Tige courte , dressée , rameuse ,
haute de 1 à 2 décim. *Feu.* linéaires , *à 3 nervures.* Involucelle à 5 *fol.*
lancéolées , 3-nervées , aristées , plus longues que l'ombellule. ⊙. E. TR.
Terrains sablonneux. *Mielles* de Cherbourg , Avranches. Moissons entre Merville et Cabourg , Trouville (Calvados); Granville , Biville et Vauville
(Manche).

4. B. TENUISSIMUM *L.* (*B. menu*). Tiges grêles , raides , rameuses dès la
base , étalées. *Feu. linéaires , étroites.* Fl. presque sessiles en ombelles latérales et terminales. Involucelles à 5 fol. courtes , lancéolées-linéaires , un
peu plus longues que les ombellules. ⊙. E. R. Lieux sablonneux , Caen ,
Falaise, Dieppe, Troarn , Argentan , St.-Lo , le Havre, Trouville , le Vey ;
Chamboy (Orne), etc.
  Var. *b. nanum* DC. Tiges courtes , rameuses , diffuses.

** *Fleurs réunies en tête ou en ombelles imparfaites.*

XXXVIII. SANICULA *L.* (*Sanicle*). Cal. à 5 petites dents. Pét. dressés ,
égaux, bidentés et courbés au sommet. Styles longs. *Fruit ne se divisant*
point en deux , ovoïdes-globuleux , hérissés de pointes dures et crochues.
Involucre et involucelle polyphylles.

1. S. EUROPÆA *L.* (*S. d'Europe*). Tige à peu près nue , glabre , haute
de 3 à 5 décim. Feu. palmées , à 3 ou 5 lobes profonds , dentés , incisés ,
trifides , longuement pétiolées. Fl. blanches , petites , en ombellules globuleuses. Ombelles à 3 rayons. ♃. P. TC. Bois.

La Sanicle, regardée comme vulnéraire, est maintenant à peine employée en médecine.

XXXIX. HYDROCOTYLE *L.* Cal. nul. Pét. entiers, égaux. Fruit orbiculaire, comprimé, chargé de quelques côtes dont *une dorsale, plus développée, carinée. Fleurs petites, ramassées en ombelles simples, semblables à des verticilles.* Involucre de 2 à 4 fol.

1. H. **VULGARIS** *L.* (*H. commun*). Vulg. *Écuelle d'eau.* Tige rampante. Feu. peltées, orbiculaires, crénelées, à longs pétioles bistipulés. Fl. blanches ou rosées en ombelles axillaires de 5 à 8 fl. ♃. E. C. Lieux humides.

XL. ERYNGIUM *L.* (*Panicaut*). Cal à 5 dents. Pét. dressés, connivents, échancrés, infléchis. Fruit ovale-oblong, strié, *hérissé d'écailles et couronné par les dents du cal.* — *Fl. blanches en capitule sur un réceptacle garni de paillettes.* — *Feuilles épineuses.*

1 { Involucre à folioles entières; paillettes entières . . . *E. campestre.*
{ Involucre à folioles dentées; paillettes tricuspidées. . *E. maritimum.*

1. E. **CAMPESTRE** *L.* (*P. des champs*). Vulg. *Chardon roland* ou *roulant.* Tige rameuse, glabre. Feu. coriaces, vertes, nerveuses, ailées, à fol. décurrentes, épineuses. Fl. en têtes, nombreuses et terminales. *Involucre à fol. entières. Paillettes du réceptacle entières.* ♃. E. C. Champs arides et bords des chemins.

2. E. **MARITIMUM** *L.* (*P. maritime*). Tige cylindrique, assez grosse, d'une *couleur glauque-blanchâtre,* ainsi que les feu. qui sont pétiolées dans le bas, arrondies, larges, plissées, à lobes épineux; les supér. sont sessiles, courtes, anguleuses et épineuses. Involucre à 5 ou 6 fol. larges, sinuées, dentées, arrondies, plus longues que les capitules. *Paillettes du réceptacle tricuspidées.* ♃. E. C. Sables maritimes.

XLIVe. FAM. ARALIACÉES. *Juss.*

Cal. 1-sépale, adhérent à l'ovaire, à limbe divisé en 4 ou 5 dents. Cor. de 6 à 10 pét., élargis à la base, épigynes. Etam. 5, insérées avec les pét. et alternant avec eux ou égales au nombre des pét. Ovaire à plusieurs loges uniovulées. Fruit charnu (*baie*). Style 1 ou plus. — *Arbres ou arbrisseaux à feu. simples et à fl. le plus souvent en cymes.*

1 { Feuilles opposées, caduques . . . . CORNUS. (i.)
{ Feuilles alternes, persistantes . . . . HEDERA. (ii.)

I. **CORNUS** *L.* (*Cornouiller*). Cal. à 4 dents. *Pét. et étam.* 4. Style 1. Stigmate 1. Drupe renfermant un noyau à 2-loges 1-spermes. — *Feuilles opposées.*

1 { Fleurs blanches; fruits noirs. . . . . *C. sanguinea.*
{ Fleurs d'un vert-jaunâtre; fruits rouges . . . . . *C. mas.*

1. C. **MAS** *L.* (*C. mâle*). Arbrisseau à feu. opposées, à courts pétioles, ovales, pointues, légèrement velues en-dessous. *Fl. d'un vert-jaunâtre* en petites cymes munies *d'une collerette de 4 fol. ovales, et fleurissant avant les feuilles. Fruits rouges,* oblongs, comestibles, acidules, connus sous le nom de *Cornouilles.* ♄. P1-2. R. Bois et haies. Rouen, Bayeux, Commun dans les environs d'Elbeuf, etc.

2. c. **sanguinea** *L.* (*C. sanguin*). Arbrisseau à rameaux lisses, d'un beau rouge pendant l'hiver. Feu. opposées, ovales, pétiolées et pointues. *Fl. blanches* en cymes terminales, *sans écailles à la base, fleurissant après les feu. Fruit* petit, noir. ♄. P-3. TC. Bois et haies.

II. HEDERA *L.* (*Lierre*). *Cal. à 5 dents. Pét. et étam. 5. Style 1. Stigm. 1. Baie globuleuse, ombiliquée, 5-sperme. — Feuilles alternes, persistantes.*

1. h. **hélix** *L.* (*L. rampant*). Arbrisseau à tiges sarmenteuses, rampantes ou grimpantes ; en vieillissant, les rameaux se redressent et sont arborescents. Feu. pétiolées, coriaces, persistantes, anguleuses et lobées dans les jeunes tiges, ovales et entières dans les vieilles. Fl. verdâtres en grappes arrondies. Baie brune. ♄. A3. TC. Vieilles murailles, rochers et troncs d'arbres.

M. Morière a trouvé, sur les ruines du château de Baumont-le-Roger, une var. de cet arbrisseau dont les feuilles étaient lancéolées, allongées, très-étroites et complètement entières.

XLVe. Fam. LORANTHÉES. *Rich.*

Cal. adhérent, 1-sépale, à bord entier, avec 2 bractées à la base. Cor. tantôt monopétale plus ou moins divisée, tantôt à plusieurs pétales élargis à la base. Etam. 4. Style 1. *Fruit* (baie) 1-*loculaire*, 1-*sperme. Fl. souv. dioïques. Feu. opposées, entières.*

I. VISCUM *L.* (*Gui*). Dioïque. Cal. à bord entier, peu saillant. Cor. de 4 pétales courts, élargis et soudés à la base. Fl. mâles, à 4 anthères sessiles sur la cor. Fl. fem. à ov. inf. bordé au sommet. Style court, terminé par un stigm. en tête. Baie renfermant une semence entourée d'une pulpe très-visqueuse.

1. v. **album** *L.* (*G. blanc*). Vulg. *Vi de pommier.* Sous-arbrisseau, rameux-dichotome, à tige articulée. Feu. coriaces, ovales, obtuses, sessiles. Fl. jaunâtres, en petits épis axillaires. Baies arrondies, blanches. ♄. P. TC. Parasite sur les pommiers, les peupliers, les épines, le nerprun, le noyer, etc. Je ne l'ai jamais vu sur les chênes de notre province ; mais je l'ai recueilli sur un chêne exotique, le *Quercus phellos* L., cultivé dans l'ancien parc de Bons, près de Falaise.

2e. *DIVISION.* MONOPÉTALES ou GAMOPÉTALES.

Fleurs présentant un calice et une colonne distincts. — Corolle à pétales soudés entre eux par leurs bords, au moins dans leur partie inférieure (Cor. monopétale ou gamopétale).

XLVIe. Fam. CUCURBITACÉES. *Juss.*

Fl. monoïques ou dioïques. Cal. monosépale, resserré au sommet, à 5 dents, soudé avec la cor. qui est campaniforme, à 5 lobes, marcescente et persistante. Etam. 5, à filets le plus souv. réunis 2 à 2 ; le 5e. libre.

Anthères longues, 2-loculaires. Cal. des fl. femelles globuleux. Style simple. Stigm. 3 à 5. Fruit (*baie*) charnu, à écorce dure, 1 à 5-loculaire. Graines cartilagineuses, attachées horizontalement à l'angle interne et épais que forment les cloisons. — *Tiges grimpantes ou rampantes, hispides, à feu. alternes, souvent accompagnées de vrilles axillaires.*

On cultive, comme potagères, beaucoup d'espèces et de variétés de Cucurbitacées dont les plus répandues sont : la Citrouille (*Cucurbita maxima* Duch.), la Courge (*C. lagenaria* L.), le Melon (*Cucumis Melo* L.), le Concombre (*C. sativus* L.), etc. Leurs fruits sont rafraîchissants et leurs graines renferment beaucoup d'huile.

I. BRYONIA *L.* (*Bryone*). Fl. monoïques ou dioïques. Cal. à 5 dents. Cor. campanulée. Etam. 3-adelphes. Baie globuleuse, polysperme.

1. B. DIOICA *Jacq.* (*B. dioïque*). Racine grosse, épaisse et charnue. Tige grimpante, velue. Vrilles axillaires. Feu. cordiformes, palmées, à 5 lobes hispides. Fl. d'un vert-jaunâtre, en grappes axillaires. Fruits globuleux et rouges à la maturité. ♃. F. C. Haies et buissons.

Sa racine contient une fécule abondante.

XLVIIᵉ. FAM. CAPRIFOLIACÉES. *Juss.*

Cal. supér. 1-sépale, adhérent à l'ovaire, à 2 à 5 dents, souv. muni de 2 bractées à sa base. Cor. monopét., à 4 ou 5 lobes. Etam. en nombre égal aux divis. de la cor., alternant avec elle ou doubles, ou 4, didynames. Ov. à 3 ou 5 loges. Fruit (*baie*) le plus souvent uniloc. et couronné par les dents du cal., quelquefois géminées. Style 1 ou nul. Stigm. 1 à 5. — *Arbres ou arbrisseaux à feu. opposées et à fleurs le plus souvent en cymes.*

1	Petite plante herbacée	ADOXA. (iv.)
	Plante robuste, le plus souvent ligneuse	2.
2	Feuilles simples, entières, lobées ou dentées	3.
	Feuilles composées ou pinnatifides	SAMBUCUS. (iii.)
3	Corolle tubuleuse, à 5 divisions inégales	LONICERA (i.)
	Corolle campanulée-rotacée, à 5 divisions égales. .	VIBURNUM. (iii.)

I. LONICERA *L.* (*Chèvre-feuille*). Cal. urcéolé, à 5 dents; *corolle tubulée à 5 divis. inégales, comme bilabiée;* le lobe infér. allongé, roulé. Etam. 5. Baies simples ou géminées, à 3 ou 4 loges polyspermes.

1. L. PERICLYMENUM *L.* (*C. des haies*). Vulg. *Sucet*. Arbrisseau à longues tiges, volubiles, grimpantes. Feu. ovales, glabres, opposées, non soudées entre elles. Fl. jaunes-rougeâtres, en têtes terminales. Baie simple. ♄. E. TC. Bois et haies.

Var. *b. pubescens* Hard., Ren. et Lecl. Cat. Jeunes rameaux et feu. très-pubescents. Haies de Lébisey, près de Caen.

Le *S. caprifolium* L., remarquable par les feu. connées de ses rameaux florifères, est commun dans les jardins.

II. VIBURNUM *L.* (*Viorne*). Cal. à 5 lobes courts. Cor. campanulée-rotacée, à 5 divis. Etam. 5. Stigm. 3, sessiles. Baie monosperme. — Fl. blanches, en cymes terminales.

1	Fleurs de la circonférence de la cyme planes et stériles .	*V. opulus.*
	Fleurs toutes semblables et fertiles	*V. Lantana.*

4. v. LANTANA *L.* (*V. Lantane*). Vulg. *Cochène.* Arbrisseau à écorce farineuse. *Feu.* ovales , dentées , veinées et *cotonneuses en-dessous. Fl. toutes fertiles.* Baies rouges , noires à la maturité. ♃. E. C. Bois et haies , surtout dans les terr. calc.

2. v. OPULUS *L.* (*V. obier*). Vulg. *Rose de gay.* Arbrisseau à feu. glabres, à 3 *lobes pointus et dentés.* Fl. de la circonférence de la cyme *stériles, planes et plus larges.* Baies rouges. ♃. E. C. Bois et haies.

Une variété, ayant toutes les fleurs stériles , est cultivée dans les jardins sous le nom de *Boule-de-neige* ou de *Rose de Gueldre.*

III. SAMBUCUS *L.* (*Sureau*). Cal. 5-fide. Cor. en roue, à 5 lobes. Etam. 5. Stigm. 3 à 5, sessiles. *Baies arrondies , 3 à 5-spermes. — Fl. blanches en cyme.*

4 { Plante herbacée à écorce verte . . . . *S. ebulus.*
{ Arbre ou arbrisseau à écorce grisâtre . . . . *S. nigra.*

1. s. NIGRA *L.* (*S. noir*). Vulg. *Sus.* Arbrisseau à *bois cassant , dont le centre est rempli d'une moëlle abondante dans les rameaux.* Feu. opposées, imparipinnées , à 5 ou 7 fol. ovales-lancéolées , dentées. Fl. blanches, odorantes, en *cyme 5-partite.* ♃. P. TC. Haies.

Var. *b. rotundifolia* Malbr. Fol. arrondies. Haies de Bonsecours , près de Rouen.

2. s. EBULUS *L.* (*S. Hièble*). *Tige herbacée ,* rameuse, cannelée , remplie de moëlle. Feu. imparipinnées , à 7 ou 9 fol. lancéolées plus longues que dans l'espèce précédente. Fl. rougeâtres en-dessous, en *cyme 3-partite.* ♃. E. TC. Champs, bords des chemins, fossés, etc.

On rencontre fréquemment , planté dans les parcs et même naturalisé dans quelques bois, le *S. racemosa* L., qui se distingue à ses *fleurs en panicule ovoïde* et à ses *fruits rouges.*

IV. ADOXA *L.* (*Adoxe*). Cal. supère à *limbe trifide.* Cor. rotacée à *limbe plan, ayant* 4 ou 5 lobes. Etam. 8 ou 10. Styles 4 ou 5. Fruit (*baie*) globuleux, à 4 ou 5 loges 1-spermes. *Graines à bords membraneux. — Plante herbacée ; fleurs verdâtres.*

4. A. MOSCHATELLINA *L.* (*A. musquée*). Plante délicate , glabre , glauque, à odeur un peu musquée, à racine écailleuse et à tige faible , haute de 10 à 12 centim. , chargée de 2 feu. opposées vers son milieu. Feu. pétiolées , biternées. Fl. verdâtres, 4 ou 5 , réunies en un petit capitule terminal. La fl. supérieure n'a que 8 étam. , 4 pétales et 4 styles ; les autres ont 10 étam. , 5 pét. et 5 styles. ♃. P. TC. Lieux frais et ombragés.

XLVIIIe. FAM. RUBIACÉES. *Juss.*

Cal. adhérent , 1-sépale, divisé en 4 à 6 lobes , quelquefois nul. Cor. 4-pét. régulière, insérée au sommet du tube du cal., ayant 4 à 5 divis. , rarement 6. Etam. en nombre égal. aux pét., avec lesquels elles alternent , et insérées sur la cor. Style 1. Stigm. 1 ou 2. Fruit biloculaire , 2-sperme. Périsperme corné, entourant un embryon droit. — *Plantes à tiges herbacées, 4-gones et à feu. verticillées, sessiles.*

1 { Calice à 6 divisions profondes . . . . SHERARDIA. (iii.)
  { Calice à dents courtes ou nulles . . . . 2.
2 { Corolle en entonnoir ou campanulée . . . . ASPERULA. (ii.)
  { Corolle en roue ou en étoile . . . . 3.
3 { Fruit sec ; corolle à 4 divisions . . . . GALIUM. (iv.)
  { Fruit bacciforme ; corolle le plus souvent à 5 divisions . . RUBIA. (i.)

I. RUBIA *L.* (*Garance*). Cal. adhérent , à rebords nuls. *Cor. rotacée,*
à 4 ou 5 divis. Etam. 4 ou 5. *Baies* géminées, arrondies, glabres.

1 { Feuilles persistantes, sans nervures saillantes en-dessous. *R. peregrina.*
  { Feuilles annuelles, à nervures saillantes en-dessous . . *R. tinctorum.*

1. R. PEREGRINA *L.* (*G. voyageuse*). Tiges carrées, fermes, garnies de
dents crochues sur les angles. *Feu. persistantes,* verticillées par 4 ou 6, lancéolées, aiguës, bordées de dents dures, blanchâtres et crochues , à *réseau
des nervures paraissant à peine en-dessous.* Fl. paniculées, jaunâtres, à 5
lobes lancéolés, aristés. ♃. E. R. Haies, coteaux et rochers, principalement sur le littoral. St.-Jean-le-Thomas, Herqueville (Manche) ; Vernon,
Port-Mort, Oissel, Louviers (Eure), etc.

2. R. TINCTORUM *L.* (*G. des teinturiers*). Tiges allongées, très-scabres,
tombantes, diffuses. *Feu. annuelles,* verticillées par 4 ou 6, oblongues-lancéolées , à bords fortement denticulés-épineux, *à réseau des nervures
saillant en-dessous.* Fl. à lobes obtus ou pointus, *non aristés.* ♃. E.
Cette plante, cultivée à cause du principe colorant d'un beau rouge très-
solide qu'elle renferme, est naturalisée sur quelques points de la province
ou qui l'avoisinent. Rouen, vieilles murailles à Falaise et à Dreux.

II. ASPERULA *L.* (*Aspérule*). Cal. à bord nul. *Cor. en entonnoir, à*
4 *divis.* Etam. 4. Fruits secs, geminés, globuleux, 1-spermes, *non couronnés par le limbe du cal.*

1 { Fleurs bleues . . . . *A. arvensis.*
  { Fleurs blanches ou un peu rosées . . . . 2.
2 { Fruit glabre ; feuilles linéaires . . . . *A. cynanchica.*
  { Fruit hérissé ; feuilles lancéolées . . . . *A. odorata.*

1. A. ODORATA *L.* (*A. odorante*). Vulg. *petit muguet.* Souche rampante,
émettant des tiges droites, simples, glabres. *Feu.* verticillées par 4 à 8, *lancéolées,* ciliées. *Fl. blanches,* paniculées, terminales. *Fruits hérissés de
poils blancs.* ♃. P2. PC. Bois couverts, Argentan, Falaise, Vimoutiers ;
Mouen, près de Caen ; Orbec, Elbeuf, etc.
Cette plante, en séchant, exhale une odeur agréable.

2. A. ARVENSIS *L.* (*A. des champs*). Tige droite, pubescente, peu rameuse. *Feu. linéaires,* obtuses, un peu hérissées sur les bords, verticillées par 6 à 8 fol. *Fl. bleues,* réunies en têtes terminales entourées d'une
collerette de bractées linéaires, longuem. ciliées. ☉. E. R. Moissons. Gisors, Lisieux, Vernon, Vimoutiers, etc.

3. A. CYNANCHICA *L.* (*A. à l'esquinancie*). Racine fibreuse, rougeâtre et
très-rameuse ; *tige couchée,* étalée, à rameaux grêles. *Feu.* quaternées dans
le bas, simplem. opposées dans le haut, *linéaires,* roulées sur les bords,
glabres. Fl. blanches ou rosées en petites panicules ouvertes. *Fruits glabres,*
tuberculeux. ♃. E. C. Bords des chemins et coteaux secs des terr. calcaires.

III. SHERARDIA *L.* (*Sherardie*). Cal. adhérent, *à 6 lobes profonds,* *persistants*, couronnant 2 semences sèches, accolées. *Cor. 4-fide, infundibuliforme.* Etam. 4.

1. s. ARVENSIS *L.* (*S. des champs*). Tiges herbacées, couchées, verticillées par 6 à 8, lancéolées, pointues, scabres ; les supér. formant un involucre au-dessous des fl. qui sont terminales, rosées ou bleuâtres. ☉ P.-A. TC. Champs, lieux cultivés.

IV. GALIUM *L.* (*Galiet*). Cal. à 4 dents très-petites. *Cor. en roue, 4-fide.* Etam. 4. Style 2-fide. *Fruit sec*, formé de 2 sem. globuleuses, accolées, nues.

1 {	Fleurs jaunes	2.
	Fleurs blanches, blanchâtres ou rougeâtres	3.
2 {	Feuilles verticillées par 6 à 12	*G. verum.*
	Feuilles quaternées	*G. cruciatum.*
3 {	Feuilles non mucronées	*G. palustre.*
	Feuilles mucronées	4.
4 {	Tiges scabres, bordées d'aiguillons crochus	8.
	Tiges non scabres, glabres ou pubescentes	5.
5 {	Fruits lisses ou chagrinés ; tige droite ou dressée	6.
	Fruits tuberculeux ; tige étalée, couchée	*G. saxatile.*
6 {	Lobes de la corolle prolongés en pointe	7.
	Lobes de la corolle seulement aigus	*G. sylvestre.*
7 {	Feuilles oblongues-linéaires ; fleurs blanches	*G. erectum.*
	Feuilles obovales ; fleurs d'un blanc-verdâtre	*G. elatum.*
8 {	Fleurs d'un beau blanc	*G. uliginosum.*
	Fleurs blanchâtres ou rougeâtres	9.
9 {	Fruits hérissés ou tuberculeux	10.
	Fruits seulement chagrinés	*G. Anglicum.*
10 {	Pédicelles fructifères très-recourbés	*G. tricorne.*
	Pédicelles fructifères droits	*G. Aparine.*

† *Fleurs jaunes.*

1. G. CRUCIATUM *Scop., Valantia cruciata* L. (*G. croisette*). Tiges simples, redressées, velues, garnies de *feu. verticillées par 4, trinervées, ovales,* hérissées, d'un vert-jaunâtre. Fl. jaunes, polygames, en petites *grappes axillaires.* Fruits glabres, rugueux, réfléchis à la maturité. ♃ P. TC. Haies et lieux incultes.

2. G. VERUM *L.* (*G. vrai*). Vulg. *Caille-lait jaune.* Tiges rameuses, souv. couchées et comme ligneuses à la base. *Feu. verticillées par 6 à 10, linéaires,* glabres, roulées en-dessous. Fl. jaunes, odorantes, en grappes, au sommet des rameaux florifères courts, et formant *une panicule* assez serrée. ♃ E. C. Coteaux, prés et bois, principalem. des terr. calc.

Var. *b. asparagifolium.* Tiges hautes, dressées, garnies de nombreux rameaux pubescents, couverts de feu. menues. Pays-d'Auge.

Var. *c. littorale.* Tiges basses et couchées. Fl. en panicules courtes et peu fournies. Sables maritimes.

Var. *d. G. decolorans* Gren., *G. vero-mollugo* Wallr. Plante ne noircissant pas par la dessiccation. Fleur d'un blanc-jaunâtre. Feu. linéaires. Selon Wallroth, ce serait une hybride du *G. verum* et du *G. mollugo* (*G. elatum*). Recueilli, par MM. Lebel et Lejolis, sur plusieurs points du départ. de la Manche ; Carteret, Cosqueville, Jobourg et Querqueville.

Var. *e. G. approximatum* Gren., *G. vero-mollugo* Lecoq. et Lam. Cette var. ou hybride se rapproche de la précédente par la couleur jaune-pâle de ses fleurs; mais elle s'en distingue par sa *panicule moins resserrée*, ses divis. de la corolle mucronées; ses feuilles sont pubescentes en-dessous, roulées sur les bords. Falaise, bords de la route de St.-Pierre-sur-Dive.

†† *Fleurs blanches, blanchâtres ou rougeâtres.*

3. G. ULIGINOSUM L. (*G. des tourbières*). Tiges faibles, *très-scabres sur les angles*, luisantes, rameuses. Feu. verticillées par 6 à 8, lancéolées, mucronées, rétrorso-scabres, souv. réfléchies. Fl. blanches, en grappes pauciflores, latérales et terminales. Cor. plus grande que les *fruits*, qui sont *granuleux*. ♃. E2-3. R. Prés et marais tourbeux. Falaise; Fontaine-Henry, près de Courseulles; Lisieux; marais des Terriers, près de Caen; Alençon, Camembert (Orne); etc.

4. G. PALUSTRE L. (*G. des marais*). Tiges couchées, rameuses, *presque lisses*, *ou un peu scabres*. Feu. verticillées par 4 ou 6, ovales-lancéolées, obtuses, *non mucronées*, à peu près lisses sur les bords. Fl. blanches, en petites panicules latérales, divergentes. *Fruits lisses*, ou un peu chagrinés (var. *c.*). ♃. E. C. Marais et bords des eaux.

Var. *b.* *G. debile* Desv., *G. constrictum* Chaub. Cette var., que plusieurs auteurs considèrent comme une esp., est remarquable par sa tige à rameaux ascendants, par ses feuilles linéaires, étroites, rudes et enroulées sur les bords, et par la petitesse de ses fruits. Falaise; Domfront, Alençon, etc.

Var. *c.* *G. elongatum* Presl. Panicules fermes, à rameaux étalés non divergents. Corolle plus large et fruits plus gros, chagrinés. Feu. elliptiques-linéaires, allongées, bordées de 2 rangs d'aiguillons. Floraison plus tardive. Cherbourg, Domfront; Quevilly et Blainville, près de Rouen.

Cette plante noircit par la dessiccation.

5. G. ERECTUM *Huds.*, *G. mollugo* L.? (*G. dressé*). Vulg. *Caille-lait blanc.* Tige élevée, de 3 à 6 décim., rameuse, souvent renflée aux articulations et pubescente. Feu. verticillées par 8; assez longues, *oblongues-linéaires*, mucronées, munies sur les bords de petits aiguillons étalés, un peu *épaisses*, *non transparentes*, à nervure médiane, saillante surtout à sa base. Fl. *d'un beau blanc* en panicule pyramidale. Pédicelles fructifères, *dressés, étalés. Cor. à lobes aristés.*

Var. *b.* *G. scabrum* Witth. Tige raide, peu élevée, hérissée dans le bas de poils raides, comme scabres. Champs secs. ♃. E. C. Prés, bois, haies et buissons.

Cette esp. et la suivante, que nous croyons devoir séparer, à l'exemple de plusieurs auteurs, ont été souv. confondues sous le nom de *G. mollugo*, mais il est très-difficile de savoir à laquelle Linné avait attribué ce nom; et, dans cette incertitude, nous préférons le laisser de côté, selon l'opinion de M. Jordan. *Obs. sur quelques plantes nouv., etc.*

6. G. ELATUM *Thuil.* (*G. élevé*). Diffère de l'espèce précédente par sa tige très-élevée, mais faible, tombante, ses *feuilles plus courtes, obovales ou oblongues-obovales, minces, transparentes*, à nervure dorsale faible. *Fl. d'un blanc sale*, petites, en panicule très-ample; pédic. fructifères courts, *très-divariqués*, même réfléchis. Fruits plus petits. Plante de 10 à 15 décim. ♃. E. C. Haies, buissons, bords des chemins.

Var. *b. conglomeratum.* Panicule serrée, compacte, formée de fleurs portées sur des pédic. très-courts. Mézidon.

7. G. SYLVESTRE *Poll.* (*G. des forêts*). Tiges grêles, de 2 à 5 décim., couchées à la base. Feu. verticillées par 6, *linéaires*, mucronées, glabres ; les infér. plus courtes et plus larges, rétrorso-scabres. Fl. blanches en panicule lâche et terminale. *Lobes de la cor. pointus, non aristés.* ♃. E. C. Landes, bords des bois et coteaux.

Var. *a. G. glabrum* Schrad., *G. læve* Thuill. Tiges glabres.

Var. *b. G. Bocconi* All. Tiges hispides, velues, au moins dans le bas.

Var. *c. G. supinum* Lam. Touffes épaisses, couchées ; corymbes courts et serrés. Blainville et Feuguerolles, près de Caen (*D^r. Hardouin*).

8. G. SAXATILE L., *G. Harcynicum* Weigh. DC. (*G. des rochers*). *Tige couchée, gazonnante,* à rameaux nombreux, très-garnis de feu. glabres, *obovales-arrondies,* verticillées par 4 à 6. Fl. blanches, ramassées au sommet de pédonc. courts et rameux. *Fruit granuleux.* ♃. E. C. Coteaux, parmi les rochers. Rouen, Falaise, Cherbourg, Caen, Vire, Orbec, Lisieux, St-Lo, Beaumont-le-Roger, etc.

9. G. ANGLICUM *Huds.* (*G. anglais*). *Tiges menues,* couchées, très-rameuses, *divariquées, scabres.* Feu. verticillées par 5 à 8, linéaires-lancéolées, acérées, réfléchies, hispides, scabres. *Fl. petites, d'un jaune-rougeâtre.* Fruits granulés. ◉. E. PC. Moissons des terr. calc. Rouen, Evreux, Falaise, etc.

Var. *b. G. Parisiense.* L. Fruits quelquefois hérissés. Gisors.

Var. *c. erectum* Coss. et Germ. Tige dressée, souv. solitaire ; fruits plus petits. Falaise, Harcourt, Caen, etc.

10. C. APARINE L. (*G. grateron*). Tiges rameuses, faibles, allongées, à *articulations velues et renflées,* très-scabres sur les angles. Feu. verticillées par 8, lancéolées, longuement mucronées, hérissées de poils crochus. *Fl. d'un blanc-verdâtre,* petites, portées sur de *longs pédonc. Fruits assez gros, couverts de poils crochus.* ◉. E. T. C. Haies et lieux cultivés.

Var. *b. G. Vaillantii* DC. Fruits plus petits. Caen, Falaise.

Var. *c. G. spurium* L. Fruits et articulations de la tige glabres. Pédic. plus longs que les feu. Rouen, Neufchâtel, Falaise.

11. G. TRICORNE *With.* (*G. à trois cornes*). Tiges assez raides, redressées, hautes de 1 à 4 décim., très-hérissées. Feu. verticillées par 6 à 8, lancéolées, très-scabres sur les bords. Fl. blanchâtres. *Pédonc. triflores, recourbés, ouverts, de la longueur des feu. ou un peu plus courts.* Fruits gros, tuberculeux. ◉. E. C. Moissons des terr. calc. Rouen, Caen, Falaise, etc.

XLIXe. FAM. VALÉRIANÉES. DC.

Cal. 1-sépale, adhérent, à limbe droit, denté ou entier, et se déroulant en aigrette à la maturité. Cor. 1-pétale, tubuleuse, à 5 divis. inégales, quelquefois gibbeuses ou éperonnées à la base. Style 1. Stigm. 1 à 3. Etam. 1 à 5. Caps. indéhiscente de 1 à 3 loges ; 2 avortent souvent. *Herbes à feu. opposées. Fl. en panicule ou en corymbe.*

1 { Corolle éperonnée à sa base . . . . CENTRANTHUS.
  { Corolle sans éperon . . . . 2.
2 { Fruit uniloculaire portant une aigrette plumeuse . . VALERIANA. (ii.)
  { Fruit 3-loculaire sans aigrette . . . . VALERIANELLA. (iii.)

I. CENTRANTHUS *DC.* (*Centranthe*). *Cor. tubuleuse-infundibuliforme*, à 5 lobes, à *tube prolongé en éperon à sa base. Etam. 1.* Fruit monosperme, 1-loculaire, surmonté par une aigrette plumeuse.

1. c. **ruber** *DC. Valeriana rubra* L. (*C. rouge*). Tige cylindrique, lisse, fistuleuse. Feu. ovales-lancéolées, glabres, glauques. Fl. rouges ou blanches, paniculées. ♃. P. C. Naturalisée sur les vieux murs.

M. Godey nous a fait observer que cette plante est constamment à fleur blanche sur les murs de St.-Lô, où elle est fort commune.

II. VALERIANA *L.* (*Valériane*). Cal. à bord roulé en-dedans et *se développant à la maturité en aigrette plumeuse*, couronnant un fruit 1-sperme. Cor. 1-pétale, tubuleuse, *gibbeuse à la base*, à 5 divis. *Etam. 3.* Style 1, à 3 stigm.

1 { Fleurs hermaphrodites . . . . *V. officinalis.*
  { Fleurs unisexuelles . . . . *V. dioica.*

1. v. **officinalis** *L.* (*V. officinale*). Vulg. *Herbe aux coupures.* Tige haute de 5 à 10 décim., sillonnée. Feu. pinnées, à *folioles dentées*, lancéolées, *velues.* Fl. d'un blanc-rosé, paniculées. ♃. P-E. TC. Bois et prés humides.

2. v. **dioica** *L.* (*V. dioïque*). Tige haute de 2 à 4 décim., lisse. Feu. infér. ovales, *glabres*, les supér. pinnées à *fol. entières.* Fl. dioïques d'un blanc-rosé, en panicule capitée, resserrée dans les individus à fl. fem. ♃. P-E. C. Prés marécageux.

III. VALERIANELLA *Tourn., Valeriana* L. (*Valérianelle*). Cal. persistant à 5 lobes, petits, dressés. Cor. 1-pétale, tubuleuse, 5-fide, inégale. Etam. 3. Fruit à 3 *loges dont 2 stériles.* — *Fleurs d'un blanc-rosé, terminales, en corymbe, entourées de bractées ciliées.*

Toutes les espèces de ce genre ont les plus grands rapports entr'elles ; on ne les distingue que par le fruit. Elles ont toutes la tige dichotome et des feuilles caulinaires, entières ou sinuées-dentées inférieurement, quelquefois ciliées à la base. — Elles sont connues sous les noms vulgaires de *Bourcette, Mâche, Royale.* On les mange en salade.

1 { Fruit couronné par un cal. à dents crochues . . . . . *V coronata.*
  { Fruit couronné par un cal. plus ou moins complet à dents droites . 2.
2 { Limbe du cal. à dents inégales, comme tronqué obliquement . . . 3.
  { Limbe du cal. à peine visible ou presque nul . . . . 5.
3 { Limbe du cal. évasé, aussi large que le fruit . . . . *V. eriocarpa.*
  { Limbe du cal. oblique, plus étroit que le fruit . . . . 4.
4 { Fruit presque globuleux, portant une dent . . . . . . *V. auricula.*
  { Fruit ovoïde-allongé, portant plusieurs dents inégales . . *V. dentata.*
5 { Fruit comprimé plus large que long . . . . . . *V. olitoria.*
  { Fruit oblong, creusé en nacelle d'un côté . . . . . *V. carinata.*

1. v. **olitoria** *Mœnch.* (*V. potagère*). Tige à rameaux étalés. Fl. en tête arrondie. *Fruit* glabre, *ovale-arrondi*, comprimé, oblique, nu au sommet ; loges stériles, séparées par une cloison incomplète ; *loge fertile, renflée dorsalement par une masse épaisse, spongieuse.* ◉. P. C. Lieux cultivés, jardins.

Var. *b. pubescens.* Fruit pubescent. R. Falaise.

2. v. **carinata** *Lois.* (*V. carénée*). Tige faible, étalée, pubescente dans

le bas. Feu. oblongues, entières, obtuses. Fruit nu au sommet, *oblong, presque tétragone, creusé en nacelle d'un côté et caréné de l'autre par la loge fertile.* ◉. P. TC. Lieux cultivés.
Var. *b. pubescens.* Fruit pubescent. R. Falaise.

3. v. AURICULA *DC.* (*V. auriculée*). Tige dressée, 4-gone, bifurquée dans le haut. Feu. lancéolées; les supér. pointues, ayant 2 ou 3 dents à la base. Fruit ovoïde, sillonné, glabre, couronné par le cal., dont *une dent plus longue le fait paraître comme tronqué; loges stériles plus grandes que la fertile.* ◉. P. C. Moissons, jardins.

4. v. ERIOCARPA *Desv.* (*V. à fruit velu*). Tiges courtes, raides, un peu étalées, velues à la base. Feu. dentées près de la tige. Fruit *anguleux, hérissé de poils sur les angles. Cal. évasé, denticulé, aussi large que le fruit. Loges stériles filiformes, presque avortées.* ◉. P. R. Coteaux, moissons. Alençon, Evreux, Cherbourg; Tournay (Orne); Etavaux, May, près de Caen, Vimont, Grisy (Calvados), etc.

5. v. DENTATA *S. Willem., V. Morisonii DC.* Prodr. (*V. dentée*). Tige droite, 4-gone un peu scabre, rameuse, bifurquée au sommet. Feu. lancéolées-linéaires, dentées à la base. Fruit ovoïde-conique, glabre, un peu anguleux, couronné par un *cal. étroit,* à dents inégales dont *une plus longue formant un bec atténué, aigu. Loges stériles latérales, filiformes, presque avortées.* ◉. P. PC. Moissons et champs en friche.
Var. *b. pubescens, V. mixta* Dub. Fruit hérissé de poils crochus. Falaise, Lisieux, etc.

6. v. CORONATA *DC.* (*V. couronnée*). Tige droite, rameuse et pubescente au sommet. Feu. lancéolées, dentées à la base. Fl. en têtes serrées. Fruit ovoïde, pubescent, couronné par le *cal. à 6 dents allongées, filiformes, courbées à la pointe.* ◉. P. R. Alençon, Laigle, Rouen, sur les murailles.

Lᵉ. FAM. DIPSACÉES. *Juss.*

Fl. terminales, agrégées en capitule sur un réceptacle commun et entourées d'un involucre polyphylle. Cal. double; l'extérieur 4-sépale entier ou lobé, libre; l'intérieur membraneux. Cor. 4-pétale, tubuleuse, à 4 ou 5 lobes. Etam. 4, à anthères 2-locul. Style et stigm. 1. Fruit monosperme, indéhiscent, couronné par le limbe du cal. Périsperme charnu. — *Plantes herbacées à feu. opposées.*

Tiges pourvues d'aiguillons	DIPSACUS. (i.)
Tiges dépourvues d'aiguillons	SCABIOSA. (ii.)

I. DIPSACUS *L.* (*Cardère*). *Cal. extér. 4-gone, tronqué, persistant; l'intér. velu, caduc, terminé par quatre dents très-courtes.* Cor. 4-pétale, tubuleuse, 4-lobée. Réceptacle conique, garni de paillettes épineuses dépassant les fleurs. — *Tiges chargées d'aiguillons.*

Feuilles connées	2.
Feuilles non connées	*D. pilosus.*
Paillettes du réceptacle droites	*D. sylvestris.*
Paillettes du réceptacle courbées en-dehors	*D. fullonum.*

1. D. SYLVESTRIS *Willd.* (*C. sauvage*). Vulg. *Chardon à peignes.* Tige

droite, cannelée, garnie d'aiguillons. *Feu.* lancéolées, *connées*, sinueuses, épineuses sur la nervure. Fl. bleuâtres en cap. oblong. *Paillettes épineuses, droites.* ♂. E. C. Bords des champs.

Nous avons observé, en 1846, dans le parc de la Fresnaye, à Falaise, deux ou trois individus monstrueux, très-remarquables qui appartenaient à cette espèce; la tige était très-épaisse, arrondie, fistuleuse, fortem. tordue, et portait dans toute sa longueur une série en spirale de feuilles lancéolées, étroites et allongées. M. Duboc m'a indiqué une monstruosité semblable près de Honfleur.

2. D. FULLONUM *Willd.* (*C. à foulon*). Vulg. *Chardon à bonnetier.* Diffère du précédent par ses *feu.* plus *connées*, moins longues, ses capitules allongés dont les *paillettes* sont *recourbées au sommet.* ♂. E. Cultivé en grand à Elbeuf, à Vernon, etc., pour l'usage des drapiers qui l'emploient pour *tirer* les laines des tissus qu'ils fabriquent.

3. D. PILOSUS *L.* (*C. poilue*). Tiges rameuses, hispides. *Feu.* ovales, dentées, velues, *pétiolées*, auriculées. Fl. blanches ou bleuâtres en capitule arrondi. *Paillettes* du récept. longuem. *velues-ciliées.* ♂. E. C. Bords des fossés, des r.vières. Rouen, Gisors, Caen, Eu; Falaise, Valognes, Bayeux, etc.

II. SCABIOSA *L.* (*Scabieuse*). Involucre polyphylle. Cal. double; l'extér. membraneux, 4-gone; l'intér. concave, *ayant 4 à 8 lobes (arêtes) subulés.* Cor. à 4 ou 5 divis. souv. inégales. Fruits couronnés par le cal. Réceptacle poilu ou paléacé. — *Tiges non chargées d'aiguillons.*

<table>
<tr><td rowspan="2">1</td><td>Réceptacle chargé de paillettes . . . .</td><td>2.</td></tr>
<tr><td>Réceptacle garni de poils, mais sans paillettes . . . .</td><td>*S. arvensis.*</td></tr>
<tr><td rowspan="2">2</td><td>Feuilles entières ou simplement dentées . . . .</td><td>*S. succisa.*</td></tr>
<tr><td>Feuilles pinnatifides, à lobes étroits . . . .</td><td>*S. columbaria.*</td></tr>
</table>

1. S. COLUMBARIA *L.* (*S. colombaire*). Tige rameuse, grêle, pubescente. Feu. radicales-ovales, dentées-crénelées; les *supér. pinnatifides, à lobes plus ou moins linéaires.* Fl. bleuâtres, purpurines ou blanches, en capitule déprimé, *plus larges à la circonférence. Cor. à 5 lobes inégaux.* Graines surmontées de 5 *arêtes noirâtres.* ♃. E. Al. TC. Prés secs et bords des chemins. Terr. calc.

2. S. ARVENSIS *L.*, *Knautia* Coult. Dub. (*S. des champs*). Tiges rameuses, velues-hispides. *Feu. pinnatifides, à lobes incisés-dentés;* quelquefois elles sont entières dans le bas. Fl. d'un bleu-rougeâtre, ou blanches, *plus grandes à la circonférence.* Involucre à folioles ovales. Graines surmontées de 6 à 8 arêtes *blanchâtres. Réceptacle poilu.* ♃. E. TC. Prés, champs, bords des chemins.

Var. *b. pinnatisecta* Coss. et Germ. Feu. profondément pinnatifides, même les radicales. Falaise, Granville; Chamboy (Orne).

Var. *c. S. campestris* Bess. Capitule globuleux de fleurs à lobes égaux, quelquefois un peu calleux et herbacés au sommet. Arromanches.

Var. *d. integrifolia* Bor. Tige grêle, simple; feu. lancéolées, entières, dentées ou crénelées, pinnatifides parfois à la paire supérieure. Forêt de Moutiers-Hubert, bois du Billot (*M. Durand-Duquesney*).

3. S. SUCCISA *L.*, *Succisa pratensis* Mœnch. (*S. à racine tronquée*). Vulg.

Mors-du-diable, *Tête-de-loup*. Tige simple, un peu velue. *Feu. lancéolées*, *entières* ; les supér. incisées, étroites. Fl. bleues, rarem. blanches, en tête arrondie, longuement pédonculée. *Cor. à 4 lobes égaux, non rayonnants. Réceptacle paléacé.* ♃. E3-A2. TC. Prés et bois.

Var. *b. S. glabrata* Schott. Tige élevée, glabre ; feuilles caulinaires, incisées-dentées. Bois de la Tour, près de Falaise.

Var. *c. involucrata*. Involucre à folioles allongées, inégales, dépassant beaucoup les capitules. Falaise.

LI°. Fam. COMPOSÉES. *Adans.*

SYNANTHÉRÉES. *Rich.*

Fl. réunies en têtes arrondies (*capitule, calathide, anthode*) entourées d'un involucre ou calice commun, formé d'un ou plusieurs rangs d'écailles ou folioles, et portées sur un réceptacle alvéolé, tantôt nu, tantôt poilu ou paléacé. Calice particulier de chaque fleuron, quelquefois entier, non coloré en vert, peu distinct et comme nul ; le plus souvent transformé en paillettes ou en aigrettes qui couronnent le fruit (*akène*). Cor. 1-pétale, tantôt fendue et allongée en languette (*ligule*) entière ou dentée au sommet (*demi-fleuron*), tantôt régulière, tubuleuse, à limbe 5-fide (*fleuron*), touj. insérée au sommet du tube du cal. Etam. 5, insérées sur la cor., soudées en tube par leurs anthères et à filets distincts. Style 1, traversant le tube formé par les anthères. Stigm. simple ou à 2 divis. glanduleuses intérieurement, et poilues extérieurement. Fruit 1-loculaire, indéhiscent, monosperme. Périsperme nul.

Les capitules ou *calathides* sont formés, tantôt de fleurons tous tubuleux, à limbe régulièrement 5-fide (*fleurs flosculeuses*), tantôt de fleurons tous à corolle fendue et prolongée latéralement en languette (*fl. semi-flosculeuses*), tantôt enfin de fleurons réguliers, tubuleux au centre, et de fleurons en languette à la circonférence (*fl. radiées*). — *Plantes annuelles ou vivaces, renfermant souvent un suc laiteux, à feu. alternes, rarem. opposées ; stipules nulles.*

11 { Involucre muni à sa base d'un rang d'écailles plus courtes   Senecio. (v.)
     Involucre sans écailles accessoires . . . . Cineraria. (iv.)
12 { Capitules ayant 5 à 8 rayons . . . . Solidago. (x.)
     Capitule ayant au moins 10 rayons . . . . 13.
13 { Base de l'aigrette entourée d'une couronne dentée . . . Pulicaria. (xi.)
     Point de couronne dentée à la base de l'aigrette . . . . . Inula. (xii.)
14 { Feuilles découpées en lobes nombreux et profonds . . . . 15.
     Feuilles entières ou simplement dentées . . . . 18.
15 { Capitules petits, très-nombreux, en corymbe . . . . . Achillæa. (xix.)
     Capitules solitaires ou peu nombreux. . . . . 16.
16 { Réceptacle garni de paillettes . . . . Anthemis. (xviii.)
     Réceptacle sans paillettes . . . . 17.
17 { Réceptacle plane ou convexe . . . . Chrysanthemum. (xvi.)
     Réceptacle conique . . . . Matricaria. (xvii.)
18 { Hampe feuillée, multiflore . . . . 19.
     Hampe nue, uniflore. . . . . Bellis. (xv.)
19 { Akènes droits et réguliers . . . . 20.
     Akènes courbés et irréguliers . . . . Calendula. (xxiv.)
20 { Réceptacle pourvu de paillettes . . . . Achillæa. (xix.)
     Réceptacle sans paillettes . . . . Chrysanthemum. (xvi.)
21 { Fleurons tous tubuleux (flosculeuses) . . . . 22.
     Fleurons tous ligulés (semi-flosculeuses) . . . . 41.
22 { Akène couronné par une aigrette de poils . . . . 23.
     Akène nu ou couronné par une membrane, des arêtes ou paillettes. 38.
23 { Aigrettes à poils simples ou légèrement dentés . . . . 24.
     Aigrettes à poils rameux ou plumeux . . . . 40.
24 { Réceptacle muni de paillettes, ou de soies . . . . 25.
     Réceptacle nu . . . . 31.
25 { Paillettes ou soies du réceptacle allongées . . . . 26.
     Paillettes du réceptacle courtes et tronquées . . . Onopordon. (xxvi.)
26 { Fleurons extérieurs femelles ou stériles plus grands que les autres . 27.
     Fleurons hermaphrodites, égaux entre eux . . . . 28.
27 { Fol. extér. de l'invol. foliacées, pinnat. au sommet. Kentrophyllum. (xxxii.)
     Fol. extér. de l'invol. non foliacées, scarieuses . . . Centaurea. (xxxi.)
28 { Fol. de l'involucre courbées en crochet . . . . Lappa. (xxv.)
     Fol. de l'involucre non courbées en crochet . . . . 29.
29 { Ecailles de l'involucre sans appendice . . . . 30.
     Ecailles de l'invol. terminées par un append. lobé épineux. Silybum. (xxvii.)
30 { Feuilles et involucre épineux . . . . Carduus. (xxviii.)
     Feuilles et involucre non épineux . . . . Serratula. (xxx.)
31 { Fleurs jaunes . . . . 32.
     Fleurs blanches ou rougeâtres . . . . 35.
32 { Involucre à écailles herbacées . . . . 33.
     Involucre à écailles membraneuses et colorées . . . . 34.
33 { Feuilles linéaires, étroites, entières . . . . Linosyris. (vii.)
     Feuilles non linéaires . . . . Inula. (xii.)
34 { Capitules portés sur une tige feuillée . . . . 35.
     Capitules portés sur une hampe écailleuse . . . . . . Petasites. (iii.)
35 { Feuilles opposées, à 3 ou 5 lobes . . . . Eupatorium. (i.)
     Feuilles alternes, simples . . . . 36.
36 { Fleurons extérieurs entremêlés aux écailles de l'involucre. Filago. (xxiii.)
     Fleurons extér. non mêlés aux écailles de l'involucre. Gnaphalium. (xiv.)
37 { Réceptacle muni de paillettes . . . . Othanthus. (xii.)
     Réceptacle sans paillettes . . . . 39.
38 { Capitules globuleux formés de la réunion d'involucres uniflores épi-
        neux . . . . Echinops. (xxxiv.)
     Capitules à involucre non épineux . . . . 39.
39 { Capitules d'un beau jaune en large corymbe . . . . . Tanacetum. (xi.)
     Capitules en grappe ou en panicule . . . . Artemisia. (xx.)
40 { Ecailles intér. de l'invol. étalées en rayons colorés scarieux. Carlina. (xxxiii.)
     Ecailles intér. de l'invol. non étalées en rayons colorés. Cirsium. (xxiv.)

41	Akène couronné par une aigrette de poils	44.
	Akène sans aigrette ou couronné par une membrane	42.
42	Fleurs bleues ou blanches	CICHORIUM. (L.)
	Fleurs jaunes	43.
43	Akène couronné par un rebord pentagone	ARNOSERIS. (lii.)
	Akène nu au sommet	LAPSANA. (li.)
44	Aigrette à poils simples ou denticulés	45.
	Aigrette à poils rameux ou plumeux	50.
45	Aigrette pédicellée par un bec grêle de l'akène	49.
	Aigrette sessile ; akène sans bec particulier	46.
46	Involucre caliculé par un 2e. rang d'écailles accessoires.	CREPIS. (xxxix.)
	Involucre sans calice, à plusieurs rangs d'écailles	47.
47	Réceptacle garni de poils	HIERACIUM. (xliii.)
	Réceptacle entièrement nu	48.
48	Aigrette molle et blanche	SONCHUS. (xxxv.)
	Aigrette raide, souvent rousse	HIERACIUM. (xliii.)
49	Tige feuillée portant plusieurs capitules	50.
	Hampe nue portant un seul capitule	TARAXACUM. (xl.)
50	Akène ayant à la base du bec 5 dents squamiformes.	CHONDRILLA. (xxxvii.)
	Akène sans dents à la base du bec	51.
51	Akène presque cylindrique ; à bec peu allongé.	BARKHAUSIA. (xxxviii.)
	Akène comprimé, à bec allongé	LACTUCA. (xxxvi.)
52	Aigrette pédicellée par un bec grêle de l'akène.	53.
	Aigrette sessile ; akène sans bec particulier	55.
53	Involucre entouré de 5 folioles lâches, cordées	HELMINTHIA. (xlii.)
	Involucre à écailles extérieures non foliacées.	54.
54	Réceptacle pourvu de paillettes caduques	HYPOCHÆRIS. (xliv.)
	Réceptacle sans paillettes	TRAGOPOGON. (xlv.)
55	Réceptacle paléacé, tuberculeux ou alvéolé	58.
	Réceptacle nu	56.
56	Akène porté sur un pied creux et renflé.	PODOSPERMUM. (xlvii.)
	Akène sessile	57.
57	Plante garnie de poils rudes	PICRIS. (xlii.)
	Plante dépourvue de poils rudes	SCORZONERA. (xlvi.)
58	Akènes de la circonfér. couronnés par une membrane.	THRINCIA. (xlix.)
	Akènes portant tous une aigrette plumeuse	LEONTODON. (xlviii.)

4re. DIVIS. CORYMBIFÈRES. *Vaill.*

Fl. flosculeuses ou radiées. Réceptacle membraneux ou peu charnu. Stigm. non articulé sur le style.

† *Graines aigrettées.*

I. EUPATORIUM *L.* (*Eupatoire*). *Involucre imbriqué*, cylindrique, à écailles oblongues. Fleurons tubuleux, hermaphrodites, *peu nombreux.* Style très-long, 2-fide. Réceptacle nu. Graines cannelées. Aigrettes à poils simples, scabres.

1. *E.* CANNABINUM *L.* (*F. chanvrin*). Tige haute de 10 à 15 décim., un peu anguleuse, velue, rameuse. Feu. opposées, sessiles, à 3 lobes larges, dentés. Fl. rougeâtres quelquefois blanches, en corymbe terminal peu serré. Styles saillants. ♃. E2-3. TC. Bords des rivières, champs pierreux.

II. TUSSILAGO *L.* (*Tussilage*). *Involucre simple*, à folioles membraneuses sur les bords. *Fl. radiées* ; rayons femelles ; fleurons centraux tubuleux, mâles. Aigrette à poils simples *très-blancs.* Réceptacle nu. — *Hampe portant un seul capitule.*

1. T. FARFARA *L.* (*T. Pas-d'âne*). Souches émettant des hampes uniflores, écailleuses, velues, avant le développement des feu. qui sont cordiformes, anguleuses, dentées, cotonneuses en-dessous. Fl. jaunes, radiées. ♃. H3. P4. C. Lieux pierreux, bords des chemins, champs humides, etc.

III. PETASITES *Tourn.* (*Pétasite*). *Involucre simple*, souvent muni à sa base de quelques petites écailles. *Fl. flosculeuses*, incomplètement dioïques. Aigrette à poils simples, peu fournie dans les fleurons mâles. Réceptacle nu. *Hampe portant plusieurs capitules en grappe.*

1. P. VULGARIS *Desf.*, *Tussilago petasites* L. (*P. commun*). Vulg. *Herbe-aux-teigneux.* Hampe multiflore, écailleuse, naissant avant les feu. qui sont fort larges, cordiformes, dentées, pubescentes en-dessous. Fl. rougeâtres, en grappe allongée, souv. polygames, toutes flosculeuses. ♃. P4. C. Prés humides, bords des rivières.

Le *P. albus* Gaertn., *Tussilago alba* L., qui diffère du *P. vulgaris* par ses fl. blanches et par ses feu. plus petites, très-blanches en-dessous, croît à Carabillon, près de Falaise, sur un coteau pierreux. Probablement naturalisé.

Le *Nardosmia fragrans* Reich., *Tussilago fragrans* Vill. Vulg. *Héliotrope d'hiver*, qui se distingue du *Petasites vulgaris* par ses fleurons femelles ligulés et par son odeur agréable qui le fait cultiver dans les jardins, est naturalisé dans beaucoup de points de la province. Bords des rivières à Falaise, bois à Coutances, Carentan, Valognes, Cherbourg, etc.

IV. CINERARIA *L.* (*Cinéraire*). Involucre simple, *sans écailles accessoires à la base*, à *folioles égales.* Fleurs radiées; demi-fleurons fem. et fertiles; fleurons centraux tubuleux, herm. Réceptacle nu. Aigrettes sessiles, à poils simples, *disposés sur plusieurs rangs.*

1 { Feuilles caulinaires à base large amplexicaule . . . . *C. palustris.*
  { Feuilles caulinaires sessiles, non amplexicaules . . . *C. spatulæfolia.*

1. C. SPATULÆFOLIA *Gmel.* (*C. à feu. en spatule*). Tige droite, haute de 5 à 6 décim., simple, fistuleuse, fragile, cannelée, garnie ainsi que les feu. d'un duvet cotonneux, filamenteux, blanc et inégal. Feu. radic. pétiolées, ovales, plus ou moins crénelées; les supér. *sessiles*, lancéolées, entières. Fl. jaunes, radiées, en corymbe, presque en ombelles, portées sur des pédonc. simples. Involucres tomenteux à écailles rougeâtres. ♃. Bois découverts, coteaux herbeux. Rouen, les Andelys, le Havre, Dieppe; Falaise, forêt de Cinglais (Calv.), Bayeux, St.-Lo, etc.

Cette plante a été souvent regardée comme le *C. campestris* Retz., qui en diffère surtout par les écailles de l'invol. qui sont glabres et non colorées au sommet.

2. C. PALUSTRIS *L.* (*C. des marais*). Tige velue, de 5 à 8 décim., cylindrique, un peu rameuse dans le haut, garnie jusqu'au sommet de feu. lancéolées, *amplexicaules*, dentées ou irrégulièrement sinuées. Fl. d'un jaune pâle, réunies en bouquets au sommet des rameaux qui forment un corymbe. ♂. P2-3. TR. Marais. St.-Germer, près de Gournay (*M. A. Passy*).

V. SENECIO *L.* (*Seneçon*). Involucre caliculé, à folioles scarieuses et souv. *noirâtres au sommet.* Fl. flosculeuses ou radiées. Réceptacle nu. Aigrette à poils simples. — *Fleurs jaunes.*

<table>
<tr><td>1</td><td>Fleurs flosculeuses, rayons nuls</td><td>S. vulgaris.</td></tr>
<tr><td></td><td>Fleurs à fleurons ligulés rayonnants</td><td>2.</td></tr>
<tr><td>2</td><td>Rayons roulés en-dehors</td><td>3.</td></tr>
<tr><td></td><td>Rayons planes, non enroulés</td><td>4.</td></tr>
<tr><td>3</td><td>Plante couverte de poils glanduleux; fruits glabres</td><td>S. viscosus.</td></tr>
<tr><td></td><td>Plante à poils non glanduleux; fruits pubescents</td><td>S. sylvaticus.</td></tr>
<tr><td>4</td><td>Feuilles pinnatifides</td><td>5.</td></tr>
<tr><td></td><td>Feuilles entières, lancéolées</td><td>S. paludosus.</td></tr>
<tr><td>5</td><td>Feuilles multifides, à divisions filiformes</td><td>S. adonidifolius.</td></tr>
<tr><td></td><td>Feuilles pinnatifides, à divisions non filiformes</td><td>6.</td></tr>
<tr><td>6</td><td>Plante à peu près glabre; écailles de l'involucre noirâtres au sommet</td><td>7.</td></tr>
<tr><td></td><td>Plante velue araneeuse; écailles rougeâtres au sommet</td><td>S. erucifolius.</td></tr>
<tr><td>7</td><td>Lobe terminal des feuilles beaucoup plus large</td><td>8.</td></tr>
<tr><td></td><td>Lobe terminal des feuilles n'étant pas beaucoup plus large</td><td>S. Jacobæa.</td></tr>
<tr><td>8</td><td>Rameaux nombreux, très-divariqués; fruits glabres</td><td>S. erraticus.</td></tr>
<tr><td></td><td>Rameaux ouverts, peu nombreux; fruits presque glabres.</td><td>S. aquaticus.</td></tr>
</table>

** Fleurs flosculeuses.*

1. S. VULGARIS *L.* (*S. commun*). Tige droite, rameuse. Feu. amplexicaules, pinnatifides, dentées. *Fl. flosculeuses*, ramassées en panicule terminale, comme en corymbe. ◉. E. Très-commun dans les lieux cultivés.

*** Fleurs radiées ; rayons jaunes, ouverts.*

2. S. ADONIDIFOLIUS *Loisel, S. Artemisiæfolius* Pers. (*S. à feu. d'Adonis*).
Tige droite, haute de 4 à 8 décim., ferme, glabre. Feu. infér. longues,
découpées, ainsi que les supér., *en lanières pinnatifides*, *grêles*, *linéaires*
et *pointues*. Fl. d'un jaune doré, en corymbe terminal serré. Involucre
cannelé à la maturité. ♃. E. R. Bois montueux des environs de Rouen et
d'Evreux.

3. S. JACOBÆA *L.* (*S. Jacobée*). Tige droite, ferme, rameuse, glabre.
Feu. pinnées, glabres, à *lobes linéaires-lancéolés*, incisés, presque pinnati-
fides. Fl. en corymbe terminal. *Involucre glabre, sillonné. Graines velues.*
♃. E. TC. Prés secs.

Var. *b. S. nemorosus* Jord. Feu. plus larges, à segments ovales-oblongs;
involucre à fol. lâches. Trouvé par M. Debooz, à Blainville, près de Rouen.

Var. *c. candicans.* Plante couverte d'un duvet cotonneux blanc. Murailles
et bords des chemins. Falaise, St.-Pierre-sur-Dive, Harcourt (Calvados).

4. S. ERUCIFOLIUS *L.* (*S. à feu. de roquette*). Cette plante diffère de la
précédente par un *duvet aranéeux*, peu adhérent et inégal, qui couvre la
tige et les feuilles de manière à leur donner un aspect grisâtre. Les feu.
sont pinnatifides, à *lobes lancéolés-dentés.* Fl. en corymbe. *Involucrés
velus*, hémisphériques. ♃. E2.3. PC. Prés et bois découverts des terr. calc.
et argileux. Rouen, Caen, Alençon, Gisors, St.-Lo, Bayeux, Falaise,
Pays-d'Auge, etc.

Var. *b. tenuifolius* Dub. Feu. à découpures plus étroites et pointues.

5. S. AQUATICUS *Huds.* (*S. aquatique*). Tige simple, cylindrique, légé-
rement sillonnée, glabre. Feu. radic. ovales, pétiolées, entières ou un peu
crénelées, obtuses, glabres; les supér. incisées-pinnatifides à leur base.
Lobes peu nombreux ; *le terminal large, oblong.* Fl. en corymbe terminal,
plus larges que dans les espèces précédentes. Involucre hémisphérique.
Graines glabres. ♃. P3. E1. PC. Marais et prés humides. Rouen, Falaise,
Bayeux, Trévières, Troarn (Calvados); etc.

6. s. **ERRATICUS** *Bert.* (*S. vagabond*). Cette espèce, souvent confondue avec la précédente, en diffère par sa tige ferme, un peu velue, sillonnée, garnie d'un grand nombre de *rameaux grêles, très-ouverts, divariqués*, et surtout par ses feu. lyrées-pinnatifides, à lobes incisés, écartés, dont le terminal est *fort large, ovale et arrondi au sommet*, denté inégalement. Fl. en corymbe au sommet de chaque rameau, *plus petites* que dans le S. *aquaticus.* Plante d'un vert sombre. ♃. E3. PC. Prés frais et bords des rivières. Caen, St.-Lo, Valognes, Lisieux, St.-Pierre-sur-Dive, etc.

7. s. **PALUDOSUS** *L.* (*S. des marais*). Tige haute de 1 à 2 mètres, droite, simple, un peu laineuse. *Feu. longues, lancéolées*, pointues, dentées en scie, garnies en-dessous d'un duvet cotonneux dans leur jeunesse. Fl. assez grandes, en corymbe terminal peu serré. ♃. E. R. Bords des rivières et des étangs. Rouen, Gisors, marais Vernier.

*** *Fl. radiées; rayons roulés en-dehors.*

8. s. **SYLVATICUS** *L.* (*S. des bois*). Tige droite, rameuse au sommet, quelquefois un peu *pubescente, mais non visqueuse.* Feu. pinnatifides, à lobes sinués, presque glabres. Fl. en panicule droite. Fol. extér. de l'involucre très-courtes. *Graines velues.* ⊙. E. C. Lieux sablonneux, bruyères et bords des chemins.

9. s. **VISCOSUS** *L.* (*S. visqueux*). Ressemble beaucoup au précéd., dont il diffère par les nombreux *poils glanduleux qui couvrent toute la plante.* Tige flexueuse, rameuse. Fol. extérieures de l'involucre lâches et presque égales aux intér. *Graines glabres.* ⊙. E. R. Coteaux pierreux. Rouen, Alençon, Aulnay-sur-Odon, Bayeux; la Mulotière (Eure), M. le colonel Debooz.

VI. DORONICUM *L.* (*Doronic*). *Involucre à 2 rangs de fol. égales. Fl. radiées; demi-fleurons femelles.* Graines du centre munies d'aigrettes à poils simples; *celles de la circonfér. nues.* Réceptacle nu. — *Capitules jaunes, larges.*

1 { Feuilles radicales, ovales non cordées . . . . *D. plantagineum.*
{ Feuilles radicales, cordées . . . . *D. Pardalianches.*

1. D. **PARDALIANCHES** *L.* (*D. mort-aux-panthères*). Tige droite, simple ou un peu rameuse au sommet, haute de 6 à 10 décim., légèrement velue. Feu. *cordiformes,* denticulées; les radicales portées sur de longs *pétioles auriculés à la base;* les supér. sessiles, *à large base amplexicaule*, obtuses, un peu spatulées. Fl. jaunes, larges et terminales. ♃. P. R. Bois et coteaux ombragés. Rouen, Neufchâtel, Cherbourg, Valognes; Campigny (Eure), etc.

2. D. **PLANTAGINEUM** *L.* (*D. à feu. de plantain*). Diffère du précédent par ses feu. radicales qui sont *ovales et à pétioles dépourvus d'oreillettes à leur base,* et par sa tige simple, glabre et le plus souv. uniflore. ♃. P. R. Bois montueux. Rouen, Pont-Audemer; St.-Aubin, près d'Elbeuf; Putanges (Orne); St.-Lo, etc.

VII. LINOSYRIS *DC.* Involucre hémisphérique, *imbriqué d'écailles linéaires, pointues. Fl. flosculeuses.* Réceptacle nu, *alvéolé.* Graines à aigrette formée de poils ciliés ou denticulés, *disposés sur deux rangs.*

1. L. **vulgaris** *DC.*, *Chrysocoma linosyris* L. (*L. commun*). Tige simple dans le bas, rameuse dans le haut, très-garnie de longues feu. linéaires, aiguës, glabres. Fl. jaunes en corymbe terminal. Graines velues, à aigrettes jaunâtres, ♈. E. R. Coteaux arides, Les Andelys, Mantes, Vernon.

VIII. ASTER L. Involucre imbriqué, à *écailles extér. lâches.* Fl. radiées, à *demi-fleurons d'une couleur différente de celle des fleurons du centre.* Réceptacle nu. Aigrette sessile, à poils simples, *disposés sur plusieurs rangs. — Fleurs à rayons bleus.*

1. A. **tripolium** L. (*A. maritime*). Tige haute de 3 à 8 décim., glabre, rameuse. Feu. lancéolées, lisses, épaisses, trinervées, très-glabres. Fl. à disque jaune et rayons d'un bleu pâle en corymbe. ♈. E2-A1. C. Lieux marécageux des bords de la mer. — Quelquefois les rayons avortent.

IX. ERIGERON L. (*Vergerette*). Involucre oblong, *imbriqué de folioles subulées.* Fl. radiées, *à rayons peu nombreux, étroits et linéaires.* Réceptacle nu. Aigrette à poils simples, *disposés sur un seul rang.*

) | Capitules terminaux peu nombreux; fl. violacées   E. acre.
     | Capitules nombreux en panicule; fl. d'un blanc-jaunâtre. E. Canadense.

1. E. **acre** L. (*V. âcre*). Tige rameuse dès le pied, velue. Feu. lancéolées, entières, velues; les radic. obtuses; les supér. pointues. Fl. à disque jaune et à *rayons rares et très-étroits,* d'un *bleu-rougeâtre,* en *corymbe terminal. Aigrettes longues,* d'un gris-blanchâtre ou roussâtre. ♂. E.-A. C. Lieux arides, champs pierreux, murailles.

Cette plante présente quelques formes différentes, mais peu constantes. L'*E. serotinus* Weihe. doit avoir des feu. caulinaires ondulées, l'aigrette roussâtre et des rameaux uniflores. L'*E. muralis* Bonn. a la tige simple du bas élancée, et le corymbe pauciflore.

2. E. **canadense** L. (*V. du Canada*). Tige droite, paniculée dans le haut, hispide. Feu. nombreuses, lancéolées-linéaires, ciliées; les infér. munies de quelques dents. Fl. paniculées, petites, à disque jaunâtre, entouré d'un petit nombre de *petits fleurons blanchâtres, à rayons grêles. Aigrettes courtes, blanchâtres.* ☉. E3.-A. C. Lieux arides et sablonneux, vieux murs. Rouen, pays de Bray, Caen, Argentan, Avranches, St.-Lo, etc.

X. SOLIDAGO L. (*Solidage*). Involucre *imbriqué de fol. inégales, dressées, conniventes.* Fl. radiées à rayons de même couleur que le disque; demi-fleurons fem. sur un seul rang; fleurons hermaph. tubuleux. Aigrette à poils simples, *disposés sur un seul rang.*

1. S. **virgaurea** L. (*S. Verge-d'or*). Tige droite, haute de 3 à 8 décim., un peu velue, simple ou garnie dans le haut de rameaux florifères. Feu. ovales-lancéolées, pointues, rudes, presque glabres, d'un vert pâle en dessous, crénelées dans le bas de la plante, entières dans le haut. Fl. jaunes, en épis partiels qui forment une panicule compacte. Invol. glabres, scarieux. ♈. A. TC. Bois et coteaux.

Var. *b. ampla,* S. *Saulii* Bor. ? Panicule ample, formée de grappes au sommet de rameaux axillaires, étalés, dressés, allongés. Falaise.

Les jardiniers donnent le nom de *Verge-d'or* à plusieurs espèces exotiques de ce genre, principalem. au S. *Canadensis* L. que nous avons trouvé naturalisé dans un bois découvert près de St.-Pierre-sur-Dive.

XI. PULICARIA *Gaertn.* (*Pulicaire*). *Involucre à folioles imbriquées.* Réceptacle nu. Fleurons de la circonférence femelles, ligulés, rayonnants, de la *même couleur* que ceux du centre qui sont hermaphrod. et tubuleux. Aigrette à poils simples, *entourée d'une couronne membraneuse, crénelée ou laciniée. — Fleurs jaunes.*

1 { Fleurons de la circonfér. dépassant à peine les autres . . . *P. vulgaris.*
{ Fleurons de la circonfér. dépassant longuement les autres. *P. dysenterica.*

1. P. DYSENTERICA *Gaertn.*, *Inula* L. (*P. dyssentérique*). Tige velue-cotonneuse, rameuse, haute de 4 é 8 décim. Feu. amplexicaules, cordiformes, lancéolées-ovales, ondulées, tomenteuses, blanchâtres. *Fl. terminales assez larges, à rayons allongés.* Ecailles de l'invol. sétacées. Graines couronnées par une *membrane crénelée* entourant une aigrette sessile à poils simples. ♃. E2. 3. C. Fossés, ruisseaux, prés humides.

2. P. VULGARIS *Gaertn.*, *Inula Pulicaria* L. (*P. commune*). Tige velue, rameuse, haute de 1 à 4 décim. Feu. amplexicaules, petites, ondulées, velues. Fl. petites, globuleuses, à *rayons peu visibles.* Graines couronnées par une *membrane laciniée.* ☻. E3.-A1. PC. Lieux où l'eau a séjourné l'hiver. Rouen, Caen, Trun, St.-Lo, Barfleur, Pontorson, Vernon, Alençon, Mézidon, etc.

XII. INULA *Linn.* (*Inule*). *Involucre à plusieurs rangs de folioles imbriquées; les extér. quelquefois réfléchies.* Fleurons de la circonfér. femelles, ligulés, *concolores;* ceux du disque hermaphrod., tubuleux. Aigrette à poils simples, *non entourée d'une membrane dentelée. — Fleurs jaunes.*

1 { Fleurons de la circonférence tubuleux, dépassant à peine les autres . . 2
{ Fleurons de la circonférence ligulés, dépassant longuement les autres . . 3
2 { Plante couverte de poils glanduleux . . . . *I. graveolens.*
{ Plante à poils nombreux non glanduleux . . . . . *I. Conyza.*
3 { Folioles de l'involucre larges, ovales . . . . . . *I. Helenium.*
{ Folioles de l'involucre linéaires ou lancéolées. 4
4 { Feuilles velues, surtout en-dessous. . . . . *I. Britannica.*
{ Feuilles glabres ou ayant quelques poils rudes 5
5 { Feuilles charnues, trifides au sommet . . . . . *I. crithmoides.*
{ Feuilles non charnues, lancéolées, dentées . . . . . *I. salicina.*

* 1. 1. GRAVEOLENS *Desf.*, *Erigeron* L., *Solidago* Lam. (*I. odorante*). *Plante couverte de poils visqueux et odorants.* Tige rameuse, multiflore, droite, haute de 3 à 5 décim. Feu. lancéolées-linéaires, très-entières. Fl. nombreuses en panicule aux extrémités des rameaux ouverts, à disque et rayons jaunes, ceux-ci *courts et peu nombreux.* Ecailles intér. de l'invol. scarieuses. ☻. E2. 3. R. champs un peu humides, Pontorson (Delafoye).

2. 1. CONYZA *DC.*, *Conyza squarrosa* L. (*I. Conize*). Tige ferme, droite, haute de 5 à 10 décim., rameuse, velue, presque tomenteuse. *Feu. ovales-oblongues*, dentelées, pubescentes-tomenteuses en-dessous; les infér. larges, pétiolées. Fl. d'un jaune-rougeâtre en corymbes terminaux, presque flosculeuses; *fleurons de la circonférence à peine ligulés, tridentés,* ne dépassant pas ceux du disque. ♂. E. C. Bords des bois et chemins.

3. 1. HELENIUM L. (*I. Aunée*). Tige grosse, haute de 10 à 15 décim., un peu rameuse dans le haut. Feu. radic., fort larges, ovales, *tomenteuses en-dessous,* finissant en un long pétiole; les supér. *cordées, amplexicaules,* à dents inégales, Fl. larges, en panicule, peu nombreuses. *Folioles de l'invol.*

ovales, *larges et tomenteuses. Graines glabres.* ♃.E. PC. prés; Pays-
d'Auge, Falaise, Forges, Valognes, Argentan, Avranches, etc.

Cette plante est connue en pharmacie sous le nom d'*Enula campana.*

4. I. CRITHMOIDES *L.* (*I. Percé-pierre*). Tige ferme, cannelée, haute de 3
à 6 décim., simple ou peu rameuse dans le haut. *Feu. linéaires, charnues,
glabres, élargies et trifides au sommet.* Fl. solitaires, terminales. Folioles
de l'involucre étroites. *Graines hérissées.* ♃. E2. R. Falaises de Flamanville et d'Auderville, près de Cherbourg ; Vierville, St.-Pierre-du-Mont et
Englesqueville (Calvados).

5. I. BRITANNICA. *L.* (*I. Britannique*). Tige velue, haute de 3 à 6 décim.,
rameuse dans le haut. Feu. amplexicaules, lancéolées, dentées à la base,
velues-soyeuses en-dessous. Fl. assez grandes, solitaires au sommet de
chaque rameau. *Folioles de l'invol. linéaires, velues-soyeuses.* ♃. E. R.
Bords des rivières et des fossés. Rouen, Pont-de-l'Arche, St.-Pierre-du-
Vauvray, près de Louviers ; Granville, Messey.

6. I. SALICINA *L.* (*I. à feu. de saule*). Tige à peu près simple, glabre,
haute de 3 à 7 décim. Feu. embrassantes, lancéolées, *glabres, luisantes,
à dents scabres.* Fl. terminales, peu nombreuses. *Ecailles de l'involucre
ciliées, lancéolées. Graines glabres.* ♃. E. R. Bois et prés montueux. Environs de Rouen et d'Alençon.

XIII. FILAGO Linn. (*Cotonnière*). *Involucre pentagone, formé
d'écailles imbriquées.* Fleurons du disque hermaphrod. tubuleux ; quadri-
dentés, fertiles ; ceux de la circonfér. fem. à rayons filiformes, denticulés
au sommet, disposés sur plusieurs rangs dont *le plus externe mêlé aux
folioles de l'involucre* et aux paillettes dont le réceptacle est chargé vers sa
circonfér. Aigrette sessile, à poils simples, velus ou denticulés.— *Plantes
herbacées, velues-cotonneuses, annuelles. Fleurs d'un blanc-jaunâtre ou
roussâtre.*

1 {	Capitules nombreux (12 à 50) en paquets hérissés de pointes	2.
	Capitules peu nombreux (3 à 8) en paquets sans pointes	3.
2 {	Involucre à 5 angles prononcés ; feuilles étalées, spatulées.	*F. spatulata.*
	Invol. à 5 angles peu prononcés ; feuilles dressées, lancéolées.	*F. Germanica.*
3 {	Feuilles subulées dépassant les paquets de capitules . . .	*F. Gallica.*
	Feuilles lancéolées, plus courtes que les paquets de capitules . . .	4.
4 {	Capit. à 5 angles prononcés ; feuilles serrées contre la tige.	*F. montana.*
	Capit. à 5 angles peu prononcés ; feuilles lâches . . .	*F. arvensis.*

1. F. SPATULATA *Presl., Jord.; F. Jussiæi* Coss. et Germ. (*C. spatulée*).
Tige peu élevée, dichotome, à rameaux étalés. Feu. cotonneuses, lancéolées, *élargies dans le haut,* comme *spatulées,* à bords un peu roulés,
lâches, étalées. Capitules 12 à 16, subhémisphériques, à 5 angles prononcés,
plongés dans un coton épais qui ne dépasse pas leur base. Involucre à fol.
scarieuses, jaunâtres, cuspidées. *Bractées 3 à 4, étalées, dépassant les
paquets de capitules.* ◉. E.-A. C. Champs, lieux cultivés, bords des
chemins. Terr. calcaires.

Var *b. laxa.* Tige allongée, à rameaux terminaux étalés. Feu. vertes,
larges, étalées et *écartées.* Haies et bois. Falaise, Clécy (Calvados).

2. F. GERMANICA *L., F. canescens* Jord. (*C. d'Allemagne*). Cette espèce
diffère de la précédente par sa tige plus élevée, simple ou rameuse dès la

base, par ses feuilles *lancéolées-pointues*, nombreuses, *dressées, presque imbriquées*, par ses capitules *à angles peu prononcés*, plus nombreux (30 à 35), plongés dans un coton épais qui atteint leur milieu, et *entourés de bractées plus courtes que les glomérules.* ☉. E. PC. Champs, lieux cultivés, bois découverts. Caen, Falaise, Cherbourg, Briouze, etc.

Var. *b. F. eriocephala* Guss. Tige grêle, divisée dès la base ; capit. très-nombreux, plongés dans un coton abondant, un peu verdâtre. Bois de St.-André, près de Falaise.

Var. *c. F. lutescens* Jord. Feu. dressées, lancéolées, obtuses et mucronulées ; capitules plongés dans un coton épais, jaunâtre. Avranches, Alençon, Mortain, etc.

3. F. ARVENSIS L., *Gnaphalium* Lam. (*C. des champs*). Tige *paniculée, à rameaux presque simples, dressés*, couverte d'un coton épais. Feu. lancéolées, aiguës, appliquées, cotonneuses. Fl. blanchâtres, en petits paquets axillaires. Involucres cotonneux, à écailles un peu obtuses, blanchâtres. ☉. E. R. Champs sablonneux. Falaise, Condé-sur-Noireau, Argentan.

4. F. MONTANA L., *Gnaphalium* Willd. (*C. des montagnes*). Tige courte, un peu rameuse au sommet. Feu. linéaires-lancéolées, oblongues, obtuses, *courtes, redressées, appliquées*, cotonneuses. Fl. roussâtres, en petits paquets pauciflores, cotonneux, axillaires et terminaux. Écailles *à pointe glabre, luisante*, linéaires, aiguës. ☉. E. C. Coteaux secs, lieux pierreux, bords des chemins. Terr. silic.

Var. *b. F. minima* Fries. Tiges courtes, très-grêles ; capitules peu nombreux, quelquefois solitaires.

Var. *c. humifusa.* Tiges couchées sur le sol. Bruyère de Noron, près de Falaise.

Var. *d. imbricata.* Feu. nombreuses, rapprochées, imbriquées. Ibid.

5. F. GALLICA L., *Gnaphalium* Lam. (*C. de France*). Tige dressée, à rameaux grêles, nombreux. *Feu. linéaires, roulées sur les bords, comme subulées*, blanchâtres, mais *peu cotonneuses*. Fl. roussâtres, en petits paquets pauciflores, axillaires, sessiles, plus courts que les feu. Écailles de l'involucre subulées, courtes. ☉. E2-A1. C. Champs.

Var. *b. neglecta* Gn., *neglectum* Soy.—Will. Feu. planes, non-roulées, presque lancéolées. Bois de Tilly, près de St.-Pierre-sur-Dive.

XIV. GNAPHALIUM Linn. (Gnaphale). *Involucre ovoïde, formé de folioles obtuses, scarieuses.* Fleurons du disque hermaphrodites, tubuleux, 5-dentés, fertiles ; ceux de la circonfér. femelles, filiformes, *non mêlés aux écailles de l'involucre.* Capitules quelquefois dioïques, hermaphrodites ou stériles par avortement du stigm. Aigrette à poils simples, quelquefois un peu renflés au sommet. Réceptacle nu. — *Plantes herbacées, vivaces ou annuelles, à feuilles cotonneuses.*

1 {	Groupes de capitules accompagnés de feuilles ou axillaires	2
	Groupes de capitules terminaux non feuillés	3
2 {	Capitules disposés en grappe allongée	G. sylvaticum.
	Capitules disposés en glomérules terminaux	G. uliginosum.
3 {	Fleurs roses ou blanches	G. dioicum.
	Fleurs d'un jaune pâle luisant	G. luteo-album.

1. G. LUTEO-ALBUM L. (*G. jaunâtre*). Tige herbacée, haute de 2 à 3

décim. Feu. semi-amplexicaules, linéaires-lancéolées, couvertes d'un duvet cotonneux, blanchâtre ; les inférieures ovales. *Fl. jaunâtres, agglomérées en corymbe terminal.* Ecailles de l'invol. obtuses, glabres, scarieuses, transparentes.

Var. *b. prostratum.* Tiges étalées, couchées.

⊚. E2-3. PC. Lieux humides et sablonneux. Argentan, Falaise, Lisieux, Cherbourg, Caen, Le Havre, Valognes, etc. La var. *b.* à Alençon, Ouistreham, Bayeux, etc.

2. G. ULIGINOSUM *L.* (*G. des marais*). Tige rameuse, *diffuse, étalée,* longue de 1 à 3 décim. Feu. linéaires-lancéolées, rétrécies à la base, cotonneuses. Fl. jaunâtres, réunies en *têtes terminales* plus courtes que les feu. Invol. arrondi, scarieux, jaune-brunâtre.

⊚. E. C. Fossés, champs humides, lieux exondés.

3. G. SYLVATICUM *L.* (*G. des bois*). Tige simple, droite, haute de 2 à 6 décim. Feu. linéaires-lancéolées, les infér. un peu spatulées, glabres en-dessus, cotonneuses en-dessous. Fl. roussâtres, réunies en capitules presque sessiles, axillaires et terminaux, formant une *panicule spiciforme, effilée.* Involucre arrondi, glabre, brun ou jaunâtre.

Var. *b. laxum.* Fl. solitaires, pédonculées et axillaires.

♃. E-A. C. Bois montueux et champs en friche. La var. *b.* bois de Tilly, près de St.-Pierre-sur-Dive, et à Clécy (Calvados).

4. G. DIOICUM *L.* (*G. dioïque*). Vulg. *Pied-de-chat.* Tige droite, simple, haute de 1 à 2 décim., émettant à sa base des *rejets rampants* garnis de feu. ovales-spatulées, vertes en-dessus, cotonneuses en-dessous ; les caulinaires lancéolées ou linéaires. *Fl. blanches ou roses,* en corymbe serré, terminal. Tantôt les fleurons sont fertiles, femelles, et l'invol. a des écailles oblongues, courtes ; tantôt les fleurons sont mâles, stériles, les graines avortent et les *poils de l'aigrette* sont *en massue ;* dans ce cas, les écailles de l'invol. sont larges, arrondies et le plus souv. blanches. ♃. P2. PC. Bruyères, bords des bois. Rouen, Mouen, près de Caen ; Laigle, Clécy, Eu, Falaise, Mortain, etc.

Le *Gn. fœtidum* L., *Helichrysum fœtidum* Mœnch., si remarquable par ses beaux capitules d'un jaune d'or, et par l'odeur désagréable qu'exhalent ses feuilles par le froissement, est naturalisé de temps immémorial dans une lande à Tocqueville, près de Valognes (*de Gerville*). Le *Gn. undulatum* L., ou une espèce voisine, est également naturalisé dans des lieux incultes des environs de Cherbourg. Ces deux plantes sont originaires du Cap de Bonne-Espérance ou du Chili.

†† *Graines sans aigrette.*

XV. BELLIS *L.* (*Pâquerette*). Involucre hémisphérique, simple, polyphylle, à folioles linéaires-spatulées. *Fl. radiées ; fleurons à 4 dents ; les rayons femelles.* Réceptacle conique, nu. *Graines sans aigrette, comprimées, entourées d'une bordure saillante.*

1. B. PERENNIS *L.* (*P. vivace*). Souche rameuse, garnie de feu. qui semblent radicales, ovales-spatulées, entières ou légèrement dentées, pubescentes. Fl. jaunes à rayons blancs, rougeâtres en-dessous, portées sur des hampes uniflores.

Var. *b. breviradiata.* Plante naine à feu. étroites, dressées ; fl. à rayons courts. Lieux inondés. Trouville.

♃. P-A. TC. Pelouses, bords des chemins, etc.

Une var. double, cultivée dans les jardins, se retrouve quelquefois naturalisée sur les pelouses des environs de Falaise.

XVI. **CHRYSANTHEMUM** *L.* (*Marguerite*). Invol. hémisphérique, à *folioles scarieuses sur les bords, imbriquées sur plusieurs rangs. Fl. radiées. Réceptacle nu, plane ou convexe. Graines sans aigrettes ou couronnées par un petit rebord membraneux, souv. denté.*

1	Rayons blancs	2.
	Rayons jaunes	C. segetum.
2	Feuilles simples	C. Leucanthemum.
	Feuilles une ou deux fois pinnatifides	3.
3	Lobes des feuilles élargis, non linéaires	C. Parthenium.
	Lobes des feuilles en lanières filiformes	4.
4	Lobes des feuilles allongés, non charnus	C. inodorum.
	Lobes des feuilles courts et charnus	C. maritimum.

*** Fleurs à disque et rayons jaunes.**

1. c. SEGETUM *L.* (*M. des moissons*). Tige rameuse, haute de 3 à 5 décim. Feu. amplexicaules, oblongues, incisées-dentées, surtout au sommet, glabres. *Fl.* terminales, *entièrement jaunes.* ⊙. E2-A1. TC. Moissons. Terr. non calc.

**** Fleurs à disque jaune et rayons blancs.**

2. c. LEUCANTHEMUM *L.* (*M. Leucanthème*). Vulg. *Grande Paquerette.* Tige droite, rameuse, velue, haute de 1 à 8 décim. *Feu. entières ;* les radic. ovales, pétiolées ; les caulinaires amplexicaules, lancéolées, dentées en scie, incisées à la base. Fl. larges, à disque jaune et *rayons blancs,* solitaires et terminales. Invol. à folioles brunes. *Akènes nus sans couronne.*

Var. *b. uniflorum.* Tige simple, uniflore, velue. Feu. étroites.

♃. P3-E. TC. Prés. La var. *b.* sur les coteaux arides des terr. calc. Falaise.

3. c. PARTHENIUM *Smith,* Matricaria *L.* (*M. Matricaire*). Plante ayant une odeur très-forte. Tige rameuse, droite, cannelée, pubescente, haute de 3 à 10 décim. *Feu. pétiolées, ailées, à lobes pinnatifides, incisés-dentés,* un peu blanchâtres. Fl. à disque jaune et rayons blancs en corymbe assez nombreux. Réceptacle hémisphérique. Graines 4-gones, *couronnées par un rebord denté.* ♃. E. C. Lieux incultes, décombres.

4. c. INODORUM *L.* (*M. inodore*). Vulg. *Tête de Jument.* Tige rameuse, étalée, redressée, rougeâtre, haute de 2 à 6 décim. Feu. sessiles, *bipinnées, à découpures très-nombreuses, linéaires-filiformes, aiguës,* 2 ou 3-fides. Fl. à disque jaune et rayons blancs, assez larges, terminales. Graines 3-gones, couronnées par un rebord membraneux, court. Réceptacle hémisphérique, nu.

Var. *b. maritimum L.* Segments des feu. plus épais ; tige plus diffuse. Sables maritimes, Dieppe, le Havre, Courseulles.

♂. ⊙. E. TC. Moissons et bords des chemins.

5. c. MARITIMUM *Pers.,* Matricaria *L.,* Pyrethrum Sm. (*M. maritime*)

Tige rameuse, étalée, diffuse, Feu. bipinnatifides, à *lobes courts* li-*néaires, charnus, glabres, 3-fides.* Fleurs jaunes, à rayons blancs, ter-minales. Graines trigones, couronnées par un *rebord 4-denté.* Réceptacle conique, nu. ♃. E3. A1. TR. Sables maritimes. Iles de Chausey, Cherbourg.

XVII. MATRICARIA *L.* (*Matricaire*). Involucre hémisphérique, im-briqué d'écailles obtuses. Fl. radiées. *Réceptacle conique, presque cylin-drique, nu. Graines striées, nues.*

1. M. CHAMOMILLA *L.* (*M. Camomille*). Tige rameuse, haute de 3 à 6 décim. Feu. bipinnatifides; à découpures linéaires-capillaires. Fl. jaunes à rayons blancs, en corymbe terminal. Réceptacle conique, creux. ◉. E. C. Moissons, champs pierreux, bord des chemins.
L'odeur de cette plante n'est pas désagréable.

XVIII. ANTHEMIS *L.* (*Camomille*). Involucre hémisphérique, imbri-qué à écailles scarieuses au bord, à peu près égales. Fl. radiées. Fleurons hermaphr.; les *rayons femelles fertiles.* Graines sans aigrette, quelquefois couronnées d'un rebord membraneux. *Réceptacle convexe ou conique, garni de paillettes aristées.* — *Fleurs à disque jaune et rayons blancs, Feu. à découpures fines.*

1 { Plante à peu près inodore; paillettes aussi longues que les fleurs. *A. arvensis.*
  { Plante très-odorante; paillettes plus courtes que les fleurons . . . . 2.
2 { Feuilles pubescentes; odeur assez agréable . . . . . . *A. nobilis.*
  { Feuilles à peu près glabres; odeur désagréable . . . . *A. cotula.*

1. A. NOBILIS *L.* (*C. noble*). Vulg. *Camomille romaine.* Tige le plus souv. couchée, étalée, rameuse à la base. Feu. *pinnatifides, décomposées, à lobes filiformes, aigus, poilus.* Fl. terminales, à rayons 2-dentés, por-tées sur de longs pédonc. Graines nues. *Paillettes de la longueur des fleu-rons.* ♃. E. TC. Prés secs, bois et bruyères.
Cette plante répand une odeur forte, assez agréable.

2. A. COTULA *L.* (*C. puante*). *Amourette, Amoros.* Plante exhalant une odeur désagréable. Tige droite, rameuse, assez glabre. Feu. bipinnées, à divisions tripartites, finement découpées, glabres, d'un vert assez clair, presque glabres. Fl. terminales en corymbe multiflore, à rayons 3-dentés. Graines nues. *Paillettes courtes, sétacées* ◉. E. TC. Lieux cultivés.

3. A. ARVENSIS *L.* (*C. des champs*). Cette plante ressemble aux précé-dentes; mais elle est à peu près inodore. Sa tige est ferme, quelquefois diffuse, souv. rougeâtre, velue. Feu. bipinnées, à divis. linéaires, pubes-centes, d'un vert foncé, un peu grisâtres. Fl. terminales, nombreuses. Ré-ceptacle conique, à *paillettes lancéolées, acuminées, dépassant les fleu-rons. Graines lisses, couronnées par un rebord membraneux, tronqué.* ◉. ♂. E. PC. Lieux cultivés. Falaise, Viré, Livarot, Mouen et Mutrecy, près de Caen.
Cette espèce, souvent confondue avec l'*A. cotula,* est beaucoup moins commune.

XIX. ACHILLEA *L.* (*Achillée*). Involucre ovoïde, polyphylle, imbriqué. Fl. radiées. Fleurons peu nombreux, hermaphr.; *rayons fem. courts, ar-*

rondis. Réceptacle plane, étroit paléacé. Graines non aigrettées, comprimées.

Feuilles simples, dentées	*A. Ptarmica.*
Feuilles finement découpées	*A. millefolium.*

1. A. MILLEFOLIUM *L.* (*A. mille-feuille*). Vulg. *Herbe-au-charpentier ; Dent-de-loup.* Tige droite, paniculée au sommet, poilue, haute de 2 à 5 décim. *Feu. bipinnées, à divis. linéaires*, mucronées, légèrem. velues. Fl. petites, blanches ou roses, nombreuses, en corymbe terminal.

Var. *b. compacta.* Tige courte ; feu. à divis. resserrées, velues-soyeuses ; fl. rapprochées en glomérule arrondi.

♃. E. TC. Lieux incultes. J'ai trouvé, à Falaise, la var. *b.* qui ressemble à l'*A. setacea* Waldst. et Kit.

2. A. PTARMICA *L.* (*A. sternutatoire*). Tige droite, haute de 4 à 8 décim. *Feu. simples, linéaires-lancéolées*, pointues, dentées en scie, un peu velues, ciliées. Fl. blanches, en corymbe rameux, terminal. ♃. E2, 3. C. Prés humides, bords des fossés.

On trouve quelquefois une forme ou var. velue-blanchâtre sur sa tige et ses feuilles.

XX.—ARTEMISIA *L.* (*Armoise*). *Involucre ovoïde ou globuleux, à écailles conniventes.* Fl. flosculeuses. Les fleurons du centre hermaphr., 5-lobés ; les extér. femelles, fertiles, entiers ou 2-fides. Réceptacle nu, quelquefois poilu. Graines nues.

1	Feuilles à découpures lancéolées, élargies	2.
	Feuilles à découpures linéaires, étroites	3.
2	Feuilles blanchâtres sur les 2 faces	*A. Absinthium.*
	Feuilles d'un vert foncé en-dessus, blanches en-dessous.	*A. vulgaris.*
3	Involucre glabre, luisant	*A. campestris.*
	Involucre cotonneux	*A. maritima.*

1. A. ABSINTHIUM *L.* (*A. absinthe*). Plante toute couverte de poils soyeux d'un gris-argenté. Tige droite, rameuse. Feu. décomposées, bipinnatifides, à lobes lancéolés, un peu obtus. Fl. jaunâtres, globuleuses, pendantes, en grappes formant une ample panicule. *Réceptacle poilu.* ♃. E. PC. Lieux incultes, décombres, vieux murs, surtout dans les contrées littorales.— Fréquemment cultivé.

2. A. MARITIMA *L.* (*A. maritime*). Vulg. *Absinthe de mer.* Entièrem. couverte d'un duvet cotonneux très-blanc. Tiges rameuses, ligneuses à la base, hautes de 3 à 5 décim. *Feu. bipinnées, à lobes linéaires ;* les florales simples, linéaires, obtuses. Fl. petites, jaunâtres, globuleuses, en grappes terminales, pendantes. Fleurons 5 à 7. ♃. E3. A1. PC. Prés maritimes, embouchures des rivières. Dieppe, Dives, Ouistreham, Lessay, St.-Vaast, Le Vey, etc.

Var. *b. A. Gallica* Willd. Rameaux dressés ; capitules oblongs, pauci-flores, subsessiles, droits. Quinéville (Manche) ; Ouistreham, Dives (Calvados).

Var. *c. A. salina* Willd. Rameaux dressés ; capitules pédonculés, pendants. Quinéville (Manche) ; Ouistreham, Dives.

3. A. CAMPESTRIS *L.* (*A. des champs*). Tiges grêles, étalées et redressées, glabres. *Feuilles pinnées, sétacées ; les infér. à lobes trifides, linéaires,*

presque glabres. Fl. verdâtres, globuleuses-ovoïdes, petites, en longues grappes effilées. *Involucres glabres, luisants.* ♃. E3. A1. R. Lieux arides. Les Andelys, Vernon, Tosny, pays de Bray, etc.

4. A. VULGARIS L. (*A. commune*). Vulg. *Herbe-Saint-Jean.* Tiges droites, rameuses, hautes de 6 à 15 décim., glabres, rougeâtres. Feu. pinnatifides, à *lobes lancéolés-linéaires,* pointus, *blanches et tomenteuses en-dessous,* glabres et d'un vert sombre en-dessus. Fl. roussâtres, ovoïdes, en longues grappes rameuses. Réceptacle nu. ♃. E. C. Lieux incultes et sablonneux, bois et haies.

XXI. TANACETUM L. (*Tanaisie*). Involucre hémisphérique, imbriqué, à écailles aiguës. *Fl. flosculeuses.* Fleurons centraux hermaphr., 5-lobés; ceux de la circonfér. femelles, fertiles, 3-lobés. Réceptacle nu, conique. *Graines sans aigrette, couronnées par un rebord membraneux entier. — Odeur forte.*

1. T. VULGARE L. (*T. commune*). Tige droite, rameuse dans le haut, haute de 6 à 9 décim. Feu. bipinnatifides, à lobes incisés-dentés en scie, glabres. Fl. jaunes, nombreuses, en large corymbe terminal. ♃. E. C. Lieux arides et incultes, décombres, pied des murs, etc. Souvent cultivée.

XXII. OTANTHUS *Linck*. Involucre hémisphérique, imbriqué, à écailles oblongues, serrées. *Fl. flosculeuses.* Fleurons centraux hermaphr., 5-dentés, resserrés au milieu, *dilatés à la base en 2 appendices embrassant l'ovaire.* Réceptacle convexe, paléacé. Graines nues. — *Plante toute blanche, cotonneuse.*

1. O. MARITIMUS *Linck.*, *Athanasia* L., *Diotis candidissima* Desf. (*O. maritime*). Plante entièrem. couverte d'un duvet cotonneux, épais et très-blanc. Tiges rameuses du bas, hautes de 15 à 25 centim., garnies de feu. nombreuses, oblongues, obtuses, très-laineuses. Fl. jaunes, au sommet de quelques rameaux courts et et terminaux. ♃. E2. 3. PG. Sables maritimes de la Manche, assez rare dans le Calvados.

XXIII. BIDENS L. (*Bident*). Involucre caliculé à fol. extér. longues et ouvertes. Fl. presque toutes flosculeuses, hermaphrodites; quelquefois il se trouve quelques rayons à la circonfér. formés de demi-fleurons hermaphr. ou femelles. Réceptacle plane, paléacé. *Graines couronnées par 2 à 5 arêtes rudes et persistantes. — Plantes annuelles à feu. opposées.*

1 { Feuilles lancéolées, dentées, indivises . . . . *B. cernua.*
  { Feuilles divisées en 3 ou 5 folioles . . . . *B. tripartita.*

1. B. TRIPARTITA L. (*B. tripartite*). Tige droite, glabre, haute de 2 à 6 décim., rougeâtre, rameuse. Feu. opposées, *divisées en 3 ou 5 folioles ovales-lancéolées, dentées.* Fl. jaunes, *droites,* redressées, entourées de 4 à 5 bractées. Graines à 2 arêtes. ⊙. E 3.-A1. C. Bords des eaux, marais tourbeux.

Var. *b. bipinnatifida.* Feu. à lobes pinnatifides. Vire.

2. B. CERNUA L. (*B. penché*). Tige droite, rameuse, hérissée. Feu. opposées, *amplexicaules, comme connées, lancéolées,* à dents profondes et écartées, glabres. Fl. jaunes, *penchées,* entourées de bractées. Ecailles de l'involucre ovales, élargies et colorées. Graines ordinairement à 4 arêtes.

Var. *b. minor.* Plante naine, terminée par des cap. à peine penchés. ☉. E — A. C. Marais et bords des eaux.

Près de ce genre se place le genre HELIANTHUS *L.*, dont on cultive fréquemment plusieurs espèces remarquables : les H. ANNUUS *L.*, vulg. *Soleil*, dont le capitule a un très-grand diamètre ; et H. TUBEROSUS *L.*, vulg. *Topinambour*, dont la racine produit des tubercules comestibles.

XXIV. CALENDULA *L.* (*Souci*). Involucre hémisphérique, à écailles égales, aiguës ; les extér. plus larges. Fl. radiées ; les fleurons centraux mâles ; les extér. hermaphr. ; les rayons femelles. Réceptacle plane, nu. *Graines inégales ; celles du centre élargies ; membraneuses au sommet ; les extér. arquées, muriquées.*

1. C. ARVENSIS *L.* (*S. des champs*). Tige rameuse, étalée, velue. Feu. ovales-lancéolées, denticulées, peu velues. Fl. jaunes, terminales. Involucre glabre. ☉. P-E. C. Lieux cultivés. Rouen, les Andelys, Vernon, etc.

IIe. DIVIS. CYNAROCÉPHALES.

Capitules entièrement flosculeux. Tous les fleurons tubuleux. Réceptacle paléacé. Stigm. articulé sur le sommet du style.

XXV. LAPPA *Tourn.*, Arctium *L.* (*Bardane*). Involucre globuleux, imbriqué de *folioles* nombreuses, ouvertes, subulées, *épineuses et crochues au sommet. Réceptacle paléacé.* Aigrette courte, formée de poils inégaux, ciliés.

1 { Involucre pourvu d'un duvet aranéeux entre les écailles. *L. tomentosa.*
{ Involucre à peu près glabre. . . . . 2.

2 { Capitules assez gros en corymbe terminal, longuem. pédonculés. *L. major.*
{ Capitules petits, en grappe, presque sessiles . . . . *L. minor.*

1. L. MAJOR *Gaertn.*, Arctium Lappa Willd. (*B. à grosses têtes*). Tige de 1 à 2 mètres, rameuse, sillonnée, rougeâtre. Feu. larges, cordiformes, pétiolées, pubescentes-blanchâtres en-dessous. Fl. rouges, rarem. blanches, disposées en *corymbe rameux et terminal.* Involucres gros, *glabres*, à *écailles non-colorées*, portées sur de longs pédonc. ♂. E. C. Prés, haies et bords des chemins.

2. L. TOMENTOSA *All.* (*B. cotonneuse*). Tige rameuse velue, haute de 6 à 12 décim. Feu. ovales-cordiformes, pétiolées, pubescentes en-dessous. Fl. rougeâtres ou blanches, en corymbes terminaux. *Involucre entouré d'un duvet cotonneux et arachnoïde entre les écailles, dont les intérieures sont droites.* ♂. E. C. Lieux incultes ; décombres, bords des chemins.

Var. *b. bracteata.* Pédoncules chargés de nombreuses bractées lancéolées, rapprochées en collerette au-dessous des involucres. St.-Pierre-sur-Dive.

3. L. MINOR *DC.* Arctium Lappa L. (*B. à petites têtes*). Cette espèce diffère des précédentes par ses *involucres plus petits, portés sur des pédonc. très-courts et disposés en grappe terminale. Écailles intérieures crochues et colorées.* ♂. E. C. Bords des chemins, lieux pierreux.

Ces trois espèces, que plusieurs auteurs réunissent, peut-être avec raison, sont connues vulgairement sous les noms de *Gratterons, Gloutonniers* et *Glouterons.*

XXVI. ONOPORDUM *Vaill.* (*Onoporde*). Involucre gros, renflé, à folioles ouvertes, épineuses, *Réceptacle marqué d'alvéoles à bords membraneux, tronqués, dentés.* Graines 4-gones, comprimées, sillonnées transversalement. Aigrette caduque à poils velus, réunis en anneau à la base.

1. O. ACANTHIUM *L.* (*O. à feu. d'acanthe*). Tige droite, rameuse, haute de 5 à 20 décim., cotonneuse. Feu. oblongues, décurrentes, sinuées-dentées, épineuses, cotonneuses. Fl. rouges, très-grosses, terminales au sommet du pédonc., à 4 ailes décurrentes, épineuses. ♂. E. C. Bords des chemins, fossés secs des terr. calc.

XXVII. SILYBUM *Vaill.* (*Sylibe*). Involucre formé d'écailles foliacées à la base, appliquées, terminées par un appendice distinct, ouvert, bordé de dents épineuses. Réceptacle paléacé. Fl. hermaphr. Aigrette simple, sessile, à poils réunis en tube à la base.

1. S. MARIANUM *Gaertn.*, *Carduus L.* (*S. Marie*). Vulg. *Chardon-Marie.* Tige rameuse, haute de 3 à 15 décim., glabre. Feu. amplexicaules, sinuées-pinnatifides, à dents épineuses, glabres, tachetées de blanc. Fl. purpurines, grosses, solitaires, terminales. ☉. E. PC. Coteaux secs, bords des chemins, fossés. Rouen, Cherbourg, Falaise, Avranches, Andelys, Louviers, Giverny (Eure); Séez, Trouville, St.-Lo, le Havre, Trévières (Calvados), etc.

XXVIII. CARDUUS *Gaertn.* (*Chardon*). Involucre cylindrique, ou le plus souv. ventru, formé d'*écailles imbriquées, épineuses.* Réceptacle garni de *paillettes soyeuses.* Aigrettes caduques, à *poils simples*, raides, réunis en anneau à la base. — *Plantes épineuses.*

1 { Pédoncules tomenteux, non ailés-épineux .... 2.
{ Pédoncules ailés-épineux .... 3.
2 { Capitules solitaires au sommet des pédoncules ..... *C. nutans.*
{ Capitules 2 à 4 au sommet des rameaux .... *C. pycnocephalus.*
3 { Capitules allongés-cylindriques .... *C. tenuiflorus.*
{ Capitules globuleux ou ovoïdes .... 4.
4 { Feu. glabres en-dessus, velues sur les nervures en-dessous. *C. acanthoides.*
{ Feu. peu velues en-dessus, cotonneuses en-dessous. .... *C. crispus.*

1. C. NUTANS *L.* (*C. penché*). Tige rameuse, anguleuse, velue. Feu. lancéolées, sinuées, dentées, épineuses, velues, décurrentes d'une manière interrompue sur la tige. Fl. purpurines ou blanches, en *capitules assez gros*, *penchés, solitaires et terminaux.* Ecailles de l'involucre lancéolées, écartées et épineuses au sommet, munies d'un duvet aranéeux. ♂. E. TC. Lieux cultivés, fossés et bords des chemins.

2. C. CRISPUS *L.* (*C. crispé*). Tige haute de 6 à 10 décim., rameuse, velue. Feu. décurrentes, oblongues, sinuées-pinnatifides, épineuses, *cotonneuses en-dessous*; leur décurrence couvre la tige d'ailes foliacées très-épineuses. Fl. purpurines ou blanches, ramassées au sommet des rameaux. Ecailles de l'involucre subulées, épineuses, ouvertes. ♂. E2. A1. C. Bords des chemins, lieux incultes.

3. C. ACANTHOIDES *L.* (*C. à feuilles d'acanthe*). Ressemble beaucoup au précédent, dont il n'est peut-être qu'une variété. Il en diffère par ses feu. moins profondément sinuées, *pubescentes en-dessous*, surtout sur les nervures, et par des fleurs moins agrégées, le plus souv. solitaires au sommet

des pédonc. Les involucres sont couverts d'un duvet aranéeux. ♂. E2. 3.
C. Bords des chemins, champs incultes.

4. c. TENUIFLORUS *Smith.* (*C. à fl. menues*). Tige haute de 3 à 10 décim., rameuse, cotonneuse, chargée d'ailes sinuées, épineuses. Feu. sinuées, décurrentes, tomenteuses en-dessous. Fl. purpurines ou blanches, agrégées et sessiles, au sommet des rameaux et de la tige. *Involucre allongé, comme cylindrique, à écailles lancéolées, lâches, épineuses.* ☉. ♂. E. TC. Lieux incultes, bords des chemins.

5. c. PYCNOCEPHALUS *Jacq.* (*C. à tête compacte*). Ressemble beaucoup au précéd., dont il diffère par ses feuilles plus blanches-cotonneuses en-dessous, et par ses *capitules plus gros, oblongs,* groupés 2 à 4 au sommet de rameaux formant des sortes de *pédonc. non épineux.* ☉. E. PC. Pied des murs, bords des chemins, décombres. Environs de Caen, de Rouen, de Séez, etc.

Les diverses espèces de chardons sont surtout répandues dans les terr. calcaires.

XXIX. CIRSIUM *Tourn.* (*Cirse*). Involucre ovoïde, imbriqué d'*écailles pointues et souv. épineuses.* Fleurons le plus souv. hermaphr., égaux. Réceptacle ordinairement plane, paléacé. Aigrettes longues, composées de *poils plumeux,* réunis en anneau à la base. — *Plantes épineuses.*

1	Fleurs purpurines ou blanches	2.
	Fleurs jaunâtres	8.
2	Tige plus ou moins élevée	3.
	Tige nulle ou très-courte	C. acaule.
3	Tige ailée-épineuse par la décurrence des feuilles	4.
	Tige non ailée; feuilles n'étant pas sensiblement décurrentes	5.
4	Capitules petits, agglomérés, à écailles dressées, peu épineuses. C. palustre.	
	Capit. gros, solitaires, à écailles étalées, fortem. épineuses. C. lanceolatum.	
5	Involucre très-gros, à écailles élargies au sommet	C. eriophorum.
	Involucre médiocre, à écailles non élargies, peu épineuses	6.
6	Capitules nombreux en panicule.	C. arvense.
	Capitules solitaires ou au nombre de 2 ou 3	7.
7	Racine à fibres renflées ; feuilles profondément pinnatifides. C. bulbosum.	
	Racine à fibres grêles; feuilles entières ou un peu pinnatif. C. Anglicum.	
8	Bractées larges, ovales, de couleur plus pâle que les feu. C. oleraceum.	
	Bractées lancéolées, de la couleur des feuilles C. semipectinatum.	

) Feuilles décurrentes.

1. c. PALUSTRE *Scop.,* Carduus L. (*C. des marais*). Tige simple, velue, haute de 10 à 20 décim. Feu. décurrentes, linéaires-lancéolées, dentées-pinnatifides, très-épineuses sur les bords, velues en-dessous. Fl. purpurines ou blanches, assez *petites, agglomérées en grappes terminales.* Écailles de l'involucre courtes, *appliquées,* mucronées. ♂. E2. 3. C. Marais, bois et prés humides.

2. c. LANCEOLATUM *Scop.,* Carduus L. (*C. lancéolé*). Tige rameuse, velue, haute de 5 à 15 décim. Feu. décurrentes, pinnatifides, à lobes bifides divariqués, épineuses, velues en-dessous, hispides en-dessus. *Fl. grandes, rougeâtres,* quelquefois blanches, *terminales.* Écailles de l'involucre *garnies d'un duvet aranéeux,* terminées par une *longue épine* ouverte. ♂. E-A. TC. Bords des chemins, lieux incultes.

Var. *araneosum.* Capitules à duvet aranéeux très-abondant ; épines des écailles de l'involucre arquées en-dehors, Mont-St.-Michel.

3. C. ARVENSE *Lam.*, *Serratula* L. (*C. des champs*). *Tige rameuse*, glabre.
Feu. sessiles, un peu décurrentes à leur base, sinuées-pinnatifides, ondu-
lées, à lobes bifides, épineuses, presque glabres. Fl. rougeâtres ou blanches,
unisexuelles dans chaque calathide, paniculées, dioïques. Ecailles de l'in-
volucre lancéolées, appliquées; les extér. un peu épineuses. ♃ ou ♂. E.
TC. Champs, fossés, etc. Trop commun.
Var. *a. horridum* Koch. Toutes les feu. pinnatifides, crispées, très-épineuses.
Var. *b. mite* Koch. Feu. sinuées; les raméales entières, moins épineuses.
Var. *c. C. argenteum* Vest. Feu. blanches, tomenteuses en-dessous.
Alençon. M. H. Beaudouin.

****** *Feu. sessiles, non décurrentes.*

4. C. ERIOPHORUM *Scop.*, *Carduus* L. (*C. cotonneux*). Tige rameuse,
sillonnée, velue, haute de 5 à 15 décim. Feu. embrassantes, pinnatifides,
à *lobes* linéaires, *géminés, divergents*, épineux, cotonneuses en-dessous,
hérissées en-dessus. Fl. rouges, terminales, *très-grosses.* Involucres sphériques, entourés d'un duvet aranéeux très-abondant, à folioles ouvertes,
épineuses, dilatées au sommet. ♃. E2. 3. PC. Bords des chemins, pâturages, lieux incultes, terr. calc. Rouen, Caen, Gisors, Alençon, Falaise,
Dieppe, Louviers, Bayeux, etc.
Var. *b. C. spathulatum* Morett. Ecailles de l'invol. terminées par un prolongement très-dilaté au sommet, cilié, épineux. Forme la plus commune
en Normandie.
Var. *c. involucratum.* Ecailles extér. de l'invol. allongées en bractées
pinnatifides, longues de 4 à 8 centim., formant une collerette à deux ou
trois rangs. Argentan (le Dr. A. Prévost).
J'ai trouvé, près de St.-Pierre-sur-Dive, une touffe de cette esp. dont
les fl. étaient d'un beau blanc; les épines et les nervures des feu. étaient
également blanches.

5. C. OLERACEUM *All.*, *Cnicus* L. (*C. des lieux cultivés*). Tige de 8 à 12
décim., rameuse, glabre. Feu. radicales, grandes, ovales ou pinnatifides,
dentées; les supér. cordiformes, sessiles, ovales ou pinnatifides, bordées de longs cils, épineux. *Fl. jaunâtres*, terminales, rapprochées, *accompagnées de bractées foliacées, ovales, minces, d'un vert-jaunâtre.* Involucre
à fol. lancéolées, épineuses. ♃. E3.—A1. PC. Prés humides, bords des
ruisseaux. Rouen, Falaise, le Havre, Gisors, Pont-l'Evêque, Troarn, etc.

6. C. SEMIPECTINATUM *Reich.*, *C. oleraceo-rivulare* DC. Prod., *C. oleraceum*
var. *violascens.* Fl. norm., éd. 2 (*C. semipectiné*). Tige de 1 à 2 mètres,
souv. rameuse, sillonnée, *hérissée d'un duvet plus abondant vers le sommet.* Feu. le plus souv. pinnatifides, à lobes quelquefois bifides, dentelées,
bordées de cils épineux, velues surtout en-dessous; les supér. embrassantes
à la base et quelquefois lancéolées, entières. Fl. jaunâtres, à anthères
violettes, terminales; anthodes plus petits et plus cylindracés que dans
l'espèce précéd. *Bractées foliacées, lancéolées, ayant la consistance et la
même couleur que les feuilles.* Ecailles de l'involucre un peu aranéeuses à
la base, présentant dans leur partie supérieure une nervure saillante et se
terminant en une pointe violacée. ♃. E2. 3. TR. Bords des rivières.
Trouvé au pied des rochers de Noron, près de Falaise.
Cette plante n'est peut-être qu'une var. du *C. oleraceum*, quoiqu'elle

présente des différences assez tranchées et qu'on la distingue au premier coup-d'œil, à cause de ses bractées courtes, étroites, non minces et décolorées. Il serait difficile d'admettre, selon l'opinion de quelques auteurs, que ce fût une hybride provenant des *Cirsium oleraceum* et *rivulare*, puisque cette dernière espèce appartient aux contrées Alpines. Le *C. hybridum* Koch in DC., qui est une hybride du *C. oleraceum* et du *C. palustre*, se rapproche du *C. semipectinatum*, mais ses feuilles caulinaires sont un peu décurrentes.

7. C. BULBOSUM DC., *C. tuberosum* All. (*C. bulbeux*). Souche épaisse, oblique, garnie de *fibres épaisses*, *renflées* à leur origine. Tige presque nue, simple, velue, haute de 4 à 10 décim. Feu. embrassantes, *pinnatifides*, à lobes allongés, bifides et bordés de cils épineux, *velues en-dessous*. Fl. purpurines, solitaires (rarement 2 ou 3) *au sommet de la tige nue dans sa partie supér.* Invol. arrondi, à écailles courtes, *à peu près glabres*, lancéolées, mucronées et *ouvertes à la pointe*. ♃. E2, 3. R. Bois découverts et prairies. Falaise, Lisieux, Argentan.

Var. *b. B. dissectum* Lam. Feuilles plus profondément incisées, à lobes pinnatifides, surtout supérieurement.

8. C. ANGLICUM *Lam.* (*C. Anglais*). Souche oblique, *à fibres rarem. renflées.* Tige simple, le plus souv. uniflore, nue, au moins dans le haut, cotonneuse. Feu. embrassantes, *lancéolées*, sinuées, dentées, bordées de cils épineux, velues-cotonneuses en-dessous. Fl. purpurines, rarem. blanches, *terminales*, *solitaires* (rarem. 2 ou 3) au sommet de la tige nue. Invol. à écailles imbriquées, linéaires-lancéolées, un peu garnies d'un *duvet aranéeux*. ♃. E. C. Prés humides.

Quelquefois les feuilles radicales sont pinnatifides.

9. C. ACAULE *All.*, *Carduus* L. (*C. sans tige*). *Tige nulle ou très-courte.* Feu. étalées en rosette, pinnatifides, dentées, épineuses, glabres. Fl. purpurine, ou blanche, solitaire, *placée immédiatement au centre de la rosette de feu.*; quelquefois la tige s'allonge de 1 à 2 décim., est alors feuillée et porte de 2 à 3 fleurs. Involucre glabre, à écailles exactement appliquées. ♃. E. TC. Bords des chemins, pelouses.

Var. *b. C. medium* All., *C. bulboso-acaule* Næg. Tige de 2 à 3 décim., aranéeuse et non feuillée au sommet; involucre ventru, à écailles un peu piquantes. Percy (Calv.).

Le genre CYNARA *L.*, voisin de celui-ci, renferme une espèce généralement cultivée : le C. SCOLYMUS *L.* (*Artichaud commun*) et une autre moins répandue, le C. CARDUNCULUS *L.* (*A. cardon d'Espagne*).

XXX. SERRATULA *L.* (*Surrette*). Involucre oblong, imbriqué, composé d'écailles exactement appliquées, pointues, *non épineuses*. Réceptacle paléacé. Graines comprimées, lisses, terminées par une aigrette sessile, à *poils raides et scabres*; les *extérieurs plus courts*.

1. S. TINCTORIA *L.* (*S. des teinturiers*). Tige rameuse, raide, cannelée, haute de 6 à 10 décim. Feu. le plus souv. pinnatifides, à lobes lancéolés, allongés, dentés en scie; le terminal plus grand. Fl. purpurines, rarem. blanches. ♃. E2-A1. AC. Bruyères et bois découverts.

Var. *b. integrifolia* Krock. Feu. ovales-lancéolées, entières. Alençon, Falaise, St.-Pierre-sur-Dive, etc.

Var. *pinnatifida* Kit. Feu. pinnatifides, à lobes égaux, le terminal n'étant pas plus grand. Croissanville, Falaise, etc.

La Sarrette fournit une teinture d'un beau jaune.

XXXI. CENTAUREA L. (*Centaurée*). Invol. imbriqué, ventru, formé *d'écailles foliacées et scarieuses, laciniées ou en pointe ciliée.* Fleurons du disque hermaphr.; ceux de la circonfér. ordinairem. plus grands, stériles. Réceptacle hérissé de paillettes divisées en lanières soyeuses. Graines attachées au récept. par un style latéral. Aigrette à poils simples, *inégaux, denticulés, libres à la base; les intérieurs plus courts, quelquefois nuls.*

1	Ecailles de l'involucre terminées par une épine	2.
	Ecailles de l'involucre non terminées par une épine	3.
2	Fleurs purpurines ou blanches; feuilles non décurrentes.	*C. calcitrapa.*
	Fleurs jaunes; feuilles caulinaires décurrentes.	*C. solstitialis.*
3	Fleurs bleues, rarem. blanches; feuilles caulinaires linéaires.	*C. cyanus.*
	Fl. purpurines ou blanches; feuilles caulinaires-lancéolées ou pinnatifides.	4.
4	Feuilles toutes pinnatifides	*C. scabiosa.*
	Feuilles inférieures entières ou sinuées, rarement pinnatifides	5.
5	Fruit couronné par une aigrette	6.
	Fruit sans aigrette	7.
6	Invol. gris-bruns à appendices étalés ou recourbés en-dehors.	*C. decipiens.*
	Involucres noirs à appendices appliqués	*C. nigra.*
7	Appendices de l'involucre étalés ou recourbés en-dehors.	*C. microptilon.*
	Appendices de l'involucre appliqués	8.
8	Involucre gros d'un brun foncé	*C. pratensis.*
	Involucre moyen, pâle ou taché.	*C. serotina.*

4. C. PRATENSIS *Thuill.* (*C. des prés*). Tige de 2 à 5 décim., anguleuse. Feu. lancéolées, entières; les infér. souv. sinuées-pinnatifides. Fl. assez grandes, purpurines, rarem. blanches. *Fleurons de la circonférence plus grands, stériles.* Involucres noirâtres, à écailles terminées par des appendices concaves, déchirés, dentés, appliqués; les extérieurs ciliés-pectinés. *Les écailles de l'invol. sont cachées par les appendices. Fruits sans aigrette,* mais recouverts de poils le dépassant et simulant une aigrette. *Pédonc. fortement renflés au sommet.*

♃. E-A. TC. Pâturages, prairies, bois.

Cette espèce et les trois suivantes, qu'on doit, peut-être, considérer comme de simples variétés d'une même espèce, sont connues sous le nom de Jacée (nous n'avons pas le véritable *Cent. Jacea* de Linné); elles portent aussi les noms vulg. de *Hane, Hanon.*

2. C. DECIPIENS *Thuill. C. nigrescens* Willd. (*C. trompeuse*). Tige haute de 3 à 8 décim., dressée, anguleuse, à rameaux allongés, ouverts. Feu. lancéolées, étroites, entières; les infér. plus larges, souvent pinnatifides. Fl. purpurines, à fleurons le plus souv. égaux, ceux du pourtour quelquefois rayonnants (*C. nigrescens*). Invol. à *écailles imbriquées,* non cachées par les *appendices* qui sont *étalés ou recourbés en-dehors,* ciliés-pectinés, à *cils flexueux ascendants 2 ou 3 fois plus longs que la largeur de l'append. Fruit surmonté d'une aigrette de poils courts, raides.* ♃. E. PC. Prés secs, bords des bois. Falaise. Alençon, Cherbourg, Lisieux.

3. C. MICROPTILON *Godr.* (*C. à petits cils*). Tige de 4 à 8 décim., grêle, à rameaux élancés. Feu. infér. sinuées-lyrées; les supér. étroites, linéaires, vertes ou blanches-laineuses. Fl. purpurines ordinairem. à fleurons tous fertiles; ceux du pourtour rarem. rayonnants et stériles. Invol. grisbrunâtre, à *écailles non cachées par les appendices*, ceux-ci *arqués en-dehors*, lancéolés, pectinés, bordés de cils courts brièvement plumeux et *un peu plus longs que la largeur de l'appendice. Fruits sans aigrette.* ♃ E. AR. Bords des bois et des routes. Rouen, Cherbourg.

4. c. **serotina** *Bor.* (*C. tardive*). Tige grêle, élancée, sillonnée, haute de 3 à 8 décim. Feu. lancéolées, étroites; les infér. dentées ou un peu pinnatifides; les supér. linéaires, souvent saupoudrées d'un duvet blanc, floconneux. Fl. purpurines à *anthodes plus petits* que dans les précéd.; fleurons extér. rayonnants. *Invol. à écailles blanchâtres ou tachées de brun, régulièrem. ciliées-pectinées. Fruit sans aigrette.* ♃ E3.-A. P. C. Coteaux secs et marais, Falaise, Argentan, Mézidon.

La forme qui croît dans les marais est très-grêle, à feu. lancéolées-linéaires, étroites, le plus souvent entières, très-rarement pinnatifides; les tiges sont uniflores et les anthodes cylindracés.

5. c. **nigra** *L.* (*C. noire*). Tige de 4 à 10 décim., droite, rameuse. Feu. rudes, d'un vert-grisâtre, ovales-lancéolées, sinuées, dentées; les supér. plus étroites, denticulées. Fl. purpurines, *égales*, *non rayonnantes à la circonférence. Involucres noirs*, *à écailles cachées par les appendices* qui sont appliqués, pectinés, à cils flexueux, plumeux, 3 fois plus longs que la largeur des appendices. *Fruit surmonté d'une aigrette très-courte*, formée de poils écailleux. ♃ E.-A. C. Prés et bois.

6. c. **cyanus** *L.* (*C. Bleuet*). Vulg. *Barbeau*, *Bluet*, *Baverolle.* Tige grêle, rameuse, haute de 3 à 6 décim., velue, blanchâtre. Feu. étroites, pinnatifides; les *supér. linéaires*, entières. Fl. bleues, quelquefois roses ou blanches, terminales. Fleurons extér. plus grands, rayonnants. Invol. à écailles bordées de cils noirâtres, membraneux. ⊙ E.-C. Moissons des terrains calcaires.

7. c. **scabiosa** *L.* (*C. Scabieuse*). Tige droite, cannelée, rameuse dans le haut. *Feu. pinnatifides*, scabres; lobes des infér. lancéolés, dentés, pinnatifides. Fl. purpurines, rarement blanches, assez grosses. Fleur. extér. plus grands. Invol. arrondi, velu, à *écailles ovales*, *bordées de noir* et ciliées au sommet. ♃ E. C. Moissons et bois découverts des terr. calc.

8. c. **solstitialis** *L.* (*C. du Solstice*). Plante d'un vert-blanchâtre, cotonneuse. Tige rameuse, souv. diffuse, haute de 3 à 7 décim. Feu. infér. lyrées; les supér. lancéolées, linéaires, entières, décurrentes. *Fl. jaunes.* Ecailles de l'invol. terminées par une *longue épine jaune*, accompagnée à sa base de quatre petites. ⊙ E. R. Lieux secs, bords des chemins et prairies artificielles. Rouen, Gisors, Evreux, Caen, St.-Lo, Quinéville (Manche), Bernay, etc.

9. c. **calcitrapa** *L.* (*C. Chausse-trape*). Vulg. *Chardon Etoilé.* Tige ouverte, diffuse, haute de 4 à 8 décim. Feu. pinnatifides, à lobes linéaires, dentés, velus. *Fl. petites*, *rouges ou blanches*, terminales et axillaires. Invol. glabre, à écailles terminées par une *longue épine rougeâtre ou jaunâtre*, accompagnée de 2 à 4 beaucoup plus petites à la base. ⊙ E3. A1. C. Lieux stériles, bords des chemins.

XXXII. KENTROPHYLLUM *Neck.* (*Kentrophylle*). Involucre ventru, à écailles inter. cartilagineuses, ciliées, épineuses au sommet; les *extér. fo-*

liacées , nerveuses, pinnatifides et épineuses , simulant des bractées. Fleurs
extér. stériles , plus grandes. Graines tétragones , à style latéral. Réceptacle
paléacé. *Aigrettes à poils raides , paléacés.*

4. K. LANATUM *DC. Carthamus* L. (*C. laineux*). Tige droite, rameuse au
sommet , haute de 3 à 7 décim. , couverte de longs poils aranéeux. Feu.
un peu velues, pinnatifides , à lobes étroits, garnis de dents épineuses ; les
supér. embrassantes. Fl. jaunes, terminales. ⊚. E2. 3, PC. Lieux arides ,
bords des champs et des chemins des terr. calc.

XXXIII. CARLINA *L.* (*Carline*). Involucre ventru à écailles imbriquées ; les extér. foliacées , sinuées, épineuses ; les *intér. , étroites , allongées , scarieuses , colorées , simulant les fleurons extérieurs des fl. radiées.*
Réceptacle paléacé. Graines comprimées , pubescentes. *Aigrette à poils
extér. courts , les inter. fasciculés et plumeux.*

4. C. VULGARIS *L.* (*C. commune*). Tige droite, souv. rameuse dans le
haut, couverte d'un long duvet aranéeux. Feu. embrassantes, lancéolées ,
sinuées-pinnatifides , épineuses , velues en-dessous Fl. violacées ou roussâtres, terminales ; écailles intér. de l'invol. rayonnantes, jaunâtres , luisantes. ♂. E3. A. TC. Lieux arides , bords des chemins.

XXXIV. ECHINOPS *L.* (*Echinope*). *Anthodes uniflores , à involucres à
fol. aiguës, réunies en un capitule sphérique sur un réceptacle globuleux.*
Akènes anguleux, couronnés par une membrane laciniée. — *Plante vivace.
Feu. pinnatifides à lobes épineux.*

4. E. SPHÆROCEPHALUS *L.* (*E. à tête sphérique*). Tige de 8 à 12 décim.
droite, simple ou un peu rameuse dans le haut. Feu. pinnatifides ou sinuées à lobes et dents épineux, blanches en-dessous, un peu visqueuses en-
dessus. Fl. blanchâtres à anthères bleuâtres ; têtes globuleuses. ♃. E2. TR.
Lieux incultes et pierreux. Murailles et rochers autour des ruines du château
de Domfront.

IIIᵉ. DIVIS. CHICORACÉES *Juss.*

Fleurons tous en languette (*semi-flosculeux*) et hermaphrodites. Réceptacle peu ou point charnu. Style articulé. — *Plantes à feu. alternes , le
plus souvent pourvues d'un suc laiteux.*

† *Graines aigrettées.*

XXXV. SONCHUS *L.* (*Laiteron*). Invol. oblong, ventru , resserré au
sommet à la maturité, à folioles inégales. Réceptacle nu. *Graines comprimées , striées, sans bec.* Aigrette courte, sessile, denticulée. — *Fl. jaunes.*

1 { Involucres couverts de poils glanduleux . . . . 3.
{ Involucres glabres ou ayant quelques poils glanduleux . . . . 2.
2 { Feuilles épineuses, à oreillettes arrondies . . . . . . *S. asper.*
{ Feuilles molles, à oreillettes acuminées . . . . . *S. oleraceus.*
3 { Feu. caulinaires cordiformes, à oreillettes courtes ou nulles. *S. arvensis.*
{ Feu. caulinaires sagittées, à oreillettes longues . . . . *S. palustris.*

4. S. OLERACEUS *L.* (*L. des lieux cultivés*). Vulg. *Laceron,* Tige rameuse,
lisse, quelquefois munie de quelques poils glanduleux dans le haut. Feu.

très-polymorphes, ovales, spatulées ou pinnatifides, ou lyrées, ou ron-cinées, dentées ou entières, glabres, glauques en-dessous, ciliées, embras-santes, *à deux oreillettes acuminées.* Fl. en corymbe. Invol. glabre, ou ayant quelque poils glanduleux. *Graines rugueuses.* ◉. E. A. TC. Lieux cultivés, jardins.

Var. *b. S. lacerus* Willd. Feu. profondém. pinnatifides. Lobes dentés-sinués, égaux. Tourville (Seine-Infér.); St.-Pierre-sur-Dive.

2. s. ASPER *Vill.* (*L. piquant*). Diffère du précéd. par ses feu. plus fermes, luisantes, à dents épineuses, embrassantes par 2 *oreillettes obtuses, arrondies,* et par ses *graines lisses.* Ses feuilles sont également polymorphes. ◉. E. AC. Lieux cultivés.

3. s. ARVENSIS L. (*L. des champs*). Racine rampante. Tige ferme, fistu-leuse, haute de 5 à 12 décim., *hérissée dans le haut de poils glanduleux, noirâtres,* nombreux sur les pédoncules et les involucres. Feu. roncinées, denticulées, glabres, munies à la base d'*oreillettes courtes et arrondies.* Fl. assez grandes, en corymbe terminal. ♃. E. C. Champs et lieux humides.

4. s. PALUSTRIS L. (*L. des marais*). Racine rameuse; tige haute de 3 à 5 pieds, ferme, *hérissée dans le haut de poils glanduleux, noirâtres.* Feu. nombreuses, rapprochées, roncinées-pinnatifides; embrassant la tige par deux *oreillettes pointues (sagittées) assez longues.* Fl. en corymbe, à pé-donc. et involucres hérissés, noirâtres. ♃. E. R. Lieux humides. Marais-Vernier, Gisors (*M. A. Passy*), Vaux-sur-Eure, Avranches, etc.

XXXVI. **LACTUCA** L. (*Laitue*). Invol. oblong-cylindrique, *imbriqué de folioles inégales,* scarieuses sur les bords. Réceptacle nu. Graines compri-mées, surmontées d'une *aigrette pédicellée,* à poils mous et fugaces. — *Fl. jaunes ou violettes.*

1 { Fleurs jaunes ou jaunâtres		**2.**
{ Fleur d'un bleu-violacé	*L. perennis.*	
2 { Feuilles oblongues ou arrondies		**3.**
{ Feuilles linéaires ou à lobes linéaires	*L. saligna.*	
3 { Fleurs en corymbe	*L. sativa.*	
{ Fleurs en panicule		**4.**
4 { Feuilles chargées d'aiguillons sur leur nervure médiane		**5.**
{ Feuilles dépourvues d'aiguillons	*L. muralis.*	
5 { Feuilles dressées pointues; graines hispides au sommet	*L. scariola.*	
{ Feuilles étalées obtuses; graines glabres	*L. virosa.*	

1. L. SATIVA L. (*L. cultivée*). Tige rameuse, surtout au sommet. *Feu. arrondies, sans aucune épine,* les supér. cordiformes. Fl. jaunes, petites, en corymbe multiflore irrégulier. Graines à 7 stries. ◉. E. Cultivée.

Cette plante potagère offre un grand nombre de variétés dont les plus généralement cultivées, sont: les *Laitue pommée, L. frisée, L. chicon,* etc.

2. L. SCARIOLA L., L. *sylvestris* Lam. (*L. sauvage*). Tige haute de 8 à 10 décim., droite, ferme, *hérissée d'aiguillons.* Feu. pinnatifides-roncinées, rarem. entières, denticulées, *épineuses sur la nervure médiane.* Fl. petites, jaunes, en panicule. *Graines brunes, hérissées au sommet de poils blan-châtres.* ♂. E. AC. Lieux arides, murailles, Rouen, Caen, Falaise, Cor-bon, Dives, Vernon, etc.

3. L. VIROSA L. (*L. vireuse*). Cette plante n'est peut-être qu'une var.

de la précédente, dont elle diffère par ses *feu.* oblongues-lancéolées, entières ou sinuées. Tige lisse. *Nervure des feu. souv. sans épines en-dessous. Graines noirâtres, glabres.* ♂. E. C. Mêmes stations et mêmes localités que le *L. Scariola.*

4. L. SALIGNA *L.* (*L. à feu. de saule*). Tige étalée à la base, redressée, blanchâtre, lisse, haute de 5 à 10 décim. Feu. infér. pinnatifides, à *lobes linéaires*, glabres, quelquefois un peu épineuses sur la nervure médiane; les *caulinaires linéaires, sagittées.* Fl. petites, d'un jaune pâle, rapprochées de la tige et formant un épi très-allongé. ◉. E. C. Champs arides, coteaux secs, bords des chemins, terr. calc. et argileux.

5. L. PERENNIS *L.* (*L. vivace*). Tige rameuse, glabre, haute de 2 à 6 décim. Feu. pinnatifides, à lobes linéaires, dentés, lisses. *Fl. assez larges, délicates, d'un bleu-violacé, en corymbe lâche.* ♃. E. C. Moissons des terr. calc.

6. L. MURALIS *Fresen., Koch.; Prenanthes muralis L.* (*L. des murailles*). Tige rougeâtre, glabre, fistuleuse, haute de 5 à 10 décim. *Feu. lisses, glauques en-dessous, lyrées-roncinées, à lobes anguleux; le terminal large, triangulaire.* Fl. jaunes, petites, en panicule très-rameuse. *Graines lisses*, plus longues que le pédicelle de l'aigrette. ◉. E. TC. Vieilles murailles et lieux ombragés.

XXXVII. CHONDRILLA *L.* (*Chondrille*). Involucre cylindrique, à *écailles linéaires appliquées, garni à sa base de folioles plus courtes.* Réceptacle nu. Fruits munis de côtes tuberculeuses. *Aigrette pédicellée, à poils simples, portée sur un bec filiforme, entouré à sa base par 5 dents squamiformes.*

1. C. JUNCEA *L.* (*C. jonciforme*). Tige dure, rameuse, hérissée à la base, haute de 6 à 10 décim. Feu. infér. roncinées; les supér. linéaires, entières, munies de quelques poils raides sur leurs bords à la base. Fl. jaunes, petites, éparses sur les rameaux qui sont effilés. Graines hérissées, plus courtes que le pédicelle de l'aigrette. ♃. E. R. Bords des champs. Rouen, Alençon, les Andelys, Villedieu, Dives, Cabourg, Evreux, etc.

XXXVIII. BARKHAUSIA *Mœnch.* (*Barkhausie*). *Involucre caliculé*, à folioles serrées, comme carénées à la maturité; folioles extér. courtes, lâches et inégales. *Graines fusiformes, prolongées au sommet en un pédicelle* qui supporte une aigrette à poils simples, très-blancs.

1	Involucres à poils mous, non raides et jaunâtres		
	Involucres hérissés de longues soies raides et jaunâtres	. . .	B. setosa.
2	Odeur faible ou nulle; fl. non penchées avant la floraison.		B. taraxacifolia.
	Odeur forte; fleurs penchées avant la fleuraison	. . . .	B. fœtida.

1. B. FŒTIDA *DC. Crepis L.* (*B. fétide*). Plante hérissée de poils grisâtres, exhalant par le froissement une *odeur forte et désagréable.* Tige ferme, rameuse, haute de 2 à 5 décim. Feu. pinnatifides-roncinées, à lobes anguleux, dentés, pointus; les supér. comme laciniées, à découpures étroites. Fl. jaunes, rougeâtres en-dehors, *penchées avant la floraison*, en corymbe irrégulier. Graines hérissées d'aspérités squamiformes. ◉. E. C. Lieux secs, bords des chemins et murailles; terr. calc.

2. B. TARAXACIFOLIA *DC.* (*B. à feuilles de pissenlit*). *Plante sans odeur*

forte. Tige droite, sillonnée, hérissée, rougeâtre, rameuse au sommet, haute de 4 à 8 décim. Feu. sinuées-lyrées, roncinées, peu hérissées; les supér. embrassantes et incisées à la base. Fl. jaunes assez grandes, en corymbe terminal, *non penchées avant la floraison*. Involucres couverts d'un duvet cendré. Graines légèrem. scabres. ◉. P.-E. TC. Moissons et prairies.

3. B. SETOSA *DC. Crepis* Hall. (*B. hérissée*). Tige de 3 à 5 décim., grêle, rameuse, chargée surtout dans sa partie supér. de *soies jaunâtres, raides, allongées, étalées*. Ces mêmes soies sont surtout abondantes sur les involucres, les bractées et les pédonc. Feu. radicales, sinuées, roncinées, à lobe terminal ample; les caulinaires sagittées, entières ou incisées à la base. Fl. jaunes, en corymbe irrégulier, portées sur des *pédonc. dressés avant la floraison*. Aigrette blanche dépassant peu les écailles de l'involucre. ◉. E. TR. Champs arides. Trouvé à Séez par M. l'abbé Chichou.

XXXIX. CRÉPIS *L.* (*Crépide*). Les *Crepis* ont l'involucre caliculé et sillonné comme les *Barkhausia*, dont ils ne diffèrent que par leur *aigrette sessile au sommet de la graine qui est comme tronquée*.

1 { Rameaux rudes sur les angles		*C. biennis.*
{ Rameaux lisses		2.
2 { Involucre entièrement glabre		*C. pulchra.*
{ Involucre velu ou pubescent		3.
3 { Graines à côtes chargées d'aspérités.		*C. tectorum.*
{ Graines à côtes lisses		*C. virens.*

1. C. PULCHRA *L. Prenanthes* DC. (*C. élégante*). Tige droite, haute de 3 à 8 décim., *velue-visqueuse à la base*. Feu. radicales spatulées; les caulinaires sinuées-dentées, lancéolées, sagittées à la base, un peu rudes. Fl. jaunes en corymbe. Folioles de l'invol. étalées après la floraison, *très-glabres*. ◉. E. R. Bords des champs et des chemins. Rouen, Vernon, les Andelys et Dreux.

2. C. BIENNIS *L.* (*C. bisannuelle*). Cette espèce, souvent confondue avec le *Barkhausia taraxacifolia*, s'en distingue, au premier coup-d'œil, par ses involucres et ses *pédicelles hérissés de poils noirâtres*. Sa tige est aussi plus forte et plus élevée, *scabre dans le haut sur les angles*. Feu. roncinées pinnatifides, hérissées. Fl. jaunes en corymbe terminal. Graines striées, lisses, à aigrette sessile. ♂. E. C. Prés.

3. C. TECTORUM *L.* (*C. des toits*). Racine fibreuse. Tige rameuse, assez glabre, haute de 3 à 5 décim. Feu. glabres, roncinées-pinnatifides; les supér. lancéolées-linéaires, *à bords roulés en-dessous*, sagittées à la base. Feu. jaunes en corymbe. Involucre pubescent-grisâtre. *Stigmates bruns. Graines striées, rugueuses*. Aigrette plus longue que l'involucre. ◉. E. C. Toits, murailles, bords des champs.

4. C. VIRENS *L.* (*C. verdâtre*). Racine fusiforme. Tige droite, striée, glabre, rameuse au sommet, haute de 3 à 4 décim. Feu. roncinées, à lobes écartés, le plus souv. glabres; les supér. pinnatifides et entières, sagittées à la base. Fl. jaunes en corymbe terminal. Invol. verdâtres, légèrem. pubescents, hérissés de quelques poils noirâtres, à fol. de la longueur de l'aigrette. *Graines lisses. Stigmates jaunes*. ◉. E.-A. C. Prés secs, bords des chemins.

Var. *b. C. diffusa* DC. Tige étalée, rameuse à la base.

Var. *c. C. scabra* Willd. Feu. hispides, rudes.

Var. *d. C. stricta* DC., *C. agrestis* W. et Kit. Tige droite un peu rude à la base ; feu. sinuées-pinnatifides ; involucres et pédonc. hérissés de poils noirâtres.

XL. TARAXACUM *Hall.* (*Pissenlit*). Invol. à 2 rangs de folioles, dont l'extérieur est plus court et souv. étalé ou réfléchi ; toutes les fol. se renversent en-dehors à la maturité. Réceptacle nu, ponctué. Graines à aigrette pédicellée, composée de poils simples. — *Plantes acaules ; hampes uniflores ; fl. jaunes.*

1. T. DENS-LEONIS *Desf.*, *Leontodon taraxacum* L. (*P. Dent-de-lion*). Hampe fistuleuse, nue, haute de 1 à 3 décim., presque toujours glabre, ainsi que les feu., qui sont toutes radicales, roncinées, à lobes plus ou moins découpés, polymorphes. Fol. extér. de l'invol. réfléchies. Fl. larges. ♃. P. E. TC. Prés et lieux cultivés.

Var. *b. T. laciniatum.* Lobes des feu. à découpures profondes, linéaires, très-étroites.

Var. *c. T. lævigatum* DC. Plante très-petite, à feu. courtes, profondém. roncinées, pinnatifides ; les primaires obovales ; écailles de l'invol. le plus souv. chargées, vers la pointe dorsale, d'une petite protubérance calleuse. Fruits brunâtres. Coteaux secs, pelouses arides.

Var. *d. T. erythrospermum* Andrz. Ressemble beaucoup à la forme précédente par les feu. Les fruits sont d'un rouge assez vif à la maturité. Champs secs et sablonneux. Falaise.

Var. *e. T. affine* Jord. Feu. roncinées-pinnatifides, à lobes courts ; hampe grêle. Fl. d'un beau jaune, livides en-dessous. Ecailles extér. de l'involucre souv. réfléchies. Coteaux secs.

Var. *f. T. maculatum* Jord. Racine épaisse ; hampe garnie de flocons blancs. Feu. grandes, roncinées-pinnatifides, tachées de brun sur la côte dorsale. Ecailles extér. de l'involucre courtes et réfléchies. Pâturages.

Var. *g. T. palustre* DC. Hampe resserrée au-dessous de l'invol., chargée de quelques poils araneux ; feu. moins profondément roncinées ; écailles extér. de l'invol. non réfléchies. Lieux humides.

S. —Var. *T. lanceolatum* Poir. Feu. lancéolées, étroites, à peine dentées. Marais et fossés. Falaise, Lisieux.

Var. *h. T. udum* Jord. Feu. roncinées-pinnatifides jusqu'au sommet, à lobes ovales ou lancéolés. Ecailles de l'invol. d'abord dressées, puis étalées, même réfléchies. Valognes.

XLI. HELMINTHIA *Juss.* (*Helminthie*). *Involucre double* ; l'intér. à 8 fol. imbriquées, égales ; *l'extér. à 5 fol. plus larges, ovales, lâches.* Graines striées transversalement. Aigrette plumeuse, pédicellée. Réceptacle nu.

1. H. ECHIOIDES *Gaertn.*, *Picris* L. (*H. Vipérine*). Plante hérissée de poils durs, bifurqués, épineux, tuberculeux à la base. Tige rameuse, haute de 5 à 10 décim. Feu. embrassantes, ovales-oblongues, quelquefois un peu sinuées. Fl. jaunes, terminales. ⊙. E. PC. Fossés, bords des chemins des terrains calcaires et argileux, surtout dans les contrées littorales.

XLII. PICRIS *L.* (*Picride*). Involucre ovoïde, caliculé ; folioles extérieures lâches, inégales. Graines striées transversalement. *Aigrette plumeuse, sessile, caduque, à poils soudés en anneau à la base.* Réceptacle nu.

1. P. HIERACIOIDES *L.* (*P. Epervière*). Plante couverte de poils bifurqués au sommet. Tige droite ou un peu diffuse, garnie de rameaux ouverts, haute de 8 à 9 décim. Feu. radicales, allongées, sinuées-dentées ; les caulin. presque entières, ondulées. Fl. jaunes, assez grandes, en corymbe terminal. ⚥ E.-A. C. Coteaux et champs pierreux.

M. Malbranche a observé plusieurs formes assez tranchées de cette plante. Nous signalerons, d'après ce botaniste, les plus remarquables.

Var. *b. P. arvalis* Jord. Plante élevée, à rameaux étalés. Involucres blancs-tomenteux. Terr. calc. Rouen.

Var. *c. diffusa.* Plante basse, très-hispide, rameuse dès la base. Fécamp.

Var. *d. glabriuscula.* Plante rameuse dès la base, presque glabre, ainsi que les involucres. Murs.

Var. *e. stricta.* Plante élevée, à rameaux allongés, redressés, peu nombreux. *P. pyrenaica* L.? Coteaux pierreux. Falaise, Granville.

XLIII. HIERACIUM *L.* (*Epervière*). Involucre ovoïde, imbriqué de folioles inégales. Réceptacle alvéolé, nu ou chargé de quelques poils courts. *Graines presque cylindriques, striées, terminées par un rebord annulaire crénelé. Aigrette sessile, composée de poils fragiles, simples ou denticulés, blancs ou roussâtres. — Plantes vivaces ; fleurs jaunes.*

1	Tige feuillée, sans jets rampants à la base	1.
	Tige nue, munie de jets rampants à la base	2.
2	Hampe uniflore ; feuilles blanches-tomenteuses en-dessous	3.
	Hampe le plus souv. à plusieurs fleurs ; feu. vertes des 2 côtés. *H. Auricula.*	
3	Poils de l'involucre courts, noirâtres	*H. Pilosella.*
	Poils de l'involucre nombreux, blancs, soyeux	*H. Pelletierianum.*
4	Feuilles radicales non desséchées pendant la fleuraison	5.
	Feuilles radicales le plus souvent desséchées avant la fleuraison	6.
5	Feuilles radicales cordiformes à la base ; une seule caulinaire rarement deux.	*H. murorum.*
	Feu. radicales rétrécies à la base ; plusieurs caulinaires.	*H. sylvaticum.*
6	Ecailles de l'involucre recourbées en-dehors.	*H. umbellatum.*
	Ecailles de l'involucre dressées, appliquées.	7.
7	Feuilles supérieures sessiles, à base cordée, amplexicaule.	*H. Sabaudum.*
	Feuilles supérieures atténuées à la base, sessiles ou presque sessiles.	8.
8	Ecailles de l'involucre noircissant par la dessiccation, non bordées de blanchâtre	*H. boreale.*
	Ecailles de l'involucre ne noircissant pas par la dessiccation, ayant un bord blanchâtre	*H. tridentatum.*

** Tige feuillée ; feu. radic. desséchées avant la fleuraison.*

1. H. UMBELLATUM *L.* (*E. en ombelle*). Tige raide, haute de 5 à 12 décim., le plus souv. glabre, rameuse au sommet. Feu. lancéolées ou linéaires, entières ou dentées ; les supér. sessiles ; les *radicales détruites avant la fleuraison.* Fl. en corymbe ombellé. Involucre, glabre à *fol. extérieures recourbées en-dehors,* surtout dans les boutons. ⚥ E3.-A. C. Bois, bruyères, coteaux arides.

Var. *b. grandiflorum.* Capitules peu nombreux, larges. Falaise.

Var. *c. puberulum* Monn. Feu. étroites, un peu velues. Falaise.

Var. *d. ovatifolium* Monn. Feu. ovales-lancéolées, denticulées. Vire.

Var. *e. H. coronopifolium* Bernh. Feu. chargées, de chaque côté, de 2 ou 3 dents allongées. Falaise.

Var. *f. angustifolium* Koch. Feu. linéaires, très-étroites, peu dentées. Falaise.

2. **H. TRIDENTATUM** *Fries., H. rigidum* Koch., *H. lævigatum* Willd. (*E. tridentée*). Tige de 8 à 15 décim., droite, raide, pubescente, rude, quelquefois glabre. Feu. d'un vert assez foncé, ovales-lancéolées; les infér. rétrécies en pétiole; les supér. sessiles, portant le plus souv. vers le milieu *3, 4 ou 5 dents allongées* en avant ou ouvertes. Fl. assez nombreuses en corymbe allongé, fastigié. Écailles de l'invol. à fol. tomenteuses, quelquefois glanduleuses, appliquées, *ne noircissant pas par la dessication et pourvues d'un bord blanchâtre. Styles livides.* ♃. E2. 3. AC. Bois. Rouen, Caen, Falaise, Lisieux, Cherbourg; Bagnoles, Vimoutiers (Orne), etc. Varie à feu. plus ou moins larges, très-velues ou presque glabres, etc.

3. **H. BOREALE** *Fries., H. sylvestre* Tausch. (*E. du Nord*). Tige de 5 à 10 décim., dressée, simple ou rameuse, glabre ou un peu velue dans le haut, hérissée dans le bas. Feu. lancéolées, vertes, munies de quelques dents courtes et aiguës sur leurs bords; les caulinaires souv. rapprochées en rosette, *atténuées en pétiole;* les supér. sessiles-lancéolées ou ovales. Fl. en corymbe allongé. *Écailles de l'invol. devenant noires par la dessication, non bordées de blanc, appliquées. Styles bruns.* ♃. A1.-3. AC. Bois et coteaux. Rouen, Alençon, Caen, Falaise, Cherbourg, Lisieux, etc.

Var. *b. Friesii* Schultz. Feu. ovales ou oblongues, répandues également sur la tige, à dents ovales-lancéolées dirigées en avant.

Var. *c. scabrum.* Plante couverte, sur les feuilles et principalement sur les tiges, de poils rudes. Feu. ovales-lancéolées, à dents fines. Bagnoles (Orne).

Var. *d. vagum* Godr. et Gren. Feu. lancéolées-aiguës, plus nombreuses et plus rapprochées vers le milieu de la tige, à dents ouvertes; les infér. longuem. pétiolées. Plante presque glabre. Falaise; Lisieux.

Var. *e. dumosum.* Godr. et Gren. Feu. rapprochées en fausse rosette au milieu de la tige, lancéolées, à dents aiguës, ouvertes; les infér. longuement atténuées en pétiole. Plante hérissée infér. Falaise; Fontaine-la-Soret (Eure); Caumont (Calvados), etc.

Var. *f. virgultorum* Godr. et Gren. Feu. lancéolées-étroites, longuement acuminées, peu dentées. Lisieux, Cherbourg.

4. **H. SABAUDUM** L. (*E. de Savoie*). Tige de 4 à 10 décim., épaisse, simple ou rameuse dans le haut, très-hérissée, surtout dans la partie infér. Feu. toutes ovales-*cordiformes à la base, amplexicaules;* les infér. même *sans pétiole.* Fl. en grappe en forme de corymbe. Écailles de l'invol. vertes, *ne noircissant pas par la dessication. Styles bruns.* ♃. E2.-A. PC. Bois, coteaux, rochers, murs. Falaise, Vire, etc.

Cette espèce a été souv. confondue avec la précéd., dont il est facile de la distinguer par ses feu. larges qui ne sont jamais atténuées en pétiole.

****** *Tiges feuillées; feu. radicales non desséchées avant la fleuraison.*

5. **H. SYLVATICUM** *Lam., H. vulgatum* Fries. (*E. des bois*). Tige simple, velue, surtout dans le bas, haute de 3 à 10 décim., garnie de 3 à 5 feu. écartées, lancéolées, pointues, munies de quelques longues dents vers la base, molles. Les *radic. atténuées en un long pétiole* très-velu. Fl. portées

sur des pédonc. rameux, en corymbe. *Pédoncules et involucres garnis de poils glanduleux noirâtres.* ♃. E1. 2. TC. Bois et lieux incultes.

Var. *b. maculatum* Monn. Feu. tachées de brun en-dessus.

Var. *c. longifolium.* Feu. ovales-lancéolées, allongées, à peine dentées, portées sur de longs pétioles; les caulin. assez nombreuses, écartées.

Var. *d. H. ramosum* Waldst. et Kit. Tige rameuse dès la base.

Var. *e. H. laciniosum* Jord. Feu. un peu glauques, très-profondém. dentées. Tiges rameuses près de la base. Rouen, Falaise.

- 6. H. MURORUM. *L.* (*E. des murailles*). Se distingue du précédent, avec lequel on devra peut-être le réunir, par sa tige presque nue ou garnie seulement d'une ou deux feu. ordinairem. cordées, distantes des radicales, qui sont *cordées à la base ou brusquement dilatées au sommet du pétiole.* Fl. en panicule lâche. Pédonc. souv. bifides, *munis ainsi que les invol. de poils noirâtres glanduleux.* ♃. E. C Coteaux et bois secs, murailles.

Var. *b. maculatum.* Feu. tachées de brun.

Var. *c. villosum* Monn. Pétioles courts et feu. très-velues. Rochers. Falaise.

Var. *d. lanceolatum* Monn. Feu. un peu atténuées vers le pétiole.

Var. *e. pictum* Monn. Feu. étroites, lancéolées, à dents fines et longues, et tachées de brun. Falaise.

*** *Hampe nue; rejets rampants.*

7. H. AURICULA *L.* (*E. Auricule*). Hampe haute de 1 à 3 décim.; glabre, ou garnie de quelques longs poils épars qui se retrouvent sur les bords et les nervures des feu., qui, du reste, sont lisses et glauques, *non blanchâtres en-dessous;* elles sont lancéolées-spatulées, à peine denticulées. La racine émet des rejets rampants feuillés, velus. *Fl. réunies en un petit corymbe* au sommet des hampes. Invol. et pédonc. hérissés de poils noirâtres. ♃. E1.C. Prés, pelouses et bords des fossés.

Var. *b. ramosum.* Capitules portés sur des pédonc. assez longs, rameux et écartés. Falaise.

Var. *c. coarctatum.* Capitules à courts pédonc., rapprochés en une petite tête serrée, comme ombellée. Falaise.

Var. *d. monocalathidum* Monn. Hampe uniflore.

8. H. PILOSELLA *L.* (*E. Piloselle*). Hampe uniflore, haute de 1 à 3 décim., nue, velue-blanchâtre, accompagnée à sa base de rejets rampants et feuillés. Feu. ovales-oblongues, glabres en-dessus, *couvertes en-dessous de poils étoilés, blanchâtres,* et munies sur les bords de longs poils simples qui se retrouvent quelquefois épars sur la surface supér. *Fl. solitaire terminale.* Invol. chargés de *poils noirâtres, courts.* P2. 3. TC. Lieux secs, bords des chemins, murailles.

Var. *b. lanceolatum* Monn. Feu. étroites, lancéolées, allongées. Falaise, Rouen.

Var. *c. subnudum.* Feu. presque glabres en-dessous. Falaise.

Var. *d. nigrescens* Fries. Feu. à peine blanchâtres en-dessous, calathide couverte de poils noirs et glanduleux, très-abondants. Rouen, Falaise.

9. H. PELLETERIANUM *Mér.* (*E. de Le Pelletier*). Cette espèce, établie d'abord par Mérat, et adoptée par De Candolle, a été depuis regardée, par

plusieurs auteurs, comme une var. de la précéd. Nous croyons qu'elle doit en être séparée. Elle en diffère par ses *touffes épaisses, à stolons courts*, rarement rampants, par ses feu. *elliptiques-lancéolées, allongées*, très-blanches en-dessous, et par ses *anthodes plus gros*, à involucres couverts de *longs poils blancs, soyeux*, qui ont une base un peu noirâtre. ♃. P2. PC. Coteaux secs, pierreux. Mantes, Caen, Harcourt, Bernay; Pont-Erembourg, près Condé-sur-Noireau. Assez abondant sur les rochers de Pont-d'Ouilly (arrond. de Falaise).

XLIV. HYPOCHÆRIS L. (*Porcelle*). Invol. imbriqué de folioles inégales. Réceptacle paléacé. *Graines à aigrette plumeuse, pédicellée; celles de la circonférence quelquefois à aigrette sessile.*

1 { Feuilles hérissées; fleurons dépassant beaucoup l'involucre. *H. radicata*.
{ Feuilles presque glabres; fleurons de la longueur de l'involucre. *H. glabra*.

1. H. RADICATA L. (*P. à longues racines*). Tige nue, souv. rameuse, glabre ou un peu hérissée dans le bas. Feu. toutes radicales, étalées en rosette, lancéolées-roncinées, ou à dents droites, *hérissées*. Fl. jaunes, terminales. Toutes les aigrettes pédicellées. ♃. P.-E. C. Prés et bords des chemins.

2. H. GLABRA L. (*P. glabre*). Tige nue, simple ou peu rameuse, très-glabre, haute de 8 à 20 centim. Feu. toutes radic., *glabres* ou légèrem. ciliées, allongées, étroites, sinuées-dentées, quelquefois comme roncinées. Fl. jaunes, petites, terminales. Graines de la circonfér. à aigrettes sessiles; les intér. pédicellées. ⊙. P.-2.-3. PC. Pelouses, coteaux secs, bords des chemins. Rouen, Pont-Audemer, Caen, Falaise, Vire, etc.

XLV. TRAGOPOGON L. (*Salsifis*). *Involucre simple, composé de 8 à 12 fol. longues, imbriquées, soudées à la base. Réceptacle nu. Graines striées, scabres. Aigrette plumeuse, pédicellée.*

1 { Fleurs violettes . . . . *T. porrifolius*.
{ Fleurs jaunes. . . . . 2.
2 { Fleurs plus longues que les involucres . . . . *T. orientalis*.
{ Fleurs plus courtes que les involucres ou les égalant à peine . . . 3.
3 { Pédoncule fortement renflé au-dessous de la calathide . . . *T. major*.
{ Pédoncule peu renflé au-dessous de la calathide . . . . *T. pratensis*.

1. T. PRATENSIS L. (*S. des prés*). Tige de 3 à 8 décim., droite, rameuse, glabre ainsi que les feu. qui sont linéaires, embrassantes à la base, ondulées. Fl. jaunes, à *fleurons aussi longs que l'involucre*. Pédonc. cylindriques. ♂. E. C. Prés et pelouses des terr. calc.
Var. *b. tortilis* Mey. Feuilles ondulées et tortillées au sommet.

2. T. ORIENTALIS L. (*S. d'Orient*). Ressemble beaucoup au précéd., mais sa tige est plus élancée; les pédonc. sont légèrement renflés au-dessous de la calathide. *Fl. larges*, d'un beau jaune, *dépassant les écailles de l'involucre. Fruits extér. couverts de petites écailles*. ♂. P3. E. PC. Prés et murailles. Falaise, Vernon, Séez, Montgaroult (Orne).

3. T. MAJOR *Jacq.* (*S. à gros pédoncule*). Diffère des précédents par ses pédonc. *creux et fortem. renflés sous l'involucre*; dont les *fol.* sont *plus longues que les fleurons*. Ses graines sont aussi plus tuberculeuses. ♂. E. PC. Prés et bords des chemins. Lisieux, Falaise, Pont-d'Ouilly (Calvados), etc.

4. T. PORRIFOLIUS L. (*S. à feu. de poireau*). Tige de 4 à 12 décim.,

droite, rameuse. Feu. linéaires, allongées, embrassantes à la base, glauques. *Pédonc. fortem. renflés* au-dessous de la calathide. *Fl. violettes*, plus courtes que les écailles de l'involucre. Fruits couverts d'écailles un peu tuberculeuses. ♂. E. PC. Cultivé pour ses racines alimentaires et assez fréquemment répandu (spontané?) dans les prairies du Calvados. Touques, Ouville, Grisy, Hennéqueville, Basseneville, Blonville ; Hérouville-St.-Clair, près de Caen ; environs de Rouen, etc.

Les jardiniers préfèrent les graines provenues de pieds sauvages à celles recueillies dans leurs cultures. Ils les regardent comme propres à régénérer l'espèce, selon leur expression.

XLVI. SCORSONERA *L.* (*Scorsonère*). Involucre oblong, *imbriqué de fol. inégales*, scarieuses sur les bords. Réceptacle nu. Graines sessiles, *amincies au sommet en un pédicelle qui soutient une aigrette plumeuse.— Fleurs jaunes.*

1. S. HUMILIS *L.* (*S. humble*). Tige simple, presque nue, le plus souv. uniflore, cotonneuse. Feu. lancéolées-allongées, atténuées à la base, velues, entières. Fl. jaunes. Invol. cotonneux à sa base, à fol. lancéolées ; les intér. obtuses. Pédonc. renflé, écailleux, velu. ♃. P. E. C. Prés et landes humides.

Var. *b. S. plantaginea* Schleich. Feu. larges, pourvues de nervures longitudinales très-marquées.

Var. *c. ramosa.* Tige haute de 4 à 8 décim., rameuse au sommet, 3 ou 4-flores. Falaise, forêt de Cinglais, etc.

Var. *d. linearifolia, S. angustifolia* L. Feu. linéaires, étroites. Falaise, Le Havre.

On cultive fréquemment dans les jardins, sous le nom de *Scorsonère*, le *S. hispanica* L., dont la tige est élevée, feuillée, portant plusieurs capitules. La var. *c.* du *S. humilis*, qui se trouve dans les bois humides des environs de Falaise, s'en rapproche beaucoup, mais ses akènes extérieurs ne sont pas tuberculeux-épineux comme dans le *S. hispanica.*

XLVII. PODOSPERMUM *DC.* (*Podosperme*). Invol. du genre précéd. *Akènes renflés à la base en un pied creux et épais.* Aigrette sessile, plumeuse.

1. P. LACINIATUM *DC., Scorsonera* L. (*P. découpé*). Tige rameuse, un peu étalée, couverte d'un duvet court, blanchâtre. Feuilles pinnatifides à lobes linéaires, pointus ; le terminal lancéolé ; quelquefois elles sont seulement linéaires. Fl. jaunes, terminales. Fol. de l'invol. farineuses, souvent chargées d'une petite pointe dorsale près du sommet. ♂. P2-E2. R. Bords des chemins. Beaumont-le-Roger, St.-Pierre-sur-Dive ; bords de la route de Falaise à Jort, près de Perrières.

XLVIII. LEONTODON *L.* (*Liondent*). Invol. oblong, à *fol. inégales, imbriquées.* Réceptacle alvéolé, nu, ou légèrement pubescent. Graines couronnées par une *aigrette sessile à poils plumeux, élargis et écailleux à leur base, ou piliformes soyeux.*

<table>
<tr><td rowspan="2">1</td><td>Hampe rameuse, multiflore . . . . L. autumnalis.</td><td rowspan="2">2.</td></tr>
<tr><td>Hampe simple, uniflore . . . .</td></tr>
<tr><td rowspan="2">2</td><td>Plante hérissée de poils . . . . L. hispidus.</td><td></td></tr>
<tr><td>Plante glabre . . . . L. hastilis.</td><td></td></tr>
</table>

4. L. AUTUMNALIS *L.* (*L. d'automne*). Plante très-variable dans son port. *Tige* le plus souvent *rameuse*, étalée, nue, glabre. Feu. allongées, plus ou moins *pinnatifides*, *à lobes étroits*, *linéaires*, rarem. simples, presque glabres. Fl. jaunes, portées sur des pédonc. renflés, écailleux. ♃. E3-A1. TC. Les var. R. Bords des chemins et pelouses.

Var. *b. villosus*, *Apargia pratensis* Link. ? Tige forte, rameuse; feuilles glabres ; invol. couvert de poils grisâtres. Falaise.

Var. *c. simplex* Dub. Tige simple, uniflore.

Var. *d. linearifolius*. Feuilles linéaires, allongées, étroites, entières. Falaise.

2. L. HASTILIS *L.* (*L. en fer de lance*). *Hampe* 1-*flore*, nue, *glabre*. *Feu.* étalées en rosette, lancéolées, sinuées-roncinées, *glabres*. Fl. jaunes, terminales ; invol. glabre. ♃. E3.-A. R. Prés marécageux ; pelouses humides des terrains argileux. Rouen, Falaise, St.-Pierre-sur-Dive; marais des Terriers, de Frenouville, près de Caen, etc.

3. L. HISPIDUS *L.*, *L. protheiforme* Vill. (*L. hispide*). *Hampe* 1-*flore*, haute de 4 à 3 décim., *hérissée* (rarement glabre), ainsi que toute la plante, de poils simples, bi ou trifurqués, raides, blanchâtres. Feu. allongées, oblongues-lancéolées, sinuées, roncinées ou pinnatifides, variant beaucoup. Fl. jaune, terminale. ♃. E.-A. C. Prés.

XLIX. THRINCIA *Roth.* (*Thrincie*). Invol. de 8 à 10 fol. imbriquées, égales. Réceptacle nu, ponctué. *Graines du centre, atténuées au sommet, en un pédicelle portant une aigrette plumeuse; celles de la circonférence comme tronquées, couronnées par des écailles courtes formant une aigrette sessile, avortée. — Fl. jaunes.*

4. T. HIRTA *Roth.*, *Leontodon L.* (*T. hérissée*). Hampes nues, uniflores, presque glabres. Feu. toutes radicales, oblongues, sinuées-dentées, où un peu pinnatifides, hérissées de poils simples ou bifurqués. Fl. jaunes, terminales, à invol. le plus souv. glabre, garni de quelques écailles courtes à sa base. ♃. E.-A. C. Prés secs, pelouses, bords des chemins.

Var. *b. cinerea*. Hampes pubescentes ; invol. couverts de poils grisâtres. Falaise.

†† *Graines sans aigrette ou seulement couronnées par quelques écailles.*

L. CICHORIUM *L.* (*Chicorée*). Involucre double ; fol. intér. égales, dressées, soudées à la base ; les extér. plus courtes, inégales, lâches. Réceptacle nu ou garni de poils épais. *Graines anguleuses, terminées par 2 rangs d'écailles courtes, imbriquées.*

4. C. INTYBUS *L.* (*C. sauvage*). Tige droite, ferme, rameuse dans le haut. Feu. légèrement velues, roncinées plus ou moins profondément. Fl. bleues ou blanches, axillaires, géminées : l'une sessile, l'autre pédonculée. ♃. E. C. Bords des champs et des chemins. Terr. calcaires.

Toutes les parties de cette plante acquièrent, par la culture, un grand développement.

Le *C. Endivia* L., dont on cultive un grand nombre de variétés sous les noms de *Chicorée*, *Scarole*, etc., diffère du *C. intybus* par ses feu. entières, oblongues, crénelées-dentées, quelquefois crispées.

LI. LAPSANA *L.* (*Lapsane*). Invol. simple, imbriqué de fol. droites, serrées, munies à leur base de petites écailles ou fol. avortées. Réceptacle nu. *Graines* comprimées, lisses, tronquées, *sans aigrettes, ni rebord terminal.*

1. L. COMMUNIS *L.* (*L. commune*). Tige haute de 2 à 10 décim, rameuse, ferme, pubescente ; souv. rougeâtre. Feu. infér. lyrées, à lobe terminal large, arrondi, denté, comme pétiolées ; les supér. lancéolées, pointues. Fl. jaunes, en panicule terminale. ☉. E. TC. Lieux cultivés.

LII. ARNOSERIS *Gaertn.* (*Arnoséride*). Invol. simple, imbriqué ; fol. droites, égales, munies à leur base d'écailles courtes. Réceptacle nu. *Graines sillonnées-anguleuses, couronnées par un rebord court, pentagone.*

1. A. MINIMA *Gaertn.*; — *Hyoseris minima* L., *Lapsana* Lam. (*A. fluet*). Cette plante est remarquable par ses hampes nues, rameuses, renflées et fistuleuses dans le haut, fermes, grêles et rougeâtres dans le bas. Feu. toutes radicales, ovales-lancéolées, munies de dents courbées vers le sommet qui est élargi. Fl. petites, d'un jaune pâle. Invol. à fol. nombreuses, resserré à la maturité des graines qui sont prismatiques et terminées par un rebord coriace. ☉. E2.-3. PC. Champs secs et sablonneux. Rouen, Vire, Caen, Falaise, Lisieux, Pont-Audemer, La Ferté-Macé, Mortain, Domfront, etc.

LIIe. FAM. AMBROSIACÉES. *Link.*

Fleurs unisexuelles. Fl. mâles en capitule entouré par un involucre polyphylle uniserié, ou monophylle ; cal. propre à 5 divis. ; cor. nulle ; étam. 5, libres ou monadelphes ; fl. fem. 2 entourées par un invol. monophylle ; cal. et cor. nuls ; style 1, à 2 stigm. allongés. Fruit sec, entouré par l'invol. indéhiscent, épineux, endurci.

I. XANTHIUM *L.* (*Lampourde*). Monoïque. Fl. mâles : involucre polyphylle, orbiculaire, multiflore, à écailles unisériées. Fleurons tubuleux. Fl. femelles : involucre 1-phylle, muriqué-hispide en-dehors, à 2 loges uniflores. Fleurons nuls. Graines recouvertes par l'involucre endurci et épineux en vieillissant.

1. X. STRUMARIUM *L.* (*L. glouteron*). Tige droite, rameuse, un peu hérissée. Feu. cordiformes, 3 ou 5-lobées, dentées inégalement, pétiolées, rudes. Fl. verdâtres. Fruits hérissés d'aiguillons droits, un peu crochus au sommet, réunis 5 à 8, au sommet d'un pédonc. axillaire. ☉. E. R. Lieux incultes, bords des chemins. Huines et Ardevon près d'Avranches ; Rouen, Elbeuf ; Lisieux, Périers-en-Auge, Basseneville (Calvados).

Le *X. spinosum* L., qui se distingue par ses tiges à épines tripartites, croît assez fréquemment dans les environs de Rouen, d'Elbeuf et du Havre où ses graines, apportées dans les laines étrangères, se trouvent semées accidentellement.

LIIIe. FAM. LOBÉLIACÉES. *Juss.*

Cal. adhérent à l'ovaire, 5-fide ou entier. Cor. monopétale, insérée sur le cal., irrégulière, à 5 divis., fendue profondém. en-dessus. Étam. 5, insérées sur l'ovaire, à anthères soudées aux filets. Ovaire ayant 2 à 4 loges, à ovules nombreux. Placentas centraux. Style 1, à stigm. membraneux, urcéolé, couronné par des cils. Fruit capsulaire ou drupacé. — *Feu. alternes.*

I. LOBELIA *L.* (*Lobélie*). Cal. à 5 divis. Cor. irrégulière, 1-pétale, tubulée infér., profondém. divisée en 2 parties ou lèvres inégales ; la supér. à 2 lobes ; l'infér. plus large, trilobée. Étam. 5, à anthères soudées en tube. Ovaire infère. Stigm. obtus, bilobé. Caps. couronnée par le cal., à 2 ou 3 loges s'ouvrant au sommet.

1. L. URENS *L.* (*L. brûlante*). Tige droite, simple, haute de 2 à 6 décim., anguleuse, glabre. Feu. ovales, allongées, élargies au sommet, dentées, glabres ; les supér. lancéolées. Fl. d'un bleu un peu violacé, en épi allongé. ⊙. E.-A. AC. Landes et bruyères humides. Rouen, Alençon, Vimoutiers (Orne) ; Caen, Falaise, marais Vernier, Vire, Cherbourg, St.-Lo, etc. — *Plante à suc laiteux, très-âcre.*

LIVᵉ. FAM. CAMPANULACÉES. *Juss.*

Cal. 1-sépale, adhérent, à 5 lobes persistants, couronnant le fruit. Cor. 1-pétale, régulière, à 5 divis. Étam. 5, insérées à la base de la cor. sur le cal. Anthères biloculaires, oblongues, quelquefois rapprochées et soudées à leur base. Style unique à stigm. ayant de 2 à 5 lobes. Caps. de 2 à 5 loges polyspermes s'ouvrant par le sommet ou latéralement. Embryon droit, entouré d'un périsperme charnu. — *Plantes herbacées à feu. alternes ; fl. en grappes, épis, ou réunies en têtes accompagnées de bractées.*

1 {	Corolle campanulée ou rotacée.	2.
	Corolle tubuleuse, fendue en 5 divisions linéaires	4.
2 {	Ovaire ou tube du cal. en prisme allongé . . . . SPECULARIA. (v.)	
	Ovaire ou tube du cal. ovoïde ou arrondi	3.
3 {	Etamines à filets dilatés à la base . . . . CAMPANULA. (iii.)	
	Etamines à filets non dilatés à la base . . . . WAHLENBERGIA. (iv.)	
4 {	Etamines à filets subulés ; capsule s'ouvrant au sommet. JASIONE. (i.)	
	Etamines à filets dilatés à la base ; caps. s'ouvr. latéralem. PHYTEUMA. (ii.)	

I. JASIONE *L.* Cal. à 5 lobes. Cor. 1-pétale, à 5 *divis. linéaires.* Anthères connées, ou soudées au moins à leur base. Style saillant terminé par un stigm. en massue, velu et bilobé. Caps. à 2 *loges* polyspermes, *s'ouvrant au sommet.—Fl. agrégées en capitule, entourées d'un involucre polyphylle.*

1. J. MONTANA *L.* (*J. de montagne*). Tiges rameuses, diffuses, hispides. Feu. linéaires-lancéolées, rétrécies à la base, ondulées sur les bords, hérissées de poils blancs. Fl. bleues ou rarem. blanches, eu capitules arrondis, terminaux, portés sur de longs pédoncules. ⊙. P.-E. C. Coteaux arides et rocailleux.

Var. *b. maritima.* Tige basse, très-velue ainsi que les feu. qui sont courtes ; capitules larges. Roc de Granville et falaises de la Hague.

II. PHYTEUMA *L.* (*Raponcule*). Cal. anguleux 5-lobé. Cor. tubuleuse à 5 *divis. profondes, linéaires,* d'abord *conniventes au sommet.* Etam. 5, à anthères distinctes et à *filets élargis à la base.* Style unique, à stigm.

2 ou 3-fide. Caps. arrondie, à 2 ou 3 loges polyspermes *s'ouvrant par 2 ou 3 trous latéraux.* — *Fl. réunies en épis serrés.*

| | Fleurs en épi oblong ou cylindrique . . . . | *P. spicatum.* |
| 1 | Fleurs en tête globuleuse . . . . | *P. orbiculare.* |

1. P. SPICATUM *L.* (*R. en épi.*) Vulg. *Épi à la Vierge.* Tige simple, haute de 2 à 6 décim. Feu. radicales, pétiolées cordiformes, doublement dentées ou crénelées, glabres; les supér. lancéolées, sessiles. Fl. blanches, rarem. bleuâtres, en *épi serré, cylindrique,* accompagné de *bractées linéaires,* exhalant une odeur agréable. Stigm. bilobé, pubescent. ♃. E. C. Bois et prés ombragés.

Var. *b. villosum.* Tiges et feuilles couvertes de poils blancs.

2. P. ORBICULARE *L.* (*R. à têtes rondes*). Souche émettant des tiges simples, hautes de 2 à 5 décim. Feu. radicales, cordiformes-lancéolées, crénelées; les supér. linéaires, ciliées. Fl. bleues en *têtes serrées, arrondies. Bractées lancéolées.* ♃. E. PC. Coteaux secs, pelouses des terr. calcaires. Environs de Rouen, Roche-St.-Adrien, Caen, Falaise; Argentan, Chamboy (Orne); Vernon, etc.

III. **CAMPANULA** *L.* (*Campanule*). Cal. persistant à 5 lobes. *Cor. en cloche, 5-lobée.* Etam. 5, *à filets dilatés à la base.* Style filiforme, à stigm. 2, 3 ou 5-fide. *Caps. ovoïde-tronquée,* à 2, 3 ou 5 loges polyspermes, *s'ouvrant latéralement par des trous ou déchirures. — Plantes herbacées, à feu. alternes, à suc souvent laiteux.*

	Fleurs pédonculées ou solitaires	2.
1	Fleurs sessiles, réunies en tête au sommet de la tige . . .	*C. glomerata.*
2	Feuilles radicales, cordiformes à la base	3.
	Feuilles radicales, rétrécies à la base.	5.
3	Feuilles rudes, hérissées	4.
	Feuilles lisses	*C. rotundifolia.*
4	Fleurs penchées, unilatérales; lobes du cal. réfléchis.	*C. rapunculoides.*
	Fleurs dressées, en grappes; lobes du cal. dressés. .	*C. Trachelium.*
5	Corolle au moins aussi longue que large.	6.
	Corolle plus large que longue	*C. persicæfolia.*
6	Panicule ouverte, à rameaux lâches et divergents . . .	*C. patula.*
	Panicule resserrée, à rameaux courts et rapprochés. .	*C. rapunculus.*

* *Feuilles radicales cordiformes ou réniformes.*

1. C. TRACHELIUM *L.* (*C. Gantelée*). Tige anguleuse, simple ou rameuse dans le haut, rude, hispide, haute de 6 à 12 décim. *Feu. infér. cordiformes,* pétiolées, *profondém. dentées en scie, hérissées,* les supér. lancéolées. Fl. grandes, bleues ou violettes, en grappes allongées, lâches, foliacées. *Pédoncules pauciflores,* munis d'une bractée. ♃. E. C. Bois.
Var. *b. C. urticæfolia* Schm. Cal. hispide; pédonc. uniflores. Lisieux.

2. C. RAPUNCULOIDES *L.* (*C. fausse raiponce*). Tige simple, haute de 6 à 8 décim., rude. Feu. radicales, ovales-cordiformes, allongées, doublement dentées, *rudes;* les supér. lancéolées, à pointe allongée. Fl. d'un bleu-violacé en *long épi,* portées sur des *pédonc. uniflores,* munis d'une bractée linéaire à leur base. *Cal. à lobes réfléchis après la floraison.* ♃. E. R. Bois. et champs secs. Rouen, Bayeux, forêt de Cerisy, Nonancourt, Vernon.

3. C. GLOMERATA *L.* (*C. à fl. agglomérées*). Tige anguleuse, simple,

hérissée, haute de 2 à 5 décim. Feu. couvertes de poils blanchâtres, surtout en-dessous ; les infér. pétiolées, ovales-cordiformes, crénelées ; les supér. ovales, sessiles, semi-amplexicaules. Fl. bleues, en *capitules terminaux et dans les aisselles des feu. supér.* ♃. E. R. Coteaux secs et pelouses arides. Alençon, Verneuil, Rouen, Argentan, Falaise ; Trun, Chamboy, Séez, Aunou (Orne).

4. c. ROTUNDIFOLIA *L.* (*C. à feuilles rondes*). Tiges grêles, étalées à la base, hautes de 1 à 5 décim., *glabres ainsi que les feu.* dont les radic. sont réniformes, crénelées, *lisses*, pétiolées, les caulinaires linéaires. Fl. bleues ou blanches, en panicule ouverte, pauciflore. ♃. E.-A. C. Coteaux, lieux pierreux, haies, bords des chemins.

Cette plante, dont les feuilles radicales sont souvent détruites, a été prise fréquemment, dans ce cas, pour la *C. linifolia* W. qui est étrangère à notre province.

** *Feu. toutes lancéolées ou linéaires.*

5. c. PERSICÆFOLIA *L.* (*C. à feu. de pêcher*). Plante glabre. Tige droite, simple, anguleuse, haute de 4 à 8 décim. Feu. radic. ovales-lancéolées, pétiolées, crénelées ; les caulinaires écartées, linéaires. Fl. bleues, *larges*, en épi peu fourni. *Cal. à lobes lancéolés, entiers.* ♃. E. R. Bois des terr. calc. Evreux, Pont-Audemer.

6. c. RAPUNCULUS *L.* (*C. Raiponce*). Racine blanche, fusiforme. Tige de 4 à 8 décim., droite, simple ou rameuse dans le haut, glabre ou hérissée. Feu. radic. longuem. pétiolées, ovales-lancéolées, légèrem. crénelées, les supér. lancéolées-linéaires, sessiles. Fl. bleues ou rarem. blanches, en *panicule rapprochée. Cal. à divisions longues, linéaires,* souvent munies de quelques dentelures. ♂. P. C. Haies et bois.

On mange, à la fin de l'hiver, les jeunes pousses et la racine en salade.

7. c. PATULA *L.* (*C. étalée*). Tige droite, rameuse, anguleuse, *garnie de rangées de poils blancs, réfléchis sur ses angles.* Feu. infér. oblongues-lancéolées, un peu crénelées ; les supér. linéaires, comme décurrentes. Fl. d'un bleu-violacé, plus larges que dans l'espèce précéd., en *panicule ouverte,* peu nombreuses. *Lobes du calice linéaires, denticulés à la base.* ♂. E. R. Bois et haies. St.-Germain ; près Condé-sur-Noireau ; Rabôdanges, Vimoutiers, Couterne, Tuillebois, Juvigny-sur-Andaine, Bagnoles (Orne) ; forêt de Moutiers-Hubert, Illeville (Calvados), etc.

IV. WAHLENBERGIA *Schrad.* (*Wahlenbergie*). Caract. du g. *Campanula,* avec les différences suiv. : *Etam. 5, à filets non dilatés à la base. Caps. demi-adhérente, s'ouvrant vers le haut en 3 à 5 valves septigères.*

1. w. HEDERACEA *Reich.*, Campanula L. (*W. à feu. de lierre*). Tiges faibles, filiformes, étalées, longues de 8 à 15 centim. Feu. pétiolées, délicates, cordiformes, à 5 ou 7 lobes ou angles peu profonds ; les caulinaires semblables. Fl. d'un bleu pâle, en cloche allongée, comme tubulées, portées sur de longs pédonc. filiformes. ⊙. E.-A. PC. Marais et prés humides. Alençon ; Mouen, près de Caen ; Fontaine-la-Soret (Eure) ; Falaise, Argentan, Cherbourg, Vire, Domfront ; Mortain, etc.

V. SPECULARIA *Heist.* (*Spéculaire*). Cal. persistant, à 5 lobes, étranglé

16

au-dessus de la caps. *Cor. en roue, à 5 divis. ouvertes, planes.* Etam. 5. Style à 3 stigm. filiformes. *Caps. longue, prismatique, à 3 loges, s'ouvrant latéralement vers le sommet.*

1 { Lobes du cal. ne dépassant pas la corolle . . . . S. speculum.
{ Lobes du cal. plus longs que la corolle . . . . S. hybrida.

1. s. SPECULUM *A. DC.*, *Prismatocarpus* Lhérit. , *Campanula* L. (*S. Miroir-de-Vénus*). Tige rameuse à la base, étalée, diffuse. Feu. sessiles, ovales-oblongues, ondulées, crénelées. Fl. violettes, rarem. blanches, pédicellées, en panicule ouverte. Cal. profondém. divisé en 5 *lanières sétacées égalant la corolle.* ☉. E. TC. Moissons des terr. calc.

2. s. HYBRIDA *A. DC.*, *Prismatocarpus hybridus* Pers. (*S. hybride*). Tige droite, simple ou un peu rameuse à la base, hérissée. Feu. ovales, ondulées. Fl. violettes ou blanches, petites. *Cal. à lobes ovales-lancéolés, dépassant la corolle.* ☉. P.-E. AC. Même station que l'espèce précéd. Rouen, Caen, Alençon, Falaise, Séez, etc.

LVe. FAM. ÉRICACÉES. *DC. Fl. fr.*

Cal. 4-sépale, persistant, à 3 ou 4, le plus souv. 5 divis. Cor. 4-pétale, quelquefois à 4 ou 5 lobes, souv. marcescente. Etam. 8 à 10, alternant avec les divis. de la cor. ou en nombre double, insérées à la base de la cor. ou du cal. Anthères 2-loculaires, bifides, souv. prolongées en 2 petites cornes. Ovaire unique, presque toujours libre. Style 1. Stigmate 1. Fruit (baie ou capsule) à plusieurs loges polyspermes, multivalves. Embryon droit, renfermé dans un périsperme charnu. — *Tige ordinairement ligneuse. Feu. entières, alternes ou verticillées, souv. coriaces et persistantes.*

1 { Tige ligneuse . . . . 2.
{ Tige herbacée . . . . PYROLA. (iv.)
2 { Calice simple . . . . 3.
{ Calice double . . . . CALLUNA. (ii.)
3 { Cal. à 4 ou 5 divisions; fruit sec . . . . 4.
{ Cal. entier ou à 4 à 5 dents courtes; fruit charnu . . . . 5.
4 { Etamines 8; capsule à 4 valves . . . . ERICA. (i)
{ Etamines 10; capsule à 5 valves . . . . ANDROMEDA. (iii.)
5 { Corolle urcéolée ou campanulée . . . . VACCINIUM. (v.)
{ Corolle rotacée, à divis. atteignant presque la base . OXYCOCCUS. (vi.)

† *Ovaire supère; fruit capsulaire* (ERICINÉES *Desv.*).

I. ERICA *L.* (*Bruyère*). Cal. à 4 divis. souv. membraneuses. *Cor. campanulée ou en grelot,* à limbe 4-fide, marcescente. *Etam.* 8, à anthères souv. bicornes. Style 1. Stigm. 1. *Caps. 4-loculaire,* à 4 valves cloisonnées au milieu.

1 { Corolle en grelot, renfermant les étam. . . . . 2.
{ Corolle en cloche, à étam. saillantes . . . . E. vagans.
2 { Feuilles ciliées fortement . . . . 3.
{ Feuilles glabres ou à peine ciliées . . . . E. cinerea.
3 { Fleurs en tête ou en ombelle . . . . E. tetralix.
{ Fleurs en grappe allongée . . . . E. ciliaris.

1. E. CINEREA *L.* (*B. cendrée*). Sous-arbrisseau rameux, à *écorce grisâtre,* haut de 3 à 6 décim. Feu. *filiformes, ternées, réunies en petits*

paquets, *glabres*. Fl. purpurines, rarem. blanches, en petites grappes qui, par leur réunion, forment une panicule assez considérable. Cor. ovoïde en grelot ; limbe 4-fide. Etam. incluses. Stigm. saillant. *Cal. glabre.* ♃. E. TC. Bois et landes.

2. E. CILIARIS L. (*B. ciliée*). Sous-arbrisseau rameux, étalé, haut de 3 à 6 décim., *pubescent. Feu. ternées*, petites, ovales-linéaires, blanches en-dessous, roulées sur les bords, *ciliées*. Fl. d'un rose-purpurin, rarem. blanches, grosses, *en grelot allongé* et resserré au sommet, formant une *grappe serrée ou épi terminal, unilatéral, allongé*. Anthères incluses, mutiques. Style saillant. *Ovaire glabre. Cal. cilié.* ♃. E8.-A1. PC. Bruyères et landes. Cherbourg, Avranches, Mortain, Domfront, Falaise, etc.

2 *bis*. * *Watsoni* Benth. in DC. Prodr. 7, p. 665. Cette plante, qui paraît être une hybride de l'*E. ciliaris* et de l'*E. tetralix*, est très-remarquable. Elle a la tige et les feu. de la première esp. Les fleurs sont roses, un peu moins allongées, et elles sont rapprochées en une grappe assez courte qui rappelle le capitule de l'*E. tetralix*. Comme dans cette dernière, les *anthères* sont *aristées* et l'*ovaire pubescent*. Je l'ai trouvée, en août 1856, dans un petit marais, à Ergoutet, près de Falaise. M. le D^r. Perrier l'a recueillie depuis dans les environs de Lassay, très-près du dép^t. de l'Orne.

3. E. TETRALIX L. (*B. quaternée*). Sous-arbrisseau d'une couleur grisâtre, à rameaux grêles, velus, étalés, haut de 4 à 6 décim. Feu. linéaires, *verticillées par* 4, *hérissées de longs poils glanduleux*. Fl. roses, quelquefois blanches, *en capitule terminal*. Cor. ovoïde. Anthères aristées et style inclus. *Ovaire pubescent.* ♃. E. TC. Bois humides et landes marécageuses.

Var. *b. contracta*. Corolle ayant un assez long étranglement au-dessous du sommet. Falaise.

Cette bruyère présente beaucoup de variations peu importantes. La tige est tantôt couverte d'un duvet blanc très-court, tantôt elle est chargée de longs poils glanduleux ; souvent le style dépasse à peine le tube de la corolle, quelquefois il est longuement exsert et, dans ce cas, les étamines avortent fréquemment. Cet état anormal a été considéré comme une variété, c'est la var. *anandra* Rich.

4. E. VAGANS L., *E. multiflora* Dub., non L. (*B. vagabonde*). Sous-arbrisseau tortueux, à écorce rougeâtre, étalé, haut de 4 à 8 décim. Feu. nombreuses, linéaires, *lisses, sillonnées en-dessus, vertes* et assez longues. Fl. rosées, en grappes allongées et serrées, terminales, quelquefois dépassées par une jeune pousse. *Cor. courte, campanulée.* Anthères noires et style saillant. ♃. A1. TR. Lande aride à la pointe orientale de la grande île de Chausey ; bruyères de St.-Samson et de Bouquelon près le marais Vernier (Le Chevalier).

L'*E. scoparia* L., si remarquable par ses petites fleurs d'un vert-jaunâtre, n'a pas été trouvé dans le rayon de notre Flore. Cette espèce croît sur plusieurs points du Maine.

II. CALLUNA *Salisb.*, *Erica L.* (*Callune*). *Cal. double ; l'intér. à* 4 *sépales colorés plus longs que la cor. qui est campanulée*, 4-*partite*. Etam. 8, insérées sur le récept. Caps. 4-loculaire ; à 4 valves cloisonnées à la suture.

1. C. VULGARIS *Salisb* (*C. commune*). Sous-arbrisseau à rameaux dressés, rougeâtres. Feu. petites, ovales, imbriquées sur 4 rangs et appli-

quées sur la tige, prolongées à leur base en un petit appendice libre, scabres sur les bords. Fl. purpurines ou blanches en longues grappes. Etam. incluses. Style long, saillant, à stigm. presque 4-lobé. ♄. E. TC. Bois et landes.

Var. b. *tomentosa.* Feu. couvertes de longs poils blancs. Mouen et Baron, près de Caen.

C'est surtout cette bruyère que l'on emploie dans nos contrées pour faire des balais.

III. **ANDROMEDA** *L.* (*Andromède*). *Cal. à 5 divis. petit.* Cor. ovale-urcéolée, à limbe réfléchi, 5-denté. *Etam.* 10. Anthères bi-éperonnées à la pointe. *Caps. 5-loculaire, à 5 valves. — Feu. persistantes.*

1. A. POLIFOLIA *L.* (*A. à feu. de Polium*). Sous-arbrisseau haut de 1 à 3 décim., rameux, glabre. Feu. lancéolées, étroites, roulées sur les bords, vertes en-dessus, glauques-blanchâtres en-dessous, au moins dans les jeunes. Fl. roses, terminales, portées sur des pédonc. agrégés, 2 fois plus longs que la cor. Caps. droites. ♄. P. R. Marais tourbeux, Heurteauville, près de Rouen; marais de Gorges, près Périers (Manche).

IV. **PYROLA** *L.* (*Pyrole*). Cal. à 5 divis. *Cor. profondém. 5-partite, presque à 5 pétales.* Etam. 10, à filets filiformes-subulés. Anthères jaunâtres, bicornes. Style filiforme, plus long que les étam. Stigm. en-tête. Caps. à 5 loges, s'ouvrant à la base par les angles. *Tige herbacée.*

{ Style courbé en trompe, plus long que les pétales. . P. *rotundifolia.*
{ Style droit, plus court que les pétales . . . . *P. minor.*

1. P. BOTUNDIFOLIA *L.* (*P. à feu. rondes*). Tige nue (scape), garnie seulement de quelques écailles, haute de 2 à 3 décim. Feu. toutes radicales, glabres, pétiolées, rondes, entières ou légèrement crénelées. Fl. blanches en grappe terminale. *Style courbé en trompe, 2 fois plus long que l'ovaire.* ♃. E. R. Bois. Pays de Bray, Gisors, forêt de La Londe, près d'Elbeuf (*M. A. Dubreuil*). Bois de Sourdeval-sur-Laigle (*M. Lubin-Thorel*). Le Tronquay, près de Bayeux (*M. E. de Bonnechose*).

2. P. MINOR *L.* (*P. petite*). Ressemble beaucoup à la précédente, dont elle diffère par une stature plus petite, des feu. plus ovales et surtout par son *style droit et de la longueur de l'ovaire.* ♃. P. P.-C. Bois couverts. Rouen, Le Havre, Tréperel, près de Falaise, Villers-Bocage, Lisieux, Bayeux, forêt de Cinglais, Evreux; Camembert, Crouptes (Orne), etc.

†† *Ovaire infér.; baie globuleuse* (VACCINIÉES *DC.*).

V. **VACCINIUM** *L.* (*Airelle*). Cal. petit, à 4 ou 5 dents courtes. Cor. 1-pétale, à 4 ou 5 divisions, souvent en grelot. Etam. 8 ou 10. Anthères bicornes, quelquefois mutiques. Style 1. Stigm. 1. *Baie globuleuse*, couronnée par le cal. persistant, à 4 ou 5 loges renfermant des graines peu nombreuses.

{ Pédoncules uniflores, axillaires; feuilles caduques . . . V. *Myrtillus.*
{ Fleurs en grappes terminales; feuilles persistantes. . . V. *Vitis-Idæa.*

1. V. MYRTILLUS *L.* (*A. Myrtille*). Sous-arbrisseau à tige rougeâtre, à rameaux verts, anguleux. Feu. alternes, sessiles, ovales, dentées, glabres,

caduques. Fl. rougeâtres, *en grelot, solitaires, axillaires,* pendantes. *Baie bleue.* ♃. P.-E. C. Bois ombragés.

Les fruits de l'Airelle, connus sous les noms de *mourets, morets, ca-teltiettes,* sont agréables au goût; ils sont acidulés et rafraîchissants.

2. v. VITIS-IDÆA *L.* (*A. rouge*). Sous-arbrisseau à tiges un peu pubescentes, souvent réunies en touffes, hautes de 1 à 3 décim. *Feu. persistantes,* obovales-obtuses, *à bords roulés en-dessous,* coriaces, *chargées en-dessous de points noirs glanduleux.* Fl. blanches ou rosées, campanulées, *en grappes terminales.* Anthères sans appendices. *Baie rouge.* ♃. P.-E. TR. Forêt de St.-Sever, près de Vire; forêt de Brezollettes (Orne). Communiqué par M. Lubin-Thorel.

VI. **OXYCOCCUS** *Tourn.* (*Canneberge*). Cal. à 4 dents courtes. *Cor. rotacée,* divisée presque jusqu'à la base en 4 lobes lancéolés, réfléchis. Etam. 8. Baie ronde, ombiliquée au sommet, à 4 loges.

4. o. PALUSTRIS *Pers., Vaccinium Oxycoccus L.* (*C. des marais*). Tiges ligneuses, couchées, filiformes, rougeâtres. *Feu.* ovales, entières, roulées sur les bords, glauques en-dessous, persistantes. Fl. rosées, portées sur de longs pédonc. dressés. Cor. divisées en 4 lobes allongés, réfléchis. Baies rouges ou verdâtres tachées de brun. ♃. P. O. Marais tourbeux: Pays de Bray, Sourdeval, la Ferté-Macé, Lessay, Bernesq, près de Bayeux, etc.

LVIᵉ. Fam. JASMINÉES. *Juss.*

Fl. hermaphrodites, quelquefois polygames (*Fraxinus*). Cal. 1-sépale, tubuleux à la base, 4 ou 5-lobé, quelquefois nul. Cor. 1-pétale, tubuleuse, régulière, à 4 ou 5 divisions, quelquefois nulle. Etam. 2, insérées sur la cor. Anthères introrses, biloculaires, s'ouvrant longitudinalement. Style 1, à stigm. 2-lobé. Fruit capsulaire ou baie à 1 ou 2 loges renfermant 1 ou 2 semences. Embryon droit, entouré d'un périsperme charnu ou corné. — *Arbres ou arbrisseaux, à feu. opposées et à pétiole articulé.*

1 { Calice et corolle nuls	FRAXINUS. (iv.)	
{ Fleurs munies d'un calice et d'une corolle		2.
2 { Feuilles ailées	JASMINUM. (ii.)	
{ Feuilles simples		3.
3 { Fruit sec, capsulaire, bivalve	LILAC. (iii.)	
{ Baie arrondie	LIGUSTRUM. (i.)	

† *Fruit charnu.*

1. **LIGUSTRUM** *L.* (*Troène*). Cal. très-petit, à 4 dents. Cor. 1-pétale, à tube court; limbe ouvert, 4-fide. Etam. 2. Anthères saillantes. Style 1. *Baie à 2 loges 2-spermes.*

4. L. VULGARE *L.* (*T. commun*). Arbrisseau à tige rameuse, haute de 15 à 30 décim. *Feu.* opposées, lancéolées, glabres, persistantes dans les hivers doux. Fl. blanches en panicule ou thyrses latéraux et terminaux, opposés. Baie noire. ♃. P. TC. Haies.

II. **JASMINUM** *L.* (*Jasmin*). Cal. 1-sépale, à 5 divis. Cor. tubuliforme, à limbe plane 5-fide. Etam. 2. Style 1. Stigm. bilobé. *Baie à 2 loges monospermes.*

1. J. OFFICINALE *L.* (*J. officinal*). Arbuste originaire de l'Inde, et cultivé généralement, à rameaux flexibles, verts, allongés. Feu. opposées, ailées. Fl. blanches, odorantes, en panicules terminales. ♄. E.-A.

On cultive aussi assez fréquemment le *J. fruticans* L., vulg. *Jasmin jaune*, dont les fleurs sont jaunes et les feuilles simples ou trifoliolées.

†† *Fruit capsulaire, sec.*

III. LILAC *Tourn.*, *Syringa* L. (*Lilas*). Cal. 1-sépale, à 4 dents courtes. Cor. 1-pétale, tubulée, à limbe ouvert, divisée en 4 lobes concaves. Etam. 2, incluses. Style 1. Stigm. bilobé. *Caps. ovale, comprimée, à 2 lobes 2-spermes.*

1. L. VULGARIS *Lam.* (*L. commun*). Arbuste rameux, à feu. cordiformes, opposées, glabres. Fl. d'un bleu-purpurin ou blanches, nombreuses, en grappes. Odeur suave. ♄. P. Originaire d'Orient, répandu dans tous les jardins et naturalisé en haies dans quelques points de la province.

On cultive aussi le *L. Persica* Lam., *Lilas de Perse*, arbuste plus petit, dont les feuilles sont lancéolées ou pinnatifides, selon les variétés.

IV. FRAXINUS. L. (*Frêne*). Fl. polygames. *Cal. nul. Cor. nulle.* Style 1. Stigm. 2-fide. Caps. ailée (*Samare*), pendante, 1-loculaire, 1-sperme.

A. F. EXCELSIOR *L.* (*F. commun*). Arbre élevé, à écorce unie dans la jeunesse. Feu. opposées, ailées avec impaire; folioles opposées, lancéolées, dentées en scie, pointues, glabres. Fl. apétales, en grappes, naissant avant les feuilles. Samares terminées par une aile membraneuse. ♄. P1. TC. Bois et haies.

L'*Ornus Europæa* Pers., *Fraxinus Ornus* L., assez répandu dans les parcs, se distingue du *Frêne commun* par sa corolle à 4 longues divisions, de couleur blanchâtre.

LVIIe. FAM. ILICINÉES. A. *Brongn.*

Cal. à 4 ou 5 petites divis. obtuses. Cor. de 4 ou 5 pét. élargis et comme soudés à la base. Etam. 4 ou 5, hypogynes, alternes avec les sép. Stigm. 4. Fruit en baie renfermant 4 ou 5 noyaux indéhiscents. Embryon bilobé.

I. ILEX *L.* (*Houx*). Caractères de la famille.

1. I. AQUIFOLIUM *L.* (*H. commun*). Arbrisseau à écorce lisse et à feuillage toujours vert. Feu. ovales, coriaces, luisantes, comme vernissées, ondulées, pointues et épineuses; dans les individus âgés, les bords de la feuille sont sans épines. Fl. blanches, agglomérées, axillaires. Baie rouge. ♄. P4-2. TC. Bois et haies.

La seconde écorce (*Liber*) du houx fournit de bonne glu.

LVIIIe. FAM. APOCYNÉES. *Juss.*

Cal. 1-sépale, à 5 divisions, persistant. Cor. 1-pétale, à 5 lobes réguliers, souv. munie à l'entrée de la gorge de 5 appendices ou écailles. Etam. 5, insérées au bas de la cor., tantôt libres, tantôt soudées par les filets ou les anthères. Ovaires 2, soudés. Styles 2, comme soudés, courts. Stigm. 1, capité. Caps. à 2 follicules allongés, 1-loculaires, polyspermes. Semences nues ou aigrettées. — *Feu. opposées, entières.*

I. VINCETOXICUM *Mœnch.* (*Dompte-venin*). Cal. à 5 divis. profondes. Cor. 1-pétale, à 5 lobes obliques. Appendices formant couronne à l'entrée de la cor. et divisés en 5 lobes, soudés par leur base. Etam. 5. Caps. formée de follicules allongés, renfermant des *semences couronnées par une aigrette plumeuse.*

1. **V. OFFICINALE** *Mœnch.*, *Asclepias vincetoxicum* L., *Cynanchum* Br. (*D. officinal*). Tige droite, glabre ou légèrem. pubescente, haute de 3 à 8 décim. Feu. ovales, allongées, pointues, un peu cordiformes à la base, à pétiole court. Fl. d'un blanc-jaunâtre, en petites grappes pédonculées dans les aisselles des feu. supérieures. ♃. E. PC. Bois et coteaux pierreux. Rouen, Caen, Argentan, le Havre, Falaise, Granville, St.-Lo, etc.

Var. *b. V. laxum* Gren. et Godr. Diffère du précédent, dont il ne semble qu'une variété, par ses feu. plus longuem. acuminées et par ses corolles plus blanches, vertes à la base. Beaumont-le-Roger (Eure); Magny-en-Vexin.

II. VINCA *L.* (*Pervenche*). Cal. 1-sépale, à 5 divis. Cor. 1-pétale, tubulée, à large limbe plane, divisé en 5 lobes obliquement tronqués; entrée de la cor. munie d'un rebord saillant pentagone. Etam. 5. Style 1. Stigm. capité. *Graines nues.*

1. **V. MINOR** *L.* (*P. à petites fleurs*). Tiges ligneuses, couchées, rampantes; les florifères redressées. Feu. persistantes, vertes, lisses, opposées, ovales-oblongues, *glabres*, à courts pétioles. Fl. bleues, rarem. blanches, solitaires, axillaires, portées sur un pédonc. plus long que les feu. ♃. P. TC. Bois et haies.

J'ai trouvé sur le même pied des fl. bleues et des fl. blanches. Il y a aussi une var. à fl. d'un violet-vineux.

2. **V. MAJOR** *L.* (*P. à grandes fleurs*). Cette espèce diffère de la précédente par ses tiges moins couchées, ses feuilles plus larges, *un peu cordiformes à la base et à bord légèrem. cilié.* Fl. bleues, larges, portées sur des pédonc. souv. plus courts que les feu. ♃. P.-A. C. Bois et haies. Pont-Audemer, Elbeuf, Falaise, Cherbourg, Valognes, St.-Lo, Caen, etc. Souvent cultivée.

LIXᵉ. FAM. GENTIANÉES. *Vent.*

Cal. 1-sépale, persistant, à 4 ou 5 divis. Cor. 1-pétale, subulée, régulière, à 4 ou 5 lobes, souv. marcescente. Etam. 4 ou 8, le plus souv. 5, insérées sur le tube de la cor. et incluses. Style 1. Stigm. simple ou 2-lobé. Caps. polysperme, simple, à 1 ou 2 loges, 2 valves et quelquefois comme cloisonnée par les bords rentrants des valves. Semences petites, insérées sur les placentas suturaux. Embryon droit, entouré d'un périsperme charnu.—

Plantes herbacées, à feu. le plus souv. opposées, glabres, entières et sessiles. — Saveur très-amère.

1 {	Divisions de la corolle hérissées en-dessus	MENIANTHES. (i)	
	Divisions de la corolle nues, non hérissées		2.
2 {	Plante aquatique à feuilles arrondies nageantes . . .	VILLARSIA. (ii.)	
	Plante terrestre, à feuilles non arrondies		3.
3 {	Etam. 6 ou 8	CHLORA. (iii.)	
	Etam. 4 à 5		4.
4 {	Anthères en spirale après la fleuraison	ERYTHRÆA. (v.)	
	Anthères non en spirale après la fleuraison . . .		5.
5 {	Stigmate bifide	GENTIANA. (iv.)	
	Stigmate à deux lobes capités	EXACUM. (vi.)	

† Capsule uniloculaire.

I. MENIANTHES *L.* (*Menianthe*). Cal. 1-sépale, 5-fide. Cor. infundibuliforme, à 5 lobes ouverts, hérissés intérieurem. de papilles allongées, piliformes. Etam. 5. Style 1. Caps. 1-loculaire, 2-valve. *Semences arrondies, lisses, attachées au milieu des valves.*

1. M. **TRIFOLIATA** *L.* (*M. trèfle-d'eau*). Plante aquatique, glabre. Tige simple, haute de 3 à 5 décim., partant d'une souche épaisse rampante, articulée. Feu. ternées, portées sur un long pétiole, engaînant à la base, à 3 larges folioles ovales. Fl. blanches, un peu rosées, en épi terminal. ♃. P. C. Lieux marécageux, bords des eaux.

II. VILLARSIA *Gmel.* (*Villarsie*). Cal. 1-sépale, profondém. 5-partite. Cor. en roue, à 5 divis. ciliées sur les bords, ouvertes. Etam. 5. Style court. Stigm. à 2 lobes crénelés. Caps. 1-loculaire. *Semences comprimées, ciliées, attachées aux sutures de la capsule.*

1. V. **NYMPHOIDES** *Vent.*, *Menianthes L.* (*V. faux nénuphar*). Plante aquatique, nageante. Feu. arrondies, cordiformes, très-entières, flottantes. Fl. jaunes, comme ombellées, portées sur de courts pédonc. ♃. E. R. Etangs, fossés et rivières. Rouen ; Giverny, près de Vernon ; Tribehou, Carentan, St.-Sauveur-le-Vicomte (Manche) ; St.-Léonard-des-Bois, près d'Alençon (Orne), etc.

III. CHLORA *L.* (*Chlore*). *Cal.* 1-sépale, à 6 à 8 *divisions profondes, linéaires.* Cor. en tube court, à limbe à 8 lobes, ouverts et obtus. Etam. 6 à 8, insérées à l'entrée du tube de la cor. et alternes avec ses lobes. Style 1. Stigm. 4-lobé. Caps. 1-loculaire, bivalve. *Graines nombreuses, insérées sur les bords rentrants et épaissis des valves.*

1. C. **PERFOLIATA** *L.* (*C. perfoliée*). Plante glauque et glabre. Tiges cylindriques, rameuses au sommet, hautes de 2 à 6 décim. Feu. ovales-pointues, opposées et soudées par leurs bases. Fl. jaunes, terminales. ⊙. E. C. Coteaux secs, pelouses des terrains calc.

Les fleurs desséchées fournissent une teinture jaune.

IV. GENTIANA *L.* (*Gentiane*). Cal. à 4 ou 5 divis., le plus souv. 5. Cor. en tube ou en cloche, à limbe ayant 4 ou 5 divis. accompagnées quelquefois d'appendices simples ou divisés. Etam. 4 ou 5, décurrentes sur le tube de la cor. Anthères libres ou soudées en tube, *non contournées en spirale après la fleuraison.* Style 1, à 2 stigm. non capités. Caps. 1-loculaire, 2-valve.

<table>
<tr><td>1</td><td>Lobes de la corolle ciliés sur les bords . . . . 3.</td></tr>
<tr><td></td><td>Lobes de la corolle non ciliés sur les bords . . . . 2.</td></tr>
<tr><td>2</td><td>Corolle à 5 divisions . . . . G. pneumonanthe.</td></tr>
<tr><td></td><td>Corolle à 4 divisions . . . . G. cruciata.</td></tr>
<tr><td>3</td><td>Corolle à 5 divisions . . . . 4.</td></tr>
<tr><td></td><td>Corolle à 4 divisions . . . . G. campestris.</td></tr>
<tr><td>4</td><td>Lobes du calice roulés sur les bords, une fois plus courts
    que le tube de la corolle . . . . G. Germanica.</td></tr>
<tr><td></td><td>Lobes du calice planes, égalant presque le tube de la corolle. G. amarella.</td></tr>
</table>

* Corolle à 5 divisions.

1. G. PNEUMONANTHE *L.* (*G. des marais*). Tige droite, grêle, glabre, rougeâtre dans le bas, simple ou un peu rameuse, haute de 2 à 6 décim. Feu. opposées, lancéolées-linéaires, uni-nervées, à bords roulés, lisses. Fl. d'un bleu foncé, rarem. blanches ou rosées, en tube, grandes, axillaires, terminales. *Cor. nue à l'entrée du tube,* à 5 divis. aiguës. Ƶ. A. PC. Marais tourbeux, Forges, Falaise, Lisieux, Valognes, St-Lô, etc.

Var. *b. humilior* Bor. Tige naine, uniflore, plus courte que la fleur. Landes de Lessay (Manche); Domfront (Orne).

2. G. GERMANICA *Willd.* (*G. d'Allemagne*). Plante glabre, d'un vert sombre. Tige rougeâtre, le plus souv. rameuse, haute de 1 à 3 décim. Feu. ovales-lancéolées; les caulinaires embrassantes et élargies à la base, entières, 3-nervées. Fl. d'un bleu-violet, à *tube* pâle et *barbu à l'entrée,* et *2 fois plus long que les dents du cal.* qui sont lancéolées, un peu *roulées sur les bords* et souv. à peu près égales. Pédonc. longs, axillaires et terminaux. *Caps. à long pédicelle.* ◉. E3.-A1. R. Pelouses sèches des terrains calc. Chicheboville, près Caen; forêt du Moutiers-Hubert, près de Livarot, Montpinçon, Villers-sur-Mer (Calvados); St.-Pierre-de-Louviers, Vimoutiers (Orne), etc.

Var. *b. verticillata.* Dur. Feu. verticillées par trois et quatre. Moutiers-Hubert; Camembert (Orne).

Quelques individus nains et grêles présentent des fl. à cal. et cor. simplem. à 4 divisions.

3. G. AMARELLA *Linn.* (*G. Amarelle*). Plus grêle dans toutes ses parties que l'espèce précédente, à laquelle elle ressemble beaucoup. Souv. moins rameuse. Feu. plus longues et plus étroites. *Fl. une fois plus petites,* d'un violet-pâle, de même axillaires et terminales, mais moins nombreuses. Cal. à dents linéaires, distantes, un peu inégales entr'elles, *presque aussi longues que le tube de la cor. Capsule à court pédicelle.* ◉. A1. C. Prés secs, coteaux et bois découverts des terr. calcaires.

Var. *b. G. flava* May. Fl. blanchâtres, jaunissant par la dessication. Falaise; Percy, près de Mézidon; Chamboy (Orne).

On trouve aussi dans cette espèce des individus n'ayant que 4 divis. au cal. et à la corolle.

Corolle à 4 divisions.

4. G. CAMPESTRIS *L.* (*G. des champs*). Cette plante ressemble beaucoup à la précédente, dont elle diffère par sa cor. plus grande, à 4 divis. et surtout par son *calice, dont deux des lobes sont larges, lancéolés, pointus; les deux autres sont très-petits.* Sa tige est aussi plus basse. ◉. A. R|

Coteaux et landes. Falaise, Lisieux, Lillebonne, Carsix (Eure); Champosoult, Chailloué (Orne), etc.

5. C. **CRUCIATA** *L.* (*G. croisette*). Tiges épaisses, courbées à la base, hautes de 2 à 4 décim. Feu. nombreuses, ovales-lancéolées, lisses, nervées, *opposées en croix, engaînantes.* Fl. bleues, petites, nombreuses, sessiles, verticillées. Cor. tubulée, nue, à 4 divisions. ♃. E. PC. Pâturages secs et montueux, Rouen, Alençon, Vimoutiers, Pré-d'Auge; Trun, Séez, Champosoult (Orne); Tilly (Eure), etc.

†† *Capsule biloculaire.*

V. **ERYTHRÆA** *Rich. Chironia DC.* (*Erythrée*). Cal. tubulé, anguleux, 5-fide. Cor. marcescente à tube resserré, à limbe ouvert 5-lobé. *Etam.* 5. *Anthères roulées en spirale après la fleuraison.* Style 1. Stigm. 2, rapprochés. Caps. 2-valve, à 2 lobes séparés par une *cloison formée par les bords rentrants des valves.* Semences attachées à 2 placentas latéraux.

> 1 { Plante annuelle ou bisannuelle, à tige dressée .... 2.
>   { Plante vivace, à tige couchée .... *E. diffusa.*
> 2 { Fleurs presque sessiles, munies de bractées ...... *E. centaurium.*
>   { Fleurs pédicellées, sans bractées .... *E. pulchella.*

1. E. **CENTAURIUM** *Rich., Gentiana L.* (*E. petite-centaurée*). Tige tétragone, simple ou rameuse, dichotome, haute de 2 à 6 décim. Feu. infér. ovales-arrondies, trinervées; les supér. lancéolées. Fl. roses, *presque sessiles,* axillaires et terminales, ou agrégées en corymbe. Cal. 5-fide, à dents plus courtes que le tube de la cor. et *muni à la base d'écailles bractéiformes.* ♂. E. TC. Prés, pelouses et bois découverts.

Var. *b. E. capitata* Roem. et Sch. *fasciculata* Selm. Fl. nombreuses, réunies en corymbe serré, compacte même après la fleuraison. Coteaux maritimes. Granville, Cherbourg, Carteret.

2. E. **PULCHELLA** *Fries.* (*E. élégante*). Tige de 3 à 20 centim., rameaux dichotomes, nombreux, divariqués. Feu. ovales. Fl. d'un rose vif, petites, *pédicellées,* terminales, solitaires dans les bifurcations des rameaux. *Cal. sans bractées,* à 5 dents appliquées, presque aussi longues que le tube de la cor. ⊙ E.-A. C. Coteaux et champs montueux. Lieux où l'eau a séjourné l'hiver.

Var. *b. dentata* Leb. Lobes de la cor. étroits, dentés au sommet (2 ou 3 dents). Cette var., trouvée à St.-Vaast par M. Lebel, a les plus grands rapports avec l'*E. latifolia* Sm., mais les feu. radicales ne sont point en rosette comme dans cette dernière esp. dont les feu. sont plus larges et les rameaux plus rigides.

Var. *c. E. ramosissima* Pers. Plante naine, très-rameuse.

3. E. **DIFFUSA** *Wpds.* (*E. étalée*). *Tiges stériles, faibles, étalées, rameuses, à feu. glabres, entières, arrondies;* tiges florifères, ascendantes, hautes de 2 à 3 décim., garnies de feu. ovales-spatulées, obtuses, écartées, *Fl. assez grandes d'un rose vif, 1 à 3 au sommet des tiges.* Cor. à 5 divis. larges, ovales-étalées. Cal. à 5 divis. linéaires-subulées, égal au tube de la cor. ♃. E. R. Pelouses et revers des fossés. Cette jolie espèce a été découverte par M. A. Le Jolis, sur plusieurs points de la Hague, dans les environs de Cherbourg, à Jobourg, à Beaumont, St.-Germain-des-Veaux, Omonville et sur les falaises de Gréville.

VI. **EXACUM** *Willd.* Cal. 4-fide. Cor. à tube renflé et à limbe 4-lobé. *Etam. 4. Anthères non roulées en spirale après la fleuraison. Style 1. Stigm. capité , 2-fide.* Caps. polysperme , 2-valve, à 2-loges formées par les bords rentrants des valves sur lesquelles sont insérées les semences.

4 { Calice à 4 dents courtes ; corolle à 4 lobes étalés . . . . . *E. filiforme.*
  { Calice à 4 divisions profondes ; corolle à 4 lobes connivents. *E. pusillum.*

1. E. **FILIFORME** *Willd.*, *Cicendia* Delarb., *Gentiana* L. (*E. filiforme*). Tige simple ou rameuse, droite, haute de 4 à 10 centim. Feu. petites, ovales dans le bas ; les supér. subulées. Fl. jaunes, très-petites, solitaires et terminales. *Divis. du cal. courtes. Cor. ouverte. Caps. globuleuse.* ◉. E2.-3. A1. C. Landes humides, bords des étangs.

2. E. **PUSILLUM** *DC.* (*E. nain*). Tiges rameuses, dichotomes , de 2 à 5 centim. Feu. lancéolées-linéaires , 3-nervées. Fl. petites, jaunâtres, à courts pédonc. *Cal. à divis. étroites , subulées. Cor. fermée. Caps. allongée.* ◉. E. TR. Lieux sablonneux, humides. Environs d'Alençon.

Var. b. *E. Candollii* Bast. Fl. roses , portées sur des pédonc. plus longs que les feu. Tiges diffuses. Même localité.

LXe. FAM. CONVOLVULACÉES. *Juss.*

Cal. 1-sépale , persistant, 4 ou 5-lobé. Cor. 1-pétale , en cloche , à 4 ou 5 divis. égales , souv. plissées. Etam. 5 , insérées au bas du tube de la cor. Ov. simple, libre, entouré à sa base d'une glande annulaire. Style 1 ou 2. Stigm. simple ou divisé. Caps. de 1 à 4 loges, ayant 1 à 4 valves. Cloisons attachées aux sutures. Loges 2-spermes. Embryon roulé , entouré d'un périsperme mucilagineux. — *Tiges volubiles. Feuilles alternes ou avortées.*

1 { Plante pourvue de feuilles . . . . CONVOLVULUS. (i.)
  { Plante dépourvue de feuilles . . . . CUSCUTA. (ii.)

I. **CONVOLVULUS** L. (*Liseron*). Cal profondém. et égalem. 5-fide , nu ou entouré de 2 bractées foliacées. *Cor.* régulière, *campanulée, 1-pétale , à 5 lobes plissés au milieu.* Etam. 5, incluses. Style 1. Stigm. 2-fide. Caps. à 1 ou 2 loges, 2-spermes. — *Plantes à feuilles cordées ou hastées.*

1 { Bractées foliacées recouvrant le calice 2
  { Bractées petites et ne recouvrant point le calice . . . *C. arvensis.*
2 { Tige allongée, ascendante , volubile . . . . *C. sepium.*
  { Tige courte, couchée rampante . . . . *C. Soldanella.*

* *Calice recouvert par des bractées foliacées* (CALYSTEGIA Br.).

1. C. **SEPIUM.** L. (*L. des haies*). Vulg. *Lignolet, Manchettes de la Vierge.* Plante lactescente. *Tiges anguleuses, volubiles , glabres. Feu. cordiformes-sagittées, à lobes de la base tronqués , glabres.* Fl. blanches , très-rarem. rosées , larges, portées sur des pédoncules axillaires plus courts que les feu. et munis au sommet de 2 *bractées foliacées, opposées , plus grandes que le cal. qu'elles enveloppent.* ♃. E. TC. Haies et buissons.

2. C. **SOLDANELLA** L. (*L. Soldanelle*). Plante lactescente. *Tiges courbées, glabres. Feu. pétiolées , réniformes-arrondies , très-glabres.* Fleurs grandes, purpurines, à cor. évasée , portées sur des pédonc. axillaires, uniflores,

plus longs que les pétioles. *Cal. entouré de bractées ovales.* ♃. E. C. Sables maritimes.

** *Calice non recouvert par des bractées foliacées.*

3. c. **ARVENSIS** *L.* (*L. des champs*). Vulg. *Liot*. Tiges faibles, grimpantes ou couchées, glabres ou légèrem. pubescentes. *Feu. sagittées, pointues, à lobes de la base aigus.* Fl. blanches ou rosées, surtout à l'extérieur, axillaires, solitaires au sommet d'un pédonc. pubescent plus long que les feuilles et muni de 2 *petites bractées* opposées, linéaires, très-courtes, *écartées du cal.*, qui est nu. ♃. E. TC. Champs, bords des chemins et lieux cultivés.

Var. *b. obtusifolius* Reich. Feu. obtuses; cor. à plis d'un rose vif. Falaise, St.-Pierre-sur-Dive.

Var. *c. angustifolius* Reich. Feu. linéaires, très-étroites, auriculées. Sables maritimes; Granville.

II. **CUSCUTA** *L.* (*Cuscute*). Cal. 4-sépale, 4 ou 5-lobé. *Cor.* 4-pétale, marcescente, *globuleuse, en cloche*, 4 ou 5-lobée. Etam. 4 ou 5, insérées à la base de la corolle et alternes avec ses lobes, quelquefois munies à leur base d'appendices denticulés. Styles 2. Stigmates linéaires. Caps. 2-loculaire, globuleuse, le plus souv. s'ouvrant transversalement vers la base. Loges 2-spermes. Plante germant sans cotylédons. — *Herbes parasites, filiformes, s'accrochant aux plantes par des suçoirs; feuilles avortées.*

1 { Capsule s'ouvrant circulairement en deux loges parfaites	2.
{ Capsule à 2 loges, perforée au sommet	*C. suaveolens.*
2 { Corolle urcéolée, arrondie à la base	5.
{ Corolle cylindracée ou campanulée	3.
3 { Corolle munie d'écailles qui ferment son tube	*C. epithymum.*
{ Corolle munie d'écailles courtes ne fermant pas son tube	4.
4 { Base du cal. charnue, prolongée au-dessous de l'ovaire	*C. Europæa.*
{ Base du cal. non prolongée en tube charnu	*C. Trifolii.*
5 { Fleurs d'un beau blanc	*C. Godronii.*
{ Fleurs d'un blanc-verdâtre	*C. epilinum.*

1. c. **EUROPÆA** *L.*, *C. major* DC. (*C. d'Europe*). Tiges filiformes, volubiles rougeâtres. Fl. d'un blanc-rosé, pédicellées, en glomérules serrés assez gros. Cor. cylindracée, à lobes étalés, égaux à la moitié du tube. *Ecailles petites ne fermant pas le tube de la cor.*, quelquefois nulles. *Cal. à lobes courts, obtus, prolongé à la base en un tube charnu.* Styles jaunes, divergents. ◉. E. R. Parasite sur les Orties, le Houblon, les Chardons et autres plantes élevées. J'ai reçu un individu de cette plante, trouvé dans les environs de Falaise, qui présentait une particularité remarquable. Il s'était développé sur une grappe de raisin et pendait au-dessous, comme une longue barbe rougeâtre de plus d'un mètre de long. Cette parasite a été retrouvée dans une station semblable au Mesnil-de-Blangy, près de Pont-l'Évêque.

Cette espèce et la suivante portent les noms vulgaires de *Cheveux de la Vierge*, de *St.-Jean*, de *Saisonnette*, etc.

2. c. **EPITHYMUM** *Murr.*, *C. minor* DC. (*C. du Thym*). Tiges plus grêles que dans l'espèce précéd., le plus souv. rougeâtres. Fl. rosées, sessiles en glomérules serrés. Cor. cylindracée, à lobes étalés, fendus jusqu'à la moitié du tube. *Ecailles fimbriées, fermant le tube de la cor. au-dessus de l'ovaire.*

Cal. violacé, fendu jusqu'aux 3/4, à lobes se recouvrant à leur base. Stigm. divergents, rouges. Capsule globuleuse. ⊙. E. TC. Sur les genêts, les bruyères, les millepertuis et autres plantes à tiges basses.

3. c. TRIFOLII *Babingt.* (*C. du Trèfle*). Tige couchée, jaune ou blanchâtre, très-longue. *Fleurs blanches, assez grandes, en glomérules très-fournis* (ayant jusqu'à 25 fl.). Cal. obconique-tubuleux, charnu à 5 cannelures, *égalant presque le tube de la cor.* qui est fendue au tiers en lobes lancéolés, acuminés. *Ecailles fimbriées, courtes, ne fermant pas le tube de la cor. Stigm. blancs. Caps. pyriforme.* ⊙. E. PC. Cette espèce croît principalement sur le *Trèfle des prés.* Elle s'étend sur de larges espaces circulaires dans les prairies artificielles qu'elle envahit, et où elle ne tarde pas à étouffer la plante fourragère qui lui sert de support. Elle a été trouvée d'abord dans les environs de Caen (par M. de L'Hôpital) et ensuite près de Falaise.

4. c. GODRONII *Des Moul.*, *C. alba Godr.*, non Presl ? (*C. de Godron*). C'est avec quelque doute que je rapporte au *C. Godronii* de M. Des Moulins une *Cuscute* que j'ai recueillie avec M. de L'Hôpital, dans les environs de Falaise; peut-être est-elle nouvelle ? Elle se rapproche du *C. Trifolii* par *ses fleurs blanches, assez grandes,* et du *C. Epithymum* par *ses tiges rougeâtres très-déliées. Sa cor. est urcéolée, arrondie, renflée et profondém. marquée de 5 sillons à sa base. Ecailles longuem. fimbriées, n'atteignant pas la base des filaments. Cal. ouvert, fendu jusqu'à la moitié, à lobes triangulaires, ne se recouvrant pas à la base et non corniculés.* ⊙. ES. TR. — Sur le *Teucrium Scorodonia* L. Rochers de Noron, près de Falaise.

5. c. EPILINUM *Weihe.*, *C. densiflora S. Willem.* (*C. du lin*). Plante d'un vert-jaunâtre. Fl. d'un blanc-verdâtre, sessiles, en capitule arrondi. Cal. à 5 divis. arrondies, gibbeuses. Cor. 5-fide, dépassant à peine le cal., *à tube globuleux, 2 fois plus long que le limbe. Ecailles appliquées contre le tube.* Etam. 5. Style 2, droits. Stigm. divergents. ⊙. E. R. Parasite sur le lin cultivé et sur la cameline. Falaise, Vassy.

6. c. SUAVEOLENS *Ser.*, *C. Hassiaca Pfeiff.* (*C. odorante*). Tige filiforme, jaunâtre, déliée. Fl. blanches, luisantes, à odeur miellée, *en petits corymbes rameux, lâches,* à pédicelles plus ou moins longs. Cor. campanulée à *lobes ovales, corniculés, non étalés. Ecailles spatulées, frangées,* un peu moins longues que le tube. *Styles divergents, inégaux.* Caps. s'ouvrant au sommet par une déchirure. ⊙. E. AR. Parasite sur la luzerne cultivée. Environs de Caen et de St.-Pierre-sur-Dive (Calvados).

LXI⁰ FAM. BORRAGINÉES. *Juss.*

Cal. 1-sépale, 5-fide, persistant. Cor. 1-pétale, régulière, à 5 lobes; entrée du tube nue ou fermée par 5 appendices saillants. Etam. 5. Anthères 2-loculaires, marquées de 4 sillons longitudinaux. Ovaire libre, divisé en 4 lobes ou noix (*carpelles*) 1-loculaires, 1-spermes. Quelquefois ces lobes sont cohérents et simulent un ovaire indivis, arrondi. Style simple, naissant au milieu des 4 lobes de l'ov. Stigm. simple ou 2-lobé. Semences attachées à la base des noix. Embryon droit, sans périsperme. — *Herbes à feu.*

alternes , hérissées de poils rudes. Fl. 1-latérales , en épis roulés en crosse avant l'épanouissement.

1 {	Gorge de la corolle munie de 5 écailles.	5.
	Gorge de la corolle dépourvue d'écailles	2.
2 {	Corolle à lobes inégaux, presque labiée	ECHIUM. (x.)
	Corolle à lobes égaux	3.
3 {	Corolle ayant une dent entre ses lobes	HELIOTROPIUM. (xi.)
	Corolle sans dent entre ses lobes	4.
4 {	Calice divisé presque jusqu'à sa base	LITHOSPERMUM. (x.)
	Calice à divisions ne dépassant pas le milieu	PULMONARIA. (viii.)
5 {	Corolle rotacée, ou en entonnoir, à limbe étalé	6.
	Corolle cylindrique, renflée, à limbe droit	SYMPHYTUM. (vii.)
6 {	Corolle à tube courbé, coudé	LYCOPSIS. (iv.)
	Corolle à tube droit ou nul	7.
7 {	Corolle à tube distinct, à lobes arrondis	8.
	Corolle sans tube distinct, à lobes pointus	BORRAGO (i.)
8 {	Fruits hérissés d'aiguillons crochus	9.
	Fruits dépourvus d'aiguillons crochus	10.
9 {	Style très-court, marcescent	ECHINOSPERMUM. (v.)
	Style allongé, persistant	CYNOGLOSSUM. (ii.)
10 {	Carpelles ridés	ANCHUSA. (iii.)
	Carpelles non ridés	MYOSOTIS. (vi.)

† *Entrée du tube de la cor. couronnée par 5 écailles ou appendices.*

I. BORRAGO *L.* (*Bourrache*). Cal. 5-fide, fermé après la fleuraison. *Cor.* en roue, à 5 divisions aiguës, à entrée fermée par 5 écailles obtuses, échancrées. Style simple. Noix rugueuses.

1. B. OFFICINALIS *L.* (*B. officinale*). Tige droite, rameuse, haute de 3 à 6 décim. Feu. ovales, hérissées. Fl. bleues, ou blanches (rarement), en panicule ouverte. Anthères noirâtres. ☉. E. TC. Cette plante, originaire d'Orient, est maintenant répandue dans les jardins, les lieux cultivés, les décombres, etc.

II. CYNOGLOSSUM *L.* (*Cynoglosse*). Cal. 5-partite. Cor. en entonnoir, à limbe concave, divisé en 5 lobes courts. Tube fermé par 5 écailles convexes, rapprochées. Etam. 5. *Carpelles chargés d'aiguillons crochus, attachés latéralement à un style allongé, persistant, qui est terminé par un stigm. 2-lobé.*

1 {	Feuilles pubescentes, grisâtres sur les deux faces	2.
	Feuilles vertes et presque glabres en-dessus	*C. montanum.*
2 {	Carpelles légèrem. bordés; fleurs d'un rouge foncé	*C. officinale.*
	Carpelles non bordés; fleurs bleues	*C. pictum.*

1. C. OFFICINALE *L.* (*C. officinale*). Vulg. *Langue de chien*, *Herbe au diable*. Tige droite, rameuse, velue, haute de 3 à 8 décim. *Feu. pubescentes, grisâtres sur les 2 faces*, molles, lancéolées, allongées, rétrécies à la base ; les supérieures un peu cordiformes près de la tige, sessiles. Fl. d'un rouge foncé, terne, en épis lâches, nombreux. Carpelles planes, fortement bordés. ♂. E. C. Lieux incultes.

2. C. MONTANUM *Lam.* (*C. de montagne*). Tige droite, un peu hérissée, haute de 5 à 9 décim. *Feu. minces, vertes, luisantes et glabres en-dessus*, chargées de quelques poils épars en-dessous ; les infér. elliptiques, rétrécies en un long pétiole ; les supér. cordiformes-amplexicaules à la base. Fl. d'un bleu-violet en épis grêles. *Carpelles planes, légèrem. bordés.* ♂. Lieux

pierreux et incultes. Trouvé à la Bouille, prés de Rouen, par M. A. Dubreuil.

*3. c. PICTUM *Ait.* (*C. à fl. rayées*). Tige de 3 à 8 décim., dressée, couverte de poils étalés. Feu. d'un vert-blanchâtre, *chargées sur leurs deux faces de poils mous, blanchâtres, lancéolées ;* les supér. *cordiformes à la base, amplexicaules. Fl. d'un bleu pâle, striées de rouge. Carpelles convexes sans rebord.* ♂. E. TR. Lieux incultes, pierreux, bords des chemins. Environs de Domfront. (Bor., Fl. centr., éd. 2).

L'*Asperugo procumbens* L., dont j'avais reçu des échantillons de la Haute-Normandie, provenait sûrement de graines échappées de jardins. Il n'a pas été retrouvé.

III. ANCHUSA *L.* (*Buglose*). Cal. 5-fide. Cor. en entonnoir, à 5 lobes arrondis, *à tube fermé par 5 écailles oblongues, proéminentes, rapprochées.* Stigm. échancrés. Noix ovoïdes, rugueuses, tronquées à la base, *à rebord plissé, saillant.*

{ Feuilles ovales; lobes du calice ovales . . . . *A. sempervirens.*
{ Feuilles lancéolées ; lobes du calice linéaires . . . . *A. Italica.*

1. A. ITALICA *Retz.* (*B. d'Italie*). Plante hérissée de poils blanchâtres. Tige droite, haute de 5 à 9 décim. *Feu. lancéolées,* pointues, *entières.* Fl. bleues en épis d'abord géminés, formant ensuite un corymbe rameux. Entrée du tube de la cor. barbue. Cal. profondément divisé en 5 *lobes étroits, linéaires,* de la longueur du tube de la cor. ♂. P.-E. R. Lieux cultivés. Caen, Rouen, Elbeuf, Avranches, etc.

2. A. SEMPERVIRENS *L.* (*B. toujours verte*). Tiges droites, feuillées, hérissées, hautes de 3 à 12 décim. *Feu. ovales,* larges, pointues aux deux extrémités, vertes, hérissées, un peu sinueuses et *denticulées sur les bords.* Fl. bleues, en petits bouquets géminés, accompagnées de deux feuilles et portées sur des pédonc. axillaires, plus courts que la feuille. Cal. à 5 *divis. profondes, ovales,* hérissées, de la longueur du tube de la cor. Ecailles droites, légèrement papilleuses. ♃. E. R. Bords des champs, haies, Falaise, Avranches, St.-Lo, Jumièges, Le Havre, Cherbourg, etc.

IV. LYCOPSIS *L.* (*Lycopside*). Cal. 5-fide. *Cor.* en entonnoir à *tube courbé,* fermé par 5 écailles fimbriées, conniventes. Stigm. échancré. Noix rugueuses, tronquées à la base, *à rebord saillant.*

1. L. ARVENSIS *L.* (*L. des champs*). Vulg. *Grisette.* Tige droite, simple ou peu rameuse, hispide. Feu. lancéolées, allongées, ondulées, sessiles, hérissées. Fl. bleues en épis terminaux. Ecailles et tube blancs. ◉. E. C. Champs et lieux cultivés. Terrains calc. et sables maritimes.

V. ECHINOSPERMUM *Swartz.* (*Echinosperme*). Cal. 5-partite. Cor. en soucoupe, à 5 lobes obtus, à gorge fermée par 5 écailles convexes. Etam. 5, incluses. Carpelles triquètres, soudés à la colonne centrale par l'angle interne, *à face dorsale chargée d'aiguillons terminés par plusieurs crochets.*

1. E. LAPPULA *Lehm.*, *Myosotis* L. (*E. petite Bardane*). Tige droite, rameuse dans le haut, velue, haute de 2 à 4 décim. Feu. oblongues-lancéolées, sessiles, hérissées. Fl. bleues en épi, accompagnées de bractées.

Noix verruqueuses, munies sur les angles d'une série d'aiguillons terminés par 3 ou 4 petites pointes crochues. ☉. E. R. Lieux pierreux et incultes. Les Andelys. — Cerisy-la-Forêt (le docteur Le Sauvage).

VI. MYOSOTIS *L.* (*Scorpione*). Cal. à 5 divis. *Cor. hypocratériforme, à 5 lobes arrondis ou émarginés*, à tube court fermé par 5 écailles convexes, glabres, rapprochées. Stigm. simple. *Carpelles lisses, luisants.*

1 { Calice couvert de poils appliqués	2.
{ Calice couvert de poils crochus, étalés	4.
2 { Style égalant presque le calice	*M. palustris.*
{ Style plus court que le calice	3.
3 { Tige couverte de poils étalés.	*M. repens.*
{ Tige garnie de quelques poils appliqués.	*M. lingulata.*
4 { Calice fructifère à pédicelle beaucoup plus long que lui.	5.
{ Calice fructifère à pédicelle plus court que lui ou à peine égal.	6.
5 { Pédoncules étalés, même réfléchis après la fleuraison.	*M. sparsiflora.*
{ Pédoncules raides, dressés après la fleuraison.	*M. intermedia.*
6 { Corolle bleue	8.
{ Corolle jaune, au moins dans quelques fleurs.	7.
7 { Tige dressée; carpelles lisses.	*M. versicolor.*
{ Tige rameuse dès la base, diffuse; carp. très-finement chagrinés.	*M. Lebelii.*
8 { Calices fructifères fermés; pédicelles dressés.	*M. stricta.*
{ Calices fructifères ouverts; pédicelles étalés.	*M. hispida.*

* *Calices couverts de poils appliqués.*

1. M. PALUSTRIS *Witk.*, *M. scorpioïdes*, var. *palustris* L. (*S. des marais*). *Souche rampante*; tige anguleuse, droite ou un peu couchée à la base, hérissée de *poils mous, étalés.* Feu. oblongues-obtuses, trinervées. Fl. bleues, rarem. blanches, assez larges, jaunes au centre, en épis grêles, portées sur des pédonc. plus longs que le cal., qui est campanulé, à 5 lobes un peu larges, étalés. Style aussi long que le cal. ♃. P.A. TC. Fossés, bords des rivières.

Var. *b.* *M. strigulosa* Mert. et Koch. Tige plus grêle, glabre ou munie de quelques poils couchés. Lisieux, Falaise.

Les jolies fleurs de cette espèce, et du *M. lingulata*, sont connues sous les noms de : *Souvenez-vous de moi; Ne m'oubliez pas.* C'est le *Vergissmeinnicht* des Allemands, le *Forget me not* des Anglais.

2. M. REPENS *Donh.* (*S. rampante*). Tige rampante à la base, redressée, couverte dans le bas de nombreux *poils étalés.* Feu. oblongues-lancéolées. Fl. d'un bleu pâle, presque blanches, d'abord rosées. *Calice très-chargé de poils, surtout au sommet de ses lobes. Style plus court que le cal.* ♃. E. C. Marais, prés tourbeux. Falaise, Vire, Mortain, Séez, etc.

Var. *b.* *M. laxiflora* Reich. Tige allongée, hérissée de poils étalés dans le bas, appliqués dans le haut. Fleurs écartées, portées sur de longs pédic. Style plus long. Lisieux, Falaise, Argentan, etc.

3. M. LINGULATA *Lehm.*, *M. cæspitosa* Schultz (*S. lingulée*). *Souche non rampante, à racine fibreuse.* Tiges arrondies, souvent rougeâtres dans le bas, garnies de quelques *poils appliqués*, hautes de 2 à 3 décim. Feu. lancéolées, étroites, un peu élargies et obtuses au sommet. Fl. bleues, en grappes munies de quelques feuilles à la base; pédonc. étalés. *Style presque nul.* Cal. à 5 lobes obtus, ouverts. ♃. E. C. Prés humides, bords des ruisseaux.

Var. *b. parviflora*, *M. sicula* Guss.? Plante grêle, à fleurs très-petites ; pédic. courts. Bois humides. St.-Laurent-de-Condel (Calvados).

** *Calices couverts de poils étalés et crochus.*

4. M. INTERMEDIA *Link.*, *M. scorpioides*, var. *arvensis* L. (*S. intermédiaire*). Tiges velues, hautes de 2 à 6 décim. Feu. molles, velues, lancéolées, vertes. Fl. bleues, à limbe ouvert, purpurines avant l'épanouissement, en épis lâches, portées sur des *pédoncules beaucoup plus longs que le cal.*, *qui est fermé à la maturité.* ♂. P3.-E. C. Lieux cultivés, jardins.

5. M. HISPIDA *Schlechtend.*, *M. collina* Reich. (*S. hispide*). Tige basse, velue, simple ou peu rameuse, portant quelquefois ses premières fleurs sessiles au milieu de la rosette des feuilles radicales. Feu. velues, oblongues-lancéolées. Fl. bleues, petites, ouvertes, en épis grêles, portées sur des pédonc. étalés, *plus courts que le cal. qui est ouvert après la fleuraison.* Style court. ◉. P. TC. Champs, lieux secs, bords des chemins.

6. M. STRICTA *Link.* (*S. dressée*). Plante rude au toucher. Tiges raides, en petites touffes, hautes de 1 à 2 décim., simples ou peu rameuses. Feu. velues, oblongues, obtuses. Fl. bleues, petites, en épi grêle ; *cor. à tube plus court que le cal.* Pédonc. *fructifères, dressés, plus courts que les cal. fermés après la fleuraison.* ◉. P. PC. Lieux pierreux, incultes, vieux murs. St.-Adrien, près de Rouen, Bernay ; Vernon, Bonnières, etc.

7. M. VERSICOLOR *Roth.* (*S. versicolore*). Tiges velues, droites, un peu rameuses. Feu. lancéolées-oblongues, pointues, comme *opposées dans le haut, à la base des rameaux florifères.* Fl. jaunes, bleues et purpurines, selon le degré de la fleuraison, en épis grêles, allongés, portés sur des pédonc. *plus courts que le cal. dont les lobes sont longs, linéaires, connivents après la fleuraison. Cor. à tube plus long que le cal.* ◉. P2.-3. PC. Champs arides, pelouses montueuses. Falaise, Alençon ; les Andelys, Serquigny (Eure) Rouen, etc.

Var. *b. M. Bulbisiana* Jord. Fleurs jaunes. Pont-d'Ouilly (Calvados).

Var. *c. pallida.* Fl. blanches ou très-légèrem. jaunâtres. Ozeville, près Montebourg (Manche) ; Lisieux, etc.

Var. *d. elongata.* Tiges faibles, simples ou peu rameuses, allongées. Fl. jaunâtres, puis rougeâtres, très-petites. Prés humides. Falaise ; Camembert (Orne). M. Duhamel.

8. M. LEBELII *Godr. et Gren.*, *M. adulterina* Leb. Obs. (*S. de Lebel*). Tige rameuse du bas, à rameaux étalés, ascendants. Feu. infér. en spatule plus ou moins élargie ; les super. lancéolées. *Fl. petites, d'un blanc-jaunâtre ou bleuâtre. Cal. à poils étalés ; les infér. en crochet ; dents droites. Style plus court que le cal. Carpelles ovoïdes, très-finement pointillés.* ◉. E. R. Pelouses. Fermanville, St.-Germain-de-Vaux et Yvetot (Manche). M. le D[r]. Lebel.

9. M. SPARSIFLORA *Mik.* (*S. à fl. éparses*). Tiges de 2 à 3 décim., faibles, redressées, munies de quelques *poils étalés, courbés vers le bas.* Feu. lancéolées ; les infér. longuem. rétrécies en pétiole, couvertes surtout sur les bords de poils courbés vers le sommet. Fl. très-petites, bleues, en petit nombre sur des grappes lâches, feuillées à leur base. Pédicelles très-longs, étalés et même réfléchis après la fleuraison. ◉. E. TR. Lieux ombragés, hu-

mides. J'ai trouvé à Ergoutet, près de Falaise, deux individus de cette rare espèce que l'on croyait appartenir exclusivement à l'Allemagne.

VII. SYMPHYTUM *L.* (*Consoude*). Cal. 5-fide. Cor. en cloche, *tubuleuse, ventrue, à 5 lobes courts, presque fermés.* Ecailles de l'entrée de la gorge oblongues, *rapprochées en cône.* Stigm. simple. Noix lisses, à *rebord saillant, plissé.*

1. S. OFFICINALE *L.* (*C. officinale*). Vulg. *Consire.* Tige droite, rameuse, assez grosse, hérissée. Feu. larges, lancéolées; les caulinaires décurrentes. Fl. purpurines, violacées, blanches ou jaunâtres, en épi lâche, terminal. ♃. P. TC. Prés et fossés.

M. le Dr. Perrier a trouvé à Frenouville, près de Caen, une forme de cette plante à cor. blanche, très-petite, ayant le tube arqué.

†† *Entrée du tube de la corolle non garnie d'écailles.*

VIII. PULMONARIA L. (*Pulmonaire*). Cal. campanulé, pentagone, 5-partite. Col. en entonnoir, à 5 lobes un peu étalés et à *gorge velue.* Etam. 5, incluses. Stigm. échancré, comme 2-labié. Noix lisses, ovoïdes, tronquées à la base, entourées d'un rebord saillant. — *Feu. souv. tachées de blanc.*

1 { Feuilles inférieures cordiformes à la base. . . . . P. officinalis.
  { Feuilles inférieures lancéolées . . . . P. angustifolia.

1. P. OFFICINALIS *L.* (*P. officinale*). Tige droite, hispide, haute de 1 à 3 décim. Feu. radicales, ovales-oblongues, quelquef. pétiolées, un peu *cordiformes à la base*, hérissées; le plus souv. parsemées de taches blanchâtres; les supér. sessiles, un peu embrassantes. Fl. bleues ou rougeâtres en corymbe terminal. *Gorge de la cor. presque glabre.* ♃. P. PC. Bois. Falaise; Domfront, Lisieux, etc. Souvent cultivé.

2. A. ANGUSTIFOLIA *L.* (*P. à feu. étroites*). Ressemble beaucoup à la précédente. Ses *feu. lancéolées*, étroites, allongées, sont moins rudes; sa tige est un peu plus haute et la *gorge de la cor. plus velue.* Fl. bleues ou rougeâtres. ♃. P. PC. Bois montueux. Rouen; Caen; Falaise; Brucourt (Calvados); Argentan; Roche-d'Oître (Orne), etc.

IX. ECHIUM *L.* (*Vipérine*). Cal. 5-fide. *Cor. en entonnoir, à limbe évasé, divisé en lobes inégaux, comme labié.* Etam. 5, droites. Style à stigm. 2-fide.

1. E. VULGARE *L.* (*V. commune*). Vulg. *Buglose.* Tige droite, ferme, verte, parsemée de tubercules d'un rouge-noirâtre, portant des poils rudes, hautes de 4 à 8 décim. Feu. lancéolées, allongées, étroites, hispides. Fl. bleues, quelquefois roses ou blanches, en grappes latérales, courbées, nombreuses, formant un long épi terminal. ♂. E. TC. Lieux secs et pierreux, murailles.

La proportion relative des organes internes de la fleur varie beaucoup, tantôt inclus, tantôt exserts. On trouve souvent des individus dont les étamines sont très-longues et dépassent de beaucoup la corolle: c'est l'E. *Pyrenaicum* de la Flore de Rouen.

X. LITHOSPERMUM L. (*Gremil.*). Cal. 5-fide, presque divisé jusqu'à la base. *Cor.* en entonnoir, à 5 *lobes irréguliers.* Entrée du tube munie de 5 renflements gibbeux. Etam 5, incluses. Stigm. 2-furqué. Carpelles osseux, lisses ou rugueux.

1 { Carpelles rudes, ridés, tuberculeux. . . . . *L. arvense.*
  { Carpelles lisses. . . . . 2.
2 { Fleur assez large, d'un beau bleu . . . . . . *L. purpureo-cœruleum.*
  { Fleur petite, blanchâtre . . . . *L. officinale.*

1. **L. OFFICINALE** *L.* (*G. officinal*). Vulg. *Herbe-aux-perles ; Thé.* Tige droite, arrondie, velue, simple ou rameuse au sommet, haute de 4 à 8 décim. Feu. lancéolées, étroites, sessiles, hispides, à plusieurs nervures. *Fl. d'un blanc-jaunâtre, petites,* presque sessiles, comme axillaires, en épis terminaux. *Fruits blancs, très-lisses.* ♃ P. G. Haies et bords des bois. Terr. calcaires.

2. **L. ARVENSE** *L.* (*G. des champs*). Tige dressée, hispide, peu rameuse, haute de 2 à 5 décim. Feu. linéaires, velues, molles, uni-nervées. *Fl. blanches,* petites, en épi terminal. *Noix ridées, grisâtres, et non luisantes.* ⊙ P. TC. Moissons.

3. **L. PURPUREO-CÆRULEUM** *L.* (*G. à fl. bleues*). Tiges florifères, dressées, simples ou rameuses au sommet, hautes de 3 à 6 décim. ; les *stériles couchées,* plus longues. Feu. oblongues-lancéolées, atténuées à leurs deux extrémités, rudes, plus pâles en-dessous. *Fl. assez grandes, d'un beau bleu,* dépassant longuem. le cal. Fruits blancs, lisses, luisants. ♃ E. TR. Lieux incultes, bois et haies. Amenucourt, près de la Roche-Guyon (Coss. et Germ., *Fl. Paris.*).

XI. HELIOTROPIUM *L.* (*Héliotrope*). Cal. profondém. 5-partite. Cor. hypocratériforme, à 5 *lobes séparés* par des *plis ou de petites dents. Entrée du tube nue.* Etam. 5. Stigm. pelté. Ovaire arrondi, indivis, formé de 4 carpelles soudés à la colonne centrale.

1. **H. EUROPÆUM** *L.* (*H. d'Europe.*). Tige droite, herbacée, à rameaux ouverts, velue, haute de 1 à 4 décim. Feu. pétiolées, ovales, obtuses, d'un vert-grisâtre, pubescentes. Fl. blanches ou un peu bleuâtres, en épis serrés, 1-latéraux, recourbés. ⊙ E. R. Lieux sablonneux, moissons. Les Andelys. Vignes de la vallée de l'Eure.

LXII. Fam. SOLANÉES. *Juss.*

Cal. 1-sépale, régulier, le plus souvent persistant, à 5 divis. plus ou moins profondes. Cor. 1-pétale, caduque, à 5 lobes le plus souv. réguliers. Etam. 5, insérées à la base de la cor. Ovaire libre, biloculaire, multi-ovulé. Style 1. Stigm. simple ou 2-lobé. Fruit capsulaire, 2-loculaire et 2-valve, ou baie avec réceptacles séminifères centraux. Graines petites, nombreuses. Embryon courbé en cercle ou en spirale. Périsperme charnu. — *Plantes herbacées, rarem. ligneuses. Feuilles alternes ; les supér. quelquefois géminées.*

Les Solanées renferment presque toutes un principe narcotique et vénéneux, surtout dans leurs fruits.

1 { Fruit charnu (baie) . . . . 2.
  { Fruit sec (capsule) . . . . 5.

2 { Calice renflé-vésiculeux après la fleuraison . . . . PHYSALIS. (iii.)
  { Calice non vésiculeux après la fleuraison . . . . 3.
3 { Corolle plane, en roue . . . . SOLANUM. (ii.)
  { Corolle en tube, en entonnoir ou en cloche . . . . 4.
4 { Corolle en tube . . . . LYCIUM. (i.)
  { Corolle en cloche . . . . ATROPA. (iv.)
5 { Capsule épineuse; corolle plissée . . . . DATURA. (v.)
  { Capsule lisse; corolle non plissée . . . . HYOSCIAMUS. (vi.)

† Fruit en baie.

I. LYCIUM *L.* (*Lyciet*). Cal. urcéolé, court, 5-fide. *Cor.* en entonnoir, *à tube court*, à limbe hypocratériforme, 5-lobé. Etam. 5, *à filets velus à la base*. Stigm. sillonné ou bilobé. Baie arrondie, 2-loculaire, polysperme. Graines insérées sur la cloison.

1 { Feuilles lancéolées-linéaires . . . . *L. vulgare.*
  { Feuilles ovales . . . . *L. ovatum.*

1. L. VULGARE *Dun.*, *L. Barbarum L.* part. (*L. commun*). Arbrisseau à rameaux longs, courbés, pendants, un peu épineux. Feu. *lancéolées-linéaires*, entières, finissant en pétiole. Fl. d'un rouge foncé, violacé, axillaires, solitaires, ou réunies en paquets peu nombreux. Cal. à 2 lèvres. ♄. E. PC. Haies et jardins. Rouen, Caen, Granville, Villers-Bocage, Evreux, Roche-Guyon; Aubry (Orne), etc.

2. L. OVATUM *Poir.*, *L. Sinense* Lam. (*L. à feu. ovales*). Même port que le précéd. *Feu. ovales-elliptiques*, rétrécies à la base en pétiole. Fl. violettes, veinées. Cal. à 5 dents. ♄. E. Rouen. Naturalisé comme le précéd.

II. SOLANUM *L.* (*Morelle*). Cal. 5-partite. *Cor.* en roue, à tube court, à limbe 5-lobé. *Etam.* 5, *conniventes par leurs anthères qui s'ouvrent au sommet par deux pores*. Baie arrondie, 2-loculaire, polysperme.

1 { Tige ligneuse . . . . *S. Dulcamara.*
  { Tige herbacée . . . . 2.
2 { Feuilles pinnatifides . . . . *S. tuberosum.*
  { Feuilles simples, sinuées ou dentées . . . . *S. nigrum.*

1. S. DULCAMARA *L.* (*M. Douce-amère*). *Tige ligneuse*, sarmenteuse, flexueuse, grimpante, longue de 80 centim. à 3 mètres. *Feu. cordif.*, pétiolées, entières, ou *ayant une ou deux découpures en forme de lobes vers la base*, glabres ou un peu pubescentes. Fl. violettes à anthères jaunes, en grappes axillaires; lobes de la cor. réfléchis, munis à leur base de 2 points verdâtres nectarifères. Baies rouges. ♄. E. TC. Haies.

2. S. NIGRUM *L.* (*M. noire*). Vulg. *Mourelle*. Tige herbacée, rameuse, anguleuse, ouverte, haute de 1 à 6 décim. Feu. pétiolées, *ovales-rhomboïdes, anguleuses et souvent inégales vers la base*, à bords sinués en dents larges, obtuses et peu profondes, ordinairement glabres. Fl. blanches, en corymbes latéraux, pendants. Baies arrondies, noires à la maturité. Les feu. légèrem. froissées, exhalent une odeur musquée.

Var. *b. S. miniatum* Dun. Rameaux rudes, pubescents. Baies rouges. Cherbourg.

Var. *c. S. humile* Bernh. Tige basse à angles scabres, peu rameuse. Baies d'un jaune-verdâtre. Sables maritimes. Granville.

Var. *d. S. ochroleucum* Bast. Rameaux diffus. Feu. pubescentes. Baies jaunâtres, un peu transparentes à la maturité. Granville.

Var. *e. S. villosum* Lam. Feu. pubescentes, à dents profondes. Baies jaunes. Bayeux, Ferté-en-Bray, Dieppe.

◉. A1.-2. C. Lieux incultes, pied des murs, décombres.

3. s. **TUBEROSUM** *L.* (*M. tubéreuse*). Vulg. *Pomme de terre.* Racines fibreuses, chargées de gros *tubercules oblongs ou arrondis*, jaunes-rougeâtres ou violets. Tige herbacée, rameuse. *Feu. pinnatifides*, à lobes irréguliers, inégaux, ovales, velues. Fl. blanches ou violettes, en corymbes dressés. ♃. E. Cette plante, si généralement cultivée, est originaire de l'Amérique. On en connaît un grand nombre de variétés.

III. PHYSALIS *L.* (*Coqueret*). Cal. d'abord en cloche, 5-fide, puis *renflé, vésiculeux, coloré à la maturité.* Cor. en roue, 5-lobée. Etam. 5. Anthères droites, rapprochées. Baie globuleuse, 2-loculaire, entourée par le cal. Graines attachées à la cloison.

1. P. **ALKEKENGI** *L.* (*C. Alkékenge*). Tige herbacée, rameuse, haute de 3 à 5 décim. Feu. géminées, ovales, entières, pointues, longuem. pétiolées. Fl. blanches, solitaires, axillaires. Baie rouge, globuleuse, renfermée par un calice vésiculeux d'une belle couleur rouge. ♃. E. PC. Lieux cultivés, ombragés et humides. Evreux, Cambremer, Falaise, Louviers, Pacy-sur-Eure, Lisieux, etc.

IV. ATROPA *Gaertn.* (*Atrope*). Cal. 5-partite, persistant, *étalé à la maturité.* Cor. campanulée, à 5 lobes. Etam. 5, inégales. *Anthères s'ouvrant longitudinalement.* Baie globuleuse, portée sur le cal. Embryon roulé en cercle.

1. A. **BELLADONA** *L.* (*A. Belladone*). Tige droite, ferme, rameuse, pubescente, haute de 4 à 12 décim. Feu. ovales, larges, entières, souvent pétiolées. Fl. assez grandes, d'un rouge-violacé sombre, axillaires. Baies arrondies, noirâtres à leur maturité. ♃. E. PC. Bois montueux, fossés, anciennes carrières. Rouen, Gisors, Vire, Argentan, Falaise, Lisieux, Bayeux, Mont-St.-Michel, St.-Hilaire-du-Harcouet, Touques, Honfleur, Vernon, ruines de l'abbaye de St.-Evroult (Orne), etc.

Les baies de la Belladone sont un violent poison.

†† Fruit capsulaire.

V. DATURA *L.* Cal. grand, tubuleux, ventru, prismatique, 5-gone, 5-fide, caduc. *Cor. infundibuliforme, plissée*, très-grande, à 5 divis. Etam. 5. Stigm. à 2 lames. *Capsule épineuse*, à 4 loges dont 2 ont des cloisons qui n'atteignent pas le sommet.

1. D. **STRAMONIUM** *L.* (*D. Stramoine*). Vulg. *Pomme-épineuse.* Tige grosse, rameuse, haute de 5 à 12 décim. Feu. pétiolées, ovales, larges, glabres, pointues, à dents ou angles allongés. Fl. blanches, en entonnoir plissé. Caps. 4-valves, rondes, hérissées de fortes pointes. ◉. E. PC. Lieux cultivés, bords des chemins, décombres. Rouen, Bolbec, Pacy-sur-Eure, Coutances, Alençon, Domfront, Formigny, Carentan, etc.

VI. HYOSCIAMUS *L.* (*Jusquiame*). Cal. campanulé, 5-lobé, persistant. Cor. en entonnoir, à 5 *lobes* peu ouverts, *inégaux, obliques.* Caps.

ovoïde , un peu comprimée , marquée d'un double sillon , *s'ouvrant trans-*
versalement vers le sommet. Etam. 5.

1. H. NIGER *L.* (*J. noire*). Vulg. *Hunnebanne.* Plante exhalant une
odeur nauséabonde. Tige rameuse , couverte de longs poils blancs , haute
de 2 à 4 décim. Feu. larges , molles , pubescentes , à dents profondes et
pointues , comme pinnatifides. Fl. d'un jaune triste , pourpres-noirâtres
au centre , et veinées de la même couleur sur les lobes de la cor. , disposées
en épis et dirigées d'un même côté. ♂. E. C. Lieux incultes , bords des
chemins.

LXIIIe. FAM. VERBASCÉES. *Koch.*

Cal. monosépale , persistant , à 5 divis. profondes. Cor. monopétale , caduque , rotacée , un peu irrégulière , à 5 lobes inégaux. Etam. 5 , à filets
inégaux. Anthères soudées transversalement au sommet dilaté du filet , ou
adnées obliquem. , uniloculaires. Fruit capsulaire , biloculaire , à loges polyspermes , bivalve au sommet. Embryon droit , dans un périsperme charnu.
— *Plantes herbacées , à feuilles alternes , souv. cotonneuses. Fleurs en épis.*

I. VERBASCUM *L.* (*Molène*). Cal. à 5 divis. Cor. en roue , à tube court
et à 5 lobes inégaux , très-ouverts. Etam. 5 , inégales , à filets le plus souv.
barbus. Anthères réniformes ou oblongues. Caps. ovoïde ou globuleuse ,
polysperme , biloculaire , à 2 valves. Semences fixées à un placenta central.
— *Fleurs jaunes , rarem. blanches.*

La détermination des espèces de ce genre est d'autant plus difficile qu'il
offre beaucoup d'hybrides. J'indique les principales.

1	Poils des étamines blancs ou jaunâtres.	2.
	Poils des étamines violets ou purpurins	6.
2	Feuilles décurrentes le long des tiges.	3.
	Feuilles non décurrentes	5.
3	Filets des étamines inférieures 4 fois plus longs que l'anthère. *V. Thapsus.*	
	Filets des étamines inférieures 1 à 2 fois plus longs que l'anthère.	4.
4	Feuilles décurrentes jusqu'à la feuille inférieure	*V. Thapsiforme.*
	Feuilles supérieures à peine décurrentes.	*V. Phlomoïdes.*
5	Plante à duvet blanc se détachant en flocons.	*V. pulverulentum.*
	Plante à duvet court , grisâtre , ne se détachant point.	*V. Lychnitis.*
6	Feuilles inférieures longuement pétiolées.	*V. nigrum.*
	Feuilles inférieures sessiles ou portées sur un court pétiole.	*V. Blattaria.*

* Feuilles décurrentes.

1. V. THAPSUS L. , *V. Schraderi* Mey. (*M. Bouillon-blanc*). Tige velue ,
simple , haute de 1 à 2 mètres. Feu. ovales , cotonneuses , crénelées , décurrentes , surtout les supér. *Fl. moyennes* , jaunes , en épis serrés et formés
de la réunion de petits bouquets de 3 ou 4 fleurs. Etam. inégales , 3 plus
courtes , à filets couverts de poils jaunâtres , 2 plus longues , presque glabres.
Anthères réniformes. ♂. E. C. Lieux arides , bords des chemins.

Var. *b. V. Thapsoides* Schranck. Tige rameuse.

Var. *c. V. elongatum* Willd. Tige élevée. Fleurs blanches. Nécy , près de
Falaise.

1. *a.* V. THAPSO-NIGRUM *Schied.* , *V. collinum* Schrad. (*M. Bouillon-blanc
et noir*). Cette hybride , provenant des *V. Thapsus* et *V. nigrum* , est

assez remarquable. Tige élevée, anguleuse dans sa partie supér. Feu. peu
cotonneuses, à duvet jaunâtre, semi-décurrentes, crénelées; les supér.
oblongues, allongées, pointues. Fl. d'un jaune vif, en long épi formé de
petits bouquets de 4 à 5 fleurs. Etam. couvertes de poils purpurins. ♂. A1.
TR. Pâturages pierreux près de Falaise, et à Friardel, près de Lisieux.

1. *b.* v. THAPSOLYCHNITIS *Mert.* et *K.*, *V. spurium* Koch. (*M. Bouillon-
blanc-Lychnide*). Feu. cotonneuses des deux côtés, crénelées; les infér.
atténuées en pétiole. Fl. petites, jaunes, en une longue grappe spiciforme,
interrompue; glomérules écartés. Filets des étamines blancs. Stigm. en
tête. ⊙. E. TR. Lieux secs et pierreux. Orbec.

2. v. THAPSIFORME *Schrad.* (*M. Thapsiforme*). Plante couverte d'un duvet
cotonneux, jaunâtre, plus épais que dans le *V. Thapsus.* Tige simple; haute
de 1 à 2 mètres. Feu. ovales, crénelées, décurrentes; les supér. se terminant
en pointes allongées et rétrécies à la base; les infér. comme pétiolées. Fl,
jaunes, quelquefois blanches; *larges, odorantes*, en épi serré. Filets des 3
étam. supér. *velus, jaunâtres*; les 2 infér. glabres. Lobes de la cor. arrondis; les supér. plus petits. Deux des *anthères oblongues*.. ♂. E. PC. Bords
des chemins, fossés. Rouen, Louviers, Pacy, Quillebœuf, Caen, etc.

2. *a.* v. NIGROTHAPSIFORME *Fries.*, *V. semi-nigrum.* Fr. Nov. (*M. noire
Thapsiforme*). Grappe de fleurs grêles; celles-ci petites, jaunes. Filets des étam.
à poils violacés. Anthères réniformes, *transversales.* Feu. longues, sinuées-
crénelées, *d'un vert foncé* en-dessus; les infér. longuem. atténuées en pétiole,
réticulées, veinées et tomenteuses en-dessous; les supér. demi-décurrentes.
Rouen; Putanges (Orne).

3. v. PHLOMOIDES *L.* (*M. Phlomide*). Plante couverte d'un *duvet court
d'un vert-jaunâtre.* Tige simple ou peu rameuse, haute de 8 à 15 décim.
Feu. ovales-lancéolées, crénelées; les radicales pétiolées; les supér. embrassantes et *seulement un peu décurrentes dans les terminales.* Fl. jaunes,
à lobes larges, arrondis, en épis serrés, un peu interrompus dans le bas.
Trois des étam. à filets *barbus, blanchâtres;* les deux autres plus grandes,
presque glabres. Deux des *anthères oblongues. Pédic. plus courts que les cal.*
♂. E. AC. Lieux incultes, bords des chemins. Rouen, Falaise, Caen, etc.
Var. *b. acuminatum.* Feu. caulinaires et florales arrondies au sommet et
prolongées brusquement par une pointe foliacée. Falaise.

** * Feuilles non décurrentes.*

4. v. PULVERULENTUM *Vill.*, *V. floccosum* Wald. et Kit. (*M. pulvérulente*). Plante couverte d'un *duvet blanc, très-serré, floconneux,* se
détachant facilement. Tige droite, rameuse au sommet, haute de 6 à 10
décim. *Feu. très-cotonneuses en-dessus et en-dessous;* les infér. ovales, à courts
pétioles, *à peine crénelées;* les supér. sessiles, arrondies, acuminées, semi-
amplexicaules, redressées. Fl. jaunes, petites, en panicule rameuse. Etam.
à filets couverts de poils blanchâtres. ♂. E. PC. Lieux arides et pierreux,
Caen, Rouen, Vire.

4. *a.* v. LYCHNITIDI-FLOCCOSUM *Zig.* (*M. Lychnide-floconneuse*). Feuilles
crénelées, couvertes d'un duvet cotonneux, se détachant facilement; les
infér. oblongues, atténuées en pétiole; les supér. sessiles, acuminées. Tige
et rameaux anguleux au sommet. Fl. jaunes en grappes étalées. Filets

des étamines à poils blanchâtres. Bréville, près de Troarn (Calvados). M. Joret.

5. v. LYCHNITIS *L.* (*M. Lychnide*). Tige droite, rameuse au sommet, anguleuse, pubescente, haute de 6 à 12 décim. Feu. ovales-lancéolées, crénelées, rétrécies à la base en pétiole; les supér. sessiles, semi-embrassantes, pointues, hues et *presque glabres en-dessus, couvertes en-dessous d'un duvet court et tomenteux, grisâtre.* Fl. d'un jaune pâle, en épis rameux, paniculés. Filets des étamines garnis de *poils jaunâtres.* Anthères jaunes. ♂. E-A. C. Lieux secs, surtout dans les terr. calc.

Var. *b. album* Mœnch. Fl. blanches. Rochers, sous le château de Domfront ; Rouen , Falaise.

Var. *c. axillare.* Tige courte, feuillée jusqu'au sommet. Fl. axillaires, solitaires, portées sur un long pédicelle.

Var. *d. parvulum.* Tige de 8 à 12 centim. Cette miniature a un développement complet dans toutes ses parties. Champs arides de Chamboy (Orne).

6. v. NIGRUM *L.* (*M. noire*). Vulg. *Bouillon-noir.* Tige haute de 6 à 10 décim., d'un violet-noirâtre, anguleuse, souv. simple, chargée de houppes éparses de poils rayonnants et rameux. *Feuilles crénelées, ovales, quelquefois un peu cordiformes à la base, acuminées, pétiolées;* les supér. sessiles ou munies de très-courts pétioles, toutes d'un vert foncé et presque glabres en-dessus, tomenteuses et blanchâtres en-dessous. Fl. jaunes, en panicule rameuse, formée d'épis grêles. Pédonc. une fois plus long que le cal. Étam. à *filets garnis de poils purpurins.* ♂. E. C. Lieux stériles, pied des murs, bords des chemins.

Var. *b. V. Alopecurus* Thuill. Feu. ovales-allongées, non cordiformes à la base, largem. crénelées, tomenteuses sur leurs 2 faces. Vire, St.-Lo.

Var. *c. V. Parisiense* Thuill. Panicule rameuse. Plante robuste. Caen, Falaise.

Var. *d. V. bracteatum.* Fl. petites, d'un jaune foncé, en longue grappe, accompagnées de très-longues bractées foliacées-linéaires. — Lieux pierreux et herbeux. Couvirgny, près de Falaise.

6. *a.* v. NIGRO-LYCHNITIS *Schied., V. mixtum* Lois. (*M. Noire-Lychnide*). Tige droite, *pourvue vers le haut de côtes saillantes.* Feu. d'un *vert obscur, pubescentes en-dessus, tomenteuses en-dessous,* crénelées ; les infér. atténuées en pétiole, lancéolées, largement crénelées. Fl. jaunes, petites, violettes à la gorge. Filets des étam. tous à *poils violacés.* Cal. tomenteux. Falaise, Cossesseville (Calvados); Putanges (Orne).

7. v. BLATTARIA *L.* (*M. Blattaire*). Tige haute de 3 à 15 décim., cylindrique, simple, garnie de poils glanduleux. *Feu.* glabres, crénelées ; les infér. sinuées, obtuses; les caulinaires aiguës, amplexicaules. Fl. jaunes, rarem. blanches, solitaires, en long épi lâche. *Caps.* globuleuse, 2 fois plus courte que le pédonc. *Filets des étam. velus, purpurins.* Bords des chemins et des rivières, bois et haies. ♂. E. C.

Var. *b. V. Blattarioides* L. Feu. un peu velues. Fl. 2 à 4, fasciculées, à pédoncules courts. Caen, St.-Pierre-sur-Dive, Evreux. ♂. Champs en friche, bords des chemins et des rivières.

M. Bertot a trouvé la variété à fl. blanches près de Bayeux.

LXIV°. Fam. SCROPHULARIÉES. *Rob. Brown.*

Cal. 1-sépale, persistant, à 4 ou 5 divis. plus ou moins profondes, souvent irrégulières. Cor. 1-pétale, irrégulière, tantôt à 4 ou 5 lobes inégaux, tantôt prolongée en éperon. Etam. 4, didynames, ou rarem. 2, par avortement des 2 plus courtes. Style simple, terminé par un stigm. plus ou moins bilobé. Ovaire libre, biloculaire, polysperme. Capsule biloculaire, s'ouvrant quelquefois par le sommet, à deux valves souvent bifides au sommet, tantôt parallèles à la cloison qui est simple ou double, tantôt opposées à la cloison dont elles emportent chacune une moitié adhérente au milieu de leur face interne. Graines attachées aux cloisons placentaires. Embryon droit, renfermé dans un périsperme charnu. — *Plantes herbacées ; feuilles souvent opposées, quelquefois verticillées.*

Beaucoup d'espèces de cette famille noircissent en herbier, surtout celles qui appartiennent à la division des Rhinanthées et que M. Decaisne a reconnues être parasites.

<pre>
 1 (Corolle à deux lèvres . . . . 2.
   (Corolle tubulée, campanulée ou rotacée . . . . 9.
 2 (Corolle à tube en éperon ou bossu à sa base . . . . 3.
   (Corolle à tube sans éperon ni bossé . . . . 4.
 3 (Corolle à tube prolongé en éperon à sa base . . . . LINARIA. (iv.)
   (Corolle à tube bossu à sa base . . . . ANTIRRHINUM. (v.)
 4 (Feuilles ailées, à folioles incisées . . . . PEDICULARIS. (ix.)
   (Feuilles entières, crénelées ou incisées . . . . 5.
 5 (Corolle à tube presque globuleux . . . . . . SCROPHULARIA. (iii.)
   (Corolle à tube allongé . . . . 6.
 6 (Calice large, vésiculeux-comprimé . . . . RHINANTHUS. (viii.)
   (Calice tubuleux ou campanulé, non vésiculeux . . . . 7.
 7 (Capsule acuminée . . . . 8.
   (Capsule obtuse ou échancrée . . . . 13.
 8 (Loges de la capsule renfermant 1 ou 2 graines . MELAMPYRUM. (x.)
   (Loges de la capsule renfermant des graines nombreuses. EUPHRAGIA. (vii.)
 9 (Corolle campanulée ou à tube allongé . . . . 10.
   (Corolle rotacée ou à tube court . . . . 11.
10 (Calice accompagné de deux bractées . . . . GRATIOLA. (ii.)
   (Calice sans bractées à sa base . . . . DIGITALIS. (i.)
11 (Corolle à 4 lobes, dont un plus petit . . . . VERONICA. (xiii.)
   (Corolle à 5 lobes égaux . . . . 12.
12 (Plante couchée à tige feuillée . . . . SIBTHORPIA. (xii.)
   (Plante acaule . . . . LIMOSELLA. (vi.)
13 (Lèvre inférieure de la corolle à 3 lobes échancrés . EUPHRASIA. (xii.)
   (Lèvre inférieure de la corolle à 3 lobes entiers . . ODONTITES. (xi.)
</pre>

† *Capsule à deux valves parallèles aux cloisons.* — PERSONÉES *DC.*

I. DIGITALIS L. (*Digitale*). *Cal. persistant, à 5 divis. inégales. Cor. 1-pétale, tubulée ou campanulée, à limbe ouvert, oblique, à 4 lobes inégaux ; le supér. échancré. Etam. 4, fertiles, didynames. Stigm. bilobé. Caps. ovoïde-pointue.*

<pre>
 1 (Corolle ventrue n'étant pas 2 fois aussi longue que large, D. purpurea.
   (Corolle tubuleuse au moins 2 fois plus longue que large . . 2.
 2 (Fleurs jaunes . . . . D. lutea.
   (Fleurs jaunâtres lavées et tachées de pourpre . . D. purpurascens.
</pre>

1. D. PURPUREA L. (*D. pourprée*), Vulg. *Claquets.* Tige droite, arrondie

velue, haute de 5 à 20 décim. *Feu.* ovales-pointues, *crénelées*, velues, blanchâtres, molles ; *les infér. pétiolées. Fl. purpurines*, tachetées inté-rieurement, rarement tout-à-fait blanches, *grandes*, pendantes et disposées en un long épi unilatéral. ⊙. E. TC. Coteaux pierreux, bords des chemins, champs en friche.

J'ai trouvé à Tréperel, près de Falaise, deux individus monstrueux qui présentaient un état remarquable : la fleur ordinaire était remplacée, dans chaque calice, par une petite panicule de fleurs le plus souvent avortées.

La Dig. pourprée est vénéneuse.

2. D. LUTEA L. (*D. jaune*). Plante le plus souvent glabre. Tige arrondie, simple, haute de 5 à 10 décim. Feu. lancéolées, raides, pointues, *dentées en scie. Fl. d'un jaune pâle, petites*, nombreuses, en épi long et très-garni.

Var. *b. hirsuta.* Plante garnie d'un duvet court. Rouen, les Andelys.

♃ ou ♂. R. Bois montueux et pierreux. Rouen, Vernon, Evreux, le Havre, pays de Bray, Pont-Audemer, Dreux, etc.

3. D. PURPURASCENS *Roth.*, *D. purpureo-lutea* Hensl. (*D. purpuracée*). Tige haute de 6 à 10 décim., droite, simple ou peu rameuse, pubes-cente, haute de 1 mètre environ. Feu. oblongues-lancéolées, dentées en scie, glabres en-dessus, pubescentes en-dessous sur les nervures ; *les infér. rétrécies en pétiole ; les supér. ciliées. Fl. d'un blanc-jaunâtre lavé de pourpre*, surtout en-dessus, tachetées en-dedans de points rougeâtres. ♂. E3. TR. Cette plante, qui est sûrement une hybride des deux espèces pré-cédentes, a été trouvée par M. A. Le Jolis, à *la Fauconnière*, petite col-line rocailleuse au sud de Cherbourg.

II. GRATIOLA L. (*Gratiole*). Cal. à 5 divis., *muni de 2 bractées à sa base.* Cor. tubulée, un peu tétragone, à limbe comme à 2 lèvres ; la supér. bilobée, l'infér. à 3 lobes égaux. *Etam. 4, dont 2 stériles dépourvues d'an-thères.* Caps. ovoïde, biloculaire, à cloison simple.

1. G. OFFICINALIS L. (*G. officinale*). Vulg. *Herbe au pauvre homme.* Tige droite, simple, ou un peu couchée et rameuse à la base. Feu. sessiles, ovales-lancéolées, opposées, dentées vers le sommet, 3 ou 5-nervées, glabres. Fl. d'un blanc-jaunâtre, un peu rosées, axillaires, portées sur de longs pédonc. filiformes. ♃. E. PC. Bords des rivières et des étangs. Rouen, Alençon, Mortrée, Etavaux, Mutrécy, Clécy (Calvados), etc.

III. SCROPHULARIA L. (*Scrophulaire*). Cal. 1-sépale, à 5 divis. pro-fondes, obtuses. *Cor. globuleuse*, à limbe 5-lobé, inégal, plus ou moins resserré, bilabié. *Etam 4, didynames, avec le rudiment d'une cinquième avortée et placée en-dessus* (Staminode). Anthères uniloculaires. Caps. ovoïde-pointue, à 2 valves recourbées en-dedans et formant un placenta épais. — *Plantes herbacées à odeur désagréable ; feuilles opposées.*

<pre>
1 { Feuilles pubescentes . . . . 2.
  { Feuilles glabres . . . . 3.
2 { Feuilles presque aussi larges que longues . . . . . . S. vernalis.
  { Feuilles oblongues, allongées . . . . S. Scorodonia.
3 { Tige à 4 angles ailés . . . . S. aquatica.
  { Tige à angles non ailés . . . . S. nodosa.
</pre>

1. S. AQUATICA L., *S. Balbisii* Horn. (*S. aquatique*). Tige droite, carrée, *ailée sur ses angles par la décurrence des pétioles*, haute de 8 à 12 décim. Feu. opposées, cordiformes, pétiolées, crénelées, obtuses,

quelquefois un peu auriculées à leur base, *glabres*. Fl. d'un rouge obscur, en grappe terminale, formée de *bouquets opposés*, *écartés*. Staminode arrondi, ou à peine échancré. ♃. E. TC. Bord des eaux.

2. s. NODOSA *L.* (*S. noueuse*). Tige droite, carrée, *un peu noueuse*, haute de 5 à 10 décim. Feu. cordiformes, pétiolées, pointues, doublement dentées en scie, *glabres*. Fl. d'un pourpre-noirâtre, en grappe terminale, formée de *thyrses alternes, rapprochés*. ♃. E. C. Lieux humides et ombragés.

3. s. VERNALIS *L.* (*S. printannière*). Tige droite, carrée, un peu arrondie, fistuleuse, velue, haute de 4 à 10 décim. Feu. cordiformes, *assez larges, mais courtes*, à dents profondes et surdentées, *pubescentes*, à pétioles velus. Fl. *jaunâtres, en bouquets, portées sur de longs pédonc. axillaires*. ♃. P. R. Bois, Rouen, Pont-Audemer, Bayeux, Fresnay-le-Puceux, près de Caen ; Bernay, etc.

4. s. SCORODONIA *L.* (*S. à feu. de sauge*). Tige droite, souvent rameuse, carrée, garnie de poils courts, haute de 6 à 10 décim. *Feu. allongées*, profondém. échancrées en cœur à la base, doublement dentées ; les infér. crénelées, pétiolées, *velues*, surtout en-dessous. Fl. d'un *brun jaunâtre*, portées sur des pédonc. rameux, divariqués, formant *une longue grappe terminale*. ♃. P3.-A1. R. Lieux pierreux et haies du littoral de la Manche.

IV. LINARIA *Tourn.*, *Antirrhinum L.* (*Linaire*). Cal. 1-sépale, persistant, à 6 lobes profonds. *Cor. personée, se prolongeant en éperon à sa base*. Etam. 4, didynames, élargies à la base. Caps. 2-loculaire, s'ouvrant par deux trous bordés de dents.

Quelquefois les fleurs sont régulières, à 5 étamines, et munies de 5 éperons à la base ; cette monstruosité a reçu le nom de *Pélorie*.

1	Feuilles pétiolées, ovales ou arrondies, lobées	2.
	Feuilles sessiles, linéaires ou lancéolées-linéaires	5.
2	Feuilles réniformes ; plante glabre	*L. cymbalaria.*
	Feuilles ovales ou orbiculaires ; plante plus ou moins velue	3.
3	Pédicelles plus courts que les pétioles	*L. Nottæ.*
	Pédicelles au moins aussi longs que les feuilles	4.
4	Pédicelles glabres	*L. Elatine.*
	Pédicelles très-poilus	*L. spuria.*
5	Fleurs disposées en grappes feuillées	6.
	Fleurs disposées en grappes non feuillées	7.
6	Fleurs d'un blanc-violacé, longuement pédicellées	*L. minor.*
	Fleurs jaunes, brièvement pédicellées	*L. arenaria.*
7	Plante vivace ; fleur en grappe allongée	8.
	Plante annuelle ; fleur en grappe courte	10.
8	Feuilles inférieures verticillées ; graines trigones	9.
	Feuilles éparses ; graines presque planes	*L. vulgaris.*
9	Fleurs jaunâtres ; éperon long et pointu	*L. ochroleuca.*
	Fleurs d'un blanc-lilas ; éperon court, obtus	*L. striata.*
10	Tiges couchées ; fleurs jaunes	*L. supina.*
	Tiges dressées ; fleurs bleuâtres	*L. arvensis.*

** Feuilles pétiolées, arrondies ou anguleuses.*

1. L. CYMBALARIA *Mill.* (*L. Cymbalaire*). *Plante glabre* ; tige grêle, filiforme, couchée, diffuse. *Feu. réniformes* ; alternes, à 5 crénelures ou

lobes arrondis. Fl. d'un violet-bleuâtre, à palais jaune, rarem. blanches, solitaires, axillaires, portées sur de longs pédonc. Eperon court. ℔. P-H1. C. Vieilles murailles. Rouen, Caen, Valognes, St.-Lo, Louviers, Gisors, Honfleur, Alençon, etc.

2. L. ELATINE *Desf.* (*L. Elatine*). Tige couchée, filiforme, rameuse, velue. *Feu.* infér. ovales, opposées ; *les supér. sagittées-aiguës*, pétiolées, alternes, pubescentes. Fl. jaunes, à lèvre supér. violette, solitaires, axillaires, portées sur des *pédoncules déliés, glabres, plus longs que les feu.*, *surtout au sommet des rameaux. Éperon droit.* ☉. E. C. Champs sablonneux, moissons.

2, *a.* L. ELATINE-SPURIA *Nob.* (*L. Elatine bâtarde*). Cette plante est probablement une hybride de la précéd. et de la suivante. Comme le *L. Elatine* , elle a des feu. sagittées, alternes, pétiolées ; mais elles sont plus larges et elles out deux ou trois grosses dents de chaque côté de leur base. La largeur des feu. rappelle l'*E. spuria*, dont la nouvelle plante a la tige principale dressée et non couchée. Elle est couverte de longs poils mous. Ses fl. sont d'un blanc-jaunâtre ou verdâtre, petites, plus courtes que les lobes calicinaux. Corolle, fendue profondément en deux sortes de lèvres ; la supér. bilobée ; l'infér. trilobée. Eperon court. Pédicelles presque glabres, grêles, alternes, axillaires, de la longueur des pétioles. Cette curieuse Linaire a été trouvée, à la fin de l'automne, dans des terrains humides des environs d'Avranches, par MM. Tétrel et Le Héricher. C'est à ces observateurs distingués que je dois les remarques qui précèdent, qu'ils ont bien voulu me communiquer avec un excellent dessin et des échantillons desséchés.

3. L. SPURIA *Mill.* (*L. bâtarde*). Tige couchée ou *redressée avec des rejets couchés*, rampants, allongés. Feu. *ovales-arrondies*, *obtuses*, un peu dentées vers la base, alternes, pétiolées ; les supér. presque sessiles. Fl. jaunes à lèvres supér. violettes, solitaires, portées sur des *pédonc. axillaires, filiformes, velus. Eperon recourbé.* ☉. E. TC. Lieux cultivés, sablonneux, bords des fossés.

On trouve assez souvent cette espèce, à l'état de *Pélorie*, dans les environs de Falaise et de St.-Pierre-sur-Dive.

4. L.? NOTTÆ (*L. de Notta*). « Plante de 4 à 5 centim. de hauteur, parsemée dans toutes ses parties de poils blanchâtres, glanduleux, étalés. Racine pivotante, presque nue. Souche rameuse dès la base, à rameaux fermes, dressés. Feu. pétiolées, alternes ; les radic. ovales-arrondies, obtuses, portant quelques dents peu marquées ; les caulin. courtem. lancéolées-aiguës, portant de chaque côté 2 ou 3 grosses dents, dont l'infér., placée près de la base du limbe, fait paraître la feu. comme hastée. Fl. axillaires, à *pédicelles plus courts que les pétioles.* Cal à 5 divis. lancéolées-linéaires, aiguës. Cor. bilabiée ; tube dépassant longuem. les divis. du cal., et *portant à sa base une simple bosse au lieu d'éperon* ; palais peu saillant ; lèvre supér. à 2 lobes ; l'infér. plus longue, à 3 lobes presque égaux. Tube de la cor. blanchâtre, très-légèrem. lavé de pourpre ; extrémité des lobes d'un pourpre-violet en-dedans. Anthères incluses, violettes. » ☉. A1. TR. Lieux incultes, humides, près d'Orbec. Trouvé une seule fois par M. le Dr. Notta.

L'échantillon unique que possède M. Durand-Duquesney, de Lisieux , ne présentant pas de fruits mûrs, il est difficile d'être bien certain si cette plante curieuse n'appartient pas au genre suivant, dont elle se rapproche par le tube de la cor. plutôt bossu qu'éperonné. Du reste, son port, la forme et la disposition de ses feu. doivent la faire placer dans la section *Elatinoides* du genre *Linaria*. La description que nous donnons a été faite sur le vif par M. Durand-Duquesney.

**** *Feuilles sessiles , lancéolées ou linéaires.***

5. L. VULGARIS *Mænch.* (*L. commune*). Plante glabre , un peu glauque. *Tige droite*, rameuse, haute de 2 à 6 décim. Feu. nombreuses linéaires-lancéolées, éparses. Fl. jaunes, à palais orangé, grandes, en épis terminaux, longs et serrés. Eperon long, droit, pointu. *Graines planes.* ♃. E. TC. Champs sablonneux, bords des chemins, murailles.

Fl. quelquefois *péloriennes.*

6. L. SUPINA *Desf.* (*L. couchée*). *Tige diffuse*, filiforme, haute de 1 à 3 décim., pubescente au sommet. Feu. linéaires, glauques, éparses dans le haut *; les infér. verticillées par* 4. Fl. d'un jaune pâle, en épi terminal peu fourni ; quelquefois l'entrée du tube de la cor. est marquée de deux points d'un pourpre-noirâtre. Eperon long, un peu courbé. *Graines à bord plane, mince.* ☉. E.-A1. C. Terrains sablonneux, moissons, murailles. Rouen, Evreux, Tillières, Gisors, Vernon, Laigle, St.-Pierre-de-Louviers ; Blainville , près de Caen , etc.

7. L. ARENARIA *DC.* (*L. des sables*). Tige rameuse, pubescente, visqueuse, haute de 5 à 15 centim. *Feu. inférieures ovales-oblongues, obtuses*, rétrécies en pétiole, *verticillées par* 4 ; les super., lancéolées, pointues, éparses. Fl. jaunes, petites, portées sur de courts pédicelles, en *grappes terminales , feuillées.* ☉. E. R. Sables maritimes de la Manche, Gatteville, Neuville, Gouberville, etc.

8. L. STRIATA *DC.* (*L. striée*). Tige droite , un peu couchée à la base, rameuse, glabre, haute de 2 à 6 décim. Feu. linéaires, glauques ; les infér. verticillées, rapprochées; les super. éparses. Fl. d'un blanc-lilas, veinées de violet, à palais jaune, en grappes ou épis allongés. Lèvre infér. à 3 *lobes pointus , égaux, concaves. Eperon conique , court, un peu obtus, de la longueur du pédicelle.* ♃. E.-A. TC. Lieux secs et pierreux, bords des chemins, surtout dans la Basse-Normandie.

Var. *b. Antirrh. galioides.* Lam. Feu. nombreuses, rapprochées. Falaise.

Var. *c. pallida.* Fl. blanches , à peine striées.

M. Morière a trouvé, près d'Harcourt, une forme anomale de cette plante présentant des fleurs à peu près régulières, sans éperon, et à limbe 5-lobé.

9. L. OCHROLEUCA *Bréb., Fl. norm.*, éd. 2 ; *L. striata*, var. Bor. (*L. jaunâtre*). Tige droite, rameuse, glabre, haute de 6 à 12 décim. Feu. linéaires, nombreuses ; les infér. verticillées. Fl. jaunâtres, à palais d'un jaune plus vif; lèvre super. à 2 lobes obtus, séparés par une fente profonde, légèrement striés de violet pâle ; *lèvre infér.* à 3 *lobes convexes, obtus*; les 2 *latéraux larges , connivents, recouverts par le médian plus étroit et plus court.* Eperon allongé, pointu, 2 fois aussi long que le pédicelle. ♃. E. R. Haies des environs de St-Lo; Harcourt, Clécy, Fresnay-le-Puceux (Calvados).

La forme de la corolle et les proportions des lèvres et de l'éperon ne peuvent permettre de réunir cette plante à l'espèce précédente, comme simple variété. M. Timbal la regarde comme une hybride du *L. striata* et du *L. vulgaris.*

10. L. ARVENSIS *Desf.* (*L. des champs*). Tige rameuse, dressée, glabre dans le bas, *couverte dans le haut et sur les calices de poils visqueux.* Feu. linéaires, glabres, glauques ; les supér. éparses ; les infér. verticillées-quaternées. *Fl. bleues,* petites, en épis terminaux, courts. Eperon aigu, recourbé. ⊙. E. R. Champs. St.-Lo, Coutances (*De Gerville*), Rouen, Evreux, Louviers ; Condé-sur-Noireau (Calvados).

11. L. MINOR *Desf.* (*L. naine*). Tige rameuse, souv. diffuse, velue, un peu visqueuse, haute de 1 à 3 décim. *Feu. ovales-lancéolées,* rétrécies à la base, obtuses, pubescentes ; éparses dans le haut. *Fl. d'un blanc-violacé mêlé de jaune,* petites, *axillaires, solitaires,* portées sur des pédonc. longs, visqueux. ⊙. E. C. Moissons des terr. calcaires, murailles, bords des chemins.

V. ANTIRRHINUM *L.* (*Mufflier*). Cal. persistant, à 5 divis. profondes ; Cor. 1-pétale, personée, *renflée-gibbeuse à sa base, mais non prolongée en éperon,* bilabiée ; lèvre supér. à deux lobes réfléchis ; l'infér. trilobée. Etam. 4, didynames. Caps. oblique, 2-loculaire, s'ouvrant au sommet par 2 ou 3 trous.

<table>
<tr><td rowspan="2">1 {</td><td>Calice à divisions plus courtes que la corolle</td><td>. . . . . *A. majus.*</td></tr>
<tr><td>Calice à divisions plus longues que la corolle</td><td>. . . . *A. Orontium.*</td></tr>
</table>

1. A. MAJUS *L.* (*M. à grandes fleurs*). Vulg. *Muffle-de-veau* ; *Gueule-de-lion.* Tige dressée, rameuse, pubescente, haute de 4 à 8 décim. Feu. lancéolées, glabres, opposées ; les supér. alternes. Fleurs purpurines ou blanches, grosses, pubescentes. *Cal. à divis. courtes,* obtuses. Caps. presque glabres. ♂. E. C. Vieux murs et jardins.

J'ai trouvé un individu dont la fleur avait un limbe régulier, à 5 lobes ouverts.

2. A. ORONTIUM *L.* (*M. rougeâtre*). Tige droite, souv. rameuse, velue, haute de 2 à 4 décim. Feu. lancéolées-linéaires, rétrécies en pétiole, glabres, opposées, au moins dans le bas. Fl. roses ou rarem. blanches, axillaires, solitaires. *Divis. du cal. linéaires, aussi longues que la cor.* Caps. velue. ⊙. E. C. Moissons.

La capsule, percée de 3 trous au sommet, à sa maturité, simule une tête de mort en miniature.

L'*A. Asarina* L. remarquable par ses tiges couchées et ses feu. réniformes crénelées, est naturalisé sur plusieurs vieilles murailles de St.-Lo.

VI. LIMOSELLA *L.* (*Limoselle*). Cal. persistant, 5-denté. Cor. 1-pétale, campanulée, à 5 divis. régulières. Etam. 4, didynames ; les 2 plus courtes avortent quelquefois. Stigm. globuleux. Caps. ovoïde, 2-valve, séparée en 2 loges par une cloison incomplète qui n'atteint pas le sommet. — *Plante aquatique, acaule.*

1. L. AQUATICA *L.* (*L. aquatique*). Petite plante acaule, stolonifère, glabre. Feu. lancéolées-spatulées ; longues de 2 à 4 décim. Fl. très-petites, d'un blanc-rosé, portées sur des pédonc. radicaux, uniflores, plus courts que

les feu. ♃, E. PC. Bords des étangs, des mares et des fossés. Rouen, Alençon, Cherbourg, Falaise, Valognes, Thorigny, Verneuil, Janville, etc.

†† *Capsule à 2 valves opposées à la cloison.* — RHINANTHÉES.

VII. EUFRAGIA *Griseb.* (*Eufragie*). Cal. tubuleux, non ventru, 4-fide. *Cor. tubuleuse, bilabiée; lèvre supér. comprimée, concave; l'infér. réfléchie, 3-lobée.* Anthères cotonneuses. Caps. ovoïde, comprimée. *Graines striées longitudinalement.*

1. E. VISCOSA *Benth.*, *Bartsia* L. (*E. visqueuse*). Plante couverte de poils visqueux. Tige droite, garnie de quelques rameaux, haute de 3 à 6 décim. Feu. lancéolées-dentées, sessiles, opposées dans le bas de la plante. Fl. jaunes, axillaires. Style persistant. ◉. E. PC. Prés et champs humides. Caen, Vire, Cherbourg, Domfront, Lisieux, Bayeux, Alençon, Flers, Bernay, Falaise, St.-Lo, Pont-Audemer, etc.

VIII. RHINANTHUS *L.* (*Rhinanthe*). *Cal. persistant, ventru, vésiculeux, comprimé,* à 4 dents. Cor. tubuleuse, bilabiée; lèvre supér. en casque, comprimée, échancrée; l'infér. à 3 lobes, dont celui du milieu plus large. *Caps.* comprimée, 2-loculaire, *polysperme.* Cloison opposée aux valves. *Graines comprimées.*

1 {	Calice glabre ou pubescent sur la carène	2
	Calice velu sur toute la surface	*R. hirsuta.*
2 {	Tige tachetée; bractées d'un vert-jaunâtre	*R. glabra.*
	Tige pourpre-noirâtre; bractées vertes	*R. minor.*

1. R. GLABRA *Lam.*, R. Crista-galli, var. L. (*R. glabre*). Vulg. *Trompe-cheval, Cocrête.* Tige droite, un peu rameuse, glabre, *tachetée de points noirs,* haute de 3 à 5 décim. Feu. opposées, lancéolées, sessiles, glabres, profondém. dentées en scie. Fl. jaunes, axillaires, en épi terminal, accompagnées de *bractées d'un vert pâle,* ovales, à dents longues et pointues. Graines ailées. ◉. P. TC. Prairies.

Var. *b., intermedia.* Fl. plus petites; cal. plus vert, taché de brun. Se rapproche du *R. minor.* Mortrée.

2. R. HIRSUTA *Lam.* (*R. velu*). Tige droite, simple ou rameuse au sommet, haute de 4 à 6 décim., *pubescente,* peu tachée. Feu. lancéolées-dentées, *pubescentes,* à bords un peu roulés en-dessous. Fl. jaunes, en épi, accompagnées de *bractées d'un vert-jaunâtre.* Cal. velu. Graines à bord étroit. ◉. P. R. Prés humides. Rouen, Pont-de-l'Arche; Eterville, près de Caen; Vernon, etc.

3. R. MINOR *Ehrh.*, R. secunda Breb. Mém. Soc. Linn. Norm., vol. I. (*R. à petites fleurs*). Tige entièrement d'un pourpre-noirâtre, grêle. Fl. jaunes, dirigées du même côté, marquées de 2 points violets à l'entrée de la cor. Carène du cal. un peu velue. Feu. étroites, lancéolées-linéaires, à dents profondes, subulées; les florales vertes et non décolorées. Cal. taché de brun. ◉. E. PC. Pelouses et coteaux secs. Falaise, Aulnay, Mézidon, etc. — Plus tardif que les esp. précédentes.

IX. PEDICULARIS *L.* (*Pédiculaire*). *Cal. persistant, un peu ventru,* à 5 dents, dont la supér. très-petite. Cor. à deux lèvres; la supér. étroite, en casque, comprimée; l'infér. souv. plus longue, plane, trilobée. *Etam.* 4,

Caps. comprimée, arrondie, oblique, pointue au sommet, 2-loculaire, polysperme. Cloison opposée aux valves. — Feu. pinnées.

Tige ayant à la base de longs rameaux couchés	*P. sylvatica.*
Tige droite, sans rameaux couchés à sa base	*P. palustris.*

1. P. PALUSTRIS *L.* (*P. des marais*). *Tige droite*, rameuse, anguleuse, rougeâtre, haute de 2 à 5 décim. Feu. bipinnatifides, à lobes dentés, pétiolées, glabres. Fl. roses, quelquefois blanches, axillaires, terminales, rapprochées en épi. Cal. rugueux, souv. velu, à deux lèvres découpées en crète. Casque tronqué, présentant au milieu de sa longueur *une dent de chaque côté*, outre deux dents terminales. ⊚ P. E. C. Marais tourbeux, prés humides.

2. P. SYLVATICA *L.* (*P. des bois*). Tige haute de 1 à 2 décim., émettant à sa base des *rameaux étalés, couchés, souvent plus longs qu'elle*. Feu. pinnatifides, à lobes ovales, incisés-dentés. Fl. roses ou blanches, axillaires, sessiles, rapprochées au sommet de la tige et des rameaux. Cal. renflé, oblong, à 5 dents découpées irrégulièrem. Casque tronqué, *sans dents au milieu de sa longueur*, terminé par 2 dents aiguës. ⊚ P 1-2. TC. Bois et prés humides.

X. MÉLAMPYRUM *L.* (*Mélampyre*). Cal. tubuleux, bilabié, 4-fide. Cor. tubuleuse, à deux lèvres comprimées; la supér. en casque, à bords repliés; l'infér. trilobée. Etam. 4; didynames. Anthères velues. Caps. acuminée, oblique, comprimée, à 2 *loges* 1 ou 2-*spermes*. Cloison opposée aux valves.

Fleurs axillaires, disposées par paires	*M. pratense.*
Fleurs en épis serrés, accompagnés de bractées	2.
Epis courts, carrés; bractées cordiformes	*M. cristatum.*
Epis allongés; bractées ovales-lancéolées	*M. arvense.*

1. M. ARVENSE *L.* (*M. des champs*). Vulg. *Rougeole, Blé de vache.* Tige simple ou garnie de quelques rameaux latéraux, pubescente, haute de 3 à 6 décim. Feu. sessiles, lancéolées-linéaires; les supér. incisées, pinnatifides à la base. Fl. rougeâtres, quelquefois blanches, à gorge jaune, en *long épi abondamment fourni de bractées lancéolées, purpurines*, bordées de longues dents sétacées. Cal. à divis. terminées par de *longues pointes dépassant la capsule.* ⊚ E. C. Moissons des terrains calcaires.

2. M. CRISTATUM *L.* (*M. à crète*). Tige rameuse, pubescente, haute de 2 à 3 décim. Feu. linéaires-lancéolées; les supér. un peu incisées à la base. Fl. purpurines ou blanchâtres, à palais jaune, en *épis terminaux courts, serrés, entremêlés de bractées cordiformes, purpurines*, bordées de dents étroites, comme ciliées. *Cal. à pointes plus courtes que la caps.* ⊚ E. PC. Bois et prés couverts des terr. calc. Rouen, Evreux, Gisors, Andelys, Ivry, Reuilly, etc. M. Chesnon l'a trouvé à fl. blanches; dans ce cas, les bractées ont la même couleur, ce qui arrive aussi dans l'espèce précédente.

3. M. PRATENSE *L.* (*M. des prés*). Tige rameuse, faible, glabre, haute de 2 à 4 décim. Feu. lancéolées, entières; les supér. un peu incisées, comme hastées-pinnatifides à la base, portées sur un très-court pétiole. Fl. jaunes, à tube blanchâtre, *axillaires, rapprochées par paires*, dirigées du même côté en grappe terminale, lâche. Cor. 2 fois plus longue que le cal., dont

les dents sont étroites et appliquées, *plus courtes que la caps.* ⊙. E. TC. Bois et prés.

XI. **ODONTITES** *Hall., Pers.* (*Odontite*). Cal. tubuleux ou campanulé à deux divis. bifides. Cor. bilabiée ; *lèvre supér. en casque*, entière ou échancrée, à *bords non repliés* ; lèvre infér. plane, *à 3 lobes entiers* ; palais sans plis. Etam. 4, didynames ; *loges des anthères toutes également aristées.* Caps. *bivalve, ovoïde, oblongue, comprimée, arrondie ou émarginée.* Cloison opposée aux valves. Deux loges polyspermes. Graines petites, pendantes, striées, marquées d'un sillon longitudinal. — *Plantes annuelles ; fleurs rouges ou jaunes, rarem. blanches.*

1 { Style dépassant la lèvre supérieure de la corolle . . . . 2.
  { Style ne dépassant pas la lèvre supérieure de la corolle . *O. Jaubertiana.*
2 { Feuilles lancéolées élargies ; bractées plus longues que les fleurs. *O. rubra.*
  { Feu. lancéolées-linéaires ; bractées plus courtes que les fleurs. *O. serotina.*

1. O. RUBRA *Pers., O. verna* Reich., *Euphrasia Odontites* L. (*O. rouge*). Tige de 2 à 3 décim., droite, à *rameaux ascendants*, rude, chargée de poils réfléchis. *Feu. lancéolées, élargies* à la base, sessiles, pourvues de dents peu nombreuses et à peine saillantes. Fl. rosées, rarem. blanchâtres, presque sessiles, en épis unilatéraux, feuillés. Cor. pubescente à *lèvres écartées.* Etam. saillantes. *Style dépassant la corolle*, même avant l'épanouissement. Anthères mucronées, ciliées. *Bractées plus longues que les fleurs.* ⊙. E. TC. Lieux stériles, moissons.

2. O. SEROTINA *Rchb., Euphrasia* Lam. (*O. tardive*). Elle diffère de la précéd. par ses tiges plus longues à *rameaux étalés*, par ses *bractées plus courtes que les fleurs* et par ses *feu. plus étroites*, presque linéaires ; peu dentées. Fl. rosées, rarem. blanchâtres. Cor. à lèvres écartées. *Style plus long que la cor.* Caps. un peu échancrée au sommet. ⊙. A. PC. Pâturages secs, bords des chemins. St.-Pierre-sur-Dive, Lisieux, Meules (Calvados); Basoches, Putanges (Orne), etc.

Var. *b. O. divergens* Jord. Rameaux très-allongés, divariqués. Feu. supér. presque entières ; calices appliqués ; fl. rougeâtres, quelquefois un peu jaunâtres. Ouville-sur-Dive (Calvados); Chambóy (Orne).

J'ai trouvé près de Falaise une forme à fl. presque blanche, dont la tige et les rameaux étaient d'un vert-blanchâtre.

3. O. JAUBERTIANA *Bor.* (*O. de Jaubert*). Tige droite, rougeâtre, haute de 2 à 6 décim., à rameaux ouverts, allongés, couverte de poils courts, blanchâtres, apprimés. Feu. linéaires, pubescentes, scabres, à dents écartées ; les supér. presque entières. Bractées entières. *Fleurs rougeâtres ou jaunes-rougeâtres*, à cor. pubescente ; *lèvres conniventes. Etamines et style ne dépassant pas la lèvre supér. de la cor.* Anthères un peu barbues. Cal. à dents courtes, lancéolées. ⊙. A1-2. R. Pâturages et chemins sablonneux, à Dives et à Ouistreham (Calvados).

XII. **EUPHRASIA** *L.* (*Euphraise*). Cal. tubuleux ou campanulé, à 2 divis. bifides. Cor. bilabiée ; *lèvre supér. faiblem. en casque*, large, tronquée ou bilobée ; lèvre infér. à 3 *lobes émarginés ou bilobés.* Etam. 4, didynames ; *loges des anthères inégalem. mucronées* à la base ; les infér. plus longuem. aristées dans les 2 étam. plus courtes. Caps. bivalve, ovale, comprimée, tronquée ou émarginée au sommet, à 2 loges polyspermes ;

cloison opposée aux valves. — *Plantes annuelles ; fleurs blanches, quelquefois un peu violacées.*

Calice velu, glanduleux	*E. officinalis.*
Calice glabre ou pubérulent, non glanduleux . . .	*E. nemorosa.*

1. E. OFFICINALIS *L.* (*E. officinale*). Tige de 1 à 2 décim., rameuse, *velue-glanduleuse*. Feu. opposées, d'un *vert-gris* ; les supér. souvent alternes, ovales, profondém. dentées, sessiles. *Cal. velu-glanduleux*, à côtes saillantes ; quadrifides, à lobes dressés. Fleurs blanches ou un peu teintées et veinées de violet ; cor. à lèvre supér. étalée, crénelée ; l'infér. à 3 lobes échancrés. Etam. non saillantes. Caps. *ovoïde-oblongue*, tronquée, comme échancrée, mucronée. ☉. E. TC. Prairies, pâturages, pelouses, bords des bois.

Var. *b. grandiflora* Soy. Willem. Tige haute, rameuse, velue ; cor. blanche, large, une fois plus longue que le cal. ; feu. ovales, profondém. dentées.

Var. *c. tetraquetra* Fl. Norm., édit. 2 ; var. *condensata* Leb. ms. Epi épais, serré, présentant quatre angles. Falaises de Tracy (Calvados), et de Carteret (Manche).

Var. *d. simplex*. Tige simple, allongée ; feu. écartées, ovales, à dents arrondies.

Var. *e. intermedia* Soy. Will. Fl. médiocres ; tige très-rameuse.

2. E. NEMOROSA *Pers.* (*E. des bois*). Tige raide, à *pubescence courte*, jamais glanduleuse, à rameaux dressés. Feu. épaisses, d'un *vert foncé*, glabres ou un peu pubérulentes, à dents étroites, profondes. Cal. glabre ou un peu *pubescent, jamais glanduleux*, à lobes profonds. Fl. blanches, rayées de violet, variées de jaune, généralem. plus petites que dans l'esp. précéd. *Caps. linéaire-oblongue, étroite*. ☉. E. C. Pelouses, bois découverts.

Var. *b. E. foliacea*. Tige très-rameuse, pubescente, garnie de feuilles nombreuses, ovales, assez large, à dents pointues. Fleurs blanches, axillaires, peu nombreuses. Falaise.

Var. *c. E. gracilis*. Tiges grêles, très-longues, couvertes d'un duvet court. Feu. petites, très-écartées. Cor. petite, à tube une fois plus long que le cal. Bois. Falaise.

Var. *d. E. minima* Schleich. Tige simple, courte. Feu. à dents courtes. Fl. petites, d'un bleu-violacé. Cal. glabre. Bois près de Falaise.

Var. *e. E. nervosa, E. ericetorum* Jord. ? Grappes terminales, feuillées, serrées au sommet ; fl. petites, lilas, striées ; feu. à dents écartées, très-profondes, munies de nervures fortes, très-saillantes après la dessication. Falaise.

XIII. SIBTHORPIA *L.* (*Sibthorpie*). Cal. à 5 divis. profondes. *Cor. à tube court, à limbe ouvert, presque en roue, divisé en 5 lobes réguliers.* Stigm. capité. Caps. bivalve, orbiculaire, comprimée ; déhiscente au sommet. Cloison opposée aux valves. — *Plante à tige couchée, feuillée.*

1. S. EUROPÆA *L.* (*S. d'Europe*). Petite plante à tige couchée, filiforme, rampante, velue. Feu. réniformes, chargées de poils épars, pétiolées, ayant de 5 à 9 lobes ou crénelures en leurs bords. Fl. très-petites, d'un blanc légèrem. rougeâtre, portées sur des pédonc. radicaux plus courts que les feu. ♃. E-A. PC. Lieux humides et pierreux, bords des sources, fossés. Mautes, Vire, Mortain, Domfront, Cherbourg, Briouze, St.-Lo, Aulnay, Castillon, St.-Paul-du-Vernay (Calvados); Avranches, Sourdeval, etc.

XIV. VERONICA L. (*Véronique*). Cal. persistant, à 4, rarem. 5 divis. *Cor. en roue, à 4 lobes dont un plus petit. Etam. 2. Style 1, persistant. Caps. comprimée, ovale, ou échancrée en cœur au sommet, biloculaire, bivalve. Placenta distinct, formé de deux lames qui se divisent avec la cloison qui est opposée aux valves. — Fl. le plus souv. bleues.*

1 {	Fleurs en grappes portées sur des pédoncules généraux latéraux	12.
	Fleurs axillaires ou en épis terminaux	2.
2 {	Tiges couchées, étalées	3.
	Tiges droites ou redressées	6.
3 {	Calice à divisions cordées à la base	V. hederæfolia.
	Calice à divisions oblongues ou lancéolées	4.
4 {	Pédicelles plus longs que les feuilles	V. Persica.
	Pédicelles plus courts que les feuilles	5.
5 {	Fleurs pâles, striées de bleu; cal. à lobes peu nerviés	V. agrestis.
	Fleurs d'un bleu vif; cal. à lobes fortement nerviés	V. didyma.
6 {	Feuilles digitées ou pinnatifides	7.
	Feuilles entières, dentées ou crénelées	8.
7 {	Feuilles pinnatifides; graines jaunâtres	V. verna.
	Feuilles digitées; graines noires	V. triphyllos.
8 {	Fleurs en épi serré, terminal, non foliacé	V. spicata.
	Fleurs en grappe feuillée	9.
9 {	Pédicelles plus courts que le calice	V. arvensis.
	Pédicelles au moins aussi longs que le calice	10.
10 {	Feuilles fortement dentées ou crénelées	V. præcox.
	Feuilles peu dentées	11.
11 {	Plante annuelle; fleurs bleues	V. acinifolia.
	Plante vivace; fleur d'un bleu très-pâle	V. serpyllifolia.
12 {	Feuilles plus ou moins velues	13.
	Feuilles très-glabres, ou linéaires	16.
13 {	Feuilles à pétiole assez long	V. montana.
	Feuilles sessiles, ou à pétiole très-court	14.
14 {	Tiges couchées, rampantes; fleurs d'un bleu pâle	V. officinalis.
	Tiges redressées; fleurs d'un beau bleu	15.
15 {	Tige garnie de deux rangées de poils	V. Chamædrys.
	Tige velue tout autour	V. Teucrium.
16 {	Feuilles ovales ou lancéolées	17.
	Feuilles linéaires	V. scutellata.
17 {	Feuilles sessiles, ovales-lancéolées, pointues	V. Anagallis.
	Feuilles pétiolées; ovales, obtuses	V. Beccabunga.

** Fleurs en grappes latérales.*

1. v. BECCABUNGA L. (*V. Beccabunga*). Plante glabre. Tiges arrondies, fistuleuses, couchées, radicantes, redressées, hautes de 2 à 6 décim. *Feu. opposées, pétiolées, ovales-arrondies, dentées, luisantes, un peu charnues. Fl. d'un beau bleu, en grappes latérales un peu lâches. Caps. cordiforme-arrondie.* ♃. E. TC. Lieux humides, bords des eaux.

Var. *b. bracteata.* Bractées plus longues que les pédonc. Cherbourg.

Var. *c. humilis.* Tige naine; grappes courtes de fl. pâles un peu rosées. St.-Lo.

2. v. ANAGALLIS L. (*V. Mouron*). Plante glabre. Tiges fistuleuses, arron-

dies, droites, couchées et radicantes à la base, hautes de 2 à 10 décim. *Feu.* opposées, *demi-embrasantes, lancéolées,* allongées, dentées en scie, pointues. *Fl. d'un bleu pâle ou violacé,* en longues grappes latérales. Caps. renflée. ♃. E. C. Bords des eaux, rivières, fossés.

3. v. SCUTELLATA *L.* (*V. à écussons*). Tige grêle, redressée, arrondie, glabre, haute de 2 à 6 décim. *Feu.* opposées, demi-embrassantes, *linéaires,* pointues, garnies de *dents à peine sensibles,* écartées *et fendues en deux petites dentelures dont une un peu plus courte.* Fl. d'un blanc-rosé, ou bleuâtres et striées de violet, en grappes lâches, axillaires. ♃. E. C. Marais, fossés, prés humides.

Var. *b. velutina,* Guép., *V. parmularia* Poit. et Turp. Tige velue et feu. pubescentes. Rouen ; Falaise, forêt de Cinglais (Calvados); Alençon, Mortrée (Orne), etc.

4. v. TEUCRIUM *L.* (*V. Teucriette*). Tiges étalées, velues, dures, longues de 1 à 4 décim. Feu. opposées, ovales, pointues, munies de grosses dents, surtout dans les deux tiers inférieurs, velues, blanchâtres en-dessous. *Fl. d'un bleu vif,* striées de rouge, en grappes latérales assez fournies. *Cal. à divis. linéaires, inégales,* velues, Caps. cordiforme, à lobes rapprochés. ♃. P2-3. PC, Pelouses, côteaux secs des terr. calc. Rouen, Falaise, Caen, Dives, etc.

Var. *b. V. prostrata L.* Feu. linéaires, presque entières. Grappes courtes. Cal. à lobes glabres. Caps. à lobes écartés. Rouen, Evreux, Nonancourt, Trouville, Dreux.

5. v. CHAMÆDRIS *L.* (*V. petit-chêne*). Vulg. *Véronique femelle.* Tiges un peu couchées à la base, hautes de 2 à 4 décim., remarquables par leurs entre-nœuds *munis alternativement de 2 rangées de poils* opposés, qui sont comme une sorte de décurrence des bords des feuilles ; celles-ci sont presque sessiles, opposées, cordiformes, dentées, velues. *Fl. d'un beau bleu,* striées, en grappes axillaires, longues et lâches. *Caps.* obcordée, large, *plus courte que les divis. du cal.* ♃. P2.-3. TC. Prés, pied des haies, bords des chemins.

Var. *b. grandidentata* Guép. Feu. larges, à dents très-profondes. TR. Forêt d'Ecouves, près de Tanville (Orne).

6. v. MONTANA *L.* (*V. de montagne*). Tiges couchées, rampantes à la base, velues, hautes de 1 à 3 décim. Feu. *pétiolées,* opposées, ovales, un peu cordiformes, dentées, chargées de poils épars. *Fl. d'un bleu pâle,* striées de rouge, en grappes latérales, lâches, pauciflores. *Caps.* comprimées, réniformes, larges, ciliées, *dépassant les divis. du cal.* ♃. P2.-3. PC. Bois ombragés, prés humides. Rouen, Falaise, Vire, Caen, Cherbourg, Alençon, etc.

7. v. OFFICINALIS *L.* (*V. officinale*). Vulg. *Véronique mâle; Thé d'Europe.* Tiges dures, couchées, radicantes, pubescentes. Feu. pétiolées, opposées, ovales, dentées en scie, pubescentes. *Fl. d'un bleu pâle, en grappes* serrées, *latérales,* solitaires dans l'aisselle des feu. supér. Caps. cordiforme, comprimée, à lobes divergents, *plus longue que le cal.* Pédonc. court. ♃. P2-E1. TC. Bois, champs en friche, collines sèches, etc.

J'ai trouvé une forme de cette espèce à feu arrondies, à grappes courtes, à petites fleurs d'un violet pâle, presque rosées. Ruines antiques de La Courbe (Orne).

*** Fl. en épi terminal ou solitaires à l'aisselle des feu. supérieures.*

8. v. SPICATA *L.* (*V. à épi*). Tige simple, un peu couchée à la base, redressée, velue, haute de 2 à 4 décim. *Feu.* ovales-oblongues, *velues*, rétrécies en pétiole, un peu coriaces, crénelées ; les super. étroites et plus courtes. *Fl. bleues en long épi terminal, assez épais.* Divis. de la cor. pointues. ♃. E. R. Bois secs et coteaux pierreux. Les Andelys ; Tosny.

Var. *b. interrupta*, *V. squamosa* Presl. *in* Reich. Tige élevée. Feu. super. linéaires. Épi interrompu dans le bas. Cal. plus long que la caps.

Var. *c. minor.* Tige naine. Feu. profondém. dentées. Sables de Vauville et de Biville, près de Cherbourg.

9. v. SERPYLLIFOLIA *L.* (*V. à feu. de Serpolet*). *Plante glabre. Tige* couchée, rameuse, et *radicante* à la base, redressée. Feu. opposées, au moins dans le bas, ovales, crénelées ; l'extrémité obtuse et entière. Pétiole court. Fl. d'un bleu pâle, striées, *en grappe terminale.* ♃. P-A. TC. Lieux frais, champs en friche, bords des fossés.

10. v. ACINIFOLIA *L.* (*V. à feu. de thym*). Tige droite, simple ou peu rameuse, pubescente, un peu visqueuse, haute de 4 à 10 centim. Feu. d'un vert pâle, rougeâtres en-dessous ; les infér. ovales-oblongues, *obtuses*, *munies de quelques crénelures*, presque glabres ; les super. entières. Fl. bleues, en grappe courte, terminale. *Caps. cordiforme, à lobes arrondis, comprimés. Pédonc. courts, de la longueur des bractées.* ⊚. H. R. Lieux cultivés, jachères. Rouen, Evreux, Alençon, Lisieux.

11. v. VERNA *L.* (*V. printanière*). Petite plante, haute de 5 à 10 centim. Tige dressée, pubescente ; le plus souv. simple. Feu. ovales-oblongues, dentées, quelquefois comme *pinnatifides dans les super.* ; les florales entières, linéaires. Fl. d'un bleu pâle, en petite grappe terminale, étroite. *Pédicelle plus court que le cal.* Caps. comprimée, obcordée, pubescente sur les bords, *plus courte que les divis. du cal.* ⊚. P. TR. Champs sablonneux, près secs. Dieppe, Evreux, Pacy-sur-Eure.

12. v. PRÆCOX *All.* (*V. précoce*). Tige droite, rameuse, ouverte, velue, haute de 5 à 15 centim. Feu. infér. opposées, *un peu pétiolées*, cordiformes, velues, d'un vert-rougeâtre, à dents larges et obtuses ; les super. sessiles, entières, ou seulem. un peu incisées à la base. Fl. bleues, pédonculées, axillaires. *Caps. comprimée, ovale, échancrée, un peu plus courte que le cal.* dont les divis. sont ovales, chargées de poils glanduleux. Pédic. plus courts que les feuilles ou bractées. ⊚. P. R. Lieux cultivés. Pays de Bray, Evreux.

13. v. TRIPHYLLOS *L.* (*V. trilobée*). Tige rameuse, étalée, redressée, pubescente, haute de 10 à 15 cent. Feu. infér. cordiformes, opposées, velues, crénelées ; les super. *à 3 ou 5 lobes obtus ; les florales trifides.* Fl. bleues, solitaires, portées sur des pédonc. plus longs que le cal. dont les lobes sont ovales, obtus. Caps. obcordée, comprimée, ciliée de poils glanduleux qui se retrouvent sur toute la plante. ⊚. P. PC. Moissons. Rouen, Evreux, Vimoutiers (Orne).

14. v. AGRESTIS *L.* (*V. agreste*). Tiges couchées, rameuses, velues, longues de 1 à 2 décim. Feu. pétiolées, ovales, un peu cordiformes, *fortement crénelées*, presque glabres ; les super. alternes. Fl. pâles, d'un bleu clair

veiné (le lobe infér. blanc), solitaires, axillaires, pédonculées. Lobes du cal. oblongs, obtus, *peu nerviés*, plus longs que la caps. qui est *réniforme, renflée, à loges 4 ou 5-spermes. Style court.* ☉. P-E. TC. Lieux cultivés, moissons, jardins.

15. V. DIDYMA Ten., *V. polita* Fries. (*V. didyme*). Cette esp. ressemble beaucoup à la précéd. et est presque aussi répandue. Elle diffère de l'*agrestis* par le cal. à lobes plus aigus, *fortement nerviés*, par sa *corolle d'un bleu plus vif*, et par sa capsule plus ventrue et renfermant *dans chaque loge 8 à 10 graines.* Le style fait saillie hors de l'échancrure de la caps. ☉. E. C. Lieux cultivés. Rouen, Lisieux, Caen, etc.

16. V. ARVENSIS L. (*V. des champs*). *Tiges* rameuses, étalées, *redressées*, chargées de poils assez longs, hautes de 5 à 25 centim. *Feu.* opposées, pétiolées, ovales, un peu cordiformes, *crénelées*, obtuses, à peine hérissées de quelques poils courts; les supér. étroites et alternes. Fl. bleues, petites, axillaires, solitaires, presque sessiles, plus courtes que la feuille-bractée. *Caps. obcordée, plus courte que les divis. du cal.* qui sont inégales et lancéolées. *Style ne dépassant pas les lobes de la capsule.*

Var. b. *V. polyanthos* Thuill. Tiges allongées portant des fleurs à l'aisselle même des feu. infér. ☉. P-E1. TC. Champs, prés secs, bords des champs, etc.

17. V. HEDERÆFOLIA L. (*V. à feu. de lierre*). Tiges rameuses, couchées, velues, longues de 1 à 3 décim. Feu. pétiolées, cordiformes, alternes, à *3 ou 5 lobes* (le terminal plus large), un peu hispides. Fl. bleues ou blanches, striées, axillaires, solitaires, portées sur des pédoncules plus longs que les feu. Caps. comprimée, arrondie, échancrée, plus courte que le *cal. dont les divis. sont cordiformes*, ciliées, rapprochées après la fleuraison. ☉. P-E. TC. Lieux cultivés, moissons, jardins.

18. V. PERSICA Poir., *V. Buxbaumii* Ten., *V. filiformis* DC. (*V. de Perse*). Tiges étalées, diffuses, velues, longues de 2 à 3 décim. Feu. presque cordiformes, ovales, à dents ou crénelures profondes, au nombre de 7 à 13. Fl. bleues, veinées, portées sur des *pédic. plus longs que les feu.* et arqués à la maturité. Cal. à divis. lancéolées, divariquées, *plus longues que la caps.* qui est réticulée, plus large que longue et à 2 *lobes obtus comprimés, divergents, très-écartés.* ☉. E. R. Jardins et lieux cultivés. Fervaques (M. Gahéry). Caen, Avranches, Formigny, Grandcamp (arrond. de Bayeux), etc.

LXVᵉ. FAM. OROBANCHÉES. *Juss.*

Cal. monosépale, tubuleux, souv. accompagné de bractées, à 4 ou 5 lobes, quelquefois divisé profondément en 1 à 3 découpures semblables à des bractées. Cor. tubuleuse, 1-pétale, irrégulièr. bilabiée. Etam. 4, dont 2 plus longues insérées sur la cor. et cachées sous la lèvre supér. Style 1, à stigm. souv. 2-lobé. Caps. 1-loculaire, polysperme, à 2 valves chargées d'un ou deux placentas en forme de nervure longitudinale. Embryon petit, caché dans un périsperme charnu. — *Plantes parasites. Tiges garnies d'écailles tenant lieu de feuilles. Fl. en épis.*

Calice bilabié; stigm. profondément bilobé	OROBANCHE (i.)
Cal. campanulé; stigm. entier ou à peine échancré	LATHRÆA (ii.)

1. **OROBANCHE** *L.* Cal. à 2 lobes bractéiformes, bifides, ou tubuleux, 4 ou 5-fide, *accompagné de 1 ou 3 bractées.* Cor. tubuleuse, irrégulière, marcescente, bilabiée, à 4 ou 5 divis. *Lèvre supér. concave, souv. échancrée. Stigm. profondém. bilobé.*

Les Orobanches sont d'une étude difficile. Il est indispensable de connaître à quelles plantes appartiennent les racines sur lesquelles elles croissent, et on ne doit admettre en herbier que des échantillons adhérant à ces plantes qu'on desséchera en même temps.

1 {	Calice à 2 divisions profondes ; une seule bractée	2.
	Calice campanulé à 4 ou 5 divisions ; 3 bractées	11.
2 {	Filets des étamines velus à leur base	3.
	Filets des étamines glabres à la base	O. rapum.
3 {	Corolle d'un rouge de sang intérieur. ; stigm. jaune.	O. cruenta.
	Corolle non rouge intérieur. ; stigm. pourpre ou violacé.	4.
4 {	Lèvre supérieure de la corolle entière.	9.
	Lèvre supérieure de la corolle échancrée ou découpée.	5.
5 {	Filets des étamines très-velus	6.
	Filets des étamines chargés seulement de quelques poils épars	7.
6 {	Stigmate d'un rouge foncé.	O. Galii.
	Stigmate jaune	O. rubens.
7 {	Etamines insérées à la base de la corolle	O. epithymum.
	Etamines insérées vers le milieu de la corolle.	8.
8 {	Cor. à tube coudé ; bractées bien plus longues que la fleur.	O. amethystea.
	Cor. à tube arqué ; bractée à peine aussi longues que la fleur	O. minor.
9 {	Etamines insérées près de la base de la corolle	O. Teucrii.
	Etamines insérées presque au milieu du tube de la corolle.	10.
10 {	Corolle arquée ; étamines peu velues à la base	O. hederœ.
	Corolle campanulée, non arquée ; étam. très-velues à la base.	O. Picridis.
11 {	Tige simple ; fleurs bleues, allongées.	O. cœrulea.
	Tige souvent rameuse ; fleurs petites, jaunâtres ou bleuâtres.	O. ramosa.

* *Cal. profondém. divisé en 2 lobes bractéiformes, le plus souvent bifides ; une seule bractée.*

1. O. RAPUM *Thuill.*, *O. major* Lam. (*O. Radis*). Tige forte, haute de 3 à 5 décim., d'une couleur fauve, couverte d'écailles velues, surtout à la base qui est renflée en bulbe allongé. Fl. d'un fauve-grisâtre, d'un violet foncé en-dedans, velues en-dehors, en long épi serré. Cor. à 4 lobes crépus, ovales. Style velu. *Stigm.* à 2 lobes arrondis, écartés, *d'un jaune pâle. Etam. glabres, au moins inférieurem.* Sépales à 2 lobes égaux, lancéolés. ♃. E. TC. Sur les racines du Genêt à balais.

Var. *b. bracteosa* Reut. Bractées plus longues et formant une houppe au sommet de l'épi. Rouen.

2. O. CRUENTA *Bert.*, *O. Loti* Vauch., *O. vulgaris* Gaud. (*O. sanguinolente*). Cette espèce est la plus commune dans nos terrains calcaires. Sa tige est droite, haute de 2 à 4 décim., à peine renflée à la base, rougeâtre, un peu velue dans le haut, garnie de longues stipules peu nombreuses. Fleurs en épi allongé, jaunâtres, *violacées sur le limbe et en-dedans,* exhalant une légère odeur de gérofle. Lèvre supér. de la corolle à 2 lobes arrondis ; l'infér. trifide ; *bords fimbriés.* Style presque glabre, violacé, saillant, terminé par un double stigmate d'un jaune-orangé. Lobes du cal. bifides. *Etam. à filets velus, dans le bas surtout.*

Var. *b. Hippocrepidis.* Plus petite. Cor. plus violacée. Sur l'*Hippocrepis comosa.* Falaise.

Var. c. *citrina* Coss. et Germ., *O. concolor* Dub? Plante jaune dans toutes ses parties. Falaise, Lisieux.

♃. E. C. Pelouses et coteaux herbeux; principalem. sur le *Lotus corniculatus*, l'*Hippocrepis comosa*, l'*Onobrychis sativa*, l'*Anthyllis vulneraria*, etc.

3. O. GALII Duby. (*O. du Caille-lait*). Tige rougeâtre, droite, velue, écailleuse à la base où elle est peu renflée, haute de 2 à 5 décim. Stipules brunes. Fl. violacées, à ouverture assez large, en épi fourni; lèvre supér. voûtée et échancrée, l'infér. à 3 lobes arrondis. *Etam. à filets très-velus* et recourbés au sommet; anthères noirâtres avec une petite arête blanche. *Stigm. à 2 lobes d'un rouge foncé*. Sépales lancéolés, irrégulièrement bifides, quelquefois entiers. ♃. E. PC. Sur les racines du *Galium Mollugo* et du *G. verum*, var. *littorale*. Avranches, Granville; Dives, Trouville, Cabourg (Calv.); Vernon, etc. Pelouses et dunes.

4. O. MINOR Sutt. (*O. mineure*). Tige rougeâtre, droite, velue, haute; renflée à sa base et écailleuse. Fl. d'un jaune-violacé, quelquefois d'un jaune légèrement bleuâtre; en épi peu allongé. Cor. arquée, peu ouverte, à lèvre supér. *incisée-crénelée;* l'infér. à 3 lobes égaux, crénelés. *Filets des étam. à peu près glabres. Stigm.* incliné, à 2 lobes *d'un rouge foncé*, noircissants. ☉. E. TC. Sur les racines du *Trifolium pratense*. Très-commune dans les champs où l'on cultive ce fourrage, principalem. dans le département de la Manche. M. Godey l'a trouvée aussi à St.-Lo, sur des racines de Chrysanthèmes (*Pyrethrum indicum* Cass.) et de Reines-Marguerites (*Callistephus chinensis* Nees.); M. Lenormand la signale à Vire, sur l'*Hypochœris radicata* et sur le *Medicago maculata*; M. Chesnon, à Bayeux, sur le *Trifolium repens*. Je l'ai aussi recueillie sur le *Vicia angustifolia* et sur le *Carduus crispus*.

5. O. HEDERÆ Vauch. (*O. du Lierre*). Tige renflée et écailleuse à la base, velue, rougeâtre, ferme, haute de 2 à 5 décim. Fl. d'un blanc-jaunâtre, en épi allongé, lâche dans le bas. *Cor. arquée, à lèvre supér. entière,* crénelée; l'infér. à 3 lobes arrondis. *Etam. à filets presque glabres. Stigm.* bifide, à 2 lobes jaunâtres. Sépales le plus souv. entiers, lancéolés, finissant en une longue pointe sétacée. ♃. E. R. Falaises d'Etretat. Je l'ai recueillie dans les rochers de St.-Jean-le-Thomas, près d'Avranches, sur des pieds de lierre. M. Duboc l'a trouvée récemment près du Havre.

6. O. PICRIDIS Schultz. (*O. de la Picride*). Tige haute de 2 à 5 décim., couverte de poils blancs, glanduleux, crépus. Fl. jaunâtres, à veines violacées. *Cor. campanulée-tubuleuse, droite,* ou un peu courbée au sommet. *Etam. insérées au milieu de la cor. à filets très-velus;* verruqueux au sommet. *Stigm. violacé.* ☉. E. R. Sur la racine du *Picris hieracioides.* Trouvé par M. Durand-Duquesney dans les sols marneux des environs de Lisieux, principalement dans les champs d'avoine, et dans les environs de Vimoutiers, à Guerquesalle et à Camembert (Orne), par M. Duhamel.

7. O. AMETHYSTEA Thuill, *O. Eryngii* Dub. (*O. Améthiste*). Tige rougeâtre ou violacée, pubescente-glanduleuse, haute de 2 à 5 décim. Fl. blanchâtres, à veines d'un bleu-lilas. *Cor. coudée, à lèvre supér. échancrée;* étam. *à peine velues, insérées au milieu de la cor. Stigm. d'un brun-rou-*

geâtre ou violacé. Bractées lancéolées, plus longues que les fleurs. ♃. E. PC. Sur les racines des *Eryngium campestre* et *maritimum*. Granville, Cherbourg, Barfleur, Bonnières, Vernon, les Andelys, etc.

*8. o. RUBENS *Wallr.*, O. Medicaginis* Schultz. (*O. rougeâtre*). Plante d'un jaune paille ou rougeâtre, couverte de poils glutineux. Tige haute de 2 à 5 décim., à peine renflée à la base, munie de quelques écailles brunes. Fl. à *cor. courbée*, d'un jaune-violacé ou roussâtre, allongées, rétrécies à l'ouverture, *en casque au sommet*, à lèvre inférieure 3-lobée, recourbée en-dedans. Stigm. à 2 lobes réfléchis, *d'un jaune de cire*. Etam. à filets *velus inférieurem*. ♃. E. R. Sur les racines de la Luzerne cultivée. Alençon, Evreux, Avranches.

9. o. EPITHYMUM *DC.* (*O. du Thym*). Tige droite, rougeâtre, velue-visqueuse, peu renflée dans le bas, garnie d'écailles allongées, haute de 8 à 10 décim. Fl. d'un rouge pâle, en épi lâche. Cor. garnie de poils glanduleux, à lèvre supér. arrondie, crénelée; l'infér. trifide. *Etam. peu velues, insérées vers la base de la cor.* Style glabre, rougeâtre, à stigm. bilobé, *d'un rouge foncé*. Bractées plus courtes que les fleurs. ♃. E. R. Sur les racines du Serpolet. Pâturages secs, coteaux arides. Rouen, Le Havre, Vernon; Trun (Orne), etc.

10. o. TEUCRII *Hol.* et *Sch.* (*O. de la Germandrée*). Tige de 1 à 2 décim. d'un jaune-rougeâtre, velue-glanduleuse; écailles lancéolées. *Fl. d'un rouge-brun, un peu violacé.* Sép. nerviés, à 2 lobes inégaux, *ne dépassant pas la moitié du tube de la corolle;* celle-ci en cloche tubuleuse. *Etam. insérées près de la base de la cor.;* leur partie supér. ainsi que *celle du style pubescente-glanduleuse,* la partie infér. poilue. Stigm. à 2 lobes, d'un violet foncé. ♃. E. R. Collines, pelouses pierreuses et calcaires. Sur le *Teucrium chamædrys*. Orival, près de Rouen (M. Malbranche).

**   *Cal. tubuleux campanulé, 4 ou 5-fide; 3 bractées.*
(PHELIPÆA *Mey.* et *Ledeb.*)

11. o. CÆRULEA *Vill.* (*O. bleue*). *Tige haute de 2 à 4 décim., simple,* droite, ferme, pubescente; peu renflée à la base, *pourprée-violacée,* à écailles rougeâtres. *Fl. d'un bleu-violacé,* à palais blanc, velu, en épi lâche, allongé. Cor. allongée, tubuleuse, recourbée, à 2 lèvres; la supér. bifide, l'infér. 3-fide, à *lobes aigus*. Style beaucoup plus court que la cor., à stigm. fortement 2-lobé, blanchâtre. ♃. E. PC. Sur les racines de l'*Achillea millefolium*. Rouen, Valognes, St.-Lo, Dives, Avranches, Falaise, etc.

12. o. RAMOSA *L.* (*O. rameuse*). *Tige le plus souv. rameuse,* tendre, velue, haute de 1 à 3 décim., renflée à la base, garnie d'un petit nombre d'écailles. Fl. d'un blanc-jaunâtre, quelquefois un peu bleuâtre, en épis lâches. Cor. pubescente, à *lobes obtus*. Style plus court que la cor., à stigm. 2-fide. *Cal. 4-fide*. ☉. E. PC. Sur les racines du *Cannabis sativa*. Terr. calc. Caen, Falaise, Argentan, St.-Pierre-sur-Dive, etc. M. de L'Hôpital l'a trouvée sur un *Torilis*.

II. **LATHRÆA** L. (*Lathrée*). *Cal. campanulé, 4-fide.* Cor. 1-pétale, tubuleuse, 2-labiée, à lèvre supér. en casque; l'infér. 3-fide, réfléchie.

Caps. 1-loculaire, 2-valve. Etam. 4, didynames, sagittées, velues. Style 1, à *stigm. capité, entier, ou à peine émarginé.*

1 { Fleurs pendantes en épi terminal. . . . . *L. squamaria.*
{ Fleurs droites en bouquets portés sur le rhizome . . *L. clandestina.*

* 1. L. CLANDESTINA *L.* (*L. clandestine*). Tige souterraine, rameuse, blanchâtre, garnie d'écailles courtes, épaisses et arrondies. *Fl. droites,* assez grandes, d'un bleu-violacé, disposées à l'aisselle des écailles en *faisceaux sortant du sol.* ♃. P. TR. Parties humides des bois. Environs de St.-Hilaire-du-Harcouet.

2. L. SQUAMARIA *L.* (*L. écailleuse*). Racine rameuse, couverte d'écailles épaisses, charnues et serrées, émettant une tige haute de 1 à 2 décim., simple, noirâtre, à écailles écartées. Fl. blanches ou un peu purpurines; *pendantes, en épi terminal,* plus petites que dans l'espèce précéd. ♃. P. TR. Lieux humides et ombragés. Rouen, Elbeuf, Bernay, bois de Becdal (Eure); Fresnay-le-Puceux (Calvados); Laigle (Orne).

LXVIe. FAM. LABIÉES. *Juss.*

Cal. 1-sépale, tubuleux, 5-fide, rarem. 10-denté, quelquefois bilabié. Cor. hypogyne, tubuleuse, irrégulière, le plus souv. à 2 lèvres, dont la supér. presque toujours bifide, et l'infér. 3-fide. Etam. 4, didynames, placées sous la lèvre supér., 2 plus longues et 2 plus courtes; les supérieures avortent quelquefois. Anthères 2-loculaires. Ovaire simple, à 4 lobes, supporté par un disque épais, hypogyne. Style 1, terminé par un stigm. le plus souv. 2-fide. Fruit formé de 4 graines nues (*Carpelles, Akènes, Cariopses*), attachées à la base du style au fond du cal. qui les enveloppe. Embryon droit. Périsperme nul. — *Tige 4-gone. Feuilles opposées. Fl. axillaires, opposées ou verticillées, quelquefois rapprochées en épi.*

Les Labiées sont presque toutes odorantes dans toutes leurs parties, à cause de l'huile essentielle aromatique que renferment de petites glandes répandues sur leur surface.

1 { 4 étamines munies d'anthères . . . . 3.
{ 2 étamines munies d'anthères . . . . 2.
2 { Corolle à lobes à peu près égaux . . . . LYCOPUS. (i.)
{ Corolle à 2 lèvres très-distinctes . . . . SALVIA. (ii.)
3 { Corolle à 2 lèvres très-distinctes. . . . . 6.
{ Corolle à divisions presque égales ou à lèvre supérieure très-courte. . . 4.
4 { Corolle à 4 lobes presque égaux. . . . . MENTHA. (iii.)
{ Corolle à lèvre inférieure prononcée . . . . 5.
5 { Lèvre supér. très-courte, bilobée . . . . AJUGA. (xxii.)
{ Lèvre supér. à 2 divisions rejetées vers la lèvre inférieure. TEUCRIUM. (xxi.)
6 { Calice surmonté d'une bosse comprimée, saillante. SCUTELLARIA. (xi.)
{ Calice non surmonté d'une bosse saillante. . . . . 7.
7 { Calice évidemment bilabié. . . . . 8.
{ Calice à dents non dirigées en 2 lèvres . . . . 14.
8 { Fleurs verticillées à l'aisselle des feuilles . . . . 9.
{ Fleurs en têtes ou épis terminaux . . . . 11.
9 { Calice large, veiné; fleurs très-grandes. . . . . . MELITTIS. (xiii.)
{ Calice sillonné ou anguleux; fleurs petites ou moyennes. . . . . 10.
10 { Calice à 5 angles. . . . . MELISSA. (vii).
{ Calice à stries nombreuses. . . . . CALAMINTHA. (vi.)
11 { Filets des étamines présentant une dent au sommet. . BRUNELLA. (xii).
{ Filets des étamines sans dent terminale. . . . . 12.

† Etamines 2 fertiles.

I. LYCOPUS *L.* (*Lycope*). *Cal.* tubuleux ; à 5 dents à peu près égales, à entrée nue. *Cor.* tubuleuse, à 4 lobes presque égaux; le supér. plus large, échancré. *Graines* lisses, *entourées d'une bordure épaisse.*

1. L. EUROPÆUS *L.* (*L. d'Europe*). Tige droite, rameuse, haute de 4 à 10 décim. Feu. glabres, lancéolées, sinuées-dentées profondém. en scie. Fl. petites, de couleur blanche, en verticilles serrés. ♃. E. TC. Bords des eaux.

II. SALVIA *L.* (*Sauge*). Cal. comme campanulé, bilabié ; lèvre supér. trifide, l'infér. bifide ; entrée nue. Cor. tubulée, à 2 lèvres dont la supér. en casque ou en faux, échancrée ; l'infér. 3-lobée. *Etam.* supér. nulles ou rudimentaires; les inférieures 2, fertiles. Anthères à 2 loges, dont une fertile et l'autre avortée, attachées par un filament (*connectif*) recourbé, placé transversalement au sommet des étam. Style long.

1 { Feuilles échancrées en cœur à la base. . . . . 2.
  { Feuilles non échancrées en cœur à la base. . . . . S. Verbenaca.
2 { Bractées vertes, plus courtes que les calices. . . . . S. pratensis.
  { Bractées colorées, plus longues que les calices . . . . S. Sclarea.

1. S. PRATENSIS *L.* (*L. des prés*). Tige ferme, droite, cotonneuse dans le bas; haute de 3 à 8 décim. Feu. ridées, fortement veinées, doublem. crénelées ; les infér. pétiolées, *cordiformes*, allongées ; les supér. sessiles. *Fl. d'un beau bleu*, rarement blanches, verticillées et rapprochées en longs épis. *Lèvre supér.* de la cor. longue, *comprimée, recourbée en faux. Style saillant*, profondém. 2-fide. ♃. E. TC. Les prés des terr. calc.

2. S. SCLAREA *L.* (*S. Sclarée*). Tige forte, droite, velue, rameuse, haute de 4 à 8 décim. Feu. ridées, presque cotonneuses, *cordiformes*, crénelées. Fl. bleuâtres ou blanches en verticilles rapprochés et terminaux, accompagnées de *bractées purpurines, larges, et terminées par un prolongement pointu.* ♃. E. R. Coteaux secs. Mesnil-sur-l'Estrée, Verneuil, Dreux, Mantes.

3. S. VERBENACA *L.* (*S. à feu. de Verveine*). Tige étalée à la base, re-

dressée, velue, haute de 2 à 5 décim. Feu. ridées, sinuées, crénelées, presque glabres ; les *infér.* pétiolées, *ovales-oblongues* ; les supér. sessiles. Fl. bleues, *petites, cachées par le cal. qu'elles dépassent à peine. Lèvre supér.* de la cor. non comprimée, *plus longue que le style.* ♃. E-A. C. Coteaux secs et herbeux, principalement des terr. calc.

†† Etamines 4, didynames, fertiles.

III. **MENTHA** *L.* , (*Menthe*). *Cal.* à 5 dents égales. *Cor.* un peu plus longue que le cal. , presque régulièrem. *divisée en 4 lobes à peu près égaux ;* le supér. plus large, souv. échancré. Etam. droites et écartées.

Les Menthes sont toutes très-odorantes ; plusieurs sont connues sous le nom vulgaire de *Baume.* Les espèces glabres sont plus odorantes que les espèces velues, la présence des poils nuisant probablement au développement des glandes.

<pre>
1 { Fleurs en épis ou en capitules terminaux non feuillés. . . . . . 2.
  { Fleurs en verticilles feuillés, écartés. . . . . 6.
2 { Fleurs en épis pointus. 3.
  { Fleurs en capitules arrondis, obtus. . . . . M. aquatica.
3 { Feuilles glabres ou presque glabres. . . . . 5.
  { Feuilles velues-blanchâtres surtout en-dessous. . . . . 4.
4 { Feuilles lancéolées-pointues. . . . . M. sylvestris.
  { Feuilles ovales, ridées, obtuses. . . . . . . M. rotundifolia.
5 { Feuilles pétiolées. . . . . M. piperita.
  { Feuilles sessiles ou à très-court pétiole. . . . . . M. viridis.
6 { Calice à gorge fermée par des poils. . . . . . . M. Pulegium.
  { Calice à gorge non garnie de poils intérieurement. . . . . . 7.
7 { Calice campanulé-urcéolé à dents triangulaires. . . . M. arvensis.
  { Calice cylindracé à dents lancéolées, acuminées. . . . M. sativa.
</pre>

* Fleurs en épis ou en capitules non feuillés.

1. M. **SYLVESTRIS** *L.* (*M. sauvage*). *Plante couverte de poils blanchâtres.* Tige rameuse, droite, haute de 4 à 10 décim. Feu. *sessiles, oblongues, lancéolées, pointues, dentées profondément en scie, à dents inégales et allongées en pointe, tomenteuses-blanchâtres en-dessous.* Fl. rougeâtres, en épis longs, serrés, terminaux. Pédicelles et calice très-velus. Etam. saillantes. ♃. E3-A1. R. Prés humides, bords des eaux. Rouen, Etretat, Falaise, Vire, Condé-sur-Noireau, etc.

Var. *b. latifolia.* Feu. larges, ovales, un peu ondulées sur les bords. *M. undata* Willd ? Carrouges.

2. M. **ROTUNDIFOLIA** *L.* (*M. à feu. rondes*). Tige droite, rameuse, velue-cotonneuse, haute de 4 à 6 décim. *Feu.* sessiles, un peu embrassantes, *crispées, ovales-arrondies, obtuses,* dentées en scie; *dents larges, courtes et presque en crénelures,* velues en-dessus, *cotonneuses en-dessous.* Fl. d'un blanc-rosé, en épis terminaux interrompus à la base. Pédicelles et cal. hérissés. Etam. tantôt incluses, tantôt saillantes. ♃. E2-A1. TC. Lieux frais.

3. M. **VIRIDIS** *L.* (*M. verte*). Tige ferme, verdâtre, glabre ou chargée de quelques poils rares. *Feu. sessiles, lancéolées, glabres,* dentées en scie, *à dents longues et prolongées.* Fl. petites, rougeâtres, en épis terminaux, interrompus infér. Pédicelles et base du cal. glabres ou légèrement hérissés. ♃. E. R. Lieux frais et pierreux, Vire, Condé,

Evreux, Lisieux , Livarot , Falaise ; Camembert (Orne) , etc. — *Odeur très-pénétrante.*

4. M. PIPERITA *Huds.* (*M. poivrée*). Ressemble beaucoup à la précédente, dont elle diffère par ses *feuilles pétiolées, plus allongées, et ses épis plus obtus. Pédic. et cal. glabres.* Etam. incluses. L'extrémité des dents du cal. est un peu hérissée. Son odeur est aussi moins forte et plus agréable. ♃. E. TR. Bords des eaux. Falaise, Evreux, Mortain , etc. Fréquemment cultivée.

5. M. AQUATICA *L.* (*M. aquatique*). Cette espèce se distingue à ses fleurs disposées en *capitules terminaux , arrondis et dépourvus de feuilles.* Tige droite, rameuse , velue, haute de 3 à 10 décim. *Feu. pétiolées ,* ovales , inégalem. dentées en scie, plus ou moins velues, quelquefois presque glabres. Fl. purpurines , verticillées. Etam. saillantes. Cal. et pédic. couverts de poils réfléchis. ♃. E. TC. Bords des eaux , prés humides.

Var. *b. hirsuta* Koch. Tige et feu. couvertes de poils blancs , laineux , surtout sur les pétioles et le haut des entre-nœuds. Sables maritimes de la baie du Mont-St.-Michel et Lisieux.

Var. *c. albicaulis.* Tige d'un vert-blanchâtre ; nervures des feu. blanches. Etam. incluses. Falaise.

Var. *d. M. riparia* Schreb. Rameaux allongés, grêles, garnis de verticilles rapprochés ; fl. roses ou lilas , à étam. incluses. St.-Lo.

** *Fl. en verticilles feuillés, écartés et décroissants vers le sommet de la tige.*

6. M. ARVENSIS *L.* (*M. des champs*). Tige velue, dressée , peu élevée , haute de 2 à 6 décim., à rameaux longs, étalés, souvent couchés. Feu. ovales, dentées , velues , d'un vert-blanchâtre , portées sur des pétioles courts ; les infér. arrondies et presque entières. Fl. d'un blanc-rosé , nombreuses , en *verticilles axillaires,* assez rapprochés. *Cal.* court, *urcéolé-campanulé, à dents triangulaires aussi larges que longues ;* hérissé , ainsi que le pédicelle, de poils blanchâtres. Etam. incluses ou peu saillantes. ♃. E2-A1. TC. Champs humides.

Var. *b. glaberrima.* Koch., *M. rubra* Sm. Tige rougeâtre ; feu. , base du cal. et pédicelles glabres ou pourvus de quelques poils épars. Caen , Les Andelys.

7. M. SATIVA *L.* (*M. cultivée*). Ressemble beaucoup à la précéd. , dont elle n'est peut-être qu'une var. Tiges le plus souv. simples, faibles , radicantes à la base, hautes de 3 à 8 décim. , couvertes de poils réfléchis. Feu. ovales , un peu obtuses, surtout les infér. ; peu velues. Fl. rougeâtres , en *verticilles axillaires , serrés, écartés.* Cor. 2 fois plus longue que le *cal.* qui est *tubuleux et à dents lancéolées-acuminées ,* ciliées. Pédicelles rougeâtres , légèrem. velus. Etam. incluses ou peu saillantes. ♃. E. C. Bords des eaux , lieux humides et pierreux.

Var. *b. M. palustris* Mœnch. Plante dressée , simple , rougeâtre, hérissée de poils réfléchis , surtout au sommet des entre-nœuds ; feu. rapprochées , souv. repliées et réfléchies. Marais. Falaise , Lisieux.

Var. *c. glabra.* Plante glabre ou ne présentant que des poils épars sur ses diverses parties.

8. M. PULEGIUM *L.* (*M. Pouliot*). Tiges grêles , rameuses , ligneuses et couchées à la base, velues, hautes de 33 centim. environ, Feu. ovales, petites,

obtuses, munies de quelques dents, presque glabres. Fl. roses ou blanches, en *verticilles* nombreux, *peu écartés, disposés sur la plus grande partie de la longueur de la tige et des rameaux*, accompagnées de feu. très-courtes vers le sommet. *Cal. fermé par des poils après la fleuraison*, hispide ainsi que les pédic. ℔. E3.-A1. C. Bords des eaux, lieux où l'eau a séjourné pendant l'hiver.

Var. *b. villosa* Mut., Benth. Plante velue, blanchâtre. Cor. velue. Falaise, Laigle.

IV. ORIGANUM *L. (Origan). Cal.* petit, *campanulé, à 5 dents, fermé par des poils après la fleuraison.* Cor. à tube comprimé, bilabiée; lèvre supér. droite, échancrée; l'infér. à 3 lobes à peu près égaux. Fl. accompagnées de bractées souv. colorées et formant *de petits épis prismatiques.*

1. O. VULGARE *L. (O. commun).* Vulg. *Marjolaine.* Tige droite, rougeâtre, ferme, velue, un peu rameuse supérieur., haute de 3 à 4 centim. Feu. ovales, ou un peu cordiformes, à peine dentées, pétiolées, velues. Fl. petites, rougeâtres ou blanches, en *petits épillets subtétragones-oblongs* rapprochés *en corymbe* et formant une panicule terminale. Bractées ovales, aiguës, un peu plus longues que le cal., purpurines, rarem. vertes. ℔. E2.-3. TC. Lieux incultes, arides et pierreux.

Var. *b. O. megastachyum* Link., *O. vulgare b. prismaticum* Gaud. Fl. en épis allongés, prismatiques; rameaux florifères formant une panicule pyramidale. Authieux (Seine-Infér.); Vernon, Bayeux.

Var. *c. O. thymiflorum* Reich. Plante basse, très-rameuse, couverte de poils blancs. Fl. rouges en petites têtes comme dans le Serpolet. Falaise.

V. THYMUS *L. (Thym). Cal.* tubuleux, strié, à 10 ou 13 nervures, *bilabié, fermé par des poils après la fleuraison;* lèvre supér. à 3 dents; l'infér. 2-fide. *Cor. courte,* à lèvre supér. échancrée; l'infér. à 3 lobes dont celui du milieu plus large, entier ou échancré. — *Plantes sous-frutescentes, à odeur agréable.*

1 { Rameaux munis de 2 à 4 rangées de poils. . . . . *T. chamædrys.*
  { Rameaux pubescents, sans lignes marquées de poils. . . . *T. serpyllum.*

1. T. SERPYLLUM *L. (T. Serpolet).* Tiges dures, couchées, rampantes, à rameaux redressés, rougeâtres, pubescents, *n'ayant pas de lignes de poils distinctes.* Feu. ovales-oblongues, ponctuées, ciliées-glanduleuses, surtout dans le bas, atténuées à la base, *presque sessiles.* Fl. purpurines ou roses, quelquefois blanches, verticillées, rapprochées en tête. ℔. E-A1. Pelouses, prés secs, lieux incultes, bords des chemins.

Var. *b. T. angustifolius* Pers. Feu. lancéolées, étroites, linéaires, fortem. nerviées, plus courtes que les entre-nœuds. Coteaux calcaires. St.-Léger-du-Bourg-Denis, près de Rouen; Falaise.

Var. *c. T. lanuginosus* Linck. Feuilles très-velues sur les deux faces. C.

Var. *d. citriodorus* DC. Tige allongée. Plante ayant une odeur agréable de citron. Vire, Evrecy (Calvados).

2. T. CHAMÆDRYS *Fries. (T. Germandrée).* Cette espèce a été souvent confondue avec la précédente, dont elle diffère par ses tiges plus longues, redressées, *couchées seulem. à la base*, par ses rameaux anguleux, marqués sur leurs angles de *lignes de poils blancs rapprochés*, très-apparents sur la couleur rougeâtre de l'écorce, et par ses *feuilles plus larges, ovales,* atté-

nuées en un pétiole assez long, souv. cilié. Ses feu. sont aussi à peu près glabres et très-ponctuées en-dessous. Les fl. sont purpurines, disposées en verticilles un peu écartés. ♃. E. PC. Bords des chemins, bois découverts. Mortain, St.-Hilaire-du-Harcouet (Manche); Falaise, Vassy (Calvados).

On cultive fréquemment dans les jardins potagers le *Thymus vulgaris* L., dont les tiges sont dressées et ligneuses.

VI. CALAMINTHA *Mœnch.* (*Calament*). Cal. bilabié, à 10 ou 13 stries, tubuleux ou campanulé, fermé par des poils après la fleuraison, quelquefois gibbeux à sa base; lèvre supér. tridentée, l'infér. bifide. Cor. *a tube plus long que le cal.*, à lèvre supér. droite, entière ou émarginée, à lèvre infér. à 3 lobes dont le médian plus grand, souvent émarginé. Etam. à anthères conniventes sous la lèvre supér. de la cor. Carpelles ovoïdes ou sub-globuleux lisses.

1 { Plante annuelle; pédicelles simples et uniflores . . . . . *C. Acinos.*
  { Plante vivace; pédoncules dichotomes et multiflores. . . . . 2.
2 { Fl. accompagnées de longues bractées sétacées nombreuses. *C. Clinopodium.*
  { Bractées courtes, moins nombreuses que les fleurs . . . . 3.
3 { Feuilles petites, grisâtres; dents du calice presque égales . . . . *C. Nepeta.*
  { Feuilles vertes, élargies; dents du calice très-inégales. . . . . . 4.
4 { Corolle grande; dents supér. du calice courbées en-dehors. *C. officinalis.*
  { Corolle petite; dents supér. du calice ascendantes, droites. *C. Menthæfolia.*

* Fleurs à pédoncules rameux.

1. c. **CLINOPODIUM** *Benth.*, *Clinopodium vulgare* L. (*C. Clinopode*). Tige droite, simple ou rameuse, velue, haute de 3 à 6 décim. Feu. ovales-allongées, pétiolées, dentées, velues. Fl. rouges ou quelquefois blanches, assez nombreuses, réunies en un ou deux verticilles terminaux, accompagnées d'une sorte *d'involucre formé de nombreuses bractées sétacées, ciliées, aussi longues que les cal.* Cal. peu poilu intérieurement. ♃. E. TC. Bois découverts et bords des chemins.

2. c. **OFFICINALIS** *Mœnch.*, *Melissa calamintha* L. (*C. officinal*). *Souche traçante.* Tiges dressées, simples ou rameuses, velues, hautes de 3 à 6 décim. Feu. assez grandes, vertes, pubescentes, ovales-allongées, pétiolées, dentées en scie assez profondém. Fl. en fascicules axillaires, rameux, portées sur un *pédonc. commun égalant ou dépassant le pétiole.* Cor. purpurine, grande, à tube double du cal. Cal. coloré, campanulé, à poils intérieurs peu apparents; lèvre supér. à 3 dents acuminées, à *pointe fléchie en-dehors*; lèvre infér. à 2 longues dents ciliées, conniventes au sommet. Bractées linéaires courtes et peu nombreuses. ♃. E.-A. R. Coteaux arides, lieux secs et pierreux. Alençon, Vernon; Clécy (Calvados).

3. c. **MENTHÆFOLIA** *Host.*, *C. ascendens* Jord. (*C. à feu. de Menthe*). Cette espèce ressemble à la précéd. avec laquelle elle a été souv. confondue, mais elle en diffère par beaucoup de points essentiels. Feu. dentees peu profondém.; les supér. même souv. entières. Pédonc. commun portant les fascicules de fl. *plus courts que les pétioles*, presque nuls dans les verticilles supér. Cor. petite, dépassant un peu le cal. Dents supér. du calice ascendantes, à pointe non fléchie en-dehors. ♃. E.-A. PC. Coteaux secs, bords des chemins. Rouen, Elbeuf, Cherbourg, St.-Lo, Avranches, etc.

4. c. **NEPETA** *Link.*, *Melissa Nepeta* L., *Thymus* Sm. (*C. Népéta*). Souche

traçante. Plante velue-blanchâtre. Tiges couchées à la base, rameuses, hautes de 3 à 6 décim. Feu. ovales, *petites*, grisâtres; rétrécies en pétiole, munies d'un petit nombre de dents vers leur milieu, dans les supér.; les infér. sont plus longuement pétiolées et plus dentées. Fl. rougeâtres, ou lilacées, pâles, tachetées, disposées en petits bouquets axillaires, portées sur un pédonc. commun assez court. *Dents du cal. à peu près égales, brièvem. ciliées*, laissant apercevoir un anneau de poils nombreux, fermant la gorge du cal.; les *2 infér. non conniventes au sommet.* ♃. E3.-A1. C. Lieux secs et pierreux, et bords des chemins, principalem. dans les terr. calc. Rouen, Caen, Alençon, Falaise, Lisieux, Valognes, etc.

Var. *b. parviflora.* Feu. plus vertes, moins hérissées; fl. petites, dépassant à peine les dents du cal. Falaise.

**** *Fleurs axillaires, portées sur des pédicelles simples.***

5. C. ACINOS *Clairv.* in *Gaud.* *Thymus* L. (*C. des champs*). Tiges couchées, rameuses, redressées, velues, longues de 1 à 3 décim. Feu. petites, ovales-oblongues, rétrécies en pétiole, dentées, ou entières, un peu velues au bord. Fl. d'un bleu-violacé, rougeâtres ou blanches; *verticilles de 5 à 6 fl. à pédicelles uniflores*, plus courts que les-feu. *Cal.* rougeâtre, *gibbeux à la base*, allongé, courbé, resserré au sommet, à dents sétacées, conniventes à la maturité. ◉. E. C. Lieux secs et incultes, champs pierreux des terr. calc.

VII. **MELISSA** *Mœnch.* (*Mélisse*). *Cal.* campanulé, à 13 nervures, *plane-déprimé en-dessus*, évasé au sommet et *nu après la fleuraison*, pubescent, à 2 lèvres dont la supér. plane, tridentée, et l'infér. à 2 dents plus profondes. Cor. à lèvre supér. voûtée, échancrée; l'infér. à 3 lobes dont celui du milieu entier. *Anthères à connectif étroit.*

1. M. OFFICINALIS *L.* (*M. officinale*). Vulgairement *Citronnelle, Herbe-aux-mouches.* Tige droite, rameuse, peu velue, haute de 5 à 8 décim. Feu. ovales-cordiformes, pétiolées, dentées, vertes, chargées de quelques poils couchés. Fl. blanches ou un peu rosées, en petits bouquets axillaires et pédonculés, tournés du même côté. ♃. E. C. Haies et bords des chemins. Le Havre, Falaise, etc.

Fréquemment cultivée.

VIII. **HYSSOPUS** *L.* (*Hysope*). *Cal.* cylindrique, à 15 stries, *à 5 dents égales.* Cor. à lèvre supér. petite, échancrée; l'infér. à 3 lobes dont le moyen, grand, crénelé, en cœur renversé. Etam. saillantes. — *Plante sous-frutescente. Fl. bleues, en long épi unilatéral.*

1. H. OFFICINALIS *L.* (*H. officinale*). Tige ligneuse, rameuse dans le bas, haute de 2 à 6 décim. Feu. lancéolées-linéaires, entières, sessiles. Fl. bleues ou rougeâtres, unilatérales, rapprochées en épi terminal. ♃. E. TR. Coteaux pierreux, vieilles murailles. Beaumont-le-Roger, Vernon, Mantes. Généralement cultivée.

IX. **NEPETA** *L.* Cal. tubuleux, à 5 dents ouvertes, presque égales, entrée nue. Cor. tubuleuse, entrée ouverte, élargie; lèvre supér. échancrée; l'infér. à 3 lobes dont le *moyen large, prolongé, concave; les latéraux courts et réfléchis. Anthères non rapprochées en croix.*

4. N. CATARIA *L.* (*N. Chataire*). Vulg. *Herbe-aux-chats.* Tige droite, ferme, rameuse, pubescente, haute de 6 à 12 décim. Feu. cordiformes, pétiolées, fortement dentées en scie, pubescentes, vertes en-dessus, blanchâtres en-dessous. Fl. blanches, un peu purpurines, disposées, au sommet des rameaux et de la tige, en épis formés de verticilles pédicellés. ♃ E4. C. Lieux pierreux et arides. Odeur forte.

Var. *b. N. citriodora* Balb. Feu. à dents arrondies, crénelées. Odeur assez agréable de mélisse. Bois de Grisy, près de St.-Pierre-sur-Dive.

X. GLECHOMA *L.* (*Gléchome*). Cal. strié, cylindrique, nu, à 5 dents sétacées à la pointe. Cor. 2 fois plus longue que le cal., dilatée à l'ouverture, à 2 lèvres dont la sup. 2-fide, et l'infér. à 3 lobes dont celui du milieu plus long et échancré. *Anthères rapprochées 2 à 2 en forme de croix.* Graines ovales, cylindriques, lisses.

1. ç. HEDERACEA *L.* (*G. Lierre terrestre*). Vulg. *Herbe Saint-Jean.* Tiges couchées, rampantes et rameuses à la base, redressées, simples, un peu velues. Feu. arrondies-réniformes, pétiolées, largem. crénelées. Fl. bleues ou rougeâtres, réunies 3 ou 4 dans les aisselles des feu. ♃ P. E. TC. Haies et bords des chemins.

Var. *b. villosa* Koch. Tiges et feu. velues-hérissées.

Var. *c. minor. G. micranthum* Bonn. Feu. petites, un peu cordiformes. Fl. purpurines une fois plus longues que le cal. Falaise.

XI. SCUTELLARIA *L.* (*Scutellaire*). Cal. court, à 2 lèvres entières, se fermant après la floraison ; la *supér. munie en-dessus d'une écaille saillante,* concave. Cor. à tube allongé, souv. courbé dans le bas, beaucoup plus long que le cal. Lèvre supér. comprimée, 2-dentée à sa naissance ; l'infér. plus large, échancrée.

$$\left\{\begin{array}{l}\text{Feuilles dentées dans toute leur longueur.} \qquad \text{S. galericulata}\\ \text{Feuilles seulement dentées à la base} \qquad \text{S. minor.}\end{array}\right.$$

1. S. GALERICULATA *L.* (*S. Toque*). Plante glabre. Tige carrée, droite, rameuse, haute de 2 à 5 décim. *Feuilles lancéolées,* un peu cordiformes à la base, courtes, pétiolées, *munies de dents inégales,* peu profondes. Fl. bleues-violacées, géminées, axillaires, unilatérales. *Tube de la cor. courbé.* ♃ E. PC. Lieux aquatiques, bords des étangs et des rivières.

2. S. MINOR *L.* (*S. naine*). Tige faible, rameuse, haute de 1 à 2 décim. Feu. ovales-cordiformes, allongées, entières ou *un peu dentées à la base,* obtuses, glabres. *Fl. rougeâtres,* petites, géminées, axillaires, unilatérales. *Tube de la cor. droit.* ♃ E. PC. Lieux marécageux.

XII. BRUNELLA *Tourn.,* Prunella *L.* (*Brunelle*). Cal. nu à l'entrée, à 2 lèvres ; la *supér. plane, tronquée, à 3 dents courtes,* l'infér. 2-fide. Cor. à lèvre supér. voûtée, concave ; l'infér. à 3 lobes dont celui du milieu plus large et échancré. *Filets des étam. terminés par 2 pointes dont une porte l'anthère.*

$$\left\{\begin{array}{l}1\left\{\begin{array}{l}\text{Epi muni à la base de 2 feuilles allongées.} \qquad \text{B. alba.}\\ \text{Epi nu à la base ou muni de 2 feuilles courtes.} \qquad 2.\end{array}\right.\\ 2\left\{\begin{array}{l}\text{Corolle à peine double du calice ; lèvre supérieure droite.} \quad \text{B. vulgaris.}\\ \text{Cor. 3 à 4 fois plus longue que le cal. ; lèvre supér. voûtée.} \quad \text{B. grandiflora.}\end{array}\right.\end{array}\right.$$

1. B. VULGARIS *Mœnch.* (*B. commune*). Tiges rameuses et couchées à la

base, redressées, hautes de 1 à 4 décim. Feu. pétiolées, ovales, légèrem. hérissées, obtuses, entières ou un peu dentées et même sinuées. Fl. violacées, quelquefois roses ou blanches, en épi allongé, terminal, serré, entremêlé de bractées réniformes, avec une petite pointe au sommet, accompagné le plus souv. de 2 *feu. courtes à sa base*. *Cor. à lèvre supér. droite, une fois plus longue que le cal.* dont la lèvre supér. est à *dents courtes et tronquées à peu près égales*. Etam. à filet terminé par une *corne droite*. ♃. E. TC. Prés et pelouses.

Var. *b. interrupta*. Epis très-allongés, interrompus à la base, non accompagnés de feu. Falaise.

2. B. ALBA *Pall.*, *B. laciniata* Lam. (*B. blanche*). Tiges rameuses, couchées à la base, velues, hautes de 1 à 5 décim. Feu. longuem. pétiolées, velues; les infér. ovales-allongées, dentées dans le bas; les *supér. plus ou moins pinnatifides*, à découpures allongées, entières-linéaires. Fl. jaunâtres, rarem. bleues, en épis courts et terminaux, ayant 2 *feu. allongées à la base*. Cor. à lèvre supér. plus longue que dans le *B. vulgaris*. Lèvre supér. du cal. tronquée et munie de 3 dents apparentes. Bractées vertes, bordées de brun. Filets des étam. terminés par une *corne arquée*. ♃. E. C. Pelouses sèches des terr. calc. Rouen, Caen, Lisieux, Alençon, Falaise, Vernon, etc.

3. B. GRANDIFLORA *Mœnch.* (*B. à grandes fleurs*). Tige un peu couchée à la base, légèrem. velue, haute de 1 à 3 décim. Feu. pétiolées, ovales, obtuses, le plus souv. entières, munies de quelques poils rudes et couchés. *Fl. grandes*, d'un bleu-violet, en épi court et terminal, *sans feu. à la base*. *Cor. 3 ou 4 fois plus longue que le cal.*, *à lèvre supér. voûtée* et fléchie au milieu. *Lèvre supér. du cal. à 4 dents dont les 2 latérales plus longues*. ♃. E.-A. R. Pelouses et coteaux des terr. calcaires. Les Andelys, Vernon, monts d'Eraines et de Grisy (arrond. de Falaise); Tournay; Chamboy, Séez (Orne), etc.

Var. *b. pinnatifida* Koch. Feu. incisées-pinnatifides. Falaise, Chamboy.

XIII. MELITTIS *L.* (*Mélitte*). *Cal. large, veiné, membraneux*, campanulé, à lèvre supér. aiguë, entière; l'infér. courte, 2-fide. Cor. grande, à 2 lèvres; la supér. plane, entière, ou un peu lobée; l'infér. à 3 lobes larges, inégaux. *Anthères en croix*.

1. M. MELISSOPHYLLUM *L.* (*M. à feu. de Mélisse*). Tige simple, ferme, carrée, hérissée de poils ouverts, hautes de 30 à 50 centimètres. Feu. ovales, pétiolées, larges, fortem. dentées ou crénelées, velues. Fl. très-grandes, blanches, avec des taches, rouges ou purpurines surtout à la lèvre infér., solitaires ou géminées aux aisselles des feu. supér. ♃. P2-3. C. Bois.

XIV. MARRUBIUM *L.* (*Marrube*). *Cal. campanulé, à 10 nervures ou stries et à 10 dents, dont 5 alternativement plus petites*. Cor. à lèvre supér. linéaire, plane, dressée, 2-dentée; l'infér. à 3 lobes, dont l'intermédiaire plus large, échancré. *Etam. parallèles, incluses*.

1. M. VULGARE *L.* (*M. commun*). Vulg. *Marinclin, Moriochemin*. Plante cotonneuse, blanchâtre, à odeur pénétrante. Tiges hautes de 4 à 8 décim., presque simples ou rameuses dès la souche, redressées, fermes, cotonneuses. Feu. arrondies, pétiolées, inégalement crénelées, ridées et blan-

châtres. *Fl.* blanches, petites, en verticilles serrés. Cal. à dents sétacées, recourbées à la pointe. ♃. E2.-A1. C. Bords des chemins, décombres, etc. Terr. calc.

XV. BETONICA L. (*Bétoine*). Cal. tubuleux-conique à 10 nervures, *a* 5 *dents aiguës, en forme d'arêtes*, garni de poils intérieurem. Cor. à tube courbé, plus longue que le cal.; lèvre supér. dressée, plane, entière; *l'infér. à 3 lobes obtus, étalés, l'intermédiaire plus large et échancré.*

1. B. OFFICINALIS L. (*B. officinale*). Tige simple, velue, dressée, haute de 3 à 6 décim. Feu. cordiformes-ovales, allongées, crénelées, pétiolées, velues. Fl. rouges, quelquefois roses ou blanches, en verticilles rapprochés en épis terminaux, interrompus inférieurem. Cal. glabre en-dehors, à dents presque égales au tube de la cor. ♃. E. TC. Bois et landes.

Var. *b. B. hirta* Leyss. Cal. un peu velu, à dents une fois plus courtes que le tube de la cor.

XVI. STACHYS L. (*Epiaire*). *Cal. anguleux, campanulé, à 10 nervures et à 5 dents mucronées, le plus souv. nu intérieurem.* Cor. à tube court, à lèvre supér. voûtée; l'infér. à 3 lobes, les latéraux réfléchis sur les côtés ; l'intermédiaire plus grand, échancré. *Etam. infér. plus longues, déjetées en-dehors après la floraison.*

1	Fleurs roses ou purpurines	2.
	Fleurs d'un blanc-jaunâtre.	6.
2	Tiges et feuilles couvertes d'une laine épaisse et blanche. *S. Germanica.*	
	Tiges et feuilles plus ou moins velues, non cotonneuses et blanches	3.
3	Plante vivace; feuilles longues de plus de 3 centimètres.	4.
	Plante annuelle; feuilles longues de 2 centimètres au plus . *S. arvensis.*	
4	Feuilles sessiles ou à pétiole très-court. . *S. palustris.*	
	Feuilles pétiolées; surtout les inférieures.	5.
5	Verticilles accompagnés de feuilles . *S. Alpina.*	
	Verticilles rapprochés en épis non feuillés . *S. sylvatica.*	
6	Plante vivace à feuilles velues . *S. recta.*	
	Plante annuelle à feuilles à peu près glabres. . *S. annua.*	

1. S. ALPINA L. (*E. des Alpes*). Plante velue, haute de 5 à 10 décim. Tige carrée, peu rameuse, droite. *Feu. cordiformes*, pétiolées, dentées en scie, un peu *molles, velues*, pointues; les infér. obtuses. Fl. rougeâtres, dépassant un peu le cal., verticillées par 6 ou 8. Cal. à 5 lobes mucronés. Graines ovoïdes. ♃. E. PC. Bois couverts. Rouen, pays de Bray. Le Havre, Alençon, Evreux, Orbec; bords de l'Orne, près de Falaise, etc.

2. S. GERMANICA L. (*E. d'Allemagne*). *Plante cotonneuse, blanchâtre*, surtout au sommet. Tige *droite, carrée*, haute de 4 à 8 décim., couverte de longs poils soyeux et blanchâtres. *Feu. ovales-lancéolées*, pointues, dentées en scie, *velues-cotonneuses*, surtout sur les pétioles. Fl. purpurines, verticillées en épi terminal. Cal. laineux, à 5 dents acuminées. Graines arrondies. ♃. E. PC. Bords des chemins et des champs. Terr. calc. Caen, Le Havre, Gisors, Evreux, Bayeux, Avranches, Trouville; Trun, Chamboy (Orne), etc.

3. S. SYLVATICA L. (*E. de bois*). Vulg. *Ortie puante.* Plante exhalant *une odeur* désagréable. Tige droite, velue, rougeâtre, haute de 5 à 10 décim. *Feu. cordiformes*, pétiolées, dentées en scie, pointues; velues. Fl. purpurines, tachetées de blanc sur la lèvre infér.; 2 fois plus longues que le cal., en verticilles de 6 à 8, formant un *épi terminal un peu lâche, non feuillé.* ♃. E. TC. Bois et lieux ombragés.

4. **s. palustris** *L.* (*E. des marais*). Tige droite, simple, carrée, hérissée de poils rudes et réfléchis, haute de 5 à 10 décim. *Feuilles lancéolées-allongées, sessiles ou à peine pétiolées,* un peu velues, surtout sur le bord et la nervure médiane. Fl. purpurines, maculées de blanc, verticillées en épi terminal, interrompu inférieurement. ♃. E. C. Bords des eaux et champs humides.

Les jeunes pousses peuvent être mangées comme les asperges.

4 *bis*. **s. palustri-sylvatica** *Schiede*. (*E. des marais et des bois*). Cet hybride tient à la fois du *S. palustris* et du *S. sylvatica*. Il se rapproche du premier par ses corolles pâles et par ses feu. étroites et allongées, et du second par ses feu. pétiolées, cordiformes à la base, fortem. dentées ; elles sont lancéolées-acuminées.

Trouvé à Bernay par M. Malbranche, et à Vire par M. le D' Lebel.

5. **s. recta** *L.* (*E. dressée*). Vulg. *Crapaudine.* Tiges couchées à la base, redressées, un peu rameuses, hautes de 2 à 5 décim., *velues. Feu.* ovales-oblongues, *velues*, dentées ; les supér. sessiles, un peu rudes. Fl. d'un blanc-jaunâtre, avec des lignes rougeâtres ; verticilles de 6, formant un épi allongé, interrompu infér. Cal. campanulé, à 5 lobes profonds terminés par une *pointe glabre*, un peu épineuse. ♃. E. PC. Coteaux secs. Rouen ; Vernon, Caen, Condé-sur-Noireau, etc.

6. **s. annua** *L.* (*E. annuelle*). Tige pubéscente, droite, rameuse, haute de 1 à 4 décim. *Feu.* d'un vert-pâle, ovales-lancéolées, dentées, glabres ; les infér. un peu pétiolées et crénelées. Fl. blanches ou un peu jaunâtres, assez grandes, en verticilles axillaires de 6. Cal. à 5 longues dents ter-minées par une épine ciliée. ⊙. E3-A1. C. Champs pierreux. Terr. calc.

Var, *b. longibracteata.* Verticilles accompagnés de feu. allongées, entières. Trouvé à Falaise par M. Loudière.

7. **s. arvensis** *L.* (*E. des champs*). *Tige faible*, droite ou un peu cou-chée à la base, velue, haute de 1 à 4 décim. *Feu. ovales-cordiformes, crénelées, obtuses,* peu velues, pétiolées. Fl. rougeâtres, quelquefois blanches, tachetées, petites, dépassant à peine le cal., qui est à 5 dents profondes terminées par une pointe courte. Verticilles axillaires de 4 à 6 fl. ⊙. E.-A. TC. Lieux cultivés.

XVII. **GALEOPSIS** *L.* (*Galéopside*). Cal. campanulé, à 5 *dents épi-neuses*, entrée nue. Cor. à tube allongé, *dilaté à la gorge*, à lèvre supér. en voûte, un peu crénelée, *l'infér. munie à la base de 2 dents coniques ou plis*, à 3 lobes dont le moyen plus large, crénelé.

<table>
<tr><td rowspan="2">1</td><td>Tige renflée sous les nœuds, hérissée de soies piquantes .</td><td>G. Tetrahit.</td></tr>
<tr><td>Tige peu ou point renflée, pubescente . . . . . .</td><td>2.</td></tr>
<tr><td rowspan="2">2</td><td>Fleurs grandes, d'un jaune pâle. . . . . . .</td><td>G. dubia.</td></tr>
<tr><td>Fleurs médiocres, purpurines ou blanches . . . .</td><td>G. Ladanum.</td></tr>
</table>

1. **c. dubia** *Leers.*, *G. ochroleuca* Lam., *G. grandiflora* Gmel. (*G. dou-teuse*). Tige droite, rougeâtre, pubescente, à entre-nœuds non rénflés, haute de 2 à 6 décim. Feu. ovales-lancéolées, pétiolées, à dents écartées, *pubescentes*, un peu *tomenteuses en-dessous. Fl. grandes, d'un jaune pâle,* quelquefois purpurescentes. *Cor. 4 fois plus longue que le cal.* dont les

dents sont courtes et peu épineuses. ⊙. E. C. Moissons des terr. schisteux et quartzeux.

Var. *b. G. canescens* Schultes. Cette var. ou espéce, selon quelques auteurs, est peut-être une hybride provenant de la précéd. et de la suivante. Elle diffère de cette dernière par ses fl. plus grandes, jaunes ou blanchâtres, variées de rouge ; par ses cal. plus velus et à divis. terminées par des épines moins longues. Ses fl., quoique très-saillantes, sont plus petites que celles du *G. dubia.* Ses feu. pubescentes, grisâtres, sont lancéolées-linéaires. Champs sablonneux des environs de Rouen et de Falaise.

2. G. LADANUM *L.* (*G. Ladanum*). Tige droite, à rameaux nombreux, ouverts, *pubescente*, rougeâtre, *non-renflée aux entre-nœuds*, haute de 1 à 5 décim. Feu. linéaires ou lancéolées-linéaires, *entières ou à peine dentelées, couvertes de poils couchés.* Fl. purpurines, rarem. blanches, en verticilles terminaux. Cal. couverts de poils blancs, à dents sétacées, piquantes. ⊙. E.-A1. TC. Moissons.

3. G. TETRAHIT *L.* (*G. Tetrahit*). Vulg. *Chanvrin. Tige* droite, rameuse, *hérissée de poils raides,* surtout au haut des *entre-nœuds qui sont renflés ;* haute de 2 à 8 décim. Feu. ovales-lancéolées, pétiolées, fortem. dentées en scie, peu velues. Fl. rouges ou blanches. Cal. à *longues dents épineuses presque aussi longues que la cor.*; verticilles rapprochés en épis. ⊙. E. TC. Moissons, bois découverts.

Var. *b. nigricans.* Cal. noirâtres, munis de très-longues dents.

XVIII. LEONURUS *L.* (*Agripaume*). Cal. campanulé, 5-gone, à 5 dents égales, piquantes, à entrée nue. Cor. velue, à lèvre supér. voûtée ; l'infér. petite, à 3 lobes à peu près égaux, *l'intermed. tendant à se rouler,* Etam. velues à la base ; les *infér. déjetées en-dehors après la floraison.* Anthères parsemées de points brillants.

1. L. CARDIACA *L.* (*A. Cardiaque*). Tige ferme, carrée, rougeâtre, rameuse supérieurem., haute de 8 à 12 décim. *Feu.* pétiolées, cunéiformes-allongées, *à 3 ou 5 lobes dentés* dans les infér., entiers dans les supér. Fl. roses, cotonneuses, en verticilles axillaires, serrés. ♃. E. PC. Haies, décombres, bords des chemins.

XIX. LAMIUM *L.* (*Lamier*). Cal. nu, campanulé, *à 5 dents ouvertes, aristées, à peu près égales.* Cor. tubulée, renflée à la gorge ; lèvre supér. en voûte, entière, rétrécie à la base ; l'infér. plus courte, à 3 lobes dont *les 2 latéraux acuminés, petits, réfléchis ;* le moyen plus large. Etam. exsertes, *non déjetées après la floraison.* Anthères velues, rarem. glabres, *Carpelles trigones, tronqués, à angles aigus.*

<pre>
1 { Fleurs jaunes . . . . L. Galeobdolon.
  { Fleurs purpurines ou blanches . . . . 2.
2 { Feuilles plus ou moins pétiolées . . . . 3.
  { Feuilles supérieures sessiles et amplexicaules . . . . L. amplexicaule.
3 { Tube de la corolle courbé et beaucoup plus long que le calice. L. album.
  { Tube de la corolle droit, dépassant peu le calice . . . . 4.
4 { Feuilles irrégulièrement incisées . . . . L. incisum.
  { Feuilles dentées ou crénelées . . . . L. purpureum.
</pre>

1. L. GALEOBDOLON *Crantz., Galeopsis* L., *Galeobdolon luteum* Huds. (*L. jaune*). Tige droite, peu rameuse, hispide, haute de 2 à 4 décim., *émettant quelquefois à sa base de longs rejets couchés.* Feu cordiformes, inégalem. dentées en scie, pétiolées, légèrem. velues, quelquefois tachées de blanc ; les supér. sessiles. *Fl. jaunes*, verticillées. Lobes latéraux de la lèvre infér. de la cor. à peine plus courts que le médian. ♃. P. C. Bois et prés ombragés.

2. L. ALBUM L. (*L. blanc*). Vulg. *Ortie blanche*. Tige droite, un peu couchée à la base, peu velue, haute de 3 à 5 décim. *Feu. cordiformes, pointues, profondém. dentées. Fl. blanches*, quelquefois un peu rosées, en verticilles de 6 à 10. Cor. assez grande, velue en-dessus. *Anthères noires.* Cal. tacheté. ♃. P.-A. TC. Haies et lieux incultes.

3. L. PURPUREUM L. (*L. pourpre*). Vulg. *Ortie rouge*. Tige couchée à la base, étalée, rameuse, redressée, haute de 15 à 30 centim., presque glabre, *Feu. cordiformes, obtuses, crénelées, ridées*, pétiolées, pubescentes. Fl. pourpres, rarem. blanches, en verticilles rapprochés en têtes terminales feuillées. Tube de la cor. velu. *Anthères pourpres.* ◉. ♂. P-H. T-C. Lieux cultivés.

4. L. INCISUM *Willd.*, *L. hybridum* Vill. (*L. découpé*). Tige glabre, rameuse et couchée à la base, redressée, haute de 2 à 3 décim. *Feu.* verdâtres, *lisses*, triangulaires, arrondies, un peu cordiformes, portées sur un pétiole dilaté au sommet, glabres, *profondém. dentées, incisées-lobées.* Fl. pourpres, petites, en verticilles terminaux garnis de feuilles. Cal. à dents égales au tube de la cor. Lèvre infér. plane. ◉. E. PC. Lieux cultivés. Caen, Falaise, St.-Lo, Lisieux, Trouville, Vimoutiers, Pont-Audemer, St.-Pierre-sur-Dive, etc.

5. L. AMPLEXICAULE L. (*L. amplexicaule*). Tiges rameuses et diffuses à la base, redressées, glabres, hautes de 1 à 4 décim. *Feu. arrondies*, profondém. et inégalem. crénelées-incisées ; les *supér. sessiles, amplexicaules*, plus larges, pubescentes. Fl. d'un rouge vif, petites, à tube long. Lèvre supér. de la cor. très-arquée, velue. ◉. P-A. C. Lieux cultivés.

XX. BALLOTA L. (*Ballotte*). Cal. campanulé, à 10 nervures, à 5 angles et à 5 *dents égales, pliées longitudinalem.*, à entrée nue. Cor. à lèvre supér. voûtée, crénelée ; lèvre infér. à 3 lobes, le moyen plus grand, en cœur renversé, les latéraux un peu échancrés. Cariopses 3-angulaires, oblongs.

1. B. FOETIDA *Lam.*, *B. nigra* Sm. (*B. fétide*). Vulg. *Marrube noir.* Plante exhalant une odeur fétide. Tige droite, rameuse dans le bas, couverte d'un duvet court, haute de 5 à 8 décim. Feu. pétiolées, ovales-cordiformes, inégalem. crénelées, un peu velues. Fl. purpurines, quelquefois blanches (*B. alba* L.), en verticilles pédicellés, accompagnés de bractées sétacées, ciliées. Cal. évasé, à 5 lobes courts, terminés par une petite pointe. ♃. E. TC. Bords des chemins, haies, pied des murs.

Cette plante est le *B. nigra* de la plupart des auteurs. Il paraît que ce n'est point le *B. nigra* L. qui a les divis. du calice lancéolées, terminées par une arête aussi longue qu'elles.

XXI. TEUCRIUM L. (*Germandrée*). Cal. tubuleux ou campanulé, à 5 *dents un peu inégales, quelquefois 2-labié.* Cor. à tube court, à 2 lèvres dont la *supér. très-courte et fendue en 2 lobes*; l'infér. trifide, le lobe moyen très-grand. *Étam. saillantes par la fente de la lèvre supér.*

1 {	Feuilles entières; fleurs en têtes terminales	*T. montanum.*
	Feuilles dentées ou découpées; fleurs axillaires ou en grappes . . .	2.
2 {	Fleurs jaunâtres en grappes allongées	*T. Scorodonia.*
	Fleurs axillaires, purpurines ou blanches . . .	3.
3 {	Feuilles multifides	*T. Botrys.*
	Feuilles simplement dentées ou crénelées. . . .	4.
4 {	Feuilles sessiles	*T. Scordium.*
	Feuilles pétiolées	*T. Chamædrys.*

1. T. SCORODONIA *L.* (*G. à feu de sauge*). Tige droite, ferme, velue, haute de 3 à 6 décim., rougeâtre dans le bas. Feu. assez larges, cordiformes, oblongues, crénelées, ridées, pétiolées, velues. *Fl. jaunâtres, en grappes axillaires, unilatérales, rapprochées en panicule.* Cal. bilabié. ♃. E. TC. Bois et coteaux pierreux. — J'ai trouvé un individu à feu. ternées.

2. T. SCORDIUM *L.* (*G. Scordium*). Plante velue, molle, exhalant une *odeur forte, rappelant celle de l'ail.* Tiges couchées à la base, quelquefois un peu radicantes, redressées, hautes de 1 à 5 décim. *Feu. oblongues, sessiles,* dentées en scie. Fl. rougeâtres, axillaires, géminées. ♃. E-A1. PC. Lieux marécageux, bords des fossés. Rouen, Cherbourg, Avranches, marais Vernier; Lisieux, St.-Pierre-sur-Dive, Frenouville, Troarn (Calv.), Argentan, etc.

3. T. CHAMÆDRYS *L.* (*G. petit-chêne*). Tiges rameuses et diffuses à la base, arrondies, velues, comme ligneuses, hautes de 1 à 3 décim. *Feu.* ovales-cunéiformes, *crénelées,* incisées, *pétiolées, vertes et lisses en-dessus.* Fl. purpurines, rarem. blanches, axillaires. Cal. 5-fide. ♃. E. C. Coteaux stériles et bois découverts des terr. calcaires. Rouen, Le Havre, Falaise, Vernon, Cormelles et Biéville, près de Caen; Chamboy (Orne), etc.

4. T. MONTANUM *L.* (*G. de montagne*). *Tiges* arrondies, ligneuses, rameuses, *couchées,* pubescentes, longues de 1 à 2 décim. *Feu. lancéolées, entières,* vertes et glabres en-dessus, *blanchâtres et tomenteuses en-dessous,* à bords roulés. *Fl. d'un blanc-jaunâtre, en têtes terminales, aplaties.* Cal. 5-fide. ♃. E. PC. Coteaux secs des terr. calc. Rouen, Evreux, Le Havre, Caen, Falaise; Vernon, Chamboy (Orne), etc.

5. T. BOTRYS *L.* (*G. Botrys*). *Tiges herbacées,* rameuses, velues, hautes de 1 à 3 décim. *Feu. pinnatifides, à lobes peu nombreux, linéaires, dont les infér. souv. trifides;* pubescentes. Fl. purpurines, axillaires, géminées ou ternées. Cal. campanulé, 5-fide. ◉. E2.-3. C. Champs pierreux des terr. calc.

XXII. AJUGA *L.* (*Bugle*). Cal. ovoïde, à 5 divis. presque égales. Cor. tubulée, à 2 lèvres dont la *supér. très-petite, presque nulle, échancrée;* l'infér. à 3 lobes, dont celui du milieu plus grand, cordiformes. *Graines réticulées.*

1 {	Feuilles caulinaires tripartites, à divisions linéaires. .	*A. chamæpitys.*
	Feuilles caulinaires entières, sinuées ou crénelées. . .	2.
2 {	Tige munie à sa base de longs rejets stériles . .	*A. reptans.*
	Tige n'ayant point à sa base de rejets stériles . . .	*A. Genevensis.*

1. A. REPTANS *L.* (*B. à rejets rampants*). *Plante à peu près glabre.* Tige droite, simple, haute de 2 à 3 décim., *émettant à sa base des rejets rampants.* Feu. ovales-oblongues, crénelées; les florales non colorées. Fl. bleues, rarem. blanches, verticillées. ♃. P.-E. TC. Prés et bois frais.

2. **A. genevensis** *Linn.* (*B. de Genève*). *Plante velue.* Tige simple ou rameuse dès la base, ouverte, *sans rejets rampants*, haute de 1 à 3 décim. Feu. ovales-oblongues, munies de grosses dents obtuses et écartées ; les *infér. plus courtes que les caulinaires*, rétrécies à la base en pétiole ; les florales entières, colorées, bleuâtres. Fl. bleues et quelquefois roses ou blanches, en verticilles situés aux aisselles des feuilles, dès le bas de la tige. ♃. P. C. Prés et champs sablonneux des terr. calc.

Var. *b. longibracteata* Coss. et Germ., *A. pyramidalis* Dub., non L. Feu. infér. plus allongées que les caulinaires. Alençon, Falaise.

Cette forme, dont un développement tardif est sans doute la cause, a été prise souvent pour l'*Aj. pyramidalis* L. Celui-ci n'appartient point à nos contrées, mais plutôt à la région des montagnes.

3. **A. chamæpitys** *Schreb.*, *Teucrium* L. (*B. faux pin*). *Plante velue, ayant une odeur de chanvre.* Tige couchée, rameuse, longue de 1 à 2 décim. Feu. infér. spatulées, pétiolées, entières ou peu dentées ; *les supér. profondém. divisées en 3 lobes linéaires.* Fl. jaunes, petites, axillaires, solitaires. ⊚. E. C. Lieux cultivés, arides et sablonneux. Terr. calc.

LXVIIᵉ. Fam. VERBÉNACÉES. *Juss.*

Cal. monosépale, tubuleux, anguleux, à 4 ou 5 dents, persistant. Cor. monopétale, caduque, tubuleuse, à limbe à 5 lobes un peu irréguliers. Étam. 4, didynames. Ovaire sup. composé de 4 carpelles soudés. Styles réunis en un seul, entier ou bifide. Fruit sec ou un peu drupacé, à 4 loges monospermes. Graines osseuses. Embryon droit. Périsperme nul. — *Feu. opposées.*

I. **VERBENA** *L.* (*Verveine*). Cal. à 4 ou 5 dents dont la supér. courte, tronquée. Cor. à tube courbé et à limbe à 5 lobes presque planes, un peu irréguliers. Étam. 4, didynames. Stigm. obtus. Semences 4, nues à la maturité, d'abord réunies par un tissu utriculaire.

1. **V. officinalis** *L.* (*V. officinale*). Tige carrée, droite, rameuse dans le haut, pubescente, haute de 5 à 8 décim. Feu. infér. ovales-cunéiformes, velues, ridées, crénelées ; les sup. incisées-multifides. Fl. petites, blanches ou légèrem. violacées, sessiles, en longs épis filiformes au sommet de la tige et des rameaux. ♃. E. TC. Lieux incultes, bords des chemins, pied des murs.

LXVIIIᵉ. Fam. LENTIBULARIÉES. *Rich.*

Cal. monosépale, bilabié, persistant ; lèvre supér. 3-lobée ou entière ; lèvre infér. ordinairem. plus grande, entière ou bilobée. Cor. monopétale, hypogyne, irrégulière, bilabiée ou personée, prolongée en éperon à sa base. Étam. 2, incluses, insérées à la base de la cor. Anthères uniloculaires. Style simple, très-court, à stigm. ayant comme 2 lèvres papilleuses intérieurem. Caps. uniloculaire, polysperme, s'ouvrant, soit au sommet par une fente longitudinale, soit par un opercule. Placenta central. Embryon droit, simple ou dicotylédoné. Périsperme nul. — *Plantes herbacées, aquatiques ou des lieux marécageux, à feu. radicales et à fleurs portées sur des hampes nues.*

{ Cal. 5-fide; feuilles entières, en rosette, non submergées PINGUICULA. (ii.)
{ Cal. à 2 lèvres entières; feu. submergées à divis. capillaires. UTRICULARIA (i.)

I. UTRICULARIA *L.* (*Utriculaire*). *Cal.* 1-sépale, *à deux lèvres égales, entières. Cor.* à tube court, personée, prolongée en éperon à sa base; lèvre super. ayant un palais proéminent. Etam. 2, incluses, portant les anthères au sommet interne de leurs filets. Style 1, à stigm. bilabié. Caps. globuleuse, polysperme, uniloculaire. Placenta central. *Herbes aquatiques, à feu. radiciformes, divisées et soutenues par de petites vésicules pleines d'air.*

{ Fleur d'un jaune pâle, à éperon beaucoup plus court que la cor. *U. minor.*
{ Fleur d'un beau jaune, à éperon égalant la moitié de la cor. . . . . . 2.
{ Palais marqué de lignes d'un rouge pâle, non anastomosées. *U. vulgaris.*
{ Palais marqué de lignes d'un rouge vif, anastomosées. . . *U. neglecta.*

1. **U. VULGARIS** *L.* (*U. commune*). Plante nageante, à feu. divisées en profondes découpures capillaires, garnies de petites vésicules ou utricules remplies d'air. Fl. d'un *jaune clair* (4 à 8), portées au sommet, d'abord penché, d'une hampe nue, élevée au-dessus de l'eau, haute de 2 à 3 décim. Cor. à lèvre super. ovale, brusquement rétrécie au sommet en un bec court, obtus. *Palais marqué d'un petit nombre de lignes ou taches d'un rouge pâle, non anastomosées.* Eperon conique, allongé, aussi long que la cor. ♃. E. C. Eaux stagnantes, étangs, fossés. Terr. calc.

Pour établir les caractères distinctifs de cette espèce et de la suivante, je me suis beaucoup aidé d'un excellent travail de M. de L'Hôpital qui a été publié dans le tome 1er. du *Bulletin de la Société Linn. de Normandie.*

2. **U. NEGLECTA** *Helm.* (*U. négligée*). Plus grêle que la précéd. Sa hampe est plus déliée, flexueuse. Fl. d'un *jaune-orangé*, alternes. Cor. à lèvre infér. dont les bords forment une collerette étalée, plane; *palais strié de lignes nombreuses, anastomosées, d'un rouge vif.* Eperon conique, allongé. ♃. E. PC. Eaux stagnantes. Caen, Vire, Falaise, St.-Lo, Valognes, Carentan, etc.

3. **U. MINOR** *L.* (*U. naine*). Cette espèce se distingue facilement à sa *fleur petite et d'un jaune-soufre très-pâle.* Feu. tripartites-dichotomes, à découpures linéaires, aristées. Hampe de 8 à 12 centim., pauciflore. Lèvre super. de la cor. fendue; *éperon beaucoup plus court que la cor.*, conique, obtus. *Stigm. glabre.* ♃. E. TR. Eaux stagnantes. Marais de Plainville, près de St. Pierre-sur-Dive; les Terriers, Graye (Calv.); landes de Lessay, Périers (Manche), etc.

II. PINGUICULA *L.* (*Grassette*). *Cal.* campanulé; 2-labié, à 5 divisions. Cor. bilabiée; ouverte; lèvre super. à 2 lobes; l'infér. 3-lobée, prolongée en éperon à la base. Etam. 2, recouvertes par le stigm. terminé par 2 lamelles inégales. Caps. uniloculaire, presque 2-valve, polysperme. — *Herbe à feu. radicales, grasses au toucher.*

{ Hampe glabre; fleur bleue ou violette. . . . . *P. vulgaris.*
{ Hampe pubescente; fleur blanchâtre rayée de pourpre. . *P. Lusitanica.*

1. **P. VULGARIS** *L.* (*G. commune*). Souche très-courte. Feuilles toutes radicales, ovales, obtuses, roulées sur les bords, d'un vert-jaunâtre, gluantes. *Hampe glabre*, haute de 5 à 15 cent., terminée par une seule *fleur d'un beau bleu-violacé* un peu pâle, et velue en-dedans. Cor. à 5 lobes obtus, 2 à la lèvre super., 3 à l'infér. *Eperon droit*, conique-cylindrique,

de la longueur de la cor. Caps. plus longue que le cal. ♃. P2. PC. Marais, près tourbeux. Falaise ; marais de Percy et de Plainville, près de Mézidon ; Frenouville, Chicheboville (Calvados) ; Gisors, Argentan, etc.

Var. *b. P. gypsophila* Wallr., *P. vulgaris*, var. *minor* Koch. Cette forme est due sans doute à une végétation retardée, car elle fleurit près de deux mois plus tard que le *P. vulgaris.* Sa taille est moins élevée ; ses feuilles sont plus courtes, ses fleurs plus petites et d'un bleu-violacé plus pâle. Marais de Percy, près de Mézidon (Calvados).

2. P. LUSITANICA *L.* (*G. de Portugal*). Feu. toutes radicales, ovales, courtes, en rosette, grasses au toucher. *Hampe garnie de poils épars, glanduleux,* haute de 5 à 10 centim., *terminée par une petite fleur blanchâtre, rayée de pourpre, et à gorge tachée de jaune.* Cor. à 5 lobes un peu échancrés, assez réguliers. *Eperon allongé, obtus, un peu courbé,* plus court que la cor. ♃. E1.-2. R. Lieux marécageux. Alençon, Mortrée, Cherbourg, St.-Lo, Valognes ; Percy, près de Mézidon (Calv.) ; marais Vernier (Eure), etc.

J'ai trouvé à Mortrée (Orne) un état *pélorien* de cette plante, présentant une corolle campanulée à 10 lobes échancrés et munie à sa base de deux éperons.

LXIXe. FAM. PRIMULACÉES. *Vent.*

Cal. 1-sépale à 4 ou 5 lobes. Cor. 1-pétale (nulle dans le *Glaux*), hypogyne, à limbe 4 ou 5-lobé. Etam. 4 ou 5, insérées sur la cor. et opposées à ses lobes. Ovaire simple, sup. Style 1, à stigm. simple. Caps. 1-loculaire, polysperme, s'ouvrant au sommet par plusieurs valves ou en travers circulairement. Placenta central; Embryon droit, entouré d'un périsperme charnu. — *Plantes herbacées, à feu. simples.*

1 {	Fleurs munies d'un calice et d'une corolle.	2.
	Fleurs munies d'un calice coloré ; point de corolle. . . .	GLAUX. (vii.)
2 {	Fleurs à 5 divisions; 5 étamines	3.
	Fleurs à 4 divisions; 4 étamines.	CENTUNCULUS. (iv.)
3 {	Capsule soudée avec le tube du calice.	SAMOLUS. (vi.)
	Capsule non soudée avec le tube du calice	4.
4 {	Capsule s'ouvrant longitudinalement en plusieurs valves. .	5.
	Capsule s'ouvrant circulairement par un opercule. .	ANAGALLIS. (iii.)
5 {	Calice tubuleux ou campanulé	PRIMULA. (v.)
	Calice divisé presque jusqu'à la base	6.
6 {	Feuilles pinnatifides, pectinées	HOTTONIA. (i.)
	Feuilles entières.	LYSIMACHIA. (ii.)

I. HOTTONIA *L.* (*Hottone*). Cal. 5-partite. Cor. 1-pétale, à tube court et à limbe plane, 5-lobé. *Etam.* 5, *presque sessiles, attachées au sommet du tube. Caps. presque indéhiscente,* globuleuse, terminée par un style persistant; stigm. capité.

1. H. PALUSTRIS *L.* (*H. des marais*). Plante aquatique à tiges longues et submergées. Feu. verticillées, profondém. pinnatifides, à lobes linéaires. Fleurs d'un blanc-rosé, disposées en 3 ou 4 verticilles lâches, au sommet d'une hampe droite, fistuleuse, nue, élevée au-dessus de l'eau de 2 à 3 décim. ♃. P. C. Mares et fossés, principalem. dans les terr. calc,

II. **LYSIMACHIA** *L.* (*Lysimaque*). Cal. à 5 divis. *Cor.* 1-pétale, 5-lobée *en roue* et à tube court. *Etam. longuem. exsertes* (5), quelquefois réunies par la base des filets. Caps. globuleuse, s'ouvrant au sommet par 5 valves. — *Feu. opposées.*

1 { Fleurs en panicule terminale . . . . *L. vulgaris.*
  { Fleurs axillaires, solitaires. . . . . 2.
2 { Calice à divisions ovales, cordiformes . . . . *L. Nummularia.*
  { Calice à divisions linéaires . . . . *L. nemorum.*

1. **L. VULGARIS** *L.* (*L. commune*). Vulg. *Chasse-bosse.* Tige droite, ferme, pubescente, haute de 6 à 12 décim. Feu. opposées, quelquefois verticillées (3 à 6), ovales-lancéolées, presque sessiles. *Fl.* jaunes, à pétales quelquefois safranés à leur base interne, *en panicules terminales.* Etam. réunies par la base. ♃. E. C. Bords des eaux.

Var. *b. villosa.* Tiges et feu. velues-tomenteuses; nervures des feu. plus parallèles. Avranches.

2. **L. NUMMULARIA** *L.* (*L. Nummulaire*). Tiges couchées, rampantes, anguleuses. *Feu. ovales-arrondies*, glabres, opposées, portées sur de courts pétioles. Fl. jaunes, assez grandes, axillaires, solitaires. *Lobes du cal. ouverts, comme cordiformes.* Etam. réunies par leurs bases. ♃. E. TC. Bords des fossés, lieux marécageux.

3. **L. NEMORUM** *L.* (*L. des bois*). Tiges couchées, grêles, glabres, longues de 1 à 3 décim. *Feu. ovales, pointues*, pétiolées, glabres. Fl. jaunes, solitaires, axillaires, portées sur des pédonc. filiformes plus longs que les feu. Etam. libres. *Divis. du cal. linéaires, étroites.* Caps. globuleuse, irrégulièrem. déhiscente au sommet en 2 ou 5 valves. ♃. E. C. Bois humides.

III. **ANAGALLIS** *L.* (*Mouron*). Cal. 5-fide. *Cor. en roue, à 5 lobes.* Etam. 5, à filets velus. Style 1. *Caps. globuleuse, s'ouvrant en travers* (*Pyxide*). *Feu. opposées, entières.*

1 { Feuilles sessiles, ovales; tige anguleuse . . . . 2.
  { Feuilles un peu pétiolées, arrondies; tige filiforme . . . . *A. tenella.*
2 { Corolle bordée de cils glanduleux . . . . *A. phœnicea.*
  { Corolle non bordée de cils glanduleux . . . . *A. cœrulea.*

1. **A. PHŒNICEA** *Lam.* (*M. rouge*). Tiges rameuses à la base, couchées, longues de 1 à 3 décim. Feu. opposées, quelquefois ternées, ovales; sessiles, un peu obtuses, ponctuées en-dessous, glabres, trinervées. *Fl. rouges*, roses ou blanches, axillaires, solitaires, portées sur des pédonc. filiformes 2 fois plus longs que les feu. *Pétales entiers, bordés de cils glanduleux.* Caps. à 5 stries. ☉. E. TC. Moissons.

2. **A. CŒRULEA** *Schreb.* (*M. bleu*). Tiges rameuses, redressées, hautes de 1 à 3 décim. Feu. opposées, quelquefois ternées, sessiles, ovales-pointues, glabres, ponctuées en-dessous, 5-nervées. *Fl. bleues*, axillaires, portées sur des pédonc. un peu plus longs que les feu. *Pétales denticulés, non bordés de cils glanduleux.* Caps. à 10 stries. ☉. E. PC. Moissons des terr. calc.

Cette espèce ressemble beaucoup à la précédente, mais ses fleurs, constamment bleues, et les autres caractères tirés du port de la plante, de la longueur des pédoncules, et principalem. de l'absence de cils glanduleux au bord des pétales, empêchent de les réunir.

3. A. TENELLA L. (*M. délicat*). Tiges couchées, rampantes, filiformes, longues de 5 à 10 centim. *Feu.* arrondies, opposées, *pétiolées*, glabres. Fl. d'un blanc-rosé, striées, solitaires, axillaires, portées sur de longs pédoncules droits. *Etam. barbues.* ♃. E. C. Marais, prés humides.

IV. CENTUNCULUS L. (*Centenille*). *Cal.* à 4 divis. *Cor. marcescente*, en roue, à 4 lobes. *Etam.* 4. Style 1. *Caps.* globuleuse, 1-loculaire, polysperme, *s'ouvrant en travers circulairement (Pyxide).*

1. C. MINIMUS L. (*C. naine*). Tige droite, filiforme, peu rameuse, haute de 1 à 4 centim. Feu. ovales, entières, le plus souv. alternes. Fleurs très-petites, blanchâtres, un peu rosées, solitaires, sessiles. ⊙. E. PC. Lieux humides et sablonneux. Mouen, près de Caen; Falaise, Cherbourg, Mortain, etc.

V. PRIMULA L. (*Primevère*). *Cal.* 1-sépale, en tube 5-gone, à 5 dents. *Cor.* infundibuliforme, à limbe 5-lobé; tube dilaté à l'entrée. *Etam.* 5, *incluses.* Style 1, inclus ou saillant. *Caps.* 1-loculaire, polysperme, s'ouvrant au sommet en 10 valves. — *Plantes vivaces, à souche épaisse, tronquée; feu. toutes radicales; fl. jaunes, devenant vertes par la dessication.*

1	Corolle à limbe concave	*P. officinalis.*
	Corolle à limbe plane	2.
2	Pédicelles en ombelles au sommet d'une hampe	3.
	Pédicelles radicaux, uniflores	*P. acaulis.*
3	Calice lâche, à lobes lancéolés	*P. variabilis.*
	Calice resserré, à lobes ovales, assez courts	*P. elatior.*

1. P. OFFICINALIS *Jacq.* (*P. officinale*). *Vulg. Coucou.* Feu. radicales, ovales, courtes, ridées, pubescentes, rétrécies brusquement en pétiole, un peu roulées sur les bords, obtuses. Fl. jaunes à lobes marqués à la base d'une tache d'un jaune foncé, inclinées, en ombelle terminale, au sommet d'une hampe de 1 à 3 décim. *Cor. à limbe court, concave. Cal. à dents obtuses, atteignant à peu près le sommet du tube. Fl. odorantes.* ♃. P. TC. Prés, coteaux, terr. calc.

Cette esp., ainsi que les suivantes, présente de nombreuses variations. Leurs diverses parties sont plus ou moins velues; les corolles, le plus souv. jaunes, sont quelquefois purpurescentes; le style et les étam. sont respectivement plus ou moins longs; les hampes, terminées par des ombelles multiflores, sont souvent accompagnées de pédicelles radicaux uniflores, etc.

2. P. VARIABILIS *Goupil*, *P. grandiflora*, var. *b. umbellifera* Bréb. Fl. de Norm. édit. 1re (*P. variable*). Feu. oblongues, rétrécies à la base. Hampes multiflores, souv. accompagnées de pédic. radicaux uniflores. *Cal. campanulé, lâche, à 5 lobes lancéolés-acuminés.* Fl. jaunes, assez grandes, à limbe plane. ♃. P1. PC. Lieux herbeux. Falaise, Lisieux, Bayeux, Evreux, Caen, Argentan, Bernay, etc.

Cette esp. semble une hybride, provenant des *P. officinalis* et *acaulis.*

3. P. ELATIOR *Jacq.* (*P. élevée*). Feu. radicales, ovales-allongées, larges, rétrécies en long pétiole, dentées, pubescentes. Fl. jaunes, à peu près inodores, en ombelle terminale. *Cal. à dents ovales-acuminées, assez courtes, non ouvert et atteignant le milieu du tube de la cor., qui est dilatée à l'entrée et dont le limbe est plane et moins large que dans l'espèce précédente.* ♃. P. R. Bois et prés ombragés. Rouen, Gisors, Vernon, Honfleur, Lisieux; Camembert, Champosoult (Orne), etc.

4. P. ACAULIS, *Jacq.*, *P. grandiflora* Lam. (*P. sans tige*). Vulg. *Pommerolle*, *Plumerolle*, *Pruniolle*. Feu. radicales, ovales-allongées, rétrécies en long pétiole, obtuses, denticulées. *Fl. grandes, à limbe plane,* jaune-soufré, quelquefois rougeâtres, portées sur des *pédonc. radicaux, uniflores.* Cal. étroit à 5 *lobes profonds, acuminés,* à peu près aussi longs que le tube de la cor. — Fl. à odeur douce. ♃. P. TC. Bois et haies.

L'*Oreille-d'ours*, si généralement cultivée dans les jardins, est le *P. auricula* L.

VI. SAMOLUS *L.* (*Samole*). Cal. adhérent, persistant, 5-fide. Cor. 1-pétale, hypocratériforme, 5-lobée, garnie à l'entrée de 5 écailles filiformes, alternes avec les lobes. Etam. 5. Ovaire semi-infère. Style 1. *Caps. globuleuse, soudée avec le tube du cal.,* 1-loculaire, polysperme, s'ouvrant en 5 valves au sommet.

1. S. VALERANDI *L.* (*S. de Valerandus*). Plante glabre, lisse. Tige droite, rameuse, haute de 1 à 5 décim. Feu. ovales, obtuses, entières, alternes. Fl. blanches, petites, en grappes lâches. Pédonc. munis d'une petite bractée au-dessous de la fl. ♃. E. PC. Lieux humides, bords des fossés dans les marais.

J'ai vu des individus de cette plante, croissant au pied de roches humides de la Hague fréquemment baignées par la mer, atteindre une hauteur de 1 à 2 mètres.

VII. GLAUX *L. Cal.* campanulé, *5-fide, coloré. Cor. nulle.* Etam. 5. hypogynes. Caps. globuleuse, 1-loculaire, polysperme, 5-valve. Placenta central, globuleux. Style 1. Stigm. 1.

1. G. MARITIMA *L.* (*G. maritime*). Plante glabre, couchée, rampante, rameuse. Tiges longues de 8 à 15 centim. Feu. nombreuses, opposées ovales-lancéolées, entières, un peu épaisses. Fl. d'un blanc-rosé, axillaires, solitaires, sessiles. ♃. E. C. Lieux marécageux des bords de la mer.

Lorsque les tiges de cette plante croissent au milieu des graminées et cypéracées du littoral, elles atteignent souvent une longueur remarquable.

LXXe. FAM. GLOBULARIÉES. *DC.*

Cal. 1-sépale, tubuleux, 5-lobé. Cor. hypogyne, insérée dans le réceptacle, 1-pétale, tubuleuse, irrégulièrem. 5-lobée. Etam. 4, insérées au sommet du tube de la cor. et alternes avec ses lobes. Ovaire supér. Style 1. Stigm. 2-fide. Fruit 1-sperme, entouré par le cal. persistant. Ovule pendant. — *Fl. réunies en tête, entourées d'un involucre imbriqué, polyphylle, insérées sur un récept. paléacé. Feu. alternes, simples.*

I. GLOBULARIA *L.* (*Globulaire*). Caractères de la famille.

1. G. VULGARIS *L.* (*G. commune*). Plante glabre. Tige simple ou un peu divisée à la souche, qui est dure, comme ligneuse, haute de 1 à 3 décim. Feu. radicales, ovales-spatulées, pétiolées, épaisses, munies d'une petite dent au fond d'une échancrure terminale; les caulinaires lancéolées, pointues, sessiles. Fl. bleues en tête globuleuse terminale. ♃. P. C. Pelouses, coteaux secs des terr. calc. Rouen, Falaise, Evreux, St.-Pierre-sur-Dive, Vernon; Argentan, Chamboy (Orne), etc.

LXXIᵉ. Fam. PLUMBAGINÉES. *Juss.*

Pér. double, persistant; l'extér. (*involucre? calice?*) monosépale, scarieux, tubuleux, plissé, entier ou 5-denté; l'intér. corolliforme, à 5 divis. onguiculées, soudées à la base. Etam. 5, insérées sur les onglets des divis. du pér. interne. Styles 5, à stigm. subulés. Caps. simple, 1-sperme, recouverte par le cal. Ovule renversé. Embryon entouré d'un périsperme farineux. — *Plantes vivaces. Fl. rapprochées en glomérules ou disposées en épis unilatéraux rapprochés en panicule.*

    { Fleurs en épis rapprochés en panicules . . . . STATICE. (I.)
    { Fleurs en glomérules arrondis, terminaux. . . . . . ARMERIA. (II.)

- I. STATICE L. Pér. extérieur scarieux, l'intér. plissé, entier, à 5 divis. pétaloïdes plus ou moins soudées à la base, coloré. Etam. 5, insérées sur les onglets des lobes du pér. int. persistant. *Styles 5, glabres.* Caps. monosperme, indéhiscente, entourée par le pér. Placenta central attaché au sommet de la caps. — *Plantes herbacées, à tiges rameuses terminées par des épis unilatéraux rapprochés en panicule. Fleurs bleues ou violacées. Epillets pauciflores, entourés de 2 à 3 bractées dont l'intér. est la plus grande.*

    { Feuilles à pétiole au moins aussi long que le limbe . . . . . . 2.
    { Feuilles à pétiole beaucoup plus court que le limbe . . . . . 4.
    { Feuilles oblongues, à pétiole plus long que le limbe . . . S. Limonium.
    { Feuilles spatulées, à pétiole à peu près égal au limbe . . . . . 3.
    { Peu. obovales-spatulées, obtuses ou avec une pointe courte. S. Dodartii.
    { Feu. lancéolées-spatulées, terminées en pointe allongée. S. occidentalis.
    { Fleurs en épis serrés, dressés. . . . . S. ovalifolia.
    { Fleurs en épis serrés, étalés-arqués. . . . . S. Lychnidifolia.

1. S. LIMONIUM L. (*S. Limonium*). Tiges dures, nues, rameuses, hautes de 3 à 6 décim. *Feu. oblongues* ou *oblongues-lancéolées*, atténuées en un *très-long pétiole*, obtuses ou ayant une pointe terminale munie *d'une seule nervure médiane* rameuse. Fl. nombreuses, en épis plus ou moins allongés, formant une *panicule ample, étalée*. Lobes du cal. pointus. Bractée interne 3 fois plus longue que les autres. ♃. E3.-A1. C. Bords de la mer, vases des embouchures des rivières.

Var. *b. Behen* Boiss., *S. pseudolimonium* Reich. Feu. terminées par une pointe allongée; bractées vertes en leur milieu. Panicule plus resserrée. M. Morière a trouvé cette var. à fl. blanches à Sallenelles (Calv.)

Var. *c. S. serotina* Reich. Plante glauque; panicule très-rameuse; rameaux allongés, étalés.

2. S. OVALIFOLIA Poir. (*S. à feu. ovales*). Tige peu rameuse, haute de 12 à 15 cent. *Feu. larges, ovales*, ondulées, acuminées, *à 3 ou 5 nervures*, atténuées en un *court pétiole* canaliculé, glutineux. Fl. en *épis courts, serrés, dressés*, rapprochés en *panicule resserrée, corymbiforme*. Lobes du cal. obtus. Bractées intér. 4 à 6 fois plus longues que les extér. ♃. E2. TR. Falaises de Carteret (Manche). Le Dr. Lebel.

Var. *b. minor* Boiss., *S. hybrida* Mont. Tige courte; panicule resserrée, compacte.

3. S. LYCHNIDIFOLIA Gir. (*S. à feu. de Lychnis*). Tige peu rameuse, haute de 10 à 15 centim. *Feu. amples, coriaces, obovales-lancéolées*, acuminées, *concaves-canaliculées*, atténuées en un *court pétiole glutineux*. Fl. en *épis*

serrés, arqués, étalés, en panicule ou corymbe peu considérable, occupant la moitié ou le tiers supér. de la tige. *Lobes du cal. obtus. Bractée intér. carénée, 3 fois plus longue que les extér.* ♃. E3. TR. Baie du Mont-St.-Michel, près de Pontorson et de St.-Léonard, Carteret, Gavrus, St.-Germain (Manche).

Var. *b. corymbosa* Boiss. in Prodr. Panicule peu rameuse, resserrée.

4. s. occidentalis *Lloyd.*, *S. oleæfolia* Fl. Norm. 1re. édit., *S. Bubani* Gir. (*S. de l'Ouest*). Souche épaisse, rameuse. Tige droite, ferme anguleuse, grêle, rameuse, haute de 2 à 4 décim. *Feu. lancéolées-spatulées,* allongées, *terminées en pointe,* rétrécies en pétiole de la longueur du limbe environ, munies de 3 nervures simples, peu apparentes: les latérales surtout, qui manquent quelquefois ou sont très-courtes. Epis grêles, droits, réunis en panicule lâche et ouverte. Bractées intér. très-obtuses, 2 fois plus longues que les extér., *bordées d'une teinte rougeâtre, brillante.* ♃. E3-A1. R. Sables et rochers maritimes de la Manche. Auderville, Flamanville, etc.

5. s. dodartii *Gir.* (*S. de Dodart*). Tige moins élevée et moins rameuse que dans l'espèce précédente. *Feu. obovales-spatulées,* à 3 ou 5 nervures simples, *très-obtuses,* mutiques ou munies à leur sommet d'une petite pointe mucronée, comme aristée. Rameaux ouverts; les infér. stériles; les supér. portant 2 ou 3 épis droits de fl. serrées; les épis terminaux agglomérés. *Lobes du cal. très-obtus.* Bractées vertes, avec une *étroite bordure blanchâtre;* l'intér. 2 fois plus longue que les extér. ♃. E3. TR. Sables maritimes; bords de la Selune, près d'Avranches, Cherbourg.

La racine (*Rhizome*) des Statices renferme en abondance un tannin préférable, pour la préparation des cuirs, à celui de l'écorce de chêne, qui en contient un 6e. de moins.

II. ARMERIA *Willd.* (*Armérie*). Per. extér. infundibuliforme, scarieux, plissé, à 5 nervures et 5 lobes; l'intér. à 5 divis. pétaloïdes, onguiculées, soudées en tube à la base. Etam. 5, à filets dilatés, insérés à la base des onglets des pétales. *Styles* 5, *velus* dans leur tiers infér. — *Plantes herbacées, à hampe simple, terminées par les fl. réunies en un capitule arrondi et entourées d'un involucre commun, dont les écailles extér. réfléchies forment une gaîne scarieuse au sommet de la hampe. Fl. roses ou un peu violacées, rarem. blanches.*

<pre>
 1 { Hampe glabre; feuilles ayant de 3 à 7 nervures. . . . . A. plantaginea.
   { Hampe pubescente ou velue; feuilles uninervées. . . . . 2.
 2 { Hampe un peu velue; feuilles obtuses. . . . . A. maritima.
   { Hampe pubescente; feuilles pointues. . . . . A. pubescens.
</pre>

1. a. plantaginea *Willd.*, *Statice* All. (*A. à feu. de Plantain*). *Feu. linéaires-lancéolées,* allongées, acuminées, glabres, ayant de 3 à 7 nervures à bords membraneux, entiers. Fleurs purpurines en tête, portées sur une *hampe simple, glabre, striée,* haute de 1 à 5 décim. Invol. à fol. extér. longues et pointues; les intér. obtuses, prolongées sur la hampe en gaîne longue de plus de 2 à 3 centim. *Fol. extér. de l'invol. cuspidées; les intér. obtuses, à nervure décurrente mucronée.* ♃. E. R. Lieux arides et sablonneux. Pont-de-l'Arche, Elbeuf, Gisors, les Andelys; dunes de Biville et de Vauville (Manche), etc.

Var. *b. longibracteata* Boiss. in Prodr.; *Statice arenaria* Pers. Fol. extér. de l'invol. dépassant le capitule. Les Andelys.

2, A. **MARITIMA** *Willd.*, *Statice Armeria* L. (*A. maritime*). Vulg. *Ar-
melin*, *Pas-de-chat*. Feu. rapprochées en gazon compacte, linéaires,
étroites, *uninervées*, glabres ou pourvues de quelques cils sur les bords,
obtuses au sommet. Fl. d'un rose plus ou moins vif., rarem. blanches, en
tête arrondie portée sur une *hampe* nue, droite, *peu velue*, haute de 1 à
2 décim. *Bractées internes scarieuses*, *apiculées*. Involucre écailleux,
scarieux, à foliol. obtuses, *ovales*; les extér. vertes sur le dos-et un peu
acuminées, plus courtes que les fl. *Cal. velu sur les côtes et dans les inter-
valles*. ♃. E. C. Pelouses et coteaux maritimes.

Cette esp., et la suivante, fréquemment cultivées en bordure dans les
jardins, sont connues sous les noms de *Statice*, *Gazon d'Olympe*.

3. A. **PUBESCENS** *Link.*; *Statice elongata*, var. *pubescens* Koch. (*A. pubescente*). Cette esp. qui a le plus grand rapport avec la précéd., et qui se
trouve dans les mêmes localités, en diffère principalem. par ses feu. *pointues au sommet*, sa *hampe pubescente et. ses bractées internes très-obtuses.
Les fol. extér. de l'involucre sont *triangulaires*; assez courtes et à bords
membraneux larges, et *le cal. est velu seulem. sur les côtes*. ♃. E. PC.
Cherbourg, falaises de la Hague, Granville; Dives, Sallenelles (Calv.) etc.

LXXIIe. FAM. PLANTAGINÉES. *Juss.*

Fl. hermaphr., rarem. monoïques. Pér. double, persistant; l'extér. 4-
partite; l'intér. tubuleux, 1-pétale, hypogyne, resserré au sommet, à 4
divis., scarieux. Etam. 4, insérées à la base du pér. interne et alternes
avec ses lobes. Anthères 2-loculaires. Style et stigm. 1. Ovaire supér. Caps.
1 à 4-loculaire, s'ouvrant en travers circulairement, ou 1-sperme, indéhiscente. Placenta libre, plane, ou tétraèdre. Embryon droit, entouré d'un
périsperme dur presque corné. — *Plantes herbacées*; *fleurs en épis ou en
capitules*.

{ Fleurs hermaphrodites, en épis . . . . **PLANTAGO**. (i.)
{ Fleurs monoïques; pédoncule radical portant une fleur mâle soli-
{   taire. . . . . **LITTORELLA**. (ii.)

I. PLANTAGO. *L.* (*Plantain*). *Fl. hermaphr.* Pér. externe à 4 divis.;
l'interne 4-fide, persistant, globuleux, à limbe réfléchi. Etam. 4. Caps. à
2 ou 4 loges s'ouvrant horizontalement. — *Plantes herbacées*, le plus souv.
acaules, à feu. toutes radicales en rosette. Fl. en épis solitaires.

1 { Tige feuillée. . . . . — *P. arenaria*.
{ Tige nue; feuilles toutes radicales . . . . 2.
2 { Feuilles ovales ou ovales-oblongues. . . . . 3.
{ Feuilles lancéolées, linéaires ou pinnatifides. . . . 4.
3 { Epi cylindrique allongé, à fleurs un peu écartées dans le bas. *P. major*.
{ Epi oblong-cylindrique, compacte . . . . *P. media*.
4 { Feuilles pinnatifides. . . . . *P. Coronopus*.
{ Feuilles entières ou à dents écartées . . . . 5.
5 { Feuilles lancéolées non charnues; épi ovoïde. . . . *P. lanceolata*.
{ Feuilles linéaires; charnues; épi cylindrique. . . . *P. maritima*.

1. P. **MAJOR**. *L.* (*P. à grandes feuilles*). Vulg. *Rond-Plantain*. Feu.
toutes radicales, ovales, larges, *pétiolées*, munies de 5 à 9 nervures,
glabres ou un peu velues sur les pétioles. Hampes cylindriques, ascendantes,
hautes de 2 à 6 décim. Fl. brunâtres en *long épi cylindrique*, serrées, ac-

compagnées d'une bractée ovale-aiguë. *Caps. 2-loculaire, polysperme.* ♃. E. TC. Pâturages, bords des champs et des chemins.

On rencontre quelquefois des individus vigoureux, munis à la base de l'épi de grandes bractées foliacées.

M. Godey a trouvé, à St-Lo, des pieds de cette plante présentant, au lieu d'épis simples, des panicules pyramidales formées de la réunion de petits épis nombreux pédonculés.

Var. *b. P. minima* DC., *P. intermedia* Gilib? Cette forme, que plusieurs auteurs ont considérée comme une espèce distincte, se trouve dans les lieux sablonneux, au bord des rivières et des étangs; elle présente des feu. molles trinervées, étalées en rosette; ses hampes sont complètement couchées dans leur jeunesse; plus tard, elles sont ascendantes, et l'épi pauciflore qui les termine dépasse à peine les feu. Ces différences devraient séparer cette plante du *P. major*, si on ne reconnaissait qu'elle retourne au type la seconde année, surtout si elle est dans un terrain plus fertile que celui où elle s'est développée d'abord. Caen, Cherbourg, Alençon, Falaise, etc.

2. P. **media** L. (*P. moyen*). *Feu.* toutes radicales, étalées en rosette, *ovales*, pubescentes, presque sessiles, 5 ou 7-nervées. Hampe cylindrique, droite, velue, haute de 1 à 6 décim. Fl. blanchâtres. *Etam. à filets purpurins; épi oblong-cylindrique, épais*, exhalant une odeur douce et agréable. *Caps. à 2 loges, 2-spermes.* ♃. E. TC. Pelouses sèches, bords des chemins. Terr. calc.

3. P. **lanceolata** L. (*P. lancéolé*). *Feu.* toutes radicales, *lancéolées*, pointues, rétrécies en pétiole, pubescentes, 3 ou 5-nervées, redressées; hampes nombreuses, anguleuses. Fl. blanchâtres, en *épis brunâtres, ovoïdes*, plus ou moins allongés. *Caps. à 2 loges 1-spermes.* ♃. E. TC. Prés.

Var. *b. capitellata* Koch. Feu. étroites, très-velues infér.; épis globuleux. Caen, Falaise.

Var. *c. eriophora* Hoff. et Linck., var. *lanuginosa* Koch. Feu. couvertes de longs poils blancs soyeux, surtout sur les pétioles. Alençon, Granville.

Varie beaucoup dans les proportions des feuilles et des épis. Ceux-ci ont quelquefois une collerette de feu. à leur base.

4. P. **maritima** L. (*P. maritime*). *Feu.* toutes radicales, *linéaires, charnues, semi-cylindriques*, entières, glabres, longues de 10 à 15 centim. Hampes pubescentes, ascendantes, cylindriques, hautes de 1 à 3 décim. Fl. blanchâtres en long épi serré, étroit, allongé. Caps. à 2 graines.

Var. *b. P. graminea* Lam. Feu. planes, plus larges, bordées de dentelures écartées, presque aussi longues que les hampes. ♃. E. C. Marais maritimes, près du littoral.

5. P. **coronopus** L. (*P. corne-de-cerf*). *Feu.* toutes radicales, nombreuses, étalées en rosette, *pinnatifides, à lobes linéaires*, pubescentes. Hampes cylindriques, étalées, redressées, pubescentes, hautes de 1 à 2 décim. Fl. blanchâtres en épi court, serré, cylindrique. Caps. à 4 angles, à 4 loges 1-spermes. ☉. P.-E. C. Pelouses sèches et sablonneuses.

Cette plante prend quelquefois, dans les sables maritimes, des dimensions très-grandes et des formes très-variées. Les feuilles sont glabres, velues ou ciliées.

6. P. ARENARIA *Waldst.* (*P. des sables*). *Tige rameuse*, herbacée, *feuillée*, velue, haute de 1 à 4 décim. Feu. opposées, linéaires, à peu près entières, velues-visqueuses, surtout à la base. Fl. blanchâtres, en capitules serrés, pubescents, portées sur des pédoncules axillaires de la longueur des feu. Bractées élargies, terminées en pointe foliacée dans les extér., plus longues que les lobes externes du périanthe. ⊙. E. R. Lieux arides et sablonneux. Les Andelys, Évreux, Venables, Tosny (Eure.); Blainville, près de Caen. etc.

II. LITTORELLA *L.* (*Littorelle*). *Fl. monoïques ; les mâles longuem. pédonculées*, à 4 divis. Etam. insérées sur le récept., à filets très-longs ; les femelles sessiles, à 3 folioles aiguës. Pér. inter. 1-sépale, resserré au sommet ou irrégulièrem. denté. *Caps. 1-sperme, indéhiscente.*

1. L. LACUSTRIS *L.* (*L. des étangs*). Petite plante en touffes feuillées, sans tige. Feu. jonciformes, demi-cylindriques, longues de 5 à 12 centim. Fl. verdâtres, solitaires, cachées au milieu des feuilles. ♃. E. PC. Bords des étangs.

IIIᵉ. DIVISION : APÉTALES.

Fleurs dépourvues de corolle et réduites à un simple calice, quelquefois coloré, pétaliforme. — MONOCHLAMYDÉES.

LXXIIIᵉ. FAM. AMARANTHACÉES. *Juss.*

Cal. simple, 1-sépale, 3 ou 5-lobé, persistant. Etam. 3 à 5, hypogynes, libres ou réunies à la base. Anthères 1-loculaires. Ovaire supérieur. Styles et stigm. 2 ou 3. Caps. 1-loculaire, s'ouvrant en travers circulairement (*Pyxide*), rarem. indéhiscente, le plus souv. 1-sperme. Graines attachées à un réceptacle central. Embryon récourbé, entouré d'un périsperme farineux. — *Plantes herbacées, à feu. alternés entières. Fl. en tête, en épis ou en panicule.*

1 { Feuilles ovales ou rhomboïdales ; étam. à filets libres . AMARANTHUS. (i.)
{ Feuilles linéaires ; étam. à filets soudés à la base . . . POLYCNEMUM. (ii.)

I. **AMARANTHUS** *L.* (*Amaranthe*). Monoïque. Cal. à 3 ou 5 lobes, libres. Fl. mâles (3 à 5) ; *étam. libres.* Fleurs fem. : styles 3, stigm. 3. *Caps. 1-sperme, à 3 becs s'ouvrant circulairement en travers, ou à péricarpe membraneux indéhiscent.*
Les espèces à péricarpe indéhiscent appartiennent au genre *Albersia* de Kunth.

1 { Fl. en paquets tous axillaires ; les supér. non en épis. . . . . *A. Blitum.*
{ Fl. en paquets axillaires ; les supér. rapprochés en épis non feuillés. . . 2.
2 { Feuilles souv. échancrées tachées de blanc ou de noir . . . *A. ascendens.*
{ Feuilles obtuses non tachées. . . . . 3.
3 { Tige couchée, au moins à la base . . . . *A. deflexus.*
{ Tige droite . . . . *A. retroflexus.*

1. A. BLITUM *L. spec.* ; *A. sylvestris* Desf. (*A. Blite*). Tige de 2 à 5 décim., anguleuse, rameuse à la base, droite ; les rameaux étalés ascendants. Feu. rhomboïdales, pétiolées, entières, *obtuses ou peu pointues*,

Fl. verdâtres en *glomérules tous axillaires ;* les supér. non rapprochées en épis *Péricarpe se déchirant circulairement.* ⊙. E-A. AC. Lieux cultivés, jardins, décombres, Alençon, Evreux, Croissanville; Domfront, Argentan, Champosoult (Orne), etc.

Var. *b. diffusa.* Tige couchée, étalée ; rameaux à peine redressés.

La recherche du véritable *A. Blitum* de Linné a donné lieu à beaucoup de discussions entre les botanistes. Nous nous rangeons à l'opinion de M. Moquin-Tandon qui réunit cette espèce à l'*A. sylvestris* de Desfontaines ; opinion appuyée par ce que dit Linné, dans son *Species*, de l'inflorescence de cette espèce : « *glomerulis lateralibus*, » et par la confrontation de la plante même dans l'herbier de cet illustre auteur.

2. A. ASCENDENS *Lois.*, *A. viridis* L. *pro parte*, *A. Blitum* L. Fl. Suec. (*A. ascendante*). Tige de 4 à 8 décim., grosse, glabre, anguleuse, diffuse. ascendante. Feu. ovales-rhomboïdales, obtuses, le plus souv. *échancrées au sommet, tachées le plus ordinairement de blanc,* quelquefois de noir. Fl. vertes, en glomérules axillaires ; *les supér. rapprochées en un épi non feuillé. Péricarpe indéhiscent.* ⊙. E. R. Lieux cultivés, pied des murs. Rouen, Vernon; Falaise, Clécy (Calvados).

3. A. DEFLEXUS *L.*, *A. prostratus* Balb. (*A. couchée*). Diffère de la précéd. par sa tige plus grêle, un peu pubescente dans le haut, par ses feu. rhomboïdales-ovales, *longuem. pétiolées, pointues.* Ses fl. verdâtres sont en paquets axillaires ; *les supér. rapprochées en épis serrés, terminaux, non feuillés.* Les glomérules inférieurs sont peu nombreux. *Péricarpe indéhiscent.* ⊙. E-A. PC. Lieux cultivés, pierreux. Alençon, Lisieux, Evreux.

4. A. RETROFLEXUS L. (*A. recourbée*). Tige de 2 à 8 décim., droite ou un peu flexueuse, anguleuse, simple, un peu rameuse. Feu. pétiolées, ovales, acuminées, obtuses, nervées, d'un vert pâle. Fl. verdâtres en *épis axillaires : les supérieurs rapprochés en une grosse grappe terminale. Bractées subulées, piquantes, dépassant le calice.* ⊙. E2.-A1. R. Lieux cultivés, décombres. Falaise, Pacy-sur-Eure ; Sotteville, près de Rouen. M. Malbranche.

II. POLYCNEMUM *L.* (*Polycnème*). Cal. persistant, à 3 lobes. Etam. 3. Style 2, soudés inférieurement. *Caps. membraneuse, indéhiscente.*

1. P. MAJUS *A.*, *Braun.* in *Koch.*, *P. arvense* L. part. (*R. allongé*). Tiges couchées, rameuses, pubescentes, longues de 1 à 3 décim. Feu. linéaires, étroites, pointues, nombreuses, comme fasciculées. Fl. petites, axillaires, solitaires, sessiles, accompagnées de 2 à 3 bractées sétacées, scarieuses, blanchâtres, plus longues que le pér. ⊙. E. TR. Terrains secs et sablonneux. Les Andelys, Voiscreville (Eure).

LXXIV°. FAM. CHÉNOPODÉES. *Vent.*

Cal. simple, 1-sépale, 5-partite, persistant. Etam. 1 à 5, insérées à la base du pér. Ov. supère. Styles et stigm. 2, plus rarement 3 à 5. Caps. 1-loculaire, indéhiscente, 1-sperme ; graine nue ou enveloppée par le périanthe membraneux, quelquefois bacciforme. Embryon roulé en anneau ou en spirale autour d'un périsperme farineux. Fl. souvent hermaphr., quelquefois unisexuelles ou polygames. — *Tiges herbacées, rarem. frutes-*

centes ; feuilles simples , sans gaînes ni stipules ; fleurs petites , verdâtres.
— Plantes souvent alimentaires.

J'ai suivi, en grande partie, pour cette famille, la classification de M.
Moquin-Tandon (*Chenop. Enum. monogr.*).

1 { Feuilles planes, entières, dentées ou incisées . . . . 2.
  { Feuilles charnues, cylindriques, triquètres ou nulles. . . . . 7.
2 { Fruit renfermé entre deux bractées comprimées, valvaires . . . . 3.
  { Fruit entouré de 3 à 6 sépales libres ou soudés. . . . . 4.
3 { Bractées dilatées, distinctes ou soudées à la base . . . ATRIPLEX. (iv.)
  { Bractées soudées, connivantes, renflées en forme de capsule. OBIONE. (v.)
4 { Fleurs dioïques ; sépales soudés en forme de capsule. . SPINACIA. (vi.)
  { Fleurs hermaph., rarem. polyg. ; cal. fructif. de 3 à 6 divisions distinctes. 5.
5 { Calice fructif. ligneux, soudé inférieurement avec le péricarpe. BETA. (i.)
  { Calice fructif. herbacé ou charnu, non soudé avec le péricarpe . . . . . 6.
6 { Fruit horizontal, déprimé . . . . CHENOPODIUM. (ii.)
  { Fruit vertical, comprimé. BLITUM. (iii.)
7 { Feuilles nulles ; tiges et rameaux cylindriques, charnus . . . . 8.
  { Feuilles cylindriques, demi-cylindriques ou triquètres. . . . . 9.
8 { Périgone entouré par une aile circulaire . . . . . . SALICORNIA. (viii.)
  { Périgone non ailé, tri ou tétragone. . . . . . ARTHROCNEMUM (vii.)
9 { Div. du périgone ailées transversalement après la fleuraison. SALSOLA. (x.)
  { Division du périgone sans aile après la fleuraison. . . . . SUÆDA. (ix.)

I. **BETA** *L.* (*Bette*). Fl. hermaphr. Cal. à 5 divis. écartées dans le haut,
adhérent à la base de l'ov. Etam. 5. Styles 2. Graine réniforme, entourée
par le *péricarpe , qui simule une caps. à 5 côtes.*

B. **VULGARIS** *L.* (*B. commune*). Tige anguleuse, élevée, droite, rameuse,
glabre. Feu. ovales-cordiformes, ondulées, plissées, glabres. Fl. verdâtres,
réunies 3 à 5 ensemble, en panicules terminales formées de la réunion
d'épis longs et grêles. ♂. E-A. C. Cultivée.

Var. *b. B. maritima* L. Tiges un peu couchées à la base, moins élevées ;
feu. épaisses, succulentes, un peu décurrentes sur le pétiole. Sables maritimes. C. Cette plante est probablement le type des nombreuses var. cultivées.

Var. *c. B. cicla* L. Feu. à nervure épaisse, charnue, blanche. Cultivée
sous les noms de *Poirée , de Bette-carde* à cause de ses pétioles (*cardes*)
qui sont alimentaires.

Var. *d. rapacea.* Vulg. *Betterave.* Racine charnue, épaisse, blanche,
rouge ou jaune. Alimentaire et fournissant beaucoup de sucre.

II. **CHENOPODIUM** *L.* (*Anserine*). Fl. herm., dépourvues de bractées.
Cal. 1-phylle, 5-lobé, persistant, mais *non adhérent au fruit, et ne s'ac-*
croissant point après la fleuraison. Etam. 5, rarem. moins. Styles 2, rarem. 3, soudés le plus souv. à leur base. *Graines orbiculaires, horizontales*
ou verticales, rarem. mêlées. — Plantes annuelles , à feu. le plus souv.
opposées, toujours glabres , mais quelquefois couvertes d'une poussière fa-
rineuse. Fl. verdâtres ou un peu rougeâtres , en grappes ou panicules
spiciformes.

1 { Feuilles ovales entières. . . . . 2.
  { Feuilles anguleuses ou dentées . . . . 3.
2 { Feuilles glauques farineuses ; odeur très-fétide . . . . *C. vulvaria.*
  { Feuilles vertes, non farineuses ; odeur non fétide . . *C. polyspermum.*
3 { Feuilles triangulaires, hastées à la base . . . . . . *C. Bonus-Henricus.*
  { Feuilles non triangulaires ni hastées. 4.

*** *Feuilles anguleuses ou dentées.***

1. C. BONUS-HENRICUS *L. Blitum* Mey. (*A. Bon-Henri*). Tige de 4 à 8 décim., épaisse, dressée, pulvérulente. *Feu. triangulaires-hastées, entières ou un peu sinuées*, pétiolées, pulvérulentes ou quelquefois un peu velues. Fl. verdâtres, nombreuses, en grappes, formant par leur réunion une panicule ou *épi épais, terminal, non feuillé. Styles très-longs.* ♃. E. C. Bords des chemins, vergers.

2. C. HYBRIDUM *L.* (*A. hybride*). Plante à odeur forte. Tige droite, ferme, anguleuse, haute de 3 à 10 décim. *Feu. cordiformes-triangulaires, munies de 3 ou 4 grandes dents sur les côtés*, longuem. pointues, glabres, *vertes sur les deux faces.* Fl. verdâtres, en grappes rameuses, axillaires et terminales. ⊙. E3-A4. R. Lieux cultivés et sablonn. Rouen ; Caen, Lisieux, Falaise, Percy, près de Mézidon (Calvados) ; Evreux, etc.

3. C. INTERMEDIUM *Mert. et Koch., C. urbicum* Fl. Norm., éd. 2 (*A. intermédiaire*). Tige de 3 à 6 décim. droite, striée, cannelée, peu rameuse. *Feu. triangulaires-hastées*, un peu cunéiformes à la base, à bords dentés, farineuses en-dessous. Fl. verdâtres, en *grappes* rameuses, *dressées, serrées contre la tige*, accompagnées de quelques feuilles. Graines luisantes un peu ponctuées. ⊙. E3.-A4. PC. Lieux incultes, bords des chemins. Rouen, St.-Lo, Isigny ; Hottot-en-Auge (Calv.), etc.

4. C. MURALE *L.* (*A. des murailles*). Tiges vertes, très-rameuses, étalées, glabres, hautes de 3 à 8 décim. *Feu. ovales-rhomboïdales*, pétiolées, *à dents inégales assez nombreuses*, aiguës, minces, luisantes en-dessus, un peu pulvérulentes en-dessous. Fl. verdâtres, en *grappes rameuses non foliacées*, formant un corymbe terminal. Graines ponctuées, *munies d'un rebord, non luisantes.* ⊙. E3.-A4. C. Pied des murs, décombres, bords des chemins.

5. C. GLAUCUM *L.* (*A. glauque*). Tiges anguleuses, rameuses, étalées, rougeâtres, striées de vert et de blanc, longues de 1 à 4 décim. *Feu.* ovales-oblongues, *sinuées*, ou munies de quelques angles obtus, *vertes en-dessus, glauques-blanchâtres en-dessous.* Fl. verdâtres, en grappes courtes, axillaires, moins longues que les feu. Graines lisses. ⊙. E.-A. C. Lieux incultes, décombres, sables maritimes. Pont-de-l'Arche, Caen, St.-Pierre-sur-Dive, Livarot, Avranches, etc.

6. C. OPULIFOLIUM *Schrad., C. viride* Moq., non L. (*A. à feu. d'Obier*). Tige de 4 à 8 décim., droite, rameuse, striée de vert et de blanchâtre, pul-

vérulente. *Feu. rhomboïdales-deltoïdes , courtes , dentées inégalem., obtuses,* blanchâtres en-dessous ; les supér. plus petites, mais semblables aux infér. Fl. d'un blanc-verdâtre, en grappes foliacées formant une panicule terminale. ⊙. E3.-A1. R. Lieux incultes et bords des champs. Bords de la Seine, près de Vernon.

7. c. ꜰɪᴄɪꜰoʟɪᴜᴍ *Smith., C. serotinum* Moq. (*A. à feu. de figuier*). Tige de 4 à 8 décim. , droite , rayée , souv. rameuse. Feu. d'un vert-glauque ; les inférieures assez longuem. pétiolées , *trilobées, presque hastées,* allongées ; les deux lobes de la base ayant quelquefois une dent latérale ; le moyen allongé inégalement denté , obtus; les terminales lancéolées , entières ou un peu sinuées. *Graines ponctuées , rugueuses.* ⊙. E.-A. PC. Lieux cultivés, décombres. Falaise, Fontaine-la-Soret (Eure).

8. c. ᴀʟʙᴜᴍ *L., C. leucospermum* DC. (*A. blanchâtre*). Tige droite , simple ou peu rameuse , striée, haute de 3 à 15 décim. *Feu. rhomboïdales-ovales , presque lancéolées , munies de dents inégales ; blanchâtres , pulvérulentes, surtout en-dessous ; les supér. presque entières.* Fl. d'un vert-blanchâtre , en grappes axillaires , feuillées. Graines noires, luisantes. ⊙. E3-A1. TC. Lieux cultivés.

Var. *b. C. concatenatum* Thuill. Rameuse ; presque toutes les feu. entières, lancéolées ; grappes rameuses, allongées, chargées de petits paquets de fleurs écartées.

** *Feuilles ovales , entières.*

9. c. ᴘoʟʏsᴘᴇʀᴍᴜᴍ *L.* (*A. polysperme*). Tige striée , rameuse , étalée , couchée , glabre, striée , haute de 2 à 6 décim. *Feuilles pétiolées , ovales, entières , vertes , rougeâtres sur les bords.* Fl. verdâtres , en grappes feuillées , grêles , axillaires et terminales. Graines noires, ponctuées , horizontales. ⊙. E. C. Lieux cultivés.

Var. *b. C. acutifolium* Sm. Feu. pointues ; tige très-rameuse.

Var. *c. C. cymosum* Cheval. Grappes ramifiées-dichotomes.

10. c. ᴠᴜʟᴠᴀʀɪᴀ. *L.* (*A. fétide*). Plante exhalant une odeur de poisson gâté et couverte d'une poussière écailleuse, blanchâtre. Tiges rameuses, étalées, longues de 2 à 5 décim. *Feu. ovales-rhomboïdales , très-farineuses , entières , pétiolées.* Fl. d'un vert-blanchâtre , en grappes terminales , ou placées aux aisselles des feu. supér. Graines noires, luisantes. ⊙. E3.-A1. C. Lieux incultes , bords des chemins , pied des murs.

III. **BLITUM** *Tourn.* (*Blite*). *Fl.-hermaphrodites , dépourvues de bractées.* Cal. de 1 à 5 divis. , libre ou soudé, devenant *renflé et charnu à la maturité.* Etam. 1 à 5. Styles 2, subulés, soudés à la base. Fruit comprimé , à *péricarpe* mince et *distinct. Graine verticale, comprimée, à tégument presque crustacé.* Embryon annulaire. — *Plantes herbacées , annuelles, à fleurs verdâtres ou rougeâtres , en grappes.*

Calice herbacé ou à peine charnu à la maturité. . . . *B. polymorphum.*
Calice charnu , succulent à la maturité. . . . . *B. virgatum.*

1. ʙ. ᴠɪʀɢᴀᴛᴜᴍ *L.* (*B. effilée*). Tige faible, anguleuse, glabre, rameuse, haute de 3 à 6 décim. Feu. alternes, lancéolées-triangulaires, pointues, dentées surtout à la base. *Fl. verdâtres en paquets axillaires, sessiles ;*

cal. devenant rouges et succulents à la maturité, de manière à simuler une mûre ou une fraise. ⊙. E3. R. Lieux cultivés. Evreux.

2. B. POLYMORPHUM *Mey. Chenopodium rubrum* L. (*B. polymorphe*). Tiges droites, glabres, striées de vert et de rougeâtre, hautes de 1 à 8 décim. *Feu.* glabres, charnues, *luisantes, romboïdales-triangulaires*, en coin à la base, *à dents profondes*, longuem. pétiolées. Fl. verdâtres-rougeâtres, à *cal. presque charnu à la maturité*, en *grappes feuillées*, formées de glomérules gros et arrondis, serrés. *Styles très-courts.* ⊙. E3-A1. PC. Lieux humides et sablonneux, bords des rivières. Rouen, Harfleur, Cherbourg, Lisieux, St.-Lo, Courseulles, Ouistreham, Varaville, Basseneville (Calv.), etc.

Var. *b. spicatum* Moq. Tige robuste, élevée; feu. profondém. sinuées ou dentées, fl. en grappes spiciformes ; cal. herbacés. Lisieux.

Var. *c. crassifolium.* Moq. Feu. épaisses. Cal. charnus. La Hague.

Var. *d. glomeratum* Moq. Tige dressée. Feu. lancéolées-deltoïdes; glomérules distincts, non en épis. Manche.

Var. *e. pumilum.* Tige courte, longue de 5 à 10 centim. ; feu. ovales, à peine triangulaires, entières ; glomérules réunis en paquets axillaires. Cherbourg.

IV. ATRIPLEX *L.* (*Arroche*). Polygame, ou le plus souv. monoïque. Fl. hermaphr. Cal. 5-partite ; étam. 3 à 5 ; styles 2. Fl. fem. : *cal. formé de deux lobes* (bractées *Moq.*) ou valves, *dilatés après la fleuraison, distincts ou soudés à la base, enveloppant la graine qui est verticale et comprimée.* Embr. annulaire. — *Plantes annuelles*, à feu. le plus souv. *alternes*, ordinairem. couvertes d'une poussière farineuse. *Fl. verdâtres en grappes ou panicules.*

1 {	Fleurs en grappes grêles, allongées, non feuillées.	3.
	Fleurs axillaires ou en grappes feuillées	2.
2 {	Feu. pointues, vertes en-dessus, d'un blanc argenté en-dessous. *A. laciniata.*	
	Feu. obtuses, blanches en-dessus et argentées en-dessous. *A. crassifolia.*	
3 {	Feuilles caulinaires moyennes, hastées-triangulaires . . .	4.
	Feuilles caulinaires moyennes lancéolées ou linéaires . . .	5.
4 {	Valves calicinales fructifères triangulaires. . . . . *A. hastata.*	
	Valves calicinales fructifères arrondies . . . *A. hortensis.*	
5 {	Valves calicin. fructifères dentées, muriquées sur le disque. *A. littoralis.*	
	Valves calicinales fructifères, lisses, entières . . . *A. patula.*	

1. A. HORTENSIS *L.* (*A. des jardins*). Vulg. *Arousse, Arroche, Bonne-Dame.* Cette plante, originaire de l'Asie et généralement cultivée comme alimentaire dans les jardins où elle s'est naturalisée, se distingue par sa tige élevée, ses feuilles hastées-triangulaires, lisses, charnues, et ses *valves séminales, larges, ovales-arrondies, entières.* ⊙. E3-A1. Il y a une variété de cette espèce qui est rouge dans toutes ses parties.

2. A. HASTATA *L.*, *A. patula* Sm., non L. (*A. hastée*). Tiges anguleuses, rameuses, étalées, longues de 3 à 8 décim. *Feu.* vertes ou légèrement chargées d'écailles blanchâtres-argentées, *deltoïdes-hastées ; les infér. opposées*, inégalement dentées; les supér. lancéolées; presque entières. Fl. verdâtres en grappes axillaires et terminales. *Valves calicinales-fructifères, larges, rhomboïdo-triangulaires, quelquefois dentelées sur les bords et souv. muriquées sur le disque.* ⊙. E3-A1. C. Terrains incultes et sablonneux, principalement au bord de la mer.

Var. *a. A. latifolia* Wahlenb. Tige droite. Feu. vertes, triangulaires-hastées, plus ou moins dentées.

Var. *b. A. microsperma* Waldst. et Kit. Tige droite, lisse, striée, élevée, à rameaux effilés, ouverts. Feu. larges, triangulaires, vertes, plus ou moins dentées. Valves calicinales entières sur le bord ou munies d'une petite dent à l'angle infér., lisses sur le disque. Lieux cultivés, jardins.

Var. *c. salina* Wallr. *A. oppositifolia* DC. Feu. petites, opposées, un peu charnues, farineuses. Valves calicinales ordinairement dentelées sur les bords et légèrement muriquées. Bords de la mer.

Var. *d. A. prostrata* Bouch. Tiges grêles, couchées; feu. petites, alternes. Valves calicinales lisses, denticulées sur les bords. Le Havre, Dieppe, Dives, Arromanches, Courseulles, etc.

Var. *e. appendiculata* Moq. Valves calicinales muriquées sur le disque; feu. souv. alternes. Le Havre, Courseulles, etc.

3. A. LACINIATA L. (*A. laciniée*). Tiges droites, quelquefois un peu couchées, rameuses, rougeâtres dans le bas, blanchâtres, presque cotonneuses aux extrémités supér., hautes de 2 à 4 décim. *Feu. opposées dans le bas*, deltoïdes, pétiolées, *sinuées-dentées*, blanchâtres-farineuses en-dessous, vertes en-dessus. Fl. agglomérées, axillaires et en épis terminaux. *Valves séminales un peu tétragones, à angles latéraux, tronqués, bidentés.* ◉. E2.-A1. R. Bords de la mer. Dieppe, Le Havre; Cabourg (Calv.), Pirou (Manche), etc.

4. A. CRASSIFOLIA Mey., *A. rosea* Fl. Norm., éd. 2, non L. (*A. à feu. épaisses*). Tiges anguleuses, rougeâtres, très-rameuses à la base, couchées, ascendantes, hautes de 3 à 5 décim. Feu. d'un vert glauque blanchâtre, *farineuses-argentées sur les deux faces*, surtout en-dessous, ovales-rhomboïdales, inégalement dentées ou incisées dans leur partie supér. principalement. *Fl. en petits paquets axillaires* et terminaux. Valves séminales, quelquefois tuberculeuses sur les deux faces, munies de dents aiguës sur les bords. ◉. E2.A1. C. Sables maritimes.

Je ne crois pas que le véritable *A. rosea* L., qui se distingue à ses feu. plus vertes en-dessus et à ses valves calicinales fortement nervées, ait été trouvé en Normandie.

5. A. PATULA L., *A. angustifolia* Sm. (*A. étalée*). Tige herbacée, à rameaux nombreux, étalés, haute de 2 à 8 décim. *Feu. lancéolées-linéaires*; les infér. quelquefois un peu hastées et dentées à la base. Fl. verdâtres, petites, en grappes axillaires et terminales. *Valves calicinales fructifères, hastées-rhomboïdales, entières, pointues, lisses.* ◉. E3-A1. C. Bords des chemins et des champs, décombres.

6. A. LITTORALIS L. (*A. littorale*). Tige droite, striée, très-rameuse, haute de 3 à 10 décim. *Feu. longues, rétrécies en pétiole, entières*; les infér. munies de dentelures profondes et écartées. Fl. d'un vert-jaunâtre, en petits paquets axillaires et terminaux, formant de longs épis grêles au sommet des rameaux. *Valves séminales dentelées, muriquées sur le disque.* ◉. E3-A1. PC. Bords de la mer et des grandes rivières, surtout à leurs embouchures. Rouen, Le Havre; Dives, Courseulles, Trouville (Calv.), Gatteville (Manche), etc.

L'*Atriplex Halimus* L., arbuste de 1 à 2 mètres, remarquable par ses rameaux blanchâtres et ses feu. rhomboïdales argentées, a été observé par M. le colonel Debooz, à Trouville, où il était planté en haies.

V. OBIONE *Gaertn.*, *Atriplicis* spec. *L.* Fl. monoïques ou dioïques. Fl. mâles sans bractées. Cal. de 4 à 5 divis. Etam. 4 ou 5 insérées, sur le récept. *Fl. femelles à 2 bractées plus ou moins soudées, connivenies*, plus tard renflées, durcies ou tubéreuses. Styles 2, soudés inférieurem. Fruit comprimé, caché par les bractées séminales capsulaires, lisses ou muriquées. Graine verticale, ovoïde, rostellée. Embryon annulaire. Périsperme farineux. — *Plantes herbacées ou sous-frutescentes, à feu. un peu épaisses, ovales, chargées d'une poussière blanchâtre-argentée.*

Feuilles opposées.	O. portulacoïdes.
Feuilles alternes.	O. pedunculata.

1. O. PORTULACOÏDES *Moq.-Tand.*, *Atriplex L.* (*O. Pourpier*). *Tiges dures, frutescentes,* rameuses, étalées, blanchâtres. *Feu. opposées,* lancéolées-oblongues, obtuses, rétrécies en pétiole, charnues, d'une couleur blanchâtre-argentée. Fl. terminales disposées en épis rameux. *Valves calicinales cunéiformes, à 2 cornes.* ♃. E-A. C. Marais maritimes. Lieux vaseux à l'embouchure des rivières. Le Havre; Dives, Isigny, Ouistreham, Bernières (Calv.); Avranches, St.-Vaast (Manche), etc.

2. O. PEDUNCULATA *Moq.-Tand.*, *A. pedunculata L.* (*O. pédonculée*). Tige droite, simple ou garnie de quelques rameaux écartés, ouverts, haute de 2 à 5 décim. *Feu. alternes,* lancéolées-ovales, obtuses, rétrécies en pétiole, argentées sur les 2 faces. Fl. en petites grappes axillaires ou terminales; les femelles pédicellées, à 2 *lobes cunéiformes, à 2 ou 3 pointes divergentes.* ☉. E. R. Bords de la mer. Environs de la ville d'Eu, le Tréport (Seine-Infér.).

VI. SPINACIA *L.* (*Epinard*). *Fl. dioïques.* Mâles : cal. à 5 divisions; étam. 5. Fem. : pér. à 2, 3 ou 4 divis. dont 2 plus grandes. Styles 4. *Graine solitaire recouverte par le pér. persistant, qui grandit après la floraison.*

Calices fructifères épineux.	S. spinosa.
Calices fructifères sans épines.	S. inermis.

1. S. SPINOSA *Mœnch.* (*E. épineux*). Tiges droites, rameuses, glabres, cannelées, fistuleuses, hautes de 4 à 12 décim. *Feu.* pétiolées, *sagittées, un peu incisées à la base,* glabres. Fl. verdâtres en paquets axillaires. *Pér. persistant, à lobes allongés en 2 à 4 pointes ou cornes aiguës.* ♂. E. Plante alimentaire généralement cultivée.

2. S. INERMIS *Mœnch.* (*E. sans épines*). Cette plante, fréquemment cultivée avec la précédente, n'en diffère que par ses *feuilles oblongues-ovales* et ses *fruits ovoïdes,* dépourvus d'épines. Linné les avait réunies comme deux variétés d'une seule espèce, à laquelle il avait donné le nom de *S. oleracea.* ♂. E. Cultivée sous le nom d'*Epinard de Hollande.*

VII. ARTHROCNEMUM *Moq.-Tand.*, *Salicorniæ* spec. *L.* (*Arthrocnème*). *Fl. hermaphr. sans écailles, cachées par les articulations des rameaux.* Cal. 3 ou 4-gone, tronqué, ayant de 3 à 5 dents, *non chargé d'aile ou d'appendice.* Etam. 1 ou 2. Styles 2, soudés à la base. Fruit comprimé, enveloppé par le pér. enflé, charnu. Graine verticale à *tégument double distinct.* Embryon demi-annulaire. Périsperme farineux. — *Plantes sous-frutescentes, dépourvues de feu., à rameaux cylindriques, charnus, articulés; les florifères en forme d'épis. Fl. verdâtres, petites ternées.*

1. A. FRUTICOSUM *Moq.-Tand.*, *Salicornia fruticosa L.* (*A. frutescent*).

Tige ligneuse, grisâtre, rameuse, haute de 3 à 6 décim. Rameaux charnus, cylindriques, à articulations échancrées au sommet. Fl. verdâtres, en épis obtus. ♃. EA. PC. Marais maritimes, embouchures des rivières.

Var. *b. radicans* Moq.-Tand., *Salicornia radicans* Sm. Tiges couchées, radicantes. St.-Vaast, St.-Jean-le-Thomas, Geffosse, Lessay (Manche); St.-Clément-sur-les-Veys (Calv.) etc.

VIII. SALICORNIA L. (*Salicorne*). *Fl. hermaphr.* sans écailles, cachées dans les excavations de l'axe. Cal. à peine denté au bord, plus tard renflé, charnu, entouré d'une petite aile anguleuse. Etam. 1 ou 2. Styles 2, soudés inférieurem. Fruit comprimé. entouré par le pér. ailé. Graine verticale à tégument simple, adhérent. Embryon annulaire. Périsperme farineux. — *Plantes herbacées ou frutescentes, dépourvues de feu., à rameaux cylindriques, charnus, articulés, le plus souv. opposés. Fl. verdâtres, petites, ternées, rapprochées en épis.*

1. s. **HERBACEA** L. (*S. herbacée*). Tige herbacée, charnue, articulée, rameuse, haute de 1 à 3 décim.; articulations un peu comprimées, élargies et échancrées au sommet. Point de feuilles. Fl. verdâtres, en petits épis, naissant à l'aisselle des articulations supér. ⊙. E3–A2. C. Lieux marécageux des bords de la mer.

Cette plante, connue sous le nom de *Criste-marine*, se mange confite dans le vinaigre.

IX. SUÆDA *Fors.*, *Chenopodii* spec. L. (*Suædée*). *Fl. hermaphr.* accompagnées d'écailles ou bractées. Cal. urcéolé, à divis. un peu charnues et renflées après la fleuraison. Etam. 5. Styles soudés, divisés au sommet en 2 à 5 stigm. *Fruit déprimé*, entouré par le cal., à péric. mince, non adhérent. Graine horizontale ou verticale, à tégument double. *Embryon en spirale plane. — Plantes herbacées ou frutescentes, à feu. charnues, cylindriques ou demi-cylindriques, à fl. verdâtres en glomérules axillaires.*

Tige ligneuse.	S. fruticosa.
Tige herbacée.	S. maritima.

1. s. **FRUTICOSA** *Forsk.*, *Chenopodium fruticosum* L. (*S. frutescente*). *Tige ligneuse*, rameuse, haute de 6 à 10 décim. Rameaux grêles, très-feuillés. Feuilles petites, nombreuses, linéaires, demi-cylindriques, charnues, glabres, obtuses. *Fl. jaunâtres*, axillaires, *presque solitaires. Graines verticales.* ♄. E. R. Lieux pierreux et sablonneux des bords de la mer. Embouchure de l'Orne, près Ouistreham, et à St.-Vaast-la-Hougue.

2. s. **MARITIMA** *Moq.-Tand.*, *Chenopodium maritimum* L. (*S. maritime*). *Tiges rameuses, herbacées*, dures, étalées, redressées, longues de 3 à 5 décim. Feu. linéaires, demi-cylindriques, charnues, pointues, glabres, d'un vert pâle. *Fl. axillaires, 2 à 3 ensemble. Graines horizontales*, ponctuées. ⊙. E–A1. C. Lieux marécageux, au bord de la mer.

X. SALSOLA L. (*Soude.*) *Fl. hermaphr.* à deux bractées. Cal. persistant à 5 divis. chargées sur le dos, après la floraison, d'une aile transversale ou appendice scarieux. Etam. 5. Styles 2, soudés inférieurem. *Fruit déprimé*, entouré par le pér. Graine horizontale à tégum. simple. *Embryon à spirale plane. Périsperme nul. — Plantes herbacées ou sousfrutescentes, à feu. sessiles, charnues, cylindriques ou triquètres. Fl. verdâtres, sessiles, axillaires, accompagnées de bractées souv. épineuses.*

1. s. **kali.** *L.* (*S. Kali*). Tige rameuse, ferme, étalée, couchée, velue, longue de 2 à 4 décim. *Feu.* éparses, triquètres, subulées, *épineuses.* Fl. verdâtres, axillaires, solitaires, accompagnées de bractées courtes, divariquées, épineuses. ⊙. E. C. Sables maritimes.

Var. *b. S. tragus* L. Tige glabre; feu. plus longues, moins aiguës. Mêmes localités.

LXXV°. FAM. POLYGONÉES. *Juss.*

Calice libre, persistant, 1-phylle, ayant 3, 5 ou 6 div. Etam. 6 à 9, insérées à la base du cal. Anthères 2-loculaires, à 4 sillons longitudinaux et s'ouvrant par une double fissure latérale. Ovaire supère. Styles et stigm. 2 ou 3. Fruit (*cariopse*) comprimé ou 3-gone, nu ou recouvert par le pér., 1-sperme. Embryon latéral ou central. Périsperme farineux. — *Plantes herbacées; feu. alternes, embrassantes, ou munies d'une gaîne scarieuse qui se prolonge entre la tige et le pétiole.*

1 { Sépales à peu près égaux. . . . . **POLYGONUM.** (i.)
  { Sépales intérieurs plus grands que les extérieurs. . . . **RUMEX.** (ii.)

I. POLYGONUM *L.* (*Renouée*). Cal. persistant à 4 ou 5 *divis. à peu près égales,* souvent colorées au sommet. Etam. 5 à 8. Style divisé en 2 ou 3 *stigm. multifides.* Fruit ovoïde comprimé ou trigone. — *Feu. accompagnées d'une stipule ou gaîne scarieuse entourant la tige.*

1 { Feuilles en cœur, sagittées. . . . . 11.
  { Feuilles non sagittées. . . . . 2.
2 { Fleurs en épis. . . . . 8.
  { Fleurs axillaires, peu nombreuses. . . . . 10.
3 { Racine vivace, traçante ou contournée; étamines saillantes. . . 4.
  { Racine annuelle, pivotante ou fibreuse; étamines incluses. . . 5.
4 { Feuilles brusquement rétrécies en pétiole ailé. . . . . *P. bistorta.*
  { Feuilles à pétiole non ailé. . . . . *P. amphibium.*
5 { Epis oblongs, cylindriques, compactes. . . . . 6.
  { Epis filiformes, grêles et lâches. . . . . 8.
6 { Pédoncules et calices chargés de points glanduleux. . . . . . . 7.
  { Pédoncules et calices sans points glanduleux. . . . . *P. Persicaria.*
7 { Tiges à nœuds très-renflés; fl. roses ou blanches. . . *P. nodosum.*
  { Tiges à nœuds peu renflés; fl. verdâtres. . . . . . *P. lapathifolium*
8 { Calices chargés de points glanduleux. . . . . *P. hydropiper.*
  { Calices sans points glanduleux. . . . . 8.
9 { Feuilles oblongues-lancéolées; épis penchés. . . . . . . *P. mite.*
  { Feuilles lancéolées-linéaires; épis droits. . . . . *P. minus.*
10 { Fruits striés-rugueux, d'un brun terne. . . . . . . *P. aviculare.*
   { Fruits lisses, luisants.. . . . . *P. maritimum.*
11 { Tige volubile. . . . . 12.
   { Tige non volubile. . . . . 13.
12 { Calices fructifères à angles ailés membraneux. . . . . *P. dumetorum.*
   { Calices fructifères à angles carénés, non ailés. . . *P. Convolvulus.*
13 { Fleurs blanches, fruits lisses. . . . . *P. Fagopyrum.*
   { Fleurs verdâtres; fruits rugueux dentelés. . . . . . . *P. Tataricum.*

* *Feuilles ovales-lancéolées ou linéaires.*

1. P. **bistorta** *L.* (*R. bistorte*). *Racine épaisse, noire, très-contournée.* Tige simple, haute de 4 à 8 décim. *Feu.* radicales, ovales-lancéolées, obtuses, en cœur à la base et *décurrentes sur un long pétiole* glauques en-dessous; les caulinaires cordiformes-sessiles au sommet d'une longue gaîne.

Fleurs roses en épi serré, cylindrique et terminal. ♃. P. PC. Prés humides. Falaise, pays de Bray, Lisieux, Caen, Orbec; Gisors, Valleville (Eure); Rugles, Vimoutiers (Orne); Villedieu (Manche), etc.

2. P. AMPHIBIUM *L.* (*R. amphibie*). Plante offrant de grandes différences dans son port selon sa station. Dans les eaux profondes, où elle croît le plus ordinairement, ses *tiges* sont *flottantes*, longues, lisses, munies de *feuilles ovales-lancéolées, pétiolées, ciliées;* sur la terre (var. *terrestre* Leers.), dans les lieux humides, la tige est droite, haute d'un pied environ, pourvue de feuilles lancéolées, étroites, pointues, hérissées. Stipules courtes, entières. Fl. roses en épis terminaux, serrés, ovoïdes, cylindriques. Etam. 5. Graines ovoïdes. ♃. E. C.

3. P. LAPATHIFOLIUM *Ait.* (*R. à feu. de Patience*). Tige droite, grosse, rameuse, haute de 5 à 10 décim. *Feu.* lancéolées-ondulées, larges, glabres, rarem. tachées en-dessus, *marquées en-dessous de petits points glanduleux, un peu roux. Gaînes* (stipules) brunâtres, *entières*, ou à cils courts, très-fins. Fl. *verdâtres, en épis terminaux épais*, courts, obtus. *Pédonc. et cal. chargés de points glanduleux, rudes.* ⊙. E. C. Lieux humides, bords vaseux des étangs et des rivières, champs inondés l'hiver.

Var. *b. P. incanum* Willd. Feu. blanchâtres-tomenteuses en-dessous.

4. P. NODOSUM *Pers.* (*R. noueuse*). Tige de 5 à 10 décim. robuste, à *nœuds très-renflés*, souvent tachée ou ponctuée de rouge. Feu. lancéolées, larges, acuminées; les infér. ovales. *Gaînes entières, ciliées. Fl.* roses *ou blanc es, en épis linéaires* formant une panicule souv. un peu penchée. Fruit comprimé, lisse. ⊙. E-A. C. Bords des fossés, des étangs desséchés.

Var. *b. paniculatum.* Epis nombreux formant une ample panicule rameuse dressée. St.-Lo, Lisieux.

Var. *c. rotundifolium.* Feu. toutes ovales-arrondies. St.-Lo.

Var. *d. incano-procumbens* Desp. Tige couchée; feu. ovales-arrondies, tachées de noir en-dessus, blanches en-dessous. Marais de Briouze (Orne).

5. P. PERSICARIA *L.* (*R. Persicaire*). Vulg. *Curage.* Tige glabre rameuse, haute de 3 à 10 décim. Feu. lancéolées, pointues, entières, rétrécies en un court pétiole, glabres ou un peu pubescentes en-dessous, souv. tachées de brun en-dessus. *Stipules munies de longs cils.* Fl. roses, rarement blanches, en épis allongés, assez serrés, terminaux. *Pédonc. lisses.* Etam. 6. *Graines ovoïdes, aplaties, souv. un peu triangulaires.* ⊙. E. TC. Lieux humides, fossés, bords des rivières.

Var. *b. incanum.* Feu. blanches-tomenteuses en-dessous.

Var. *c. repens.* Tige rampante; feu. lancéolées-linéaires. Vire.

Var. *d. prostratum.* Tiges couches: feu. lancéolées, tachées de noir en-dessus, blanches en-dessous; épis courts. Bords des rivières.

6. P. MITE *Schranck.*, *P. laxiflorum* Weihe (*R. douce*). Tige grêle, rampante à la base, redressée, haute de 4 à 8 décim. Feu. lancéolées. Stipules hérissées, longuement ciliées. Fl. roses ou blanches en *épis grêles*, allongés, interrompus, *penchés, pendants*, terminaux. Etam. 6. Graines 3-angulaires, un peu aplaties. ⊙. E2-A1. R. Lieux humides, fossés et marais. Alençon, Caen, Lisieux; Lessay (Manche); Falaise; etc. Ses feuilles sont insipides, non âcres et brûlantes au goût.

Quelques auteurs pensent que l'espèce que nous venons de décrire est le

P. dubium Stein. Le *P. mite* Schranck, si c'est une espèce distincte, en différerait par des épis plus grêles et des fruits moins luisants.

7. P. HYDROPIPER. *L.* (*R. poivre-d'eau*). Tige courbée à la base, redressée, haute de 4 à 8 décim. Feu. lancéolées, glabres, ondulées, non maculées. *Stipules lâches, longuement ciliées.* Fl. d'un blanc-verdâtre, quelquefois roses, en longs *épis grêles, interrompus, penchés. Cal. resserré au sommet, chargé de points glanduleux* Etam. 6. Graines aplaties, les terminales triangulaires. ◉. E2-A4. TC. Bords des rivières et des fossés.

Cette plante est remarquable par sa saveur âcre et brûlante.

8. P. MINUS *Ait.*, *P. pusillum L.* (*R. fluette*). Tige couchée, rampante, rameuse, relevée, haute de 1 à 4 décim. *Feu. étroites, lancéolées-linéaires.* Stipules longuement ciliées. Fl. roses, petites, en *épis grêles, interrompus, droits.* Etam. 5. Périanthe 4-fide, *sans points glanduleux.* Graines triangulaires. ◉. E2-A4. PC. Bords des rivières et des étangs. Vire, Domfront, Pirou, Harcourt, Vassy, Bagnoles, etc.

9. P. AVICULARE *L.* (*R. des oiseaux*). Vulg. *Trainasse, Tenue.* Tige le plus souvent couchée, rameuse, filiforme. Feu. lancéolées-oblongues, petites, à bords rudes un peu ondulés. Stipules blanchâtres, ciliées, comme déchirées. *Fl. petites,* verdâtres, purpurines au sommet, *axillaires, réunies 2 ou 3 ensemble.* Etam. 8. Périanthe 5-lobé. *Graines triangulaires, striées, ternées.* ◉. E-A. TC. Champs et bords des chemins.

Var. *b. erectum.* Tiges droites; feuilles ovales-oblongues. Moissons.

Var. *c. P. polycnemiforme* Léc. et Lam. Tiges grêles, dures, striées, couchées, longues de 5 à 8 décim.; feu. lancéolées-linéaires, souvent avortées. Lieux humides et sablonneux. Alençon; Falaise, Meules, Livarot (Calvados); Brionne (Eure), etc.

Var. *d. P. denudatum* Desv. Tiges grêles, couchées, à rameaux effilés, nus dans le bas. Feu. linéaires étroites; fl. petites, peu nombreuses, à pédic. cachés dans les gaînes. Putanges (Orne).

Var. *e. P. arenastrum* Bor. Tiges couchées, très-rameuses; feu. petites, ovales-oblongues). Fl. le plus souv. blanches, nombreuses. Bords des routes.

Var. *f. P. humifusum* Bor. Tiges allongées, striées, à rameaux divergents; feu. oblongues-lancéolées, un peu épaisses, à bords ondulés; fl. rougeâtres assez grosses. Bords de la Seine, à Vernon.

10. P. MARITIMUM *L.* (*R. maritime*). Tiges dures, presque ligneuses, striées, couchées, longues de 2 à 6 décim. Feu. ovales-lancéolées, chargées de veines rameuses, épaisses, roulées sur les bords, de couleur glauque. Gaînes stipulaires larges, veinées, rougeâtres à la base et blanches au sommet qui finit par se déchirer. *Fl.* verdâtres, bordées de blanc, *axillaires. Graines triangulaires, lisses, luisantes,* plus longues que le pér. ♈. E-A4. PC. Sables maritimes, Cherbourg, îles de Chausey; Arromanches (Calv.), etc.

Var. *b. P. Raii* Babingt. Tiges moins ligneuses, herbacées; feu. munies de nervures peu nombreuses et presque toujours simples. Sables maritimes, Gray (Calvad.); Cherbourg, Barfleur, Gatteville (Manche), etc.

M. Grenier (Fl. de Fr.) rapporte cette variété au *P. littorale* de Link.

** *Feu. cordiformes ou sagittées-triangulaires.*

11. P. DUMETORUM *L.* (*R. des buissons*). *Tige volubile,* arrondie, légère-

ment striée. Feu. cordiformes-sagittées, pétiolées, glabres. Stipules presque nulles. Fl. verdâtres, axillaires ou en grappes lâches, paniculées, latérales. Pér. à 5 divis., dont 3 persistantes ont une *carène ailée-membraneuse*. *Graines* triangulaires, lisses, *brillantes. Anthères blanches*. ⊙. E. PC. Haies et buissons. Alençon, Putanges (Orne).

12. P. CONVOLVULUS *L.* (*R. Liseron*). *Tige volubile*, anguleuse, moins élevée que celle de la précéd. esp. Feu. cordiformes-sagittées, pétiolées. Divis. du pér. à *carène obtuse*, non ailée-membraneuse. *Graines un peu ternes. Anthères violettes*. ⊙. E. TC. Moissons, lieux cultivés, haies.

13. P. FAGOPYRUM *L.* (*R. Sarrasin*). Vulg. *Blé-noir*, *Carabin*. Tige droite, rougeâtre, lisse, fistuleuse non-grimpante. Feu. cordiformes-sagittées, molles, glabres, pétiolées ; les supér. sessiles. *Fl. blanches*, mêlées de rose, en grappes terminales. *Graines triangulaires, lisses*. ⊙. E. Cultivé, surtout dans la Basse-Normandie.

14. P. TATARICUM *L.* (*R. de Tartarie*). Vulg. *Sarrasin de Sibérie*. Tige faible, allongée. Feu. cordiformes-sagittées. *Fl. verdâtres*, en faisceaux axillaires. *Graines triangulaires tuberculeuses-scabres*, dentées sur les angles. ⊙. E-A1. Cultivé principalem. dans le département de la Manche et dans les environs de Bayeux.

II. RUMEX *L.* Fl. hermaphrodites, polygames ou dioïques. Cal. à 6 divis. inégales, herbacées ; 3 extér. courtes, étroites, ouvertes, et 3 intér. larges, persistantes, appliquées sur le fruit, souv. chargées sur le dos de tubercules quelquefois colorés. Etam. 6. Style 3, à stigm. déchiquetés. Capsule (*cariopse*) triangulaire, 1-sperme. — *Fleurs verdâtres, verticillées, en épis*.

1	Feuilles hastées ou sagittées à la base.	11.
	Feuilles ni hastées, ni sagittées à la base.	2.
2	Sépales entourant le fruit, fortement dentés à la base.	3.
	Sépales du fruit entiers ou à peine denticulés.	6.
3	Feuilles radicales panduriformes; rameaux divergents.	*R. pulcher.*
	Feuilles radicales non panduriformes; rameaux simplement ouverts.	4.
4	Feuilles lancéolées-linéaires.	5.
	Feuilles ovales ou cordiformes.	*R. obtusifolius.*
5	Sépales à dents au moins aussi longues qu'eux.	*R. maritimus.*
	Sépales à dents plus courtes qu'eux.	*R. palustris.*
6	Feuilles amples, très-longues, de 4 à 8 décimètres.	7.
	Feuilles moyennes, n'atteignant pas 4 décimètres.	8.
7	Feuilles atténuées aux deux extrémités	*R. hydrolapathum.*
	Feuilles arrondies, tronquées ou cordiformes à la base.	*R. maximus.*
8	Sépales du fruit arrondis.	*R. crispus.*
	Sépales du fruit oblongs-lancéolés.	9.
9	Sépales du fruit ayant tous un tubercule dorsal.	10.
	Un seul sépale muni de tubercule dorsal.	*R. nemorosus.*
10	Rameaux courts, dressés en panicule.	*R. rupestris.*
	Rameaux longs, grêles, étalés.	*R. conglomeratus.*
11	Feuilles vertes, au moins 2 fois aussi longues que larges.	12.
	Feuilles glauques, n'étant pas 2 fois aussi longues que larges.	*R. scutatus.*
12	Tige n'ayant pas 4 décim.; oreillettes des feuilles divergentes.	*R. acetosella.*
	Tige ayant plus de 4 décim.; oreillettes des feuilles non diverg.	*R. acetosa.*

* *Fleurs hermaphrodites.* — *Saveur non acide.*

† *Divis. internes du pér. dentées.*

1. R. MARITIMUS *L.* (*R. maritime*). Tige droite, lisse, anguleuse, rameuse.

haute de 4 à 6 décim. Feu. allongées, étroites, linéaires, pétiolées. Fl. nombreuses, verdâtres, en verticilles formant de *longs épis terminaux assez compactes. Divis. intér. du cal. bordées de dents sétacées*, *au moins aussi longues qu'elles*, et chargées sur le dos d'un tubercule allongé. ⊙. E. PC. Lieux marécageux, principalement des bords de la mer. Rouen, Le Havre, Vernon, Alençon ; Courseulles, Sallenelles, Dives, marais d'Auge (Calvados), etc.

2. R. PALUSTRIS *Smith.* (*R. des marais*). Tige rameuse, anguleuse, lisse. Feu. lancéolées-linéaires, ondulées, allongées. Fl. verdâtres, nombreuses, en verticilles formant des *épis grêles terminaux. Divis. intér. du cal.*, *tuberculeuses et munies sur les bords de dents sétacées plus courtes qu'elles.* ♃. E. R. Bords des étangs et des rivières, Cabourg, environs de Caen, de Troarn, Ouistreham (Calv.) ; Vernon, etc.

3. R. PULCHER *L.* (*R. Violon*). Tige ferme, anguleuse, à *rameaux divariqués. Feu. infér. en forme de violon*, pétiolées, obtuses ; les supér. étroites, presque sessiles. Fl. verdâtres, en verticilles un peu écartés ; divis. intér. du cal. bordées de dents, une seule tuberculeuse. ♃. E. C. Bords des chemins, pied des murs.

4. R. OBTUSIFOLIUS *L.*, *R. Friesii* Godr. et Gran. (*R. à feu. obtuses*). Tige assez grosse, droite, anguleuse, rameuse, haute de 4 à 10 décim. Feu. cordiformes, crénelées ; les infér. obtuses ; les supér. allongées et souvent assez pointues. Fleurs verdâtres, nombreuses, en verticilles formant des épis fournis, terminaux. Divis. intér. du cal. cordiformes, allongées, réticulées, munies de quelques dents ouvertes sur les bords vers la base, une d'entr'elles plus tuberculeuse que les autres. ♃. E. C. Lieux incultes, bords des chemins.

Var. *b. R. acutus* DC., *R. pratensis* Mert. et Koch. Feu. radicales cordiformes, pointues ; les supér. lancéolées.

Var. *c. R. sylvestris* Wallr. Feu. pointues. Sépales courts, peu dentés. Carteret. (M. Gay).

Cette espèce porte les noms vulgaires de *Patience, Doche* et *Parée.* La vraie Patience, *R. Patientia L.*, ne croît pas dans notre province, mais on la cultive dans quelques localités sous le nom d'*Épinards éternels.*

†† *Divis. internes du pér. entières.*

5. R. HYDROLAPATHUM *Huds.*, *R. aquaticus* Fl. fr. (*R. aquatique*). Tige très-forte, anguleuse, haute de 1 à 2 mètres. *Feu. lancéolées*, grandes (les radicales quelquef. longues de 6 à 8 décim.), *atténuées en pétiole*, ondulées et crénelées sur les bords. Fl. verdâtres, verticillées, en panicule terminale. Divis. intér. du cal. triangulaires, allongées, non ciliées, réticulées, chargées sur le dos d'un tubercule long et coloré. ♃. E. C. Bords des rivières et des étangs.

6. R. MAXIMUS *Schreb.* (*R. géant*). Cette espèce ressemble beaucoup à la précédente par ses dimensions et par la disposition de son inflorescence, mais elle en diffère principalem. par ses *feu. radicales* qui sont *oblongues-lancéolées, arrondies, tronquées ou cordées à la base*, non décurrentes sur le pétiole. ♃. E2.-3. TR. Bords des eaux, fossés aquatiques. Indiqué par MM. Cosson et Germain (Flore Par.) sur les bords de l'Epte à Beausseré, près de Gisors, et à Dreux. Trouvé par M. Debooz, dans les prairies de Blainville et de Ry (Seine-Inf.) ; Aclou (Eure).

7. R. CRISPUS *L.* (*R. crépu.*) Tige droite, arrondie, cannelée, seulem. rameuse au sommet, haute de 5 à 12 décim. *Feu. pétiolées, lancéolées, très-allongées, ondulées-crépues sur les bords.* Fl. verdâtres, longuem. pédonculées, verticillées en panicule terminale. Divis. intér. du cal. ovales-arrondies, entières, non tuberculeuses. ♃. E. TC. Prés humides, fossés.

8. R. CONGLOMERATUS *Murr.*, *R. nemolapathum* Ehrh., Dub. (*R. agglomeré*). Tige souvent rameuse dès le bas, à rameaux divariqués, anguleuse, sillonnée. *Feu. pétiolées, cordiformes-allongées, un peu ondulées sur les bords . Fl.* verdâtres, petites, en *verticilles accompagnés de feuilles et formant de longs épis grêles, divergents.* Div. intér. du cal. entières, linéaires-lancéolées, obtuses, chargées d'un tubercule coloré. ♃. E. C. Bois et chemins.

9. R. RUPESTRIS *Le Gall.* (*R. des rochers.*) Tige de 4 à 8 décim., droite, cannelée, à *rameaux nombreux, courts, dressés, rapprochés en panicule.* Feu. pétiolées, d'un vert clair ; les radicales brusquement atténuées à la base, allongées ; les caulinaires lancéolées, étroites. Fl. verdâtres, en verticilles rapprochés ; les infér. accompagnées de feu. ; les supér. sans feuilles ; *divisions intér. du cal. oblongues, obtuses, entières ; chargées d'un tubercule oblong.* ♃. E. TR. Rochers maritimes. Falaises de Jobourg et à Osmonville (Manche). Trouvé par M. G. Thuret, en août 1853.

10. R. NEMOROSUS *Schrad.* (*R. des bois*). Tige droite, rameuse dans le haut, anguleuse, souv. rougeâtre, haute de 6 à 10 décim. *Feu. lancéolées ;* les infér. pétiolées, *cordiformes à la base. Fl.* verdâtres, petites, verticillées, *en longs épis grêles, non foliacés.* Divis. du cal. oblongues, obtuses, entières ; une seule principalement chargée d'un tubercule saillant coloré.

Var. *b.* R. *sanguineus* L. Vulg. *Sang-dragon,* Feu. un peu cordiformes à la base, à pétioles noirâtres et marqués de veines rouges rameuses.

♃. E. PC. Bois, prés et bords des chemins. La var. *b.* est souv. cultivée ; on la trouve le long des chemins, dans les décombres, les lieux incultes. Rouen, Lisieux, Falaise, St.-Lo, etc.

** *Fleurs dioïques. — Saveur acide.*

11. R. ACETOSA *L.* (*R. oseille*). Vulg. *Surelle.* Tige striée, sillonnée, droite, haute de 6 à 8 décim. *Feu.* infér. pétiolées, ovales-oblongues, obtuses, *sagittées à la base, à oreillettes dirigées parallèlement vers le bas.* Fl. verdâtres, verticillées en panicule terminale. *Divis. intér. du cal. ovales, chargées d'un petit tubercule à la base.* ♃. E. TC. Prés. Généralement cultivée.

12. R. ACETOSELLA *L.* (*R. petite Oseille*). Vulgairement *petite Surelle, Surelle de crapaud.* Tige droite, grêle, rameuse, rougeâtre, haute de 1 à 3 décim. *Feu. ovales-lancéolées, munies à la base de deux oreillettes étroites, divergentes.* Fl. d'un vert-rougeâtre, en panicule rameuse. *Divis. intér. du cal. ovales, entières, non tuberculeuses.* Stipules scarieuses, blanchâtres, laciniées. ♃. P. C. Champs sablonneux, coteaux pierreux.

Var. *b. multifidus* Wallr. Feu. munies à la base d'oreillettes bi ou trifides. La Hague (Le Dr. Lebel).

13. R. SCUTATUS *L.* (*R. à écussons*). Tiges dures, couchées à la base, rameuses, hautes d'un pied environ. *Feu. glauques, cordiformes ou lancéolées, presque arrondies, sagittées à la base,* un peu resserrées au

milieu, à oreillettes divergentes. Fl. verdâtres, en longs épis grêles formant une panicule lâche, rameuse. *Divis. intér. du pér.* arrondies, membraneuses, réticulées, *non tuberculeuses.* ♃. P.-E. R. Sur les vieux murs; Valognes, Domfront; la Bouille (Seine-Infér.), les Andelys, Tilières.

LXXVIᵉ. Fam. THYMÉLÉES. *Juss.*

Cal. 1 phylle, coloré, tubuleux, divisé au sommet en 4 ou 5 lobes Etam. insérées au sommet du pér. sur deux rangs et en nombre double des lobes. Ovaire sup. à un seul ovule. Style 1. Stigm. 1. Fruit 1-sperme, bacciforme ou capsulaire. Embryon renversé, entouré d'un périsperme mince et charnu. — *Feuilles alternes, dépourvues de stipules.*

Fruit charnu-pulpeux, péricarpe caduc.	DAPHNE. (i.)
Fruit sec, enveloppé par le péricarpe.	PASSERINA. (ii.)

I. DAPHNE *L.* Calice tubuleux, coloré, à limbe 4-fide, *caduc.* Etam. 8. Style filiforme, court, terminé par un stigm. ombiliqué. *Baie, 1-loculaire 1-sperme.* — *Sous-arbrisseaux.*

Feuilles persistantes; fleurs jaunâtres. . . . . *D. laureola.*
Feuilles caduques, venant après les fleurs rouges ou blanches. *D. mezereum.*

1. D. LAUREOLA *L.* (*D. Lauréole*). Vulg. *Laurette.* Arbuste à écorce grisâtre, haut de 5 à 8 décim. *Feu.* lancéolées, glabres, *persistantes,* disposées au sommet des rameaux. Fl. d'un vert-jaunâtre, en petits bouquets axillaires. ♄. H2.-3. C. Bois.

2. D. MEZEREUM *L.* (*D. Bois-gentil*). Arbuste rameux, grisâtre, haut de 5 à 8 décim. *Feu.* lancéolées, d'un vert pâle, un peu glauques en-dessous, *non persistantes, et paraissant après les fleurs;* celles-ci sont roses, rarem. blanches, sessiles, disposées par paquets le long des branches. Baies rouges. ♄. H-3. R. Bois humides, Falaise, Lisieux, Tilly-sur-Seulles, Tourville; Rouen; Aulnay, etc.

II. STELLERA *L.* (*Stellère*). *Cal.* en entonnoir, *persistant,* 4-fide au sommet. Etam 8, courtes. Style court. *Fruit en coque dure, luisante,* terminée par une pointe courbée. — *Plante herbacée.*

1 s. PASSERINA *L.* (*L. Passerine*). Tige herbacée, grêle, droite, simple ou munie de quelques rameaux très-dressés. Feu. linéaires, éparses, sessiles, pointues, glabres. Fl. d'un blanc-jaunâtre, axillaires, sessiles, pubescentes en-dehors. ◉. E. PC. Moissons des terr. calc. Rouen, Evreux, Caen, Falaise, Gisors; Vimoutiers, Chamboy (Orne).

LXXVIIᵉ. Fam. SANTALACÉES. *Juss.*

Calice adhérant à l'ovaire, coloré intér., à 4 ou 5 divis. Etam. 4 ou 5, insérées à la base du pér. et opposées à ses lobes. Ov. infér. 1-loculaire, à 1 à 3 ovules attachés à un placenta central. Style 1. Stigm. 1. Noix 1-sperme (par avortement de 1 ou 2 ovules), indéhiscente.

I. THESIUM *L.* (*Thésion*). Caractères de la famille.

1. T. HUMIFUSUM DC. (*T. couchée*). Tiges nombreuses, couchées, redressées, longues de 2 à 3 décim. — Feuilles alternes, linéaires, épaisses,

un peu canaliculées, trinervées. Fl. jaunâtres, petites, en panicule ouverte, terminale, accompagnées de 2 ou 3 bractées placées sous le pér. Noix pédicellée. ♃. E. TC. Pelouses et coteaux secs des terr. calc., sables maritimes. On a reconnu depuis peu d'années que cette plante est parasite.

LXXVIIIe. Fam. ÉLÉAGNÉES. *Rob. Br.*

Fl. dioïques ou hermaphrod. Les m. eu forme de chaton à 3, 4 ou 5 étam. courtes. Fem. : cal. tubuleux, 1-sépale, persistant, à bord entier ou 2 à 4-fide. Ov. lib. 1-loculaire, à un seul ovule. Style très-court, avec un stigm., simple, linguiforme. Fruit en baie globuleuse, formée par le périanthe charnu, 1-loculaire, 1-sperme. Embryon droit. Périsperme charnu et mince.

I. HIPPOPHAE *L.* (*Argousier*). Fl. dioïques Fl. m. en chaton, à 4 étam. Fl. fem. : cal. tubuleux, bifide et fermé au sommet. Baie globuleuses, à 1 loge, 1-sperme.

1. H. RHAMNOÏDES *L.* (*A. faux-nerprun* (Arbrisseau très-rameux, à écorce grisâtre, épineux à l'extrémité des branches. Feu. linéaires lancéolées, étroites, d'un vert-grisâtre en-dessus, argentées et chargées d'écailles rousses et rayonnantes en-dessous. Fleurs verdâtres, en petits groupes axillaires. Baies jaunâtres. ♄. E. PC. Lieux sablonneux maritimes. Honfleur, Dives, Merville, Trouville, Ouistreham (Calvados).

LXXIXe. Fam. ARISTOLOCHIÉES. *Juss.*

Fl. hermaphr. Calice tubuleux, 1-phylle, à limbe tantôt 3-lobé, tantôt terminé en languette. Etam. 6 ou 12, épigynes, libres et distinctes, ou soudées avec le style. Ov. 3 ou 6-loculaires. Style court. Stigm. à 6 divis. rayonnantes. Caps. ou baie coriace, 6-loculaire, polysperme. Placentas latéraux. Embryon placé à la base d'un périsperme cartilagineux.

4 { Pér. trilobé, étamines 12. . . . . ASARUM. (ii.)
{ Pér. terminé en languette unilatérale; étamines 6. . . . . ARISTOLOCHIA. (i.)

I. ARISTOLOCHIA *L.* (*Aristoloche*). Cal. coloré, *tubuleux, ventru à la base, en cornet au sommet, à limbe terminé en languette.* Anthères 6, presque sessiles insérées sur le style, qui est court. Stigm. à 6 divisions rayonnantes. Caps. hexagone, à 6 loges polyspermes.

1. A. CLEMATITIS *L.* (*A. Clématite*). Tige droite, simple, anguleuse, haute de 3 à 6 décim. Feu. alternes, pétiolées, cordiformes, arrondies, entières. Fl. jaunâtres, pédonculées, 3 à 5 dans les aisselles des feu. ♃. E. R. Lieux pierreux arides, baies et buissons. Rouen, le Havre, Lisieux, St.-Pierre-sur-Dives, Pacy-sur-Eure, Menilles (Eure), etc.

II. ASARUM *L.* (*Asaret*). Cal. coloré, *campanulé, 3-lobé.* Etam. 12, insérées sur l'ovaire. Anthères adhérentes aux filets dans le milieu de leur longueur. Style court. Stigm. à 6 divis. rayonnantes. Caps. 6-loculaire.

1. A. EUROPÆUM *L.* (*A. d'Europe*). Vulg. *Cabaret, Oreille d'homme.* Plante sans tige, à souche rampante, à rameaux terminés ordinairem. par 2 feu. réniformes, vertes, lisses et un peu concaves en-dessus, portées sur

de longs pétioles. Fl. petites, solitaires, d'un rouge-noirâtre, portées sur un court pédonc. placé près de terre à la bifurcation des feu. ♃. P. R. Bois. Caudebec (Pont-Audemer, Evreux, Lisieux, Vimoutiers ; Caumont-l'Eventé (Calvados), etc.

LXXX⁰. FAM. URTICÉES. *Juss.*

Fl. monoïques ou dioïques, quelquefois polygames. Fl. mâles : cal. tubuleux de 3 à 5 lobes plus ou moins profonds. Etam. 3 à 4, insérées à la base du pér. et opposées à ses lobes. Fl. fem. : cal. à 1 à 4 divis. Ov. supér. simple. Style 2 ou 1 bifurqué. Stigm. le plus souv. 2. Fruit 1-sperme, couvert par une arille ou par un pér. persistant qui quelquefois devient pulpeux, tantôt nu, tantôt entouré par un réceptacle charnu. Embryon droit ou courbé. Périsperme souv. nul. — *Arbres ou herbes à feu. plus ou moins hérissées, à suc quelquefois lactescent.*

1 { Fruit charnu, succulent. . . . . 2.
  { Fruit sec, non charnu. . . . . 3.
2 { Fleurs en épis unisexuels; styles 2. . . . . MORUS. (ii.)
  { Fleurs mâles et fem. renfermées dans un récept. pyriforme; style 1. FICUS. (i.)
3 { Calice à 5 divisions; étamines 5. . . . . 4.
  { Calice à 4 divisions; étamines 4. . . . . 5.
4 { Plante vivace; tige volubile. . . . . HUMULUS (v.)
  { Plante annuelle; tige non volubile. . . . . . CANNABIS. (vi.)
5 { Plante hérissée de poils raides et piquants. . . . URTICA (iii.)
  { Plante sans poils piquants. . . . . PARIETARIA (iv.)

* *Fruit charnu* (ARTOCARPÉES *DC.*).

I. FICUS. L. (*Figuier*). Monoïque. Fleurs nombreuses, pédicellées, renfermées dans un réceptacle charnu, ombiliqué au sommet et fermé par de petites dents ou écailles. Fl. mâles à pér. 3-fide : étam. 3. Fl. fem. : pér. à 5 lobes; style 1; stigm. 2. *Fruit 1-sperme, pyriforme, entouré par la pulpe du réceptacle.*

1. F. CARICA L. (*F. commun*). Arbre à suc laiteux, à feu. palmées, cordiformes, 3 ou 5. lobées, pétiolées, alternes et à fruit pyriforme. ♄. E. Généralement cultivé à cause de ses fruits, et naturalisé sur quelques points de la province. Rochers des Andelys, de St.-Cénery, près d'Alençon, Orcher, près du Havre, Evreux, Cherbourg. Dans cette derniere localité, il croît souvent sur les fossés, ses feu. sont alors très-profondément découpées.

II. MORUS L. (*Mûrier*). *Fl. monoïques en chatons distincts.* Calice à 4 lobes concaves. Fl. F. ; ovaire libre ; *styles* 2. *Graines 1 ou 2, recouvertes par le pér. pulpeux, bacciforme.*

1. M. NIGRA L. (*M. noir*). Arbre à feuilles alternes, inégalement cordiformes à la base, crénelées, rudes. Fl. verdâtres en chatons axillaires. Fruit d'un rouge-noirâtre, formé de plusieurs baies agglomérées. ♄. E. Cultivé généralement.

Les fruits (*Mûres*) fournissent un sirop employé dans les maladies de la gorge. On cultive aussi le Mûrier blanc (*Morus alba L.*), dont les feu. servent à la nourriture des vers à soie.

** *Fruit non charnu.* (URTICÉES *DC.*).

III. URTICA L. (*Ortie*). Fl. monoïques, rarement dioïques. Fl. m. en grappes. Cal. *à 4 divis.* Etam. *4*, à filets courbés avant l'entier développement. Fl. fem. en grappes resserrées ou en capitules. Cal. à 2 ou 4 divis. Ovaire 1, sup., à 1 stigm. capité. Graine unique, recouverte par le pér. persistant.

Les espèces de ce genre sont des herbes à feuilles opposées, hérissées de poils canaliculés laissant exsuder une liqueur âcre et vésicante renfermée dans une glande placée à leur base. L'*Urtication* ou l'irritation produite par les Orties était un moyen curatif employé par les anciens médecins. Les fibres de leur écorce fournissent une filasse propre à faire des cordes et même des tissus.

1. { Fleurs dioïques; feuilles cordiformes. . . . . *U. dioïca.*
   { Fleurs monoïques; feuilles ovales, rarement cordées à la base. . . . **2.**
2. { Fleurs femelles en grappes lâches. . . . . *U. urens.*
   { Fleurs femelles en chatons globuleux. . . . . . *U. pilulifera.*

1. U. DIOICA *L.* (*O. dioïque*). Tige droite, 4-gone, hérissée, haute de 6 à 10 décim. *Feu. cordiformes, dentées ; les super. lancéolées. Fl.* dioïques, verdâtres, en *grappes* rameuses, axillaires, *plus longues que le pétiole.* Pér. glabre. ♃. E. TC. Lieux incultes, buissons, décombres.

2. U. URENS *L.* (*O. brûlante*). Vulg. *Ort. grièche.* Tige arrondie, hérissée, rameuse, haute de 2 à 5 décim. *Feu. ovales,* dentées en scie, trinervées. *Fl. monoïques, en grappes plus courtes que les pétioles.* Pér. hérissé. ☉. E. TC. Lieux cultivés, pied des murs, décombres.

3. U. PILULIFERA *L.* (*O. à pilules*). Tiges arrondies, hérissées, un peu glauques, rameuses, droites ou étalées, hautes de 5 à 10 décim. *Feuilles ovales-lancéolées,* quelquefois légèrem. cordiformes à la base, profondém. dentées. *Fl. monoïques,* verdâtres, *en chatons ou capitules globuleux,* géminées. ☉. E. R. Lieux incultes, pied des murs. Falaise, Langrune, Dives, Pont-Chardon, etc.

IV. **PARIETARIA** *L.* (*Pariétaire*). Fl. polygames, entourées au nombre de 3 à 5 (une mâle, les autres hermaphr.) dans un involucre à plusieurs divisions. Cal. *4-fide.* Fl. herm. Étam. *4*, *à filets élastiques, d'abord courbés et se redressant ensuite.* Style 1. Stigm. 1. Graine renfermée dans le pér. allongé, connivent au sommet. — *Feuilles alternes.*

1. P. OFFICINALIS *Poll., Sm., P. diffusa* Mert. et Koch. (*P. officinale*), Tige diffuse, étalée, rameuse, velue, longue de 2 à 3 décim. Feu. ovales, pubescentes, entières à la pointe. Fl. verdâtres en petits paquets axillaires et à fl. peu nombreuses, dont une centrale femelle, les autres hermaphr. ♃. E-A. TC. Vieilles murailles, décombres.

Var. *b. P. erecta* Mert. et Koch., *P. officinalis* L. ? Tige droite, le plus souv. simple, pubescente, haute de 4 à 8 décim. Feu. lancéolées, trinervées, comme décurrentes sur le pétiole et prolongées au sommet en une longue pointe, pubescentes, entières. Fl. verdâtres, en petits paquets axillaires ; rameux, dichotomes. — Lieux ombragés et humides, pied des murs. Caen, Falaise, Granville, Domfront, etc. Cette forme, qui est due probablement à la station, est moins commune que la précédente.

V. **HUMULUS** *L.* (*Houblon*). Fl. dioïques. Mâles en grappes paniculées, axillaires. Cal. 5-partite. Etam. 5, à filets courts et à anthères allongées. Femelles placées à l'aisselle d'un calice *1-phylle, semblable à une écaille* *bractéiforme* qui s'agrandit à la maturité et dont la réunion forme alors une espèce de *cône foliacé*. Ovaire terminé par 2 styles. Graine indéhiscente. — *Tige herbacée, volubile, à feuilles opposées.*

1. H. LUPULUS *L.* (*H. grimpant*). Tige volubile, sillonnée, scabre, très-longue, s'élevant à plus de 3 à 4 mètres. Feu. cordiformes, simples ou le plus souvent 3 ou 5-lobées, dentées en scie, rudes. Fl. mâles, verdâtres et à anthères jaunes, en grappes. Fl. fem. en chatons ou cônes foliacés, scarieux, axillaires. ♃. E. TC. Haies et bords des eaux.

Les fruits du Houblon, qui sont principalement employés pour la confection de la bière, renferment un principe amer énergique (*Lupuline*).

VI. **CANNABIS** *L.* (*Chanvre*). Fl. dioïques. Mâles à calice 5-partite. Etam. 5. Anthères allongées, vésiculeuses. Fem. à cal. 4-phylle, oblong, ouvert latéralement. Ovaire 1. Styles 2. Caps. monosperme, globuleuse, à 2 valves. — *Tige herbacée, non volubile.*

1. C. SATIVA *L.* (*C. cultivé*). Vulg. *Chenevière, Filasse.* Tige droite, simple, haute de 1 à 2 mètres et plus. Feu. digitées, dentées, rudes. Fl. verdâtres, en grappes axillaires. ◉. E. Cultivé généralement à cause de son écorce qui fournit une filasse propre à faire des toiles fortes et des cordages. Ses graines, connues sous le nom de *Chenevis*, servent à la nourriture des oiseaux ; elles contiennent une huile grasse abondante.

LXXXIᵉ. FAM. SANGUISORBÉES. *Juss.*

Fl. hermaphrod., polygames ou monoïques. Cal. ayant 3 à 5 divis. soudées en tube inférieurement. Etam. 1 à 30, le plus souv. 4, insérées sur un disque annulaire resserrant la gorge du calice. Anthères introrses. Ovaire libre formé par 1 ou 2, très-rarem. 3 ou 4 carpelles distincts, renfermés dans le tub. du cal. resserré et durci en forme de caps. Styles 1 ou 2 à stigm. capité ou en pinceau. Embryon droit. Périsperme nul. — *Plantes herbacées, le plus souv. vivaces.*

Plusieurs auteurs pensent que cette famille doit faire partie des Rosacées ou, au moins, en être très-rapprochée.

1 { Calice à 8 ou 10 divisions. . . . . ALCHEMILLA. (I.)
  { Calice à 4 divisions. . . . . 2.
2 { Fleurs hermaphrodites ; étamines 4. . . . . SANGUISORBA. (II.)
  { Fleurs monoïques ou polygames. Etamines 20 ou 30. . POTERIUM. (III.)

I. **ALCHEMILLA** *L.* (*Alchemille*). *Cal. tubuleux à 8, rarem. 10 divis. dont 4 plus petites et extér. Etam. 1 à 4, courtes. Ovaire solitaire (rarem. double) enfermé dans le cal. Styles 1 à 2.*

1 { Feurs en cymes corymbiformes. . . . . A. *vulgaris.*
  { Fleurs en fascicules sessiles, opposées aux feuilles. . . A. *arvensis.*

1. A. VULGARIS *L.* (*A. commune*). Tiges rameuses, velues, hautes de 1 à 3 décim. *Feu. réniformes*, à 8 ou 10 lobes dentés en scie, nerveuses en-dessous, légèrement velues, pétiolées. Fl. *verdâtres, petites, en corymbe composé de petits bouquets terminaux et axillaires.* ♃. E. R. Bois et prés frais. Rouen, St.-Lo, Coutances ; Mouen, près de Caen ; la Trappe (Orne).

2. A. ARVENSIS *Scop., Aphanes arvensis L.* (*A. Aphane*). Tige courte, étalée, rameuse, velue. *Feu. palmées,* cunéiformes, pubescentes, à 3

lobes trifides. *Fl. verdâtres, très-petites, ramassées en paquets axillaires.* ☉. E. TC. Moissons.

II. SANGUISORBA *L.* (*Sanguisorbe*). *Cal. coloré, à 4 divis. et 2 petites écailles à la base. Etam. 4, à filets dilatés au sommet. Style 1. Stigmate en pinceau, simple. Ovaires 1 ou 2, renfermés dans le cal. — Fl. en épis oblongs, compactes.*

1. S. OFFICINALIS *L.* (*S. officinale*). Tiges droites, raides, anguleuses, glabres, hautes de 5 à 12 décim. Feu. ailées, à fol. ovales-cordiformes, obtuses, crénelées. Fl. d'un rouge foncé, terminales, ramassées en épis ovales-oblongs, serrés, assez courts. ♃. E. R. Prés humides. Argentan, Briouze, Messay (Orne); Périers (Manche); Thiberville (Eure); etc.

III. POTERIUM *L.* (*Pimprenelle*). *Fl. monoïques ou polygames.* Cal. à 4 divis., resserré au sommet et muni de 3 écailles à la base Fl. mâles, ayant 20 à 30 *étam.* Fl. femelles à 2 ovaires terminés par un style. Fruit sec, monosperme, indéhiscent. Stigm. en pinceau.

1. P. SANGUISORBA *L., P. dictyocarpum* Spach. (*P. Sanguisorbe*). Tiges droites, hautes d'un pied environ, peu rameuses. Feu. ailées, à fol. arrondies, dentées, velues. Fl. herbacées, en capitule arrondi; les supér., qui sont femelles, ont de longs styles plumeux, rougeâtres. Fruits ailés, réticulés, non chargés de fossettes. ♃. E. TC. Pelouses et coteaux pierreux des terr. calc.

Var. *b. glaucum* Spach., *P. glaucescens* Reich. Feu. glauques, surtout en-dessous.

Il est probable que nous avons aussi en Normandie le *P. muricatum* Spach., *P. polygamum* Walldst. et Kit., qui se trouve souvent mêlé au précéd., et qui en diffère par ses fruits marqués de fossettes rugueuses, à bords dentelés. Cette espèce est la plus ordinairement cultivée dans les jardins pour entrer comme assaisonnement dans les salades.

LXXXIIe. FAM. HIPPURIDÉES. *Link.*

Fl. hermaphrodites. Cal. monosépale, tubuleux; soudé avec l'ov., à limbe presque nul. Etam. 1, insérée au sommet du cal. Style 1, subulé, à stigm. interne. Fruit uniloculaire, monosperme, indéhiscent, couronné par le rebord du pér. Embryon droit. Périsperme très-mince. — *Plante aquatique, à feu. linéaires, verticillées.*

I. HIPPURIS *L.* (*Pesse*). Cal. adhérent à l'ovaire, très-petit, à bord entier. Etam. 1, insérée sur le bord du cal. Style 1, reçu dans le sillon de l'anthère. Fruit (*noix*), 1-sperme, indéhiscent, couronné par le bord du cal. persistant.

1. H. VULGARIS *L.* (*P. commune*). Tige simple, cylindrique, sillonnée, comme articulée. Feu. verticillées, linéaires. Fl. petites, axillaires, sessiles. ♃. E. PC. Etangs et fossés inondés.

LXXXIIIe. FAM. CÉRATOPHYLLÉES. *Gray.*

Fl. monoïques. Calice simple, ayant 8 à 12 divis. égales. Fl. mâles: étam. 10 à 25, à anthères 3-cuspidées. Fl. fem., à ovaire comprimé, surmonté d'un style courbé. Fruit (*noix*) monosperme, indéhiscent, apiculé par le style. Périsperme nul. Cotylédons 4, dont deux plus larges, opposés. — *Plantes aquatiques, à feu. verticillées, finem. découpées.*

I. CERATOPHYLLUM *L.* (*Cornifle*). Caractères de la famille.

4 { Fruit muni de 2 épines au-dessous de la base. . . . . *C. demersum.*
{ Fruit dépourvu d'épines au-dessous de la base. . . . . . *C. submersum.*

1. c. DEMERSUM *L.* (*C. nageant*). Tige rameuse, nageante. Feu. 6 ou 8, en verticilles très-rapprochées, surtout au sommet des rameaux, profondément découpées en lobes linéaires, dichotomes munis de fines dentelures épineuses. Fl. petites, axillaires, solitaires, verdâtres. *Noix elliptique terminée par une corne et accompagnée de 2 autres à sa base. Style au moins aussi long que le fruit.* ♃. E. C. Rivières, étangs et fossés.

2. c. SUBMERSUM *L.* (*C. submergé*). Diffère du précédent par ses feuilles à peine dentelées et moins rapprochées, et par ses *noix sans cornes ou épines*; croît dans les mêmes stations, mais plus profondément submergé. *Style beaucoup plus court que le fruit.* ♃. E. PC. Mêmes stations que l'espèce précédente.

LXXXIVe. FAM. CALLITRICHINÉES. *Léveill.*

Fl. hermaphrodites, souv. unisexuelles. polygames par avortement. Cal. à 2 divisions pétaloïdes, semblables à 2 bractées opposées. Etam. 4 ou 2, hypogynes, alternes avec les bractées que dépassent leurs filets allongés. Fl. fem. à ovaire libre. à 4 loges. Style 2, subulés. Fruit capsulaire, formé de 4 carpelles, monospermes, indéhiscents, à dos ailé ou caréné. Embryon cylindrique entouré par un périsperme charnu. — *Plantes herbacées, aquatiques, vivaces, à feuilles opposées.*

I. CALLITRICHE *L.* (*Callitriche*). Fl. le plus souvent monoïques. Cal. à 2 divis. ou bractées pétaloïdes. Fl. mâles : étam. 4, filiforme, à anthère réniforme, uniloculaire s'ouvrant transversalement. Fl. fem. : ovaire 4-gone, formé par la réunion de 4 carpelles, 4-sperme, surmonté de 2 styles.

Sachant combien les plantes inondées sont sujettes à varier, j'avais, dans la précéd. édition de cette Flore, à l'exemple d'Hudson et de MM. Cosson et Germain (Fl. Paris.), regardé toutes les espèces de ce genre comme n'en formant qu'une seule, le *C. aquatica* Huds. L'examen de caractères tranchés, surtout dans les fruits, m'a déterminé à adopter les espèces généralement admises. Elles croissent dans les eaux vives, les rivières et les fontaines. Souvent, quand le courant n'est pas très-rapide, les feuilles terminales, alors plus larges, viennent former une rosette à la surface de l'eau.

1 { Angles du fruit ailés. . . . . 3.
{ Angles du fruit carénés. . . . . 2.
2 { Carène du fruit aiguë. . . . . *C. vernalis.*
{ Carène du fruit obtuse. . . . . 6.
3 { Feuilles obovales, au moins les supérieures. . . . . 4.
{ Feuilles toutes linéaires. . . . . 7.
4 { Feuilles toutes obovales. . . . . *C. stagnalis.*
{ Feuilles inférieures linéaires; les supérieures obovales. . . 5.
5 { Styles recourbés. . . . . *C. platycarpa.*
{ Styles très-longs divariqués. . . . . *C. hamulata.*

1. c. STAGNALIS *Scop.* (*C. des étangs*). *Feuilles toutes obovales;* les supér. en rosette. Bractées arquées, conniventes au sommet. *Angles du fruit ailés.* Styles persistants, recourbés à la maturité. ♃. E. TC.

2. c. OBTUSANGULA *Le Gall.* (*C. à ungles obtus*). *Feu. toutes obovales;* les inférieures très-étroites. Bractées lancéolées, arquées, rapprochées par le sommet. Styles très-longs, à la fin divariqués. *Angles du fruit obtus, arrondis.* ♃. E. R. Trouvé à Yvetot (Manche), par le D^r. Lebel.

3. c. PLATYCARPA *Kütz.* (*C. à large fruit*). Feu. supér. obovales; les infér. linéaires. *Bractées en faux, à pointe droite, se croisant.* Styles persistants, enfin recourbés. *Angles du fruit ailés.* ♃. E-A. PC. Falaise.

4. c. VERNA *Kütz.*, *C. vernalis* Koch. (*C. du printemps*). Feu. supér. obovales; les infér. linéaires. *Bractées lancéolées, un peu arquées. Styles dressés, caducs. Angles du fruit à carène aiguë.* ♃. P.-A. C.
Le *C. verna* L. renfermait cette espèce et une partie de celles qui ont les feuilles supérieures obovales.

5. c. PEDUNCULATA *DC.* (*C. pédonculée*). Tiges grêles, gazonnantes. Feu. supérieures obovales, allongées, trinervées; les infér. linéaires, un peu spatulées. Bractées arquées. *Fruits infér. pédonculés. Angles du fruit en carène obtuse.* ♃. E. PC. Falaise; Huberville (Manche); Alençon.

6. c. HAMULATA *Kütz.* in *Koch.* (*C. en hameçon*). Feu. supér. le plus souv. obovales, spatulées; les infér. linéaires, échancrées au sommet, rétrécies à la base. *Bractées roulées en crosse. Styles très-longs, divariqués.* Angles du fruit ailés ♃. E. AC. Falaise, Valognes.
Var. *b. homoiophylla* Godr. Feuilles toutes linéaires.

7. c. AUTUMNALIS *Kütz.* L. ? (*C. d'automne*). Feu. toutes linéaires, *plus larges à la base,* souv. échancrées au sommet. Styles divariqués, puis réfléchis appliqués. *Angles du fruit ailés, écartés en croix.* ♃. E-A. R. Carentan. Le D^r. Lebel et le D^r. Godron (Fl. de Fr.) pensent que le *C. autumnalis* L. ne croît pas en France, et que celui-ci ne serait qu'une var. du précédent.

8. c. TRUNCATA *Guss.* (*C. tronquée*). *Feu. toutes linéaires,* échancrées au sommet, *subconnées à leur base.* Bractées arquées. *Fruits infér. pédonculés.* Styles divergents, caducs. Angles du fruit ailés. ♃. E-A. R. Etang de la Fresnaye-au-Sauvage, près de Putanges (Orne).
Dans un point asséché depuis quelque temps, les tiges étaient couchées, radicantes.

LXXXVe. FAM. EUPHORBIACÉES. *Juss.*

Fl. monoïques ou dioïques. Cal. 1-sépale, tubuleux, à limbe divisé en 3 ou 5 lobes, ou nul. Fl. mâles à 4 à 16 étam. à filets souv. articulés, insérées sur le réceptacle. Fl. fém. : ov. supér. sessile ou souvent pédicellé, portant 1 à 3 styles. Caps. à 2 ou 3 loges. Ovules attachés par le sommet de leur angle interne. Graines solitaires ou géminées. Embryon entouré par un périsperme charnu.

Les Euphorbiacées ont presque toutes un suc laiteux, âcre et caustique.

1 } Tige ligneuse. . . . . BUXUS. (iii.)
  } Tige herbacée. . . . . 2.
2 } Plante à suc laiteux; capsule à 3 loges. . . . . EUPHORBIA. (i.)
  } Plante à suc non laiteux; capsule à 2 loges. . . . . . . MERCURIALIS. (ii.)

I. EUPHORBIA L. (*Euphorbe*). Fl. monoïques. *Fl. mâles et fem. renfermées dans un même involucre 1-sépale, turbiné ou campanulé, 4 ou 5-lobé, muni entre chacun de ses lobes d'appendices ou glandes (Pétales L.) pétaloïdes, coriaces, tronqués, peltés, ovales ou en croissant. Fl. mâles : étam. nombreuses, à filets articulés, accompagnés d'écailles ciliées à leur base. Anthères 2-loculaires. Fl. fem. : solitaires, centrales, formées d'un ov. pédicellé, surmonté de 3 styles, 2-fides. Caps. à 3 coq. 1-spermes. — Plantes lactescentes; fl. jaunâtres en ombelles à rayons rameux, munis à leurs bases de bractées opposées ou verticillées en collerette.*

1 } Capsule tuberculeuse. . . . . 2.
  } Capsule non tuberculeuse. . . . . 5.
2 } Plante vivace; feuilles atténuées à la base. . . . . 3.
  } Plante annuelle ou bisannuelle; feuilles un peu cordées à la base. . 4.
3 } Bractées ovales, tronquées ou un peu cordées à la base. . . . E. dulcis.
  } Bractées atténuées à la base. . . . . E. palustris.
4 } Capsules à tubercules cylindriques allongés. . . . . E. stricta.
  } Capsule à tubercules hémisphériques peu saillants. . . . E. platyphyllos.
5 } Feuilles linéaires, très-étroites. . . . . 6.
  } Feuilles ovales, cunéiformes ou lancéolées. . . . . 7.
6 } Rameaux stériles naissant sous l'ombelle. . . . . E. Cyparissias.
  } Point de rameaux stériles sous l'ombelle. . . . . E. exigua.
7 } Feuilles opposées. . . . . 8.
  } Feuilles éparses. . . . . 9.
8 } Plante petite, couchée, rougeâtre. . . . . E. Peplis.
  } Plante élevée, droite, glauque. . . . . E. Lathyris.
9 } Feuilles lancéolées, plus ou moins allongées. . . . . 11.
  } Feuilles ovales ou cunéiformes, arrondies. . . . . 10.
10 } Capsule carénée et sillonnée sur les angles. . . . . E. Peplus.
   } Capsule lisse, sans carènes sur les angles. . . . . E. helioscopia.
11 } Bractées connées, soudées deux à deux. . . . . E. amygdaloïdes.
   } Bractées libres. . . . . 12.
12 } Glandes pétaloïdes en croissant. . . . . 13.
   } Glandes pétaloïdes entières, non en croissant. . . . . . E. Gerardiana.
13 } Feuilles lancéolées-ovales, élargies au sommet. . . . . . E. Portlandica.
   } Feuilles lancéolées, étroites. . . . . 14.
14 } Feuilles glauques, coriaces. E. Paralias.
   } Feuilles vertes, non coriaces. E. Esula.

* Capsules tuberculeuses.

1. E. PALUSTRIS L. (*E. des marais*). Tige épaisse, ferme, rougeâtre, cylindrique, haute de 8 à 12 décim., garnie de rameaux latéraux stériles, *Feu.* ovales-lancéolées, obtuses, entières. Ombelles à 5 rayons, augmentées de quelques rameaux florifères placés au-dessous. Glandes arrondies. *Bractées* jaunâtres, obtuses, *atténuées à la base. Caps.* glabres, *tuberculeuses.* ♃. E. R. Marais, bords des rivières. Quevilly, près de Rouen, Marais Vernier, près la Grande-Mare; Louviers, Giverny (Eure).

2. E. STRICTA L., *E. serrulata* Thuill. (*E. dressée*). Tiges solitaires, dressées

ou ascendantes, hautes de 3 à 8 décim. Feu. éparses, sessiles, un peu cordiformes à la base, oblongues-lancéolées, finement denticulées dans leur moitié supérieure, glabres ; les infér. atténuées à la base. Ombelles de 3 à 5 rayons, plusieurs fois bifurqués. Bractées ovales-triangulaires, ou suborbiculaires, tronquées à la base, mucronées. *Caps. chargées de tubercules cylindriques allongés.* Graines luisantes. ☉. ♂. E-A. R. Bord des chemins, haies et fossés. Boulay-Morin, Condé-sur-Risle, les Andelys, Port-Villez, près de Vernon, Brionne (Eure).

3. E. PLATYPHYLLOS *L.* (*E. à larges feu.*). Tige droite, cylindrique, simple et rougeâtre dans le bas, haute de 4 à 10 décim. Feu. lancéolées, élargies au sommet, pointues, denticulées, glabres ou chargées, en-dessous principalem., de *quelques longs poils épars.* Ombelles à 5 rayons 2 ou 3-fides. Glandes pétaloïdes, jaunâtres, arrondies. Bractées cordiformes. *Caps. glabre, légèrem. verruqueuse.* ◉. E. C. Champs argileux, lieux arides, bords des chemins. Terr. calc.

4. E. DULCIS *L.*, *E. purpurata* Thuil. (*E. douce*). Tige simple ou rameuse dès la souche, quelquefois un peu velue, cylindrique, haute de 4 à 6 décim. Feu. lancéolées-oblongues, obtuses, rétrécies en pétiole, denticulées, à peine pubescentes, un peu glauques en-dessous. Ombelles à 5 rayons 2-fides. *Glandes pétaloïdes, pourpres, ovales, entières. Caps. tuberculeuses, un peu pubescentes dans leur jeunesse.* ♃. P-E. PC. Bois, Rouen, Gisors, Lisieux, Alençon, Caen, Falaise, etc.

** Capsules non tuberculeuses.*

5. E. AMYGDALOÏDES *L.*, *E. sylvatica* Jacq. (*E. Amandier*). Vulg. *Lait de pie, herbe à la faux.* Tige ferme, cylindrique, rougeâtre, comme ligneuse à la base, haute de 4 à 8 décim., nue dans la partie infér. et garnie de *feuilles nombreuses dans le haut,* ovales-lancéolées, obtuses, coriaces ; celles du jet florifère sont molles, velues et plus courtes. Ombelles à rayons nombreux, dichotomes. Glandes pétal. jaunâtres, fortement échancrées en croissant. *Bractées arrondies, connées, soudées 2 à 2.* ♃. P2.-3. TC. Bords des bois et des chemins.

Var. *b. E. ligulata* Chaub. Rayons de l'ombelle longuem. velus. Bractées ovales-oblongues, ligulées, aiguës, non soudées. — Sept-Frères, canton de St.-Sever, près de Vire.

6. E. LATHYRIS *L.* (*E. Épurge*). Plante glabre et glauque. Tige cylindrique, droite, grosse, haute de 6 à 10 décim. *Feu.* sessiles, lancéolées, entières, *opposées, placées sur 4 rangs.* Ombelles à 4 ou 5 rayons dichotomes. Glandes pétal. en croissant, dont les cornes sont terminées par un appendice dilaté, obtus. *Capsules grosses, sillonnées* sur les angles. ♂. E. C. Lieux cultivés, décombres. Cultivé dans beaucoup de jardins.

Le suc de cette espèce sert à ronger les verrues. On emploie aussi au même usage celui des deux espèces suivantes.

7. E. HELIOSCOPIA *L.* (*E. réveil-matin*). Vulg. *Herbe aux verrues.* Tige simple ou rameuse inférieurem., cylindrique, ferme, haute de 2 à 5 décim. *Feu. cunéiformes, élargies au sommet qui est arrondi et crénelé,* alternes, glabres. Ombelles à 5 rayons trifides, ouverts. Bractées de même forme que les feu., mais plus grandes. *Glandes pétaloïdes orbiculaires, entières.* Caps. lisse et glabre. *Graines réticulées,* brunâtres. ◉. TC. Lieux cultivés.

8. E. PEPLUS *L.* (*E. peplus*). Plante lisse et glabre. Tige droite, cylin-

drique, herbacée, rameuse, haute de 1 à 3 décim. *Feu. entières, ovales-arrondies, rétrécies en pétioles*, alternes, délicates. Ombelles de 3 à 5 rayons dichotomes. Glandes pétal. en croissant à très-longues cornes. *Caps. carénées et sillonnées sur les angles. Graines ayant 4 ou 5 séries de points enfoncés sur leurs côtés.* ⊙. E. TC. Lieux cultivés.

9. **F. PARALIAS** *L.* (*E. maritime*). *Plante* glabre, *glauque et très-feuillée.* Tige dure, ferme, rougeâtre, et quelquefois un peu rameuse à la base, haute de 2 à 5 décim. *Feu. nombreuses, comme imbriquées*, éparses, lancéolées, *coriaces*, entières, pointues. Ombelles à 5 rayons bifides. Bractées cordiformes. Glandes pét. en croissant, jaunâtres. Caps. glabres, chagrinées et sillonnées sur les angles. ♃. E. C. Sables maritimes.

Cette espèce, ainsi que plusieurs de ses congénères, porte le nom vulgaire d'*Herbe à la biche.*

10. **E. PORTLANDICA** *L.* (*E. de Portland*). Tige très-rameuse et très-garnie de feuilles ; celles-ci *glauques*, lancéolées-ovales, *élargies au sommet et mucronées* ; les supér. plus larges. Omb. à 5 rayons dichot. Bractées mucronées, très-élargies. *Glandes pétal. en croissant à longues cornes.* ♃. P3-A1. PC. Coteaux maritimes, parmi les rochers. Jobourg, Flamanville, Granville, St.-Jean-le-Thomas (Manche) ; dunes de Merville et de Cabourg (Calv.), etc.

Nous n'avons pas la certitude que l'*E. segetalis* L., qui se rapproche beaucoup de cette esp., ait été trouvé dans notre province, quoiqu'il ait été indiqué sur plusieurs points.

11. **E. GERARDIANA** *Jacq.* (*E. de Gérard*). *Plante glabre et glauque.* Tiges rameuses à la base, fermes, feuillées, hautes de 2 à 6 décim. Feu. lancéolées-linéaires, pointues, entières. Ombelles ayant des rayons nombreux, bifurqués. Bractées réniformes, arrondies, mucronées. *Glandes pét. à 3 angles obtus, non échancrées.* Caps. glabres, un peu ponctuées sur les angles. *Graines blanchâtres, lisses.* ♃. PC. Coteaux secs, bords des chemins. Terr. calc. Rouen, Louviers, les Andelys, Falaise, Argentan, Chamboy (Orne), etc.

Cette espèce se trouve dans les environs d'Argentan, dans quelques prés tourbeux, très-humides. Elle acquiert, dans cette station inaccoutumée, des proportions plus considérables que dans les terrains secs.

12. **E. CYPARISSIAS** *L.* (*E. cyprès*). *Tiges fermes, rameuses à la base et garnies, vers le haut, de rameaux stériles très-feuillés. Feu. linéaires, étroites, obtuses, sessiles, glabres. Ombelles à rayons nombreux bifurqués. Bractées larges et subcordiformes. Glandes pétal. en croissant. Caps. chagrinées, scabres sur les angles. Graines lisses, d'un gris-blanchâtre.* ♃. P2.-3. TC. Lieux arides, terr. calc.

13. **E. ESULA** *L.* (*E. Esule*). Tiges droites, hautes de 3 à 8 décim., garnies de quelques rameaux stériles. *Feu. lancéolées*, sessiles, membraneuses, entières ou un peu denticulées au sommet, glabres. Ombelles de 6 à 8 rayons, plus quelques autres placés au-dessous du verticille. Bractées cordiformes. *Glandes pétal. jaunâtres, en croissant.* Caps. scabres, ponctuées sur les angles. Graines lisses, grisâtres. ♃. E. R. Bords des chemins, Rouen, St.-Léonard et Sartilly, près d'Avranches.

Var. *b. E. tristis* Biéb., *E. intermedia* Bréb. Mém. Soc. Linn. Norm. Plante moins élevée que le type, remarquable par la teinte d'un vert-roussâtre qui couvre toutes ses parties. Rameaux stériles, latéraux, rares. Coteaux secs. Monts d'Eraines et de Grisy, près de Falaise; Vernonnet (Eure).

Var. *c. E. Mosana* Lej. Feuilles d'un vert-glaucescent, lancéolées-élargies. Graines finement ponctuées. — Tige élevée. Environs de Rouen, de Bon-Secours à St.-Adrien. M. Malbranche.

14. E. EXIGUA *L.* (*E. fluette*). Tige rameuse, grêle, haute de 1 à 2 décim., droite, quelquefois diffuse. *Feuilles linéaires, étroites, sessiles,* pointues, ou comme tronquées et mucronées, glabres, entières. Ombelles à 4 ou 5 rayons plusieurs fois dichotomes. Bractées lancéolées, aiguës. Glandes pétaloïdes en croissant, à longues cornes. Caps. un peu chagrinées sur les angles. *Graines noirâtres, chargées de verrues blanches.* ⊙. E. TC. Moissons.

Var. *b. truncata* Koch., *E. retusa* DC. Feu. tronquées et mucronées au sommet.

II. MERCURIALIS *L.* (*Mercuriale*), *Fl. dioïques.* Cal. à 3 divis. Fl. mâles : étam. 9 à 12, à anthères 2-loculaires. Fl. fem. : styles 2, courts, à 2 stigm. Ov. arrondi, 2-lobé, à 2 sillons à la base desquels se trouvent deux filets courts, stériles. *Caps. à deux coques,* à deux graines. — *Plantes herbacées, non lactescentes.*

Tige simple; feuilles fermes.	*M. perennis.*
Tige rameuse; feuilles molles.	*M. annua.*

1. M. PERENNIS *L.* (*M. vivace*). Racine *longue et rampante. Tige* haute de 2 à 4 décim., velue-hérissée, *simple.* Feu. opposées, ovales-lancéolées, dentées, pétiolées, hérissées. Fl. verdâtres; *les fem. portées sur de longs* pédonc. Caps. couverte de poils rudes. ♃. P. C. Bois et haies.

2. M. ANNUA *L.* (*M. annuelle*). Vulg. *Foiroude. Racine fibreuse.* Tige rameuse, glabre, haute de 2 à 6 décim. Feu. opposées, ovales-lancéolées, dentées, pétiolées, glabres. Fl. verdâtres; les mâles en épis grêles, *les femelles axillaires,* géminées, *presque sessiles.* Caps. hispides. ⊙. E. TC. Lieux cultivés.

III. BUXUS *L.* (*Buis*). Fl. monoïques. Fl. mâles : cal. à 4 divis. entouré à la base par une écaille 2-lobée. *Etam.* 4 insérées sous un rudiment d'ovaire. Fl. fem. munies de 3 écailles à leur base. Ovaire terminé par 3 styles et 3 stigm. hérissés. *Caps. à 3 loges cornues et 2-spermes.*

1. B. SEMPERVIRENS *L.* (*B. toujours vert*). Vulg. *Bouis, Guézette.* Arbrisseau atteignant quelquefois une hauteur de 1 à 4 mètres, à rameaux 4-gones. Feu. épaisses, opposées, ovales, entières, persistantes. Fl. jaunâtres, en paquets axillaires. Caps. tricornes. ♄. P. TC. Bois et haies.

Son bois, dur et jaunâtre, est très-estimé des tourneurs.

LXXXVIe. FAM. JUGLANDÉES. DC.

Fl. monoïques. Mâles : en chatons cylindriques placés à la partie supér. des rameaux de l'année précédente. Pér. en écaille caliciforme, divisée latéralement en 2 ou 6 lobes. Etam. nombreuses à filets courts. Fl. fem. se développant à l'extrémité des rameaux de l'année, au nombre de 1 à 4, en petits bourgeons. Pér. double ou simple, à 4 divis., adhérant à l'ovaire qui est infér. Styles 2, courts. Stigm. 2, épais, laciniés au sommet. Drupe

ovoïde, peu charnue, renfermant une noix osseuse à 2 valves, divisées en
4 demi-loges, monosperme. Semence bosselée, comme cérébriforme, qua-
drilobée à la partie infér. Embryon droit, sans périsperme ; cotylédons charnus, bilobés. Radicule supérieure.

I. JUGLANS *L.* (*Noyer*). Caractères de la famille.

1. J. REGIA *L.* (*N. commun*). Cet arbre, originaire de Perse, connu par
sa culture généralement répandue, a peu de besoin d'une description ; ses
feuilles sont à 5 ou 9 fol. ovales, glabres. ♄. E.

Le bois de cet arbre est employé dans la menuiserie. La *noix* est comestible, on en retire une huile abondante que l'on mange comme assaisonnement. L'enveloppe de la noix, le *brou*, fournit une teinture brune.

LXXXVII° FAM. AMENTACÉES. *Juss.*

Fl. monoïques ou dioïques, rarem. hermaphrodites. Fl. mâl. en têtes ou en
chatons. Pér. 4-phylle, tubuleux ou campanulé, ou formé par une écaille
staminifère. Etam. insérées sur l'écaille du pér., à filets libres, rarem. 1,
monadelphe. Anthères biloculaires. Fl. fem. en chatons, fasciculées ou solitaires. Ov. libre, le plus souvent simple. Style simple ou terminé par plusieurs stigm. Graines nues ou caps. 1-loculaires, osseuses ou membraneuses,
en nombre égal à celui des ovules. Périsperme nul. — *Arbres ou arbrisseaux à feu. alternes, caduques quelquefois munies, dans leur jeunesse, de
deux stipules à leur base.*

Les Amentacées renferment la plus grande partie des arbres de nos forêts,
leurs bois sont employés à la construction, à l'ébénisterie, et servent au
chauffage. Leur écorce contient un principe amer regardé comme fébrifuge
et propre au tannage des cuirs. Les fruits de quelques espèces renferment
de l'huile et une fécule abondante qui peuvent devenir comestibles.

Cette famille a été divisée en plusieurs autres que nous admettons ici
comme de simples coupes ou sections.

1	Fleurs hermaphrodites.	ULMUS. (i.)
	Fleurs monoïques ou dioïques	2.
2	Fleurs monoïques.	3.
	Fleurs dioïques.	9.
3	Etamines 5 ou plus.	4.
	Etamines 4 ou moins.	8.
4	Chatons mâles globuleux.	FAGUS. (ii.)
	Chatons mâles cylindriques, allongés.	5.
5	Involucre fructifère ligneux ou coriace et épineux.	6.
	Involucre fructifère foliacé.	7.
6	Involucre épineux, à 4 valves.	CASTANEA. (iii.)
	Involucre entier, tronqué, non épineux (*cupule*).	QUERCUS. (iv.)
7	Fleurs femelles renfermées dans un bourgeon écailleux.	CORYLUS. (vi.)
	Fleurs femelles en grappes, munies de bractées.	CARPINUS. (v.)
8	Chatons femelles dressés, à écailles ligneuses persistantes.	ALNUS. (x.)
	Chatons femelles pendants, à écailles scarieuses, caduques.	BETULA. (ix.)
9	Graines entourées de longs poils soyeux.	10.
	Graines non entourées de poils soyeux.	MYRICA. (xi.)
10	Etamines 2 ou 3, rarement 5 ; écailles des chatons entières.	SALIX. (vii.)
	Etamines 8 à 12, ou plus ; écailles des chatons incisées.	POPULUS. (viii.)

* ULMACÉES. *Fleurs hermaphrodites.*

I. ULMUS. *Tourn.* (*Orme*). Fl. agrégées-fasciculées, axillaires, pédicellées. Cal. campanulé, 4 ou 5-lobé, coloré, persistant. Etam. 4 à 12.

Fruit (*samare*) 1-sperme, comprimé, arrondi, *membraneux-foliacé* sur les bords.

| Fleurs sessiles; fruits glabres. . . . . *U. campestris.* |
| Fleurs pédicellées; fruits ciliés. . . . . *U. effusa.* |

1. U. CAMPESTRIS *L.* (*O. des champs*). Vulg. *Ormeau.* Grand arbre à écorce grise, crevassée. Feu. velues-rudes, surdentées, ovales, inégalement prolongées à la base. *Fl.* d'un brun-rougeâtre, naissant en paquets serrés et presque *sessiles* avant les feuilles. *Fruits* foliacés, *ovales-arrondis*, échancrés au sommet, *tout-à-fait glabres.*

Var. *b. microphylla* Dub. Feuilles petites, incisées.

Var. *c. U. suberosa* Willd. Écorce des rameaux épaisse et crevassée comme celle du liége.

Var. *d. U. major* Engl. Bot. Feuilles larges, très-rudes. ♄. P. C. Haies, bords des chemins, etc. — Le bois d'orme est très-estimé pour le charronnage.

2. U. EFFUSA Willd. (*O. à fleurs éparses*). Cet arbre, souvent confondu avec le précédent, et que l'on trouve avec lui quelquefois dans les plantations, en diffère par ses fleurs lâches et *longuement pédicellées*, par ses *fruits plus allongés et ciliés.* ♄. P. R. Haies et promenades publiques. Caen, Gisors, pays de Bray; Aubry (Orne), etc.

** CUPULIFÈRES. *Fleurs monoïques; fruit monosperme, recouvert ou entouré au moins en partie par un involucre.*

II. FAGUS. *Tourn.* (*Hêtre*). Fl. mâles en chatons globuleux, serrés et pendants. Cal. à 6 lobes. Etam. 8. Fl. fém. géminées et renfermées dans un involucre 4-lobé, muni d'épines molles. Cal. tomenteux, 6-lobé. Stigm. 3. Ov. trigone, à 3 loges dont 2 avortent. *Involucre fructif. ligneux, à épines peu piquantes, renfermant un fruit trigone, monosperme par avortement.*

1. F. SYLVATICA *L.* (*H. des bois*). Vulg. *Fouteau.* Arbre élevé à écorce grisâtre. Feu. ovales, légèrement dentées, pubescentes et soyeuses sur les bords et les nervures. ♄. P. C. Bois.

Le fruit du hêtre (*Faine.*) fournit une huile estimée. On cultive une var. du hêtre à rameaux pendants (Var. *pendula*).

III. CASTANEA *Tourn.* (*Châtaignier*). Fl. mâles en chatons longs, grêles et cylindriques, composés de fleurs en petits paquets espacés. Cal. 5 ou 6-lobé profondém. Etam. 10 à 15. Fl. fem. à la base des chatons mâles, à *involucre 4-lobé, globuleux, hérissé d'épines très-piquantes* en dehors et tomenteux en dedans. Styles 6 (quelquefois on y trouve des étam. avortées). Péricarpe formé par l'involucre persistant et renfermant 1 à 6 noix (*châtaignes*) 1 ou 2-loculaires.

1. C. VULGARIS *Lam.*, *Fagus Castanea* L. (*C. commun*). Grand arbre à écorce grisâtre, unie. Feu. oblongues-lancéolées, fortement dentées en scie, glabres. Fl. à odeur forte, nauséabonde. ♄. E. C. Cultivé principalement dans l'Ouest du dép*t.* de l'Orne et le Sud de la Manche.

Son bois est estimé, et ses fruits farineux et alimentaires sont une ressource pour la nourriture des habitants de l'extrémité de notre Bocage.

IV. QUERCUS. *Tourn.* (*Chêne*). Fl. mâles en chatons grêles, filiformes, interrompus et pendants. Cal. découpé à 5 à 10 étamines. Fl. fem. axillaires, sessiles. Calice 1-flore, 6-fide, entouré d'un involucre formé de nombreuses écailles soudées en une *cupule hémisphérique*. Ov. 3-loculaire, à 6 ovules. Style 4, à 3 stigm. Noix (*gland*) uniloculaire, 1-sperme, ovoïde, enchâssée à sa base dans la cupule.

1 { Fruits longuement pédonculés. . . . . *Q. pedunculata.*
{ Fruits presque sessiles. 2.
2 { Feuilles glabres. . . . . *Q. sessiliflora.*
{ Feuilles pubescentes en-dessous. . . . . *Q. pubescens.*

1. **Q. pedunculata** *Ehrh.*, *Q. Robur*, var. L. (*C. pédonculé*). Vulg. *Rouvre.* Arbre élevé à écorce raboteuse et crevassée dans sa vieillesse. Feu. oblongues, *sinuées assez inégalement*, élargies au sommet, *presque sessiles, glabres*, quelquef. glauques. *Glands portés sur un long pédicelle*, agglomérés et disposés en épi très-peu fourni. ♄. P. TC. Bois.

Tout le monde sait la valeur du bois de chêne pour les constructions. L'écorce des 2 espèces de notre province fournit le *tan* employé pour la préparation des cuirs.

2. **Q. sessiliflora** *Smith.* (*C. à fl. sessiles*). Vulg. *Chêne blanc.* Arbre moins élevé que le précédent, dont il se distingue par ses *rameaux moins tortueux, dressés*, par ses *feu. pétiolées*, plus allongées, *sinuées régulièrement* et surtout par ses *fruits à peu près sessiles*. ♄. P. C. Bois.

Le bois de ce chêne, moins dur que le précédent, semble avoir été jadis plus employé qu'il ne l'est maintenant. Comme il ressemble beaucoup à celui du châtaignier, et qu'on le retrouve souvent dans les anciennes constructions, il a fait supposer l'existence d'anciennes forêts de châtaigniers dans des localités où il n'en reste plus de traces, et même dans des terrains qui ne peuvent convenir à la culture de cet arbre.

3. **Q. pubescens** *Willd.* (*C. pubescent*). Arbre tort.eux, n'atteignant pas la hauteur des précéd. Feu. pétiolées, sinuées, à lobes entiers assez réguliers *tomenteuses* dans leur jeunesse, plus tard *pubescentes en dessous. Fruits agglomérés, a peu près sessiles.* ♄. P. TR. Côte-des-Pénitents, à Vernon (Eure). M. Godard.

V. **CARPINUS** *Mich.* (*Charme*). Fl. mâles en chatons lâches, formés d'écailles concaves, ciliées à leur base. Etam. 6 à 15, un peu barbues au sommet. Fl. fem. en *chatons composés de larges écailles foliacées, 3-lobées*, 2-flores. Ovaire, denticulé au sommet, d'abord 2-loculaire; une des loges avorte à la maturité. Stigm. 2. Caps. osseuse, indéhiscente.

1. **C. betulus** *L.* (*C. commun*). Vulg. *Charmille.* Arbre à écorce grisâtre, unie et à bois très-blanc. Feu. ovales-oblongues, pétiolées, surdentées, nerveuses, plissées. ♄. P. C. Bois.

Lorsque le charme est employé en haies ou en berceaux taillés, il prend plus particulièrement le nom de *Charmille.*

VI. **CORYLUS** *Tourn.* (*Coudrier*). Fl. mâles en chatons cylindriques, pendants, composés d'écailles deltoïdes, à 3 lobes dont l'intermédiaire recouvre les deux latéraux. Etam. 8, à anthères uniloculaires. *Fl. fem. réunies dans un bourgeon écailleux, sessile.* Ovaire terminé par 2 styles. Fruit (*noix*) 1-sperme, ovoïde, lisse, entouré par une espèce de *calice foliacé à bords laciniés.*

1. C. AVELLANA *L.* (*C. Noisetier*). Arbrisseau à feu. arrondies, pétiolées, pubescentes, munies de larges dents surdentées. Les chatons mâles se montrent dans l'hiver avant les feu. Du bourgeon formé par les fl. femelles sortent des styles rouges. Fruits (*noisettes*) bien connus, offrant plusieurs variétés. ♄. H2.-3. TC. Bois et haies.

*** **SALICINÉES.** *Chatons dioïques , caps. uniloculaire , bivalve ; graines entourées de poils soyeux.*

VII. **SALIX** *L.* (*Saule*). Fl. en chatons ovoïdes-cylindriques, axillaires, composés d'écailles (*Périanthe*), entières, 1-flores, imbriquées, entourées dans leur jeunesse d'une autre grande écaille coriace, concave et caduque. Fl. mâl.: *etam.* 2 à 5, *le plus souv.* 2. Fl. fem.: ov. simple, chargé d'un style à 2 ou 4 stigm. Caps. 1-loculaire, 2-valve. *Semences nombreuses entourées de longs poils soyeux. — Arbres ou arbrisseaux, à feu. alternes, munies à leur base de 2 stipules foliacées, caduques.*

La plupart des espèces de Saules sont connues sous le nom d'*Osier*. Ils sont employés à faire des liens et dans les vanneries. Leur étude est très-difficile ; leurs feuilles, assez semblables, varient beaucoup dans leurs proportions et ne paraissent pas en même temps que les fleurs.

1	Chatons pédonculés par un jeune rameau feuillé.	2.
	Chatons sessiles ou à pédonc. très-court.	6.
2	Feuilles glabres ou seulement velues dans leur jeunesse.	3.
	Feu. velues-soyeuses sur les 2 faces, surtout en-dessous.	S. alba.
3	Etam. 3. Ecailles glabres au sommet.	S. triandra.
	Etam. 2. Ecailles barbues même au sommet.	4.
4	Ecailles caduques avant la maturité.	S. fragilis.
	Ecailles persistantes.	5.
5	Pédicelle de la capsule deux fois aussi long que la glande.	S. undulata.
	Pédicelle de la caps. de la longueur de la glande.	S. hippophaefolia.
6	Sous-arbrisseau à tige souterraine, rampante.	S. repens.
	Arbrisseau à tige élevée.	7.
7	Anthères rouges, noires en vieillissant.	8.
	Anthères jaunes.	9.
8	Feu. d'un vert gai; style long.	S. rubra.
	Feu. glauques en-dessous; style court.	S. purpurea.
9	Capsules sessiles.	S. viminalis.
	Capsules pédicellées.	10.
10	Feuilles oblongues-lancéolées; style long.	S. Seringeana.
	Feu. ovales, ou oblongues-obovales; style court.	11.
11	Feuilles acuminées à pointe droite.	S. cinerea.
	Feuilles acuminées à pointe oblique ou recourbée.	12.
12	Rameaux grisâtres ou jaunâtres; feu. rugueuses.	S. aurita.
	Rameaux bruns luisants; feu. molles.	S. Capræa.

* *Capsules glabres.*

1. S. ALBA *L.* (*S. blanc*). Arbre élevé à rameaux droits, pubescents, comme pruineux. *Feu.* lancéolées, plus ou moins étroites, denticulées en scie, *légèrement velues en-dessus, soyeuses-blanchâtres en-dessous.* Stipules lancéolées. Chatons allongés, portés sur des pédoncules munis de feu. presque glabres, ciliées. Etam. 2. Stig. 2, épais, échancrés. Caps. ovoïdes, glabres, presque sessiles. ♄. P. TC. Bords des eaux.

Var. *b. S. vitellina* L. Rameaux jaunes. Vulg. *Osier jaune.*

Var. *c. violacea.* Ecorce des jeunes rameaux d'un **rouge-violet**.

2. s. FRAGILIS L. (S. fragile). Arbre peu élevé, à rameaux verdâtres, très-cassants, naissant à angle droit sur la tige. *Feuilles lancéolées-allongées, brusquement terminées en pointe, serrulées, glabres, quelquefois un peu soyeuses en-dessous dans leur jeunesse.* Chatons longs portés sur des pédoncules foliacés. *Caps.* allongées, pédicellées, glabres. Stigm. 2-fide. Etam. 2. ♃. PC. Bords des rivières, bois humides.

3. s. TRIANDRA L. (S. à trois étamines). Arbrisseau à tige d'un brun-rougeâtre. *Feu.* ovales-lancéolées, dentées en scie, glabres, souvent glauques en-dessous, très-variables. Stipules non caduques, semi-cordiformes, crénelées. Chatons allongés, paraissant en même temps que les feuilles, portés sur des pédoncules feuillés. *Écailles persistantes, glabres dans leur partie supérieure.* Étam. 3. Caps. ovoïdes-coniques, obtuses, glabres, pédicellées. Stigm. divariqués. ♃. P. PC. Bords des eaux, Rouen, Caen, Falaise, etc.

Var. *b. S. Amygdalina* L. Feu. glauques en-dessous.

4. s. UNDULATA *Ehrh.* Arbrisseau à rameaux d'un brun-jaunâtre ou olivâtres. *Feu.* lancéolées ou oblongues-lancéolées, acuminées, à *bords denticulés et souv. ondulés*, glabres; les jeunes velues-soyeuses. Stip. semi-cordiformes. Chatons à pédonc. feuillés; étam. 2; *écailles poilues même au sommet, persistantes.* Caps. ovale-conique, glabre ou à peine pubescente, portée sur un *pédicelle deux fois aussi long que la glande.* Style long. Stigm. bifide. ♃. P. PC. Bords de la Seine, Rouen, le Havre.

5. s. HIPPOPHAEFOLIA *Thuill.* (S. à feu. d'Hippophaë). Arbrisseau à rameaux allongés d'un brun-olivâtre ou jaunâtre. *Feu. lancéolées-étroites,* longues, glabres et luisantes en-dessus, *pubescentes en-dessous.* Chatons se développant en même temps que les feu. *Écailles rosées, barbues au sommet.* Caps. le plus souv. tomenteuses ou pubescentes, portées sur un pédicelle de la longueur de la glande. ♃. P. R. Bords de la Seine, à Rouen.

** *Capsules velues.*

6. s. PURPUREA L. *S. monandra* Hoffm. (S. *pourpre*). Arbrisseau à rameaux d'un rouge-violet. *Feu. lancéolées, élargies au sommet, aiguës, planes, dentelées en scie, glabres et d'une couleur bleuâtre en-dessous.* Chatons sessiles, munis de bractées à leur base. Capsules sessiles, ovoïdes, pubescentes. *Style et stigm. courts.* ♃. P. R. Lieux humides, bords de la Seine, à Rouen; Alençon, St.-Lô, Falaise, etc.

7. s. RUBRA *Huds.*; *S. fissa* Ehrh. (S. rouge). Arbrisseau à rameaux olivâtres ou d'un vert-jaunâtre. Feu. lancéolées-allongées, souv. acuminées, denticulées lâchem., *un peu roulées sur les bords;* d'abord un peu velues en-dessous; plus tard à peu près glabres, *d'un vert gai.* Chatons à peu près sessiles, munis de bractées à leur base. Capsules tomenteuses, sessiles. *Style allongé.* Stigm. courts. ♃. P. R. Lieux humides, bords des rivières. Biéville, près de Caen, Lisieux.

8. s. VIMINALIS *L.* (S. des vanniers). Arbre ou arbrisseau à rameaux longs et flexibles d'un vert cendré. *Feu. linéaires-lancéolées, allongées, entières et tendant à se rouler sur les bords, couvertes en-dessous de poils couchés, argentés, brillants. Stipules linéaires-lancéolées, plus courtes que le pétiole.* Chatons sessiles, très-soyeux et à écailles brunes. *Capsules*

velues, allongées, ovoïdes à la base, *sessiles*. Etam. 2. Style allongé. Stigm. 2.

Var. *b. longifolia*. Feu. linéaires, très-longues. ♄. P. C. Bords des rivières.

9. s. SERINGEANA *Gaud.*, *S. lanceolata* Ser. DC., *S. acuminata* Sm. (*S. de Scringe*). Ce saule ressemble au précédent, mais ses feuilles sont plus larges et *non argentées en-dessous*. Elles sont *oblongues-lancéolées*, acuminées, arrondies à la base, entières ou crénelées légèrement et irrégulièrem., *chargées en-dessous d'un duvet blanc épais, mais non argenté*, à nervures saillantes. Chatons comme portés sur un court pédoncule muni de bractées. *Capsules soyeuses, pédicellées*, ovoïdes à la base, prolongées en une longue pointe. *Style allongé*. Stig. filiformes. Etam. 2. ♄. P. C. Bords des eaux, haies. Caen, Falaise, Vire, Gisors, etc.

Var. *angustifolia*. Feu. très-étroites, glauques, à peine velues. Livarot.

10. s. CAPRÆA *L.* (*S. marsault*). Arbre à rameaux d'un vert-grisâtre et quelquefois rougeâtre. *Feu.* très-variables, *ovales, un peu crénelées, souvent ondulées sur les bords, terminées par une pointe un peu recourbée*, presque glabres en-dessus, glauques et tomenteuses en-dessous. Stipules semi-orbiculaires, caduques. Chatons ovoïdes-allongés naissant avant les feuilles, droits, sessiles, foliacés à la base. *Caps. pédicellées*, coniques, allongées, soyeuses. Stigm. sessiles. *Bourgeons glabres*. ♄. P. TC. Bois et haies, bords des eaux.

11. s. CINEREA *L.* (*S. cendré*). Ressemble au précédent, dont il diffère par ses rameaux assez gros, tomenteux, cendrés, par ses feuilles d'un vert-cendré et par ses *bourgeons blancs et pubescents*. Feu. ovales-lancéolées, allongées, acuminées, planes, serrulées, souv. ondulées, à peine pubescentes en-dessus, tomenteuses-hérissées en-dessous. Chatons précoces foliacés à la base. *Caps.* tomenteuses, ovoïdes-allongées, *pédicellées*. Stigm. sessiles, bifides. Etam. 2. ♄. P. TC. Bords des rivières, des fossés.

12. s. AURITA *L.* (*S. à oreillettes*). Arbrisseau à rameaux ouverts et brunâtres. Feu. ovales terminées par une *pointe oblique, un peu recourbée*, ridées et nervées, ondulées et crénelées sur les bords, velues en-dessous. Stip. réniformes, foliacées, assez grandes. Chatons sessiles, courts, foliacés à la base. *Caps. pédicellées*, tomenteuses, allongées. Etam. 2. Stigm. sessiles, 2-fides. *Bourgeons glabres*.

Var. *b. S. ambigua* Ehrh. Feu. petites, elliptiques, le plus souv. entières, velues des deux côtés, surtout en-dessous. Falaise. ♄. P. PC. Prés marécageux.

13. s. REPENS *L.* (*S. rampant*). Petit arbrisseau à *tige souterraine, rampante* à la base, brunâtre, haute de 2 à 6 décim. Feu. ovales-oblongues, quelquefois lancéolées et même linéaires, rarement glabres; *le plus souvent couvertes en-dessous de poils soyeux-argentés*, blanchâtres, à bords roulés, à pointe oblique, recourbée et à nervures saillantes en-dessus. Chatons sessiles droits; les fructifères pédonculés. Caps. ovoïdes-allongées, légèrem. tomenteuses, longuem. pédicellées. Stigm. bifides. ♄. P. C. Marais tourbeux.

Var. *b. argentea* Koch., *S. arenaria* L. Feu. ovales-arrondies, très-soyeuses, argentées en-dessous.

Var. *c. angustifolia* Coss. et Germ. Feu. lancéolées ; ordinairem. glabres, glauques en-dessous.

Le Saule pleureur (*Salix Babylonica* L.), remarquable par ses longs rameaux filiformes et pendants, est fréquemment cultivé dans les parcs, au bord des eaux. Il est originaire de l'Orient.

VIII. POPULUS *Tourn.* (*Peuplier*). Chatons cylindriques formés d'écailles déchirées au sommet. Fl. M. : Etam. 8 à 30, sortant à la base des écailles d'un petit godet tronqué obliquement. Fl. F. : ov. 1, à 4 stigm. Caps. 2-valve, semblant biloculaire à cause des bords rentrés des valves. *Semences nombreuses, entourées de longs poils soyeux.*

C'est surtout au bois des arbres de ce genre que l'on donne le nom de *Bois blanc.*

1	Chatons à écailles velues, ciliées.	2
	Chatons à écailles glabres.	3
2	Feuilles blanches tomenteuses en-dessous.	P. alba.
	Feuilles glabres ou pubescentes, non blanches en-dessous.	P. Tremula.
3	Rameaux redressés, fastigiés.	P. fastigiata.
	Rameaux étalés.	4
4	Feuilles plus larges que longues.	P. Virginiana.
	Feuilles plus longues que larges.	P. nigra.

1. P. ALBA *L.* (*P. blanc*). Vulg. *Peuplier de Hollande, Ypréaux.* Arbre très-élevé, à écorce grise et raboteuse, à rameaux nombreux et étalés. Feu. cordiformes, à peu près triangulaires, trilobées, dentées, glabres en-dessus, *chargées en-dessous d'un duvet épais et blanc.* Pétioles velus. ♃. P. C. Lieux frais.

2. P. TREMULA *L.* (*P. Tremble*). Arbre élevé, à écorce verte et lisse dans la jeunesse. *Feu.* orbiculaires, dentées, *glabres, d'un vert-grisâtre,* portées sur de longs pédoncules grêles, mobiles et glabres. *Chatons à écailles velues.* ♃. P. C. Bois humides.

3. P. NIGRA *L.* (*P. noir*). Vulg. *Bugle, Bule, Liard.* Arbre élevé, à écorce grisâtre. Jeunes rameaux toujours glabres, étalés. *Feu. plus longues que larges,* deltoïdes-triangulaires, prolongées en pointe au sommet, tronquées à la base, dentées ou crénelées, pétiolées, glabres. *Chatons à écailles glabres.* ♃. P. PC. Bords des eaux.

Ses jeunes bourgeons contiennent un principe résineux glutineux.

4. P. FASTIGIATA *Poir.* (*P. fastigié*). Vulg. *Peuplier d'Italie.* Ce peuplier, généralement cultivé dans nos contrées, est remarquable par ses *rameaux effilés, dressés et comme parallèles au tronc.* Aussi son port le distingue de tous les autres. ♃. P. Bords des eaux, souv. planté en avenues.

5. P. VIRGINIANA *Desf.* (*P. de Virginie*). Vulg. *Peuplier noir.* Arbre très-élevé, à *branches étalées.* Feu. longuem. pétiolées, *plus larges que longues,* triangulaires, acuminées, dentées, glabres. Jeunes bourgeons glutineux. ♃. P. Fréquemment planté au bord des eaux.

Le *P. Canadensis* Mich., voisin de celui-ci, se trouve aussi dans les plantations du bord des eaux et des routes.

**** BÉTULINÉES. *Chatons monoïques ; écailles à plusieurs fleurs ; fruit comprimé, monosperme.*

IX. BETULA *Tourn.* (*Bouleau*). Fl. M. en chatons cylindriques, allongés; écailles imbriquées par 3, dont celle du milieu plus grande, recouvrant 6 à 12 étamines. Fl. F. *en longs chatons, à écailles trilobées.* Style 1. Ov. comprimé, d'abord biloculaire, ensuite 1-locul. par avortement. *Graines comprimées, bordées d'une membrane.*

1. B. ALBA *L.* (*B. blanc*). Vulg. *Bû.* Arbre à écorce rougeâtre dans sa jeunesse, devenant blanche en vieillissant, à rameaux grêles souvent pendants. Feu. pétiolées, pointues surdentées, glabres. Fl. femelles en chatons solitaires, pendants. ♄. H3, TC. Bois.
Var *b. B. pubescens* Ehrh. Jeunes pousses et feu. pubescentes, surtout en-dessous.

X. ALNUS *Tourn.* (*Aune*). Fl. M. et F. en chatons sur les mêmes rameaux, portées sur des pédoncules rameux. Chatons M. grêles, cylindriques, à écailles pédicellées, cordiformes, munies en-dessous de 3 écailles plus petites, arrondies, portant un périanthe 4-fide. Etam. 4. Chatons F. ovoïdes, *à écailles coriaces, ligneuses et persistantes,* 2-flores. *Noix* dure, *non bordée,* à 2 loges monospermes.

1. A. GLUTINOSA *Gaertn., Betula alnus L.* (*A glutineux*). Arbre élevé, à écorce brune. Feu. pétiolées, arrondies, comme tronquées au sommet, munies en leurs bords de crénelures dentées, gluantes dans leur jeunesse. Les fruits persistent d'une année à l'autre. ♄. P. TC. Bords des rivières.
Le bois d'Aune pourrissant difficilement dans l'eau, est employé avec succès dans les constructions submergées.

***** MYRICÉES. *Chatons dioïques; fruit drupacé, monosperme.*

XI. MYRICA *L. Fl. en chatons ovoïdes,* composés d'écailles en croissant. Fl. M. : étam. 4 à 6. Anthères grosses, 4-valves. Fl. F. : ov. 1. Stigm. 2. *Fruit* (*drupe*) 1 loculaire, 1-sperme.

1. M. GALE *L.* (*M. Galé*). Petit arbrisseau rameux et odorant. Feu. oblongues-lancéolées, élargies au sommet, dentées et portées sur de courts pétioles; elles sont chargées sur leur surface de petits points (*glandes*) résineux d'un jaune-doré très-brillant. Fl. naissant avant les feu. (en chatons à écailles luisantes. Fruits charnus, odorants. ♄. P. TC. Lieux marécageux, Rouen, Honfleur, Pont-Audemer, Marais Vernier, Ste.-Croix-la Hague, Lessay, etc.
La famille des Amentacées renferme aussi le genre exotique *Platanus,* dont deux espèces sont assez naturalisées dans notre province : ce sont les *P. Occidentalis* L., et *P. Orientalis* L. Celui-ci a les feuilles beaucoup plus profondément découpées que le premier.

LXXXVIII⁵. FAM. CONIFÈRES. *Juss.*

Fl. monoïques ou dioïques, disposées en chatons. Fl. M. en chatons formés d'écailles portant un nombre fixe ou variable d'étam. à filets quelquefois nuls. Fl. F. en têtes ou en *cônes* formés d'écailles imbriquées qui s'accroissent après la floraison. Cupule (Pér.) double ou rarem. simple, 1-flore, entourant l'ovaire. Péricarpe adhérant souvent aux écailles qui le recouvrent, indéhiscent, osseux ou coriace. Graine pendante, albumineuse, *Arbres ou arbrisseaux, presque toujours résineux, à feu. persistantes, glabres, alternes ou verticillées, souvent munies à leur base d'une gaîne membraneuse.*

I. JUNIPERUS *L.* (*Genevrier*). Dioïque. Fl. F. en chatons ovoïdes, formés d'écailles peltées, verticillées, pédicellées, portant chacune 4 à 8 anthères sessiles, 1-loculaires. Fl. F. en chatons globuleux composés d'écailles peu nombreuses, ternées, munies à leur base d'un ovaire à stigm. tubuleux, ouvert. Fruit bacciforme, formé par les écailles devenant charnues et contenant 3 noix osseuses.

1. J. COMMUNIS *L.* (*G. commun*). Arbrisseaux à rameaux étalés, inclinés à l'extrémité, hauts de 1 à 3 mètres. Feu. linéaires, piquantes, concaves, sessiles, glauques, opposées 3 à 3, ouvertes. Chatons mâles, jaunâtres, à pollen abondant. Fruit bacciforme, ferme, d'abord vert et d'un bleu foncé à la maturité. ♄. P. C. Collines incultes, bois.

Var. *b. pendula* Du M. Rameaux pendants. Forêt de Cinglais, près de Fresney-le-Vieux (Calvados).

Le genevrier est la seule conifère qui croisse spontanément dans notre province, mais on en cultive un grand nombre d'autres dont je ne puis donner la description sans sortir des limites que j'ai dû m'imposer. Je citerai seulement les noms des plus importantes.

Les Cyprès ; les Pins : *Pinus sylvestris L.* (P. d'Ecosse), *P. maritima L.* (P. maritime ou de Bordeaux), *P. Laricio* Poir., etc.; le Sapin (*Abies pectinatâ* DC.); le Mélèze (*Larix Europæa* DC.); l'Epicea ou Sapinette (*Picea excelsa* Lam.); l'If (*Taxus baccata L.*), etc.

━━━▶━◗◖━◀━━━

3e. CLASSE.

MONOCOTYLÉDONÉS OU ENDOGÈNES PHANÉROGAMES

Tige (*Stipe*) dépourvue d'une véritable écorce, formée d'une moëlle abondante, parcourue par des fibres éparses et non disposées concentriquement, n'ayant ni canal central médullaire, ni rayons de même nature, endurcie à l'extérieur, quelquefois souterraine et radiciforme, croissant seulement au sommet par un bourgeon terminal. Feu. souv. engaînantes, entières, simples, et à nervures parallèles ou rameuses dans les feu. lobées, mais jamais composées. Fl. distinctes, à périanthe le plus souv. unique, à disposition ternaire et sur deux rangs, ou si l'on veut : pér. double formé de deux rangées d'organes pétaloïdes ou caliciformes semblables. Embryon presque toujours à un seul cotylédon latéral. Radicule intérieure renfermée dans une poche ou *coléorhize* fibreuse. — *Plantes le plus souv. herbacées, levant au moment de la germination avec une seule feuille séminale.*

LXXXIXe. FAM. HYDROCHARIDÉES. *DC.*

Fl. dioïques, renfermées dans une spathe. Fl. M. : spathe tantôt 1-flore, tantôt multiflore ; étam. 1 à 12. Anthères 2-loculaires. Fl. F. : stigm. 3 à

6, bifides; sessiles sur un ov. infér. Péricarpe charnu; à 1 ou 6 loges, pulpeux intérieurement. Graines nombreuses. Embryon droit sans périsperme. — Périanthe à 6 lobes dont les trois intérieurs plus grands, pétaloïdes. — *Herbes aquatiques.*

I. **HYDROCHARIS** *L.* (*Morêne*). Dioïque. Fl. M. : spathe 2-lobée, 3-flore ; pér. à 6 divis. dont les 3 intér. pétaloïdes ; étam. 9. Fl. F. : spathe sessile, uniflore; pér. muni de 6 appendices filiformes ; stigm. 6 , cunéiformes , 2-fides. Caps. ovoïde, 6-loculaire, polysperme.

1. H. MORSUS-RANÆ *L.* (*M. Grenouillette*). Plante nageante, à tige stolonifère. Feu. fasciculées , orbiculaires , portées sur de longs pétioles, flottantes. Fl. blanches. ℔. E. C. Rivières, fossés, étangs.

La *Vallisnérie* est indiquée à tort, par quelques auteurs, comme croissant dans notre province. Ce sont des feuilles de *Sparganium*, de *Potamogeton* ou de quelque autre plante aquatique, qui, déformées par les eaux courantes , ont pu être regardées comme appartenant à cette plante si curieuse.

XC⁰. FAM. ALISMACÉES. *Juss.*

Pér. à 6 divis. colorées, dont les 3 intérieures pétaloïdes. Etam. 6 à 12, ou plus. Ovaires nombreux, surmontés chacun d'un style muni d'un seul stigm. Fruit composé de carpelles nombreux, indéhiscents, 1-spermes, rarem. bispermes. Embryon droit ou coubé, sans périsperme. — *Plantes aquatiques ; feu. engaînantes à la base ; fl. verticillées.*

1 {	Feuilles sagittées.	SAGITTARIA. (i.)
	Feuilles non sagittées.	2
2 {	Carpelles nombreux disposés en capitule.	ALISMA (ii.)
	Carpelles 6 à 8, rayonnants en étoile.	DAMASONIUM. (iii.)

I. **SAGITTARIA** *L.* (*Sagittaire*). Monoïque. Pér. à 6 divis., dont les 3 extér. persistantes, concaves, caliciformes, et les 3 intér. pétaloïdes, colorées. Fl. mâles : étam. 18 à 24. Fl. fem. : ovaires nombreux, placés sur un réceptacle sphérique. Caps. 1-spermes, comprimées, bordées, indéhiscentes. — *Feuilles sagittées.*

1. S. SAGITTÆFOLIA *L.* (*S. à feu. en flèche*). Plante aquatique. Hampe droite, nue, s'élevant au-dessus de l'eau de 1 à 3 décim. Feu. longuem. pétiolées, en forme de fer de flèche, à lobes lancéolés-pointus. Fl. blanches, pédicellées, formant 2 à 3 verticilles pauciflores. Caps. noirâtres réunies en tête globuleuse. ℔. E. C. Rivières et fossés.

Lorsque cette plante naît dans une rivière à courant un peu rapide, les feuilles sorties de l'eau conservent leur forme sagittée ; celles qui sont parfois inondées ont un limbe simplement ovale, et enfin celles qui sont continuellement submergées perdent leur limbe et sont réduites à un long ruban linéaire, obtus, qui n'est autre que le pétiole. J'ai trouvé souvent des échantillons présentant ces trois conditions.

II. **ALISMA** *L.* (*Fluteau*). Pér. à 6 divis. dont les 3 extér. caliciformes, concaves, verdâtres, et les 3 intér. pétaloïdes. *Etam.* 6. Ov. nombreux, portant chacun un style obtus. *Carpelles nombreux, monospermes, réunis en capitules arrondis ou en cercles.* — *Feu. pétiolées, atténuées ou cordées à la base.*

1 { Feuilles atténuées aux deux extrémités. . . . . *A. Ranunculoïdes.*
  { Feuilles arrondies ou un peu cordées à la base. 2
2 { Feuilles ovales, trinervées, nageantes. . . . . *A. natans.*
  { Feuilles à 5 ou 7 nervures, dressées, non nageantes. . . . . . . *A. Plantago.*

1. A. PLANTAGO *L.* (*F. plantain d'eau*). Hampe droite, arrondie, haute de 3 à 10 décim., garnie de rameaux verticillés. *Feu.* toutes radicales, longuem. pétiolées, *ovales-cordiformes*, entières, glabres, *à 5 ou 7 nervures longitudinales.* Fl. légèrement rosées, petites, en verticilles assez écartés. *Caps.* comprimées, triangulaires, obtuses, *disposées en cercle.* ♃. E. TC. Mares, fossés, étangs.

Var. *b. A. lanceolatum* Wither. Feuilles lancéolées, atténuées à la base.

2. A. RANUNCULOÏDES *L.* (*F. fausse renoncule*). Hampe de 1 à 4 décim., munie vers son sommet de 1-2 verticilles de fl. *Feu.* toutes radicales longuem. pétiolées, *lancéolées-linéaires.* Fl. d'un rose-bleuâtre, délicates, portées sur de longs pédonc. *Caps.* nombreuses, pointues, réunies *en une tête globuleuse hérissée.* ♃. E. PC. Lieux marécageux.

La racine de cette plante a une odeur forte et pénétrante, très-remarquable, qui rappelle celle de la Coriandre.

Var. *b. A. repens* Cav. Tige très-courte ; feu. linéaires presque sessiles ; hampe couchée, radicante, stolonifère. Sables humides, bords des étangs. Alençou, Argentan, Briouze (Orne), etc.

3. A. NATANS *L.* (*F. nageant*). Plante nageante. Tige grêle. *Feu. flottantes,* ovales-elliptiques, obtuses, portées sur de longs pétioles. *Fl.* blanches, *solitaires,* assez larges, sortant de l'eau au sommet de longs pédoncules. Caps. oblongues striées, divergentes, en cercle. ♃. E2-A1. PC. Mares, étangs, fossés, surtout dans le Bocage.

III. DAMASONIUM *Juss.* (*Damasonie*). Fl. hermaphr. Pér. à 6 divis. dont les 3 intér. pétaloïdes. *Etam.* 6. *Fruit composé de 6 à 8 carpelles 1 ou 2-spermes, soudés par leur suture ventrale et disposés en étoiles rayonnantes.*

1. D. STELLATUM *Ray.*, *Alisma Damasonium* L. (*D. étoilée*). Hampe de 2 à 3 décim., garnie au sommet de 2 ou 3 verticilles floraux, écartés. Feu. pétiolées, ovales-allongées, cordiformes à la base, à 3 nervures longitudinales. Fl. petites, blanches, solitaires au sommet d'un pédonc. court. Caps. 6 à 8 allongées, pointues, disposées en étoile. ♃. E. R. Rouen ; Evreux, Bouquelon près de Pont-Audemer, Gaillon (Eure) ; Cheviers (Orne) ; Vierville, près de Bayeux, etc.

XCIᵉ FAM. BUTOMÉES. *Rich.*

Fl. hermaphrodites. Pér. à 6 divis. dont 3 extér. herbacées ou peu colorées ; les 3 intér. pétaloïdes, régulières. Etam. 9, hypogynes. Ovaire formé de 6 carpelles, soudés à la base, multiovulés. Fruit formé de 6 carpelles secs, capsulaires, réunis à la base par la suture ventrale. Graines petites. Embryon droit. Périsperme nul.

I. BUTOMUS *L.* (*Butome*). Pér. à 6 divis. colorées, les 3 extér. plus courtes. Etam. 9. Ov. 6, portant chacun un style long et courbé. Caps. 1-loculaires, polyspermes, déhiscentes.

1. B. UMBELLATUS *L.* (*B. en ombelle*). Vulg. *Jonc fleuri.* Hampe simple, nue, haute de 6 à 12 décim. Feu. toutes radicales, longues, étroites, triquètres à la base. Fleurs nombreuses, d'un blanc-rosé, longuement pédicellées, en ombelle au sommet de la hampe. Spathe de 3 folioles. ♃. E. C. Rivières et fossés.

XCII°. FAM. JONCAGINÉES. *Rich.*

Fl. hermaphrod. régulières. Pér. à 6 divis. libres ou presque libres, herbacées. Etam. 6, hypogynes. Ovaire à 3 ou 6 carpelles connivents ou soudés entre eux, avec le prolongement de l'axe. Stigm. 6 ou 3, sessiles. Fruit sec à 3 ou 6 carpelles 2 ou 1-spermes, déhiscents par l'angle interne. — *Plantes des lieux marécageux, à feu. linéaires ou demi-cylindriques.*

I. TRIGLOCHIN L. (*Troscart*). Pér. caduc à 6 lobes inégaux, dont les trois intér. plus grands, pétaloïdes. Etam. 6, très-courtes, à anthères extrorses. Stigm. plumeux, sessiles. Ov. 3 ou 6 connivents. Carp. 3 ou 6 2 ou 1-spermes, redressés, soudés et simulant par leur rapprochement une caps. à 3 ou 6 loges, déhiscente par l'angle interne.

1 {	Trois carpelles soudés ensemble..	2
	Six carpelles soudés ensemble...................................	*T. maritimum.*
2 {	Tige renflée en bulbe à sa base...................................	*T. Barrelieri.*
	Tige non renflée en bulbe à sa base...............................	*T. palustre.*

1. T. PALUSTRE *L.* (*T. des marais*). *Racine fibreuse.* Plante glabre, ayant l'aspect d'un jonc, à hampe grêle, haute de 2 à 5 décim., plus longue que les feuilles qui sont toutes radicales, longues, linéaires. Fl. rougeâtres, petites, espacées, disposées en un long épi grêle. *Caps.* droites, sillonnés, allongées, *3-loculaires.* ♂. E. PC. Marais, Rouen, Falaise, Vaux-sur-Laizon, Argentan, Valognes, etc.

2. T. BARRELIERI *Lois.* (*T. de Barrelier*). *Racine bulbeuse,* entourée de nombreuses fibres sèches, débris d'anciens pétioles. Hampe longue de 1 à 2 décim., dépassant à peine les feu. qui sont linéaires, demi-cylindriques. Fl. rougeâtres, en épis courts, lâches et peu garnis. *Caps.* dressées, allongées, mais plus courtes que dans l'espèce précéd., à 3 *loges.* ♃. E. TR. Cette plante est indiquée par Roussel (*Fl. du Calvados*) dans les marais d'Ouistreham. Je l'ai reçue de Bretagne.

3. T. MARITIMUM *L.* (*T. maritime*). Cette espèce ressemble beaucoup au *T. palustre,* mais elle en diffère par ses feuilles plus charnues, plus courtes en raison de la hampe, et surtout par ses *capsules ovoïdes,* à 6 *loges,* sillonnées. Les fl. sont en épi long et assez serré. ♃. E. C. Lieux marécageux maritimes, embouchure des rivières, etc.

XCIII°. FAM. POTAMÉES. *Juss.*

Fl. hermaphr. ou monoïques (rarem. dioïques), entourées de spathes ou d'un pér. simple à 2 ou 4 lobes plus ou moins profonds. Etam. 1, 2 ou 4, insérées sur le récept. ou sur l'axe de l'épi. Style 1 ou nul. Stigm. simple. Caps. indéhiscentes, 1-loculaires, 1-spermes. Ovules pendants. Périsperme nul. Embryon droit ou courbe. Radicule opposée au hyle. — *Herbes aquatiques, à feu. simples.*

1 { Périanthe à 4 lobes ou valves. . . . . POTAMOGETON (i).
{ Périanthe à 2 valves ou nul. 2
2 { Périanthe à 2 valves caduques ; étam. 2. . . . . RUPPIA (ii.)
{ Périanthe nul ; étam. 4. . . . . ZANNICHELLIA (iii.)

J. **POTAMOGETON** *L.* (*Potamot*). *Fl. hermaphr.* en épis, munis d'une double spathe à la base du spadix. *Pér. 4-partite. Anthères 4*, sessiles, alternes avec les divis. du pér. Ov. 4. Stym. simple, sessile. — *Plantes aquatiques, à fl. verdâtres en épis.*

1 { Feuilles, au moins les supérieures, ovales ou lancéolées. . . . 2
{ Feuilles toutes linéaires, allongées, étroites. 12
2 { Feuilles supér. ovales ou lancéolées, les infér. linéaires. . *P. gramineus.*
{ Feuilles toutes ovales ou lancéolées. 3
3 { Feuilles à pétiole très-distinct. 4
{ Feuilles sessiles ou atténuées à la base. 7
4 { Feuilles supérieures nageantes, fermes, opaques. 5
{ Feuilles toutes membran., diaphanes ; les supér. rar. vertes. *P. plantagineus.*
5 { Feuilles supérieures ovales, arrondies ou cordées à la base. . 6
{ Feuilles lancéolées, longuement atténuées à la base. . . *P. fluitans.*
6 { Epi à fleurs serrées. . . . . *P. natans.*
{ Epi à fleurs un peu espacées. . . . . *P. polygonifolius.*
7 { Feuilles à base cordée, amplexicaule, paraissant perfoliées . *P. perfoliatus.*
{ Feuilles ne paraissant pas perfoliées. 8
8 { Feuilles ondulées-crispées. . . . . *P. crispus.*
{ Feuilles planes ou à peine ondulées. 9
9 { Feuilles toutes opposées. . . . . *P. densus.*
{ Feuilles alternes, au moins les inférieures. 10
10 { Feuilles denticulées ; atténuées en un court pétiole. . . . *P. lucens.*
{ Feuilles entières, sessiles. 11
11 { Feuilles vertes, embrassantes à la base. . . . . *P. nitens.*
{ Feuilles d'un vert-roussâtre atténuées à la base. . . . . *P. rufescens.*
12 { Feuilles embrassant la tige par une gaîne allongée. . . . *P. pectinatus.*
{ Feuilles peu ou point engaînantes à la base. 13
13 { Tige comprimée, ailée, presque foliacée. 14
{ Tige cylindrique ou comprimée ; sans aile foliacée. 15
14 { Epi de 4 à 6 fleurs à peu près égal au pédoncule. . . . *P. acutifolius.*
{ Epi de 10 à 15 fleurs plus court que le pédoncule. . . . *P. compressus.*
15 { Tige comprimée ; feuilles obtuses. . . . . *P. obtusifolius.*
{ Tige cylindrique, à peine comprimée ; feuilles pointues. . . 16
16 { Fruit à dos crénelé. . . . . *P. tuberculatus.*
{ Fruit à dos non crénelé. . . . . *P. pusillus.*

1. P. NATANS *L.* (*P. nageant*). Tige arrondie, rameuse, variant de longueur selon la profondeur des eaux où elle croît. *Feu.* flottantes, coriaces, ovales-elliptiques, *un peu cordiformes à la base*, longuement pétiolées, entières ; les infér. submergées, allongées et *réduites au simple pétiole après la fleur.* Fl. en épi allongé souv. interrompu. Pédoncule moins long que les feu. *Fruits carénes un peu comprimés.* ♃. E. TC. Eaux stagnantes.

Var. *b. rotundifolius.* Feu. larges, courtes, arrondies. St.-Pierre-sur-Dives.

Var. *c. prolixus* Koch. Tiges et pétioles allongés ; feu. étroites, lancéolées, allongées. Eaux courantes.

2. P. POLYGONIFOLIUS *Pourr.*, *P. oblongus* Viv. (*P. à feu. de Renouée*). Tige arrondie, un peu noueuse, courte. *Feu.* d'une seule espèce, toutes *ovales-oblongues, rétrécies brusquement en un pétiole* plus long qu'elles,

coriaces, entières, quelquefois légèrem. pointues; les *infér. à limbe persistant après la floraison.* Fl. en épi court, serré, porté sur un pédonc. le plus souv. courbé, dépassant peu la longueur du pétiole. *Fruits non carénés.* ♃. E. PC. Lieux marécageux, non complètement inondés, parmi les mousses, aux bords des étangs. Falaise, Vire, Mortain, Alençon, Cherbourg, etc.

3. P. FLUITANS *Roth.* (*P. flottant*). Tige à longs rameaux grêles. *Feuilles lancéolées, allongées,* pointues, rétrécies en un long pétiole; les supér. sont légèrement coriaces et les infér. membraneuses-pellucides, entières; celles-ci ne sont jamais dépourvues de limbe comme cela arrive dans le *P. natans. Pétiole convexe en-dessus. Fruits comprimés, un peu amincis en carène.* ♃. E. PC. Fossés et ruisseaux des landes. Lisieux, Falaise, Vire, Mortain, etc.

4. P. PLANTAGINEUS *Ducr.*, *P. Hornemanni* Koch. (*P. Plantain*). Tige arrondie, rameuse, flexueuse. *Feu. toutes membraneuses-pellucides, ovales, pétiolées,* 2 fois plus longues que le pétiole, entières; les supér. quelquefois un peu vertes et cordiformes à la base; les infér. lancéolées. Epis comme terminaux. *Fruits carénés.* ♃. E. PC. Eaux limpides des marais. Chicheboville, les Terriers, arr¹. de Caen; Plainville et Percy, près St.-Pierre-sur-Dives; Pont-l'Evêque, Cherbourg, etc.

5. P. GRAMINEUS *L. P., heterophyllus* Schreb. (*P. à feu. de graminée*). Tige longue, grêle, articulée, rameuse. *Feu. infér. submergées,* membraneuses, *sessiles, lancéolées-linéaires,* atténuées aux 2 extrémités, entières, les *supér. ovales, coriacés, pétiolées,* pointues. Fl. en épis épais, portés sur un *pédonc. renflé dans le haut.* Fruits ovoïdes à carène obtuse. ♃. E. R. Eaux stagnantes. Alençon, Evreux, etc.

Var. *a. gramineus* Gren. et Godr. Feu. toutes submergées, lancéolées-linéaires, dépassant quelquefois 10 à 15 centim. de long. sur 1 de larg. Négreville (Manche). Le Dʳ. Lebel.

Var. *b. heterophyllus.* Gren. et Godr. Feu. submergées linéaires; les supér. flottantes ovales-élargies. Vierville, près de Bayeux. M. Joret.

6. P. LUCENS *L.* (*P. luisant*). Tiges longues, rameuses, arrondies. *Feu. grandes,* veinées, membraneuses, pellucides, *ovales-lancéolées, longues, légèrement denticulées, presque sessiles.* Fl. en épi serré, porté sur un pédonc épais. Stipules grandes, presque aussi longues que les entre-nœuds. Fruits lunulés, à peine carénés. ♃. E. AC. Etangs et rivières, eaux profondes.

Var. *b. P. longifolius* Poir. Feu. longues de 2 à 3 décim. Rivière de Dives à Méry-Corbon (Calv.).

7. P. RUFESCENS *Schrad.* (*P. rougeâtre*). Tiges rameuses, arrondies. *Feu. infér. lancéolées,* membraneuses, pellucides, nervées, *sessiles;* les supér. un peu coriaces et à court pétiole; toutes *entières et d'un vert-rougeâtre.* Stipules une fois plus courtes que les entre-nœuds. Fl. en épi serré, porté sur un pédonc. plus long. *Fruits à carènes aiguës* ♃. E. R. Rivière d'Orne, Harcourt, marais d'Auge, près de St. Samson (Calv.); Alençon, Randonnai (Orne); Morville (Manche), Neuilly-sur-Eure, etc.

8. P. NITENS *Web.*, *P. prælongus* Fl. norm. 2ᵉ. éd., p. 250; non Wulf. (*P. brillant*). Tige grêle, arrondie, très-longue, rameuse. *Feu. membra-*

neuses-pellucides, nervées, lancéolées, étroites, allongées, pointues, *demi-embrassantes à la base*, entières. Stipules courtes. Fl. en épi court, serré, porté sur un long pédonc. souv. plus épais que la tige et *renflé au sommet*. Fruits lunulés, à carènes amincies. ♃. E. R. Rivière d'Orne. Pont-des-Verts, Pont-d'Ouilly, Clécy (Calvados).

J'avais rapporté cette plante au *P. prælongus* Wulf., mais il paraît, d'après la description de MM. Grenier et Godron (Fl. de Fr.), et les remarques de M. Boreau, que nous ne possédons pas, en Normandie, cette espèce qui diffère surtout du *Pot. nitens* par ses feuilles cucullées au sommet.

9. P. PERFOLIATUS *L.* (*P. à feu. embrassantes*). Tige longue, rameuse, arrondie. *Feu.* membraneuses, pellucides, *amplexicaules, ovales-cordiformes; paraissant perfoliées*, espacées, un peu scabres sur les bords. Stip. très-courtes. Fl. écartées, en épi porté sur un long pédonc. Fruits comprimés, lunulés, non carénés. ♃. E. C. Rivières.

10. P. CRISPUS *L.* (*P. crépu*). Tige comprimée, rameuse, flexueuse. *Feu. rapprochées*, membraneuses, *semi-amplexicaules, linéaires-oblongues*, 3-nervées, *denticulées et ondulées, crépues sur les bords*. Stipules courtes. Fl. peu nombreuses en épis courts, portés sur des pédonc. cylindriques, non épais. *Fruits surmontés d'un bec allongé*, elliptiques, comprimés, un peu carénés. ♃. E. TC. Mares, fossés.

Var. *b. planifolius, P. serrulatum* Schr. Feu. allongées, planes, finement dentées en scie. Le plus souv. stérile. Eaux profondes, ombragées. Falaise.

11. P. COMPRESSUS *L., P. zosteræfolius* Schum. (*P. comprimé*). *Tige comprimée-ailée*, rameuse. Feu. toutes submergées, membraneuses, linéaires, *allongées, mucronées*. Épi de 10 à 15 fleurs lâches, porté sur un *pédonc. plus long que lui*. Fruit à carène obtuse. ♃. E. R. Rivières, fossés. Caen, St.-Lo.

12. P. ACUTIFOLIUS *Linck.* (*P. à feu. aiguës*). *Tige comprimée-ailée*, rameuse. *Feu.* linéaires, nervées, entières, *pointues au sommet*. Épis de 4 à 6 fl., ovoïdes, portés sur des *pédonc. courts*. Fruits réniformes, à *carènes obtuses*, munies d'une dent à leur base. ♃. E. R. Étangs, fossés. Le Havre; Coulvain, près de Villers-Bocage (Calv.).

13. P. OBTUSIFOLIUS *Mert. et Koch., P. compressus* Roth. (*P. à feu. obtuses*). *Tige comprimée, non ailée*, rameuse. Feu. membraneuses, linéaires, allongées, entières, *obtuses*, rétrécies à leur base, à 3 ou 5 nervures. Stip. tronquées. Fl. en épis ovoïdes, portés sur des pédonc. axillaires courts. Fruits ovoïdes carénés, terminés par un bec court, obtus. ♃. E. TR. Étangs, fossés. Caen, Vire, Falaise.

14. P. DENSUS *L.* (*P. serré*). Tige grêle, rameuse, dichotome au sommet. *Feu.* pellucides, *opposées, rapprochées*, distiques, sessiles, semi-embrassantes, ovales-lancéolées, acuminées, dentelées au sommet, 3 ou 5-nervées. Fl. en épis ovoïdes, très-courts, portés sur des *pédonc. souv. courbés* et naissant à la bifurcation des rameaux. Fruits ovoïdes à bec court, à bords larges, carénés. ♃. E. C. Mares, rivières, fossés.

Var. *b. lancifolius* Koch., *P. oppositifolium* DC. Feu. opposées, ovales à la base, atténuées au sommet, à peine denticulées.

Var. *c. angustifolius* Koch., *P. setaceus* L. Feu. opposées; écartées,

linéaires, étroites, finissant en une longue pointe, munies de dentelures
écartées, très-fines. R. Falaise, Lisieux.

15. P. PUSILLUS *L.* (*P. fluet*). Tiges rameuses, déliées, un peu comprimées. *Feu. linéaires, très-étroites, comme capillaires,* pointues, 1 ou
3-nervées, alternes. Fl. en épi grêle, interrompu, pauciflore, porté sur
un pédonc. filiforme, allongé. Fruits oblongs, *à dos non crénelé et sans
dents à leur base,* à bec court, elliptique, caréné, quelquefois solitaire
par avortement. ♃. E. C. Mares, fossés. Rouen, le Havre, Falaise, Vire,
St.-Lo, etc.

Var. *b. major,* Bor. Feu. larges de 2 millim. Plante plus robuste. Troarn,
Basseneville (Calv.); Cherbourg.

16. P. TUBERCULATUS *Ten. et Guss., P. monogynum* Gay (*P. tuberculeux*).
Ressemble à l'espèce précédente, dont il diffère surtout par ses *rameaux fasciculés* à l'aisselle des feu. alternes, linéaires, sétacées; épis de 3 à 5 fleurs;
mono ou digynes, portés sur un *pédic.* 1 ou 2 *fois plus long.* Fruit réniforme,
comprimé, à bord inter. lisse, muni d'un tubercule à la base; l'extér.
crénelé, tuberculeux. ♃. E. R. Mares, fossés, ruisseaux, St.-Lo, dans le
Gavron, près de Pirou et autres points du département de la Manche.

17. P. PECTINATUS *L.* (*P. pectiné*). Tiges longues, filiformes, rameuses,
souv. très-feuillées. Feu. linéaires, étroites, longues, comme sétacées, pointues, uninervées, engaînantes à la base, alternes et distiques. Fl. en épi
grêle, interrompu, longuement pédonculé. *Fruits ovoïdes-obliques, lisses et
carénés, émettant un bec sur leur côté intér.* ♃. E. AC. Etangs, rivières.
Caen, Falaise, Rouen, Dieppe, Vernon, Pont-l'Évêque, Bayeux, St.-
Lo, etc.

Cette espèce, se retrouvant fréquemment dans les fossés d'eau saumâtre
du littoral, aux embouchures des rivières, a été souv. confondue avec le
Pot. marinus L., qui en diffère par ses pédoncules partant de la base de la tige,
par ses carpelles ridés, terminés par un bec gros et court. Cette dernière espèce n'est indiquée en France que dans le lac de Ligny, près de Colmars,
dans les Basses-Alpes (Fl. de France).

II. RUPPIA *L.* (*Ruppie*). Fl. hermaphr. disposées sur deux rangs le
long d'un spadix solitaire. *Périanthe caduc, 2-valve. Anthères* 4, *portées
sur 2 étam. très-courtes.* Ovaires 4, d'abord sessiles, et se changeant à la
maturité en *noix* 1-*spermes, ovoïdes, portées sur de longs pédicelles. —
Plantes aquatiques des eaux saumâtres.*

1 { Feuilles linéaires à gaînes larges à leur base; anthères oblongues.   *R. maritima.*
  { Feuilles sétacées, à gaînes étroites; anthères subglobuleuses. .   *R. rostellata.*

1. R. MARITIMA *L.* (*R. maritime*). Tige nageante, grêle, rameuse. Feu.
alternes, linéaires, étroites, *à gaîne large à leur base.* Fl. en chatons
axillaires, nues, formées chacune de 4 *anthères sessiles, oblongues,* et de 4
ovaires qui, plus tard, deviennent des capsules obliques dressées, portées
sur de longs pédicelles au sommet d'un long pédonc. commun. ♃. E-A.
AR. Eaux saumâtres, étangs et fossés sur les bords de la mer. Mares de
l'Heure, près du Havre.

2. R. ROSTELLATA. *Koch.* (*R. rostellée*). Cette espèce est plus commune
en Normandie que la précédente, avec laquelle on l'a souvent confondue.
Elle en diffère par la plus grande ténuité de toutes ses parties, par ses *feu.*

comme sétacées, à gaînes étroites, par ses anthères à loges presque globu-leuses, par ses capsules terminées par un bec plus allongé. ♃. E.-A. C. Mêmes stations : Caen, Cherbourg, Lessay, etc.

III. ZANNICHELLIA L. (*Zannichelle*). Spathe diaphane, entourant une seule fleur hermaphr. ou monoïque. *Étam.* 1. Styles ou 4 ou 8, stipités, renfermés dans une fl. fem. en cupule membraneuse, tronquée. *Stigm. pelté,* membraneux. Caps. 1-spermes; stipitées, courbées, comprimées. *Herbes aquatiques; fleurs verdâtres axillaires.*

> Capsules à peu près sessiles. . . . . *Z. palustris.*
> Capsules pédicellées. . . . . *Z. pedicellata.*

1. z. PALUSTRIS L. (*Z. des marais*). Tiges grêles, submergées, très-rameuses. Feu. linéaires-capillaires, alternes dans le bas, opposées ou ver-ticillées dans le haut de la plante. Fl. verdâtres, axillaires. *Caps.* 4 à 6, allongées, comprimées, un peu courbées, *légèrement rugueuses sur la carène,* terminées par le style long et presque droit, *portées sur un très-court pédicelle.* ♃. E. C. Étangs, rivières, fossés.

Var. *b. Z. major* Boënning. Feu. assez larges, très-longues. Caps. un peu pédic., à carène crêtée, continue. Falaise.

2. z. PEDICELLATA *Fries* (*Z. pédicellée*). Cette espèce, qui n'est peut-être qu'une var. de la précédente, s'en distingue par la ténuité de ses par-ties, par ses *capsules portées sur des pédic. assez longs,* par son style à peu près aussi long que la caps. dont la carène est ailée, membraneuse, le plus souv. denticulée. ♃. E.-A. PC. Eaux saumâtres, fossés avoisinant la mer. Cherbourg, Harfleur, Trouville, Sallenelles, Le Havre, etc.

Var. *b. Z. digyna* Gay., Bréb. Fl. Norm., édit. 1ʳᵉ. Plante délicate. Caps. le plus souv. géminées, à long style courbé et à carène ailée, dévenant dentelée-épineuse. Pirou, dans le Gavron (Manche).

Var. *c. Z. intermedia* Leb. Style un peu plus court que la caps., ter-miné par un stigm. trilobé. Carène de la caps. munie de trois rangs de tu-bercules dont les latéraux peu prononcés disparaissent par la dessication. Trouvé à Gatteville par M. Lebel.

M. Grenier (Fl. de Fr.) rapporte cette espèce et ses var. au *Z. dentata,* Willd.

XCIVᵉ. FAM. NAYADÉES. *Linck.*

Fleurs unisexuelles, monoïques ou dioïques, éparses. Pér. remplacé par une spathe membraneuse, renfermant 1 ou plus. fl. Étam. 1 à 3, à filet très-court ou nul. Anthères à 1 ou 4 loges. Ovaire uniloculaire, uniovulé. Stigm. 1 à 3. Embryon droit ou courbé. Périsperme nul. *Herbes aquatiques, submergées.*

> Plante marine. . . . . ZOSTERA (ii.)
> Plante d'eau douce. . . . . NAYAS (i.)

I. NAYAS L. (*Nayade*). Fl. monoïques. M. : *pér. ou spathe bilobé,* denté ou nul. Étam. 1, à anthères 4-valves au sommet, ou à un seul lobe. Fl. F. : pér. nul; style 1; stigm. 3. Caps. ovoïdes, 1-spermes. — *Herbes aquatiques, à feuilles épineuses.*

> Feuilles droites, oblongues, placées le long des rameaux. . . . *N. major.*
> Feuilles recourbées, linéaires, fasciculées au sommet des rameaux. *N. minor*

1. N. MAJOR *Roth.*, *N. marina* L. (*N. majeure*). Tiges droites, rameuses, dichotomes, pellucides, munies de pointes épineuses. Feu. opposées, ternées ou quinées, engaînantes à la base, sans nervures, sinuées-dentées, épineuses, à *gaînes entières*. Fl. verdâtres, axillaires ; les M. pédonculées et les F. sessiles. Caps. arrondies. ⊙. E.-R. Etangs, rivières. Pont-de-l'Arche, Vernon, Alençon.

2. N. MINOR L. (*N. fluette*). Tige beaucoup plus grêle que dans la précédente, lisse. *Feu. ramassées au sommet des rameaux*, opposées ou ternées, *recourbées au sommet*, denticulées-épineuses, à *gaînes dentelées-ciliées*. Fl. verdâtres, petites. Caps. étroites, surmontées d'un style filiforme, allongé. ⊙. E.-A. R. Rivières et fossés. Rouen, Pont-de-l'Arche, Corbon (Le Dᵣ. Leclerc).

II. ZOSTERA L. (*Zostère*). *Fl. monoïques ou dioïques, unilatérales et cachées dans la gaîne de feuilles remplissant les fonctions de spathe.* Fl. M. : étam. 1, placée à la base de la fl. fem. Fl. F. : pér. campanulé. Ov. 2 à 6. Caps. 1-spermes, comprimées. — *Herbes marines, à feu. non épineuses.*

> ⎰ Feuilles à trois nervures. *Z. marina.*
> ⎱ Feuilles à une seule nervure. . . . . *Z. nana*

1. Z. MARINA L. (*Z. marine*). Vulg. *Herbet*. Tige glabre, noueuse et radicante à la base. Feu. graminées, linéaires, obtuses, entières ; engaînantes à la base ; *munies de trois nervures*. Semblable à une espèce de silique, la spathe est portée sur un *large pédic.* et s'ouvre latéralement ; elle renferme un spadix qui porte une rangée d'anthères et d'ovaires. Caps. 1-sperme. *Graines elliptiques striées.* ♃. E-A. C. Cette plante habite le fond de la mer. Elle est souvent rejetée à la côte, en grande quantité, avec les algues ; son foin sert à emballer des objets fragiles.

2. Z. NANA *Roth.* (*Z. naine*). C tte plante, qui semble n'être qu'une forme naine de l'espèce précédente, s'en distingue par sa ténuité. Ses feuilles étroites ne sont pourvues que *d'une seule nervure médiane*. Sa spathe est de la largeur du pédicelle et *ses graines sont lisses*. ♃. E-A. TR. Sables vaseux et marins. Iles de Chausey (M. H. Béaudouin).

XCVᵉ. FAM. LEMNACÉES. *Dub.*

Fl. monoïques, renfermées dans une spathe sessile, monophylle, comprimée, mince, membraneuse. Fl. M. 1-2. Etam. 1, à filet cylindrique, plus long que le style. Anthères 2, rapprochées, globuleuses, 1-loculaires. Fl. F. 1. Style court, cylindrique, à stigm. concave, tronqué. Ovaire ovoïde, comprimé, 1-loculaire, renfermant 1 à 7 ovules droits. Caps. indéhiscente. Embryon droit. Périsperme nul. — *Petites plantes formées de folioles lenticulaires, flottantes sur les eaux ; munies de radicules à leur face inférieure.*

I. LEMNA L. (*Lenticule*) Vulg. *Lentille d'eau*. Voyez les caractères de la famille.

> ⎰ Feuilles oblongues-lancéolées, ramifiées en lobes pointus. . . . *L. trisulca.*
> ⎱ Feuilles ovales ou arrondies, sans lobes pointus. 2

2 { Plusieurs fibres radiculaires en faisceau. . . . . **L. polyrhiza.**
  { Une seule fibre radiculaire. 3
3 { Feuilles à peu près planes. . . . . **L. minor.**
  { Feuilles convexes, gonflées en-dessous. . . . . **L. gibba.**

1. L. TRISULCA *L.* (*L. trilobée*). Cette espèce diffère de ses congénères parce qu'elle croît en *masses submergées*, et n'est pas nageante à la surface des eaux. *Folioles oblongues, lancéolées, pellucides*, munies d'une nervure donnant naissance latéralement à d'autres folioles réunies 3 à 3. *Stigm. 2-lobé. Radicule solitaire.* ⊚. P-E. C. Fossés.

2. L. POLYRHIZA *L.*, *Spirodela polyrhiza* Schleid. (*L. à racines nombreuses*). *Radicules nombreuses partant du même point. Folioles* arrondies, fermes, assez larges, *rougeâtres en-dessous*, cohérentes. ⊚. P-A. PC. Fossés. Rouen, Caen, Touques, Troarn, Falaise, Vernon, Cherbourg, etc.

3. L. GIBBA *Telmatophace gibba* Schleid. (*L. gonflée*). *Radicule solitaire. Folioles* rougeâtres, arrondies, *convexes, comme hémisphériques, spongieuses et blanchâtres en-dessous*. ⊚. E-A. R. Mares, fossés. Vire, St.-Lo, Caen, Argentan, Pacy-sur-Eure. Assez commune sur le littoral du Calvados et de la Manche.

4. L. MINOR *L.* (*L. naine*). Cette espèce, la plus commune de toutes, couvre quelquefois en entier la surface des eaux stagnantes pendant la pl s grande partie de l'année. *Folioles petites, ovales-arrondies, d'un vert gai, cohérentes par la base, légèrem. renflées en-dessous. Radicule solitaire.* ⊚. TC.

Le *L. arhiza* L., qui se distingue des autres esp. par ses folioles convexes en-dessous et *dépourvues de racines*, a été indiqué sur plusieurs points de notre province; mais je n'ai point reçu d'échantillons authentiques de cette plante.

XCVIᵉ FAM. ORCHIDÉES. *Juss.*

Pér. à 6 divisions irrégulières, marcescentes, dont 3 extér. (*sépales*), et 3 intér. (*pétales*); les cinq supérieures sont quelquefois conniventes, rapprochées, en forme de casque; la 6ᵉ. qui est infér. (*labelle* ou *tablier*) est ordinairement pendante, plus large, de forme variée et souvent pourvue en-dessous, à sa base, d'un prolongement creux nommé *éperon*. Ovaire infér., allongé, adhérent au pér. Style unique, central, portant les organes mâles, et femelles à sa partie supér. en colonne (*Gynostème*). Stigm. visqueux, placé sur la face antér. du style. Etam. 3, dont 2 latérales constamment avortées et réduites à des rudiments (*Staminode*). Anthère unique, placée à la partie ant. du Gynostème, à 2 loges distinctes souvent séparées. Pollen en masses granuleuses ou solides, quelquefois portées sur un pédicelle (*Caudicule*), terminées ordinairem. par une glande visqueuse (*Rétinacle*) libre ou soudée avec celle de la masse pollinique voisine, souv. renfermée dans un repli (*Bursicule*) qui surmonte le stig. Caps 1-loculaire, à 3 valves réunies par 3 côtes saillantes, persistantes. Semences nombreuses, membraneuses, insérées sur le milieu des valves. Embryon très-petit, à radicule tournée vers le hyle. Périsperme charnu. — *Plantes vivaces, à tige herbacée, simple, munie de feuilles engaînantes, à racines composées de fibres cylindriques, simples ou rameuses, ou le plus souv. de tubercules arrondis, entiers ou palmés.*

Les tubercules des Orchidées contiennent une fécule nutritive et adoucissante, connue sous le nom de *salep*.

1 { Plante pourvue de feuilles herbacées. 3
  { Plante sans feuilles, garnie d'écailles colorées. 2
2 { Labelle prolongé en éperon. . . . . LIMODORUM (iii.)
  { Labelle non prolongé en éperon.. . . . . . . NEOTTIA (ix.)
3 { Rétinacle unique ou nul. 4
  { Rétinacles au nombre de deux. 9
4 { Rétinacle unique. .- 5
  { Rétinacle nul. . . . . CEPHALANTHERA (vi.)
5 { Racine bulbeuse ou tuberculeuse. 6
  { Racine offrant un faisceau de fibres. 8
6 { Fleurs en épi serré, fortement contourné en spirale. . . SPIRANTHES (x.)
  { Fleurs espacées ou en épi non contourné en spirale. 7
7 { Labelle pendant ou horizontal. . . . . ACERAS (ii.)
  { Labelle dirigé en haut par le retournement de la fleur. . . MALAXIS (xii.)
8 { Tige à feuilles alternes. . . . . EPIPACTIS (vii.)
  { Tige chargée de deux feuilles opposées. . . . . . . LISTERA (viii.)
9 { Labelle prolongé en éperon. . . . . ORCHIS (i.)
  { Labelle sans éperon. 10
10 { Labelle pendant ou horizontal. 11
   { Labelle dirigé en haut par le retournement de la fleur . . LIPARIS (xi.)
11 { Rétinacles renfermés dans deux bursicules; ovaire non tordu. OPHRYS (v.)
   { Rétinacles renfermés dans une bursicule; ovaire tordu. . HERMINIUM (iv.)

I. ORCHIS *L.* Pér. irrégulier à 6 div. profondes; 5 supér. souv. rapprochées en forme de casque; l'*infér.* (*labelle*) à 3 *lobes*; le moyen entier ou *bifide*, *muni postérieurement d'un éperon.* Anthères totalement adnées, à lobes contigus parallèles, à *deux rétinacles libres, renfermés dans une bursicule biloculaire.* Staminodes petits; obtus. Ovaire contourné.

1 { Labelle trilobé; lobe médian entier ou divisé. 2
  { Labelle indivis, linéaire. 17
2 { Rétinacles renfermés dans une bursicule. 3
  { Rétinacles non renfermés dans une bursicule. 16
3 { Sépales et pétales supérieurs connivents, en casque. 4
  { Sépales extérieurs étalés ou réfléchis. 11
4 { Fleurs plus ou moins verdâtres; éperon très-court. 18
  { Fleurs purpurines ou blanches; éperon plus ou moins long. . . 5
5 { Casque formé de divisions aiguës. 6
  { Casque formé de divisions obtuses.. . . . . *O. Morio.*
6 { Labelle à lobe médian bifide avec une pointe intermédiaire.. . . 7
  { Labelle à lobe médian sans pointe intermédiaire. 9
7 { Casque rouge-brun; lobes latéraux du labelle élargis, dentés. *O. purpurea.*
  { Casque rose clair ou cendré; lobes latéraux linéaires-oblongs. . 8
8 { Lobes du labelle tous linéaires, allongés, souvent entiers, étroits. *O. Simia.*
  { Lobes latéraux du labelle linéaires, intermédiaires oblongs. . *O. militaris.*
9 { Epi ovoïde, noirâtre au sommet; odeur à peu près nulle.. . *O. ustulata.*
  { Epi allongé, concolore; odeur forte. 10
10 { Epi compacte; labelle verdâtre; éperon recourbé.. . . *O. coriophora.*
   { Epi lâche; labelle rougeâtre; éperon droit, ascendant. . . *O. olida.*
11 { Tubercules entiers, arrondis.. 12
   { Tubercules palmés. 14
12 { Feuilles planes, souvent tachées; bractées uninervées. . . *O. mascula.*
   { Feuilles canaliculées, non tachées; bractées 3 ou 5-nervées. . 13
13 { Sommet de la tige à angles denticulés. . . . . *O. laxiflora.*
   { Sommet de la tige à angles lisses. . . . . . *O. palustris.*
14 { Tige pleine; feuilles le plus souvent tachées. . . *O. maculata.*
   { Tige fistuleuse; feuilles rarement tachées. 15

15	Feuilles planes, étalées, lancéolées, allongées.	*O. latifolia.*
	Feuilles canaliculées, étroites, dressées.	*O. incarnata.*
16	Eperon deux fois plus long que l'ovaire.	*O. conopsea.*
	Eperon à peu près égal à l'ovaire.	*O. odoratissima.*
17	Anthères à lobes écartés, divergents.	*O. montana.*
	Anthères à lobes parallèles, rapprochés.	*O. bifolia.*
18	Labelle court, à trois lobes à peu près égaux.	*O. albida.*
	Labelle allongé, à trois dents; la médiane plus courte.	*O. viridis.*

A. *Tubercules palmés ou fasciculés.*
* *Rétinacles renfermés dans une bursicule.*

1. O. LATIFOLIA *L.* (*O. à larges feuilles*). Tubercules palmés, droits. *Tige* droite, *fistuleuse*, ferme, de 3 à 6 décim. *Feu. lancéolées, allongées, planes*, à gaîne longue et lâche, rarem. tachées de brun. Fleurs purpurines ou roses en épi serré, entremêlées de *bractées plus longues qu'elles.* Pét. supér. connivents, les 2 latéraux ouverts, ascendants. Labelle légèrem. trilobé, à divis. latérales, réfléchies en arrière et dentelées, tacheté de pourpre foncé. Eperon plus court que l'ov., large à l'entrée. ♃. P3.-E1. C. Prés humides, marais.

Var. *b. O. maialis* Reich. Tige peu fistuleuse, moins élevée; feu. ovales, courtes, souv. tachées de brun; labelle à lobe moyen un peu plus long que les latéraux. Falaise, Lisieux, etc.

2. O. INCARNATA *L.*; *O. divaricata* Rich. (*O. incarnat*). Tubercules à deux *lobes terminés par une fibre longue, divariquée. Feu. étroites, canaliculées, dressées, cucullées au sommet.* Fl. d'un rouge clair, ponctuées, en épi oblong, serré, à peine dépassées par les bractées. Labelle crénelé, à peine trilobé, à bords légèrement rabattus. ♃. E2. 3. PC. Marais tourbeux. Alençon, Bayeux, Pont-l'Évêque, Percy et Plainville (Calvados).

Var. *b. angustifolia* Reich., *O. Traunsteineri* Saut. Feu. très-étroites; épi pauciflore; bractées supérieures plus courtes que les fleurs. Plainville.

3. O. MACULATA *L.* (*O. taché*). Tubercules palmés, droits. *Tige pleine*, haute. Feu. ovales-oblongues ou lancéolées; les sup. comme linéaires, presque toujours chargées de *taches brunes transversales.* Fl. blanches ou roses avec des lignes courbes et des points purpurins, en épis allongés. Pét. inter. connivents; les deux supér. écartés. Labelle large, trilobé, dentelé, à *lobe moyen, petit, court, aigu, entier.* Eperon un peu plus court que l'ovaire. *Bractées ne dépassant pas les fleurs.* ♃. P3.-E2. TC. Prés et bois.

Var. *b. trilobata*, épi grêle; fl. petites; labelle à trois lobes profonds presque égaux. Caen, Falaise.

Var. *c. media.* Labelle à lobe moyen, allongé, obtus; les latéraux arrondis, entiers. Falaise.

Var. *d. reversa* Perr. Cette anomalie, qui a été trouvée par M. le D^r. Perrier dans le bois de Condé-sur-Seulles, présente des différences assez marquées dans sa fleur. Celle-ci est retournée de manière que le labelle est supér.; il est large, crénelé, à peine trilobé; l'éperon est très-obtus, de moitié plus court que l'ovaire; les bractées inférieures dépassent beaucoup les fleurs.

** *Rétinacles non renfermés dans une bursicule* (GYMNADENIA *R. Br.*).

4. O. CONOPSEA *L.* (*O. à long éperon*). Tige grêle, haute de 3 à 5 décim. Feu. lancéolées-linéaires, longues. Fl. petites, purpurines (quelquefois blanches), odorantes, en épi long, peu serré. Sép. latéraux, très-ouverts. Labelle à 3 lobes obtus, à peu près égaux. *Eperon délié, cylindrique, 2 fois plus long que l'ovaire.* Bractées terminées en pointe fine, atteignant la fleur. ♃. P3.-E1. C. Prés et coteaux.

5. O. ODORATISSIMA *L.* (*O. très-odorant*). Tige droite, haute de 3 à 4 décim. Feu. linéaires, canaliculées, pointues, très-longues. Fl. purpurines, petites, très-odorantes, en épi grêle, lâche et allongé. Labelle à 3 lobes, dont le moyen un peu plus large et en pointe. *Eperon délié, de la longueur de l'ov. ou à peine plus court.* ♃. P3.-E. TR. Près Rouen, Aumale, Neufchâtel, Orival, Vernon.

6. O. VIRIDIS *Crantz, Satyrium* L., (*O. à fl. verdâtres*). Tige droite, haute de 1 à 3 décim. Feu. peu nombreuses, lancéolées, courtes ; les inf. ovales. Fl. d'un vert-jaunâtre, en épi lâche. Sépales supér. connivents. Labelle, quelquefois rougeâtre, allongé, *linéaire*, terminé par 3 dents aiguës, celle du milieu plus courte. *Eperon très-court, globuleux.* Bractées dépassant ordinairement les fleurs. ♃. P2. 3. C. Prés un peu humides.

Var. *b. brevibracteata.* Bractées obtuses ne dépassant pas les fleurs.

7. O. ALBIDA *Scop., Satyrium* L. (*O. blanchâtre*). Tige haute de 2 à 3 décim. Feu. infér. ovales-obtuses, presque spatulées ; les supér. lancéolées. Fl. d'un blanc-verdâtre, odorantes, très-petites, en épi serré, allongé. Sép. supér. connivents, 2 latéraux ouverts. *Labelle court, à 3 lobes, le moyen obtus, un peu plus long que les 2 autres. Eperon court, obtus, 3 fois moins long que l'ov.* ♃. P2.-3. TR. Bois découverts, Rouen, Falaise, Montmerey, près de Mortrée (Orne).

B. Tubercules entiers, ovoïdes ou arrondis.

* Labelle lobé.

8. O. MASCULA *L.* (*O. mâle*). Vulg. *Pentecôtes, Pain de couleuvre.* Ces noms vulgaires s'appliquent également à quelques-unes des espèces voisines. Tige droite, haute de 2 à 4 décim. *Feu.* lancéolées, *planes*, obtuses, rapprochées de la base, le plus *souv. tachées de noir.* Fl. purpurines (rarem. roses ou blanches) en épi allongé. Sép. pointus, les 2 *supér. ouverts et redressés. Labelle à 3 lobes, obtus crénelés :* le moyen bilobé, les deux latéraux plus courts. Eperon droit, obtus, de la longueur de l'ov. *Bractées uninervées.* ♃. P. TC. Prés et bois découverts.

9. O. LAXIFLORA *Lam.* (*O. à fleur lâche*). Tige droite, haute de 3 à 5 décim., *munie au sommet d'angles scabres, denticulés. Feu.* lancéolées, étroites, dressées, pointues, *pliées en gouttière.* Fl. d'un pourpre foncé (rarem. roses), en épi long très-lâche. Sép. supér. obtus, écartés. Labelle à 3 lobes : les latér. larges, crénelés, rejetés en arrière, le moyen échancré, très-court, souv. presque nul. Eperon redressé, obtus, comme bilobé à l'extrémité, un peu plus court que l'ovaire. *Bractées à 3 ou 5 nervures.* ♃. P2. Prés humides. Rouen, Caen, Falaise, Cherbourg, Argentan, etc.

10. O. PALUSTRIS *Jacq.* (*O. des marais*). Ressemble au précédent, dont il diffère par sa *tige* moins élevée, *lisse et non scabre au sommet;* par ses feuilles un peu plus courtes et plus lâches, mais toujours pointues ; par son épi moins lâche. Ses fleurs sont grandes, à pétales ouverts, à labelle large, crénelé, trilobé; le lobe moyen bien distinct, bifide, les *latéraux très-larges et déjetés :*

le disque intermédiaire est d'un rose-blanchâtre , chargé de points purpurins foncés. L'éperon est gros , bilobé à l'extrémité, souv. un peu crispé. ♃. P2. R. Prés humides. Falaise.

Var. *b. quadrifida.* Tige grêle , élevée ; labelle à 3 lobes profonds, les latéraux étroits un peu plus courts que le moyen, profondément bifide. Marais Vernier.

Var. *c. minor.* Fl. petites ; labelle purpurin, non taché, à lobes latéraux à peine déjetés. Falaise.

11. o. morio *L.* (*O. bouffon*). Tige droite, haute de 1 à 3 décim. Feu. inférieures lancéolées, étroites, obtuses, étalées ; les supér. engaînantes, courtes et appliquées. Fl. purpurines (quelquefois roses ou blanches) en épi lâche, peu garni. *Sép. supér. connivents , obtus , rayés longitudinalement.* Labelle trilobé, crénelé ; le lobe moyen court, bifide, les 2 latéraux plus grands, réfléchis en arrière. Eperon obtus, redressé, plus court que l'ovaire. *Bractées colorées égales à l'ov., uninervées.* ♃. P1. TC. Prés, pelouses et coteaux secs.

11 bis. o. morio laxiflora *Reut. , O. alata* Fleury. (*O. bouffon-laxiflore*). Tige de 2 à 4 décim. *Feu. lancéolées-linéaires , courtes.* Fl. purpurines ; larges, en épi allongé, *à divisions chargées de stries plus foncées , non ponctuées.* Sép. supér. non connivents avec les pét. Labelle assez profondém. trilobé, crénelé ; le lobe médian échancré. Eperon à peu près aussi long que l'ovaire. Bractées membraneuses, *trinerviées* dans le bas ; les supér. *uninerviées* et plus courtes que l'ovaire. ♃. P. TR. Prés humides. Trouvé à Beuvillers, près de Lisieux, par M. Durand-Duquesney.

12. o. militaris *L. , O. galeata* Lam. DC. (*O. militaire*). Tige de 3 à 6 décim. Feu. ovales-oblongues, rétrécies à la base. Fl. *d'un rose pâle et cendré* ; sép. supér. *acuminés , connivents en casque.* Labelle *veiné* , ponctué de petites houppes purpurines , à trois *lobes linéaires* , le médian dilaté et bifide au sommet , ayant le plus souv. une petite pointe au fond de l'échancrure. Bractées 3 ou 4 fois plus courtes que l'ovaire. Tubercules ovoïdes. ♃. P. R. Bois découverts des terr. calc. Rouen , Aumale , Gisors ; Vernon ; forêt de Moutiers-Hubert , près de Livarot (Calv.), etc.

13. o. purpurea *Huds. , O. fusca* Jacq. , *O. militaris* DC. (*O. pourpre*). Tubercules ovoïdes, allongés. Tige haute de 6 à 8 décim. Feuilles larges, oblongues. Fl. purpurines ; sépales supér. rapprochés en casque, d'un *pourpre-foncé* ou *d'un brun-violet* ; un peu obtus. Labelle trilobé, rose, veiné , ponctué , à *lobes latéraux linéaires* , le *médian élargi au sommet,* denticulé, bifide, avec une pointe au fond de l'échancrure. Eperon et bractées 2 fois plus courts que l'ovaire. ♃. P. AC. Bois et prés des terr. calcaires. Rouen, les Andelys, Vernon , Caen , Argentan , Falaise , Lisieux , etc.

Var. *b. pallida.* Divisions supér. du pér. d'un rose-pâle ; labelle blanchâtre. Cette variété a été prise souv. pour l'*O. militaris.*

Var. *c. immaculata.* Fl. pâles ; labelle sans taches. Tertu (Orne).

Var. *d. multifida.* Labelle comme à 6 divis. linéaires, les 2 interméd. étant profondém. bifides. Tertu (M. Durand-Duquesney).

Var. *e. monstroso-regularis.* Bor. Herb. Durand. Fl. à trois labelles prolongés en éperon à leur base par suite de la déformation de deux divis. du périanthe. Cet état pélorien a été trouvé à Courson , près de Lisieux , par M. Durand-Duquesney.

14. o. USTULATA *L.* (*O. brûlé*). Cette espèce est une vraie miniature de l'*O. purpurea.* Tige haute de 1 à 3 décim. Feuilles ovales, un peu obtuses. Fl. petites, d'un pourpre foncé, surtout *au sommet de l'épi qui semble noirâtre;* celui-ci est *ovale et serré. Lobes supér. du pér. pointus, connivents.* Labelle blanc, ponctué de pourpre, à 3 lobes, dont l'interméd. plus long, bilobé. Eperon courbé, deux fois plus court que l'ov. qui est égal aux bractées. ♃. P. PC. Pelouses, prés et bois découverts des terr. calc.

15. o. SIMIA *Lam.* (*O. Singe*). Tige haute de 3 à 5 décim. Feu. larges, lancéolées. Fl. d'un pourpre pâle, ponctuées, en épi court, ovoïde. *Divis. supér. du pér. conniventes en forme de casque. Labelle à 3 lobes linéaires, allongés, étroits, celui du milieu bifide avec une dent allongée dans son échancrure.* Eperon de moitié moins long que l'ovaire. Bractée très-courte. ♃. P. R. Bois et prés des terr. calc. Rouen, Le Havre, Pont-Audemer, Evreux, Vernon, Le Lhabit (Eure), Séez, etc.

16. o. CORIOPHORA *L.* (*O. punaise*). Cette espèce est remarquable par *l'odeur de punaise qu'exhalent ses fleurs.* Tige haute de 2 à 3 décim. Feu. d'un rouge sale, à labelle verdâtre, en épi serré, compacte, peu allongé. *Divis. supér. du pér. pointues, connivents.* Labelle à 3 lobes denticulés; les *2 latéraux tronqués obliquement,* celui du milieu un peu plus long, obtus. *Eperon conique, courbé vers la terre,* moins long que l'ovaire qui est égal aux bractées. ♃. P3. PC. Prés argileux. Rouen, Dives, Alençon, Séez, Falaise, Lisieux; Villedieu, Ceans (Manche), etc.

Var. *b. O. fragrans* Poll. Epi lâche; éperon égalant le labelle légèrem. denté; odeur des fleurs assez agréable. Chamboy (Orne).

17. o. OLIDA *Bréb.*, *O. cimicina* Bréb. *Fl. Norm.*, 1re édit., *non* Crantz (*O. odorant*). Cet Orchis dont l'odeur, quoique moins désagréable, rappelle cependant légér. celle de l'*O. coriophora*, en diffère sous beaucoup d'autres rapports. Tige haute de 3 à 4 décim. Feu. lancéolées-linéaires, pointues; les supér. dressées. Fl. d'un pourpre-violacé, foncé, avec *labelle de même couleur*, un peu pâle et ponctué à sa base. *Epi lâche, allongé. Divis. supér. du pér. pointues, connivents. Labelle à trois lobes à peu près égaux, tronqués,* inégalem. dentelés, le moyen un peu échancré; les latéraux rejetés en arrière, *non tronqués obliquem.* Eperon conique, *droit, ascendant,* un peu plus court que l'ov. Bractées colorées aussi longues que l'ov. ♃. P3. R. J'ai trouvé cette nouvelle espèce, en 1834, dans un pré des environs de Falaise; je l'avais d'abord appelée *O. cimicina;* j'ai dû changer ce nom, puisqu'il a été donné par Crantz à une espèce différente. Peut-être pourrait-on le considérer comme un hybride provenant des *O. coriophora* et *Morio.* M. Ch. Des Moulins l'a retrouvé dans le département de la Dordogne.

** Labelle linéaire, entier (PLATANTHERA Rich.).

18. o. MONTANA *Schmidt.*, *Platanthera chlorantha* Cust. (*O. de montagne*). Bulbes entiers, ovoïdes-oblongs. Tige de 3 à 5 décim. Feu. larges, ovales, obtuses, rétrécies à leur base; les radicales au nombre de 2 ou rarem. 3; les supér. petites, linéaires, non engaînantes. Fl. blanchâtres, peu odorantes, en épi lâche assez long. Divis. supér. du pér. ouvertes. Labelle linéaire, obtus, entier, verdâtre. *Lobes de l'anthère écartés, divergents inférieurement.* Eperon grêle, 2 fois aussi long que l'ov. Bractées à peu près de la longueur de l'ov. ♃. P3.-E1. C. Prés et bois.

19. o. **bifolia** *L.*, *Platanthera* Rich. (O. à deux feuilles). Cette esp. ressemble beaucoup à la précédente, dont elle diffère principalement par les *lobes de l'anthère* qui sont *rapprochés et parallèles.* Sa taille est moins élevée, ses feu. sont moins larges, ses fleurs en épi plus petites, plus rapprochées et plus odorantes. ♃. P3-E. C. Bois et prés couverts, marais.

II. **ACERAS** *Rob.*, *Br.* part. Pér. à divis. supér. conniventes ou étalées. Labelle trilobé, prolongé en éperon; celui-ci quelquefois nul. Anthères à masses polliniques portées par des caudicules distincts, soudés sur un *rétinacle unique*, renfermés dans une *bursicule uniloculaire. Gynostème non prolongé en bec.* Ovaire contourné.

* Divisions supér. du pér. étalées.

1. **a. pyramidalis** *Rich.*, *Anacamptis* Rich., *Orchis* L. (A. pyramidal). Tige haute de 2 à 5 décim. Feu. lancéolées. Fl. petites, purpurines (quelquefois blanches) en épi court, conique, très-serré. *Divis. supér. du pér. ouvertes, plus grandes. Labelle à 3 lobes égaux et entiers, les latéraux plus larges et obtus;* muni à sa base de deux appendices semblables à deux écailles relevées. *Eperon grêle, au moins aussi long que l'ov.* qui est égalé en longueur par les bractées. ♃. P3. PC. Prés et bois découverts des terr. calc.

Var. *b. angustiloba.* Labelle à 3 divis. profondes, linéaires, étroites. St.-Pierre-sur-Dives.

2. **a. durandi** *Gren.* (Fl. de Fr.) *Anacamptis* Bréb. (*Fl. norm.*, éd. 2), *Acer. Duquesnii* Reich. (A. de Durand). Tige grêle, haute de 5 décim. Feu. lancéolées-linéaires. Fl. petites, purpurines (couleur plus foncée que dans l'esp. précéd.), en épi serré. Toutes les divis. du pér. dressées, rapprochées, pointues. *Labelle rhomboïde, pointu, entier* ou un peu dentelé au-dessus des angles latéraux, chargé vers sa base de deux petits lobes squamiformes. Eperon très-court (le 10° de l'ovaire), un peu courbé. Bractées purpurines, plus courtes que l'ov. ♃. TR. Lieux pierreux.

Trouvé une seule fois, en juin 1843, à St.-Laurent-du-Mont, près de Cambremer (Calvados), par M. Durand-Duquesney.

Cette curieuse espèce, par son épi court, vivement coloré, et son pér. à divis. toutes redressées, se rapproche du genre *Nigritella* Rich.; mais la disposition de ses anthères et les écailles de la base du labelle ne m'ont pas permis de l'éloigner de l'*A. pyramidalis.*

Je me suis conformé, pour l'adoption du nom de cette espèce, à l'opinion de M. Grenier (*Flore de France*) qui, en indiquant le nom donné par M. Reichenbach, dit qu'elle devrait porter le nom d'*Aceras Durandi.*

** Divisions supér. du pér. conniventes (Loroglossum Rich.).

3. **a. hircina** *Lindl.*, *Orchis* Crantz, *Satyrium* L. (A. à odeur de bouc). Bulbes ovoïdes, entiers. Tige haute de 3 à 8 décim. Feu. ovales-lancéolées. Fl. d'un blanc sale, fétides, en épi long, lâche. Divis. supér. du pér. conniventes. Labelle d'un vert-brun, taché de pourpre à sa base, à 3 lobes linéaires; les 2 latéraux petits, ondulés, celui du milieu long de 3 à 4 centim., roulé, tronqué, comme rongé à son extrémité. Eperon très-court, obtus. Bractées une fois aussi longues que l'ov. ♃. E1. C. Collines, bords des chemins, bois découverts. Terr. calc.

4. A. ANTROPOPHORA *R. Brown; Ophrys* L. (*A. homme-pendu*). Bulbes entiers, ovoïdes-arrondis. Tige de 2 à 3 décim. Feu. ovales lancéolées. Fl. petites, jaunâtres, en épi long, cylindrique, lâche. Divis. supér. du pér. conniventes. Labelle ferrugineux, glabre, à 3 lobes linéaires, celui du milieu plus long et bifide. Bractées plus courtes que l'ov. ♃. P3.-E1. R. Collines des terr. calc. Rouen, Aumale, Honfleur, Balleroy (Calv.), le Dr Godey ; Chamboy (Orne), M. Duhamel.

III. LIMODORUM *Tourn.* (*Limodore*). Pér. à 6 divis. irrégulières, rapprochées, un peu lâches. *Labelle ascendant, prolongé à sa base en un long éperon. Gynostème long, plane antérieurem. et convexe postérieurem.* Anthère terminale, placée au-dessus du stigm. contenant 2 masses polliniques sessiles, réunies par un rétinacle commun. — *Plante sans feuilles ; écailles engaînantes colorées.*

1. L. ABORTIVUM *Sw.*, *Orchis* L. (*L. avorté*). Racine formée de fibres cylindriques, charnues. Tige haute de 4 à 8 décim., munies d'écailles embrassantes, tenant lieu de feu. Fl. d'une couleur violette plus ou moins foncée, répandue sur toute la plante, assez grandes, en épi lâche. Labelle concave, ovale-pointu, à éperon presque aussi long que l'ov. ♃. E. R. Lieux montueux, ombragés. St.-Clair-sur-Epte, Mont de Magny, près de Gisors, Pacy-sur-Eure, Vernon, St.-Just (Eure).

IV. HERMINIUM *Rich.* (*Herminie*). *Sép. et pét. tous connivents, en cloche. Pét. charnus, étroits, unidentés de chaque côté en leur milieu. Labelle sans éperon, à 3 lobes linéaires entiers. Masses polliniques presque sessiles, à rétinacles libres, très-grands, concaves-cucullés, non renfermés dans une bursicule. Ovaire tordu.*

1. H. MONORCHIS, *R. Brown. Ophrys* L. (*H. monorchidé*). Tige haute de 1 à 2 décim., munie seulem. à la base de 2 ou 3 feu. lancéolées. Fl. petites, d'un vert-jaunâtre, en épi grêle, allongé, un peu en spirale. Divis. du pér. lancéolées. Labelle à 3 lobes linéaires dont les deux latéraux divariqués. Bractées de la longueur de l'ov. ♃. P3.-E1. R. Prés montueux, coteaux crayeux. Rouen, pays de Bray, Gisors, Vernon, Lisieux, Orbec, Livarot, Vimoutiers, etc.

On a reconnu que cette plante avait plusieurs tubercules et qu'alors on devrait changer son nom ; aussi M. Grenier (*Flore de France*) a-t-il proposé le nom de *Herm. clandestinum*. Mais, comme les tubercules sont toujours solitaires, ce changement ne paraît pas bien nécessaire.

V. OPHRYS L. *part.* Pér. à sép. extér. étalés ; les 2 pét. latéraux plus petits, dressés. *Labelle sans éperon, épais, un peu charnu, concave en-dessous, souv. pubescent-velouté sur le disque, entier ou trilobé. Anthère dressée à lobes distincts. Rétinacles libres, renfermés dans 2 bursicules distinctes. Ovaire non tordu. — Bulbes entiers, arrondis.*

1 {	Labelle terminé au sommet par un appendice courbé.	2
	Labelle dépourvu d'appendice.	3
2 {	Pétales latéraux ovales-lancéolés.	O. aranifera.
	Pétales latéraux étroits filiformes.	O. muscifera.
3 {	Appendice courbé en-dessus ; colonne en bec droit, court.	O. arachnites.
	Appendice recourbé en-dessous ; colonne à bec flexueux, long.	O. apifera.

1. O. MUSCIFERA *Huds.*, *O. myodes* Jacq. (*O. porte-mouche*). Tige haute

de 2 à 5 décim. Feu. lancéolées, étroites. Fl. peu nombreuses, en épi lâche, allongé. Divis. extér. du pér. verdâtres, *les 2 latérales intér. filiformes, noirâtres.* Labelle pubescent, d'un pourpre-noir, chargé d'une tache bleuâtre et glabre, à 3 lobes; celui du milieu plus long et terminé par 2 divis. pointues. ♃. P. PC. Coteaux et pelouses des terr. calcaires. Rouen, Caen, Falaise, Argentan, les Andelys, etc.

.Var. *b. bombifera.* Pétales latéraux un peu plus larges; labelle large, court, muni d'une petite dent dans l'échancrure des deux lobes terminaux. Falaise.

2. o. ARANIFERA *Sm.* (*O. porte-araignée*). Tige haute de 1 à 3 décim. Feu. lancéolées, étalées. Fl. peu nombreuses, 3 à 5, en épi lâche. *Lobes extér. du pér. lancéolés, verdâtres, les intér. plus courts, obtus, jaunâtres.* Labelle d'un brun rouillé, velu, avec deux petites lignes parallèles, glabres et de couleur plombée, *convexe; les bords réfléchis en-dessous*, échancré au sommet et ayant à sa base deux petites protubérances saillantes en-dessus, *sans appendice au sommet.* ♃. P.C. Collines, pelouses et prés secs des terr. calc.

Var. *b. O. pseudospeculum DC.* Feu. étroites, un peu dressées; tige plus élancée; grê'e; labelle orbiculaire, d'un vert-grisâtre ou jaunâtre, à peine convexe. Vernon.

3. o. ARACHNITES *Hoffm.* (*O. fausse araignée*). Tige haute de 2 à 3 décim. Feu. lancéolées-oblongues, pointues, moins étalées que dans l'espèce précéd. Fl. peu nombreuses, 4 à 6, distantes, en épi lâche. Divis. du pér. ouvertes, d'un rose pâle, à nervure verte, oblongues; obtuses; les 2 intérieures très petites, rosées. *Labelle convexe,* couvert de poils bruns soyeux, luisants, marqué vers sa base de quelques lignes anastomosées formant des polygones, ayant à sa base deux bosses saillantes coniques et présentant au sommet un *appendice courbé, verdâtre, dirigé en avant.* ♃. P. R. Pâturages, coteaux herbeux. Terr. calc. Le Havre, Honfleur, Vernon, les Andelys, Gisors, Beaumont-le-Roger, Aumale; Chamboy (Orne).

Var. *b. albescens.* Divis. du pér. blanchâtres et non rosés. Chamboy.

4. o. APIFERA *Sm.* (*O. abeille*). Tige haute de 2 à 4 décim. Feu. ob'ongues-lancéolées. Fl. assez grandes, peu nombreuses, 4 à 6, en épi lâche. Divis. extér. du pér. ouvertes, lancéolées-ovales, roses; les 2 intér. petites, linéaires, jaunes-verdâtres, velues. Labelle velu, d'un brun ferrugineux, marqué de lignes jaunes, arrondi, convexe, muni de 5 petits lobes réfléchis; celui du milieu formant un *appendice courbé en-dessous en crochet. Gynostème en bec flexueux très-saillant.* ♃. P. C. Coteaux et pelouses des terr. calc.

Var. *b. immaculata.* Labelle d'un vert-jaunâtre, non marqué de lignes ou taches. Livarot.

VI. CEPHALANTHERA *Rich.* (*Céphalanthère*). Pér. à divis. à peu près égales, redressées-conniventes. *Labelle non prolongé en éperon, brusquem. rétréci-géniculé en son milieu, à article infér. concave-nectarifère; le supér. entier, recourbé au sommet. Gynostème allongé. Masses polliniques bipartites, sans rétinacle. Ovaire tordu.* — *Souche fibreuse; feu. caulinaires, alternes.*

1 { Fleurs blanches ou jaunâtres; ovaire glabre. 2
  { Fleurs roses; ovaire pubescent. . . . . *C. rubra.*
2 { Feuilles ovales lancéolées. . . . . *C. grandiflora.*
  { Feuilles lancéolées-linéaires, étroites. . . . . *C. ensifolia.*

1. c. grandiflora *Bab.*, *Serapias* L., *Epipactis pallens* DC. (*C. à grandes fleurs*). Tige haute de 3 à 6 décim. *Feu. ovales-lancéolées.* Fl. blanchâtres, marquées de jaune sur le labelle, grandes, sessiles et dressées. Divis. du pér. rapprochées, plus longues que le labelle qui est obtus, crénelé au sommet. Bractées ou feu. supér. plus longues que les ov. à la base de l'épi. *Ovaire glabre.* ♃. P2.-3. R. Bois couverts des terr. calc. Rouen, les Andelys, Evreux, Falaise, Briquebec, Caen, Lisieux, Fervaques; Camembert, Trun (Orne), etc.

2. c. ensifolia *Rich.*, *Epipactis* Sw. (*C. à feu. en glaive*). Tige haute de 3 à 6 décim. *Feu.* allongées, *lancéolées-linéaires, en forme de glaive,* pointues, *disposées sur 2 rangs,* fortem. nervées. Fl. blanches, dressées, sessiles, grandes, en épi allongé, peu fourni. Labelle court, obtus au sommet, rayé de pourpre. Bractées infér. plus longues que l'ov.; les supér. plus courtes. *Ov. glabre.* ♃. P2. TR. Bois des terr. calc. Rouen, Aumale; bois de Mortemer (pays de Bray), Reuilly, coteaux du Boyon (Eure).

3. c. rubra *Rich.*, *Epipactis* All., *Serapias* L. (*C. rouge*). Tige haute de 3 à 6 décim., pubescente dans le haut, grêle. *Feu. lancéolées, allongées, étroites. Fl.* grandes, *purpurines,* en épi lâche, peu fourni. Divis. du pér. *écartées,* lancéolées, aiguës. Labelle chargé de lignes ondulées, saillantes. Bractées plus longues que les *ov.* qui sont sessiles et *pubescents.* ♃. E. TR. Bois couverts. Eu, les Andelys.

VII. EPIPACTIS *Sw.*, *Rich.* (*Epipactide*). Pér. à divis. extér. rapprochées. *Labelle sans éperon, brusquem. resserré en son milieu:* article infér. concave, le supér. plus large, entier, ayant 2 saillies obtuses à sa base; anthère à lobes contigus, parallèles. *Masses polliniques réunies par un rétinacle commun. Ovaire non tordu. — Tige feuillée. Souche fibreuse.*

<pre>
 1 { Plante des marais; labelle arrondi au sommet . . . . E. palustris.
   { Plantes des lieux secs; labelle acuminé 2
 2 { Fleurs d'un rouge foncé 3
   { Fleurs blanc-verdâtre, rougeâtres à l'intérieur . . . . . . E. latifolia.
 3 { Feuilles étroites, lancéolées ou lancéolées-linéaires . . . . E. violacea.
   { Feuilles ovales ou ovales-lancéolées, courtes . . . . . . E. atrorubens.
</pre>

1. e. palustris *Crantz*, *S. longifolia* L. (*E. des marais*). Racine traçante. Tige haute de 2 à 6 décim. *Feu. allongées, lancéolées, étroites.* Fl. d'un vert-blanchâtre, mêlé de pourpre, pédicellées, pendantes, en épi lâche. Labelle grand, terminé par un *appendice large, obtus, réniforme, crénelé.* Ov. pubescent. ♃. E. C. Prés marécageux.

2. e. latifolia *All.*, *Serapias* L. (*E. à larges feu.*). Tige haute de 3 à 8 décim., le plus souv. solitaire. *Feu.* infér. *larges, ovales-arrondies;* les supér. lancéolées, aiguës. Fl. d'un vert-blanchâtre, prenant une teinte rougeâtre en vieillissant, pédicellées, pendantes, en épi allongé, souv. tournées du même côté. Labelle égal aux autres divis. du pér., terminé par un *appendice courbé et pointu, plus court que les divis. latérales du pér.* Bractées étroites, plus longues que les ovaires, finement bordées de dentelures. ♃. E. PC. Bois. Rouen, Caen, Falaise, Alençon, St.-Lo, Pontorson, etc.

Var. *b. E. viridiflora* Reich., *E. varians* Crantz. Tiges grêles; fleurs petites, verdâtres, peu nombreuses. Cette forme, que plusieurs auteurs regardent comme une esp. propre, a été trouvée, près de Livarot, par M. Durand-Duquesney.

3. E. VIOLACEA *Durand-Duq.*, Cat. Bor., *Fl. cent.*, éd. 3, *E. purpurata*, Bor. not., *Fl. norm.*, éd. 2, non Sm. (*E. violacée*). Plante remarquable par sa souche épaisse, donnant naissance à une touffe de tiges, et par la teinte rougeâtre-violacée répandue sur toutes ses parties. Tiges hautes de 4 à 8 décim., couvertes, vers le haut, d'une pubescence pulvérulente, écailleuse, brillante. *Feu. étroites, lancéolées ou lancéolées-linéaires.* Fl. d'un blanc-verdâtre, marquées de pourpre, devenant brunes en vieillissant. Bractées beaucoup plus longues que les ovaires, qui sont oblongs et pubescents. ♃. E2.-A1. R. Bois et haies des terrains argileux. Trouvé par M. Durand-Duquesney sur plusieurs points de l'arrondissement de Lisieux : Catelier, Tortisambert, St.-Désir, La Motte, Montpinçon, etc.; et près de Vimoutiers (Orne), par MM. Perrier et Duhamel.

4. F. ATRO-RUBENS *Renh.*, *E. microphylla* Fl. Norm., 1re édit., non Ehrh. (*E. rouge-brun*). Tige de 2 à 4 décim., droite, rougeâtre. *Feu. petites, ovales.* Fl. d'un pourpre foncé, exhalant une légère odeur de vanille, en épi un peu serré, tourné d'un même côté, presque sessiles. Labelle concave, terminé par un appendice cordiforme, dentelé et pointu, de la longueur des divis. supér. du périanthe. Ov. ovoïde, pubescent. *Bractées moins longues que les fl.* ♃. E. R. Coteaux calcaires et crayeux. Lisieux, Livarot, Vimoutiers, Falaise, les Andelys, Aumale, etc.

VIII. LISTERA *R. Brown.* (*Listère*). Pér. à divis. dressées, conniventes. *Labelle sans éperon, étalé, bifide.* Gynostème terminé en arrière par un prolongement ovale, recouvrant l'anthère libre, sessile, à lobes contigus parallèles. Masses polliniques, subbilobées, *réunies par un rétinacle commun. Ovaire non tordu. — Tige munie seulem. de deux feuilles opposées. Souche fibreuse.*

1. L. OVATA *Rob. Brown.*, *Ophrys* L., *Epipactis* All. (*L. ovale*). Racine à fibres cylindriques, nombreuses et fort longues. Tige pubescente, haute de 3 à 5 décim., offrant dans sa partie infér. 2 (rarem. 3) feu. opposées, larges, ovales-arrondies. Fl. verdâtres, en épi grêle, lâche. Divis. supér. du pér. courtes, ovales, ouvertes. Labelle linéaire, allongé, fendu jusqu'au milieu de sa longueur en 2 lobes linéaires, obtus. ♃. P. C. Bois, haies et prés couverts.

IX. NEOTTIA *Rich.*, non *Sw.* (*Néottie*). Pér. à divis. conniventes. *Labelle pendant, bifide ou trilobé, non muni d'éperon à sa base.* Anthères à 2 loges placées sur les bords d'un *gynostème bifide.* Pollen en masses granuleuses, sessiles, *réunies par un rétinacle commun. — Souche fibreuse. Tige à écailles brunâtres au lieu de feuilles.*

1. N. NIDUS-AVIS *Rich.*, *Ophrys* L., *Epipactis* All. (*N. nid d'oiseau*). Cette plante est remarquable par la teinte roussâtre ou fauve de toutes ses parties. Racine formée d'un paquet de fibres cylindriques entrelacées. Tige haute d'un pied environ, munie d'écailles engaînantes au lieu de feu. Fl. en épi cylindrique assez garni. Divis. supér. du pér. courtes et rapprochées. Labelle divisé en 2 lobes obtus, divergents. ♃. P. R. Bois des terr. calc. Rouen, Falaise, Vernon, Elbeuf, Bayeux, Lisieux, Touques, Bavent près Caen, Argentan, Séez, etc.

X. SPIRANTHES *Rich.* (*Spiranthe*). Pér. à divis. dressées, conniventes à la base, étalées à leur sommet. *Labelle sans éperon, canaliculé, ventru, non lobé*, à bords ondulés. *Gynostème court, prolongé inférieurem. en une lamelle bifide* supportant l'anthère, à lobes contigus parallèles. Masses polliniques granuleuses, réunies par un *rétinacle commun.* Staminodes nuls. *Ovaire non tordu.* — *Tubercules ovoïdes ou fusiformes, allongés. Epi florifère fortement contourné en spirale.*

<pre>
1 { Feuilles linéaires, caulinaires . . . . S. œstivalis.
  { Feuilles ovales, radicales. . . . . S. autumnalis.
</pre>

1. S. ÆSTIVALIS *Rich.*, *Neottia* DC. (*S. d'été*). *Tubercules fusiformes, allongés.* Tige haute de 1 à 2 décim., grêle, *feuillée.* Feu. linéaires, canaliculées, *garnissant la tige.* Fl. petites, blanches, odorantes, en épi grêle, unilatéral, tordu en spirale. ♃. E2.-3. R. Marais tourbeux. Marais-Vernier, Falaise, Lisieux, Percy et Plainville, près de St.-Pierre-sur-Dives ; Les Terriers et Chicheboville près Caen, Meuvaines, Pirou ; la Trappe (Orne), etc.

2. S. AUTUMNALIS *Rich.*, *Neottia spiralis* Sw. (*S. d'automne.*) *Tubercules ovoïdes-allongés.* Tige munie de quelques petites feu. étroites ; les *radicales sont ovales, allongées, et naissent à côté de la tige.* Fl. blanchâtres, odorantes, pubescentes, en épi grêle, allongé, tourné en spirale. Labelle denticulé. Bractées enveloppant l'ov. ♃. E3.-A1. C. coteaux et pelouses sèches. Rouen, Caen, Granville, Cherbourg, Falaise, St.-Lo, Livarot, Alençon, Vernon, etc.

XI. LIPARIS *Rich.*, **MALAXIS** *Sw.* (*Liparide*). *Pér. renversé* à 6 divis. irrégulières, ouvertes. *Labelle sans éperon, supér., concave, plus large et aussi long que les autres divis.*, embrassant par sa base le gynostème qui est gibbeux et creusé en avant. *Stigm. allongé, ailé au sommet*, portant à son bord postérieur les loges de l'*anthère caduque.* Pollen solide, divisé en masses bipartites. *Rétinacles 2.*

1. L. LOESELII *Rich.*, *Ophrys* L. (*L. de Loesel*). Racine bulbeuse, arrondie, écailleuse, souv. placée à la surface du sol. Tige nue, triquètre, haute de 1 à 2 décim. Feu. radicales, au nombre de 2, ovales-lancéolées. Fl. d'un jaune-verdâtre, petites, en épi lâche, peu fourni. Divis. supér. (infér. par le renversement de la fl.) étroites, linéaires. Labelle obtus, crénelé et recourbé au sommet. Ov. pédicellé. Bractées très-courtes. ♃. P3.-E1. R. Lieux marécageux. Merville, près de Caen, Percy et Plainville près de St.-Pierre-sur-Dives, Graye et Meuvaines près de Bayeux.

XII. MALAXIS *Swartz.* Pér. à divis. étalées, inégales. *Labelle sans éperon, dirigé en haut, concave, plus court que les autres divis. Anthère biloculaire, persistante.* Masses polliniques bipartites, réunies par un seul *rétinacle.* *Gynostème court.*

1. M. PALUDOSA *Sw.* (*M. des marais*). Racine bulbeuse, dont le bulbe nouveau se développe pendant la fleuraison. Tige de 5 à 15 centim. Feu. petites, alternes, ovales-oblongues. Fl. d'un vert-jaunâtre, petites, formant un épi grêle, allongé. Labelle concave, acuminé. ♃. E2.3. TR. Marais tourbeux, sur les touffes de *Sphagnum.* Trouvé, par M. Lubin-Thorel, près de la Trappe (Orne).

XCVIIᵉ. Fam. IRIDÉES. *Juss.*

Fl. hermaphrod. régulières ou irrégulières. Pér. adhérent à l'ov., à 6 divis. pétaloïdes, souv. inégales. Etam. 3, insérées à la base des divis. externes du pér. Anth. linéaires, extrorses. Ovaire infér., triloculaire, polysperme, terminé par un style quelquefois nul ou à 3 stigm. souv. membraneux ou pétaloïdes. Caps. trivalve. Graines attachées à l'angle interne des loges. Embryon entouré par un périsperme charnu. — *Feuilles alternes, ensiformes, engaînantes.*

4	Stigmates en lanières pétaloïdes.	IRIS (i).
	Stigmates filiformes.	ROMULEA (ii).

I. IRIS *L.* Pér. à 6 divis. *pétaloïdes :* 3 externes étalées, grandes, larges, et 3 intér. plus petites, droites. Etam. 3, distinctes. Style court, portant 3 grandes lanières pétaloïdes, souv. échancrées, qui semblent être les stigmates et sous lesquelles se trouvent les étam. — *Rhizome rampant, charnu, épais.*

4	Fleurs jaunes; plante aquatique.	I. Pseudo-Acorus.
	Fleurs bleuâtres; plante des lieux secs.	I. fœtidissima.

1. I. PSEUDO-ACORUS *L.* (*I. faux-acore*). Vulg. *Pavo, Pavée, grande Laiche, Glai.* Tige haute de 5 à 12 décim. Feu. ensiformes, très-longues, engaînantes. *Fl.* jaunes, terminales, peu nombreuses. ♃. E. TC. Lieux marécageux, fossés, bords des eaux.

Var. *b. pallida.* Fleurs d'un blanc-jaunâtre. Yvetot (Manche). Le docteur Lebel.

2. I. FŒTIDISSIMA *L.* (*I. fétide*). Vulg. *Iris, Gigot.* Remarquable par l'odeur de viande un peu *faisandée* qu'exhalent ses feu. froissées. Tiges hautes de 4 à 6 décim. Feu. ensiformes, ne dépassant pas la tige. *Fl. d'un bleu triste, un peu grisâtre ou purpurin.* Graines devenant d'un beau rouge. ♃. E. C. Lieux incultes et pierreux, haies et buissons; principalement dans les terr. calc.

On trouve fréquemment cultivées dans les jardins, et presque naturalisées sur les toits en chaume et les vieux murs, les *I. germanica* L. et *pumila* L. La première est une grande plante à larges fl. bleues, et la seconde, dont la tige atteint à peine 2 décim., a une fleur violette.

Le Turquier, dans sa *Flore de Rouen,* indique dans ce même genre de station l'*Iris lutescens* Lam., dont la fleur est d'un jaune-blanchâtre, à tube court, entièrement caché dans la spathe.

II. ROMULEA *Maratti.* (*Romulée*). Pér. à tube plus ou moins allongé, à 6 divis. égales, régulières, en cloche. Stigm. à 3 lobes filiformes, étalés, souv. bifides.

1. R. COLUMNÆ *Seb. et Maur.*, *Ixia bulbocodium* L., *Trichonema* Rehb. (*R. de Columna*). Bulbe ovoïde d'un roux-brun. Feu. radicales, 4 ou 5, linéaires, canaliculées, anguleuses, sortant d'une gaîne renfermant aussi une ou deux hampes courtes, uniflores. Fl. bleuâtres, purpurines ou blanchâtres, à tube court, à peines saillantes hors la spathe qui est formée de deux valves foliacées. ♃. P1. R. Pelouses montueuses et maritimes. Roc de Granville, Cherbourg et Jobourg.

XCVIII^e. Fam. NARCISSÉES. *Juss.*

(AMARYLLIDÉES *Rob. Brown.*)

Pér. monophylle, tubuleux, adhérent à l'ov., à 6 divis. pétaloïdes, colorées, dont 3 extér. et 3 intér., d'abord entouré par une spathe membraneuse. Étam. 6, à filets le plus souv. libres. Ov. inf.; style 1, à stigm. quelquefois 3-lobé. Caps. 3-loculaire, polysperme, à 3 valves séminifères dans leur milieu. Périsperme charnu. Embryon droit.

Les Narcissées croissant dans notre province ont toutes des racines bulbeuses, des feuilles radicales, engaînées, linéaires, et des hampes uniflores.

<table>
<tr><td>1</td><td>Périanthe muni d'un godet ou couronne pétaloïde à son entrée. NARCISSUS (i).</td><td></td></tr>
<tr><td></td><td>Périanthe sans godet ou couronne.</td><td>2</td></tr>
<tr><td>2</td><td>Périanthe à lobes égaux.</td><td>LEUCOIUM (ii).</td></tr>
<tr><td></td><td>Périanthe à 6 lobes, dont 3 intér. de moitié plus courts.</td><td>GALANTHUS (iii).</td></tr>
</table>

1. NARCISSUS L. (*Narcisse*). Pér. tubuleux, à limbe divisé en 6 lobes entourant, à l'entrée du tube, un *godet ou couronne* (Nectaire L.), *pétaloïdes*, cachant 6 étamines insérées sur le tube. Stigm. 3-fide. — *Plantes à bulbes tuniqués.*

<table>
<tr><td>1</td><td>Fleurs jaunes à couronne allongée.</td><td>2</td></tr>
<tr><td></td><td>Fleurs blanches ou blanchâtres à couronne très-courte.</td><td>3</td></tr>
<tr><td>2</td><td>Couronne égale aux lobes du périanthe.</td><td>N. Pseudo-Narcissus.</td></tr>
<tr><td></td><td>Couronne de moitié plus courte que les lobes.</td><td>N. incomparabilis.</td></tr>
<tr><td>3</td><td>Hampe uniflore; couronne bordée de rouge.</td><td>N. poeticus.</td></tr>
<tr><td></td><td>Hampe biflore; couronne non bordée de rouge.</td><td>N. biflorus.</td></tr>
</table>

1. N. PSEUDO-NARCISSUS *L.* (*N. Faux-Narcisse*). Vulg. *Porillon, Porion.* Feu. planes, linéaires, obtuses, glauques, naissant d'une gaîne membraneuse. *Fl. jaunes*, grandes, penchées, à *couronne* campanulée, *égalant la longueur des lobes du pér.*, ondulée-frangée, et d'un *jaune plus vif*, solitaires au sommet d'une hampe comprimée, longue de 2 à 3 décim. ♃. P1. C. Bois et prés.

2. N. INCOMPARABILIS *Mill.* (*N. incomparable*). Feu. planes ou un peu canaliculées, linéaires, obtuses, assez larges. Fl. jaunes-pâles, à *divis. une fois plus longues que la couronne* qui est *tubuleuse-campanulée*, d'un jaune-orange au sommet et lobée-ondulée sur les bords, solitaires au sommet d'une hampe presque cylindrique, à deux angles saillants et plus longue que les feu. ♃. P. R. Vergers et pâturages. Trouvé sur plusieurs points des environs de Lisieux, par M. Durand-Duquesney. Ce même botaniste a trouvé aussi, près de Lisieux, dans un herbage, plusieurs touffes de *Narc. odorus L.*, mais il doute que cette espèce soit spontanée et pense, avec raison, que ses bulbes ont pu être apportés avec les engrais (Dur.-Duq., *Catal.*, p. 103).

3. N. POETICUS *L.* (*N. des poëtes*). Feu. ensiformes, obtuses, glauques, naissant d'une gaîne membraneuse. *Fl. blanches*, odorantes, inclinées, à lobes ovales et à *couronne* courte *formant un anneau crénelé*, jaunâtre, *bordé d'une couleur purpurine*, solitaires au sommet d'une hampe haute de 3 à 5 décim. ♃. P2. C. Prés. Rouen, Vimoutiers, Evreux, Lisieux, etc.; assez commun dans les vergers du Pays-d'Auge.

On cultive dans les jardins une variété de cette espèce, à fleurs doubles, bien connue sous le nom de *Narcisse*.

4. N. BIFLORUS *Curt.* (*N. biflore*). Feu. linéaires, glauques, un peu pliées en carène. Hampe droite, haute de 3 à 6 décim., comprimée, en forme de glaive. *Fl. au nombre de 1 à 3, le plus souv. 2, d'un blanc-jaunâtre,* terne, à lobes arrondis, à couronne ou *godet très-court,* crénelé-crispé, *jaune, non bordé de rouge.* ♃. P. TR. Prés frais et vergers. Mauerbe et Ouillie-le-Vicomte, près de Lisieux ; St.-Manvieux, près de Vire ; Cherbourg.

II. LEUCOIUM *L.* (*Nivéole*). Pér. à tube très-court, à limbe campanulé, *divisé en 6 lobes profonds, égaux* entre eux, épais et calleux à leur sommet. Stigm. simple.

1. L. VERNUM *L.* (*N. printanière*). Feu. radicales, planes, linéaires, glauques, peu allongées. Fl. blanches, penchées, solitaires au sommet d'une hampe haute de 2 à 3 décim. Etam. à anthères jaunâtres. Style en massue. ♃. P. TR. Prés humides.

Cette plante, qui croît ordinairement dans les montagnes, a été trouvée à Auvillars-en-Auge, par le docteur Ozanne.

III. GALANTHUS *L.* (*Galanthine*). Pér. cylindracé, à tube très-court, à 6 *divis. pétaloïdes, dont 3 intérieures de moitié plus courtes que les extérieures* et échancrées au sommet. Stigm. simple.

1. G. NIVALIS *L.* (*G. perce-neige*). Feu. 2 à 3, linéaires, obtuses, glauques, naissant d'une gaîne membraneuse. Fl. blanches, pendantes au sommet d'une hampe haute de 2 à 3 décim. Lobes intér. du pér. tachés de vert vers leur échancrure, et striés de la même couleur intérieurem. ♃. H2. PG. Prés humides. Rouen, Honfleur, Falaise, Vimoutiers, Granville, le Havre, Bayeux, Breteuil, Avranches, St.-Lo, Alençon, etc.

XCIX^e. FAM. LILIACÉES. *Juss.*

Fl. hermaphr., nues ou munies de spathes ou bractées. Pér. à 6 divis. pétaloïdes, libres, disposées par 3, sur deux rangs. Etam. 6, opposées aux divis. du pér., quelquefois insérées sur elles. Ov. simple, sup. Style 1. Stigm. 1 à 3. Caps. 3-loculaires, à 3 valves septifères dans leur milieu. Graines nombreuses, attachées à l'angle interne des loges, entourées d'un tégument crustacé, membraneux ou spongieux. Embryon cylindrique, droit ou arqué, placé dans un périsperme charnu ou cartilagineux. — *Plantes herbacées à racines le plus souv. bulbeuses. Feu. engaînantes ou sessiles, à nervures simples parallèles.*

Les bulbes des Liliacées sont souv. comestibles à cause de la fécule qu'ils renferment.

A cette famille appartiennent plusieurs plantes fréquemment cultivées dans les jardins, telles que la Couronne-Impériale (*Fritillaria imperialis* L.), plusieurs Lis : *Lilium candidum* L., *L. bulbiferum* L., *L. croceum* Ch., *L. Martagon* L., etc.

1 {	Périanthe urcéolé, à 6 dents courtes. . . . . MUSCARI (v).	
	Périanthe à 6 divisions libres ou soudées seulement vers la base. . . .	2
2 {	Style distinct.	3
	Stigmate sessile à 3 lobes. . . . . TULIPA (I).	
3 {	Fleurs en ombelle, sortant d'une spathe bivalve. . . . ALLIUM (VIII).	
	Fleurs en grappes ou épis ; point de spathe.	4
4 {	Trois des étamines à filets dilatés à la base. . . . ORNITHOGALUM (VI).	
	Etamines à filets peu ou point élargis à la base.	5

5 { Fleurs jaunes. 6
  { Fleurs bleues, blanches ou roses. 7
6 { Filets des étamines garnis de poils laineux. . . . . NARTHECIUM (ix).
  { Filets des étamines non laineux. . . . . GAGEA (vii).
7 { Racine fibreuse. . . . . PHALANGIUM (ii).
  { Racine bulbeuse. 8
8 { Divisions du périanthe soudées en tube vers la base. . . ENDYMION (iv).
  { Divisions du périanthe non soudées en tube vers la base. . SCILLA (iii).

I. TULIPA *Tourn.* (*Tulipe*). Pér. campanulé, à 6 divis. pétaloïdes, ovales, droites, non nectarifères à leur base. Etam. 6, *Stigm. sessile, à 3 lobes épais.* Caps. oblongue, trigone, 3-loculaire, 3-valve. Graines planes. — *Racines bulbeuses.*

1. T. SYLVESTRIS L. (T. sauvage). Tige droite, cylindrique, haute de 5 à 6 décim. Feu. lancéolées, étroites, canaliculées, glauques. Fl. jaune, solitaire, terminale, penchée avant son épanouissement. Divis. du péri pointues. Etam. un peu velues à leur base. ♃. P. R. Coteaux et prés montueux. Alençon, Vimoutiers, Bretteville-sur-Laize.

J'ai vu des individus ayant 2 et 3 fl. sur la même tige, d'autres avec un périanthe à 7 et 8 divis. et alors un même nombre d'étamines.

II. PHALANGIUM *Tourn.*, *Anthericum* L. (*Phalangère*). *Pér. rétréci à sa base en forme de pédic.*, à 6 divis. pétaloïdes, plus ou moins ouvertes. Etam. 6, égales, filiformes, insérées à la base des divis. *Style simple*, terminé par un stigm. en massue, trigone. Caps. ovoïdes-globuleuses, un peu trigones. Graines anguleuses. — *Racines fasciculées.*

1 { Fleurs blanches; étamines glabres. 2
  { Fleurs rouges en dehors; étamines barbues. . . . . P. bicolor.
2 { Tige rameuse; style droit. . . . . P. ramosum.
  { Tige simple; style incliné. . . . . P. Liliago.

1. P. RAMOSUM *Lam.* (*P. rameuse*). *Tige* droite, nue, *rameuse paniculée*, dure, haute de 3 à 6 décim. Feu. toutes radicales, linéaires, allongées, étroites. Fl. blanches, petites, en panicule lâche. *Style droit.* ♃. P3.-El. PC. Coteaux incultes des terr. calc. Caen, Falaise, Louviers, Château-Gaillard, les Andelys, Dieppedalle, etc.

2. P. LILIAGO *Schreb.* (*P. Lis*). Cette espèce ressemble à la précéd., dont elle diffère par sa *tige simple*, portant une seule feuille; par ses fleurs plus grandes, en épi simple, écartées dans le bas, et par son *style incliné.* ♃. E. TR. Bois montueux et herbeux découverts. Evreux, Vernon, Menilles (Eure). M. Chesnon.

3. P. BICOLOR *DC.*, *Anthericum planifolium* L. (*P. bicolore*). Tige droite, presque nue, rameuse au sommet, haute de 2 à 3 décim. Feu. étroites, allongées, roulées. *Fl. d'un pourpre clair en dehors et blanches en dedans,* peu nombreuses. Divis. du pér. étalées. Etam. à filets pubescents. ♃. P. TR. Bois et coteaux. Roc de Granville.

III. SCILLA *Sm.* (*Scille*). *Pér. à 6 divis. profondes, libres, pétaloïdes, ouvertes.* Etam. 6, à filaments glabres, filiformes, insérés à la base des divis. du pér. Style terminé par un stigm. simple. Caps. ovoïde, à 3 loges polyspermes. — *Racine bulbeuse.*

1 { Fleurs pourvues de bractées. . . . . S. verna.
  { Fleurs sans bractées. S. autumnalis.

* s. verna *Huds.* (*S. printanière*). Tige de 1 à 3 décim., glabre. Feu. canaliculées, *linéaires-lancéolées. Fl. bleues, rayées, en grappe ombellée,* accompagnées de *bractées membraneuses, blanchâtres.* ♃. P. TR. Pelouses sèches, montueuses. Gouville (arr. de Cherbourg).

2. s. autumnalis *L.* (*S. d'automne*). Hampe nue, haute de 1 à 2 décim. Feu. toutes radicales, *filiformes,* roulées, souvent flétries au moment de la fleuraison. *Fl. petites, purpurines,* bleuâtres (quelquefois blanches), droites, en épi court, pyramidal, sans bractées. Lobes du pér. ouverts, écartés. ♃. E3.-A1. C. Collines sèches, parmi les rochers, sables maritimes.

IV. ENDYMION *Dumort.,* Agraphis L. *Pér. campanulé, à 6 divis. soudées vers la base,* recourbées en dehors, au sommet. *Etam. 6, dont 3 à filets soudés avec les lobes exter. du pér.* presque dans toute leur longueur. Anthères attachées par le dos sur le filet. Style filiforme. — *Racine bulbeuse.*

1. e. nutans *Dumort., Scilla Sm., Hyacinthus non-scriptus L. (E. penché*). Hampe nue, haute de 1 à 3 décim. Feu. toutes radicales, linéaires, dressées. Fl. bleues (rarem. blanches), odorantes, disposées en épi penché, unilatérales, pendantes. Divis. du pér. rapprochées en tube et roulées en dehors au sommet. Bractées violacées, doubles à la base de chaque pédoncule. ♃. P. TC. Bois et coteaux pierreux.

V. MUSCARI *Tourn. Pér. ovoïde, cylindrique ou renflé au milieu, resserré en grelot, à 6 dents,* Etam. 6, à filets subulés, glabres. Style terminé par un stigm. obtus. Caps. à 3 angles saillants et à 3 loges 2-spermés. Graines arrondies. — *Racine bulbeuse.*

1 { Epi allongé, lâche, à fleurs supérieures très-longues, stériles. *M. comosum.*
  { Epi serré, court, à fleurs supérieures courtes. *M. racemosum.*

1. m. racemosum *Mill., Hyacinthus L. (M. à grappe*). Hampe nue, droite, haute de 1 à 2 décim. Feu. linéaires, canaliculées, étroites, lâches. *Fl. bleues, petites, globuleuses, en épi serré, ovoïde, court.* ♃. P. R. Lieux sablonneux et cultivés. Rouen, Quevilly, Tosny, Vernon, Caen, Laigle, etc.

2. m. comosum *Mill., Hyacinthus L. (M. à toupet*). Hampe ferme, droite, nue, haute de 3 à 6 décim. Feu. longues, canaliculées, épaisses. *Fl. en épi long, très-lâche ; les supér. bleues, très-petites, stériles, rapprochées en houppes et portées sur de longs pédonc. colorés ; les infér. d'un bleu-verdâtre ou rougeâtre, grosses, anguleuses, écartées, fertiles.* ♃. Et. PC. Champs cultivés, moissons. Rouen, Alençon, Caen, Argentan, Falaise, Vernon, Laigle, etc.

VI. ORNITHOGALUM L. (*Ornithogale*). Pér. à 6 divis. pétaloïdes, marcescentes, *conniventes à la base,* étalées au sommet. *Etam. 6, dont 3 à filets filiformes et trois à filets dilatés à la base ;* ceux-ci opposés aux divis. externes du pér. Stigm. capité, très-petit. Caps. ovoïde, un peu trigone. Graines arrondies. — *Fleurs blanches ou verdâtres.*

1 { Fleurs en grappes spiciformes. 2
  { Fleurs en corymbe. . . . . *O. umbellatum.*
2 { Etamines trifides au sommet. . . . . *O. nutans.*
  { Etamines entières. 3
3 { Feuilles desséchées au moment de la fleuraison. . . . . *O. sulphureum.*
  { Feuilles non desséchées au moment de la fleuraison. . . . *O. Pyrenaïcum.*

1. O. SULPHUREUM *Roem. et Sch.* (*O. soufré*). Hampe nue, droite, cylindrique, haute de 6 à 10 décim. *Feu. longues, planes* ou *légèrement canaliculées,* étalées, *desséchées* et *flétries au moment de la fleuraison.* Fl. jaunâtres, en épi droit très-allongé. Sépales jaunâtres avec une nervure dorsale d'un vert-jaunâtre. Ov. atténué au sommet. ♃. E1. PC. Bois découverts, haies et buissons. Terr. calc. Falaise, Argentan, Lisieux, Alençon, Chamboy (Orne), etc.

2. O. PYRENAICUM *L.* (*O. des Pyrénées*). Cette espèce ressemble beaucoup à la précédente, avec laquelle on l'a souv. confondue, mais elle en diffère principalem. par ses *feu. glauques, fortem. canaliculées, non desséchées au moment de la fleuraison.* Fl. d'un blanc-verdâtre, en épi allongé. Sépales avec une nervure verte. Ovaire obtus. ♃. E2. TR. J'ai trouvé plusieurs fois cette espèce dans un champ, à St.-Clair, près de Falaise. Louviers.

Je ne sais si l'on doit attacher une grande importance au caractère tiré de la présence ou de l'absence des feuilles au moment de la fleuraison dans les deux espèces précédentes. J'ai cru remarquer que, lorsque la plante croissait dans les bois, ou parmi des herbes élevées, les feuilles se flétrissaient avant la fleuraison, ce qui n'avait point lieu quand la plante existait dans un champ découvert.

3. O. UMBELLATUM *L.* (*O. en ombelle*). Vulg. *Dame d'onze heures.* Hampe droite, haute de 1 à 3 décim. Feu. linéaires, longues, canaliculées. *Fl. blanches avec une large ligne verte* sur chaque divis. du pér., peu nombreuses, *en grappe terminale, simulant une ombelle ou corymbe par la longueur des pédonc. infer.* ♃. P. C. Prés et lieux cultivés, Rouen, Falaise, Vire, Cherbourg, Gisors, etc.

Var. *b. O. angustifolium* Bor. Feu. très-étroites, dressées; bractées courtes. Falaise.

Le nom vulgaire de cette espèce, fréquemment cultivée, vient de ses fleurs qui s'épanouissent ordinairement vers onze heures du matin.

4. O. NUTANS *L.* (*O. penché*). Hampe haute de 3 à 5 décim. Feu. planes, étroites, molles, longues. Fl. verdâtres, avec les divis. bordées de blanc, assez grandes, en grappe ou épi, peu nombreuses, *d'abord droites, ensuite pendantes,* portées sur des pédoncules épais, plus courts que les bractées. *Etam. trifides au sommet.* ♃. P. TR. Prés des lieux frais. Trouvé par M. Montaigu, à Bernières, près de Caen; Gisors (M. Chesnon).

VII. GAGEA *Salisb.* (*Gagée*). *Pér. caliciforme,* à 6 *divis. persistantes, conniventes à la base,* ouvertes au sommet. *Etam.* 6, *à filets filiformes, non dilatés à la base.* Stigm. simple, concave. Caps. trigone, trivalve et à 3 loges polyspermes. — *Fl. jaunes, en corymbe accompagné de bractées foliacées.*

*1. G. ARVENSIS *Schult.*, G. villosa* Dub., *Ornith. minimum* DC. (*G. des champs*). Hampe haute de 1 à 2 décim., anguleuse, velue. Feu. 1 ou 2, radicales, linéaires, étroites, plus longues que la hampe. Fl. jaunes, en corymbe, portées sur des pédonc. quelquefois rameux, velus. Divis. du pér. lancéolées, pointues, pubescentes en dehors. Bractées lancéolées, pubescentes, ciliées, souv. plus longues que les pédonc. ♃. P. TR. Champs et lieux cultivés. Environs de Bayeux.

VIII. ALLIUM *L.* (*Ail*). Pér. à 6 divis. ouvertes, persistant. *Etam.* à 6 *filets simples ou alternativem. dilatés et trifides. Anthères attachées au filet par le dos.* Style 1, à stigm. simple. Caps. trigone, à 3 loges profondément séparées, polyspermes. Graines attachées à un axe central persistant. — *Fl. en ombelle terminale, souv. globuleuse, quelquefois remplacées par des bulbilles. Spathe à 2 valves en folioles. Odeur âcre.* — *Racine bulbeuse.*

1 { Étamines toutes à filets simples. 2
  { Étamines intérieures à filets trifides. 5
2 { Feuilles planes, oblongues-lancéolées. . . . . *A. ursinum.*
  { Feuilles linéaires. 3
3 { Feuilles demi-cylindriques, canaliculées. . . . . *A. oleraceum.*
  { Feuilles presque planes. 4
4 { Feuilles ayant 3 à 5 stries en-dessous; étam. non saillantes. *A. paniculatum.*
  { Feuilles à stries nombreuses en-dessous; étamines saillantes. *A. carinatum.*
5 { Ombelles mêlées de bulbilles. . . . . *A. vineale.*
  { Ombelles sans bulbilles. . . . . *A. sphærocephalum.*

* *Etam. à filets simples.*

1. A. URSINUM *L.* (*A. des ours*). Bulbe blanchâtre, allongé. *Feu.* toutes radicales, *planes, ovales-lancéolées,* pétiolées. Hampe triquètre, haute de 2 à 3 décim. *Fl. blanches,* assez grandes, 6 à 10, pédonculées, en ombelle capsulifère. Spathe membraneuse, blanchâtre. ♃. P. C. Prés et bois humides, bords des eaux.

2. A. CARINATUM *L.* (*A. en carène*). Tige droite, haute de 3 à 5 décim., chargée de 2 ou 3 *feu. linéaires,* étroites, planes ou un peu en gouttière, à stries nombreuses en-dessous, souv. contournées. Fl. rougeâtres, peu nombreuses, pédonculées, entremêlées de bulbilles, en ombelle resserrée. *Spathe à 2 valves inégales, longuement prolongées en forme de cornes écartées.* Divis. du pér. linéaires-lancéolées, *obtuses, plus courtes que les* étamines et que le style. ♃. E. PC. Coteaux secs, bords des champs. Rouen, Caen, Falaise.

3. A. PANICULATUM *L.;* *A. intermedium* DC. (*A. paniculé*). Tige droite, haute de 3 à 6 décim., garnie de quelques *feu.* fistuleuses, semi-cylindriques, *presque planes, à 3 ou 5 stries en-dessus.* Fl. rougeâtres, portées sur de longs pédoncules, en ombelle lâche, entremêlées de bulbilles peu nombreuses qui manquent quelquefois. Divis. du pér. tronquées, mucronées. Style très court. *Etam. non saillantes.* Spathes à 2 valves, ventrues, fistuleuses au sommet, 2 et 3 fois plus longues que l'omb. ♃. E. TR. Champs cultivés, Alençon.

4. A. OLERACEUM *L.* (*A. des lieux cultivés*). Tige cylindrique, droite, haute de 3 à 5 décim., garnie d'un petit nombre de *feu. courtes, fistuleuses, planes au sommet,* sillonnées, un peu rudes. Fl. verdâtres, purpurines ou brunes, en ombelle lâche, peu fournie, entremêlée de nombreuses bulbilles. *Spathe à 2 valves inégales, écartées, dont une fort longue.* Divis. du pér. lancéolées, obtuses, rayées d'une couleur plus foncée. Etam. incluses, dépassées par le style. ♃. E. PC. Champs cultivés des terr. calc. Le Havre, Caen, Falaise, Alençon, Bayeux, etc.

** *Etam. à filets alternativem. trifides.*

5. A. SPHÆROCEPHALUM *L.* (*A. à tête ronde*). Tige droite, cylindrique, haute de 4 à 8 décim., garnie de quelques *feu.* fistuleuses, demi-cylindriques, menues, souv. desséchées au moment de la fleuraison. Fl. d'un pourpre foncé, pédonculées, en *ombelle multiflore, serrée en tête globuleuse, sans bulbilles.* Divis. du pér. peu ouvertes, lancéolées, obtuses. Etam. et style saillants. ♃.

E. PC. Collines sèches et pierreuses. Rouen, Evreux, Benerville, Caen, Falaise, Avranches, Vernon, etc.

6. A. VINEALE *L.* (*A. des vignes*). Vulg. *Aillet*, *Aillot*. Tige cylindrique,
droite, haute de 3 à 8 décim. *Feu.* fistuleuses, menues. Fl. verdâtres ou purpurines, peu nombreuses, quelquefois nulles ; alors l'ombelle qui est globuleuse est entièrem. composée de bulbilles, qui sont toujours en grand nombre,
en tête très-serrée, souv. en végétation. *Etam. dépassant le pér.* — Quelquefois la hampe est terminée par plusieurs têtes (2-3) bulbifères, rapprochées.
℣. E. C. Champs cultivés.

Plusieurs espèces de ce genre sont généralement cultivées dans tous les
jardins, comme plantes potagères ; telles sont : l'Ail cultivé (*A. sativum L.*),
le Poireau (*A. porrum L.*), l'Ognon (*A. cepa L.*), la Ciboule (*A. schœno-
prasum L.*), l'Echalote (*A. ascalonicum L.*), la Rocambole (*A. scorodo-
prasum L.*), etc.

IX. NARTHECIUM *Mœhr.* (*Narthécie*). Pér. à 6 divis. égales, profondes,
pétaloïdes. *Etam.* 6, *à filets barbus, persistants.* Ov. pyramidal. Style court,
à 3 stigm. Caps. 3-loculaire, 3-valve, polysperme. — *Racine fibreuse, rampante.*

1. N. OSSIFRAGUM *Huds.*, *Anthericum* L., *Abama ossifraga DC.* (*N. des
marais*). Tige grêle, dressée, un peu courbe à la base, simple, garnie de
quelques feu. courtes. Feu. radicales, ensiformes, linéaires, étroites, longues,
courbes, engaînantes latéralem. Fl. jaunes en épi terminal. ℣. Et. C. Lieux
marécageux. Alençon, Domfront, Vire, Mortain, Lessay, Périers, Falaise, etc.

Cᵉ. FAM. ASPARAGÉES. *Juss.*

Fl. hermaphr. quelquefois monoïques ou dioïques. *Pér. libre* à 4, 6 ou 8
divis. (le plus souv. 6) libres ou soudées en tube. Etam. en nombre égal à
celui des divis. du pér., rarem. réunies en tube (dans le *Ruscus*). Ov. non
soudé avec le pér., unique. Style 2 à 4. Stigm. 3 à 4. Fruit (*baie*) sphérique,
à 3 ou 4 loges, 1 à 3 spermes, quelquefois 1-loculaire par avortement. Graines
fixées à l'angle interne des loges. Embryon entouré d'un périsperme charnu
ou corné. — *Herbes ou arbustes, à racines cylindriques, non bulbeuses. Feu.
alternes, quelquefois verticillées.*

<pre>
1 { Fleurs dioïques; feu. réduites à des écailles, rameaux aplatis simulant des feu: 2
  { Fleurs hermaphrodites ; plantes pourvues de véritables feuilles.   3
2 { Etamines 6. Ramuscules filiformes.   ASPARAGUS (i).
  { Etamines 3. Ramuscules en feuilles épineuses au sommet.   RUSCUS (vi).
3 { Périanthe tubuleux ou campanulé.   4
  { Périanthe à divisions libres, étalées, ou vertes.   5
4 { Périanthe urcéolé, hampe non feuillée.   CONVALLARIA (iv).
  { Périanthe tubuleux ou campanulé; tige feuillée.   POLYGONATUM (iii).
5 { Périanthe à 8 divisions; fleur solitaire, terminale.   PARIS (ii).
  { Périanthe à 4 divis.; fl. nombreuses en grappe termin.. MAYANTHEMUM (v).
</pre>

† *Fleurs hermaphrodites.*

I. ASPARAGUS *L.* (*Asperge*). *Pér. libre, à 6 divis. profondes, pétaloïdes,
dont les 3 extér. recourbées au sommet.* Etam. 6. Style 1. Stigm. 3-gone.
Baie à 3 loges, 2-spermes ou monospermes par avortement. — *Feu. réduites
à des écailles, des ramuscules aplatis simulant de vraies feuilles.*

1. A. OFFICINALIS *L.* (*A. officinale*). Tige droite, ferme, très-rameuse, haute de 8 à 12 décim. Feu. sétacées, molles, fasciculées. Fl. d'un vert-jaunâtre, portées sur un pédoncule articulé, souv. dioïques. Baies sphériques, d'un rouge vif. ♃. E. PC. Lieux sablonneux, haies, sables maritimes. Rouen, Falaise, Lisieux, Vauville, Ardevon, Evreux, Colleville, Courseulles, etc.
La variété cultivée est bien connue par ses jeunes pousses, qui fournissent un aliment estimé.

II. PARIS *L.* (*Parisette*). Pér. à 8 *divis. verdâtres*, dont 4 extér. caliciformes, lancéolées, et 4 intér. linéaires, étroites, simulant une corolle. *Etam.* 8, ayant les anthères soudées dans la partie moyenne des filets. Stigm. 4. Baie à 4 loges 6 à 8-spermes. — *Fl. solitaire, terminale.*

1. P. QUADRIFOLIA *L.* (*P. à quatre feuilles*). Tige droite, simple, cylindrique, haute de 1 à 3 décim., portant dans sa partie supér. 4 feu. ovales, entières, glabres, verticillées. Fl. verdâtre, terminale, à divis. ouvertes, étalées. Baie tétragone, arrondie, noirâtre. ♃. P. PC. Bois.
On trouve, mais rarement, des individus ayant 3, 5 ou 7 feuilles; dans ces cas le nombre des divis. du pér., des étam. et des stigm., présente quelquefois la même anomalie.

III. POLYGONATUM *Desf.* (*Polygonate*). Fl. hermaphr. *Pér. tubuleux cylindrique, à 6 dents dressées. Etam. 6, insérées sur le pér. vers le milieu de sa hauteur. Style à stigm. obtus, trigone. — Tige feuillée.*

{ Tige anguleuse; étamines à filets glabres. . . . . *P. vulgare.*
{ Tige cylindrique; étamines à filets poilus. . . . . *P. multiflorum.*

1. P. VULGARE *Desf.*, *Convallaria polygonatum L.* (*P. commun*). Vulg. *Sceau-de-Salomon.* Tige droite, anguleuse au sommet, haute de 3 à 5 décim. Feu. alternes, ovales-lancéolées, glabres, demi-embrassantes. *Fl.* blanches, cylindriques, renflées, assez grosses, à gorge verdâtre, axillaires, *presque toujours solitaires.* Baies bleuâtres. Etam. glabres. ♃. P. PC. Bois et haies, Rouen, Evreux, Vernon.

2. P. MULTIFLORUM *Desf.*, *Convallaria multiflora L.* (*P. multiflore*). Vulg. *Grand-Sceau-de-Salomon.* Cette espèce est plus commune en Normandie que la précédente, dont elle diffère par sa *tige cylindrique* plus élevée, par ses *pédonc. portant de 3 à 6 fl.* plus petites, et par ses étam. à filets poilus. ♃. P. TC. Bois, haies et bords des pâturages ombragés.

IV. CONVALLARIA *L.* (*Muguet*). Pér. pétaloïde, campanulé-globuleux, à 6 dents rejetées en dehors. *Etam. 6, insérées à la base du pér.* Style indivis. Stigm. obtus, subtrigone. — *Feuilles toutes radicales; hampe ou pédonc. nu, radical.*

1. C. MAIALIS *L.* (*M. de mai*). Hampe faible, demi-cylindrique, naissant au milieu de 2 feu. radicales, lisses, lancéolées, grandes, engaînantes à la base. Fl. blanches, odorantes, en grelot, penchées, disposées en un petit épi lâche, unilatéral et terminal. ♃. PC. Bois.

V. MAYANTHEMUM *Roth.* (*Mayanthème*). Pér. à 4 divis. profondes, étalées. Etam. 4. Style 1. Stigm. 2. Baie globuleuse, souv. tachetée avant la maturité, à 2 loges 1-sperme. — *Fleurs en grappes ou épis terminaux.*

1. M. BIFOLIUM *DC.*, *Convallaria* L. (*M. à 2 feuilles*). Tige flexueuse, haute de 1 à 3 décim., munie de 2 feu. alternes, cordiformes, rétrécies à la base en un court pétiole, pubescentes en-dessous. Fl. blanches, petites, en épi lâche, terminal. Divis. du pér. roulées en dehors. Baie roussâtre, tachetée. ♃. P. TR. Bois montueux. Bois de Mont-Buisson, dans le pays de Bray. Forêt de Cinglais, arrondissement de Falaise (MM. Perrier et Morière). Forêt-Verte, près de Rouen, la Trappe (Orne); M. Lubin-Thorel.

† Fleurs dioïques.

VI. RUSCUS *Tourn.* (*Fragon*). Pér. à 6 divis. étalées, libres. Etam. 3, réunies en un tube ou godet anthérifère. Fl. fem. : style 1, à stigm. simple. Ov. sup. Fruit (baie) globuleux, à 3 loges 2-spermes. — *Sous-arbrisseau, à ramuscules aplatis, terminés par une épine et simulant des feuilles.*

1. R. ACULEATUS L. (*F. piquant*). Vulg. *Houx-frelon*; *petit-houx*, *fesse-larron*. Sous-arbrisseau à tige arrondie, striée, rameuse, verte, haute de 3 à 8 décim. Feu. (rameaux aplatis, dilatés, simulant des feu.) sessiles, alternes, ovales, pointues, piquantes, nerveuses, dures. Fl. verdâtres, solitaires, portées sur un court pédoncule qui naît au milieu des feuilles, munies d'une bractée à leur base. Baie globuleuse, d'un rouge vif. ♃. Hᵃ. C. Bois et haies.

CIᵉ. FAM. DIOSCORÉES. *Rob. Brown.*

Fleurs dioïques, régulières. Pér. pétaloïde, à 6 divis. presque égales, disposées en deux rangs et soudées en tube à la base. Pér. de la fl. mâle, campanulé, à tube court. Etam. 6, insérées à la base des divis. du pér. Fl. fem. : pér. à tube oblong, soudé avec l'ovaire. Styles 3, soudés infér., à stigm. bifides. Fruit *bacciforme succulent*, *indéhiscent*, à 3 loges bi ou monospermes, ou uniloculaires par avortement. Embryon entouré par un périsperme charnu.

I. TAMUS L. (*Taminier*). Caractères de la famille.

1. T. COMMUNIS L. (*T. commun*). Vulg. *Sceau-Notre-Dame*, *Raisin du diable*. Racine tubéreuse. Tige faible, glabre, volubile, longue de 2 à 3 mètres. Feu. alternes, cordiformes, pétiolées, pointues, glabres. Fl. verdâtres, petites, en grappe lâche et axillaire. Baies rouges. ♃. E. TC. Haies.

CIIᵉ. FAM. COLCHICACÉES. *DC.*

Fl. hermaphr. Pér. à 6 divis. pétaloïdes, colorées. Etam. 6, opposées aux divis. du pér. et insérées sur elles. Anthères extrorses. Ovaires 3, tantôt distincts, tantôt soudés de manière à former une caps. à 3 loges et à 3 valves dont les bords rentrants servent de cloisons. Graines nombreuses, attachées sur deux séries à l'angle interne des loges et enveloppées d'un tégument membraneux. Embryon cylindrique entouré d'un périsperme charnu.

I. COLCHICUM L. (*Colchique*). Pér. allongé, tubuleux inférieurement et partant du bulbe, à limbe campanulé et à 6 divis. pétaloïdes, colorées, profondes, ovales, droites. Etam. 6, attachées à l'entrée du tube. Styles 3, très-longs, à 3 stigm. crochus. Caps. à 3 lobes, soudés à la base, polyspermes.

1. C. AUTUMNALE *L.* (*C. d'automne*). Vulg. *Safran bâtard.* Bulbe charnu, donnant, à l'automne, 1 à 5 fl. purpurines ou un peu violacées, assez grandes et s'élevant au-dessus du sol de 10 à 15 centim. Feuilles lancéolées, droites, larges et d'un beau vert, enveloppant le fruit et ne se montrant qu'au printemps suivant. ♃. A. C. Prés humides ; principalem. dans les terr. calcaires.

Var. b. C. vernum. C. Bauh. Fl. plus petites, suivies immédiatem. par les feu. Avril ; Falaise. Prés inondés à l'automne ; cause probable de cette fleuraison retardée.

CIII^e. FAM. AROIDÉES. *Juss.*

Fl. monoïques, sessiles, disposées autour d'un spadix simple, entouré d'une spathe monophylle. Pér. nul. Fl. M. : étam. nombreuses, insérées sur le spadix. Fl. F. : ov. 1-loculaires, polyspermes. Style 1, à stigm. simple. Embryon droit, entouré d'un périsperme charnu. — *Herbes acaules, à feu. radicales.*

I. ABUM *L.* (*Gouet*). Fl. monoïques. Spathe monophylle, roulée en cornet renflé à la base, entourant un spadix allongé, terminé en massue, nu au sommet, chargé, au milieu, de plusieurs rangées d'anthères sessiles et, au-dessous, de 2 ou 3 rangs d'étamines avortées en forme de glandes aristées. Les ovaires sont placés à la base du spadix. Stigm. velu. Baie uniloculaire, à 1 ou 2 graines.

Le spadix des *Arum*, à une certaine époque de la fleuraison, acquiert une chaleur considérable. Ces plantes sont rubéfiantes et leur racine contient beaucoup de fécule.

Oreillettes des feuilles très-divariquées.	*A. italicum.*
Oreillettes des feuilles inclinées vers le bas.	*A. vulgare.*

1. A. VULGARE *Lam.* (*G. commun*). Vulg. *Vachottes, Pilettes, Chandelles, Pied-de-veau.* Racine tubéreuse. Hampe haute de 15 à 20 centim. Feu. larges, pétiolées ; *hastées-sagittées,* à oreillettes peu divariquées, glabres. Spathe d'un blanc-verdâtre. *Massue du spadix jaunâtre ou violacée plus courte que son support. — Feu. naissant après l'hiver.* ♃. P. C. Haies.

Var. b. A. maculatum L. Feu. tachées de noir ; spathe bordée de violet-purpurin, carénée. Fl. plus précoces. J'ai trouvé aussi cette espèce à feu. veinées de jaune.

2. A. ITALICUM *Mill.* (*G. d'Italie*). *Feu. hastées-sagittées,* à oreillettes très-divariquées, amples, tachées ou plutôt veinées de couleur blanchâtre. Spathe blanchâtre, large, quelquefois un peu rougeâtre en dehors. Massue du spadix jaunâtre ; aussi longue que son support. Feu. naissant avant l'hiver. ♃. E. PC. Haies, bois et coteaux. Caen, Clécy (Calvados) ; Vimoutiers, Camembert, Pùtanges (Orne), Cherbourg.

Cette espèce diffère de la précédente par sa plus grande taille dans toutes ses parties et surtout par une particularité de sa végétation que l'on doit remarquer. Ses feuilles commencent à se montrer à la fin de septembre ou en octobre, et les fleurs ne se développent qu'au commencement de l'été suivant.

L'*Acorus calamus* L. est naturalisé dans les environs de Rouen.

27

CIVᵉ. FAM. TYPHACÉES, *Juss.*

Fl. monoïques, réunies en chatons globuleux ou cylindriques, unisexuels. Pér. à 3 divis. ou nul. Fl. M. étam. 3. Fl. F. : ov. 1, libre, sup., 1-sperme, à ovule pendant. Style 1. Stigm. 1 ou 2. Embryon droit, entouré d'un périsperme charnu ou farineux. — Herbes aquatiques, à tiges dépourvues de nœuds. Feu. alternes, ensiformes, engaînantes.

Fleurs en épis cylindriques. . . . . TYPHA (i).
Fleurs en têtes globuleuses. . . . . SPARGANIUM (ii).

I. TYPHA L. (*Massette*). Fl. monoïques, disposées en 2 épis ou *chatons cylindriques*, allongés ; les M. terminales, à 3 étam. réunies à la base en un seul filet. Pér. à 3 divis. filiformes. Fl. F. à pér. nul, en épi ou chaton placé au-dessous des fl. mâles. Fruit (cariopse) 1-sperme, porté sur un pédicelle entouré de poils nombreux en aigrette, remplaçant le pér. — Vulg. *Queues de renard, Quenouilles, Pompons.*

Épis mâles et femelles contigus ou très-rapprochés. . . . . . . *T. latifolia.*
Épis mâles et femelles distants. . . . . *T. angustifolia.*

1. T. LATIFOLIA L. (*M. à larges feu.*). Tiges hautes de 1 à 2 mètres. Feu. ensiformes, aplaties, très-longues, assez larges. Épis mâles et fem. contigus, gros et épais ; l'infér. (fem.) d'un brun-rougeâtre. Spathes 2, caduques. Pollen jaunâtre très-abondant. ♃. E. C. Marais, étangs.

Var. *b. T. media* Schl. Feu. un peu plus étroites ; épis un peu distants.

2. T. ANGUSTIFOLIA L. (*M. à feu. étroites*). Tige haute de 1 à 2 mètres. Feu. linéaires, aplaties, un peu canaliculées, plus courtes que la tige. Fl. en *chatons cylindriques, longs et grêles, distincts, séparés par un intervalle.* Le chaton fem. brun. Spathes caduques. ♃. E. C. Marais, étangs, fossés. Largeur des feu. très-variable.

II. SPARGANIUM L. (*Rubanier*). *Fl. monoïques, en têtes ou chatons globuleux, latéraux.* Pér. à 3 divis. squammiformes, fugaces. Fl. m. supér. Étam. 3. Fl. fem. à style long. Stigm. simple. Fruit sec, sessile, turbiné, non entouré par une aigrette. — *Fl. verdâtres.*

Fleurs disposées en épis simples. 2
Fleurs disposées en épis rameux. . . . . *S. ramosum.* 1
Feuilles triquètres à la base, dressées. . . . . *S. simplex.*
Feuilles planes, flottantes. . . . . *S. natans.*

1. S. RAMOSUM C. Bauh. (*R. rameux*). *Tige ferme,* cylindrique, un peu flexueuse, haute de 6 à 8 décim., *rameuse dans le haut.* Feu. ensiformes, droites, longues, engaînantes, carénées, *à bords courbés,* inférieurem. triquètres, planes dans le haut. *Chatons* globuleux, sessiles et *placés sur les rameaux terminaux de manière à former une sorte de panicule ;* les fem. peu nombreux. ♃. E. C. Fossés, étangs.

2. S. SIMPLEX Roth. (*R. simple*). Cette espèce ressemble beaucoup à la précédente, dont elle diffère surtout par ses *chatons sessiles, disposés le long d'un axe simple, non rameux.* Sa tige est un peu moins élevée. Ses feu. sont plus étroites, triquètres dans le bas, planes dans le haut, *à côtés planes.* Le chaton infér. est souvent pédonculé. ♃. E. C. Marais, fossés, étangs.

3. S. NATANS *L.* (*R. nageant*). *Tiges flottantes*, souv. très-longues, selon la profondeur des eaux où elles croissent. *Feu. planes*, étroites, longues, lisses, *nageantes. Pédonc. ou axe terminal simple.* Chatons peu nombreux, 2 ou 3 fem., un seul mâle, terminal, à étam. longues. ⧖. E. PC. Étangs, mares, fossés. Rouen, Marais des Terriers et de Chicheboville, près de Caen ; Marais-Vernier, Falaise, etc.

Var. *b. emersum.* Tige courte ; feu. alternes, dressées, ouvertes. Lieux humides, non inondés. Falaise.

CV^e. FAM. JONCÉES. *Mirb.*

Fl. hermaphr. Pér. libre, à 6 divis. le plus souv. glumacées ou écailleuses, rarem. pétaloïdes. Etam. 6 ou 3, opposées aux divis. du pér. Anthères 2-loculaires. Ov. sup. Style 1, à 3 stigm. Caps. 3-loculaire (quelquefois 1-locul. par avortement des cloisons), à 3 valves septifères en leur milieu. Loges polyspermes, ou seulement à 3 graines. Embryon cylindrique. Périsperme charnu. — *Tiges herbacées. Feu. enguînantes, cylindriques, ou planes et graminiformes. Fl. accompagnées de bractées scarieuses.*

A { Feuilles plus ou moins cylindriques, quelquefois nulles. . . . JUNCUS (i)
  { Feuilles planes, souvent poilues. . . . . LUZULA (ii).

I. JUNCUS *Micheli* (*Jonc*). Pér. à 6 divis. ou sépales, libres. Etam. 3, ou le plus souv. 6. Style 1, à 3 stigm. longs, filiformes, velus. *Caps. 3-loculaire, 3 valve, polysperme. Graines nombreuses attachées à une cloison, placée au milieu des valves. — Feu. le plus souvent cylindriques, glabres.*

1 { Tiges et feuilles piquantes au sommet. 2
  { Tiges et feuilles non piquantes au sommet. 3
2 { Capsule 2 fois plus longue que les sépales. . . . . J. acutus.
  { Capsule à peine égale en longueur aux sépales. . . . . J. maritimus.
3 { Tiges nues ; feuilles toutes radicales. 4
  { Tiges pourvues de feuilles. 8
4 { Fleurs terminales. 5
  { Fleurs latérales. 6
5 { Fleurs en panicule ou corymbe lâche. . . . . J. squarrosus.
  { Fleurs en tête serrée. . . . . J. capitatus.
6 { Panicule lâche ; fleurs verdâtres. 7
  { Panicule serrée ; fleurs brunâtres. . . . . J. conglomeratus.
7 { Plante glauque ; moelle interrompue. . . . . J. glaucus.
  { Plante verte ; moelle continue. . . . . J. effusus.
8 { Feuilles paraissant noueuses sous la pression des doigts. 9
  { Feuilles dépourvues de nœuds. 12
9 { Tige faible ; capsules à angles obtus. . . . . J. uliginosus.
  { Tige ascendante ; capsules à angles aigus. 10
10 { Sépales obtus ; fleurs d'un blanc-verdâtre. . . . . J. obtusiflorus.
   { Sépales aigus ; fleurs plus ou moins brunes. 11
11 { Sépales inégaux, longuement acuminés. . . . . J. sylvaticus.
   { Sépales égaux ; extérieurs aigus ; intérieurs un peu obtus. J. lampocarpus.
12 { Tige simple, comprimée. 13
   { Tige bifurquée ou rameuse ; cylindrique. 14
13 { Sépales et style plus courts que la capsule. . . . . J. bulbosus.
   { Sépales et style égaux en longueur à la capsule. . . . . J. Gerardi.
14 { Fleurs agglomérées. . . . . J. pygmæus.
   { Fleurs solitaires. 15
15 { Capsule oblongue, plus courte que les sépales. . . . . J. bufonius.
   { Capsule globuleuse à peu près de la longueur des sépales. . . . J. Tenageya.

** Feuilles nulles ou radicales.*

1. J. **CONGLOMERATUS** L. (*J. à fl. agglomérées*). Feu. nulles. Tige haute de 5 à 8 décim., cylindrique, verte, droite, nue, striée, remplie d'une moëlle blanche. *Fl. brunes en corymbe latéral, serré, comme en capitule arrondi, sessile.* Divis. du pér. lancéolées, étroites, aiguës. *Caps.* ovoïdes, *obtuses.* *Etam.* 3. ♃. E. C. Lieux humides, marécageux, bords des rivières, des fossés, etc.

2. J. **EFFUSUS** L. (*J. à fl. étalées*). Feu. nulles. *Tige* haute de 5 à 8 décim., cylindrique, nue, *verte*, lisse, *remplie de moëlle continue.* Fl. brunes, pâles, un peu blanchâtres, en *panicule lâche*, latérale, à pédoncules longs, étalés. Divis. du pér. étroites, aiguës. *Etam.* 3. *Caps.* ovoïdes, allongées, tronquées, *mucronées au sommet.* ♃. E. C. Même station que l'espèce précéd., dont celle-ci diffère par son corymbe lâche et ses fl. de couleur pâle.

3. J. **GLAUCUS** Ehrh. (*J. glauque*). Vulg. *Jonc des jardiniers*, Racine rampante. Feu. nulles. *Tiges glauques, à moëlle interrompue*, menues, striées, tenaces, munies à leur base de gaines écailleuses d'un brun-violâtre, presque noires. Fl. en *panicule* latérale, décomposée, *lâche*, dressée. Divis. du pér. subulées, les 3 extér. plus longues. Capsule ovoïde-allongée, mucronée. *Etam.* 6. ♃. E. TC. Bords des fossés, landes humides.

Var. *b. J. longicornis* Bast. Bractée au sommet de la tige, très-longue. Thorigny, Caen.

4. J. **ACUTUS** Lam. (*J. aigu*). Tige nue, cylindrique, assez grosse, haute de 8 à 15 décim. *Feu.* cylindriques, fermes, *piquantes.* F. brunes, en *panicule* épaisse, décomposée, *terminale*, accompagnée d'un spathe à 2 folioles ou bractées pointues ne dépassant pas les fl. *Caps.* roussâtres, luisantes, très-grosses, ovoïdes-arrondies, mucronées, *2 fois plus longues que les divis. du pér.* ♃. E. PC. Lieux sablonneux et humides au bord de la mer, dans l'ouest du département de la Manche.

5. J. **MARITIMUS** Lam. (*J. maritime*). Racine longue, rampante, émettant une série simple et régulière de faisceaux de feuilles et de tiges ; celles-ci sont menues, cylindriques, droites, hautes de 3 à 6 décim. *Feu.* engaînantes à la base, *pointues, piquantes au sommet.* Fl. d'un brun pâle en *panicule* lâche, rameuse, *terminale* et paraissant latérale par le prolongement d'une des valves de la spathe qui dépasse les fleurs de plusieurs centim., en forme d'une feu. cylindrique, pointue. Etam. 6. *Caps.* petites, mucronées, *égales aux divis. du pér.* qui sont lancéolées, aiguës. ♃. E. TC. Lieux marécageux au bord de la mer.

Le *J. acutus* de Linné renferme cette espèce et la précédente.

6. J. **SQUARROSUS** L. (*J. rude*). Remarquable par ses *feu. toutes radicales*, en *touffe épaisse et ouverte*, courtes, *raides*, *dures*, sétacées, un peu canaliculées, engaînantes et scarieuses à la base. Tige droite, haute de 3 à 4 décim. Fl. brunes en panicule terminale, rameuse, décomposée. Divis. du pér. lancéolées, scarieuses et blanchâtres sur les bords, égalant les caps. qui sont ovoïdes-allongées, mucronées. Etam. 6. ♃. E. PC. Landes humides. Forges, Bagnoles, Falaise, Mortain, Alençon, etc.

7. J. **CAPITATUS** Weigel, *J. ericetorum* Poll. (*J. capité*). Plante annuelle, à racine fibreuse. Tige haute de 8 à 12 centim., dépourvue de feu. Feu.

toutes radic., canaliculées, subulées-sétacées, souv. rougeâtres. *Fl. agglomé-*
rées en un capitule terminal, ou rarem. accompagné d'un ou deux autres
pédicellés, muni d'une feu. florale allongée et de plusieurs bractées foliacées.
Sép. ovales-lancéolés, *acuminés-cuspidés, plus longs que la caps.* qui est
ovoïde, obtuse. ☉. E. TR. Sables humides. Trouvé dans les environs de
Barfleur et de Gatteville par M. le docteur Lebel, et à Cherbourg.

** Tige feuillée.

† *Feu. noueuses, par l'effet de diaphragmes qui séparent la moëlle qui les*
garnit intérieurement.

8. J. SYLVATICUS *Reichard*, J. *acutiflorus* Ehrh. (*J. des bois*). Tige
dressée, haute de 5 à 8 décim. Feu. noueuses, cylindriques, un peu comprimées. Fl. brunes, un peu rougeâtres, réunies, 5 à 10, agglomérées et
formant une panicule large, terminale, rameuse, décomposée. Divis. du pér.
lancéolées, aiguës; *les intér. plus longues, à pointe recourbée,* toutes plus
courtes que la caps. qui est fauve, ovoïde-oblongue, pointue. Etam. 6. ♃.
E. TC. Bois et prés humides.

Var. *b. multiflorus* Weihe. Panicule plus ample, fournie de fl. nombreuses;
caps. égale en longueur aux sép. Falaise.

Le *J. repens* Req., trouvé à Cherbourg, paraît n'être qu'une var. de cette
espèce à tiges rampantes, rameuses à la base et à panicule peu fournie.

9. J. LAMPOCARPUS *Ehrh.* (*J. à fruits luisants*). Tige couchée à la base,
redressée, haute de 2 à 6 décim. Feu. noueuses, comprimées. Fl. d'un brun-
noirâtre, en glomérules de 4 à 7, formant une panicule peu fournie, à rameaux inégaux. *Divis. du pér.* lancéolées, *égales; les intér. scarieuses, un peu*
obtuses, plus courtes que la caps. qui est ovoïde-trigone, mucronée, noire,
luisante. Etam. 6. ♃. E. C. Lieux humides, bords des chemins.

Var. *b. fluitans* Koch. Tiges allongées, flottantes.

10. J. OBTUSIFLORUS *Ehrh.* (*J. à fl. obtuses*). Tige droite, haute de 3 à 6
décim. *Feu.* longues, noueuses, cylindriques. *Fl. d'un brun-jaunâtre, pâle,*
réunies en glomérules serrés, courts, portés sur des pédonc. rameux, divari-
qués-réfléchis, formant une panicule ouverte, peu allongée. *Divis. du pér.*
égales, lancéolées, *obtuses, de la longueur de la capsule* ovoïde-trigone,
pointue. ♃. E. C. Marais, fossés, surtout des terr. calc. Rouen, Caen, Falaise, etc.

11. J. ULIGINOSUS *Meyer* (*J. des lieux fangeux*). *Tiges renflées à la base,*
souv. radicantes, en touffes de 1 à 3 décim. Feu. sétacées, canaliculées, à
peine noueuses. Fl. d'un brun-rougeâtre, pâle, en petits capitules serrés, de
3-8 fl. formant une panicule irrégulière, peu rameuse. *Divis. du pér. inégales,*
plus courtes que la caps., les exter. pointues, les intér. obtuses. Etam. 3.
Caps. ovoïde-allongée, obtuse, mucronée. ♃. E. TC. Lieux humides, marécageux.

Var. *b. prolifer.* Capitules foliacés et prolifères.

Var. *c. comosus.* Capitules nombreux, formés de feu. sétacées, en touffes
serrées. — Falaise.

Var. *d. J. fluitans* Lam. Tiges très-longues, rougeâtres, flottantes; capitules
3-flores. Eaux stagnantes.

Var. *e. confervaceus.* Feu. et tiges déliées comme une conferve. Eaux
courantes. Lisieux.

Var. *f. J. supinus* Mœnch. Tiges courtes, simples; capitules pauciflores. Lieux humides, sablonneux. Granville; Cherbourg, Caen, etc.

†† *Feu. canaliculées, non garnies de nœuds.*

12. J. BULBOSUS *L., J. compressus* Jacq. (*J. bulbeux*). Racine rampante, horizontale. Tiges droites, comprimées, raides, hautes de 2 à 6 décim. Feu. linéaires, canaliculées, étroites. Fl. d'un brun-verdâtre, solitaires, en panicule dressée, décomposée. Divis. extér. du pér. pointues, es intér. un peu plus courtes et obtuses. Etam. 6. *Caps.* ovoïde, presque globuleuse, obtuse, *plus longue que le pér.* Style de moitié plus court que la caps. ♃. E. AC. Lieux humides, fossés. Falaise, Livarot; Dives, Cherbourg, Vernon, etc.

13. J. GERARDI *Lois.* (*J. de Gérard*). Diffère de l'espèce précédente par un port plus délicat, une tige plus élevée, plus grêle et d'un vert plus clair; sa panicule est plus lâche; les *divis. du pér.* obtuses, moins brunes sur les bords et *de la longueur de la caps.* qui est un peu plus allongée. *Style égal en longueur à la caps.* E. R. Prés humides, lieux marécageux, principalem. dans les contrées maritimes. Marais-Vernier, Cherbourg; Bernières (Calv.); Avranches, Granville, Réville (Manche).

14. J. BUFONIUS *L.* (*J. des crapauds*). *Tiges gazonnantes, filiformes, faibles, rameuses-dichotomes dans leur partie supér.,* hautes de 1 à 3 décim. Feu. très-fines, linéaires, un peu canaliculées. *Fl. d'un vert-blanchâtre, latérales, solitaires* ou géminées, *sessiles. Divis. du pér.* longuement acuminées, scarieuses, blanchâtres, avec une ligne verte dorsale, *plus longues que la caps.* qui est ovoïde-oblongue, obtuse. Etam. 6. ◉. E. TC. Lieux humides, fossés; bords des mares.

Var. *b. fasciculatus* Koch. Tige courte, robuste; fleurs réunies 2 ou 3 en petits fascicules. Caen.

Var. *c. prostratus.* Tige très-courte, étalée-couchée. Sables maritimes. Arromanches, Pirou, etc.

Le premier développement des jeunes plantes de cette espèce présente un état extraordinaire qui les a fait prendre quelquefois pour une cryptogame. Voici ce qu'en dit Vaucher, dans son *Histoire physiol. des plantes d'Europe :* « Dans cette espèce, les semences, dès l'entrée du printemps, germent en « abondance et étalent leur cotylédon, qui a la forme d'un cuilleron pétiolé, « en même temps qu'elles enfoncent en terre leur radicule conique. »

15. J. TENAGEYA *L., F.* (*J. inondé*). *Tiges* droites, filiformes, *raides,* rameuses, dichotomes au sommet, hautes de 1 à 4 décim. Feu. sétacées, courtes, peu nombreuses, planes. Fl. brunes, solitaires, sessiles, disposées en séries unilatérales sur les rameaux terminaux. *Panicule lâche, divariquée. Divis. du pér.* pointues, *égales à la caps.* qui est ovoïde-globuleuse, obtuse. Etam. 6. ◉. E. C. Lieux inondés l'hiver, landes humides.

16. J. PYGMÆUS *L.* (*J. pygmée*). Tige rameuse, un peu étalée, grêle, haute de 3 à 10 centim. Feu. linéaires, canaliculées, peu nombreuses. *Fl. verdâtres,* allongées, *réunies en petits capitules latéraux et terminaux. Divis. du pér.* étroites, égales, aiguës, resserrées, plus longues que la caps. qui est allongée, trigone. *Etam. 3.* ◉. E. TR. Lieux humides, sablonneux. Bord des étangs des Rablais; près d'Alençon, et de Vrigny, près d'Argentan; lande de Lessay.

II. LUZULA *DC.* (*Luzule*). Pér. à 6 divis. scarieuses, squammiformes.

Etam. 6. Style 4, à 3 stigm. *Caps. 1-loculaire, 3-valve, à 3 graines fixées à la base des valves. — Feu. planes, chargées de longs poils blancs, épars.*

1 {	Panicule composée de fleurs solitaires.	2
	Panicule composée de fleurs agglomérées.	3
2 {	Feuilles linéaires-lancéolées; capsule obtuse.	*L. pilosa.*
	Feuilles linéaires, étroites; capsule aiguë.	*L. Forsteri.*
3 {	Panicule ample décomposée; épillets pauciflores.	*L. maxima.*
	Panicule simple corymbiforme; épillets multiflores.	4
4 {	Racine rampante; tige solitaire; épis penchés.	*L. campestris.*
	Racine fibreuse; tiges en touffes; épis droits.	*L. multiflora.*

1. L. MAXIMA *DC.* (*L. élevée*). Racine rampante. Feu. linéaires, larges, longues, velues sur les bords, coriaces, calleuses au sommet; les caulin. engaînantes. Tige haute de 4 à 6 décim. Fl. brunes, entourées à la base de bractées scarieuses, en petits capitules portés sur des pédonc. rameux, inégaux, formant un *corymbe terminal, décomposé, à rameaux étalés, penchés.* Divis. du pér. très-pointues. Caps. noirâtre, trigone, acuminée, de la longueur du pér. *Graines sans appendice à la base.* Ʒ. P. PC. Bois montueux. Vire, Falaise, Mortain, Cherbourg, St.-Lo, Vernon, pays de Caux, forêt de Cinglais (Calv.), etc.

2. L. PILOSA *Willd.*, *Juncus L.*, *L. vernalis DC.* (*L. poilue*). Racine stolonifère, fibreuse. Tiges en touffes, faibles, hautes de 2 à 4 décim. *Feu. linéaires-lancéolées*, planes, assez larges, velues surtout sur les bords et à l'entrée des gaines. Fl. brunes, en corymbe terminal, lâches, solitaires, portées sur des pédonc. simples ou rameux, *inégaux, divergents, penchés. Divis. du pér.* brunes, à bords blanchâtres, scarieux, pointues, *plus courtes que la caps.* qui est ovoïde, pyriforme, un peu *obtuse. Graines munies d'un appendice courbé à leur sommet.* Ʒ. Pl. C. Bois.

3. L. FORSTERI *DC.* (*L. de Forster*). Racine fibreuse. Tiges en touffes, filiformes, hautes d'un pied environ. *Feu. linéaires, étroites,* velues. Corymbe terminal, lâche, formé de fl. brunes, solitaires, portées sur des pédonc. *inégaux, rameux, redressés et non étalés. Divis. du pér.* brunes, scarieuses sur les bords, longuem. acuminées, *plus longues que la caps.* qui est ovoïde, pointue. Ʒ. P2. PC. Bois. Rouen, Falaise, Vire, Avranches, Alençon, etc.

4. L. CAMPESTRIS *DC.*, *Juncus L.* (*L. champêtre*). Racine rampante. Tiges droites, ou un peu penchées au sommet, hautes de 1 à 3 décim. Feu. linéaires, velues, surtout à l'entrée des gaines. *Fl.* brunes, *ramassées en épillets penchés.* Divis. du pér. brunes, scarieuses sur les bords, acuminées, plus longues que la capsule qui est trigone, un peu globuleuse, jaunâtre, obtuse et mucronée. *Etam. à filets beaucoup plus courts que l'anthère.* Ʒ. P. TC. Prés, pelouses et bois découverts.

5. L. MULTIFLORA *Lej.* (*L. multiflore*). Souche fibreuse. Tiges en touffes, droites, hautes de 3 à 5 décim. Feu. linéaires, nombreuses, peu velues. *Fl.* brunes, *en épillets pédonculés, formant une ombelle ou cyme terminale à rameaux* simples ou rameux, *dressés. Etam. à filets de la longueur de l'anthère.* Ʒ. P. C. Lieux herbeux, allées des bois.

Var. *b. L. congesta* Lej. Epillets sessiles ou presque sessiles, rapprochés en tête compacte. Cette var. n'est qu'une forme souv. accidentelle, car je l'ai trouvée fréquemment réunie au type dans la même touffe.

CVI^e. FAM. CYPÉRACÉES. *Juss.*

Fl. glumacées, hermaphr. ou diclines, disposées en épis. Pér. formé par une seule écaille ou glume univalve. Ov. libre, simple. Etam. 3, rarem. 2. Anthères cordiformes à la base. Style divisé en 2 ou 3 stigm. Fruit (*akène*) triangulaire ou comprimé, 1-sperme, indéhiscent, souvent entouré à sa base de poils ou de soies (rudiments de périanthe). Embryon très-petit à la base d'un périsperme farineux. — *Herbes le plus souv. vivaces, à tiges cylindriques, ou triquêtres, souv. dépourvues de nœuds. Feu. linéaires, à gaînes entières.*

1. { Fleurs hermaphrodites. 2
   { Fleurs unisexuelles, monoïques ou dioïques. . . . . CAREX (viii).
2. { Akènes entourés de soies brillantes très-longues. . . . . . ERIOPHORUM (vii).
   { Akènes nus ou munis de soies plus courtes que les écailles. . . 3
3. { Ecailles des épillets imbriquées sur 2 rangs. 4
   { Ecailles des épillets imbriquées sur plusieurs rangs. 5
4. { Ecailles 20 à 30, toutes fertiles. . . . . CYPERUS (i).
   { Ecailles 6 à 9, les inférieures vides et stériles. . . . . . . SCHŒNUS (ii).
5. { Ecailles inférieures égales aux supérieures ou plus grandes. 6
   { Ecailles inférieures plus petites que les supérieures. 7
6. { Akène surmonté par un renflement de la base du style. . . ELEOCHARIS (vi).
   { Style non renflé en bulbe à sa base. . . . . SCIRPUS (v).
7. { Style dilaté à sa base ; akène entouré de soies. . . . . . RHYNCHOSPORA (iv).
   { Style non dilaté à sa base ; akène dépourvu de soies. . . . . CLADIUM (iii).

I. CYPERUS *Tourn.* (*Souchet*). Fl. hermaphr. *Epis comprimés, distiques, formés d'écailles 1-flores, imbriquées sur deux rangs.* Etam. 3. Style caduc, à 2 ou 3 stigm. Fruit nu à la base, dépourvu de soies.

1. { Racine rampante ; tige élevée. . . . . *C. longus.*
   { Racine fibreuse ; tige courte. 2
2. { Epillets jaunâtres ; stigm. 2. . . . . *C. flavescens.*
   { Epillets bruns ; stigm. les 3. . . . . *C. fuscus.*

1. **C. LONGUS** *L.* (*S. long*). Racine longue, rampante, odorante. Tige droite, triquètre, *haute de 5 à 10 décim.* Feu. longues, linéaires, carénées, scabres. *Epis d'un jaune-rougeâtre, linéaires, grêles, portés sur de longs pédonc. rameux,* formant une ombelle terminale, décomposée, entourée de 3 à 5 bractées foliacées, longues. Ecailles étroitement imbriquées, scarieuses, tronquées. *Stigm.* 3. Fruit ovoïde-oblong, triquètre, légèrem. mucroné. ♃. E3. C. Prés humides, bords des rivières. Caen, Alençon, Evreux, Falaise, Cherbourg, etc.

Cette esp. porte le nom vulg. de *Han* près de Cherbourg et est très-employée pour faire des liens pour les céréales.

2. **C. FLAVESCENS** *L.* (*S. jaunâtre*). Racine fibreuse. *Tige haute de 1 à 2 décim.,* droite ou *un peu étalée,* légèrem. triquètre. Feu. linéaires, carénées, étroites. *Epis jaunâtres,* comprimés, *lancéolés, presque sessiles,* formant une ombelle terminale, peu fournie, à rayons inégaux. Bractées 3-foliacées, assez longues. Ecailles serrées, imbriquées, obtuses. *Stigm.* 2. ◉. E3. PC. Landes marécageuses, bords des étangs. Alençon, Falaise, Lisieux, Caen, Juvigny-sous-Andennes, Vire, Gisors, St.-Lo, etc.

3. **C. FUSCUS** *L.* (*S. brun*). Racines fibreuses. Tiges gazonnantes, étalées, d'un vert clair, triquètres, peu fermes, hautes de 1 à 3 décim. *Epis d'un brun-noir, rapprochés, linéaires, divergents, comme denticulés par un léger écartement de la pointe des écailles,* en ombelle terminale, inégale, accompagnée

de 3 bractées foliacées, dont une ou deux souv. très-longues. Ecailles pointues, noirâtres, à nervure verte. *Stigm.* 3. ⊚. E3.-A1. PC. Marais. Alençon, Rouen, Caen, Argentan, Lisieux, Falaise, etc.

II. **SCHOENUS** *L.* (*Choin*). Fl. hermaphr. *Ecailles florales 6 à 9, imbriquées sur deux rangs opposés* (les infér. stériles. Etam. 3. Style quelquefois persistant. *Stigm.* 3. Fruit le plus souv. entouré de *soies courtes à sa base*, rarem. nu.

1. s. NIGRICANS *L.* (*C. noirâtre*). Racine fibreuse. Tiges en touffes tenaces, lisses, nues, hautes de 3 à 8 décim., garnies à leur base de gaines noirâtres, fendues. Feu. radicales, sétacées, triquètres, glauques ainsi que les tiges. Fl. noirâtres, ramassées en un seul capitule terminal, accompagné de 2 bractées dont une plus longue, subulée. Fruit lisse, blanchâtre, triquètre, obtus, entouré de soies courtes à sa base. Stigm. 3. ♃. E. PC. Marais tourbeux. Caen, Honfleur, Cabourg, Percy et Plainville (Calvados); Genest, Donville, Reville (Manche), etc.

On fait, à St.-Pierre-sur-Dives, avec les tiges de cette plante, des tissus pour égoutter les fromages.

III. **CLADIUM** *P. Brown.* (*Cladie*). Fl. hermaphr. *Ecailles florales, imbriquées tout autour des épillets; les infér. stériles et plus petites, 1 ou 2 supér. seulem. fertiles.* Stigm. 2 ou 3. *Akènes non entourés de soies, à enveloppe crustacée, fragile.* Style filiforme, caduc. — *Tige feuillée; feu. très-scabres.*

1. c. MARISCUS *Rob. Brown.*, *Schœnus L.* (*C. des marais*). Racine rampante. Tige ferme, fistuleuse, articulée, feuillée, haute de 10 à 15 décim. Feu. longues, carénées, triquètres au sommet, très-coupantes à cause des dentelures aiguës qui se trouvent sur les bords et la carène. Epillets roussâtres, courts et ramassés en petits bouquets, au sommet de pédonc. très-rameux, partant des gaines des feu. supér., et formant, par leur réunion, une longue panicule. ♃. E. PC. Marais. Caen, Lisieux, Honfleur, Heurteauville, Lessay, St.-Come-de-Fresnay, Percy (Calv.)

IV. **RHYNCHOSPORA** *Vahl.* (*Rhynchospore*). Fleurs hermaphr. Epillets à écailles imbriquées sur plusieurs rangs ; *les infér. stériles, plus petites, les 2 ou 3 terminales seules fertiles.* Stigm. 2. *Akènes entourés de 6 à 13 soies plus courtes que les écailles. Style à base renflée et persistante au sommet de l'akène.*

Epillets blanchâtres, à peine dépassés par les bractées.	. . . .	*R. alba.*
Epillets brunâtres, dépassés par une longue bractée.	. . . .	*R. fusca.*

1. R. ALBA *Vahl.*, *Schœnus albus L.* (*R. blanchâtre*). Racine fibreuse. Tiges filiformes, triquètres, feuillées, hautes de 1 à 5 décim. Feu. planes ou caniculées, carénées, étroites, courtes. *Epis blanchâtres*, fasciculés, réunis en 1 à 3 corymbes dont 1 terminal, les autres placés au-dessous, portés sur des pédonc. sortant des gaines des feu. supér. Ecailles ovales-aiguës. *Bractées dépassant à peine les corymbes.* ♃. E. PC. Marais. Rouen, Forges, Caen, Alençon, Vire; La Ferté-Macé, la Grande-Trappe, Briouze (Orne); Mortain, etc.

2. R. FUSCA *Roem et Sch.*, *Schœnus fuscus L.* (*R. brun*). Cette espèce ressemble beaucoup à la précéd., surtout quand la maturité a rendu roussâtre les épis du *R. alba*. Elle en diffère par sa *racine traçante*, par ses *corymbes*

brunâtres, moins tronqués en-dessus; par ses *bractées dont une au moins dé-passe les épis fasciculés en longue pointe foliacée* de 3 à 8 centim., et par ses feu. plus étroites. ♃. E. TR. Marais de Briouze (Orne) et lande de Lessay (Manche).

V. **SCIRPUS** L. part. (*Scirpe*). Fl. hermaphr. Epillets à écailles imbriquées sur plusieurs rangs ; *les infér.* (dont 1 à 2 seulem. stériles) *plus grandes que les supér.* Akènes entourés de 6 soies scabres, plus courtes que les écailles ou quelquefois nus. *Style caduc, à base non renflée.* Stigm. 2 ou 3.

1	Tige rameuse.	S. *fluitans.*
	Tige très-simple	2
2	Epi solitaire, terminal.	3
	Epi en ombelle ou têtes latérales.	5
3	Epi comprimé, formé d'épillets rapprochés, distiques.	S. *compressus.*
	Epi simple, non composé de plusieurs épillets.	4
4	Gaîne de la tige prolongée en pointe foliacée.	S. *cæspitosus.*
	Gaîne de la tige tronquée, sans pointe foliacée.	S. *pauciflorus.*
5	Tige cylindrique.	6
	Tige triquètre.	9
6	Tige grosse, élevée ; épis paniculés.	7
	Tige filiforme courte ; épis en tête latérale	8
7	Ecailles lisses ; stigmates 3.	S. *lacustris.*
	Ecailles ponctuées-scabres ; stigmates 2.	S. *Tabernæmontani.*
8	Epillets plus courts que la bractée, akène strié	S. *setaceus.*
	Epillets plus longs que la bractée ; akène lisse.	S. *Savii.*
9	Tige nue ou feuillée seulement dans le bas.	10
	Tige feuillée.	11
10	Tige munie de 2 à 3 gaînes dont la supérieure foliacée.	S. *triqueter.*
	Tige munie de 2 ou 3 feuilles engaînantes piquantes.	S. *Rothii.*
11	Epillets portés sur des pédoncules rameux, en corymbe.	S. *sylvaticus.*
	Epillets fasciculés portés sur des pédoncules simples.	S. *maritimus.*

*** Tige simple.**

† Epis en ombelles, panicules ou têtes latérales.

1. S. **SYLVATICUS** *L.* (*S. des bois*). Tige droite, haute de 4 à 8 décim., feuillée, fistuleuse, articulée, triquètre au sommet. Feu. linéaires, larges, engaînantes, scabres sur les bords. *Epillets ovoïdes, courts, d'un vert noi-râtre, nombreux, fasciculés, portés sur des pédonc. rameux, qui forment une large panicule décomposée, terminale*, accompagnée de 3 à 5 longues brac-tées foliacées. Stigm. 3. Fruit trigone. ♃. E. C. Prés humides, bords des ruisseaux.

2. S. **MARITIMUS** *L.* (*S. maritime*). *Tige* droite, *feuillée*, triquètre, scabre dans sa partie supér., haute de 4 à 9 décim. Feu. très-longues, rudes sur les bords et la carène. *Epis très-gros, ovoïdes*, d'un brun ferrugineux, *portés sur des pédonc. inégaux, simples*, en une sorte d'ombelle assez ramassée, ac-compagnée de 3 bractées foliacées, longues, inégales. *Ecailles trifides au sommet.* Stigm. 3, longs. ♃. E. C. Fossés, bords des rivières, principalem. dans les contrées maritimes.

Var. *b.* S. *compactus* Krock. Epis sessiles, lancéolés-allongés, agglomérés. Falaise, Caen.

Var. *c. monostachyus.* Un seul épi sessile.

3. S. **LACUSTRIS** *L.* (*S. des étangs*). Tige cylindrique, nue, lisse, grosse,

verte, spongieuse, haute de 1 à 2 mètres. Epis ovoïdes-oblongs, roussâtres, portés sur des pédoncules simples et rameux, formant une cyme terminale ou ombelle accompagnée d'une bractée allongée, simulant un prolongem. de la tige. *Ecailles lisses.* Style caduc. *Stigm.* 3. Fruit trigone, entouré de 6 soies, lisse.

Var. *b. capitatus.* Epis agglomérés en tête, presque sessiles. Falaise, les Andelys.

ⵉ. E. TC. Rivières, étangs.

4. s. TABERNŒMONTANI *Gmel.*, S. *glaucus* Smith (*S. de Tabernœmontanus*). Cette espèce ressemble à des individus grêles de l'espèce précéd. *Tige glauque*, menue, ferme, souv. un peu contournée, haute de 5 à 10 décim. Epis roussâtres, fasciculés, en cyme termin. accompagnée de 2 bractées qui la dépassent à peine. *Ecailles florales, ciliées-fimbriées, hérissées de points rudes. Stigm.* 2. Soies 6. ⵉ. E. R. Marais, fossés. Caen, Ste.-Mère-Eglise, Pirou, Vauville, Réville (Manche); Marais-Vernier, Honfleur, St.-Pierre-sur-Dives, Falaise, Courseulles, etc.

5. s. TRIQUETER *L.* (*S. triquètre*). *Tiges* droites, simples, nues, lisses, *triquètres*, hautes de 6 à 10 décim. *Gaines* au bas de la tige au nombre de 2 ou 3; *la supér. prolongée en feu. courte.* Epis roussâtres, ovoïdes, courts, sessiles et pédonculés, ramassés en une ombelle inégale ou un capitule latéral, situé un peu au-dessous du haut de la tige. Ecailles florales ovales, munies d'une pointe courte, naissant au-dessous du sommet qui est échancré. Stigm. 2. Fruit entouré de soies hypogynes. ⵉ. E. R. Bords des rivières, marais. Caen, Rouen (*Fl. R.*).

6. s. ROTHII *Hoppe*, S. *pungens* Vahl., S. *tenuifolius* DC. (*S. de Roth*). Racine rampante. *Tiges* hautes de 1 à 4 décim., grêles, *un peu feuillées à la base*, triquètres, lisses, *endurcies et piquantes, ainsi que les feuilles, à leur sommet.* Feu. pourvues d'une longue gaine, menues, triquètres, lisses. Epis ovoïdes, bruns, peu nombreux (1 à 3), sessiles, latéraux, fasciculés, placés au-dessous du sommet de la tige. Ecailles florales un peu aristées; les infér. échancrées. Stigm. 2. Fruit comprimé, entouré de trois soies. La pointe de la tige et des feu. est scabre. ⵉ. E. TR. Marais maritimes. Granville, Pirou, Geffosses, Regnéville (Manche); Ouistreham, Colleville (Calv.); etc.

7. s. SETACEUS *L.* (*S. sétacé*). Racine fibreuse. *Tiges grêles, filiformes*, nues, glauques, en petites touffes, hautes de 6 à 12 centim., munies à la base d'une gaine prolongée en une petite pointe foliacée. Epis ovoïdes, petits, sessiles, réunis 1 à 3 au sommet de la tige et *dépassés par une bractée sétacée qui les fait paraître latéraux.* Ecailles-florales ovales-arrondies, obtuses, rougeâtres, avec la nervure verte. Stigm. 3. Fruit dépourvu de soies à sa base, ovoïde, *marqué de stries profondes, longitudinales.* ◉ E. C. Lieux inondés, allées des bois humides.

Après la fleuraison, souvent la végétation des épillets continue et, par la chute des fruits inférieurs, l'axe se trouve dénudé à sa base, s'allonge et semble le pédicelle d'un jeune épillet formé par les fleurs terminales.

8. s. SAVII *Sebast.* (*S. de Savi*). Ressemble beaucoup au précédent par sa tige sétacée, faible, grêle, et la disposition de toutes ses parties; mais la *bractée terminale est plus courte que les épis le plus souv. solitaires.* Ses écailles *florales, à peine rougeâtres, sont scarieuses, blanchâtres,* munies de 5 à 7

nervures ou stries longitudinales de chaque côté de la médiane. *Les fruits sont lisses*, légèrem. marqués de petits points enfoncés. ☉ E. R. Sables humides, lieux marécageux des contrées maritimes des départements de la Manche et du Calvados. Cherbourg, Pirou, Carteret, Granville, Briquebec; Honfleur, Asnelles, St.-Côme-de-Fresnay, etc.

†† *Epi solitaire terminal.*

9. s. COMPRESSUS *Pers.*; *S. caricis* Retz, *Schœnus compressus* L., *Blysmus* Panz. (*S. comprimé*). Cette plante a le port d'un *Carex*. Racine rampante, longue. Tiges droites, triquètres, hautes de 1 à 2 décim., feuillées dans le bas. Feu. planes, linéaires, plus courtes que la tige. *Epi terminal roussâtre, formé de 10 à 12 épillets rapprochés, alternes, disposés sur deux rangs,* munis chacun d'une bractée à leur base. Ecailles florales d'un roux-brun, scarieuses sur les bords. Graines entourées de 4 à 5 poils longs, denticulés. Stigm. 2. ♃ E. PC. Marais, prés humides. Pays de Bray, Falaise, Argentan, Touques, etc.

10. s. PAUCIFLORUS *Lightf.*; *S. Bæothryon* Ehrh. (*S. pauciflore*). Racine fibreuse. *Tiges sans feu.*, en petites touffes, grêles, filiformes, lisses, hautes de 1 à 3 décim., *à gaines tronquées à leur base.* Epi brun, ovoïde-lancéolé, court, pauciflore. *Ecailles flor. brunes,* lancéolées, légèrem. scarieuses; des 2 infér. presque aussi longues que l'épi entier qu'elles entourent. Fruit trigone, ovoïde, mucroné. Stigm. 3. Soies 6. ♃ E. PC. Marais tourbeux. Le Havre, Caen, Lisieux, Mézidon, Vire, etc.

Var. *b. S. campestris* Roth. Tige courte; épi 2-flore; écailles infér. aussi longues que l'épi. Falaise.

11. s. CÆSPITOSUS *L.* (*S. gazonnant*). Diffère de l'espèce précéd. principalement par ses *gaines écailleuses, tubuleuses, prolongées par une petite foliole courte, canaliculée.* Racine fibreuse. Tiges en touffes épaisses et tenaces, hautes de 1 à 3 décim., lisses, striées, raides. *Epis roussâtres,* courts, pauciflores (2-5 fl.), terminaux. Ecailles flor. obtuses; une des 2 infér. allongée, mucronée, aussi longue que l'épi. Fruit brun, ovoïde-arrondi, mucroné, trigone, entouré de 6 soies. Style caduc. Stigm. 3. ♃ E. PC. Marais tourbeux, landes humides. Mortain, Sourdeval, Lessay (Manche); Messey, Séez (Orne); Caen, Jurques (Calv.), etc.

*** *Tige rameuse.*

12. s. FLUITANS *L.* (*S. flottant*). *Tiges flottantes*, rameuses, feuillées, molles, radicantes, longues; feu. planes, linéaires, étroites, longues, engaînantes et scarieuses à la base. Pédoncules axillaires, longs de 5 à 10 centim., portant un petit épi verdâtre, ovale, court, terminal. *Style caduc, à 2 stigm.* Fruits trigones, blanchâtres, *dépourvus de soies.* ♃ E. C. Mares, fossés.

VI. ELEOCHARIS *R. Brown* (*Eléocharide*). Ce genre diffère du précédent par la *base renflée et persistante du style qui couronne l'akène.* — Epis solitaires terminaux.

1 { Tige capillaire, anguleuse. *E. acicularis.*
{ Tige non capillaire, cylindrique ou comprimée. 2
2 { Akène comprimé; stigmates 2. 3
{ Akène trigone; stigmates 3. . . . . *E. multicaulis.*

3 { Epi oblong, à écailles aiguës. 4
  { Epi ovoïde, à écailles obtuses. *E. ovata.*
4 { 2 écailles embrassant chacune la moitié de la base de l'épi. . . *E. palustris.*
  { Une seule écaille embrassant presque toute la circonf. de l'épi. *E. uniglumis.*

1. E. PALUSTRIS *Brown.*, *Scirpus* L. (*E. des marais*). Racine rampante, stolonifère. Tiges nues, droites, fermes, un peu spongieuses intérieurement, cylindriques, lisses, munies à leur base d'une gaîne tronquée, hautes de 1 à 6 décim. Point de feu. Epi brun terminal, ovoïde-allongé. Ecailles florales ovales, brunes, avec une nervure dorsale verte ; *les 2 infér. petites, herbacées, embrassant chacune une moitié de la base de l'épi. Fruit ovoïde-arrondi, comprimé*, entouré de soies. Stigm. 2. ♃. E. TC. Marais, prés humides, fossés.
    Var. *b. S. reptans* Thuil. Racine traçante ; tiges courtes ; épis plus gros. Lisieux ; Mortrée (Orne).
    Var. *c. glaucescens* Coss. et Germ. Plante glauque. Lisieux.

2. E. UNIGLUMIS *Reich.*, *Scirpus* Link. (*E. à une glume*). Racine rampante. Tiges grêles, filiformes, un peu dures, lisses, striées, hautes de 1 à 6 décim., souv. penchées, à gaîne tronquée. Feu. nulles. Epi noirâtre, allongé, peu serré, terminal. Ecailles flor. lancéolées, obtuses, brunes, à bords scarieux blanchâtres ; *l'infér. scarieuse, fort large, arrondie, embrassant toute la base de l'épi*, à nervures médianes verdâtres, très-étroites. *Fruit ovoïde, comprimé, un peu triquètre*, muni de 2 soies. ♃. E. R. Marais tourbeux. Plainville, près St.-Pierre-sur-Dives, marais d'Auge, Troarn, Sallenelles (Calvados) ; Gatteville (Manche), etc.

3. E. MULTICAULIS *Dietr.*, *Scirpus* Sm. (*E. à tiges nombreuses*). Racine rampante. *Tiges* en touffes *courbées*, hautes de 1 à 4 décim., nues, striées, munies à la base d'une gaîne tronquée. Point de feu. Epi brun, ovoïde, terminal, souv. un peu oblique, quelquefois vivipare. *Ecailles flor.* lancéolées, *obtuses*; les infér. égales aux autres. *Fruit trigone, à angles aigus*, allongé, brun. Stigm. 3. Soies 3 à 6. ♃. E. C. Marais.

4. E. OVATA *Brown.*, *Scirpus* Roth. (*E. à épis ovoïdes*). *Plante annuelle.* Tiges cylindriques, en petites touffes, hautes de 5 à 10 centim. *Epi ovoïde, à écailles obtuses*, étroites ; les infér. n'embrassant qu'une portion de la base de l'épi. Stigmates 2. *Akène* ovoïde, *comprimé*, à bords aigus, couronné par la *base élargie du style, aussi large que longue.* Soies 4 à 6, plus longues que le fruit. ◉. E. TR. Bords des étangs et des mares. Les Rablais, près d'Alençon (Le Lièvre), étang de Vrigny, près d'Argentan (M. l'abbé Chichou).

5. E. ACICULARIS *Roem.* et *Sch.*, *Scirpus* L. (*E. épingle*). Racine rampante. *Tiges filiformes, très-déliées, comme capillaires*, hautes de 4 à 10 centim., munies à leur base de gaines tronquées, terminées par un petit épi oblong, verdâtre, à écailles pointues ; les infér. plus longues que les autres. *Style caduc, à 3 stigm. Fruit* trigone, *marqué de côtes ou sillons longitudinaux et* entouré de quelques soies courtes. ◉. E.-A1. PC. Marais, lieux inondés, bords des étangs. Evreux, Argentan, Troarn, Alençon, Domfront, Vire, Rouen ; St.-Lo, etc.

VII. ERIOPHORUM *L.* (*Linaigrette*). Fl. hermaphr. Ecailles florales paléacées, imbriquées en épis multiflores. Etam. 3. Style 1. *Fruits entourés de nombreuses soies blanches, qui, après la fleuraison, sont beaucoup plus longues que les écailles.* — Vulg. *Joncs à coton.*

1 { Epis plus ou moins nombreux.. 2
{ Epi solitaire, terminal. . . . . *E. vaginatum.*

2 { Pédoncules lisses ou scabres, non tomenteux. 3
{ Pédoncules tomenteux. . . . . *E. gracile.*

3 { Pédoncules scabres. . . . . *E. latifolium.*
{ Pédoncules lisses. . . . . *E. angustifolium.*

* Plusieurs épis sur chaque tige.

1. E. LATIFOLIUM *Hoppe* (*L. à larges feu.*). Tige feuillée, triquètre, lisse, haute de 4 à 6 décim. *Feu.* engainantes, linéaires, *courtes, planes,* triquètres au sommet, scabres sur les bords. Epis bruns , ovoïdes, penchés, portés au sommet de la tige sur des *pédonc.* filiformes, *scabres ,* inégaux. Bractées foliacées, inégales. Ecailles brunes, lancéolées, scarieuses. Soies une fois plus longues que les épis. ♃. P. C. Marais, prés humides.

2. E. ANGUSTIFOLIUM *Reich. DC.* (*L. à feu. étroites*). Tige feuillée, triquètre, lisse, haute de 4 à 6 décim. *Feu. longues,* engainantes, linéaires, étroites, dures, *carénées-canaliculées,* triquètres au sommet , un peu rudes sur les bords. Epis bruns, ovoïdes, gros, placés au sommet de la tige sur des *pédonc.* longs, *lisses, glabres,* inégaux, pendants. Ecailles lancéolées, un peu pointues. Soies 2 fois plus longues que les épis. Quelquefois un épi solitaire sort de la gaine de la feu. supér. porté sur un pédoncule très-long. Bractées foliacées, inégales. ♃. P. PC. Marais, prés tourbeux.

Var. *b. E. Vaillantii* Poit. et Turp. Pédonc. plus courts que les épis. Soies très-longues. Rouen, Falaise, Cherbourg, etc.

Var. *c. monostachyum.* Epi terminal, solitaire. Falaise.

3. E. GRACILE *Roth.* (*L. grêle*). Tige triquètre, grêle, presque nue, haute de 3 à 5 décim. Feu. très-étroites, menues, canaliculées, triquètres. Epis brunâtres, petits, peu nombreux (2 à 4), peu penchés, portés au sommet de la tige sur des *pédonc.* simples, courts, *rudes et tomenteux.* Ecailles flor. rougeâtres. Fruits à 3 angles aigus. Soies courtes. ♃. P. TR. Marais tourbeux. Forges-les-Eaux ; environs de Loré (arr. de Domfront). M. le docteur Perrier.

** Epi unique , terminal.

4. E. VAGINATUM *L.* (*L. engaînée*). Racines fibreuses. Tiges en touffes, hautes de 4 à 6 décim., triquètres, lisses, droites, garnies dans leur longueur de plusieurs gaînes renflées au sommet. Limbe des feu. étroit, triquètre, pointu. *Épi solitaire,* ovoïde, grisâtre, *terminal ,* sans bractées. Ecailles florales scarieuses. Soies plus longues que l'épi. ♃. P. R. Marais tourbeux. Heurteauville et forêt de Roumare, près Rouen, Forges ; Sourdeval, La Haie-du-Puits (Manche) ; Jurques (Calvados).

VIII. CAREX L. (*Laiche*). *Fl. monoïques , rarem. dioïques ,* entourées d'une écaille, tenant lieu de pér., réunies en *épis androgyns* ou *unisexuels.* Etam. 3 (rarem. 2). Urcéole capsulaire, entourant d'abord l'ovaire et ensuite la semence, percé au sommet d'un trou par où sort un style très-court, à 2 ou 3 stigm. filiformes, velus.

Plusieurs espèces qui croissent dans les prés sont connues sous le nom vulg. d'*Herbes sures.*

1	Plusieurs épis distincts, unisexuels, les supérieurs mâles.	2
	Epi solitaire ou formé de la réunion d'épillets le plus souvent androgyns.	35
2	Stigmates 3.	3
	Stigmates 2.	3
3	Plusieurs épis mâles terminaux.	32
	Un seul épi mâle terminal.	4
4	Capsules glabres.	10
	Capsules hérissées, velues ou pubescentes.	5
5	Ecailles des épis M. de couleur claire ou scarieuses.	8
	Ecailles des épis M. d'un brun-noirâtre, non scarieuses.	6
6	Tige rude, à angles aigus.	7
	Tige lisse, à angles obtus.	C. vesicaria.
7	Ecailles inférieures des épis M. obtuses.	C. ampullacea.
	Ecailles inférieures des épis M. acuminées.	C. paludosa.
8	Feuilles presque planes; épis F. pédonculés.	C. riparia.
	Feuilles canaliculées, enroulées; épis F. à peu près sessiles.	9
9	Feuilles glabres, glauques.	C. filiformis.
	Feuilles velues, non glauques.	C. glauca.
10	Capsules glabres.	C. hirta.
	Capsules velues ou pubescentes.	11
11	Feuilles et gaînes pubescentes.	27
	Feuilles et gaînes glabres.	C. pallescens.
12	Epis F. composés de plus de 6 fleurs.	12
	Epis F. n'ayant pas plus de 6 fleurs.	13
13	Capsules atténuées au sommet ou terminées en bec allongé.	C. depauperata.
	Capsule à bec très-court, tronqué ou presque nul.	14
14	Epis F. penchés, longuement pédonculés.	25
	Epis F. droits, peu ou point pédonculés.	15
15	Epis rapprochés au sommet de la tige.	18
	Epis écartés le long de la tige.	C. Pseudo-Cyperus.
16	Epis F. serrés; ligule allongée.	16
	Epis F. lâches; ligule très-courte ou nulle.	C. lævigata.
17	Capsules longuement atténuées, tronquées, sans bec particulier.	17
	Capsule terminée par un long bec bifide.	C. strigosa.
18	Epis F. ovoïdes-arrondis; capsules étalées ou réfléchies.	C. sylvatica.
	Epis F. oblongs; capsules dressées.	19
19	Bec de la capsule cilié.	21
	Bec de la capsule non cilié.	C. Mairii.
20	Epis rapprochés; bec de la capsule droit.	20
	Epis plus ou moins écartés; bec de la capsule courbé.	C. OEderi.
21	Epis F. très-écartés; écailles aristées.	C. flava.
	Epis F. peu distants; écailles non aristées.	22
22	Capsules tachetées, bordées de 2 côtes fortement saillantes.	24
	Capsules non tachetées, à nervures peu saillantes ou nulles.	C. binervis.
23	Fruit chargé de nervures, à bec denticulé.	23
	Fruit sans nervures, ponctué, à bec lisse.	C. distans.
24	Racine traçante; tige presque lisse.	C. punctata.
	Racine fibreuse; tige scabre.	C. Hornschuchiana.
25	Epis très-longs, pendants.	C. fulva.
	Epis médiocres, droits ou peu penchés.	C. maxima.
26	Bractées foliacées, longuement engaînantes.	26
	Bractées filiformes, non engaînantes.	27
27	Epis écartés, pédicellés.	C. limosa.
	Epis rapprochés, presque sessiles.	C. panicea.
28	Epi inférieur à bractée engaînante.	C. extensa.
	Epi inférieur à bractée sessile, embrassante, non engaînante.	29
29	Epis F. multiflores; tige plus longue que les feuilles.	31
	Epis F. à 3 ou 4 fl.; tige plus courte que les feuilles.	30
30	Epi mâle en massue; épis femelles ovales.	C. humilis.
	Epi mâle linéaire, court; épis F. linéaires, lâches.	C. præcox.
31	Racine fibreuse; tiges étalées.	C. digitata.
	Racine rampante; tiges droites.	C. pilulifera.
		C. tomentosa.

§ I. *Plusieurs épis distincts, 1-sexuels; les supér. mâles.*

† *Stigm. 3.*

* *Plusieurs épis mâles. Fruits glabres.*

1. c. RIPARIA *Curtis* (*L. des rives*). Tiges droites, feuillées, triquètres, rudes dans leur partie supér., hautes de 6 à 15 décim. Feu. larges, longues, scabres sur les bords et la carène; triquètres à la pointe. Épis M. 2 à 3, rapprochés, anguleux, noirâtres, pointus, à *écailles lancéolées, cuspidées*, avec une nervure dorsale, verte. Épis F., 3 à 4, longs, écartés; l'infér. pédonculé, les supér. sessiles, cylindriques, accompagnés de longues bractées. Caps. striées, lisses, ovoïdes-lancéolées, terminées par une *pointe bifurquée, divariquée*: écailles d'un brun clair, lancéolées, *longuem. mucronées*. ♃. P. C. Bords des rivières, fossés, étangs. Quelquefois les épis F. ont quelques fl. M. à leur sommet.

Var. *b. gracilis* Coss. et Germ. Tiges presque lisses; épis M. solitaires, épis F. pendants. Caen.

2. c. PALUDOSA *Good.* (*L. des marais*). Racine rampante. Tiges hautes de 4 à 8 décim., triquètres, scabres sur les angles. Feu. longues, larges, planescarénées, glauques, rudes sur les bords, coupantes. Épis M., 3 à 4, réunis au

sommet des tiges, allongés, à *écailles obtuses*, brunes, avec une nervure médiane verte. Epis F. accompagnés de longues bractées foliacées, droites; l'infér. porté sur un court pédoncule, à écailles lancéolées-acuminées, moins larges que les fruits, et munies d'une nervure dorsale verte. Caps. serrées, striées, lisses, ovoïdes-lancéolées, terminées par un *bec court*, *fendu en deux dents droites, connivenies.* ♃. P. C. Prés humides, fossés, marais.

Var. *b. C. Kochiana DC.* Plus grêle; feu. étroites, épis M. seulem. au nombre de 2, à écailles très-acuminées; les épis F., 2 à 3, sont grêles, allongés, à écailles infér. prolongées en pointe acérée, denticulée à son sommet. Les caps. sont ovoïdes-allongées, terminées par un bec bifide. R. Fossés, marais près du Havre.

3. C. **VESICARIA** *L.* (*L. à fruits vésiculeux*). Racine rampante. *Tige* haute de 4 à 6 décim., *triquètre, scabre. Feu.* longues, *assez larges, carénées, scabres sur les bords, d'un vert non glauque.* Epis M., 2 à 3, réunis, allongés, pointus, à écailles jaunâtres, bordées de blanc, obtuses. Epis F., 2 à 3, dressés, cylindriques; les infér. pédonculés, souv. pendants, accompagnés de longues bractées foliacées, scabres. *Caps. vésiculeuses, striées, d'un vert-jaunâtre,* terminées par un long bec, bifide au sommet; plus longues que les écailles qui sont étroites, lancéolées-pointues, roussâtres, avec une nervure dorsale verte et un bord blanchâtre. ♃. P. TC. Lieux humides, bords des fossés, des étangs.

4. C. **AMPULLACEA** *Good.* (*L. à fruits gonflés*). Racine rampante. *Tige* haute de 5 à 8 décim., *à 3 angles-arrondis, lisses,* seulem. un peu rudes entre les épis. *Feu. glauques,* droites, *étroites, carénées-canaliculées;* rudes sur les bords. Epis M., 2, grêles, à écailles rougeâtres pâles, bordées de blanc. Epis F., 2 à 3, dressés, cylindriques, avec de longues bractées étroites. Caps. d'un vert pâle, jaunâtres, globuleuses, lisses; serrées, divergentes, à bec bifide, plus larges et un peu plus longues que les écailles qui sont lancéolées, avec une nervure médiane verdâtre. ♃. P. C. Marais, bords des étangs.

** *Plusieurs épis mâles. Fruits velus ou scabres.*

5. C. **FILIFORMIS** *L.* (*L. filiforme*). Racine rampante. Tiges hautes de 4 à 9 décim., déliées, filiformes, arrondies, lisses. *Feu.* droites, longues, étroites, *glabres,* canaliculées, roulées, presque lisses. Epis M., 2 à 3, distants, grêles. Epis F., 1 à 2, dressés, ovoïdes-allongés ou cylindriques, *sessiles ou à pédonc. court* et renfermé dans la gaîne d'une longue bractée. *Caps.* ovoïdes, à bec bifurqué, *laineuses,* de la longueur des écailles qui sont brunes, avec une longue pointe hispide. ♃. P. TR. Trouvé dans les marais de Lessay, par M. Gay; dans les marais d'Auge, par M. Durand-Duquesney; à Silly, près d'Argentan, par M. Duhamel.

6. C. **HIRTA** *L.* (*L. hérissée*). Très-remarquable par ses *feu. velues, surtout sur leurs gaînes.* Racine ligneuse, rampante. Tige haute de 3 à 6 décim., triquètre, un peu rude seulem. dans le haut, feuillée. Feu. d'un vert pâle, planes, un peu rudes sur les bords. Epis M., 2 à 3, rapprochés, à écailles velues. Epis F., 2 à 3, distants, à pédonc. courts, accompagnés de longues bractées. *Caps.* striées, *velues,* un peu lâches, terminées par un long bec bifide, plus longues que les écailles qui sont étroites, glabres, longuem. acuminées, rougeâtres, avec une nervure dorsale verte. ♃. P. C. Lieux humides, prés, bords des chemins.

Var. *b. glabriuscula.* Epis M. glabres. Gaines des feu. à peine pubescentes. Falaise.

Les tiges de ce *Carex* varient beaucoup de longueur selon la station. Dans les haies et les buissons, elles atteignent quelquefois plus d'un mètre, tandis que dans les lieux pierreux et arides on trouve souvent des individus, bien que très-complets, qui dépassent à peine un décimètre.

7. c. GLAUCA *Scop.* (L. *glauque*). *Racine rampante.* Tige presque triquètre, lisse, haute de 3 à 6 décim., souv. penchée. *Feu. glauques, planes, roulées sur les bords,* scabres. Epis M. dressés, à écailles allongées, obtuses, brunes, avec une nervure médiane jaunâtre. *Epis F.,* 2 à 3, *pédonculés,* cylindriques, *pendants à la maturité,* accompagnés de longues *bractées, munies à leur base d'oreillettes d'un rouge-brun.* Caps. ovoïdes, obtuses, un peu pubescentes, se colorant en brun à la maturité. Ecailles allongées, obtuses, rougeâtres, avec une nervure dorsale prolongée en une petite pointe. ♃. P. TC. Bois et prés secs et humides.

Var. *b. tenuis.* Plante grêle. Tige capillaire terminée par un seul épi mâle, placé au-dessus de 2 fl. fem. isolées, distantes, sessiles, remplaçant les épis fem. Bois de La Tour, près de Falaise.

On trouve quelquefois des formes à épis rameux.

*** *Epi mâle unique. Fruits glabres.*

8. c. MAXIMA *Scop.,* C. *pendula* Good. (L. *géante*). Tiges hautes de 6 à 12 décim., droites, feuillées, triquètres, rudes entre les épis. Feu. longues, striées, raides, planes, carénées, rudes sur les bords. Epi M. grêle, terminal. Epis F., 3 à 6, *longs de 15 à 20 centim., cylindriques, pendants;* les infér. pédonc., atténués à la base. Caps. petites, serrées, ovoïdes, à bec court. Ecailles d'un rouge-brun, ovales, mucronées par le prolongement de la nervure dorsale verte. ♃. P. C. Bords des eaux, fossés. Commune principalement dans le Pays-d'Auge.

On trouve des individus de cette esp. dont les épis femelles sont terminés par quelques fl. mâles et, réciproquement, des épis mâles présentent aussi quelquefois des fl. femelles : anomalies qui se rencontrent dans d'autres esp. de cette section.

9. c. PSEUDO-CYPERUS *L.* (L. *Faux-Souchet*). *Racine fibreuse.* Tige triquètre, haute de 4 à 8 décim., droite, très-rude sur les angles, principalem. dans le haut. Feu. larges, planes, striées, plus longues que les tiges, d'un vert gai. *Epi M. petit, grêle. Epis F.,* 3 à 5, *assez rapprochés,* cylindriques, épais, longs de 3 à 4 centim., d'un vert pâle, pendants, portés sur des pédonc. longs et déliés, *accompagnés de longues bractées foliacées. Caps.* serrées, striées, ovoïdes-allongées, triquètres, *ouvertes-réfléchies,* avec une longue pointe bifide. Ecailles ovales, dépassées par une longue arête sétacée. ♃. P. PC. Lieux humides, bords des étangs et des fossés.

10. c. PALLESCENS *L.* (L. *pâle*). *Racine fibreuse, émettant des touffes assez épaisses.* Tiges hautes de 3 à 6 décim., droites, feuillées, triquètres, rudes sur les angles. *Feu. d'un vert pâle,* planes, rudes sur les bords, *à gaines pubescentes.* Epi M. pâle. Epis F., 2 à 3, ovoïdes, rapprochés, d'abord droits, ensuite pendants; l'infér. porté sur un pédonc. plus long. et accompagné d'une bractée foliacée dépassant les supér. *Caps. d'un vert pâle,* striées, *lisses,*

ovoïdes, obtuses, à bec tronqué entier. Ecailles ovales-pointues. ♃. P. C.
Prés et bois humides.

11. c. SYLVATICA *Huds.*, *C. drymeia* Ehrh., *C. patula* Scop. DC. (*L. des bois*). Racine rampante et fibreuse. Tiges hautes de 3 à 6 décim., feuillées, grêles, penchées au sommet, triquètres, lisses. Feu. larges, planes, lisses, scabres sur les bords, carénées. Epi M. grêle, aigu. *Epis F. écartés les uns des autres, verdâtres, grêles,* allongés, pendants à la maturité, portés sur des pédonc. filiformes, scabres. *Caps.* d'un vert pâle, lâches, ovoïdes, *terminées par un long bec bifide.* Ecailles ovales, à nervure prolongée en pointe scabre, rudes sur le dos. ♃. P. C. Bois humides.

12. c. STRIGOSA *Good.*, *C. leptostachys* Ehrh. (*L. à épis grêles*). Cette espèce a le port et la couleur d'un vert pâle de la précédente, dont elle diffère par les caractères suivants : tiges plus courtes, un peu étalées; feu. assez larges, comme plissées; épis femelles beaucoup plus longs (8 à 10 centim.), plus déliés. *Caps. triquètres, allongées, à pointe simple, obtuse, tronquée obliquement.* Ecailles membraneuses, à nervure dorsale verte, ni scabre, ni prolongée au-delà de la pointe. ♃. P. R. Bois humides. Falaise, Lisieux ; Camembert (Orne), etc.

13. c. PANICEA *L.* (*L. Panic*). Racine rampante. *Tige droite,* haute de 3 à 4 décim., triquètre-arrondie, lisse. Feu. glauques, planes-carénées, courtes, rudes sur les bords. Epi M. droit, noirâtre. Epis F., 2 à 3, écartés, à courts pédicelles, grêles, cylindriques, devenant brunâtres. *Fruits lisses, non luisants,* ovoïdes ou légèrem. triquètres, peu serrés, *à bec court, obtus, tronqué, entier.* Ecailles d'un violet-noirâtre, avec la nervure dorsale verte et les bords blanchâtres. ♃. P. TC. Prés humides.

14. c. DEPAUPERATA *Good.* (*L. appauvrie*). Racine rampante. *Tige triquètre,* droite, lisse, haute de 3 à 5 décim. Feu. planes, molles, rudes sur les bords, plus courtes que la tige, à longues gaines. Epi M. grêle, cylindrique, pointu, roussâtre. *Epis F., 2 à 5,* distants, *pauciflores,* portés sur des pédonc. droits, rudes. *Caps., 2 à 5, grosses,* triquètres-ovoïdes, *ventrues, terminées par un bec long, grêle, bifide au sommet,* une fois plus longues que les écailles qui sont ovales-pointues, scarieuses sur les bords. ♃. P. TR. Bois humides ; forêt de Roumare, près de Rouen ; Bonport, près de Pont-de-l'Arche.

15. c. LIMOSA *Linn.* (*L. des lieux bourbeux*). Tige faible, courbée à la base, triquètre, sillonnée, lisse ou un peu rude dans le haut, haute de 3 à 5 décim. *Feu.* glauques, *étroites, canaliculées-plissées,* striées, rudes sur les bords. Epi M. grêle, roussâtre, pointu, à écailles aiguës. *Epis F., 2,* ovoïdes, *portés sur de longs pédonc. penchés à la maturité. Caps.* ovoïdes-arrondies, comprimées, à nervures nombreuses, lisses, d'un vert-bleuâtre, pointues et entières au sommet. Ecailles ovales-allongées, d'un rougeâtre luisant, avec une nervure dorsale verte. ♃. P3. TR. Marais tourbeux. Vesly, Lessay (Manche) ; Loré (arr. de Domfront). M. le docteur Perrier.

16. c. DISTANS *Linn.* (*L. à épis distants*). Racine fibreuse. Tiges en touffes, triquètres, lisses, hautes de 3 à 6 décim. Feu. courtes, planes, lisses. Epi M. oblong, épais, noirâtre. *Epis F., 2 à 3, écartés,* oblongs, cylindriques, portés sur des pédonc. à moitié cachés dans les gaines de bractées longues de 5 à 8 centim., rudes. *Caps. dressées,* ovoïdes, *nervées,* d'un vert pâle, avec une

pointe courte, rude ou bifide. *Ecailles ovales, roussâtres, avec une nervure dorsale verte, se terminant en une pointe courte.* ♃. P. C. Prés humides.

17. C. BINERVIS *Sm.* (*L. à 2 nervures*). Cette espèce ressemble à la précédente, mais sa tige est beaucoup plus forte, plus ferme ; elle est longue de 6 à 10 décim.; ses épis sont aussi plus longs ; l'inférieur est porté sur un très-long pédicelle ; les *fruits* sont *tachés de brun-pourpré,* ovoïdes, luisants, *avec une nervure verte, saillante de chaque côté.* Les *écailles* sont ovales, mucronées, noirâtres, *avec une nervure dorsale verte, se terminant en une pointe aristée.* ♃. P2. C. Landes et bruyères sèches. Alençon, Falaise, Vire, Lisieux, Cherbourg, Mortain, etc. — Feuilles d'un vert foncé. J'ai trouvé des individus dont l'épi M. était terminé par quelques fl. femelles.

18. C. LÆVIGATA *Sm.*, *C. biligularis* DC. (*L. lisse*). Racine ligneuse et fibreuse. Tige haute de 6 à 10 décim., triquètre, lisse. *Feu. d'un vert clair, longues, larges, planes,* carénées, *remarquables par 2 larges ligules membraneuses placées à l'entrée de leur gaine, l'une appliquée sur la feu., l'autre opposée.* Epi M. cylindrique, en massue, à écailles d'un roux pâle. Epis F., 2 à 3, longs, épais, cylindriques ; l'infér. porté sur un long pédonc. Bractées rudes. Caps. triquètres, vertes, lisses, nervées, allongées, terminées par une pointe bifide. *Ecailles ovales, mucronées, rougeâtres, blanches sur les bords.* ♃. P2.-3. PC. Bois humides. Caen, Falaise, Vire, Mortain, Alençon, Cherbourg, etc.

19. C. FULVA *Good.* (*L. fauve*). Racine fibreuse. Tiges en touffes épaisses, hautes de 3 à 4 décim., triquètres, rudes surtout vers le sommet. Feu. à gaines blanchâtres à la base, dressées, d'un vert pâle, lisses, assez larges, planes, striées, rudes vers la pointe. Epi M. linéaire-lancéolé, fauve. *Epis F., 2 à 3, distants, ovoïdes ; les infér. pédonculés ; le super. sessile.* Bractées scabres, très-courtes, presque nulles dans les épis super.; *l'infér. atteignant l'épi mâle. Caps.* d'un brun-jaunâtre, *ovoïdes, lisses,* luisantes, *gonflées,* striées, terminées par un *bec droit, un peu rude,* bifide au sommet. Ecailles rousses, obtuses, avec une nervure dorsale verte, et les bords blanchâtres.

Var. *b. C. xanthocarpa* Degl. Bractées dépassant la tige. Fruits jaunâtres. TR. Falaise.

♃. P2. P.C. Prés humides, marais. Alençon, Falaise, etc.

20. C. HORNSCHUCHIANA *Hoppe, C. fulva* Dub. (*L. de Hornschuch*). *Racine traçante.* Tige haute de 3 à 6 décim., droite, *lisse,* ou un peu rude au sommet. *Feu. de moitié moins longues que les tiges,* dressées, planes, étroites, lisses, rudes dans leur partie super. Epi M. lancéolé, rétréci à la base, brunâtre, à écailles bordées de blanc. Epis F., 3, ovoïdes-cylindriques ; l'infér. plus allongé, pédicellé ; les super. sessiles ou à court pédicelle enveloppé dans une gaine à bractée courte ou nulle. *Bractée infér. dépassant l'épi fem. Caps.* ovoïdes, striées, dressées, d'un vert pâle, à bec obtus, scabre, à peine bifide. *Ecailles ovales, un peu obtuses,* plus courtes que les fruits, brunes, à nervure médiane verte, disparaissant vers le sommet et à bords blanchâtres. ♃. P2.-3. R. Marais. Caen, Falaise, Mézidon, etc.

21. C. EXTENSA *Good.* (*L. étirée.*) Racine fibreuse. Tige haute de 3 à 6 décim., droite, lisse, triquètre. Feu. glauques ou d'un vert-grisâtre, étroites, dressées, un peu rudes au sommet. Epi M. à écailles rousses, obtuses, quelquefois accompagné à sa base d'un autre petit épi M. *Epis F., 2 à 3, ovoïdes ;*

rapprochés, sessiles à la base de longues bractées ; l'infér. à pédonc. inclus. *Caps.* ovoïdes, striées, à 5 nervures, à *bec court*, presque nul, bidenté et *glabre sur le bord*, plus longues que les *écailles ovales et mucronées.* ♃. P2. R. Marécages maritimes. Avranches, Pirou, Réville, Flamanville, Lessay (Manche) ; Trouville (Calvados).

22. c. PUNCTATA *Gaud.* (*L. ponctuée*). Racine fibreuse. Tige haute de 2 à 5 décim., droite, lisse. Feu. linéaires, étroites, rudes sur les bords. Epi M. à écailles fauves. *Epis F.*, 3, oblongs, cylindriques, à fl. serrées ; les infér. pédonculés. *Caps. ovoïdes, sans nervures marquées, ponctuées, d'un vert pâle,* terminées par un bec court, bidenté, *glabre sur le bord,* dépassant les écailles roussâtres et munies d'une carène verte dont la pointe est rude. ♃. P2. R. Lieux humides. Fermanville et Carteret (Manche). M. le docteur Lebel.

23. c. MAIRII *Coss.* et *Germ.* Fl. Par. (*L. de Maire*). Racine fibreuse. Tiges hautes de 3 à 6 décim., triquètres, à angles arrondis, lisses ou légèrement rudes au sommet. Feu. planes, raides, plus courtes que la tige. Epi M. oblong-linéaire. Epis F., 2 à 4, le plus souv. 2, ovoïdes-oblongs ; l'infér. à pédonc. dépassant peu la gaîne de la bractée, qui atteint ou dépasse un peu l'épi M. *Caps. étalées, ovoïdes, d'un vert-glauque, à nervures peu marquées,* glabres, terminées par un *bec bifide, bordé de cils raides,* plus long que l'écaille qui est jaunâtre, ovale, acuminée par le prolongement de la nervure dorsale. ♃. P2. TR. Lieux humides et herbeux. Forêt d'Alençon, environs de Mortrée.

24. c. FLAVA *L.* (*L. jaune*). Racine fibreuse. *Tige haute de 2 à 4 décim.,* droite, triquètre, *lisse.* Feu. planes, larges, lisses, rudes vers le sommet. Epi M. grêle, linéaire, roussâtre. Epis F., 2 à 3, ovoïdes-globuleux, d'un vert pâle, rapprochés ; les infér. pédonculés. *Bractées* foliacées, plus longues que la tige, *étalées ou réfléchies après la fleuraison. Caps. globuleuses, jaunâtres et divariquées à la maturité,* terminées par un long *bec plus ou moins courbé,* rétrécies à leur base. Ecailles rougeâtres, allongées, obtuses, mucronées, bordées de blanc, plus courtes que les fruits. ♃. P. TC. Lieux humides, prés, fossés, etc.

Var. *b. longifolia, C. serotina Mér.* ; Fl. Par. Epis écartés, feuilles une fois plus longues que la tige. TR. Bois humides. Falaise.

Var. *c. C. lepidocarpa Tausch.* Diffère du type par la couleur d'un vert plus foncé de ses capsules ; celles-ci sont moins rétrécies à leur base et leur bec est plus recourbé. Marais de Briouze (Orne).

25. c. OEDERI *Retz* (*L. de OEder*). Beaucoup d'auteurs regardent cette plante comme une var. de l'espèce précéd. ; elle en diffère cependant par plusieurs caractères importants. Sa tige est haute de 1 à 2 décim., étalée. Les *épis F.,* au nombre de 4 environ, sont *très-rapprochés de l'épi M.,* qui est ovoïde, *plus épais.* Les *caps.* sont divariquées à bec droit. ♃. Et. C. Bords des étangs, marais sablonneux.

**** *Epi mâle unique. Fruits pubescents.*

26. c. TOMENTOSA *L.* (*L. à fruits tomenteux*). *Racine rampante.* Tige filiforme, triquètre, haute de 1 à 4 décim., lisse ou un peu rude au sommet. Feu. glauques, canaliculées, étroites, rudes, molles. Epis F., 1 à 2, cylindriques, sessiles ; le supér. rapproché de l'épi M. qui est oblong-lancéolé, jau-

naître. *Caps. globuleuses, couvertes d'un duvet blanchâtre, comme feutré, terminées par un bec très-court, bifide, plus longues que les écailles* qui sont
ovales-acuminées. ♃. P2.-3. R. Bois et lieux sablonneux, humides. Rouen,
Alençon (Le Lièvre).

27. C. **PILULIFERA** *Linn.* (*L. à pilules*). *Racine fibreuse. Tiges faibles,* de
1 à 3 décim., triquètres, *étalées, arquées,* grêles, rudes. Feu. carénées, planes,
rudes. Epi M. linéaire, très-petit. Epis F., 2 à 3, rapprochés, arrondis. Bractées sans gaîne; l'infér. foliacée. Caps. velues, globuleuses-ovoïdes, avec un
bec court, *moins longues que les écailles* qui sont oblongues, aiguës. ♃. P.
C. Bois secs et découverts.

28. C. **DIGITATA** *L.* (*L. digitée*). *Racine fibreuse. Tiges* grêles, hautes de 1
à 3 décim. Feu. linéaires, rudes sur les bords à peu près de la longueur des
tiges. *Epi M. court, linéaire, dépassé par les épis F. supérieurs. Epis F.,* 2
ou 3, linéaires, pédonculés, à fl. lâches. Caps. pubescentes, oblongues, triquètres, atténuées à la base, à bec court presque entier. Ecailles d'un beau brun
luisant, ovales, tronquées, membraneuses, blanchâtres sur les bords; nervure
dorsale verte. ♃. P. TR. Bois de Ste.-Barbe, à Louviers (M. Chesnon).

29. C. **PRÆCOX** *Jacq.* (*L. précoce*). *Racine rampante. Tige* haute de 1 à 3
décim., isolée, triquètre, lisse. Feu. courtes, courbées, étalées, rudes. Epi M.
ovoïde-allongé, en massue roussâtre. Epis F., 2 à 3, ovoïdes-arrondis, rapprochés, à *pédic. caché dans la gaîne des bractées. Caps.* ovoïdes-triquètres, *pubescentes, à bec court, émoussé.* Ecailles ovales, brunes, avec une nervure
dorsale verte. ♃. P. C. Bruyères, bois, pelouses.

Le *C. sicyocarpa* Leb., *Fl. Norm.,* éd. 2, dont les capsules sont remarquables par un développement anormal, paraît être dû à une piqûre d'insecte.
J'ai retrouvé des capsules déformées par une cause analogue dans les *Carex
disticha* et *divulsa.* Dans ces cas, les capsules sont de moitié plus allongées
que dans l'état ordinaire et souvent étranglées au milieu.

30. C. **HUMILIS** *Leyss.* (*L. humble*). *Petites touffes épaisses, tenaces.* Tiges
longues de 5 à 7 centim., lisses, légèrem. triquètres. *Feu. plus longues que
les tiges étroites, courbées.* Epi M. blanchâtre. *Epis F. pauciflores,* cachés
par des bractées membraneuses non foliacées. Caps. ovoïdes, velues, appoin-
ties aux deux extrémités. Ecailles d'un brun foncé, ovales, obtuses, un peu
aristées. ♃. P. R. Collines sèches des terr. calc. Dieppedalle et St.-Léger-
du-Bourg-Denis, près de Rouen; Caen, Falaise; Chamboy (Orne), etc.

†† Deux stigmates.

31. C. **ACUTA** *L., C. gracilis* Curt. (*L. aiguë*). Cette espèce ressemble au
C. paludosa et au *C. riparia. Racine rampante. Tige* haute de 5 à 10 décim.,
triquètre, scabre. Feu. longues, larges, scabres, coupantes sur les bords. *Epis
M., 2 à 3. Epis F., 3 à 4,* allongés, cylindriques, écartés, pédicellés, pendants
à la maturité. *Bractées foliacées, aussi longues que la tige.* Capsules ovoïdes-
arrondies, terminées par un bec très-court, entier, perforé, égales aux écailles
ovales-pointues, brunes, à nervure dorsale verte. ♃. P. C. Marais, fossés,
prés humides. La var. *b.* est remarquable par son épi unique, porté au
sommet d'une tige grêle ou d'un long pédicelle radical.

Var. *b. linearis.* Un seul épi mâle au sommet, muni dans le bas de fl. F.
Grisy, près de Falaise.

32. C. **STRICTA** *Good.* (*L. raide*). *Racine fibreuse.* Tige de 5 à 10 décim., triquètre, scabre. Feu. raides, dressées, longues, d'un vert-glauque, rudes sur les bords ; les radicales ont des *gaînes molles, déchirées en filaments en réseau.* Epis M., 1 à 2. Epis F., 3 ou 4, cylindriques, droits, longs de 5 à 6 centim., souv. mâles au sommet, presque sessiles, rapprochés ; l'inf. à court pédicelle. *Caps.* serrées, ovoïdes, comprimées, *sur 8 rangs,* striées, lisses, verdâtres, avec une pointe émoussée, ouverte, plus grandes que les écailles qui sont brunes, ovales-allongées, avec une nervure dorsale verte. ♃. P. C. Lieux aquatiques, étangs, fossés, prés inondés.

33. C. **CÆSPITOSA** *Good.*, *C. Goodenowii* Gay (*L. gazonnante*). *Racine rampante.* Tige haute de 3 à 5 décim., droite, faible, triquètre, rude dans le haut. *Feu.* glauques, étroites, canaliculées, rudes vers le sommet, *à gaîne en réseau.* Epi M. unique, plus long que les F. qui sont oblongs-cylindriques, au nombre de 3 à 4, un peu écartés ; les infér. courtem. pédicellés à la base d'une *bractée non engaînante et munie de 2 petites oreillettes noirâtres. Caps. disposées sur 6 rangs serrés,* ovoïdes, comprimées, obtuses, lisses, verdâtres, plus grandes que les écailles qui sont ovales, obtuses, noires, avec une nervure médiane d'un vert clair. ♃. P. C. Marais, étangs et prés humides.

34. C. **TRINERVIS** *Degl.* (*L. à 3 nervures*). *Racine rampante. Tige* haute de 2 à 4 décim., triquètre, *lisse,* dépassée par des feu. glauques, repliées, séta-cées, striées, lisses en-dessous, rudes eu-dessus. Epis M, 1 à 2, grêles. Epis F. rapprochés, 3 à 4, ovoïdes-allongés. *Caps.* serrées, comprimées, ovoïdes, à bec court et tronqué, lisses, *chargées de 3 à 6 nervures,* à peu près de la lon-gueur des écailles qui sont brunes, ovales-lancéolées, avec une nervure dorsale verte et les bords un peu membraneux. ♃. P3. R. Lieux marécageux mari-times. Trouvé par M. Gay, près de Pirou (Manche) ; le Havre.

§ 2. *Epi ou panicule spiciforme formée de la réunion de plusieurs épillets multiflores.*

(a) *Epillets androgyns, mâles au sommet.*

35. C. **PANICULATA** L. (*L. paniculée*). *Racine fibreuse, formant des touffes épaisses. Tiges* nombreuses, hautes de 6 à 10 décim., triquètres, *scabres sur les angles.* Feu. longues, carénées, rudes sur les bords. *Epi paniculé à ra-meaux ouverts. Caps. non striées,* ovoïdes, bordées dans le haut, denticulées en scie, comme ciliées, prolongées en un bec courbé, bidenté. *Ecailles* ovales-acuminées, *roussâtres, bordées de blanc,* et à nervure dorsale verte. ♃. P2. C. Marais, bords des étangs.

Var. *b. canescens.* Epillets serrés, blanchâtres. Vire.

Var. *c. subsimplex.* Epi à peine rameux, à épillets écartés. Falaise, Pirou.

Les touffes de ce *Carex* prennent quelquefois un développement extraordi-naire en vieillissant. Nous en avons vu plusieurs exemples remarquables dans les parties tourbeuses du Marais-Vernier qui avoisinent la Grand'Mare. Ces touffes ayant crû isolément, par l'effet de la tourbe entraînée par les eaux, présentent des espèces de troncs noirâtres, fibreux, hauts de 1 à 2 mètres, avec un diamètre de 4 à 6 décim., couronnés par une touffe de tiges et de feuilles vertes.

36. C. **PARADOXA** *Willd.* (*L. paradoxale*). Cette espèce vient, comme la précéd., en larges touffes, à tiges nombreuses. Elles sont étalées, hautes de 2

à 6 décim., triquètres, *rudes dans le haut seulement.* Feu. canaliculées, dressées, rudes sur les bords. *Epis de 2 sortes de forme;* ceux qui se montrent les premiers sont serrés, courts et presque simples; tandis qu'ils fleurissent, on voit sortir du bas des tiges d'autres épis paniculés, lâches. *Caps.* ovoïdes-arrondies, *striées,* planes en-dessus, à bords supérieurs denticulés-ciliés, avec un bec particulier bifide. ♃. P-E1. PC. Marais tourbeux. Falaise, Vire, Mortain; Heurtauville (Seine-Inférieure), etc.

37. b. **Teretiuscula** *Good.* (*L. arrondie*). Cette espèce ressemble aux deux précédentes, dont elle diffère par ses *tiges triquètres-cylindracées,* et surtout par sa *panicule resserrée, cylindrique,* en forme d'épi non rameux, long de 3 à 5 centim. Caps. ovoïdes-trigones, planes en-dessus, convexes en-dessous, atténuées au sommet qui est bidenté, dépassant les écailles ovales-aiguës. ♃. P. R. Marais tourbeux. Vire, Pirou; Meuvaines, près de Bayeux; Heurtauville (Seine-Inférieure).

38. c. **Muricata** *L.* (*L. muriquée*). Racine fibreuse. *Tige* grêle, nue, triquètre, à angles mousses, *scabres vers le sommet,* haute de 3 à 6 décim. Feu. planes, étroites, rudes sur les bords dans leur partie supér. *Epi simple composé de 6 à 8 épillets, rapprochés;* les infér. un peu distants. *Bractées sétacées, courtes.* Caps. verdâtres, *étalées horizontalement,* lisses, ovoïdes, *planes en-dessus,* avec les bords denticulés, prolongées en pointe bifide, un peu plus longues que les écailles qui sont ferrugineuses, lancéolées, avec une nervure dorsale verte. ♃. P. C. Bois humides, fossés aux bords des chemins.

39. c. **Divulsa** *Good.* (*L. écartée*). Cette espèce diffère bien peu de la précéd. Sa *tige* est *plus grêle,* plus basse et *plus rude.* Ses feuilles ont une gaîne blanchâtre, scarieuse, ridée; *l'épi est plus interrompu inférieurem.,* quelquefois un peu rameux à la base. *Caps.* planes-convexes, à bords marginés, scabres, bifides au sommet, *dressées.* Ecailles un peu plus courtes, rousses, à nervure verdâtre. ♃. P. C. Bois frais, haies.

40. c. **Vulpina** *L.* (*L. jaunâtre*). Racine fibreuse. *Tige* forte, épaisse, droite, à 3 *angles aigus, coupants,* haute de 6 à 10 décim. *Feu.* carénées, *larges,* scabres. Epi ovoïde, court, interrompu dans le bas, formé de plusieurs paquets d'épillets rapprochés. Bractées sétacées. *Caps. verdâtres, divergentes à la maturité,* ovoïdes, comprimées, à bec scabre, bifide, dépassant à peine les écailles rousses, ovales, acuminées-aristées.

Var. *b. nemorosa* DC. Bractée infér. foliacée, plus longue que l'épi.

♃. P2.-3. C. Bois humides, fossés.

41. c. **Disticha** *Huds.,* C. *intermedia* Good. (*L. distique*). Dans cette espèce, les *épis supér. et infér. sont femelles et les intermédiaires mâles.* Racine rampante. Tige triquètre, scabre, haute de 3 à 6 décim., nue supérieurement. Feu. étroites, rudes sur les bords et la carène. Epi brunâtre, composé de 10 à 20 *épillets rapprochés,* imbriqués. Bractées ovales, scarieuses. Caps. ovoïdes-comprimées, divergentes, prolongées en un bec aplati, scabre, bifide, plus longues que les écailles qui sont ovales, brunes, scarieuses sur les bords. ♃. P. C. Marais, bords des étangs.

42. c. **Arenaria** *L.* (*L. des sables*). Racine rampante, *très-longue, stolonifère.* Tige triquètre, un peu rude, courbée, haute de 2 à 5 décim. Feu. planes, assez larges, scabres. Epi jaunâtre, oblong-allongé, pointu, composé de 6 à 8 épillets rapprochés. Bractées courtes, aiguës. *Caps.* ovoïdes, comprimées,

terminées par un *bec aplati*, *à bords membraneux et scabres*, bifide au sommet, égales aux écailles qui sont ovales, acuminées, roussâtres, scarieuses sur les bords. ♃. P. Commune dans les sables maritimes.

Var. *b. C. repens* Bell. Tige plus élevée ; caps. oblongues. Asnelles.

43. c. divisa *Huds.* (*L. divisée*). Racine rampante. *Tige grêle*, triquètre, scabre, *nue*, haute de 3 à 6 décim. Feu. étroites, carénées, scabres. *Epi ovoïde, serré, brunâtre*, composé de 4 à 6 épillets ovales, serrés, accompagné à sa base d'une *bractée acérée, longue. Caps. ovoïdes-ailées*, redressées, *à bec scabre, denticulé et bifide pu sommet*, égales aux écailles qui sont brunes, scarieuses, avec une nervure dorsale verte, prolongée en une arête courte. ♃. P. C. Bords des eaux, prés marécageux, lieux voisins de la mer. Caen, le Havre, Honfleur, Trouville, St.-Lo, etc.

(b) *Epillets androgyns, femelles au sommet.*

44. c. remota *L.* (*L. à épis écartés*). *Racine fibreuse, émettant des touffes épaisses*. Tiges grêles, faibles, molles, triquètres, lisses, un peu rudes au sommet, hautes de 3 à 6 décim. Feu. étalées, étroites, très-longues, menues, carénées, lisses, rudes à la pointe. *Epillets* 8 à 10, ovoïdes, d'un vert-pâle, *très-écartés, solitaires et sessiles à l'aisselle d'une longue bractée foliacée*, semblable aux feu. Caps. ovoïdes, terminées par une pointe bifide, un peu rude. Ecailles ovales-pointues, blanchâtres, à nervure dorsale verte. ♃. P. TC. Lieux humides, bords des fossés.

45. c. stellulata *Good.* (*L. à fruits étoilés*). Racine fibreuse. Tiges triquètres, rudes au sommet, hautes de 2 à 3 décim. Feu. d'un vert-clair, étroites, canaliculées, raides, rudes. *Epillets* 3 à 5, ovales-arrondis, sessiles, rapprochés, *accompagnés de courtes bractées sétacées. Caps. étalées en étoiles à leur maturité*, d'un vert-pâle, ovoïdes, planes en-dessus, prolongées en un bec aplati, scabre, bifide. Ecailles jaunâtres, avec les bords blanchâtres. ♃. P2. C. Lieux marécageux.

46. c. canescens *L.*, *C. curta* Good. (*L. blanchâtre*). Racine fibreuse, émettant des touffes épaisses. Tiges grêles, faibles, triquètres, un peu rudes, hautes de 3 à 5 décim. Feu. glauques, très-longues, étroites, planes. *Epillets blanchâtres*, ovoïdes, courts, sessiles, peu écartés, au nombre de 4 à 6. *Bractées courtes, presque nulles. Caps. ovoïdes*, d'un vert-blanchâtre, *dressées*, lisses, striées-veinées, légèrem. rudes, à *bec court, entier, lisse*, dépassant les écailles ovales-acuminées, blanchâtres, membraneuses, avec une nervure dorsale verte. ♃. P. R. Lieux marécageux, ombragés. Falaise, Vire, Avranches, Rouen.

47. c. elongata *L.* (*L. allongée*). Racine fibreuse. Tiges en touffes, hautes de 3 à 6 décim., grêles, triquètres et scabres au sommet. Feu. linéaires, très-longues. *Epillets nombreux* (6 à 12), *oblongs, ouverts*, les infér. un peu écartés. Bractée courte, scarieuse. *Caps. étalées à la maturité, ovoïdes-lancéolées*, comprimées, convexes au dos et *striées par de nombreuses nervures*, terminées par un *bec scabre*, tronqué. *Ecailles* ovales, obtuses, *plus courtes que la caps.* ♃. P2. TR. Prés et bois humides. Bois de la Tour, près de Falaise.

48. c. leporina *L.*, *C. ovalis* Good. (*C. des lièvres*). *Racine fibreuse.* Tiges hautes de 3 à 6 décim., triquètres, arrondies, lisses, nues dans leur partie supér. Feu. planes, étroites, lisses, rudes vers la pointe. *Epillets bruns*,

ovoïdes, obtus (4 à 6), rapprochés. *Caps.* ovoïdes, aplaties, *marginées-denti-culées*, bifides au sommet, égalant en longueur les écailles qui sont ovales-acuminées, brunes, blanchâtres et scarieuses sur les bords supér. Bractées analogues aux écailles. ♃. P. TG. Prés humides, bords des chemins.

49. c. schreberi *Willd.* (*L. de Schreber*). Ressemble à l'espèce précédente, dont elle diffère surtout par *sa racine rampante* et ses *épillets étroits, pointus*. Feu. petites, canaliculées, étroites, lisses, rudes vers le sommet. Epillets réunis au nombre de 4 à 5. *Caps.* ovoïdes, à bec court, *non marginées*, de la longueur des écailles qui sont ovales-lancéolées, pointues, d'un brun-rougeâtre, avec une nervure dorsale verte. ♃. P1. R. Lieux arides, sablonneux, collines herbeuses. Rouen, La Roche-Guyon.

§ 3. Epi unique. Fleurs solitaires.

50. c. pulicaris *L.* (*L. aux puces*). Racine fibreuse. Tige droite, cylindrique, grêle, lisse, haute de 1 à 3 décim. Feu. canaliculées, sétacées, un peu scabres vers la pointe. *Epi androgyn*, composé de 15 à 20 fl., dont les *super. mâles. Caps.* oblongues-triquètres, lisses, *atténuées en pointe à leurs deux extrémités, pendantes et brunes à leur maturité*. Ecailles brunes, ovales-lancéolées, persistantes. ♃. P2.-3. C. Prés et bois marécageux.

CVII. FAM. GRAMINÉES. *Juss.*

Fleurs glumacées, hermaphrodites, quelquefois unisexuelles ou polygames. Pér. formé de 1 à 3 (le plus souv. 2) enveloppes florales. La première externe : *Glume* (*Calice* L., *Lépicène* Rich.) composée de 1 à 2 valves opposées, renfermant une ou plusieurs fleurs ; la deuxième *Glumelle* (*Corolle* L., *Calice* Juss., *Balle*) offrant 2 valvules ou paillettes opposées, dont l'une extérieure plus grande, embrasse l'autre qui est intérieure et plus mince ; la troisième enveloppe enfin, qui ne se rencontre que dans certaines espèces, est formée de deux très-petites écailles ou *paléoles* (glumellules) charnues, glabres ou velues. Etam., 1 à 3 (le plus souv. 3), hypogynes, à longs filets chargés d'anthères bifurquées à leurs deux extrémités. Ov. 1, libre, surmonté le plus souv. de 2 stigm. longs, plumeux ou en pinceau. Fruit (*caryopse*) monosperme, nu ou entouré par la glumelle persistante. Embryon petit, à la base d'un périsperme farineux. — *Herbes à racine fibreuse ou rampante. Tige (Chaume) cylindrique, fistuleuse, rarem. pleine, offrant, de distance en distance, des nœuds pleins et renflés. Feu. alternes, linéaires, à gaîne le plus souvent fendue longitudinalement, ou tubuleuse et soudée, couronnée à son entrée d'un petit collier membraneux ou formé de poils, nommé Ligule.*

Les Graminées présentent, dans toutes leurs parties, des propriétés nutritives et adoucissantes ; leurs racines, qui renferment un principe mucilagineux, sucré, sont employées en médecine. Leurs tiges et leurs feuilles donnent les meilleurs fourrages. Les fruits contiennent une fécule abondante, et sont presque partout la base de la nourriture de l'homme ; on en obtient aussi, par la fermentation, des boissons alcooliques estimées.

1 { Epillets pédonculés formant une grappe ou panicule. 2
{ Epillets sessiles en épis simples, rarement rameux. 38
2 { Epillets linéaires formant une panicule digitée. 3
{ Epillets non en panicule digitée. 4

3 { Racine fibreuse ; plante annuelle. . . . . DIGITARIA (ii).
  { Racine traçante ; plante vivace. . . . . CYNODON (i).
4 { Epillets à une fleur. 5
  { Epillets à deux ou plusieurs fleurs. 22
5 { 2 étamines. . . . . ANTHOXANTHUM (vi).
  { 3 étamines. 6
6 { Fleurs pourvues d'une glume et d'une glumelle. 7
  { Fleurs pourvues d'une glume ; point de glumelle. . . . . . LEERSIA (ix).
7 { Glume à 2 valves. 8
  { Glume ayant une troisième valve, provenant d'une fleur stérile. . . . 21
8 { Glume ou glumelle pourvues de poils. 9
  { Glume et glumelle à peu près glabres. 10
9 { Poils plus longs que les glumelles. . . . . CALAMAGROSTIS (xiv).
  { Poils plus courts que les glumelles. . . . . PSAMMA (xv).
10 { Glume ou glumelle pourvues d'une ou plusieurs arêtes. . . . 11
   { Glume et glumelle sans arêtes. 19
11 { Valves de la glume prolongées en arêtes. 12
   { Valves de la glume non prolongées en arêtes. 14
12 { Glumelle aristée. 13
   { Glumelle non aristée. . . . . PHLEUM (viii).
13 { Glumelle externe ayant trois arêtes. . . . . LAGURUS (xiii).
   { Glumelle externe n'ayant qu'une arête. . . . . POLYPOGON (x).
14 { Glumelle externe terminée par une arête très-longue. . . . STIPA (xix).
   { Glumelle externe aristée sur le dos ou à sa base. 15
15 { Arête partant de la base de la glumelle externe. . . . ALOPECURUS (vii).
   { Arête partant du dos de la glumelle externe. 16
16 { Valves de la glume enveloppant la fleur. . . . . PHALARIS (v).
   { Valves de la glume presque ouvertes. 17
17 { Fleur fertile surmontée d'une fleur stérile rudimentaire. . . APERA (xii).
   { Fleur fertile non accompagnée d'une fleur rudimentaire. . . 18
18 { Glumelle ayant un faisceau de poils à sa base. . . . AGROSTIS (xi).
   { Glumelle sans faisceau de poils. . . . . GASTRIDIUM (xvi).
19 { Glume à valves carénées. 20
   { Glume à valves convexes, non carénées. . . . . MILIUM (xvii).
20 { Glumelle ayant un faisceau de poils à sa base. . . . AGROSTIS (xi).
   { Glumelle sans faisceau de poils. . . . . PHLEUM (viii).
21 { Epillets entourés d'un involucre de soies raides. . . . SETARIA (iii).
   { Epillets non entourés de soies raides. . . . . PANICUM (iv).
22 { Axe de l'épillet garni de poils couvrant les glumelles. . PHRAGMITES (xviii).
   { Axe de l'épillet glabre ou pubescent. 23
23 { Glumelles pourvues d'arêtes. 24
   { Epillets sans arêtes. 32
24 { Arête naissant du sommet de la valve. 30
   { Arête naissant sur le dos de la valve ou à sa base. 25
25 { Arête naissant vers la base de la valve. 26
   { Arête partant du dos de la valve ou près du sommet. 27
26 { Arête renflée en massue au sommet. . . . . . CORYNEPHORUS (xxiii).
   { Arête non renflée au sommet. . . . . AIRA (xxiv).
27 { Arête dorsale genouillée ou courbée. 28
   { Arête droite naissant très-près du sommet de la valve. . . BROMUS (xxxv).
28 { Epillets ayant des fleurs semblables, aristées. . . . . AVENA (xx).
   { Epillets ayant des fleurs fertiles et stériles aristées et mutiques. . . 29
29 { Fleur supérieure fertile, inférieure stérile aristée. . . ARRHENATHERUM (xxi).
   { Fleur supérieure stérile aristée, inférieure fertile mutique. . HOLCUS (xxii).
30 { Arête naissant dans une échancrure de la valve. . . . . TRIODIA (xxv).
   { Arête ne naissant point dans une échancrure. 31
31 { Valves des glumes fortement carénées. . . . . DACTYLIS (xxxii).
   { Valves concaves ou à peine carénées. . . . . FESTUCA (xxiii).
32 { Une ou deux fleurs fertiles et une ou plusieurs stériles. . . 33
   { Deux à vingt fleurs fertiles. 34
33 { Glume très-scarieuse. MELICA (xvi).
   { Glume peu ou point scarieuse. . . . . MOLINIA (xxxiv).

** Epillets pédonculés formant une grappe ou panicule lâche ou spiciforme.*

I. CYNODON *Rich.* (*Chiendent*). Glume uniflore, à 2 valves ouvertes, lancéolées, mutiques, plus courtes que la glumelle qui est composée de 2 *valvules; dont l'extér. très-grande, bvoïde. — Fl. en épis linéaires, réunis en une sorte d'ombelle. Plante vivace.*

1. c. DACTYLON *Pers.*, *Panicum* L. (*C. digité*). Racine longue, rampante, stolonifère. Chaumes géniculés, rameux, redressés. Feu. glauques, courtes, le plus souv. un peu velues en-dessous et sur les gaines, à ligule poilue. Fl. violacées, unilatérales, en épis linéaires, en ombelle d'abord resserrée, puis étalée. ⒉ E. PC. Lieux sablonneux, Rouen, Quevilly, Tosny, Alençon; Graye, près de Courseulles; Honfleur; sables maritimes de la Manche.

II. DIGITARIA *Hall.*, *Paspalum* Lam. (*Digitaire*). Fl. géminées dont l'une plus longuem. pédicellée. Glume uniflore à 2 ou 3 valves dont l'extér. squammiforme, très-petite, presque nulle. Glumelle à 2 *valvules égales, ovoïdes-oblongues, cartilagineuses, mutiques. — Epis linéaires, alternes, rapprochés de manière à former une panicule digitée. Plantes annuelles.*

{ Feuilles et gaines plus ou moins velues. . . . . . D. sanguinalis.
{ Feuilles et gaines glabres. . . . . D. filiformis.

1. D. SANGUINALIS *Kœl.*, *Panicum* L. (*D. sanguine*). Chaumes couchés et

rameux à la base., *redressés*, hauts de 3. à 6 décim. *Feu.* planes, linéaires-lancéolées, molles, *velues ainsi que les gaînes.* Épis violacés, au nombre de 4 à 7, très-longs, divergents. Glumes glabres; la supér. un peu velue. ◉. E3. C. Lieux cultivés. Rouen, Evreux, Condé-sur-Noireau, etc.

Var. *b. D. ciliaris* Kœl. Glumelle unique de la fleur inférieure ciliée sur les nervures latérales. Falaise.

2. D. FILIFORMIS *Kœl.* (*D. filiforme*). Cette espèce est plus petite que la précédente, ses *chaumes* sont *couchés.* Ses *feu.* et ses *gaînes* sont *glabres;* celles-ci ont quelques poils près de la ligule. Les épis sont plus courts et moins nombreux (2 à 3). Ses glumes sont velues entre leurs nervures. ◉. E3.–A1. PC. Champs. Rouen, les Andelys, Caen, Falaise, Condé-sur-Noireau, Clécy, Domfront, etc.

La couleur violacée des épis se retrouve souvent sur toutes les parties de la plante, dans ces deux espèces.

III. SETARIA *Pal. Beauv.* (*Sétaire*). Épillets uniflores. *Glume à deux valves, accompagnées d'une troisième provenant d'une fleur avortée.* Glumelles coriaces, mutiques. Styles 2. Stigm. plumeux. *Épillets entourés d'une sorte d'involucre composé de soies raides, scabres. Panicule spiciforme.*

1	Soies à dentelures dirigées de haut en bas.	*S. verticillata.*	
	Soies à dentelures dirigées de bas en haut		2
2	Panicules à soies vertes ou rougeâtres.	*S. viridis.*	
	Panicules à soies d'un jaune-roussâtre.	*S. glauca.*	

1. S. VERTICILLATA *Pal. Beauv.*, *Panicum verticillatum* L. (*S. verticillée*). Plante hérissée, dans presque toutes ses parties, de *poils recourbés qui la rendent accrochante.* Chaumes comprimés et rameux à la base, hauts de 3 à 6 décim. Feu. assez larges, scabres. Gaînes ciliées. Ligule poilue. *Panicule verdâtre en épi resserré, interrompu dans le bas*, à rameaux verticillés. Fl. glabres, pourvues à leur base de 2 longues soies ou *arêtes vertes*, rudes. ◉. E. PC. Lieux cultivés.

2. S. VIRIDIS *P. Beauv.*, *P. viride* L. (*S. verte*). *Plante non accrochante.* Chaume rameux à la base, haut de 2 à 6 décim., un peu rude au sommet. Feu. ciliées sur les bords de la gaîne et à ligule poilue. *Panicule resserrée en épi non interrompu.* Fl. verdâtres, entourées à la base de longues *arêtes hispides, mais non accrochantes*, quelquefois violacées. ◉. E. C. Lieux cultivés.

Var. *b.* reclinata, *Panic. reclinatum* Vill. Tiges étalées, couchées. Falaise.

Var. *c.* purpurascens Opiz. Plante colorée d'une teinte rougeâtre-violacée. Tige grêle; feu. étroites. Caen, Falaise, Domfront, etc.

3. S. GLAUCA *P. Beauv.*, *Panicum glaucum* L. (*S. glauque*). *Plante non accrochante, glauque ou d'un jaune un peu roussâtre.* Chaume rameux à la base, droit, haut de 3 à 7 décim., un peu rude au sommet. Feu. assez larges, munies de longs poils vers l'entrée de la gaîne qui est glabre sur les bords. *Panicule cylindracée, non interrompue*, formée de fleurs d'un *vert-pâle*, accompagnées de nombreuses *arêtes roussâtres. Glumelle striée transversalement.* ◉. E. PC. Champs sablonneux. Rouen, Harfleur, Falaise, Mortain, Lisieux, Alençon, etc.

Var. *b. prostrata.* Chaumes comprimés, complètement couchés sur la terre. Vendeuvre (arr. de Falaise).

IV. **PANICUM** *L.* part. (*Panic*). Epillets uniflores, à *glume bivalve accompagnée d'une troisième valve provenant d'une fleur stérile. Valve infér. beaucoup plus petite que la supér. Styles 2. — Epillets non entourés de soies formant un involucre, disposés en panicule rameuse.*

1. P. CRUS-GALLI *L.* (*P. Pied-de-coq*). Chaumes hauts de 3 à 8 décim., couchés et genouillés à la base, lisses. Feu. assez larges, rudes sur les bords, glabres, planes ou un peu ondulées. Panicule allongée, à rameaux inégaux; les infér. plus longs et plus écartés. Fl. vertes ou violacées, à valves hérissées, le plus souv. munies de longues barbes. ◉. E3.-A1. PC. Bords des eaux et champs humides. Rouen, Caen, Pontorson, Domfront, Falaise, Thorigny, Mortain, Vassy, etc.

Var. *b. muticum.* Fl. sans arêtes.

On cultive assez fréquemment les *P. italicum* et *miliaceum*, dont les graines, connues sous le nom de *millet*, servent à la nourriture des oiseaux.

V. **PHALARIS** *L.* (*Alpiste*). Glume uniflore, à 2 *valves comprimées-carénées*, membraneuses, *égales*, plus longues que la glumelle qui est composée de 2 valvules inégales, mutiques, accompagnées latéralem. de 2 écailles ou rudiments de fl. avortées, velues-ciliées. Stigm. plumeux, en pinceau.

{ Valves ailées sur le dos. . . . . *P. minor.*
{ Valves non ailées. . . . . *P. arundinacea.*

1. P. ARUNDINACEA *L.* (*A. Roseau*). Chaumes hauts de 8 à 20 décim. droits. Feu. planes, larges, longues, scabres. Fl. panachées de blanc et de violet, réunies en une *panicule rameuse*, fasciculée, d'abord resserrée, puis étalée. *Glume à carène non ailée.* ♃. E. TC. Bords des eaux.

On cultive, dans les jardins, une var. à feuilles rayées de blanc longitudinalem. Elle est connue sous le nom de *Rubans.* Elle se retrouve à peu près spontanée sur plusieurs points des environs d'Orbec et de Falaise.

2. P. MINOR *Retz* (*A. petit*). Chaumes grêles, hauts de 3 à 6 décim. Feu. linéaires, à gaînes un peu renflées. Fl. en *panicule spiciforme, compacte, ovoïde,* variées de vert et de blanc. *Glume à carène ailée.* ◉. E. TR. Lieux cultivés, sablonneux. Cette espèce, probablement naturalisée, se retrouve, depuis plusieurs années, dans les environs de Barfleur, où elle a été observée pour la première fois par M. A. Le Jolis.

Le *Phal. canariensis L.*, fréquemment cultivé à cause de ses graines recherchées par les oiseaux, est assez commun dans les lieux cultivés des environs de Rouen.

VI. **ANTHOXANTHUM** *L.* (*Flouve*). Glume uniflore, à 2 valves comprimées, inégales. Glumelle de la longueur de la glume, à 2 valvules allongées, dont l'extér. munie d'une arête dorsale partant de sa base et l'infér. à arête terminale. *Etam. 2;*

Selon quelques auteurs, la glume serait à 3 fl. dont 2 latérales, stériles et réduites, chacune à une valvule aristée, et une hermaphr., centrale, à valvules mutiques.

1. A. ODORATUM *L.* (*F. odorante*). Chaume droit, glabre, rameux à la base, haut de 1 à 5 décim. Feu. glabres, quelquefois pubescentes. Fl. en panicule spiciforme, cylindrique, un peu lâche. ♃. P. TC. Prés, coteaux.

Var. *b. paniculatum* Reich. Panicule allongée, rameuse.

VII. ALOPECURUS *L.* (*Vulpin*). Glume uniflore, à valves carénées, comprimées, mutiques, connées à leur base, égales à la glumelle qui n'a qu'une *valvule munie d'une arête dorsale partant de sa base.* — *Fl. en épis cylindriques.*

1	Tige coudée-genouillée à ses articulations inférieures.	2
	Tige droite, non coudée.	3
2	Arête courte partant du milieu de la glumelle.	*A. fulvus.*
	Arête longue naissant vers la base de la glumelle.	*A. geniculatus.*
3	Glumelles glabres.	*A. agrestis.*
	Glumelles velues.	4
4	Chaume bulbeux à la base.	*A. bulbosus.*
	Chaume non bulbeux à la base.	*A. pratensis.*

1. A. PRATENSIS *L.* (*V. des prés*). Chaumes droits, hauts de 5 à 10 décim., glabres. Feu. striées, scabres, courtes; la supér. à gaine renflée. Ligule courte, tronquée. Epi cylindrique, épais, obtus, d'un vert-blanchâtre, d'un aspect laineux ou soyeux. *Valves velues, ciliées sur la carène, connées au-dessous de leur milieu.* Arête coudée. ♃. P. TC. Prés.

2. A. AGRESTIS *L.* (*V. agreste*). Chaumes souvent en touffes, droits, hauts de 2 à 5 décim., un peu rudes au sommet. Feu. étroites, très-peu scabres, à ligule courte. Epi panaché de vert et de violet, allongé, cylindrique. *Glumes glabres.* Arêtes très-fines, longues, flexueuses. ♃. P.-E. TC. Prés et champs.

J'en ai trouvé une variété à 2 épis terminaux, géminés, panachés de vert et de blanchâtre.

3. A. BULBOSUS *L.* (*V. bulbeux*). Racine bulbeuse arrondie. Chaume droit, haut de 3 à 4 décim. Feu. étroites, glabres, courtes. Epi cylindrique, allongé. *Glumes velues,* ciliées, dépassées par des arêtes flexueuses, un peu colorées. ♃. P. PC. Prés marécageux et maritimes. Caen, le Havre, Isigny, Criquebeuf, Marais-Vernier, Avranches, etc.

4. A. GENICULATUS *L.* (*V. genouillé*). Plante glauque. *Chaumes couchés, radicants à la base,* longs de 3 à 5 décim., glabres, redressés. Feu. courtes, étroites, à ligule oblongue. Epi cylindrique, obtus. *Glumes obtuses, velues, connées à la base, ciliées au sommet, et dépassées par l'arête, partant de la base de la valvule. Anthères blanchâtres.* ♃. E. C. Prés, fossés, bords des étangs. — On trouve dans les environs de Falaise une var. de cette espèce, à racine renflée, presque bulbeuse.

5. A. FULVUS *Sm.* (*V. fauve*). Peut-être n'est-ce qu'une variété de l'espèce précéd. Chaumes dressés. *Feu. d'un glauque pruineux, ainsi que les gaines qui sont très-renflées.* Epi atténué à la base. *Glumes ciliées au sommet, non dépassées par l'arête qui part du milieu de la valvule. Anthères d'un jaune-orangé.* ♃. E. R. Bords des étangs. Falaise, Lisieux, Livarot, St.-Pierre-sur-Dives; Alençon, Chamboy (Orne), etc.

VIII. PHLEUM *L.* (*Fléole*). Glume uniflore à 2 valves comprimées, souv. tronquées, cuspidées par le prolongement de la carène, égales. Glumelle plus courte que la glume, à deux valvules membraneuses, l'infér. tronquée, le plus souv. mutique. — *Panicule très-resserrée en épi cylindracé.*

1	Glumes tronquées-acuminées.	*P. pratense.*
	Glumes insensiblement acuminées.	2
2	Tige le plus souvent rameuse inférieurement.	*P. arenarium.*
	Tige simple.	*P. Boehmeri.*

1. P. **PRATENSE** L. (*F. des prés*). Racine fibreuse. Chaume glabre, haut de 2 à 8 décim. Feu. écartées, planes. Ligule obtuse. Fl. verdâtres, resserrées en un *épi cylindrique long de 5 à 8* centim. *Glumes tronquées brusquement*, à carène ciliée et à arêtes plus courtes que les valves. ♃. P-E. C. Prés et bords des champs.

Var. *b. P. nodosum* Willd. Chaume renflé à la base ; épi plus court.
Cette graminée est le *Timothy* des agriculteurs anglais.

2. P. **BOEHMERI** *Wib.*, *Phalaris phleoides* L. (*F. de Boehmer*). Racine fibreuse. Chaume simple, droit, grêle, haut de 2 à 5 décim. Feu. courtes, scabres, à ligule tronquée. Fl. verdâtres en *épi serré*, cylindrique, *un peu atténué aux deux bouts. Glumes insensiblem. acuminées*, membraneuses, blanchâtres, à carène verte, scabre, ciliée. ♃. E. PC. Pelouses sèches des coteaux calcaires. Rouen, Caen, Falaise, etc.

3. P. **ARENARIUM** L., *Phalaris* Koel. DC. (*F. des sables*). Chaume lisse, rameux à la base, haut de 1 à 2 décim. *Feu.* courtes, glabres, *à gaînes renflées.* Fl. d'un vert-blanchâtre, resserrées en un épi *ovoïde-allongé. Glumes* lancéolées, acérées, fortem. *trinervées*, longuem. ciliées sur la carène. ⊙. P. C. Sables maritimes.

IX. **LEERSIA** *Schreb.* (*Leersie*). *Glume nulle.* Glumelle fermée après la fleuraison, formée de 2 *valvules comprimées, carénées, mutiques. — Panicule très-lâche.*

1. L. **ORYZOIDES** *Sw.* (*L. faux-riz*). Chaumes hauts de 5 à 10 décim., dressés, un peu rameux à la base. Feu. larges, striées, très-rudes, à gaînes comprimées, scabres; la supér. renflée et renfermant souv. la panicule, même après la fleuraison. Panicule lâche, étalée, à fl. d'un vert-jaunâtre, comprimées, hispides. Valvule externe, trinervée. ♃. E3.-A1. R. Prés humides, bords des rivières, des étangs. Caen, Falaise, Vire, Vassy, Alençon, Bagnoles, Pirou, Evreux, etc.

X. **POLYPOGON** *Desf.* Glume uniflore, à 2 *valves* à peu près égales, comprimées, *aristées*, plus longues que la glumelle dont la valvule extér. est munie *d'une seule arête terminale. — Fl. réunies en une panicule spiciforme*, quelquefois lobée.

1. P. **MONSPELIENSE** *Desf.*, *Alopecurus* L. (*P. de Montpellier*). Chaume droit, haut de 3 à 6 décim., glabre, un peu coudé aux nœuds qui sont bruns. Feu. courtes, striées, glabres, rudes, à gaînes renflées dans les supér. Ligule allongée, blanchâtre. Fl. d'un vert-blanchâtre, ramassées par paquets en un épi ovoïde très-garni de longues barbes soyeuses. Glumes velues et ciliées, échancrées au sommet et munies d'une arête qui part du fond de cette échancrure. ⊙. F. PC. Lieux incultes et humides, au bord de la mer. Le Havre ; Ouistreham (Calvados) ; Avranches, Barfleur, Gatteville (Manche), etc.

Var. *b. paniceum*, *Polyp. maritimum* Willd.? *Alopecurus paniceus* L. Chaumes de 1 à 2 décim. ; épis courts, ovoïdes. Cherbourg.

XI. **AGROSTIS** L. (*Agrostide*). Panicules à épillets uniflores. Glume à 2 valves acuminées, mutiques; *l'infér. plus longue que la supér.* Glumelle à une ou deux valvules membraneuses, plus courtes que la glume, *munies à* leurs bases de poils en 1 ou 2 *faisceaux*; l'extér. plus grande, mutique ou aristée. Stigm. plumeux.

1 { Feuilles radicales, enroulées-filiformes. 2
  { Feuilles radicales planes comme les supérieures. 3
2 { Chaume rameux et radicant à sa base. . . . . *A. canina.*
  { Chaume droit; racine fibreuse. . . . . *A. setacea.*
3 { Ligule oblongue; panicule resserrée. 4
  { Ligule courte, tronquée; panicule étalée. . . . . *A. vulgaris.*
4 { Feuilles planes, assez longues, vertes. . . . . *A. alba.*
  { Feuilles courtes, roulées au sommet, raides, glauques. . . *A. maritima.*

1. A. **canina** *L.* (*A. des chiens*). *Chaumes* grêles, rameux et *radicants à leur base*, hauts de 3 à 5 décim. *Feu. radicales* et des jeunes pousses, étroites et nombreuses, *enroulées-filiformes*; les supér. planes et à ligule longue. Fl. violacées en panicule à pédic. rameux trichotomés, flexueux, d'abord divergents, puis redressés. *Glumelle à une seule valvule munie d'une arête dorsale partant près de la base.* ♃. E. C. Landes, prairies humides.

Var. *b. A. pallida* Schrk. Fl. jaunâtres; arête courte. Bords de l'étang de Vrigny, près d'Argentan; Forges-les-Eaux.

2. A. **setacea** *Curt.* (*A. sétacée*). *Racine fibreuse.* Chaume haut de 3 à 6 décim., droit ou un peu courbé à la base. *Feu.* glauques, courtes, rudes; les *radic. filiformes, très-fines.* Ligule longue, membraneuse, laciniée au sommet. Fl. légèrem. violacées ou blanchâtres, en panicule à pédic. scabres. Glume à valves inégales, rudes sur le dos. Glumelle plus courte que la glume, à *valvule exter. terminée par deux dents fines* et allongées, chargée d'une arête genouillée partant de sa base et plus longue que la glume. ♃. E. R. Landes, Lessay.

3. A. **alba** *L.* (*A. blanche*). Racine rampante, stolonifère. Chaumes hauts de 3 à 6 décim., droits ou courbés et radicants à leur base. Feu. étroites, courtes, à *ligule allongée.* Fl. verdâtres en *panicule redressée, le plus souv. resserrée*, à pédic. rameux, hispides. Glumelle à 2 valves, souvent mutiques. ♃. E. TC. Landes, prés, bords des chemins.

Var. *b. A. stolonifera* Host. et Al. Tige rameuse à la base, stolonifère; panicule courte, étroite, souv. violacée.

Var. *c. A. gigantea* Roth. Chaume de 6 à 10 décim. Feu. larges, très-rudes; panicule allongée, verdâtre, resserrée. Prés humides.

Var. *d. A. aristata.* Valvule aristée.

Var. *e. compacta.* Panicule courte, resserrée. La Hague.

Var. *f. A. compressa* Willd., *A. dubia* DC. Panicule étalée, pâle. Arête basilaire, très-courte.

Linné ayant décrit plusieurs espèces sous le nom d'*A. stolonifera*, ce nom n'a pu être conservé.

4. A. **maritima** *Lam.* (*A. maritime*). Cette esp. n'est peut-être qu'une var. de la précéd., dont elle se rapproche beaucoup, principalem. de la forme *e.* Chaumes couchés et radicants à la base, redressés, longs de 3 à 5 décim., garnis de *feu. nombreuses, rapprochées, glauques, courtes, raides, rudes et enroulées au sommet.* Panicules resserrées, spiciformes. Valvules de la glumelle hérissées sur la carène. *Ligule laciniée au sommet.* ♃. E. R. Sables et lieux pierreux maritimes. Dieppe, Courseulles, Cherbourg, Granville, Avranches, etc.

5. A. **VULGARIS** *With.* (*A. commune*). Cette espèce est difficile à distinguer des deux précéd. Cependant elle semble en différer par sa panicule moins resserrée, ovoïde-oblongue, par ses *pédic. non hispides, presque lisses*, et surtout par sa *ligule tronquée, très-courte*. Glumelle à 2 valvules. Fl. quelquefois vivipares. Feu. planes. ♉. E. C. Champs et landes.

Var. *b. aristata*, *A. rubra* L. Valvule extér. aristée. Fl. violacées.

Var. *c. A. pumila* L. Fl. courtes, arrondies, mutiques. Chaumes hauts de 1 à 2 décim.

XII. APERA *Adans.* (*Apère*). Epillets uniflores. Glume à 2 valves acuminées, dont l'*infér. beaucoup plus petite que la supér.* Glumelle infér. aristée : Fl. fertile accompagnée d'un rudim. d'une deuxième *fl. réduite à un pédicelle à la base de la valve supér.*

{	Panicule ample.	*A. spica-venti.*
	Panicule resserrée, interrompue.	*A. interrupta.*

1. A. **SPICA-VENTI** *Pal. Beauv. Agrostis* L. (*A. épi du vent*). Chaume haut de 4 à 8 décim., droit. Feu. glabres. Ligule longue, laciniée. Fl. petites, rougeâtres, et quelquefois jaunâtres, très-nombreuses, en *panicule ample*, fournie, un peu penchée, portées sur des pédic. demi-verticillés, très-déliés. Valvule extér. pourvue d'une arête capillaire fort longue. *Anthères linéaires-oblongues.* ⊙. E. C. Moissons.

2. A. **INTERRUPTA** *Pal. Beauv. Agrostis* L. (*A. interrompue*). Chaume haut de 3 à 6 décim., droit. Feu. étroites, glabres, un peu rudes sur les bords. Fl. petites, en *panicule resserrée, étroite, interrompue*, longue de 5 à 10 centim., portées sur des pédic. dressés. Valvule extér. munie d'une longue arête. *Anthères ovoïdes-arrondies.* ⊙. E. TR. Champs sablonneux. Sotteville, près de Rouen ; Caen, Evreux, Vernon.

XIII. LAGURUS *L.* (*Lagurier*). Glume uniflore à valves terminées par une pointe acérée et velue. Valvule extér. de la *glumelle munie de 3 arêtes dont 2 terminales et 1 dorsale.* — *Fl. en panicule resserrée en forme d'épi ovoïde.*

1. L. **OVATUS** *L.* (*L. ovale*). Chaume haut de 1 à 3 décim., muni de 1 ou 2 feuilles molles, pubescentes, à gaîne renflée dans la supér. Epi ovoïde, laineux, blanchâtre, dépassé par de longues arêtes fines. ⊙. E. TR. Lieux sablonneux. *Mielles* de Cherbourg ; Vauville, Biville (Manche) ; entre Lheure et Orcher (Seine-Infér.).

XIV. CALAMAGROSTIS *Roth.* Glume à 2 *valves presque égales*, comprimées, lancéolées, mutiques, plus longues que la glumelle dont les 2 *valvules* sont *entourées à la base de poils très-longs* et quelquefois accompagnées du rudiment d'une deuxième fleur. *Valvule extérieure aristée.* — *Panicule rameuse.*

{	Arête partant du dos de la glumelle inférieure.	*C. epigeios.*
	Arête partant de l'échancrure de la glumelle inférieure.	*C. lanceolata.*

1. C. **EPIGEIOS** *Roth. Arundo* L. (*C. terrestre*). Racine rampante. Chaumes hauts de 8 à 12 décim., rudes vers leur partie supér. Feu. larges, rudes sur les bords et en-dessous, à ligule longue, laciniée. Fl. souv. violacées, en panicule ample, resserrée. Glumes comprimées, acuminées-subulées. Poils égalant la glume et plus longs que l'*arête dorsale qui part du milieu du dos de*

la valvule extér. qui est 4-nervée, bifide. ♃. E2.-3. C. Bois et lieux marécageux.

2. **C. LANCEOLATA** *Roth.*, *Arundo Calamagrostis* L. (*C. lancéolé*). Cette espèce est souv. confondue avec la précédente ; elle en diffère par ses chaumes moins élevés et rameux à la base, par ses feu. plus étroites, par les poils de la fl. plus courts que la glume et plus longs que la glumelle. L'*arête* dont la valvule extér. est munie, est scabre, très-courte et *part de son échancrure.* ♃. E. R. Bois humides. Rouen, le Havre ; marais d'Auge, Brocotte, Putot, Basseneville (Calvados).

XV. **PSAMMA** *Pal. Beauv.*, *Ammophila* Host. (*Psamme*). Epillers uniflores. Fl. entourée de *poils plus courts que les glumelles. Glume inférieure plus petite. Glumelle infér. mutique ou brièvement aristée.* — *Panicule spiciforme.*

1. **P. ARENARIA** *Roem. et Sch.*, *Calamagrostis* Roth., *Arundo* L. (*P. des sables*). Racine rampante. Chaumes droits, hauts de 6 à 10 décim. Feuilles glauques, longues, raides, roulées en-dessus, piquantes au sommet. Fl. d'un blanc-jaunâtre, en panicule ressérrée en un long épi cylindrique. Glumelle munie de poils courts à sa base. ♃. E. C. Sables maritimes.
Les feuilles de cette plante servent à faire de petits balais.

XVI. **GASTRIDIUM** *P. Beauv.* (*Gastridie*). Glume à 2 *valves* lancéoléesallongées, *inégales, ventrues et cartilagineuses à la base,* plus longues que la glumelle qui est à 2 valvules courtes recouvrant le fruit ; *l'extér. tronquée au sommet.* — *Panicule spiciforme.*

1. **G. LENDIGERUM** *Gaud.*, *Milium* L. (*G. lentifère*). Racine fibreuse. Chaumes rameux à la base, droits, hauts de 3 à 6 décim. Feu. courtes, rudes, à ligule allongée, bifide. Fl. d'un vert-jaunâtre, portées sur des pédicelles très-rameux, et réunis en une panicule resserrée, spiciforme, soyeuse, au milieu de laquelle se font remarquer les renflements luisants des bases des glumes. ⊙. E. PC. Champs, Caen, Falaise, Pont-Audemer, Harcourt, St.-Pierre-sur-Dives, Harfleur, etc.

XVII. **MILIUM** *L.* (*Millet*). Glume à 2 *valves presque égales,* arrondies, ventrues. Glumelle à 2 *valvules* plus courtes que la glume, coriaces, cartilagineuses, persistant autour du fruit, *mutiques.* — *Fl. en panicule lâche.*

1. **M. EFFUSUM** *L.* (*M. étalé*). Chaume droit, lisse, haut de 6 à 10 décim. Feu. larges, planes, molles, glabres, à ligule longue, embrassante, laciniée au sommet. Fl. vertes, en panicule lâche, très-étalée, pauciflore. Pédic. déliés, flexueux, en verticilles incomplets. Glumelle mutique. ♃. P. PC. Bois.
Le *M. paradoxum* L. a été indiqué sur plusieurs points de notre province, mais j'ai lieu de croire que ces indications proviennent de quelque erreur. Cette espèce appartient aux contrées méridionales de la France.

XVIII. **PHRAGMITES** *Trin.* (*Phragmite*). Panicule polygame. *Glume de 3 à 5 fl., à valves* lancéolées, *entourées de poils longs et soyeux.* Fl. infér. mâle et stérile. Valvules de la glumelle plus longues que la glume ; l'infér. lancéolée, étroite ; la supér. bicarénée. Style long, à stigm. velus. — *Panicule ample, très-rameuse.*

1. P. COMMUNIS *Trin.* (*Arundo phragmites* L. (*P. à balais*). Racine longue, rampante. Chaume droit, haut de 1 à 2 mètres, assez gros, cylindrique, scabre. Feu. larges, acuminées, rudes et coupantes sur les bords, à ligule poilue. Panicule souv. colorée en violet, ample, très-rameuse, à épillets lancéolés-subulés. Glume le plus souv. 3-flore, à longs poils soyeux, saillants. Pédicelles hispides. ♃. E. TC. Bords des eaux, fossés, marais.

Var. *b. nigricans* Mér. (*sub Ar.*). Chaume court. Fl. presque toujours mâles, d'un violet-noirâtre. Glumes uniflores à valves acérées. Caen, Falaise, Rouen.

XIX. STIPA *L.* (*Stipe*). Glume uniflore, à 2 valves lancéolées, comprimées, aiguës. Glumelle plus courte que la glume, à 2 valvules, dont l'extér. roulée, bifide, portant une *longue arête caduque, articulée à sa base et tordue inférieurement.*

1. S. PENNATA *L.* (*S. empennée*). Chaumes hauts de 3 à 6 décim. Feu. droites, longues, roulées, jonciformes. Fl. en panicule étroite et pauciflore, remarquables par leur arête plumeuse, blanchâtre, longue de 15 à 20 centim., nue et tordue à sa base. ♃. P. TR. Lieux pierreux et montueux. Evreux, les Andelys; Brèche-au-Diable, près de Falaise (*Lair*); falaise de Cauville (Seine-Infér.).

XX. AVENA *L.* (*Avoine*). Panicule à épillets hermaphr. *Glume renfermant 2 à 8 fl.,* à valves comprimées inégales. Glumelle à 2 valvules souvent velues à la base; *l'extér. bidentée ou bifide, chargée sur le dos d'une arête genouillée,* l'intér. pointue, ciliée. Stigm. plumeux.

1	Epillets penchés ou pendants.	2
	Epillets dressés.	7
2	Glumelle à 2 dents ou pointes courtes.	3
	Glumelles à 2 longues pointes aristées.	A. strigosa.
3	Epillets à 2 fleurs à peu près glabres.	4
	Epillets à 3 fleurs hérissées de poils roux.	A. fatua.
4	Glumelles munies de nervures saillantes.	A. nuda.
	Glumelles lisses ou seulement nervées au sommet.	5
5	Epillets allongés dont une fleur au moins mutique.	6
	Epillets courts à 2 fleurs aristées.	A. brevis.
6	Panicule étalée, pyramidale.	A. sativa.
	Panicule resserrée, tournée d'un seul côté.	A. orientalis.
7	Epillet ayant toutes ses fleurs aristées.	8
	Epillet de 2 fleurs dont une seulement aristée.	A. longifolia.
8	Panicule lâche, épillets nombreux, courts.	A. flavescens.
	Panicule resserrée à épillets peu nombreux, allongés.	9.
9	Feuilles et gaines glabres.	A. pratensis.
	Feuilles inférieures et gaines pubescentes.	A. pubescens.

* *Epillets pendants ou penchés.*

1. A. SATIVA *L.* (*A. cultivée*). Chaumes droits, feuillés, hauts de 5 à 10 décim. Feu. assez larges, glabres, un peu rudes. Panicule lâche, à épillets verdâtres, pendants, de 2 à 3 fl. glabres, dont une surtout munie d'une longue arête roussâtre à la base. Fruits noirs ou blanchâtres. ⊙. E.

Cette espèce, fréquemment cultivée, sert principalement à la nourriture des chevaux. On en tire aussi le *gruau*, ainsi que des quatre suivantes qui sont souv. mêlées à celle-ci ou même cultivées séparément.

2. A. NUDA *L.* (*A. nue*). Plus petite que la précédente. Epillets à 3 fleurs

dépassant les glumes. Arêtes non tortillées. Glumelles caduques, *l'inférieure fortement nervée au sommet.* ⊙. Cultivée.

3. A. ORIENTALIS *L.* (*A. d'Orient*). Chaume haut de 10 à 15 décim. Panicule fournie, longue, *resserrée, unilatérale.* Epillets à 2 fl. plus courtes que la glume et dont l'infér. seule est chargée d'une arête; la fl. super. est mutique. ⊙. E. Cultivée sous le nom d'*Av. de Hollande.*

4. A. BREVIS (*A. courte*). Chaume haut de 6 à 10 décim. Panicule un peu resserrée. *Epillets courts*, *à 2 ou 3 fleurs toutes aristées*, égales à la glume, obtuses. Valves externes obtuses, bidentées et un peu velues au sommet, à 7 nervures. ⊙. E. R. Cultivée.

5. A. STRIGOSA *Schreb.* (*A. rude*). Chaume haut de 8 à 12 décim. *Panicule peu fournie*, penchée, *unilatérale.* Epillets à 2 fl. glabres, ne dépassant pas les glumes dont les valves sont 7-nervées. *Vulvule extér.* de la glumelle *terminée par 2 longues pointes aristées*, noirâtres, droites et chargées sur le dos d'une arête tortillée de même couleur. Pédicelles scabres. ⊙. E. PC. Mêlée aux précédentes. Falaise, Vire, Mortain, etc.

6. A. FATUA *L.* (*A. folle*). Vulg. *Avron.* Chaume haut de 6 à 12 décim. Feu. longues, assez larges, glabres, scabres. Panicule ample, penchée. Epillets de 2 ou 3 fleurs plus courtes que les glumes. *Glumelles couvertes à leur base de poils jaunâtres.* Valvule externe portant une longue arête genouillée, noirâtre dans le bas. ⊙. E. TC. Moissons.

1. *A. sterilis* L., qui a des épillets de 4 à 5 fl., n'est peut-être qu'une variété de celle-ci.

**** *Epillets dressés.*

7. A. PRATENSIS *L.* (*A. des prés*). Racine fibreuse. Chaume de 5 à 10 décim., muni d'un seul nœud. *Feu. à gaines rudes, glabres.* Panicule simple, resserrée. Epillets allongés, panachés de violet et de blanc, à cause des bords scarieux des glumes qui sont plus courtes que les fl. au nombre de 5 à 7. Arêtes tortillées, noirâtres. ♃. E. C. Prés secs et élevés, surtout sur les sols calcaires.

8. A. PUBESCENS *L.* (*A. pubescente*). Racine rampante. Chaume haut de 5 à 10 décim. *Feu. et gaines velues.* Panicule droite, resserrée. Epillets panachés de blanc et de violet, de 2 à 3 fl. velues, dépassant les glumes. Arêtes noirâtres. ♃. E. PC. Prés et bois découverts des terr. calc. Rouen, Caen, Falaise, Lisieux, etc.

9. A. LONGIFOLIA *Thore*, A. Thorei Dub. (*A. à longues feuilles*). Chaume haut de 6 à 10 décim. *Feu. étroites, longues et roulées, couvertes, ainsi que les gaines et les nœuds, de poils mous, blanchâtres, réfléchis.* Panicule droite, resserrée. Epillets d'un vert-blanchâtre, composés de 2 fl. ne dépassant pas les glumes. *Valvule externe de la fl. infér. chargée d'une arête courte; les autres acuminées, entières, non aristées.* ♃. E. TR. Bois, haies, bruyères. Vire.

10. A. FLAVESCENS *L.* (*A. jaunâtre*). Racine rampante. Chaume genouillé à la base, redressé, haut de 4 à 8 décim. Feu. velues, planes, à ligule ciliée. Panicule fournie, dressée, à pédicelles rameux, flexueux. *Epillets jaunâtres, petits, de 2 à 3 fl.* plus longues que la glume. Valvule extér. de la glumelle à 5 nervures, chargée d'une arête et terminée par deux pointes sétacées. ♃. E. C. Prés secs; bords des chemins.

XXI. ARRHENATHERUM *P. Beauv.* (*Arrhénathère*), Fl. polygames. Glume renfermant 2 fl. ; *la super. hermaphr.* à valvule extér. portant près de son sommet une arête droite, courte ; *l'infér. mâle, stérile, à valvule extér. chargée vers sa base d'une longue arète genouillée.*

1. A. **ELATIUS** *Gaud.*, *Avena* L. (A. *élevé*). Vulg. *Fromental.* Chaume droit, glabre, haut de 8 à 12 décim. Feu. planes, assez larges, glabres, rudes, à ligule courte. Panicule droite, étalée. Epillets panachés de violet et de blanc. ♃. E. TC. Prés et moissons.

Var. *b. precatorium*, *Avena bulbosa* Willd. Vulg. *Chiendent à chapelets.* Racine renflée en séries de tubercules arrondis. Nœuds souv. pubescents.

XXII. HOLCUS *L.* (*Houque*). Fl. polygames. Glumes à 2 fl. pédicellées, velues à leur base ; *l'infér. hermaphr. mutique ; la super. mâle ayant une arête dorsale.*

)(Arête plus longue que les glumes ; gaines glabres. . . . . *H. mollis.*
)(Arête ne dépassant pas les glumes ; gaines velues. . . . . *H. lanatus.*

1. H. **LANATUS** *L.*, *Avena* Kœl. DC. (*H. laineuse*). Racine fibreuse. Chaume haut de 2 à 3 décim. *Feu., gaines et nœuds velus.* Panicule d'abord resserrée, ensuite étalée, panachée de blanc et de rougeâtre. *Glumes velues.* Arète de la valvule très-courte, courbée, ne dépassant pas les glumes. ♃. P. TC. Prés.

2. H. **MOLLIS** *L.*, *Avena* Kœl. DC. (*H. molle*). Racine rampante. *Feu.* scabres *et gaines glabres.* Nœuds pubescents. Panicule resserrée, verdâtre. *Glumes glabres*, à carène hérissée. *Arète genouillée, dépassant beaucoup les glumes.* ♃. E. PC. Bois et moissons.

XXIII. CORYNEPHORUS *Pal. Beauv.* (*Corynéphore*), Epillets biflores. Glume à 2 valves mutiques, presque égales, plus longues que l'épillet. *Glumelle infér. pourvue, un peu au-dessus de sa base, d'une arête renflée en massue au sommet. Glumelle supér. 3-lobée, mutique. Stigm. 2.*

1. C. **CANESCENS** *Pal. Beauv.*, *Aira* L. (*C. blanchâtre*). Chaumes très-grêles, en touffes hautes de 1 à 3 décim. Feuilles sétacées, courtes, à ligule obtuse. Panicule resserrée, blanchâtre. Valvule extér. de la glumelle chargée d'une arête articulée au milieu, renflée au sommet, un peu plus longue que les glumes. ⨀. P. R. Lieux secs et sablonneux, Rouen, St.-Aubin près d'Elbeuf, Mouen près de Caen, Pirou.

XXIV. AIRA *L.* (*Canche*). *Glume biflore*, à 2 valves mutiques, uninervées, scarieuses sur les bords. Valvule extér. de la glumelle portant, vers sa base, une *arète dorsale presque toujours genouillée.* — *Panicule le plus souvent étalée, à pédic. déliés.*

1 { Feuilles larges, planes. . . . . *A. cæspitosa.*
{ Feuilles étroites, enroulées, capillacées. 2
2 { Panicule étalée, lâche. 3
{ Panicule resserrée. . . . . *A. præcox.*
3 { Arète genouillée. 4
{ Arète droite. . . . . *A. caryophyllea.*
4 { Ligule courte, tronquée. . . . . *A. flexuosa.*
{ Ligule allongée. 5
5 { Epillets violacés ; seconde fleur à pédicelle moitié aussi long qu'elle. *A. uliginosa.*
{ Epillets blanchâtres ; seconde fleur presque sessile. . . . . *A. Legei.*

*** Fleurs pédicellées dans la glume.*

1. A. CÆSPITOSA *L.* (*C. gazonnante*). Vulg. *Herbe sure.* Chaume droit, à nœuds noirâtres, haut de 6 à 12 décim. *Feu. sillonnées, planes,* scabres, en touffes raides. Ligule longue, acuminée, souv. bifide. Panicule étalée, très-longue. Epillets violacés portés sur des pédoncules scabres, à 2 fl., dont l'une portée sur un pédicelle velu. Valvules lacérées au sommet. *Arête droite, courte.* Fl. quelquefois vivipares. ♃. E. C. Bois et prés humides.
Var. *A. parviflora* Thuill. Fl. plus petites, verdâtres, pédicelles moins rudes. Bois de Falaise.

2. A. ULIGINOSA *Weih.* (*C. des marais*). Racine fibreuse. Chaumes presque nus, hauts de 4 à 6 décim. *Feu. linéaires, très-étroites, roulées, sétacées-capillaires,* rudes, en touffes très-épaisses. *Ligule bifide,* allongée. Fl. violacées, dont l'une portée sur un pédicelle de moitié aussi long que les valvules extér. qui sont comme 5-dentées et chargées d'une arête genouillée plus longue que les glumes. ♃. E2. R. Marais, bords des étangs, lieux exondés. Vire, Lessay, Messey, Troarn, bruyères de Bavent près de Caen ; Alençon, etc.

3. A. FLEXUOSA *L.* (*C. flexueuse*). Chaumes de 1 à 2 décim., presque nus. Feuilles glabres, courtes, très-étroites, à ligule tronquée. Panicule à rameaux longs, ouverts, flexueux. Epillets violacés (verdâtres dans les lieux ombragés) munis de 2 fl., dont *l'une portée sur un pédic. plus court que la moitié de la valvule extér.* de la glumelle, qui est chargée d'une *arête genouillée* 2 fois plus longue qu'elle. ♃. E. C. Bois, coteaux secs, parmi les rochers.
Var. *b. A. montana L.* Panicule plus resserrée ; glumes blanchâtres au sommet, d'un rouge-violacé dans le bas.
Var. *c. patens* Bor. Panicule ouverte, à glumes d'un blanc brillant argenté. Lieux ombragés. Caen, Falaise, Valognes, Orbec.

4. A. LEGEI *Bor.* (*C. de Légé*). Racine fibreuse. Chaumes à nœuds brunâtres, hauts de 6 à 10 décim. *Feuilles filiformes, scabres, à ligule oblongue bifide.* Panicule lâche, pyramidale. *Epillets blanchâtres,* surtout dans les lieux ombragés. Glumelles scabres ayant près de leur base des faisceaux de poils et une arête genouillée saillante ; *seconde fleur de l'épillet presque sessile.* Glumes blanchâtres, plus grandes que dans l'esp. précéd. ♃. E. TR. Bois ombragés. Bois Le Vast (arr. de Cherbourg). Trouvé par M. A. Le Jolis.

**** Fleurs sessiles dans la glume.*

5. A. CARYOPHYLLEA *L.* (*C. Caryophyllée*). Racine fibreuse. Chaumes un peu courbés à la base, redressés, hauts de 1 à 2 décim. Feu. sétacées, courtes, à ligule lancéolée, longue, bifide. *Panicule étalée.* Epillets blanchâtres à 2 fl. plus courtes que les glumes qui sont acuminées, denticulées, dépassées par une *arête droite.* Valvule infér. bifide. ☉. P. E. C. Champs et coteaux secs.
Var. *b. A. multiculmis* Dumort. Chaumes élevés, en touffe ; feu. et gaines rudes ; panicule ample. Moissons. Falaise, Rouen, Cherbourg.
Var. *c. divaricata.* Chaumes étalés, panicule très-divariquée, rougeâtre. Falaise, Aulnay.

6. A. PRÆCOX *L.* (*C. précoce*). Chaumes en touffe, hauts de 1 à 2 décim. Feu. sétacées. *Panicule resserrée, presque spiciforme,* d'un vert-blanchâtre

ou un peu rougeâtre. Fl. à peu près égales aux *glumes* qui sont *dépassées par l'arête genouillée que porte la glumelle extér. bifide.* ⊛. P. C. Lieux secs et montueux.

XXV. TRIODIA Rob. Brown, *Danthonia* DC. (*Triodie*). Glume renferm. 3 à 5 fl., *à valres égales, ovoïdes,* longues, *concaves.* Glumelle à valvules velues à leur base, *l'extér. tridentée au sommet, chargée d'un rudiment d'arête.*

1. T. DECUMBENS *P. Beauv., Festuca L.* (*T. inclinée*). Chaumes étalés-raides, un peu couchés, ensuite redressés, longs de 1 à 4 décim. Feu. planes, rudes, un peu velues, surtout sur la gaîne. Panicule droite, resserrée, composée de 3 à 4 épillets solitaires, remarquables par leurs grandes glumes. ♃. E. C. Prés secs, bruyères.

XXVI. MELICA L. (*Mélique*). *Glume à 2 valves ovoïdes, scarieuses, convexes,* l'extér. plus courte, renferm. 1 à 2 fl. hermaphr., et quelquefois le rudiment d'une fl. pédicellée. *Valvules cartilagineuses, mutiques,* glabres ou hérissées de poils. Paléoles tronquées. Stigm. plumeux. — *Fl. en panicule ou en grappe.*

Glumelle inférieure velue-ciliée.	M. Magnolii.
Glumelle inférieure glabre.	M. uniflora.

1. M. MAGNOLII *Godr. et Gren., M. ciliata* Vill., non L. (*M. de Magnol*). Souche brièvement rampante, formant des touffes épaisses. Chaumes droits, trigones, *lisses,* hauts de 4 à 8 décim. Feu. d'abord planes, puis *enroulées sur les bords,* glauques, *finement pubescentes en-dessus.* Panicule à rameaux courts, resserrée en un long épi unilatéral. Glumelles couvertes de longs poils blancs. *Cariopse lisse.* ♃. E. R. Coteaux secs et pierreux. Les Andelys, Orival, Vernon.

Le *M. ciliata* de Linné n'appartient point à nos contrées. Son épi est plus court, son cariopse est finement ridé et sa racine longuem. rampante.

2. M. UNIFLORA L. (*M. uniflore*). Racine rampante. Chaumes dressés, faibles, hauts de 3 à 5 décim. Feu. toutes caulinaires, planes, rudes, chargées de quelques poils épars. Panicule lâche, peu fournie, à longs rameaux étalés, déliés. Epillets uniflores, violacés, ovoïdes. *Glumelles glabres.* ♃. E. C. Bois.

XXVII. BRIZA L. (*Brize*). Panicule lâche, formée d'*épillets multiflores, ovales-arrondis, à fl. distiques et mutiques. Glume à 2 valves convexes,* égales. Valvules de la glumelle obtuses; l'extér. tronquée, arrondie, à 5 ou 7 nervures; l'intér. concave, ciliée, 2-dentée. Stigm. plumeux.

Ligule courte, tronquée.	B. media.
Ligule allongée, lancéolée-pointue.	B. minor.

1. B. MEDIA L. (*B. moyenne*). Vulg. *Amourette, Tremblotte, Langue de femme.* Racine rampante. Chaumes droits, hauts de 2 à 5 décim. Feu. planes, rudes sur les bords, à *ligule très-courte, tronquée.* Epillets de 5 à 9 fl.; *ovales-arrondis, presque cordiformes,* souv. rougeâtres, portés sur de longs pédicelles flexueux et très-déliés. *Glumelles plus longues que les glumes.* ♃. E. C. Prés, pelouses sèches.

Var. *b. lutescens.* Epillets à fl. moins nombreuses et d'un blanc-jaunâtre. Marais de Plainville, les Terriers, Meuvaines (Calv.), etc.

2. B. MINOR *L.* (*B. naine*). Plante verdâtre dans toutes ses parties. Racine fibreuse. Diffère en outre de la précéd. par sa panicule à *épillets* plus nombreux, *triangulaires,* plus petits, de 5 à 7 fl.; par sa *ligule longue, acuminée, et par ses glumes plus longues que les glumelles.* ☉. E. PC. Moissons. Falaise; Lisieux, Valognes, St.-Lo, Pont-Audemer, Avranches, Cherbourg, etc.

XXVIII. **ERAGROSTIS** *Pal. Beauv. (Eragrostide). Epillets multiflores, comprimés,* aplatis. Glumes à deux valves mutiques, caduques, un peu inégales. *Glumelles membraneuses, mutiques; la supér. bicarénée; persistant sur le rachis après la maturité.* Ovaire glabre. Stigm. plumeux. — *Panicule rameuse.*

1. E. PILOSA *P. Beauv., Poa pilosa L.* (*E. poilue*). Chaumes en touffes peu nombreuses, hauts de 1 à 2 décim., un peu étalés à la base, redressés. Feu. étroites, présentant un petit paquet de poils au sommet de la gaîne. Epillets de 5 à 12 fleurs, linéaires, peu allongés, en panicule rameuse d'abord un peu resserrée. ☉. E. TR. Lieux sablonneux humides. Cette espèce, commune sur les bords de la Loire, a été trouvée une fois sur les bords de la Seine, près de Rouen.

XXIX. **GLYCERIA** *R. Brown. (Glycérie).* Panicule rameuse, à épillets linéaires, cylindriques, oblongs. Glume de 2 à 10 fl. à valves convexes; l'infér. plus courte. Glumelle à 2 valvules, *l'exter. obtuse, demi-cylindrique, oblongue, arrondie, mutique, à 5 ou 7 nervures; l'intér.* plus petite, concave, ciliée, 2-dentée. Stigm. plumeux. — *Plantes le plus souv. aquatiques.*

1 {	Epillets de 2 ou 3 fleurs.	G. airoïdes.
	Epillets de 4 à 12 fleurs.	2
2 {	Glumelles à nervures prononcées.	3
	Glumelles à nervures peu apparentes.	7
3 {	Panicule ample, très-rameuse, étalée en tous sens. . . .	G. aquatica.
	Panicule unilatérale, pyramidale ou resserrée. . .	4
4 {	Panic. serrée, à rameaux garnis d'épillets jusqu'à leur base.	G. procumbens.
	Panicule lâche, à rameaux nus dans le bas.	5
5 {	Chaumes dressés; panicule molle.	6
	Chaumes couchés; panicule raide.	G. declinata.
6 {	Rameaux réunis 3 à 5; glumelle exter. obtuse, trilobée.	G. plicata.
	Rameaux réunis 1 à 3; glumelle exter. à sommet aigu.	G. fluitans.
7 {	Feuilles canaliculées, enroulées.	G. maritima.
	Feuilles planes.	8
8 {	Racine stolonifère; ligule allongée obtuse. . . .	G. conferta.
	Racine fibreuse; ligule courte, aiguë.	G. distans.

1. G. AQUATICA *Wahlenb., G. spectabilis* Mert. et K., *Poa aquatica* L. (*G. aquatique*). Racine rampante. Chaume haut de 1 à 2 mètres, gros, droit. Feu. planes, larges, longues, rudes sur les bords. *Panicule très-rameuse, divariquée, à longs pédicelles.* Epillets nombreux, verdâtres, de 5 à 10 fl. *Valvules obtuses, à 7 nervures.* ♃. E. C. Fossés, bords des rivières, marais.

2. G. FLUITANS *R. Br., Festuca* L. (*G. flottante*). Racine rampante. Chaume couché à la base, redressé, fragile, haut de 4 à 8 décim. *Feu.* longues, planes ou canaliculées, *molles, nageantes, à ligule tronquée.* Panicule trèslongue, droite, unilatérale, formée d'épillets de 7 à 10 fl. grêles, cylindri-

ques, d'un *vert-blanchâtre*, lisses, redressés sur les rameaux. Pédicelles 1 à 3, inégaux, formant des demi-verticilles très-écartés. *Valvules à 7 nervures*, finissant à un *bord membraneux, terminal, légèrem. aigu.* ♃. E. TC. Fossés, rivières, eaux tranquilles.

3. G. **DECLINATA** *Nob.*, *G. fluitans*, var. *pumila Fries.* (G. *étalée*). Cette esp. forme des touffes épaisses dont les chaumes, assez fermes, sont *étalés dans toute leur longueur.* La panicule unilatérale distique, un peu ascendante, a des épillets cylindriques de *couleur violacée.* La glumelle extér., à 7 nervures, est terminée par un *sommet membraneux divisé en trois pointes peu marquées.* ♃. P. E. R. Lieux marécageux inondés. Marais de Briouze (Orne) et forêt de Cinglais, près les Moutiers (Calvados).

4. G. **PLICATA** *Fries.* (G. *pliée*). Cette esp. diffère du *Gl. fluitans*, dont elle a la racine, le chaume et les feu. ; par sa *panicule plus ample, plus rameuse, presque égale.* Les demi-verticilles sont composés de 3 à 5 rameaux divisés. Epillets d'un vert-pâle ; glumelle extér. à 7 nervures, terminée par un *bord membraneux obtus*, légèrem. tridenté. ♃. E. PC. Bords des eaux, bois humides. Rouen ; Falaise ; Trun et Habloville (Orne).

5. G. **AIROIDES** *Reich.*, *Poa Kœl.* DC., *Aira aquatica* L., *Catabrosa aquatica* P. Beauv. (G. *Canche*). Racine rampante. Chaumes couchés à la base, dressés, hauts de 3 à 5 décim. *Feu.* planes, glauques, *obtuses*, à *ligule courte, lancéolée.* Panicule pyramidale, à rameaux verticillés. *Epillets de 2 à 3 fl.* souv. violacées. *Valvules extér.* 3 ou 5-nervées. ♃. E. AC. Mares, fossés, bords des eaux.

6. G. **PROCUMBENS** *Sm.*, *Poa* Curt. (G. *couchée*). Racine fibreuse. Chaumes en touffe, étalés, couchés à la base, puis redressés, feuillés, longs de 2 à 3 décim. Feu. assez larges, planes, glabres. *Panicule resserrée, unilatérale, à pédic. courts, scabres.* Epillets de 5 fl. allongées ; *valves obtuses, fortem. 5-nervées.* ◉. E. PC. Prés salés des bords de la mer. Dieppe, le Havre, Cherbourg, Barfleur, Courseulles, Quillebœuf, Trouville, Pont-du-Vey, etc.

7. G. **MARITIMA** *Wahlenb.*, *Poa* Huds. (G. *maritime*). *Tige rampante.* Chaumes courbés à la base ; les stériles stolonifères ; les florifères redressés, feuillés, hauts de 3 à 6 décim. Feu. nombreuses dans le bas, *canaliculées, roulées*, lisses, *glabres*, à ligule allongée. Panicule le plus souvent resserrée ; les rameaux florifères rarem. réfléchis. Epillets de 4 à 8 fleurs, souv. colorés en violet. Glumelle ovale-oblongue, à sommet arrondi ou tri-crénelé. ♃. E. C. Prés maritimes ; embouchures des rivières. Dieppe, le Havre, Touques, Ouistreham, Courseulles, Arromanches, Cherbourg, etc.

8. G. **CONFERTA** *Fries.* (G. *serrée*). Diffère de la précéd. par ses *feu. planes*, par son *rachis cylindrique, sans sillon en-dessus*, par ses *rameaux hispides*, peu ouverts, rapprochés en panicule assez serrée. Sa ligule est allongée et la glumelle extér. est tronquée au sommet, légèrem. trilobée. — *Racine stolonifère.* ♃. E. TR. Prés maritimes trouvés à Cherbourg par M. A. Le Jolis.

9. G. **DISTANS** *Wahlenb. Poa* L. (G. *écartée*). *Racine fibreuse*, chaumes hauts de 3 à 5 décim. *Feu. planes* ; les supér., un peu roulées et scabres sur les bords. *Ligule courte, aiguë.* Panicule longue, d'abord resserrée, ensuite ouverte ; les *rameaux fructifères divariqués, réfléchis. Rachis glabre*, demi-

cylindrique. *Glumelle extér. ovale, obtuse.* ♃. E. AC. Pâturages des bords de la mer, fossés du littoral.

XXX. POA *L.* (*Paturin*). Epillets mutiques, en panicule. Glume à 3-5 fl. (rarem. plus) imbriquées, arrondies à la base. Valves membraneuses sur les bords, l'extér. plus courte. *Valvules de la glumelle pubescentes ou laineuses à leur base; l'extér. comprimée-carénée, aiguë, ovale-lancéolée; l'intér. ciliée, souv. bifide. — Plantes non aquatiques.*

<pre>
1 { Racine rampante.   6
  { Racine fibreuse, non rampante.   2
2 { Tige renflée, comme bulbeuse à la base. . . . . P. bulbosa.
  { Tige non bulbeuse à la base.   4
3 { Plante vivace; panicule à rameaux inférieurs réunis 3 à 5.   3
  { Plante annuelle; panic. à rameaux infér. solitaires ou géminés. P. annua.
4 { Ligule oblongue-aiguë.   5
  { Ligule courte, presque nulle. . . . . P. nemoralis.
5 { Gaines un peu comprimées, scabres. . . . . P. trivialis.
  { Gaines non comprimées, lisses. . . . . P. fertilis.
6 { Tige fortement comprimée jusqu'au sommet. . . . . P. compressa.
  { Tige cylindracée au sommet. . . . . P. pratensis.
</pre>

1. **P. PRATENSIS** *L.* (*P. des prés*). *Racine rampante.* Chaumes lisses, droits, hauts de 3 à 8 décim. *Feu. glabres, à gaines lisses, à ligule courte, tronquée.* Valvules pubescentes à la carène, 5 nervées. Epillets de 2 à 5 fl. Panicule pyramidale, étalée, égale. ♃. P.-E. C. Prés, bords des chemins.

Var. *b. anceps.* Gaud. Chaume court, un peu comprimé; feu. larges et courtes. Falaise.

Var. *c. angustifolia* Smith., *P. angustifolia* L.? Feu. infér. étroites, roulées-sétacées.

2. **P. TRIVIALIS** *L.* (*P. commun*). *Chaumes faibles, couchés à la base, redressés, hauts de 3 à 6 décim., rudes. Feu.* planes, carénées, *scabres sur les bords et sur les gaines;* celles-ci un peu comprimées. *Ligule oblongue-aiguë.* Panicule diffuse. Epillets verdâtres de 2 à 5 fl. *glabres ou à peine velues à leur base.* ♃. P. TC. Prés.

3. **P. NEMORALIS** *L.* (*P. des bois*). Chaumes lisses, faibles, grêles, à nœuds noirâtres. Feu. planes, étroites, glabres, comme auriculées, à *ligule presque nulle.* Panicule étroite, penchée, allongée, peu fournie. Epillets de 2 à 5 fl. verdâtres, brunes au sommet. Valvule peu velue, à 5 nervures légères. ♃. E. C. Bois et lieux secs.

Var. *b. glauca* Gaud. Panicule resserrée. Epillets et feu. glauques.

Var. *c. coarctata* Gaud. Panicule droite, resserrée; chaume roide. Sur les murs.

Var. *d. montana* Gaud. Panicule pauciflore; épillets assez gros, 5-flores; chaume grêle. Pont-d'Ouilly. (Calv.)

4. **P. FERTILIS** *Host.*, *P. serotina* Ehrh., *P. palustris* Roth. (*P. fertile*). Racine fibreuse. Chaumes droits, striés, *lisses*, hauts de 4 à 8 décim., *à nœuds noirâtres. Ligule allongée, aiguë. Panicule étalée, lâche, à rameaux flexueux.* Epillets ovales de 2 à 4 fl. verdâtres, tachetées de jaune ou de violet. Valvule velue sur la carène et sur les bords. ♃. E. PC. Lieux humides.

5. **P. ANNUA** *L.* (*P. annuel*). *Racine fibreuse.* Chaumes feuillés, comprimés, étalés, glabres, hauts de 1 à 2 décim. Feu. glabres, étroites. Panicule

à rameaux ouverts, géminés ou solitaires. Epillets ovoïdes, de 3 à 6 fl. verdâtres. Valvules pubescentes sur la carène. ☉. P.-A. TC. Presque toute l'année dans des lieux incultes et cultivés.

6. P. bulbosa L. (*P. bulbeux*). *Racine fibreuse. Chaumes* droits, hauts de 3 à 4 décim., *renflés, comme bulbeux à leur base. Feu. courtes*, planes, à gaines entières et à *ligule allongée, aiguë.* Panicule *diffuse.* Epillets d'un vert-violacé, à 5 fl. environ, réunies à la base par des poils soyeux. ♃. PC. Murs et pelouses sablonneuses.

Var. *b. vivipara.* Fl. vivipares.

7. P. compressa L. (*P. comprimé*). *Racine rampante. Chaumes comprimés*, coudés à la base, redressés, hauts de 2 à 5 décim., glabres. *Feu. glauques*, carénées, à gaine non fendue dans le bas et à *ligule tronquée*, presque nulle. Panicule *courte, resserrée.* Epillets de 5 fl. un peu glauques, légèrem. velués à leur base. ♃. E. C. Murailles, bords des champs arides.

XXXI. KŒLERIA Pers. (*Kœlerie*). Epillets réunis en une *panicule spiciforme.* Glumes à 2 valves carénées, mutiques; l'infér. plus petite. *Valvule externe de la glumelle acuminée ou terminée par une soie courte.*

A.{ Feu. planes; chaumes glabres dans le haut . . . . *K. cristata.*
{ Feu. enroulées; chaumes pubescents . . . . *K. albescens.*

1. K. cristata Pers., Aira L. (*K. en crête*). Chaume droit, haut de 3 à 8 décim., le plus souv. *glabre. Feu.* étroites, courtes, *planes*, les infér. *pubescentes, ciliées.* Panicule longue, en forme d'épi un peu interrompu dans le bas. Epillets de 3 à 4 fl. Valvules divergentes, l'ext. finement trinervée, acuminée. ♃. E. PC. Prés et coteaux secs. Rouen, Evreux, Vernon, Falaise, etc.

2. K. albescens DC. (*K. blanchâtre*). Diffère de la précéd. par ses chaumes moins élevés, *pubescents*, par ses *feu. étroites, enroulées-sétacées*, par sa *glumelle aiguë, non acuminée.* ♃. E. O. Dunes et falaises littorales. Cabourg, Sallenelles, Cherbourg, Genets près d'Avranches, etc.

XXXII. DACTYLIS L. (*Dactyle*). Glume à valves inégales, carénées, aiguës. Epillets de 2 à 5 fl. en *panicule agglomérée.* Glumelles à 2 paillettes inégales, *l'externe carénée, munie d'une petite arête au sommet; l'int.* bidentée et bicarénée.

1. D. glomerata L. (*D. aggloméré*). Jeunes pousses comprimées. Chaume de 4 à 10 décim., droit. Feu. planes carénées, scabres sur les bords; à ligule membraneuse, lacérée. Panicule à rameaux inférieurs écartés, divergents, portant des épillets agglomérés en paquets terminaux resserrés et unilatéraux. ♃. P.-E. TC. Prés.

Var. *b. congesta.* Coss. et Germ. Panicule spiciforme, ovoïde, très-compacte.

XXXIII. FESTUCA L. (*Fétuque*). Glume à 2 valves inégales, aiguës, multiflores. Glumelle à 2 valvules lancéolées, très-aiguës, dont *l'intérieure plus grande, acuminée ou terminée par une arête.*

Les *Fétuques* diffèrent des *Bromes* par leur arête qui part du sommet de la paillette de la glumelle, et des *Paturins* par leurs épillets plus allongés, aigus aux deux extrémités, et leurs glumelles presque toujours terminées par une arête.

1	Epillets sessiles, en épi grêle.		2
	Epillets plus ou moins pédicellés, en panicule.		4
2	Epillets alternes distiques.	F. Pòa.	
	Epillets unilatéraux.		3
3	Fleurs mutiques	F. Rottbollioides.	
	Fleurs aristées.	F. tenuiflora.	
4	Glumelle terminée par une arête plus longue qu'elle.		5
	Glumelle terminée par une arête courte ou nulle.		8
5	Glumelle extérieure velue et ciliée.	F. Myuros.	
	Glumelle lisse ou scabre.		6
6	Glume à valve externe très-courte, presque nulle.	F. uniglumis.	
	Glume à 2 valves courtes, inégales		7
7	Panicule courte, éloignée des feuilles.	F. sciuroides.	
	Panicule allongée, rapprochée de la feuille supérieure.	F. pseudo-myuros.	
8	Feuilles inférieures enroulées-filiformes, ou pliées.		9
	Feuilles toutes planes-linéaires.		13
9	Toutes les feuilles enroulées ou pliées.		10
	Feuilles supérieures planes.		11
10	Feuilles capillaires un peu rudes.	F. ovina.	
	Feuilles raides, pliées, à peu près lisses.	F. duriuscula.	
11	Racine rampante, stolonifère.		12
	Racine fibreuse..	F. heterophylla.	
12	Epillets à fleurs glabres.	F. rubra.	
	Epillets à fleurs velues.	F. arenaria.	
13	Tige ne dépassant pas 2 décim.	F. rigida.	
	Tige dépassant 4 décim.		14
14	Pédicelles courts, portant 3 ou 4 épillets au plus.	F. pratensis.	
	Pédicelles allongés, portant plus de 5 épillets.	F. arundinacea.	

*** *Glumelle terminée par une arête courte ou nulle.***

† *Fleurs en panicule.*

1. F. PRATENSIS *Huds.*, *F. elatior* L. part. (*F. des prés*). Racine fibreuse,
Chaume droit, haut de 6 à 10 décim. Feu. planes, striées, rudes, auriculées
à leur base, glabres. *Panicule rameuse, lâche, unilatérale, à rameaux scabres, géminés, le plus court portant un épillet, l'autre 3 ou 4 épillets li-*
néaires-oblongs, obtus, de 5 à 9 fl. Glume à valves aiguës, inégales. Glumelle
à valvule externe le plus souv. mutique. ♃. P. CC. Prés.

Var. *b. F. pseudololiacea* Fries. Forme appauvrie, présentant des épillets
alternes, mutiques, sessiles, au moins les supér., qu'il ne faut pas confondre
avec le *Brachypodium loliaceum* Fr. Falaise.

2. F. ARUNDINACEA *Schreb.* (*F. roseau*). Ressemble beaucoup à la précéd.,
mais en diffère par sa taille plus élevée, ses feu. plus larges et plus striées, par
sa *panicule diffuse*, par ses épillets à *fleurs* (4 ou 5) *moins nombreuses*, insérés
sur des *pédicelles scabres géminés*, portant tous plusieurs épillets, et enfin
par ses *glumelles munies d'une petite arête*. ♃. E. R. Prés marécageux et
coteaux arides. Caen, Falaise, Alençon, Lisieux, marais de Percy et de
Plainville, près de St.-Pierre-sur-Dives, Avranches, etc.

3. F. OVINA L. (*F. des brebis*). *Racine fibreuse.* Chaumes de 2 à 3 décim.,
grêles, en touffe, souv. anguleux au sommet. *Feu. capillaires un peu rudes*,
vertes ou glauques. *Panicule resserrée*, composée d'épillets petits de 4 à 6 fl.,
verdâtres, violacées, glabres, à arête courte. ♃. E. C. Pelouses, coteaux secs,
bords des chemins.

Var. *b. F. tenuifolia* Sibth. Feu. longues, capillaires, déliées; chaumes arrondis au sommet, faibles; épillets mutiques. Plante d'un vert-clair. Bois ombragés.

4. F. DURIUSCULA L. (*F. dure*). *Racine fibreuse.* Chaumes gazonnants, hauts de 3 à 4 décim. Feu. infér. enroulées, filiformes, *lisses*; les supér. raides, pliées, à *gaîne infér. pubescente.* Panicule dressée, *étalée à la fleuraison,* composée d'épillets de 4 à 8 fl. ovoïdes, souvent mutiques. ♃. E. C. Pelouses et collines sèches.

Var. *b. F. hirsuta* Host. Epillets pubescents.

Var. *c. F. glauca* Lam. Feu. glauques, allongées. Coteaux pierreux, parmi les rochers.

5. F. RUBRA L. (*F. rougeâtre*). *Racine rampante.* Chaumes droits, de 3 à 8 décim. *Feu. roulées, sétacées;* les *super.* planes, pubescentes, striées. Gaînes sillonnées. Epillets de 5 à 7 fl. aristées, souv. violacées, portés sur des pédonc. rameux, formant une panicule assez fournie, un peu resserrée. Arête 2 fois plus courte que la valvule de la balle. ♃. E. C. Prés et coteaux incultes.

Var. *b. maritima.* Chaume courbé à la base. Panicule serrée; arête courte. Epillets quelquefois vivipares. Littoral.

Var. *c. F. dumetorum* DC. Epillets pubescents.

6. F. ARENARIA Osbeck, *F. sabulicola* L. Duf. (*F. des sables*). *Racine rampante, stolonifère.* Chaumes droits, lissés, hauts de 2 à 5 décim. Feu. roulées, sétacées, glauques. Panicule unilatérale, à épillets allongés, de 5 à 6 fl. velues, tomenteuses. Arête courte. ♃. E. PC. Sables et dunes maritimes du Calvados et de la Manche.

7. F. HETEROPHYLLA Lam. (*F. hétérophylle*). *Racine fibreuse.* Chaumes élevés de 6 à 12 décim. *Feu. radicales longues, roulées, capillaires; les caulinaires planes, assez larges.* Epillets de 5 à 7 fl. terminées par une arête égale à la valvule. ♃. E. PC. Prés et bords des bois. Rouen, Lisieux, Falaise, Vire, etc.

8. F. RIGIDA Kunth, *Poa rigida* L. (*F. raide*). *Racine fibreuse. Chaumes raides,* étalés, redressés, genouillés, un peu rameux à la base, glabres, hauts de 5 à 15 centim. Feu. étroites, glabres. *Panicule unilatérale, raide.* Epillets linéaires, distiques, alternés, à *fleurs* un peu écartées, verdâtres, membraneuses au sommet, *mutiques.* ☉. E. C. Lieux secs, bords des champs. Terr. calc.

†† Fleurs en épi grêle et allongé.

9. F. POA Kunth, *Triticum Poa* DC., *Fest. Lachenalii* Spenn. (*F. paturin*). Racine fibreuse. Chaume droit, lisse, haut de 1 à 8 décim., à nœuds purpurins. Fl. petites, étroites, comme sétacées. *Epi droit, de 5 à 10 épillets sessiles, écartés, alternes,* ovales, obtus, composés de 5 à 9 fl. *Glumes et glumelles obtuses, mutiques.* ☉. E. PC. Coteaux arides, parmi les rochers. Caen, Falaise, Vire, Alençon, Condé, etc.

10. F. ROTTBOLLIOIDES Kunth, *Poa loliacea* Huds., *Triticum Rottbolla* DC. (*F. Fausse-Rottbolle*). Racine fibreuse. *Chaumes* rameux à la base, dressés, raides, hauts de 1 à 2 décim. Feu. glabres. Epi simple ou un peu rameux à la base, formé de 8 à 10 *épillets* glabres, oblongs, *sessiles, appliqués, disposés d'un même côté* et composés de 5 à 6 *fleurs mutiques.* Glumes et balles obtuses.

⊙. P.-E. R. Sables maritimes et murailles du littoral. Granville, Cherbourg, Barfleur, Arromanches, Courseulles, Bernières, Grandcamp (Calvados).

11. F. **TENUIFLORA** *Schrad.*, *Triticum Nardus* DC., *T. tenellum* Host, (*F. à petites fleurs*). Racine fibreuse. Chaumes grêles, souv. en touffe, hauts de 5 à 20 centim., rameux à la base. Feu. étroites, munies de quelques poils sur les gaînes. *Epi droit*, long, *formé d'épillets* petits, étroits, *subulés, rapprochés, unilatéraux*, composés de 4 à 5 fl. souv. pubescentes, *terminées par une arête assez longue*. Glumes à valves pointues, inégales. ⊙. E. AC. Champs secs et murailles ; terr. calc.

** *Glumelle terminée par une arête plus longue qu'elle* (**VULPIA**).

12. F. **MYUROS** *L.*, *F. ciliata* Pers., DC. (*F. Queue-de-rat*). Chaumes en touffe à la base, hauts de 2 à 4 décim. Feu. étroites, roulées. *Panicule resserrée, allongée, dressée, dirigée d'un seul côté.* Epillets de 3 à 5 fl. Glume à valves courtes. Glumelle à valvules égales, aristées, *l'exter. velue et ciliée.* Etam. 1. ⊙. E. R. Coteaux secs et pierreux. Rouen, Evreux, Alençon.

13. **PSEUDO-MYUROS** *S. Willem.*, *F. myurus* DC. (*F. Fausse-Queue-de-rat*). Chaumes de 2 à 5 décim., grêles, *penchés au sommet.* Feu. roulées, sétacées, glauques. *Panicule allongée, arquée*, unilatérale, *rapprochée de la feu. supér.* Epillets de 5 à 6 fl. Glumes à valves inégales, courtes. Valvules de la glumelle scabres, longuem. aristées. Etam. 1. ⊙. E. TC. Champs secs, murailles.

14. F. **SCIUROÏDES** *Roth.*, *F. Bromoïdes* DC. (*F. Queue-d'écureuil*). Chaume de 2 à 4 décim., grêle, droit. Feu. sétacées, roulées, pubescentes en-dessus. *Panicule droite*, serrée, unilatérale, *écartée de la feu. supér.* Epillets linéaires-lancéolés, d'un vert-foncé, de 3 à 6 fl. Glume à valves courtes, acuminées. Arête rude, allongée. Etam. 1. ⊙. E. C. Pâturages secs, coteaux arides.

15. F. **UNIGLUMIS** *Sol.*, *Vulpia Bromoïdes* Rehb., *Festuca* L. (*F. uniglume*). Ressemble aux espèces précédentes, mais sa *panicule peu écartée de la feu. supér.*, à gaîne renflée, est *plus garnie, plus serrée* ; ses arêtes sont plus droites, plus raides et souvent un peu violacées. Les pédicelles sont dilatés et comprimés. La *valve externe de la glume est très-courte, presque nulle.* Etam. 8. ⊙. E. R. Sables maritimes de la Manche. Réville, Gatteville, Cherbourg, etc.

XXXIV. MOLINIA *Mœnch.*, *Festuca* DC. (*Molinie*). Panicule à épillets coniques de 2 à 4 fl. écartées, *dont une supér. stérile.* Glume à 2 valves mutiques, membraneuses, l'infér. plus petite. *Valvules de la glumelle mutiques, ventrues à la base, coriaces*, l'exter. entière, roulée. Stigm. plumeux, colorés.

1. M. **CÆRULEA** *Mœnch.*, *Melica* L. (*M. bleuâtre*). Racine fibreuse. Chaumes droits, de 4 à 10 décim., raides, munis d'un seul nœud à la base souv. renflée. Feu. planes, à 9 nervures et à ligule poilue. Panicule resserrée, droite. Epillets panachés de vert et de violet, de 2 à 3 fl. écartées, quelquefois vivipares. ♃. E. C. Bois, bruyères.

Var. *b. M. sylvatica* Bréb., *Fl. Norm.*, 1re. édit., *Enodium sylvaticum* Link. Tige plus élevée ; panicule ample ; feu. larges à 11 ou 13 nervures. Bois humides. Falaise, Vire, etc.

XXXV. BROMUS *L.* (*Brome*). Glume multifl., 2-valv. Glumelle à deux valvules; l'extér. plus grande, concave, portant une arête droite au-dessous de son sommet le plus souv. échancré ou bifide; l'infér. entière, concave en-dehors, ciliée. Stigm. latéraux. Epillets oblongs, ovoïdes, en panicule. — *Racine fibreuse.* — Vulg. *Droue.*

1	Epillets élargis au sommet ou arêtes bien plus longues que les fleurs.	10
	Epillets atténués au sommet ou arêtes ne dépassant pas les fleurs.	2
2	Epillets ovoïdes-oblongs	3
	Epillets étroits, linéaires ou lancéolés, aigus.	8
3	Fleurs des épillets écartées; cylindriques à la maturité.	*B. secalinus.*
	Fleurs non écartées à la maturité.	4
4	Epillets pubescents.	5
	Epillets glabres ou à peu près.	6
5	Arête droite.	*B. mollis.*
	Arête tortillée divariquée après la fleuraison	*B. molliformis.*
6	Chaumes diffus, étalés.	*B. hordeaceus.*
	Chaumes droits.	7
7	Panicule étroite à rameaux inférieurs courts.	*B. racemosus.*
	Panicule élargie à longs rameaux inférieurs.	*B. commutatus.*
8	Panicule penchée ou pendante.	*B. arvensis.*
	Panicule dressée.	9
9	Arête très-visible.	*B. erectus.*
	Arête très-courte ou nulle.	*B. inermis.*
10	Epillets élargis au sommet.	12
	Epillets linéaires aigus.	11
11	Epillets et gaines velus.	*B. asper.*
	Epillets et gaines glabres.	*B. giganteus.*
12	Chaume pubescent, surtout dans le haut.	13
	Chaume glabre.	14
13	Epillets scabres; arêtes très-longues.	*B. maximus.*
	Epillets non scabres; arêtes médiocres.	*B. tectorum.*
14	Panicule penchée.	*B. sterilis.*
	Panicule dressée.	*B. Madritensis.*

1. B. SECALINUS *L.* (*B. Faux-Seigle*). Chaume haut de 8 à 10 décim., à *nœuds pubescents.* Feu. scabres, velues, surtout en-dessus, à *gaines striées*, glabres. Panicule ouverte, penchée à la maturité. Epillets ovoïdes-ollongés, glabres, de 8 à 10 fleurs, *devenant, à la maturité, un peu écartées, comme cylindriques,* à arêtes courtes. ⊙. E. C. Champs, moissons.

Var. *b. B. grossus* DC., *B. velutinus* Schrad., *B. multiflorus* Sm. Epillets velus-pubescents.

2. B. MOLLIS *L.* (*B. mollet*). Chaume haut de 2 à 8 décim., légèrement pubescent au sommet. *Feu. molles, velues ainsi que les gaines.* Panicule droite, à pédic. velus. *Epillets ovoïdes, aigus, pubescents,* de 8 à 10 fl. Paillette extér. de la glumelle scarieuse sur les bords, obtuse, bidentée, portant une arête égale à sa longueur. ⊙. E. TC. Champs et prés.

Var. *b. compactus.* Panicule resserrée, compacte. Dunes du littoral.

3. B. HORDEACEUS *L.*, *B. Thominii* Hard., *B. arenarius* Thom. (*B. orge*). Chaume en *touffe étalée,* haut de 1 à 2 décim. Feuilles molles, velues. *Panicule ovale, compacte, resserrée.* Epillets de 5 à 8 fleurs, elliptiques, luisants, glabres ou très-légèrement pubescents. *Arête dressée plus courte que la glumelle.* ♂. P. PC. Sables maritimes. Avranches, St.-Jean-le-Thomas (Manche); Trouville, Sallenelles, Arromanches (Calvados), etc.

4. B. MOLLIFORMIS *Lloyd.*, *Serrafalcus Lloydianus* Godr. (*B. molliformis*). Cette esp. ressemble beaucoup aux deux précéd., mais elle en diffère princi-

palem. par son *arête d'abord droite*, *à la fin tortillée-divariquée*. Elle est *plus velue que le B. mollis*, et ses *épillets*, *oblongs-lancéolés*, *sont aussi velus*. Panicule oblongue, droite, resserrée après la fleuraison. ♂. E. R. Sables maritimes de Cherbourg.

5. B. ERECTUS *Huds.* (*B. droit*). Chaume de 6 à 10 décim. *Feu. infér. ci-liées*, *velues*, *étroites*, *roulées*, *à gaînes velues*; les supér. plus larges, glabres. *Panicule droite*, *resserrée*, à pédic. dressés, rudes. Epillets rougeâtres, lan-céolés-linéaires, pubescents, de 6 à 10 fl. Paillette externe de la glumelle acu-minée, bifide, à arête courte; l'interne glabre. ♃. E. C. Prés secs. Rouen, Caen, Argentan; Cherbourg, Alençon, Falaise, etc.

6. B. INERMIS *L.*, *Festuca* DC. (*B. sans arête*). Racine rampante. Chaume glabre, droit, haut de 6 à 10 décim. Feu. larges, glabres. *Panicule droite*, étalée, à épillets droits, linéaires, formés de 10 à 12 fl. écartées, *le plus souvent mutiques*. ♃. E. TR. Prés humides. Caen, le Havre. Assez commun dans le Cotentin; Quinéville, Orglandes, Créances, Herqueville, etc. (M. le docteur Lebel). St.-Georges-sur-Aure (M. Chesnon.)

7. B. COMMUTATUS *Schrad.*, *B. pratensis* Ehrh. (*B. changé*). Chaume droit, de 5 à 10 décim. *Feuilles et gaînes velues. Panicule élargie*, *à rameaux inférieurs longs*. Epillets oblongs-lancéolés, glabres. Arête droite égalant la glumelle. ◉. E. AC. Prés.

8. B. RACEMOSUS *L.* (*B. en grappe*). Chaume droit, haut de 3 à 8 décim. Feu. larges, planes, velues, *à gaînes sillonnées*, pubescentes, surtout les infér. *Panicule étroite*, *à rameaux inférieurs courts*. Epillets de 6 à 9 fl. verda-tres, ovoïdes-oblongs, *glabres*, *luisants*. Valvule externe de la glumelle, ovale-obtuse, à 2 dents courtes, munie d'une arête aussi longue qu'elle. ◉. E. C. Prés.

Var. *b. B. elongatus* Gaud. Gaînes glabres; l'infér. seule un peu pubes-cente.

9. B. ARVENSIS *L.* (*B. des champs*). Chaume de 3 à 8 décim., lisse, de mé-diocre grosseur. *Feu.* longues, étroites, *velues surtout en-dessus*, *à gaînes sil-lonnées*, *pubescentes*. Panicule assez fournie, penchée, à longs pédonc. rameux grêles. *Epillets linéaires*, *glabres*, panachés de blanc et de violet. Arête noi-râtre de la longueur de la valvule externe qui est bifide au sommet. ◉. E. C. Champs.

10. B. ASPER *L.* (*B. rude*). *Chaume* de 8 à 20 décim., *pubescent*. Feu. caré-nées, larges, scabres, ciliées, pubescentes en-dessous, à gaînes très-velues. Pa-nicule ample, lâche, penchée, à longs pédic. rameux. Epillets verdâtres ou vio-lacés, linéaires, de 8 à 10 fl. Valvule externe de la glumelle *couverte de quelques poils couchés*, étroite, bifide au sommet, munie d'une *arête moins longue qu'elle*. ♃. E. C. Bords des bois, haies, fossés.

11. B. GIGANTEUS *L.* (*B. géant*). Cette espèce, malgré son nom, est plus petite que la précéd. à laquelle elle ressemble. Ses *feu.* sont larges, striées, *lisses*, *glabres*, *ainsi que les gaînes*. La panicule est lâche et penchée, les *épillets*, de 4 à 6 fl., sont lancéolés, *glabres*, verdâtres. L'arête est une fois *plus longue que la valvule externe de la glumelle*. ♃. E. C. Bois et haies.

Var. *b. depauperatus*. Tige faible, de 2 à 5 décim.; panicule peu fournie; épillets de 2 à 3 fl.; arête très-longue. Lieux très-ombragés. Falaise, Rouen et Elbeuf.

12. B. STERILIS *L.* (*B. stérile*). *Chaume* de 3 à 8 décim., *glabre*. Feu. molles, pubescentes, ainsi que les gaines infér. *Panicule étalée*, penchée, à longs pédicelles semi-verticillés. *Épillets longs*, de près de 5 à 6 centim., étroits, pointus, pendants, comprimés, de 6 à 10 fl. distantes, munies *d'arêtes plus longues que la glumelle.* ⊙. P-E. TC. Lieux stériles, champs, murailles, etc.

13. B. TECTORUM *L.* (*B. des toits*). *Chaume* d'un pied environ, rude, *velu.* Feu. et gaines pubescentes, molles. *Panicule* penchée, unilatérale, *resserrée*, à *épillets* étroits, pubescents, de 5 à 6 fl., *plus courts que dans l'esp. précéd. Arête égale à la glumelle externe.* ⊙. E. PC. Lieux stériles, murailles, champs sablonneux. Rouen, Vernon, etc.

14. B. MADRITENSIS *L.* (*B. de Madrid*). *Chaume* de 2 à 3 décim., droit, *glabre.* Feu. raides, pubescentes ainsi que les gaines, quelquef. presque glabres. *Panicule* droite, *resserrée*, à épillets de 5 à 6 fl., étroits, souv. rougeâtres, portés sur des pédonc. rudes, grêles, renflés au sommet. *Arêtes de la longueur des glumelles.* ⊙. P. R. Murs et coteaux secs. Granville, Avranches, Courseulles, Graye (Calvados).

15. B. MAXIMUS *Desf.* (*B. très-grand*). *Chaume* de 6 à 8 décim., droit, *pubescent dans le haut.* Feu. velues, ciliées. Gaines infér. couvertes de poils. *Panicule ample, resserrée*, d'abord droite, puis un peu penchée. Epillets longs, verdâtres, portés sur de longs pédonc. velus, rudes, renflés au sommet. *Arêtes près de 2 fois plus longues que les glumelles.* ⊙. P. PC. Coteaux et vieilles murailles. Caen, Falaise, St-Lo, Dives, etc.

Var. *b. minor* Boiss., *B. rigidus* Roth. Panicule dressée, compacte, à rameaux courts et épillets plus petits. Falaise.

XXXVI. BRACHYPODIUM *Pal. Beauv.* (*Brachypode*). Epillets multiflores, subsessiles ou portés sur des *pédicelles épais, très-courts*, réunis en épis simples. Glume à 2 valves carénées. *Glumelle à 2 valvules presque égales, la supérieure à carène ciliée.*

<table>
<tr><td>1</td><td>{</td><td>Glumelle non aristée..........</td><td>B. loliaceum.</td><td></td></tr>
<tr><td></td><td></td><td>Glumelle pourvue d'une arête plus ou moins longue.....</td><td></td><td>2</td></tr>
<tr><td>2</td><td>{</td><td>Arête plus courte que les fleurs..........</td><td>B. pinnatum.</td><td></td></tr>
<tr><td></td><td></td><td>Arête plus longue que les fleurs..</td><td>B. sylvaticum.</td><td></td></tr>
</table>

1. B. PINNATUM *P. Beauv.*, *Triticum* Mœnch., *Bromus pinnatus* L. (*B. pinné*). *Racine rampante.* Chaume droit, un peu divisé à la base, haut de 3 à 8 décim., glabre, à nœuds pubescents. Feu. planes, glauques, un peu rudes, glabres ou pubescentes en-dessus. Epillets au nombre de 6 à 10, distiques, d'abord cylindriques, un peu courbés; les infér. portés sur des courts pédic. anguleux. Fl. 10 à 18, souv. pubescentes, striées, terminées par une *arête droite une fois plus courte que la glumelle.* ♃. E. TC. Prés, haies, bords des chemins.

Var. *b. T. gracile* DC., Epillets glabres.

Var. *c. corniculatum*, *Bromus corniculatus* Lam. Epillets courbés, contournés, divariqués. Falaise, Lisieux.

2. B. SYLVATICUM *Roem. et Sch.*, *Triticum* Mœnch., *Festuca sylvatica* Huds. (*B. des bois*). *Racine fibreuse.* Chaumes hauts de 6 à 10 décim., glabres, à nœuds velus. Feu. longues, planes, d'un vert-foncé, velues ainsi que les gaines. Epillets de 8 à 10 fl. le plus souv. velues, écartés, sessiles, formant un long épi penché. Glume à valves inégales. Valvule intér. de la glumelle tronquée, obtuse et ciliée; *l'extér.* acuminée, terminée par une arête qui est plus longue qu'elle dans les fl. super. ℒ. E. TC. Bois et haies.

3. B. LOLIACEUM *Fries*, *Festuca* Huds., *Glyceria* Godr. (*B. Ivraie*). *Racine fibreuse.* Chaumes hauts de 5 à 10 décim. Feu. linéaires, planes, rudes sur les bords. *Grappe droite, distique, formée par une série d'épillets linéaires alternes,* portés sur un pédicelle très-court, nul au sommet de la grappe. Glume à valves inégales dans les épillets infér. *Glumelle extér. linéaire-lancéolée, dépourvue d'arête.* ℒ. E. AC. Prairies et pâturages. Caen, Falaise, St.-Pierre-sur-Dives, etc.

On a souv. confondu cette plante avec une forme appauvrie (*F. pseudololiacea*) du *Festuca pratensis.*

XXXVII. TRITICUM L. (*Froment*). *Epillets de 3 à 5 fl. solitaires, sessiles, opposés par une de leurs faces à l'axe qui est denté, et formant un épi distique. Glume bivalve, multiflore; les fl. supérieures quelquefois stériles.* Valves lancéolées, carénées, ventrues, plus courtes que les 2 valvules de la glumelle, dont *l'infér.* est acuminée, et *portant une arête sur sa carène,* souv. immédiatement au-dessous de son sommet; la supér. souvent tronquée et bordée de cils raides. *Caryopse oblong, obtusément tétragone,* marqué d'un sillon à la face interne, sans appendice au sommet. — *Plantes annuelles ou bisannuelles.*

Les espèces de froment cultivées sont trop connues pour avoir besoin de description. On cultive principalement dans notre province le *T. sativum* Lam. (*Blé, Froment*) qui a deux var. principales : le *T. sativum aristatum* (*Blé barbu, Franc-blé*) et le *T. sativum muticum* (*Blé chicot*), dont les épillets sont glabres ou pubescents; et le *T. turgidum* L. (*Gros-Blé, Blé-rouge*) qui présente aussi des var. mutiques et aristées. On cultive encore quelquefois, sous le nom de *Blé de mars,* un froment que l'on sème au printemps et dont une variété, nouvellement introduite dans notre province, porte le nom de *Blé bleu,* à cause de la couleur glauque très-prononcée de ses épis, de ses feuilles et de son chaume.

XXXVIII. AGROPYRUM *Pal. Beauv.* (*Agropyre*). Ce genre diffère des *Triticum,* dont il faisait autrefois partie, principalem. par ses *épis plus lâches, à fl. plus nombreuses* (5 à 10), par ses *glumes non ventrues* et par son *caryopse terminé par un appendice blanc, arrondi.* — *Plantes vivaces.*

1 {	Racine fibreuse; arêtes plus longues que les fleurs.	*A. caninum.*
	Racine traçante; arêtes nulles ou plus courtes que les fleurs.	2
2 {	Feuilles hérissées, rudes en-dessus.	3
	Feuilles mollement velues en-dessus.	*A. junceum.*
3 {	Nervures des feuilles ayant plusieurs séries de points rudes.	*A. acutum.*
	Nervures des feuilles n'ayant qu'une série de points rudes.	4
4 {	Nervures ou stries des feu. écartées.	*A. repens.*
	Nervures ou stries des feu. contiguës.	5
5 {	Glumelle infér. aiguë, mucronulée ou aristée.	*A. pungens.*
	Glumelle infér. tronquée avec une pointe courte, obtuse.	*A. pycnanthum.*

4. A. CANINUM *Roëm.* et *Sch.*; *Elymus* L. (*A. des chiens*). *Racine fibreuse, non rampante.* Chaumes grêles, hauts de 6 à 12 décim. Feu. planes, à stries ou nervures écartées, chargées d'une seule série de points rudes, souv. velues. Epillets de 4 à 5 fl. glabres et longuement aristées, rapprochées, alternes.

en un long épi penché. Glume à valves égales, longuem. acuminées. Valvule intér. de la glumelle obtuse, bordée de cils courts. *Arêtes plus longues que les fl.* ♃. E. TC. Haies et buissons.

2. A. REPENS *Pal. Beauv.*, *Triticum* L. (*A. rampant*). Vulg. *Chiendent*. Racine *très-longue, rampante, stolonifère, articulée.* Chaumes droits, raides, hauts de 5 à 10 décim. *Feu.* planes, striées, *scabres*, à longues gaînes entières dans le bas. Epi droit, à axe glabre et rude. Epillets de 4 à 5 fl., comprimés, rapprochés, mutiques ou aristés. *Glume à valves acuminées ; égales.* Valvule intér. de la glumelle obtuse et ciliée. ♃. E. TC. Champs, haies, jardins, bords des chemins.

Var. *b. multiflorum* Mér. Epi fourni, long de 2 décim. Bernay.

On trouve souvent des formes de cette esp. et des suivantes à épis et feuilles glauques.

3. A. PYCNANTHUM *Godr.*, *Triticum glaucum.* Fl. Norm., édit. 2 (*A. à fleurs piquantes*). *Racine rampante.* Chaumes de 5 à 8 décim., dressés. *Feu. glauques*, *à stries très-rapprochées et portant une seule série de points rudes*, enroulées et un peu piquantes au sommet. Epillets *glauques*, de 4 à 5 fl., rapprochés, imbriqués, formant un *épi presque tétragone. Glume à valves très-obtuses ou tronquées,* mutiques ou aristées. Axe scabre. ♃. E.-A. AC. Bords des rivières et des chemins dans les contrées littorales.

4. A. PUNGENS *Roem.* et *Sch.*, *Triticum* Pers. (*A. piquant*). Racine rampante. Chaumes droits, hauts de 5 à 10 décim. Feu. glauques, étalées, très-rudes en-dessus, à nervures rapprochées portant *une seule série de points scabres*, enroulées et présentant une *pointe un peu piquante.* Epillets de 7 à 9 fl., comprimés, rapprochés, formant un épi raide, comprimé. *Glumelle infér. aiguë,* mucronulée ou aristée. ♃. E. PC. Bords des fossés dans les contrées maritimes.

5. A. ACUTUM *Roem.* et *Sch.*, *Triticum* DC. (*A. aigu*). Racine rampante. Chaumes droits, hauts de 4 à 8 décim. *Feu.* glauques, *raides, roulées sur les bords et piquantes au sommet, à stries chargées de plusieurs rangs de points scabres.* Epillets comprimés, de 5 à 8 fl., rapprochés en un épi droit, distique, assez continu, à *axe lisse.* Glume à *valves largem. tronquées,* quelquefois un peu rudes sur la carène, égales, marquées de 7 à 9 nervures. Valvules pointues, souv. même l'extérieure un peu aristée ; l'intérieure légèrem. ciliée. ♃. E. C. Sables maritimes.

6. A. JUNCEUM *Pal. Beauv.*, *Triticum* L. (*A. à feu. de jonc*). Ressemble beaucoup au précédent, dont il a le port et la couleur glauque, mais il en diffère par ses *feu. mollement velues en-dessus,* par ses larges épillets de 7 à 9 fl., plus rapprochés, imbriqués en un épi presque continu, par ses *glumes obtuses* et à 9 ou 11 nervures, et par les valvules de la glumelle mutiques et également obtuses ; l'intér. un peu ciliée et l'extér. un peu mucronée. *Axe glabre.* ♃. E. PC. Sables maritimes.

XXXIX. LOLIUM L. (*Ivraie*). *Epillets* solitaires, alternés, *distiques,* opposés *par leur bord à l'axe général, de manière à former un épi aplati.* Glume multiflore, à 2 valves dont *l'extér. fort grande et l'intér. courte,* souv. avortée. Glumelle à 2 valvules ; l'infér. mutique ou aristée, la supér. linéaire, scabre-ciliée.

1 { Vivace; touffes de feuilles stériles près des chaumes. 2
  { Annuelle; point de touffes de feuilles stériles particulières. . . . 3
2 { Jeunes feuilles pliées. . . . . L. perenne.
  { Jeunes feuilles roulées. . . . . L. italicum.
3 { Glume égalant ou dépassant l'épillet. . . . . L. temulentum.
  { Glume plus courte que l'épillet. 4
4 { Glume égalant au moins la moitié de l'épillet. . . . . . . L. linicola.
  { Glume égalant le tiers de l'épillet. . . . . L. multiflorum.

1. L. **perenne** L. (*L. vivace*). Vulg. *Ray-grass. Touffes de feu. stériles naissant près des tiges.* Chaumes hauts de 2 à 5 décim., lisses, comprimés, fermes. Feu. planes, étroites dans le bas, les *jeunes pliées.* Épillets de 6 à 12 fl., comprimés, presque toujours *mutiques*, un peu plus longs que la glume.
Var. *b. cristatum.* Épillets rapprochés en épi court, ovale, aplati. ♈. P.-E. TC. Prés et bords des chemins.
Var. *c. L. tenue* L. Chaumes grêles, épillets de 3 à 4 fleurs.
Var. *d. ramosum.* Épi rameux.

2. L. **italicum** A. Braun., L. Boucheanum Kunth. (*L. d'Italie*). Vulg. *Ray-grass d'Italie.* Cette espèce, qu'on trouve sur plusieurs points de notre province, est cultivée depuis quelques années. Ses *touffes de feuilles stériles* présentent *de jeunes feuilles roulées.* Ses épillets sont lancéolés, plus longs que la glume, et les fleurs sont aristées, rarement mutiques. ♈. P. PC. Lieux herbeux, prés frais.

3. L. **temulentum** L. (*L. enivrante*). *Point de touffes de feu. stériles.* Chaumes droits, rudes, hauts de 5 à 8 décim. Feu. planes, rudes. Épi droit, composé *d'épillets de 5 à 9 fl.* d'un vert-pâle et renflées, *plus courts que la glume.* Valvule extér. de la glumelle bifide, aristée ou mutique. ☉. E. TC. Moissons.
Var. *b. macrochœton* Braun. Arête plus longue que la glumelle.
Var. *c. oliganthum* Godr. Épis de 3 ou 4 fl. très-dépassés par la glume.

4. L. **linicola** Sonder in Köch., L. arvense Schrad. (*L. linicole*). Cette espèce ressemble à la précéd., mais elle est plus petite dans toutes ses parties. Chaumes et gaînes lisses. Épillets oblongs ou ovoïdes; les fructifères elliptiques. *Glume dépassant la moitié de la longueur de l'épillet.* Fl. aristées ou mutiques. *Point de touffes de feuilles stériles.* ☉. E. R. Champs de lin. Environs de Caen et de Cherbourg.

5. L. **multiflorum** Lam. (*L. multiflore*). *Point de touffes de feuilles stériles.* Chaumes droits, lisses, hauts de 8 à 12 décim. Épi long, incliné, formé d'un grand nombre *d'épillets lancéolés-linéaires, de 20 à 25 fl., deux fois plus longs que la glume.* Glumelles *supérieures souvent aristées*, rarement mutiques. ☉. E. C. Moissons. Rouen, Lisieux, Falaise, etc.
Var. *b. decompositum.* Épi rameux à la base.

XL. **GAUDINIA** Pal. Beauv. (*Gaudinie*). *Épillets solitaires*, sessiles sur un axe articulé auquel ils sont parallèles. Glume à deux valves inégales, de 4 à 11 fleurs. Glumelle infér. inégale, comprimée, munie d'une *arête dorsale ge-nouillée.* — Épi grêle, distique.

1. G. **fragilis** Pal. Beauv., Avena L. (*G. fragile*). Racine fibreuse. Chaume grêle, haut de 5 à 10 décim. Feu. molles, velues, ainsi que les gaînes. Épi grêle, fragile. ☉. E. R. Prés et bords des chemins. Alençon, Cherbourg, Falaise, Clécy (Calvados).

XLI. SECALE *L.* (*Seigle*). Epillets solitaires, sessiles à chaque dent de l'axe articulé. *Glume à 2 valves subulées, étroites, égales, renfermant 2 fl. et quelquefois le rudiment d'une troisième.* Glumelle à 2 valvules, dont l'infér. carénée et terminée par une longue arête.

1. S. CEREALE *L.* (*S. cultivé*). Cette graminée, généralement cultivée, n'a pas besoin d'être décrite. Le pain que donne sa farine, mêlée à celle du froment, est agréable et se conserve frais assez long-temps. Dans quelques contrées du Bocage, cette céréale porte le nom de *Blé*.

XLII. ELYMUS *L.* (*Elyme*). *Epillets géminés ou ternés à chaque dent de l'axe articulé. Glume à 2 valves souvent étalées de manière à simuler un involucre, renfermant 2 à 4 fl.*; les supér. quelquefois mâles. Glumelle à 2 valvules.

1. E. ARENARIUS *L.* (*E. des sables*). Plante glauque, blanchâtre. Racine rampante. Chaumes dressés, hauts de 5 à 10 décim. *Feu. longues, larges, roulées sur leurs bords,* striées, fermes, comme articulées à l'entrée de la gaine. *Epillets* pubescents, *géminés*, formant un *long épi blanchâtre.* Glume plus longue que les *fl.* qui sont *mutiques.* ♃. E. TR. Sables maritimes. Granville, Pirou, Vauville, Carteret (Manche).

XLIII. HORDEUM *L.* (*Orge*). *Epillets ternés à chaque dent de l'axe; les latéraux souv. mâles ou neutres, l'interméd. hermaphrodite. Glumes bivalves formant, par leur réunion, une sorte d'involucre à 6 folioles.* Glumelle à 2 valvules dont l'infér. longuem. aristée.

1 { Fleurs latérales mâles et stériles..............................		2
{ Fleurs toutes hermaphrodites et fertiles.		*H. vulgare.*
2 { Glumes de la fleur intermédiaire ciliées.		*H. murinum.*
{ Glumes de la fleur intermédiaire non ciliées.		3
3 { Epi grêle; arêtes dressées, courtes.		*H. secalinum.*
{ Epi court, arêtes longues étalées.		*H. maritimum.*

1. H. VULGARE *L.* (*O. commune*). Chaume haut de 6 à 10 décim. *Fleurs toutes hermaphrodites, aristées,* disposées sur 6 rangs, dont 2 sont plus proéminents. ⊙. E. Cette céréale est généralement cultivée dans la province; sa farine donne un pain grossier. On cultive encore, dans quelques points de la Manche, les *H. hexastichum* L. et *H. distichum* L., remarquables par leurs épis comprimés et leurs arêtes en éventail. Ces espèces sont connues sous le nom de *Hativet* et de *Paumelle*.

2. H. SECALINUM *L.* (*O. faux-seigle*). *Chaume haut de 5 à 8 décim., grêle. Feu.* scabres; les supér. courtes et glabres; les infér. *velues, au moins sur les gaines. Epi grêle.* Fl. latérales mâles, aristées. *Glumes* externes, *étroites,* scabres, *non ciliées.* ⊙. E. TC. Prés.

3. H. MURINUM *L.* (*O. Queue-de-souris*). Chaumes en touffes, articulés, rameux et coudés à la base, redressés, hauts de 3 à 5 décim. *Feu. molles,* pubescentes, *à gaines glabres;* la supér. renflée. Epi long, assez épais, formé d'épillets à longues arêtes scabres, dressées. Fl. latérales, mâles, aristées. *Glumes de la fl. interméd.* hermaphr., linéaires-lancéolées, *ciliées sur les bords.* ♂ ou ⊙. E. TC. Bords des chemins, pied des murs.

4. H. MARITIMUM *Valh.* (*O. maritime*). Cette espèce a de grands rapports avec la précéd., dont elle diffère par ses chaumes un peu plus courts, sa *teinte* *souv. glauque, ses épis plus courts, ses arêtes plus étalées, et surtout par ses glumes nullement ciliées ; les latérales sont scabres et lancéolées.* ☉. E. C. Sables maritimes.

XLIV. CYNOSURUS *L.* (*Cynosure*). *Epillets entourés chacun d'une bractée foliacée, laciniée.* Glume à 2 valves, renfermant 2 ou 5 fl. à glumelle à 2 valvules linéaires, lancéolées ; l'infér. mucronée ou aristée.

Plante vivace ; bractées mucronées. . . . . *C. cristatus.*
Plante annuelle ; bractées longuement aristées. . . . . . *C. echinatus.*

1. C. CRISTATUS *L.* (*C. en crête*). Racine fibreuse. Chaume droit, haut de 4 à 8 décim. Feu. étroites, à ligule très-courte, tronquée. Epillets verdâtres, réunis en un long épi grêle, unilatéral, distique. *Bractée pinnatifide, à lobes mucronés.* Valvules pubescentes. ♃. P. C. Prés et bois découverts.

2. C. ECHINATUS *L.* (*C. hérissé*). Chaumes droits, feuillés, hauts de 3 à 8 décim. Feu. glabres, à gaîne lâche dans les super. Epillets réunis en un épi court, ovoïde, un peu rameux. *Bractées pinnées, à divisions terminées par de longues barbes.* ☉. E. TR. Coteaux pierreux. Falaises de Herqueville, Le Rozel (Manche).

XLV. SESLERIA *Scop.* (*Seslérie*). *Epillets non accompagnés d'une bractée.* Glume à 2 valves acérées, renfermant 2 ou 3 fl. Glumelle à 2 valvules ; l'extér. trifide au sommet et l'intér. bifide. Stigm. 2, filiformes, sortant au sommet des glumelles.

1. S. CÆRULEA *Ard.*, *Cynosurus* L. (*S. bleuâtre*). Chaumes grêles, hauts de 15 à 25 centim., garnis, dans le bas, de feu. courtes, planes, un peu rudes sur les bords. Epi oblong, un peu lâche, bleuâtre (rarem. blanchâtre), formé par la réunion d'épillets bi ou triflores, comprimés. ♃. P. C. Pelouses montueuses des terres calc. Rouen, les Andelys, Vernon, Caen, Falaise ; Chamboy (Orne), etc.

XLVI. SPARTINA *Schreb.*, *Trachynotia* Mich. (*Spartine*). *Glume uniflore, à 2 valves étroites, carénées, l'externe terminée par une arête courte. Glumelle semblable à la glume. — Epis linéaires à fleurs unilatérales.*

1. S. STRICTA *Roth.*, *Trachynotia* DC. (*S. raide*). Chaumes droits, raides, hauts de 4 à 8 décim., garnis de feuilles raides, roulées, jonciformes, terminées au sommet par 2 à 4 épis raides, grêles, linéaires, longs de 5 à 10 centim., couverts, seulement d'un côté, de fl. allongées, écartées, appliquées contre l'axe. ♃. A1. R. Lieux marécageux et vaseux des bords de la mer, dans les points recouverts à chaque marée. Embouchure de la Vire, St.-Clément et Fontenay sur les Veys, près d'Isigny ; St.-Vaast-la-Hougue, Barfleur, Réville, Geffosses (Manche).

XLVII. LEPTURUS *Rob. Brown.*, *Rottbollia* L. (*Lepture*). *Glume mutique, tantôt univalve et renfermant une seule fl. hermaphrodite, tantôt bivalve et munie de 2 fl. dont l'une hermaphrodite et l'autre mâle.* Glumelle à 2 valvules inégales, plus courtes que la glume. Stigm. 2. — *Fl. en épi cylindrique, enfoncées dans les concavités de l'axe.*

Epi courbé ; glume plus longue que la glumelle. . . . . *L. incurvatus.*
Epi droit ; glume à peine plus longue que la glumelle. . . *L. filiformis.*

1. L. INCURVATUS *Trin.*, *Rottbollia* L. fil. (*L. courbé*). Chaumes hauts de 8 à 15 centim., grêles, terminés par un long *épi grêle*, *cylindrique*, *courbé*, formé de fl. exactem. appliquées et enfoncées dans les concavités de l'axe qui est articulé. *Glume bivalve, plus longue que les valvules de la glumelle.* ◉. E. C. Pâturages au bord de la mer.

2. L. FILIFORMIS *Trinn.*, *Rottbollia* Roth. (*L. filiforme*). Diffère bien peu de la précéd. Ses chaumes sont plus grêles et terminés par un *épi droit, plus délié,* un peu comprimé. *La glume est bivalve et n'est presque pas plus longue que la glumelle.* ◉. E. R. Marécages maritimes du Calvados. Dives, Ouistreham, Pennedepie, Bernières, Graye, etc.

XLVIII. CHAMAGROSTIS *DC.* (*Chamagrostide*). *Glume uniflore,* à 2 *valves obtuses,* tronquées, oblongues, égales. *Glumelle* membraneuse, pubéscente, univalve, en godet très-petit, lacéré au sommet. Stigm. 2, pubescents. — *Épi linéaire.*

1. C. MINIMA *Bork.*, *Sturmia* Hop., *Agrostis* L. (*C. naine*). Racine fibreuse. Chaumes en petites touffes, hauts de 4 à 10 centim., droits, dépourvus de nœuds, terminés chacun par un épi linéaire, grêle, garni d'un seul côté de fl. violacées, alternes, serrées contre l'axe. ◉. P1. PC. Champs sablonneux, murs. Rouen, Elbeuf, les Andelys; Sallenelles, Ouistreham (Calvados); Granville, Cherbourg, etc.

XLIX. NARDUS *L.* (*Nard*). *Glumelle nulle.* Glumelle à 2 valvules allongées, subulées, acérées. Stigm. 1, *filiforme, long, velu.* — *Fl. unilatérale,* en *long épi linéaire.*

1. N. STRICTA *L.* (*N. raide*). Chaumes grêles, raides, en touffes tenaces, hauts de 1 à 3 décim. Feu. glauques, roulées, sétacées, raides, étalées. Fl. violacées, en long épi linéaire, étroit, appliquées, unilatérales. ♃. E. Prés et pelouses arides et lieux marécageux.

——————◆◆◆◆——————

3ᵉ CLASSE.

ENDOGÈNES CRYPTOGAMES OU CRYPTOGAMES SEMI-VASCULAIRES.

Végétaux à tissu principalement formé de cellules, ne présentant, à leur première époque de développement, ni vaisseaux, ni trachées, ni stomates, mais en acquérant plus tard: Racines et tige distinctes. Reproduction ayant lieu probablement sans le concours de divers organes qu'on a considérés comme appartenant à des sexes différents. Jeune plante ou *spore,* non entourée d'un périsperme, mais contenue dans des enveloppes (*sporanges*) simples ou multiples. D'autres organes (*anthéridies*), accompagnant souvent les sporanges ou placés sur des tiges séparées, sont considérés généralement comme les organes mâles.

CVIIIᵉ. FAM. FOUGÈRES. *Juss.*

Feuilles, ou plutôt organes foliacés (*frondes*), presque toujours roulées en crosse avant leur entier développement, partant d'une tige (*rhizome*) horizontale (dans nos contrées). Fructifications le plus souv. disposées sur la face inférieure des feuilles ou sur une sorte d'épi résultant d'une modification entière ou partielle d'une feuille et consistant en groupes (*sores*) de sporanges pédicellés, souv. entourés d'un anneau élastique, prolongement du pédicelle. Sporanges remplis de spores brunes sortant par une fissure latérale. Sores d'abord cachés par l'épiderme qui, en se déchirant, les entoure ou les recouvre de lambeaux (*indusium*) plus ou moins réguliers, quelquefois nuls.

La distribution des vaisseaux fibreux vasculaires dans le pétiole des Fougères avait fourni à Presl des caractères importants pour la classification de ces plantes. M. Duval-Jouve a étudié sous ce point de vue les espèces de France, et son excellent travail nous a été fort utile pour assurer la détermination de nos espèces normandes.

1	Sporanges pourvus d'anneau, placés sur la face inférieure des feuilles.	2
	Sporanges sans anneau, non placés sous la feuille.	11
2	Sporanges couvrant toute la face inférieure des feuilles.	CETERACH (1).
	Sporanges en groupes (sores) distincts.	3
3	Sores recouverts par un indusium.	4
	Sores nus, sans indusium.	POLYPODIUM (x).
4	Sores linéaires, très-allongés.	5
	Sores orbiculaires, elliptiques ou lancéolés.	7
5	Sores en ligne continue bordant la fronde.	6
	Sores en lignes dirigées obliquem. sur la nerv. médiane.	SCOLOPENDRIUM (iv).
6	Ligne de sores suivant les contours des lobes.	PTERIS ( ).
	2 lignes de sores parallèles à la nervure du lobe.	BLECHNUM (iii).
7	Sores ovales ou lancéolés plus ou moins allongés.	8
	Sores orbiculaires.	10
8	Sores ovales.	9
	Sores oblongs ou lancéolés-linéaires.	ASPLENIUM (v).
9	Indusium réniforme.	ATHYRIUM (vii).
	Indusium lancéolé.	CYSTOPTERIS (vi).
10	Indusium pelté, attaché par le centre, libre autour.	ASPIDIUM (ix).
	Indusium rénif., attaché par le centre et par le sinus.	POLYSTICHUM (viii).
11	Sporanges réunis en épi simple.	12
	Sporanges en épi pinné ou en panicule.	13
12	Petite colonne fructifère entourée d'un invol. bivalve.	HYMENOPHYLLUM (xi).
	Epi linéaire allongé sans involucre.	OPHIOGLOSSUM (xiv).
13	Tige courte portant une seule feuille stérile.	BOTRYCHIUM (xiii).
	Tige élevée portant plusieurs feuilles stériles.	OSMUNDA (xii).

* *Sporanges pourvus d'un anneau élastique.*

1. CETERACH *C. Bauh.* *Sporanges* disposés en lignes obliques et en groupes oblongs *sur toute la face infér. de la fronde* et cachés par des *écailles scarieuses nombreuses. Indusium nul.*

1. C. OFFICINARUM *C. Bauh.*, *Asplenium Ceterach* L., *Grammitis Ceterach* Sw., Koch. (*C. officinal*). Racine fibreuse. Feuilles en touffe, longues de 5 à 15 centim., pinnatifides, à lobes ovales-oblongs, alternes, obtus, entiers, couvertes en-dessous d'écailles roussâtres, scarieuses, luisantes, denticulées. ♃. E. PC. Vieilles murailles, principalement dans les contrées à sol calcaire. Caen, Falaise, Lisieux, Argentan, Vire, Cherbourg, etc.

II. PTERIS *L.* (*Ptéride*). Sporanges disposés en une *ligne marginale, continue,* suivant les contours des lobes de la fronde, recouverts par un *indusium membraneux soudé au bord de la feuille et ouvert en-dedans.*

1. P. AQUILINA *L.* (*P. Aigle-impérial*). Rhizome noirâtre, longuement traçant. Feuilles amples, hautes de 8 à 20 décim., trois ou quatre fois ailées, velues en-dessous ; les divis. infér. de la fronde sont 2 fois pinnatifides, les super. une fois seulement. ℔. E. TC. Lieux arides, bois découverts, coteaux incultes.

Var. *b. ligulata.* Sommets des segments terminés par une longue languette entière.

Var. *c. undulata.* Fronde molle ; segments ondulés, sinués, dentés, élargis. Cherbourg. M. A. Le Jolis.

C'est à cette plante que le nom vulg. de *Fougère* est donné plus particulièrement. Son nom spécifique est dû aux fibres brunâtres garnissant l'intérieur du pétiole qui, étant coupé obliquement, présente un dessin rappelant la forme d'un aigle à deux têtes.

III. BLECHNUM *Smith.* (*Blechne*). *Sporanges disposés en deux lignes parallèles* au bord des lobes de la feuille et des deux côtés de la nervure médiane. *Indusium marginal, libre en-dedans.*

1. B. SPICANT *Roth.*, *Osmunda spicant* L. (*B. spicant*). Racine fibreuse. Feu. oblongues-lancéolées, pinnatifides, atténuées à leurs extrémités, longues de 3 à 6 décim. ; feu. stériles à lobes planes, lancéolés, rapprochés, obtus ; les infér. très-petits : feu. fertiles, plus élevées, à lobes linéaires étroits, réduits à la nervure médiane bordée des deux sores linéaires parallèles et brunâtres. ℔. E. C. Bois montueux, lieux ombragés, humides.

IV. SCOLOPENDRIUM *Smith.* (*Scolopendre*). Sporanges disposés en *sores linéaires,* allongés, parallèles, *dirigés obliquement sur la nervure médiane* de la feuille. Indusium membraneux, ouvert du côté du sore. — Les lignes de sporanges sont formés de 2 sores contigus paraissant bordés par un indusium bivalve.

1. S. OFFICINARUM *Sw.*, *Asplenium scolopendrium* L. (*S. officinale*). Vulg. *Langue-de-cerf.* Racine fibreuse. Feuilles en touffe, longues de 3 à 6 décim., lancéolées, allongées, auriculées ou cordées à la base, à peu près entières sur les bords. ℔. E. C. Lieux humides et couverts, vieilles murailles, puits.

On en trouve une var. à bords ondulés-crispés, et quelquefois la feuille présente à son sommet une ou plusieurs bifurcations foliacées.

V. ASPLENIUM *L.* (*Doradille*). Sporanges disposés en *sores linéaires plus ou moins allongés,* devenant quelquefois oblongs ou arrondis après la rupture *de l'indusium adhérent à la nervure secondaire et s'ouvrant vers la nervure médiane.*

1 {	Feuilles plus ou moins ailées, à fol. distinctes.	2
	Feuilles seulement divisées en 2 ou 3 lobes linéaires.	*A. septentrionale.*
2 {	Feuilles simplement ailées.	3
	Feuilles plusieurs fois ailées ou décomposées.	4
3 {	Lobes trapéziformes, auriculés à leur base supérieure.	*A. marinum.*
	Lobes ovales ou arrondis, non auriculés.	*A. Trichomanes.*
4 {	Feuilles bi ou tripennées, à lobes nombreux.	5
	Feuilles 1 ou 2 fois ailées, à lobes peu nombreux.	3

5 { Sores linéaires ou oblongs. . . . . A. *Adiantum nigrum.*
  { Sores arrondis après l'écartement de l'indusium. . . . . . A. *lanceolatum.*
6 { Lobes ovales-rhomboïdaux, entiers ou crénelés. . . . . A. *Ruta-muraria.*
  { Lobes cunéiformes-allongés, incisés au sommet. . . . . A. *Germanicum.*

1. A. ADIANTUM-NIGRUM *L.* (*D. Capillaire-noir*). Racine fibreuse. Feu. à *circonscription lancéolée triangulaire*, bi ou tripinnées, à *segments lancéolés aigus*, bipinnatifides, à lobes terminaux atténués et dentés en scie au sommet. *Pétioles longs, lisses et noirs dans le bas.* Sores linéaires, devenant plus tard oblongs et confluents. ♃. E. TC. Haies, lieux pierreux ombragés, vieux murs.

2. A. LANCEOLATUM *Sm.* (*D. lancéolée*). Cette espèce ressemble à la précédente, mais elle en diffère au premier aspect par sa *circonscription lancéolée*, ses *pétioles plus courts* et ses *sores devenant arrondis*. Feu. bipinnée à segments ovales-lancéolés, lobes obovales élargis, bordés de dents aiguës. ♃. E.-A. R. Rochers ombragés, grottes. Caen, Vire, Falaise; La Hague, Cherbourg, etc.

3. A. RUTA-MURARIA *L.* (*D. Rue-des-murailles*). Racine fibreuse. Feu. en touffe, hautes de 4 à 12 centim., à pétiole vert, long, une ou deux fois ailées, à *segments peu nombreux, ovales-rhomboïdaux entiers ou crénelés* dans leur partie supér. Sores d'abord linéaires, plus tard confluents et recouvrant presque toute la face infér. des feuilles. ♃. E.-A. TC. Vieilles murailles, puits.

4. A. MARINUM *L.* (*D. maritime*). Racine fibreuse. *Feu.* en touffe, longues de 1 à 3 décim., *simplem. ailées*, à *lobes oblongs-lancéolés, obtus, incisés-dentés*, un peu *dilatés, comme auriculés à leur base du côté supérieur*. Sores linéaires, alternes, obliques des 2 côtés de la nervure. E.-A. PC. Fentes des rochers littoraux. Granville, Carteret, Flamanville, Gréville (Manche); Vierville et St.-Pierre-du-Mont (Calvados).

5. A. TRICHOMANES *L.* (*D. Polytric*). Vulg. *Capillaire*. Racine fibreuse. Touffes de *feu.* nombreuses, *simplem. ailées*, longues de 1 à 2 décim., à *lobes oblongs-ovales, crénelés* et à pétiole d'un noir luisant. Sores linéaires-oblongs, obliques des deux côtés de la nervure. ♃. E.-A. TC. Murs humides, puits, fentes des rochers.

6. A. GERMANICUM *Weiss.*, A. *Breynii* Retz., Koch. (*D. d'Allemagne*). Racine fibreuse. Feu. en touffe peu nombreuses, longues d'un décim., à pétiole brun terminé par un *petit nombre de lobes* (5 à 10) *cunéiformes, incisés-dentés au sommet*. Sores presque parallèles à la nervure médiane. ♃. E. TR. Fentes des rochers. Trouvé une seule fois, dans les rochers des Vaux-de-Vire, par MM. D'Isigny et Lenormand.

7. A. SEPTENTRIONALE *Hoffm.* (*D. septentrionale*). Racine fibreuse. Touffes de feu. longues de 5 à 10 centim., à pétiole grêle, verdâtre, divisé au sommet en 2 ou 3 *lobes linéaires, allongés, entiers ou incisés*. Spores linéaires 2 ou 3, devenant confluents. ♃. E.-A. R. Fentes des rochers, vieilles murailles. Coteaux de la Laize, Vire, Clécy, Ouilly-le-Basset (Calvados), etc.

VI. CYSTOPTERIS *Bernh.* (*Cystoptéride*). *Sores oblongs-arrondis*, épars sur la face infér. de la fronde. *Indusium lancéolé* se détachant de chaque côté du sommet à la base, continu avec une nervure secondaire *beaucoup plus longue que le sore*.

1. C. FRAGILIS *Bernh.*, *Aspidium fragile* Sw. (*C. fragile*). Racine fibreuse ou un peu traçante. Feu. hautes de 2 à 4 décim. à circonscription oblongue-lancéolée, minces, molles, 2 ou 3 fois ailées ou pinnatifides, à segments ovales, pinnatifides et lobes incisés, dentés, aigus ou obtus. Pétiole grêle, fragile, chargé d'écailles, surtout dans le bas. ♃. E.-A. R. Rochers humides, vieux murs, chemins creux, Pont-des-Verts près de Falaise; Lisieux, Orbec, Mortain; Feuguerolles près de Caen; Caumont (Eure), etc.

VII. ATHYRIUM *Roth.* (*Athyrion*). *Sores oblongs-arrondis*, disposés en 2 rangs réguliers de chaque côté de la nervure médiane sur la face infér. de la fronde. *Indusium réniforme, débordant à peine le sore et s'ouvrant de dedans en dehors.*

1. A. FILIX-FOEMINA *Roth.*, *Aspidium* Sw. (*A. Fougère-femelle*). Racine fibreuse. Touffes épaisses à feu. de 5 à 10 décim., à circonscription oblongue-lancéolée, 2 ou 3 fois ailées; segments oblongs-lancéolés, pinnatifides, à lobes courts, entiers ou dentés au sommet. Pétiole lisse, assez nu. ♃. E. TC. Lieux humides et ombragés.

Var. *b.* **A. molle** Roth. Feu. d'un vert-pâle, de consistance molle, à lobes un peu arrondis et à dents peu profondes.

Var. *c.* **Leseblii**; *Polypodium Leseblii* Mér. Feu. courtes, à segments recourbés et lobes roulés. Vire, Feuguerolles près de Caen, Falaise.

Var. *d.* **A. trifidum** Roth. Lobes terminés par trois dents au sommet. Cette fougère varie beaucoup.

VIII. POLYSTICHUM *Roth.*, Koch. (*Polystic*). Sporanges réunis à la face infér. de la feu. en *sores orbiculaires*, épars ou disposés en séries régulières. *Indusium orbiculaire adhérent par un point central et par un pli ou sinus qui le fait paraître réniforme.*

<pre>
1 { Lobes des feuilles terminés par des dents sétacées . . . .   P. spinulosum.
  { Lobes des feuilles entiers ou à dents non sétacées. 2
2 { Pétiole dépourvu d'écailles. . . . . P. Thelypteris.
  { Pétiole pourvu d'écailles. 3
3 { Sores en séries au bord des lobes. . . . . P. Oreopteris.
  { Sores en séries des 2 côtés de la nervure médiane. . . . . . . P. Filix-Mas.
</pre>

1. P. FILIX-MAS *Roth.*, *Aspidium* Sw. (*P. Fougère-mâle*). Racine fibreuse. Feu. en touffe, hautes de 5 à 10 décim., à circonscription oblongue-lancéolée, 2 fois pinnée; segments lancéolés-acuminés, pinnatifides, à lobes oblongs, obtus, crénelés, dentés en scie au sommet; dents non sétacées. *Pétiole couvert d'écailles roussâtres* surtout dans le bas. *Sores disposés en 2 séries rapprochées de la nervure médiane du lobe* et n'occupant ordinairement que sa partie infér. ♃. E.-A. TC. Lieux ombragés, fossés, haies, chemins creux.

Var. *b.* **P. abbreviatum** DC. Lobes plus courts et plus larges. Vire.

2. P. OREOPTERIS *DC.*, *Aspidium* Sw. (*P. Oréoptère*). Racine fibreuse. Feu. en touffe, hautes de 5 à 8 décim., ailées, à segments plus ou moins profondément pinnatifides; *lobes oblongs, obtus, à peu près entiers, couverts en dessous de points glanduleux jaunâtres, brillants et bordés par une rangée de sores.* Indusium souv. caduc. Pétiole fragile, pâle, peu écailleux. ♃. E. R. Bois montueux et humides. Environs de Vire, de Mortain, de St.-Hilaire-du-Harcouet; Cherbourg, forêt de St.-Sever, Villedieu, Barenton, etc.

3. P. THELYPTERIS *Roth.*, *Aspidium* Sw. (*P. Thélyptère*). *Racine ram-*

pante. Feuilles ailées, longues de 4 à 8 décim., portées sur un *long pétiole nu, non écailleux*, à circonscription oblongue-lancéolée ; segments oblongs-lancéolés, allongés, pinnatifides, à *lobes lancéolés, entiers*, obtus ou à pointe courte, *un peu enroulés sur les bords.* Sores nombreux, disposés en deux lignes parallèles dans chaque lobe. ♃. E.-A. R. Marais et prés tourbeux. Marais-Vernier, marais d'Auge; Troarn, Lisieux, Villers-sur-Mer ; Beaupte (Manche), La Trappe (Orne), etc.

4. P. SPINULOSUM *DC., Aspidium* Sw. (*P. à petites pointes*). Racine fibreuse. Feu. longues de 3 à 8 décim., amples, bi ou tripinnées, à circonscription lancéolée-oblongue ou triangulaire, portées sur un long pétiole chargé d'*écailles d'un brun-noirâtre* ; segments triangulaires-lancéolés, pinnés ou pinnatifides, à *lobes bordés de dents mucronées-aristées.* Sores disposés sur deux lignes dans chaque lobe. ♃. E.-A. C. Bois humides, coteaux ombragés. Falaise, Lisieux, Vire, Cherbourg, etc.

Var. *b. P. dilatatum* Sw. Les frondes sont plus amples, plus élevées, les segments inférieurs plus allongés, ce qui donne à la feuille une circonscription triangulaire ; les lobes sont moins étroits et les dents aristées plus élargies.

Var. *c. muticum* A. Braun. Lobes des segm. arrondis au sommet ; dents peu profondes, rarem. aristées. St.-Bomer (Orne). M. le docteur Perrier.

IX. ASPIDIUM *Rob. Brown., Sw.* part. (*Aspidion*). Sores orbiculaires, épars sur la face infér. de la feuille ou disposés eu séries régulières. *Indusium orbiculaire, pelté, attaché par le centre, libre tout autour.*

1. A. ACULEATUM *Doll., Polystichum* DC. (*A. à aiguillons*). Feuilles fermes, à circonscription ovale-lancéolée et atténuée aux deux extrémités, une ou deux fois ailées ou pinnatifides ; segments un peu courbés en faux, pinnatifides, à lobes bordés de dents sétacées raides ; le lobe de la base supér. des segments plus grand, comme auriculé. Pétiole chargé d'écailles roussâtres. Sores disposés en séries plus ou moins régulières. ♃. E.-A. AC. Lieux ombragés, haies, chemins creux. Caen, Falaise, Vire, Avranches, Cherbourg, etc.

Var. *b. confluens, Polyst. Plukenetii* DC. Feu. simplem. ailées, à segments à peine incisés-pinnatifides, fortem. auriculés à la base. Falaise, Lisieux.

Var. *c. angulare* Kit. Consistance plus molle. Feu. bipinnées, à lobes pétiolés, auriculés à la base antér., terminés par une pointe sétacée.

X. POLYPODIUM *L.* (*Polypode*). Sores orbiculaires, épars ou disposés en séries régulières sur la face infér. des feuilles. *Indusium nul. Point d'involucre.*

1 { Feuilles 1, 2 ou 3 fois ailées. 2
{ Feuille seulement pinnatifide. . . . . *P. vulgare.*

2 { Feuille hispide ou ciliée. . . . . *P. Phegopteris.*
{ Feuille glabre. . . . . *P. Dryopteris.*

1. P. VULGARE *L.* (*P. commun*). Rhizome traçant, écailleux. *Feuilles* longues de 2 à 6 décim., à circonscription ovale-lancéolée, *profondém. pinnatifides ;* segments alternes, rapprochés, confluents à la base, oblongs-linéaires, entiers ou un peu dentés. Sores disposés sur deux lignes parallèles à la nervure médiane. ♃. Commun toute l'année sur les vieux murs, le pied des arbres et les rochers.

Var. *b. serratum* DC. Segments pointus, dentés en scie, surtout dans leur partie supér. Falaise, Vire, Caen, Cherbourg.

Var. *c. brachylobum*. Fronde étroite, très-allongée ; segments courts. Haies près de Falaise.

2. P. PHEGOPTERIS L. (*P. Phégoptère*). Rhizome traçant. *Feu. pubescentes*, longues de 2 à 5 décim., *ailées*, à circonscription triangulaire ; segments lancéolés, aigus, pinnatifides ; les infér. réfléchis, tous à *lobes oblongs, ciliés ou hispides*. ♃. E.-A. TR. Vieux murs et fentes des rochers humides. Vire, Domfront.

3. P. DRYOPTERIS L. (*P. Dryoptère*). Rhizome traçant. *Feu.* longuement pétiolées, longues de 2 à 4 décim., à circonscription triangulaire, *ternées et bipinnées* ; segments pinnatifides à lobes oblongs, obtus et crénelés. Sores disposés sur deux rangs. ♃. E. TR. Vieux murs et rochers humides, chemins creux et ombragés. Vire, St.-Georges-de-Rouellé près de Domfront, Sourdeval.

Var. *b. P. calcareum* Sm. Pétiole et feuilles raides ; rachis pubescents. Environs de Rouen, Barneville-sur-Seine.

XI. HYMENOPHYLLUM Sm. (*Hyménophylle*). Sporanges disposés autour d'une petite colonne centrale provenant du prolongement d'une nervure secondaire et entourés par un involucre ou calice à 2 valves. — *Fronde diaphane, membraneuse.*

4. H. TUNBRIDGENSE Sm., Trichomanes L. (*H. de Tunbridge*). Rhizome traçant, portant de petites feuilles délicates, transparentes, longues de 2 à 5 centim., pinnatifides, à segments dichotomes, dressés ; lobes linéaires traversés par une nervure médiane brune. Involucre à valves arrondies, denticulées. ♃. E. R. Parmi les mousses, sur les rochers ombragés et au pied des arbres. Rochers de la Cascade et de Bourberouge près de Mortain ; Cherbourg.

** *Sporanges dépourvus d'anneau élastique.*

XII. OSMUNDA L. (*Osmonde*). *Sporanges* presque globuleux, *disposés en panicule au sommet des frondes fertiles. — Feu. deux fois ailées.*

1. O. REGALIS L. (*O. royale*). Touffes épaisses. Tige droite, haute de 8 à 15 décim., atténuée et membraneuse à la base engagée dans la souche, garnie de feu. deux fois ailées, à lobes lancéolés, obtus, obliquem. cordiformes à la base. Panicule fructifère terminale, formée par des feuilles modifiées par la présence des sporanges. ♃. E. PC. Marais, bois humides, bords des eaux.

J'ai trouvé, près de Falaise, une forme assez curieuse de cette belle fougère ; les feuilles inférieures et terminales sont stériles et les lobes inférieurs de ces feuilles intermédiaires sont bordés de sporanges.

XIII. BOTRYCHIUM Sw. (*Botrychie*). *Sporanges* presque globuleux, *disposés en panicule au sommet de la fronde. — Feu. stérile pinnatifide.*

1. B. LUNARIA Sw., Osmunda lunaria L. (*B. lunaire*). Racine fibreuse. Tige isolée, de 10 à 15 centim., portant une seule feuille stérile pinnatifide à lobes arrondis, semi-lunaires ou un peu réniformes, entiers ou sinués, et terminée par une grappe fructifère résultant d'une feuille modifiée par le développement des sporanges qui la couvrent. ♃. E. PC. Landes montueuses, bruyères, bois découverts. Falaise, Lisieux, Pont-l'Evêque, Clécy, Jurques (Calvados) ; Beaumont-le-Roger ; Alençon, Laigle, Chamboy (Orne), etc.

J'ai rencontré à Jurques des individus dont la feuille latérale, ordinairem.
stérile, avait ses bords couverts de sporanges.

XIV. OPHIOGLOSSUM *L.* (*Ophioglosse*). *Sporanges à peu près globuleux, sessiles, s'ouvrant transversalement, disposés sur deux rangs sur un épi
linéaire. — Feuille stérile entière.*

1. o. vulgatum *L.* (*O. commune*). Vulg. *Langue-de-serpent*, *Herbe-sans-
couture*. Racine fibreuse. Tige de 1 à 2 décim. portant une seule feuille ovale,
entière, pourvue de nervures fines et terminée par un épi fructifère simple, linéaire et pointu. ♃. E. PC. Prairies humides, bois peu couverts. Caen,
Rouen, Falaise, Lisieux, St.-Pierre-sur-Dives, Livarot, etc.

Var. *b. angustifolium*. Feuille lancéolée, étroite. Dunes marécageuses de
Merville (Calvados).

J'ai recueilli, près de Falaise, un individu ayant quatre épis, l'épi ordinaire
étant bifurqué et accompagné de deux autres épis à la base de son pédoncule
et par conséquent à la naissance de la feuille stérile.

CIX^e. Fam. MARSILÉACÉES. *Rob. Brown.*

Plantes aquatiques, vivaces, à rhizome filiforme rampant, radicant, portant
des feuilles enroulées en crosse avant leur entier développement. Fructifications composées d'involucres capsulaires sphériques ou ovoïdes, coriaces,
épais, placés sur le rhizome à la base des feu., indéhiscents ou multivalves,
à 4 loges ou à 2 loges divisées par de nombreuses cloisons, renfermant des
sporanges fertiles munis d'une seule spore et des sporanges stériles (*anthéridies ?*) vésiculeux, entourés d'une masse gélatineuse et renfermant des globules jaunâtres arrondis.

I. PILULARIA. *Vaill.* (Pilulaire). Fructifications globuleuses, solitaires,
sessiles à la base des feuilles, coriaces, à 4 loges. *Feuilles simples, linéaires-subulées.*

1. p. globulifera *L.* (*P. à globules*). Tige rampante, filiforme, entre-
lacée. Feuilles filiformes-subulées, en touffes d'un vert herbacé. Fructifications globuleuses, comme feutrées à l'extérieur. ♃. E.-A. PC. Lieux marécageux, bruyères humides, bords des étangs. Falaise, Vire, Mortain, Domfront,
Bagnoles, Lessay, etc.

Var. *b. P. natans* Mér. Rhizome allongé, flottant ; feu. très-longues. Nageant dans des fossés, près de Falaise.

CX^e. Fam. ÉQUISÉTACÉES. *Rich.*

Plantes sans feuilles, à rhizome traçant, à tige articulée, nue ou garnie de
rameaux articulés, verticillés. Fructification terminale en épi, formé de réceptacles disciformes, pédicellés, portant en-dessous 6 à 7 sporanges uniloculaires, déhiscents, multispores. Spores nombreuses, libres, munies de 4 appendices filiformes, dilatés à l'extrémité, très-contractiles par l'humidité et
s'ouvrant par l'effet de la sécheresse.

Les tiges des Equisétacées sont cylindriques et formées d'une série d'articles
s'emboîtant les uns dans les autres au moyen d'une gaîne terminée par des

dents. Dans les espèces présentant des rameaux, ceux-ci partent de la base des gaînes. Quelques espèces ont leurs épis fructifères sur des tiges particulières et dissemblables des tiges stériles. Plusieurs de ces plantes sont connues sous le nom vulg. de *Queues-de-cheval*.

I. EQUISETUM L. (*Prêle*). Caractères de la famille.

1 {	Tige fructifère, simple, nue, non colorée en vert.	2
	Tige fructifère, rameuse ou verte.	4
2 {	Tige stérile lisse, blanchâtre; gaînes ayant 20 à 30 dents.	*E. Telmateya.*
	Tige stérile striée, verte; gaînes ayant 3 à 12 dents.	3
3 {	Gaînes ayant 8 à 12 dents aiguës.	*E. arvense.*
	Gaînes ayant 3 à 5 lobes profonds.	*E. sylvaticum.*
4 {	Rameaux ramifiés.	*E. sylvaticum.*
	Rameaux simples ou nuls.	5
5 {	Rameaux presque toujours nuls.	*E. hyemale.*
	Rameaux verticillés.	6
6 {	Tige striée; gaîne ayant 15 à 20 dents.	*E. limosum.*
	Tige sillonnée; gaîne ayant 8 à 12 dents.	*E. palustre.*

** *Tiges de deux sortes; les fertiles sans rameaux et non colorées en vert; les stériles vertes et pourvues de rameaux.*

1. E. TELMATEYA *Ehrh.*, *E. fluviatile* Duby, Linn.? *E. eburneum* Roth. (*P. des marécages*). Tige fertile, haute de 2 à 3 décim., jaunâtre ou un peu rougeâtre, *à gaînes lâches, campanulées, divisées profondém. en 20 à 30 dents acuminées;* épi oblong-cylindrique. *Tige stérile,* se développant plus tard, haute de 8 à 15 décim., grosse, cylindrique, striée, *d'un blanc d'ivoire* qui contraste avec le vert des rameaux nombreux, grêles, à 8 angles qui l'entourent. *Gaînes à dents sétacées.* ♃. P1. PC. Lieux marécageux, bords des ruisseaux, bois humides. Rouen, Lisieux, Falaise, Argentan, Alençon, etc. Terr. calc.

Var. *b. serotinum* A. Braun. Tige stérile terminée par un épi. Cette var., ou plutôt cet état anormal, a été rencontré, en été, par M. Durand-Duquesney, dans les environs de Lisieux, et par MM. Perrier et Duhamel, à Coudehart (Orne).

Quelquefois aussi les rameaux sont terminés par un petit épi. J'ai trouvé, près de Falaise, une hampe fertile dont le sommet portait trois épis.

2. E. ARVENSE *L.* (*P. des champs*). Tige fertile de 1 à 3 décim., grêle, d'un blanc-rougeâtre, *à gaînes lâches, divisées en 8 à 12 dents lancéolées, brunes.* Epi ovoïde-oblong. *Tige stérile de 3 à 6 décim.,* couchée ou redressée, rude, grêle, *sillonnée, à rameaux tétragones,* allongés, ne se développant qu'après les tiges fertiles. ♃. P1. C. Champs pierreux et humides, prés, bords des rivières.

Les tiges stériles de cette espèce ont les plus grands rapports avec celles de l'*E. palustre.* M. Duval-Jouve a observé un caractère constant dans ces deux espèces qui permet de les distinguer facilement. Les rameaux de l'*E. arvense,* coupés transversalement, ne présentant pas de lacune centrale, ils ont quatre angles aigus séparés par des sillons profonds. La coupe transversale des rameaux de l'*E. palustre* offre, au contraire, une lacune centrale, cinq angles émoussés, séparés par des sillons à peine marqués.

3. E. SYLVATICUM *L.* (*P. des bois*). Cette espèce forme le passage entre les espèces pourvues de hampes fertiles séparées et celles qui portent l'épi

fructifère sur les tiges ramifiées. La hampe fertile porte souvent des petits rameaux verticillés ; ses *gaînes sont roussâtres*, lâches, *à 3 ou 4 lobes profonds*. Tige stérile, haute de 5 à 8 décim. ; *Rameaux* verticillés, déliés, ramifiés, décomposés. ♃. P. TR. Bois et prés humides. Vire, St.-Sever, Mortain.

**** *Tiges toutes semblables, fertiles ou stériles.***

4. E. LIMOSUM *L.* (*P. des bourbiers*). *Tige* droite, assez grosse, *cylindrique, striée*, haute de 6 à 10 décim., quelquefois presque nue, le plus souvent pourvue de rameaux verticillés, allongés. *Gaînes terminées par 15 à 20 dents noires, subulées.* Epi terminal ovoïde, obtus. ♃. E. TC. Mares, étangs, fossés.

Quelquefois les rameaux sont terminés chacun par un petit épi (var. *polystachyon*); cet état est assez fréquent lorsque l'épi terminal ou le sommet de la tige ont été détruits par quelque accident.

5. E. PALUSTRE. *L.* (*P. des marais*). *Tige* haute de 3 à 6 décim., *grêle, anguleuse, sillonnée*, rameuse dès la base et garnie de rameaux verticillés, *grêles et anguleux. Gaînes lâches, terminées par 8 à 12 dents acuminées, brunes, blanchâtres sur le bord.* Epi terminal cylindrique-oblong, noirâtre. ♃. E. TC. Champs humides, prés marécageux, bords des eaux.

Var. *b. polystachyon* Ray. Rameaux allongés, terminés chacun par un épi.

6. E. HYEMALE *L.* (*P. d'hiver*). Vulg. *Prêle des ébénistes. Tige* simple ou un peu rameuse dès la souche, *presque toujours nue ou sans rameaux*, ferme, striée, haute de 6 à 10 décim. *Gaînes blanchâtres, noires à la base et au sommet*, ayant 15 à 20 *dents subulées*, à pointe scarieuse caduque. Epi terminal ovoïde, pointu. ♃. P. IR. Lieux marécageux, bois humides. Lisieux, marais de Troarn (Calvados); Champosoult (Orne), etc. M. Duhamel a trouvé des tiges terminées par 3 ou 4 épis.

Ce sont principalement les tiges de cette espèce qui, sous le nom de *Prêle*, sont employées par les ébénistes, les menuisiers, les tourneurs et même par divers ouvriers en métaux, pour polir les ouvrages délicats. Les prêles doivent cette propriété aux aspérités qui recouvrent les tiges et qui sont de petits cristaux de nature siliceuse.

CXI^e. FAM. ISOÉTÉES. *Rich.*

Plantes herbacées, à souche (Rhizome) émettant une touffe de feu. linéaires, non roulées en crosse ; sporanges de deux sortes, situés dans une cavité creusée dans la face interne de la base dilatée en gaîne des feuilles et recouverts plus ou moins par une membrane naissant au bord de cette cavité, celle-ci séparée des bords membraneux de la gaîne par une bande (*area*) opaque, surmontée d'une petite écaille (*ligula*). Sporanges des feu. externes (*macrosporanges*) renfermant les *macrospores* qui sont globuleux, divisés en deux hémisphères par un anneau circulaire dont l'un porte le hile, et l'autre trois côtes qui se réunissent au même point. Sporanges des feu. intérieures (*microsporanges*) semblables à une poussière très-fine provenant des *microspores* qui sont oblongs, creusés d'un sillon sur un des côtés.

I. ISOETES *L.* (*Isoète*). Caractères de la famille.

1. I. LACUSTRIS *L.*? Il existe sous ce nom, dans l'herbier de De Lens

donné à la ville d'Angers, un *Isoetes* trouvé dans le département de la Manche; l'étiquette qui l'accompagne porte cette indication : « Route de Valognes à Quinéville et à St.-Vaast, 20 brumaire an X. De La Pierre. » Il est très-douteux que ce soit l'*I. lacustris*, le mauvais état de la plante desséchée ne permet pas de la déterminer d'une manière certaine. M. le Dr. Lebel, qui a exploré avec tant de soin la contrée indiquée, doute qu'on puisse y retrouver cette plante, tant les stations ont changé de nature depuis un demi-siècle, par les travaux des routes et de l'agriculture.

CXIIᵉ. FAM. LYCOPODIACÉES. *Rich.*

Plantes herbacées ou sous-ligneuses, à tige le plus souv. rampante, à rameaux dichotomes, couvertes de feuilles persistantes, entières, lancéolées ou subulées. Sporanges sessiles, axillaires, de deux sortes : les uns présentant des capsules bi ou trivalves renfermant des granules (spores) souvent papilleux ; les autres, plus rares, renferment des corpuscules globuleux ou anguleux au nombre de 2 à 4, plus gros que les spores.

I. LYCOPODIUM *L.* (*Lycopode*). Caractères de la famille.

1 { Feuilles terminées par un poil. . . . . *L. clavatum.*
  { Feuilles non terminées par un poil. 2
2 { Fruits en épis terminaux; tige rampante. . . . . *L. inundatum.*
  { Fruits axillaires; tige non rampante. . . . . *L. Selago.*

1. L. CLAVATUM *L.* (*L. à massue*). Vulg. *Egaire. Tiges* très-longues, *rampantes,* rameuses, couvertes de feuilles étroites, linéaires-lancéolées, *terminées par un poil assez long.* Sporanges en *épis terminaux, au nombre de* 2 ou 3, au sommet d'un pédonc. redressé, haut de 2 à 4 décim., chargées d'écailles ou bractées espacées. ♃. E2. PC. Bois et bruyères humides. Vire, Cherbourg, Mortain, Domfront, Alençon, Falaise, Valognes, Lisieux, etc.

La poussière qui sort des épis est très-inflammable; elle est connue sous le nom de *Lycopode* ou *Soufre végétal.*

2. L. INUNDATUM *L.* (*L. inondé*). *Tige rampante, radicante,* peu allongée, portant un ou deux rameaux fructifères. *Feu. linéaires, non terminées par un poil.* Rameaux fructifères feuillés, longs de 5 à 8 centim., terminés par *un seul épi* chargé de sporanges. ♃. E2-3. R. Landes humides, bruyères marécageuses. Falaise, Vire, le Plessis-Grimoult, Mortain ; Bagnoles, Domfront, La Trappe (Orne) ; Lisieux, Mouen près de Caen, etc.

3. L. SELAGO *L.* (*L. Selaginé*). *Tige non rampante,* rameuse, dichotome, formant des touffes hautes de 8 à 15 centim., couverte de feuilles raides, luisantes, d'un beau vert, linéaires-lancéolées, aiguës, mutiques, disposées sur 8 rangs. *Sporanges axillaires, vers le sommet des rameaux.* ♃. P. R. Bruyères montueuses, rochers. Falaise, Lisieux, Vire, Jurques, le Plessis-Grimoult (Calvados) ; Mortain, rochers du Chastelier près de Domfront, Cherbourg, etc.

Var. *b. sexfarium.* Feu. disposées sur six rangs. Falaise.

CXIIIᵉ. FAM. CHARACÉES. *Rich.*

Plantes aquatiques, submergées, annuelles ou vivaces, à tige cylindrique présentant un tube simple ou entouré d'une rangée de tubes plus petits formant une sorte d'écorce, à rameaux verticillés articulés, simples ou plusieurs fois bifurqués. Feuilles nulles ou remplacées par des ramuscules faisant souv. l'office de bractées. Sporanges ovoïdes, striés en spirale et couronnés par cinq dents plus ou moins saillantes (enveloppe résultant de la soudure de rameaux verticillés, contournés en spirale et libres au sommet). Spores renfermant des granules inégaux, striés. Anthéridies tantôt accompagnant les sporanges (*Monoïque*), tantôt sur des pieds séparés (*Dioïque*), globuleux, de couleur rouge, composés de 8 valves triangulaires à cellules rayonnantes et finissant en dents qui s'emboîtent avec celles des valves contiguës, renfermant huit corpuscules cylindracés fixés chacun au milieu d'une valve et aboutissant au centre à une masse celluleuse d'où partent de nombreux filaments cloisonnés dont chaque article renferme un animalcule filiforme enroulé et bi-appendiculé à une de ses extrémités. — Les tiges et les rameaux sont fréquemment incrustés d'une matière de nature calcaire qui les rend fragiles et leur donne une couleur d'un gris-blanchâtre.

Un mouvement circulatoire fort remarquable existe dans le liquide et les granules que renferment les articles des tiges et des rameaux des Characées. Le microscope le fait reconnaître facilement, surtout dans les Nitelles qui sont plus diaphanes, étant dépourvues d'écorce.

Les Characées, comme cela arrive souvent aux plantes aquatiques submergées, présentent un nombre infini de variétés qui rendent la détermination rigoureuse des espèces fort difficile.

Les publications et communications de M. Alexandre Braun, si compétent dans la matière, m'ont beaucoup facilité ce travail.

1 {	Coronule des sporanges formée de 5 cellules simples, persistantes. CHARA (i).
	Coron. formée de 2 rangs superp., chacun de 5 cellules caduq. NITELLA (ii).

I. CHARA L. part. (*Charagne*). *Tiges* le plus souv. *opaques, formées d'un tube central entouré d'une couche de tubes déliés, disposés en spirale,* présentant une sorte d'écorce. *Rameaux* verticillés, semblables à la tige ; les terminaux quelquefois dépourvus d'écorce et réduits à un tube simple. *Monoïque ou dioïque.* Sporanges entourés de 4 (ou plus) ramuscules inégaux, remplissant les fonctions de bractées, terminés par une *petite couronne formée de cinq cellules simples, persistantes. Anthéridies placés au-dessous des sporanges. — Plantes ordinairement incrustées, fragiles par la dessiccation.*

Les espèces de ce genre habitent de préférence les eaux des terrains dont les formations sont calcaires.

1 {	Plante monoïque.	2
	Plante dioïque.	6
2 {	Plante verte à peine encroûtée, fragile.	*C. fragilis.*
	Plante couverte d'une croûte grisâtre, ou sans croûte, mais alors flexible.	3
3 {	Tige robuste, chargée d'aiguillons.	4
	Tige grêle, chargée d'aiguillons petits et peu nombreux.	5
4 {	Tige nue dans le bas, chargée d'aiguillons vers le sommet. . .	*C. hispida.*
	Tige entièrement couverte d'aiguillons très-nombreux. . .	*C. polyacantha.*
5 {	Bractées plus courtes que les fruits ; aiguillons apparents. .	*C. intermedia.*
	Bractées plus longues que les fruits ; aiguillons rares. . .	*C. fœtida.*
6 {	Tige munie d'aiguillons épars.	7
	Tige sans aiguillons.	*C. connivens.*
7 {	Tige assez épaisse ; aiguillons courts et crochus. . . .	*C. ceratophylla.*
	Tige grêle ; aiguillons fins et droits.	*C. aspera.*

1. C. HISPIDA *L.* (*C. hispide*). *Monoïque. Tige robuste,* longue de 3 à

8 décim., fortem. incrustée de gris-blanchâtre, *munie , surtout vers le sommet , d'aiguillons longs et déliés. Rameaux verticillés par* 10, garnis à leur base de plusieurs rangées d'aiguillons, munis de bractées verticillées à chaque articulation. Sporanges assez gros, ovoïdes, marqués de 13 stries, plus courts que les bractées. *Coronule étalée.* Extrémité des ramuscules à pointe nue, courte. E. C. Mares, étangs, fossés des marais. Terr. calc.

Var. *b. macrophylla* A. Braun. Tiges très-allongées, peu hérissées; rameaux très-longs. Argentan ; Percy, Plainville (Calv.).

Var. *c. microcantha* A. Braun. Tiges moins fortes ; aiguillons plus petits.

2. C. POLYACANTHA *A. Braun.* (*C. très-hérissée*). Cette esp. qui a été long-temps regardée comme une var. de la précéd., en diffère par ses *aiguillons très-nombreux qui couvrent toute la tige et les rameaux.* Elle est monoïque, sa tige est droite, raide , moins allongée que le *C. hispida* , et ses rameaux sont aussi moins allongés. E. C. Marais des environs de Caen, Chicheboville, Les Terriers ; Percy, Plainville, Morière (Calv.).

3. C. CERATOPHYLLA *Wallr.*, *C. tomentosa* L. ? (*C. cératophylle*). *Dioïque.* Tige assez épaisse, à tubes corticaux primaires fortem. saillants. Aiguillons peu nombreux et courbes , quelquefois réduits à de simples papilles verruqueuses. *Rameaux verticillés par 6 ou 7* , à articles inférieurs très-incrustés, les 2 ou 3 derniers nus et gonflés. Bractées épaisses et renflées ; celles qui entourent les fruits plus petites', circulaires. Sporanges assez gros, ovoïdes, présentant sur le côté 14 à 16 stries, terminés par une *coronule à 5 dents courtes dressées.* Anthéridies plus gros que dans toutes les espèces congénères. E. TR. Fossés des environs de Rouen et de Caen.

Var. *b. macroptila,* Tige molle; sillonnée; papilles allongées, assez rare ; articles terminaux des ramuscules très-longs et nus. Hérouville.

4. C. INTERMEDIA *Al. Braun.*, *C. papillosa* Kütz, Wallm. (*C. intermédiaire*). *Monoïque.* Cette esp. a la tige moins grosse que dans les précéd., plus courte (1 à 2 décim.), tordue, fortement striée, *munie d'aiguillons fins entre les verticilles des rameaux supér. ; ceux-ci sont courts , serrés, courbés en-dedans.* Sporanges ovoïdes, petits, *plus courts que les bractées.* Coronule resserrée. P. TR. Je l'ai trouvée dans un ruisseau des marais de Percy (Calvados).

5. C. FŒTIDA *A. Braun.*, *C. vulgaris* L. part. (*C. fétide*). *Monoïque. Tige* le plus souvent encroûtée, assez longue, de 1 à 6 décim., *grêle , fortem.* striée et *pourvue d'aiguillons rares et très-petits.* Rameaux verticillés par 6 à 10, le plus souv. 8, à articles inférieurs fertiles, pourvus d'écorce et garnis de longues bractées. Sporanges petits, ayant 12 à 14 stries latérales , terminés par une *coronule courte et tronquée. Bractées beaucoup plus longues que les fruits. — Plantes incrustées , fragiles, rarem. nues et alors flexibles.* E. TC. Mares, fossés, étangs.

Var. *b. subhispida* A. Braun., *C. decipiens* Desv. Tige allongée, assez forte, munie de papilles assez nombreuses, serrées.

Var. *c. longibracteata* A. Braun. Bractées très-longues.

Var. *d. orthophylla.* Rameaux dressés, allongés.

Var. *e. subinermis* A. Braun. Rameaux déliés; papilles nulles; incrustation légère.

Var. *f. C. crassicaulis* Schl. Tige assez forte; profondém. sillonnée, presque sans papilles ; rameaux raides, quelquefois contournés en spirale. Falaise.

Var. *g. condensata* A. Braun., *C. montana* Schl. Tiges courtes, incrustées, en touffes serrées, sans aiguillons. Marais des sols calc.

Var. *h. munda.* Incrustation nulle ; rameaux courts, resserrés, diaphanes ; tiges flexibles. Lisieux.

Var. *brevibracteata*, *C. punctata* Lebel. Incrustation à peu près nulle ; rameaux grêles, diaphanes. Tige chargée de points saillants entre les verticilles supérieurs. Carteret (Manche), le D^r. Lebel ; Lisieux, M. Durand-Duquesney.

C'est une forme qui se rapporte à l'une des premières variétés indiquées ci-dessus, que j'avais, à tort, regardée, dans ma 2e. édition, comme le *Ch. contraria* A. Braun.

6. C. ASPERA *Willd.* (*C. rude*). *Dioïque. Tige grêle*, de 1 à 3 décim., incrustée, grisâtre, *munie d'aiguillons fins et allongés dans sa partie super.* Rameaux verticillés par 7 ou 8, simples, portant des sporanges solitaires, ovoïdes, à 14 ou 15 stries latérales, entourés chacun de 4 à 6 bractées qui les dépassent. Anthéridies solitaires au-dessous des involucres. E. R. Fossés et mares des marais tourbeux de Percy et de Plainville près de St.-Pierre-sur-Dive, Bréville, près de Granville.

Var. *b. subinermis*, *Ch. intertexta* Desv. Tiges à peu près dépourvues de papilles, très-entrelacées. Marais de Percy.

Var. *c. minor.* Tiges courtes très-déliées, garnies de fines papilles ; rameaux redressés. Gatteville, près de Barfleur (Manche). M. le D^r. Lebel.

7. C. CONNIVENS *Salz.* (*C. connivente*). *Dioïque. Tige grêle*, verte, *non incrustée*, longue de 2 à 5 décim., *dépourvue de papilles ou aiguillons. Rameaux* simples, *tendant à se courber en dedans, un peu connivents, presque sans bractées. Sporanges munis à leur base d'une ou 2 bractées très-petites.* E.-A. Cette espèce très-rare, qui n'avait jamais été recueillie en France, mais seulement à Tanger et en Égypte, a été trouvée par M. Godey, dans le Gavron, à Pirou (Manche).

8. C. FRAGILIS *Desv.*, *C. pulchella* Wallr. (*C. fragile*). Cette espèce est une des plus polymorphes. Elle est ordinairement peu incrustée, et alors elle est assez verte et moins fragile. — *Monoïque. Tige grêle*, opaque, verte, sans aucune papille, longue de 1 à 5 décim. Rameaux déliés, verticillés par 7 ou 8, rarem. 10, munis d'écorce, excepté à l'article terminal. *Sporanges* ovoïdes-allongés, présentant 13 à 15 stries en spirale sur le côté, terminés par une *coronule allongée, effilée*, et entourés de 4 *bractées plus courtes qu'eux* ou les dépassant rarem. E. PC. Mares, fossés, bords des étangs.

Var. *b. C. Hedwigii* Ag. Tige lisse et flexible ; bractées ne dépassant pas les sporanges. Falaise.

Var. *c. Ch. trichodes* Kg. Bractées sétacées, allongées, verticillées à la base des ramuscules, dépassant les sporanges. Falaise.

Var. *d. leptophylla* A. Braun., *C. capillacea* Thuill. Tiges et rameaux très-allongés, très-grêles, sans incrustation ; bractées plus courtes que les sporanges. Marais Vernier. Lisieux, Falaise, Périères (Calvados), etc.

Var. *e. macrophylla* A. Braun., *C. globularis* Thuill. Tige et rameaux très-allongés, sporanges dégénérés, globuleux, non striés. Falaise.

Var. *f. C. fulcrata* Gant. Rameaux très-allongés; sporanges entourés de bractées très-inégales et les dépassant à peine. St.-Sauveur-le-Vicomte.

Var. *g. C. delicatula* Ag. Tige déliée, striée, très-fragile; rameaux à articles nombreux; bractées égales au sporange, une plus longue.

Var. *h. C. verrucosa* Itzigs. Tige et rameaux allongés, dressés, fragiles. Surface de la tige couverte de petites verrues saillantes. Percy (Calv.).

II. NITELLA *Agardh* (*Nitelle*). *Tiges vertes, très-rarement incrustées, formées d'un tube simple* non entouré d'une écorce composée d'une couche de tubes secondaires. Rameaux verticillés, semblables à la tige. Monoïque ou dioïque. Sporanges accompagnés de petits ramuscules ou bractées et terminés par une *petite couronne formée de deux rangs superposés de cinq cellules caduques. Anthéridies placés au-dessus des sporanges. Plantes à tige et rameaux ordinairem. diaphanes, flexibles par la dessiccation.*

Les Nitelles croissent particulièrement dans les eaux des terrains de formations siliceuses ou alumineuses, plus rarem. dans les terr. calcaires.

1	Plante dioïque.	2
	Plante monoïque.	3
2	Tige lég. encroûtée; rameaux form. des faisceaux épais, arrondis. *N. opaca.*	
	Tige non encroûtée; rameaux lâches. *N. syncarpa.*	
3	Rameaux simples ou une fois bifurqués.	4
	Rameaux plusieurs fois bifurqués.	5
4	Tige assez grosse; sporanges ternés. *N. translucens.*	
	Tige déliée; sporanges le plus souv. solitaires. *N. flexilis.*	
5	Rameaux terminés par une pointe allongée. *N. mucronata.*	
	Rameaux terminés par une très-petite pointe.	6
6	Verticilles serrés, espacés. *N. tenuissima.*	
	Verticilles lâches, rapprochés.	7
7	Rameaux assez fermes, souv. incrustés, 2 ou 3 fois bifurqués. *N. intricata.*	
	Rameaux très-déliés, diaphanes; 3 fois bifurqués. *N. gracilis.*	

1. N. TRANSLUCENS *Ag., Chara* Pers. (*N. transparente*). *Monoïque. Tige ferme, assez grosse,* longue de 4 à 8 décim. Rameaux verticillés par 6, simples et non articulés; les supér. terminés quelquefois par 2 ou trois pointes articulées. *Sporanges petits,* ovoïdes-oblongs, marqués de 7 stries latérales, *réunis trois à trois* au-dessous des involucres au centre desquels se trouvent les anthéridies solitaires. E. PC. Étangs, mares, fossés des bois. Falaise, Vire, Alençon, Mortain, Cherbourg, etc.

2. N. FLEXILIS *Ag., Chara flexilis* L. (*N. flexible*). *Monoïque. Tige déliée et flexible. Rameaux* une fois bifurqués, pointus, mais *non mucronés au sommet. Sporanges* ordinairement *solitaires,* ovoïdes-allongés, marqués de 7 stries latérales, *plus gros que les anthéridies* E.-A. C. Étangs, mares et fossés. Falaise, Vire. Domfront, Mortain, Lisieux, etc.

Var. *b. Brongniartiana, Chara* Coss. et Germ. Tige et rameaux moins déliés, plus raides. Semble se rapprocher de l'esp. précéd., dont je l'avais cru une var. que j'avais appelée *intermedia* (*Fl. norm.*, éd. 2).

3. N. SYNCARPA *Kütz., Chara* Thuill. (*N. à fruits agglomérés*). Cette espèce, la plus polymorphe du genre, ressemble beaucoup à la précéd., dont elle diffère surtout par sa fructification *dioïque. Rameaux* déliés verticillés par 6 à 8, *simplement bifurqués, terminés par une pointe courte, aciculaire. Sporanges ovoïdes, courts, presque globuleux, plus petits que les anthéridies,* marqués de 6 stries sur le côté, souvent réunis en groupes, au milieu de verticilles rapprochés. E. C. Mares et fossés. Plus commune que la précéd.

Var. *b. longifolia* A. Braun. Rameaux lâches, allongés.

Var. *c. leiopyrena* A. Braun. Rameaux courts, assez lâches; sporanges presque lisses. Vire.

4. N. OPACA *Ag.* (*N. opaque*). Plante souvent chargée d'une légère incrustation continue ou zonée. *Monoïque.* Rameaux simplem. *bifurqués, déliés,* 6 à 8, rapprochés en *verticilles formant des glomérules assez gros.* Sporanges géminés ou ternés, marqués de 6 stries, souv. entourés de mucus au milieu des verticilles. E. PC. Fossés, mares. Caen, Falaise.

Var. *b. glomerata* A. Braun., *Chara glomerata* Desv. Verticilles réunis en glomérules assez gros. Falaise, Valognes.

Var. *c. N. capitata* Ag. Verticilles supérieurs et fertiles réunis en petites têtes ou capitules serrés. Falaise.

5. N. MUCRONATA *Kütz., Ch. furcata* Amici (*N. mucronée*). *Monoïque.* Tige grêle, longue de 1 à 3 décim. *Rameaux* déliés, verticillés par 5 à 6, 2 *fois bifurqués; les supér.* des verticilles fertiles 3 *fois bifurqués;* articles terminaux pourvus d'une *pointe assez longue.* Sporanges petits, marqués de 5 côtes saillantes, souvent solitaires. E. TR. Etang de Goude, près de Falaise.

Var. *b. minor* A. Braun. Tige courte, à verticilles fertiles rapprochés en petits capitules serrés. Quinéville (Manche). Le docteur Lebel.

6. N. GRACILIS *Ag., Chara* Sm. (*N. grêle*). *Monoïque.* Cette esp., voisine de la précéd., s'en distingue par une plus grande délicatesse dans toutes ses parties et surtout par ses *rameaux tous* 3 *fois bifurqués* (trichotomes), à segments terminaux *brièvement mucronés et biarticulés. Sporanges subglobuleux,* marqués de 4 à 5 stries sur le côté, solitaires, placés à la bifurcation des ramuscules. E.-A. TR. Etangs et fossés. Falaise et Mortain.

7. N. TENUISSIMA *Kütz., Chara* Desv. (*N. très-menue*). *Monoïque.* Cette espèce est très-remarquable par la disposition de ses *verticilles* de rameaux courts, *compactes, formant des globules espacés, comme des grains de chapelet, sur une tige très-déliée.* Rameaux 3 à 6 fois bifurqués, à *bifurcations divariquées.* Sporanges subglobuleux, ayant de 7 à 9 stries sur le côté, solitaires. E. PC. Cette plante croît en touffes arrondies dans les eaux limpides des marais tourbeux des terr. calcaires. Falaise, Argentan, Alençon, Percy et Plainville, près de Mézidon; marais des Terriers, près de Caen, etc.

Var. *b. moniliformis.* Verticilles globuleux, petits, très-espacés.

Var. *c. Brebissonii* A. Braun, *N. gracilis,* var. *confervacea* Bréb. (*Fl. Norm.,* éd. 2). Plante très-délicate, à ramules très-déliés, adhérant comme une algue confervacée au papier sur lequel on l'a préparée. Etang de Vrigny, près d'Argentan.

8. N. INTRICATA *A. Braun., Chara intricata* Roth., *N. polysperma* Kg., *Chara fasciculata* Amici (*N. enchevêtrée*). *Monoïque.* Cette espèce se reconnaît, au prem er aspect, par ses *verticilles fertiles réunis en pelotons et par les divisions latérales de ses rameaux qui ne sont point de la même grosseur que les médianes.* Tige longue de 2 à 4 décim., à rameaux verticillés, multiarticulés; les stériles allongés, étalés, divisés aux premières articulations en ramuscules dont les infér. souv. divisés à leur tour. Sommets en pointe déliée. *Verticilles fertiles rapprochés en pelotons,* divisés aux deux premières articulations en ramuscules divisés de nouveau à l'articulation inférieure. *Sporanges* presque sphériques, marqués de 11 à 12 stries sur le côté, *réunis en groupes assez nombreux* au point de division des ramuscules et à la base

des verticilles. Plante souv. chargée d'une légère incrustation. P.-E. TR. Etangs, fossés, mares. Yvetot, près de Valognes (le docteur Lebel); Gennes, près d'Alençon (le docteur Prévost).

Var. *b.* *N. prolifera* Kg. Plus robuste; rameaux des verticilles stériles, non divisés. Yvetot.

FIN.

ADDITIONS ET CORRECTIONS.

Page 8. Ranunculus scelebatus *L.* Cette plante est annuelle et a été indiquée, à tort, comme vivace.

Page 9. Les *Ranunculus acris, repens* et quelques espèces voisiues, sont fréquemment cultivés dans les jardins, avec la fleur double, et y sont connus sous le nom de *Bouton-d'or.*

Page 26. Cardamine hirsuta *L.* Cette espèce présente deux formes assez distinctes :

Var. *b. C. multicaulis* Hoppe. Tiges rameuses dès la base, un peu étalées, feuillées, plus ou moins velues. Fleurs assez grandes. Lieux pierreux au bord des eaux.

Var. *c. micrantha* Gaud. Tige grêle, droite, presque dépourvue de feuilles. Fleurs petites. Siliques dressées, dont les supér. dépassent beaucoup le corymbe. Rochers, murailles.

Page 46. Après le genre Saponaria, ajoutez :

III *bis.* CUCUBALUS *L.* (*Cucubale*). Cal. campanulé à 5 dents, enflé. Pét. 5, onguiculé, à limbe linéaire bifide. Etam. 10. Styles 3. *Fruit charnu, bacciforme,* uniloculaire, indéhiscent, polysperme.

1. c. baccifer *L.* (*C. baccifère*). Tiges faibles, rameuses, presque volubiles, hautes de 6 à 8 décim., pubescentes. Feu. ovales, rétrécies en un court pétiole, pubescentes. Fl. blanches en panicules axillaires. Pét. étroits, distants. Caps. bacciforme, arrondie, noire à la maturité. ♃. E. TR. Haies et buissons. Trouvé, en 1858, à St.-Cyr-la-Rosière (Orne), par M. Th. Dubreuil, élève du petit séminaire de Séez.

J'avais cru devoir, dans cette édition, effacer ce genre que j'avais admis précédemment, puisque cette plante n'avait pas reparu au lieu indiqué. Pendant l'impression de cet ouvrage, M. Th. Dubreuil a bien voulu m'adresser un échantillon de cette espèce qui me permet de lui rendre sa place dans la *Flore de Normandie,* ce dont je profite avec empressement et reconnaissance.

Page 58. Au tableau analytique des espèces du genre *Malva,* au lieu de *M. hirsuta,* lisez : *M. moschata.*

Page 64. 5 *bis.* Geranium palustre *L.* (*G. des marais*). Tige redressée, velue, haute de 5 ou 6 décim. *Feu. opposées, palmées, toutes pétiolées,* à 5 lobes profonds incisés-dentés, écartés. Fl. purpurines, larges, portées sur de longs pédonc. Pétales deux fois plus longs que les *sépalés* qui sont *aristés, striés et velus. Carpelles finement ponctués, pubescents.* ♃. E. TR. Trouvé par M. le colonel Debooz, dans des lieux marécageux, à Blainville-Crévon (Seine-Infér.).

Page 68. RUTA GRAVEOLENS *L.* Indiqué, sur les murs d'Aumale, par M. Etienne.

Page 108. TRAPA NATANS *L.* Cette plante est annuelle et non vivace.

Page 110. PEPLIS BORÆI. Une récente communication de M. l'abbé Chichou me porte à croire que d'on ne trouve, sur les bords de l'étang de Vrigny, qu'une forme du *Peplis portula* L.

Page 184. PYROLA ROTUNDIFOLIA *L.* et P. MINOR *L.* Ces deux espèces sont indiquées, par M. Etienne, dans un bois de Beaucamp-le-Vieux, près d'Aumale.

Page 202. VERBASCUM THAPSO-NIGRUM *Schied.* Cette hybride a été retrouvée par M. Joret, à Etreham, arrondissement de Bayeux.

Page 246. AMARANTUS RETROFLEXUS *L.* Trouvé à Dives par M. Jore'.

Page 251. ATRIPLEX HALIMUS *L.* Cet arbrisseau, assez commun sur les côtes de Bretagne, se distingue par ses feuilles rhomboïdales argentées. Il a été remarqué, par M. le colonel Debooz, dans les environs de Trouville, où probablement il aura été planté.

Page 296. ORCHIS SIMIA *Lam.* Trouvé récemment à Chamboy (Orne), par M. Duhamel.

TABLE

DES FAMILLES, DES GENRES ET DES NOMS VULGAIRES.

Les noms des familles sont imprimés en petites capitales ; les noms de genres en lettres italiques sont ceux qui, n'étant point adoptés dans cet ouvrage, sont seulement indiqués comme synonymes ; les noms vulgaires des espèces et les noms français des genres sont également en italiques ; on a cru pouvoir supprimer l'indication de ces derniers lorsqu'ils diffèrent très-peu du nom latin.